面向数字化时代高等学校计算机系列教材

U0410778

计算机视觉
原理算法与实践

张林 赵生捷 著

清华大学出版社
北京

内 容 简 介

本书以图像的全景拼接、单目测量、目标检测和三维立体视觉 4 条技术主线为载体，系统介绍了计算机视觉领域的基础理论、算法和实践应用。围绕每条技术主线，作者都有意识地为读者建立起"数学→算法→技术→应用"支撑体系。除理论讲解外，本书还提供了丰富的示例程序和实践指导，帮助读者消化理解相关模型算法以及技术。

本书内容系统、案例丰富、阐述翔实，适合作为高等院校自动化类、计算机类、人工智能类等专业高年级本科生和研究生计算机视觉课程的教材或教学参考书，也可供相关领域的科研人员和工程技术人员参考。

图书在版编目（CIP）数据

计算机视觉：原理算法与实践/张林，赵生捷著. -- 北京：清华大学出版社，2025. 3. --（面向数字化时代高等学校计算机系列教材）. -- ISBN 978-7-302-68676-7

Ⅰ. TP302. 7

中国国家版本馆 CIP 数据核字第 2025AB2538 号

责任编辑：黄 芝 薛 阳
封面设计：刘 键
责任校对：刘惠林
责任印制：刘 菲

出版发行：清华大学出版社
网　　址：https://www.tup.com.cn，https://www.wqxuetang.com
地　　址：北京清华大学学研大厦 A 座　　**邮　　编**：100084
社 总 机：010-83470000　　**邮　　购**：010-62786544
投稿与读者服务：010-62776969，c-service@tup.tsinghua.edu.cn
质量反馈：010-62772015，zhiliang@tup.tsinghua.edu.cn
课件下载：https://www.tup.com.cn，010-83470236
印 装 者：天津安泰印刷有限公司
经　　销：全国新华书店
开　　本：185mm×260mm　　**印　张**：20.5　　**字　　数**：526 千字
版　　次：2025 年 5 月第 1 版　　**印　　次**：2025 年 5 月第1 次印刷
印　　数：1～1500
定　　价：69.80 元

产品编号：103661-01

序言

2024年4月，突然收到同济大学张林教授的微信，说他历时两年多，终于完成了一本计算机视觉方面的教材，想请我写个序言。我稍感突然，但同时也明白了为什么过去两年没有在一些他本该参加的活动里看到他的身影，估计他把能够利用的时间都花在这本书的写作上了。

张林是我2006年入职香港理工大学后培养的第一个博士生（2008.3—2011.8）。因为是我第一个也是当时仅有的一个可控"劳动力"，我和他打交道的时间比较多，有什么想法就把他叫过来讨论。有些想法本来只是想让他试试，没抱太多希望，但很多时候张林给了我远超预期的结果。我们共同署名的几篇代表作就是这段时间出来的。几年下来，张林在我脑海中的人设就定格在踏实、肯干、有想法、有计划、执行力强。

翻开这本书看了一下，发现张林虽然从我这里毕业十几年了，但依然给我带来了惊喜。计算机视觉一直是计算机科学领域中最为火热的研究分支之一，但适合本科教学的中文教材十分匮乏。大部分学校都是直接采用国外的研究生教材，或略作编辑，能够真正为本科生设计的并且有作者自身一手体验的教材凤毛麟角。张林教授等编著的这本书可以说填补了这个空白。尤其难能可贵的是，在深度学习横扫计算机视觉领域的今天，居然还有学者愿意花费两年多的时间，沉下心来认真整理一本传统计算机视觉教科书，是异常难得的。

与同领域现有的大多数教科书相比，本书具有以下显著特色。

首先，本书按技术主线组织材料，将零散的"知识点珍珠"串联成完整的"知识体系项链"。很多现有教材是以知识点为单位来组织材料，而忽略了知识点之间的衔接与支撑关系。本书的材料组织方式很好地解决了这个问题。作者将要讲授的材料融入了4条技术主线之中，知识点的讲授与材料的组织是以实现某个具体的技术目标来切入的。这样，知识点不再是孤立的，而是围绕着技术目标的实现被循序渐进地、有逻辑地组织在一起，读者可以清楚地看到所学的知识点在该技术主线中的位置和作用。例如，本书的第一条技术主线是图像的全景拼接，为了实现两张图像的拼接，就需要求解它们之间的几何变换，那么就要学习几何变换的知识。几何变换的参数要从一组对应点对的坐标中估计出来，就需要学习特征点检测算法、特征描述子构造及其匹配算法。基于点对关系来求解图像间几何变换参数的问题可以被建模为求解过定线性方程组的问题，为此，本书详细介绍了线性最小二乘问题的求解方法。另外，得到的点对中可能存在不正确匹配的情况，因此读者还要学习如何应对模型拟合问题中的野点，为此本书介绍了解决此类问题的RANSAC算法框架。最后，在编程实现图像的几何变换时，还会遇到像素坐标不是整数的情况，这就是本书要介绍图像插值技术的原因。

其次，本书真正做到了理论与实践并重，让读者知其然更知其所以然。要想学好计算机视觉这门课，学习者既要深刻理解每个算法背后的设计动机、相关的数学模型以及求解过程，又要具备良好的实践操作技能和编程实现能力。本书很好地践行了"理论与实践并重"这个指导思想，对相关技术、算法、数学模型以及解法都进行了详尽的阐述或推导，同时又提供了相当数量的实践指导和示范代码，这对于筑牢初学者的根基来说是大有裨益的。

再次，本书在材料选择上遵循“不求广博，但求精深”的指导原则。乍看之下，本书材料仅涉及全景拼接、单目测量、目标检测和三维立体视觉这 4 项技术，但详细阅读之后会发现这 4 条主线实际上有效覆盖了计算机视觉领域大量重要的知识点。更重要的是，对于某个算法或技术而言，作者并不只是停留在对该算法或技术的描述层面上，而是“下沉”到了如何对相关问题进行数学建模以及求解的层面上。拿相机内参标定这个问题来讲，大部分图书都是先讲解相机的成像模型，然后把相机标定建模为基于重投影误差的非线性最小二乘问题，但不会讲授非线性最小二乘问题的解法，而是直接告知读者该问题可以通过调用某数学包来求解。而本书却花了大量笔墨详细介绍了相机标定这个非线性最小二乘问题的求解方法，以此为载体引入了射影几何、罗德里格斯公式、非线性问题求解、高斯-牛顿法、列文伯格-马夸尔特法等内容。读者在今后进一步的工作和学习中，会发现大量的工程问题实际上都可以被建模为非线性最小二乘问题，进而可用本书所介绍的方法来进行求解。从这个角度来看，本书做到了“授人以渔”。

最后，本书兼顾经典内容与前沿成果，帮助读者在筑牢根基的同时也关注当下研究前沿。对于教材写作来说，是介绍经典内容还是介绍前沿成果一直是一对矛盾。本书在这一点上进行了很好的平衡，以介绍成熟的、已被广泛应用于工程实践的算法与技术为主，同时也介绍了一些近几年才出现的重要研究成果。例如，2018 年出现的 YOLOv3 目标检测算法，2023 年出现的 YOLOv8 目标检测算法，2020 年出现的基于神经辐射场的三维重建算法，等等。这些介绍会帮助读者适当了解该领域的部分研究前沿与热点。

张林教授是一个实干家。在大部分同行更热衷于训练各种人工智能模型的年代，他愿意付出大量时间和精力，将自己的教学心得和实践经验总结成这本教材，令我这个他曾经的博士生导师感到非常钦佩。衷心希望这本教材能在我国相关领域的人才培养工作中发挥积极作用。

张磊

香港理工大学

2024 年 12 月

前言

计算机视觉是一门研究如何构建具有“视觉”功能的计算机系统的学科，是人工智能研究领域的一个重要分支。从刷脸支付到太空探索，从智能监控到视觉导航，计算机视觉技术正在越来越多的应用领域中影响和改变着人类的生产和生活方式。

近年来，随着我国对人工智能领域人才培养支持力度的持续加大，越来越多的高校开设了计算机视觉课程。计算机视觉是一门综合性学科，其知识体系非常庞杂；同时，相较于计算机体系结构、数据结构、操作系统等计算机其他分支方向而言，它还是一门非常年轻的学科，其自身的学科内涵和基本研究方法目前仍处于快速完善和迭代阶段。这些现实情况给在大学讲授这门课的老师们提出了一个值得探讨的开放性问题：计算机视觉这门课程应该教什么？怎么教？

作者认为，回答上述问题的关键在于要先厘清要培养什么样的人才以及计算机视觉这门学科方向自身的特点。我们希望培养的毕业生不但要掌握前人已经积累好的知识技能，更要具有前瞻意识和创新思维，具备解决未来可能出现的新问题的能力。这就要求我们的教学工作不能只限于传授既有知识，而更要锻炼学生分析问题、逻辑推理、形成方案、迭代优化的综合能力，也就是常说的那句老话“授人以鱼不如授人以渔”。另外，就计算机视觉这个学科方向而言，它的特点就是很难学。难就难在它对学习者在理论知识和实践技能两方面都有很高的要求。要想在这个领域入门，学习者既要具备综合应用微积分、线性代数、矩阵论、解析几何、射影几何、概率论等数学知识的能力，又要能较为熟练地掌握和运用各种编程工具、算法库和可视化库，如 C++、Python、MATLAB、OpenCV、Eigen、Sophus、G2O、PyTorch、PCL、Pangolin 等。综合考虑这些因素，作者认为该课程的教学材料要尽可能地做到“问题与案例驱动，理论与实践并重”。

然而作者发现，目前很难找到满足上述需求、适合作为大学授课教材的计算机视觉书籍。根据作者的调研来看，此领域现有的书籍要么只讲算法与原理，而缺少实践指导，导致学生难以找到与书中理论和算法能够一一对应的程序实现以及如何应用这些算法的实操指导，不适合引领学生入门；要么着重介绍某些特定程序库的使用，讲解这些程序库接口的调用方式，但在讲解这些库中算法背后的数学理论与设计原理方面却浅尝辄止，容易使学习者成为“调包侠”。

作者在组织本书的材料时，力图能有效弥补现有计算机视觉书籍在作为教材方面的不足。该书在内容组织上遵循了“问题与案例驱动”的宏观原则。除第 1 章绪论外，全书内容按照图像的全景拼接、单目测量、目标检测和三维立体视觉 4 条技术主线来组织。根据作者的经验，这 4 条技术主线可以较为全面地覆盖计算机视觉领域比较成熟的知识点。对于每条技术主线，其最终目标都是要解决一个明确的具体问题。作者围绕如何解决这个具体问题，把相关的重要知识点循序渐进地、有机地组织在一起，并有意识地为读者建立起“数学→算法→技术→应用”支撑体系。作者多年的教学经验表明，这种形式的内容组织方式很容易为学习者所接受，使得初学者更容易从宏观上掌握该学科脉络并深刻理解每个知识点的内涵和作用。

“理论与实践并重”是本书的一个显著特点。对每个具体的模型或者算法，本书都尽可能详细地阐述清楚它的来龙去脉，给出必要的数学预备知识以及推导，帮助学习者构建起知识的“逻辑大厦”，努力让学习者知其然更知其所以然。另外，从很大程度上来说，计算机视觉是一门应用科学，学习者只有通过编程实现（以及必要的实际动手操作）才能深刻理解所学技术的本质。为此，配合理论教学内容，本书提供了丰富的示例程序和实践操作指导，帮助学习者消化理解相关模型、算法以及技术。拿单目测量这条技术主线来说，单目测量是一项技术，它能支撑的应用包括车载环视图中的平面目标检测、传送带上的扁平物品尺寸测量、路面目标测距等；它所用到的算法包括相机内参平面标定算法、图像镜头畸变去除算法、平面间单应变换估计算法、鸟瞰视图生成算法等；为了掌握这些算法，读者需要了解的数学知识包括线性几何变换、平面射影几何、线性最小二乘问题、拉格朗日乘子法、旋转的轴角表达与罗德里格斯公式、非线性最小二乘问题、高斯-牛顿法、列文伯格-马夸尔特法等。在行文时，作者采用倒叙手法来讲述理论内容，先铺垫用到的数学知识，再讲解相关算法，最后延伸到技术以及技术所支撑的应用。配合理论内容，作者在这一部分提供了 MATLAB 版相机标定与图像去畸变示例代码、OpenCV 版相机标定与图像去畸变代码、OpenCV 相机标定核心源代码注释、鸟瞰视图视频合成代码。本书的 GitHub 代码仓库网址为 https://github.com/csLinZhang/CVBook。

从 2011 年秋季开始，作者在同济大学讲授计算机视觉课程。本书是作者在总结十余年教学实践经验的基础上形成的。作者于 2022 年 2 月便着手开始本书的撰写工作，直到 2024 年 4 月才完成了初稿，深感教材写作工作之不易。本书的第 13 章、第 14 章由赵生捷撰写，其余部分均由张林撰写，全书的统稿工作也由张林完成。本书初稿部分内容在同济大学软件学院 2022 年春季学期、2023 年春季学期以及 2023 年秋季学期的计算机视觉课程中进行了试用。在此，对给本书初稿提出反馈意见的同学们表示感谢。

本书可作为人工智能、计算机和软件工程等专业高年级本科生或研究生计算机视觉课程的教材，也可供相关领域的工程技术人员参考。本书内容力求做到自封闭，读者只需具有高等数学、线性代数、概率论、解析几何和数字图像处理方面的基本知识即可，涉及的稍复杂的数学预备知识、程序库的编译安装说明以及核心代码片段等都可在本书的附录中找到。

计算机视觉学科仍处于蓬勃发展阶段，新理论、新算法、新技术层出不穷，加之作者水平有限，书中难免存在缺陷和不足，殷切希望广大读者批评指正。

作　者

2024 年 12 月

目录

第 3 章 线性几何变换

第 4 章 特征点检测与匹配

第 5 章 线性最小二乘问题

第 6 章 射影矩阵的鲁棒估计与图像的插值

第二篇 单 目 测 量

第 7 章 单目测量问题概述

第 8 章 射影几何初步

第 9 章 非线性最小二乘问题

第 10 章 相机成像模型与内参标定

第 11 章 鸟瞰视图

第三篇 目 标 检 测

第 12 章 目标检测问题概述

第 13 章 凸优化基础

第 14 章 SVM 与基于 SVM 的目标检测

第 15 章 YOLO：基于深度卷积神经网络的目标检测模型

第四篇 三维立体视觉

第 16 章 三维立体视觉概述

第17章 双目立体视觉

第18章 神经辐射场

附录

第1章 绪论

1.1 什么是计算机视觉

根据美籍华裔计算机视觉科学家黄煦涛①的论述，计算机视觉这门学科的研究范畴实际上包括两个层面[1]。从生物科学的角度来看，计算机视觉旨在构建出人类视觉系统的计算模型；从工程学的角度来看，计算机视觉旨在构建自主系统，这些系统可以执行人类视觉系统可以完成的某些任务。当然，这两个层面的目标并不是矛盾的，反而是密切相关的。人类视觉系统的属性和特征通常会给设计计算机视觉系统的工程师带来灵感，而计算机视觉算法也可帮助人们更深入地了解人类视觉系统的工作原理。本书将主要采用工程学的观点来定义计算机视觉学科的研究范畴。

既然从工程学的角度来说，计算机视觉是一门研究如何构造具有“视觉”功能的计算机系统的学科，那我们便要问：具有“视觉”功能的计算机系统到底应该具有哪些具体功能呢？不妨做个类比，想一想人类的视觉系统会具有哪些功能。首先，利用自身的视觉系统，我们能够认识家人、朋友，能够识别出苹果、香蕉等目标并且能够知道它们的“边界”在哪里，能够基本准确地判别出所见场景类别（比如，是春天场景还是冬天场景，是雾霾天还是晴天等）。也就是说，我们的视觉系统具有对场景的**理解**（**understanding**）或**识别**（**recognition**）能力。正常情况下，我们睁着眼走路是不会撞到墙的，这是因为我们可以大致**测量**出目标物体与自己的距离，能够感知到周围三维空间环境及我们自身在该空间中所处的相对位置。这样总结下来，人类的视觉系统应该具备两种基本能力：对场景的理解识别能力和对空间的测量（measurement）能力。类似地，**计算机视觉领域的研究要解决的基本问题也是对视觉信息的理解识别以及对空间的感知测量**，只不过此时的“数据采集装置”从人眼换成了各类传感器，“数据处理装置”从人脑换成了计算机。

从上面的介绍可知，在大多数情况下，一个计算机视觉系统包括了视觉传感器和计算平台两部分。视觉传感器负责采集感知数据并传送给计算平台，而计算平台是运行为解决某一具体计算机视觉问题而设计计算程序的计算机。

本书后面大部分内容主要围绕如何设计解决具体计算机视觉问题的算法或模型展开。这里先简要了解一下常用的视觉传感器以及它们所采集视觉信息的表现形式。计算机视觉系统常用的视觉信息采集装置主要包括各类相机、深度相机、三维扫描仪等。通过使用具有不同光谱响应特性的相机，可以采集到不同电磁波段下的图像（或图像序列），如X射线图像、可见光图像、近红外图像、遥感图像等。使用深度相机，可以获得场景的深度图（depth map），深度图中每一个像素的值是场景中对应点到相机成像平面的距离。利用三维扫描仪，可以得到被扫

① 黄煦涛，英文名为Thomas Shi-Tao Huang，1936年6月26日出生于上海，2020年4月25日于美国印第安纳州韦恩堡逝世，美国伊利诺伊大学香槟分校教授，著名美籍华裔计算机视觉科学家。

描目标物体的三维表示，一般为点云结构或网格结构。图 1-1 展示了计算机视觉系统中常用的视觉传感器。图 1-2 展示了视觉信息的典型表现形式。

(a) 手机相机　(b) 监控相机　(c) 广角鱼眼相机　(d) 深度相机　(e) 三维扫描仪

图 1-1　计算机视觉系统中常用的视觉信息采集设备

(a) 可见光图像　(b) 热红外图像　(c) 广角鱼眼图像　(d) 深度图像　(e) 三维模型

图 1-2　视觉信息的典型表现形式

1.2　计算机视觉应用举例

为了使读者对计算机视觉领域的研究范畴有一个更加感性和直观地了解，本节列举一些该领域的典型应用实例。

1.2.1　人脸识别

人脸识别可以说是计算机视觉领域中研究工作开展最早、应用最为广泛和最为成熟的技术分支。它是基于人的脸部特征信息进行身份识别的一种生物识别技术。人脸识别系统用摄像机采集含有人脸的图像或视频流，并自动在图像中检测和跟踪人脸，进而对检测到的人脸进行脸部识别。

人脸识别系统的研究始于 20 世纪 60 年代。20 世纪 80 年代后，人脸识别技术随着计算机技术和光学成像技术的发展得到提高，而真正进入初级应用阶段则在 20 世纪 90 年代后期。人脸识别系统成功的关键在于拥有尖端的核心算法，使识别结果具有实用化的识别率和识别速度。

人脸识别系统一般包括四个组成部分，分别为人脸图像采集及检测、人脸图像预处理、人脸图像特征提取以及匹配与识别。根据具体业务逻辑的不同，人脸识别问题可以具体细分为两类问题："一对一"的确认(verification)问题和"一对多"的鉴别(identification)问题。"确认"要解决的问题是：给系统输入两张人脸照片 A 和 B，系统需要"确认"A 和 B 这两张照片是不是采集自同一个人的(图 1-3(a))；"鉴别"要解决的问题是：系统连接着一个后台人脸注册数据库 Ω，对于当前输入的一张人脸照片 H，系统需要回答 H 是 Ω 中哪一个人的照片(图 1-3(b))。不难理解，旅客在海关通关时使用的"自助通关"系统、火车站进站口的身份核验系统等，都属于一对一的人脸确认系统；公司内部使用的基于人脸的考勤系统、刑侦使用的人脸抓拍照片与重点人员的人脸数据库比对系统，则属于一对多的人脸鉴别系统。

人脸识别产品已广泛应用于金融、司法、军队、公安、边检、政府、航天、电力、工厂、教育、医疗及众多企事业单位等领域。随着技术的进一步成熟和社会认同度的提高，人脸识别技术将

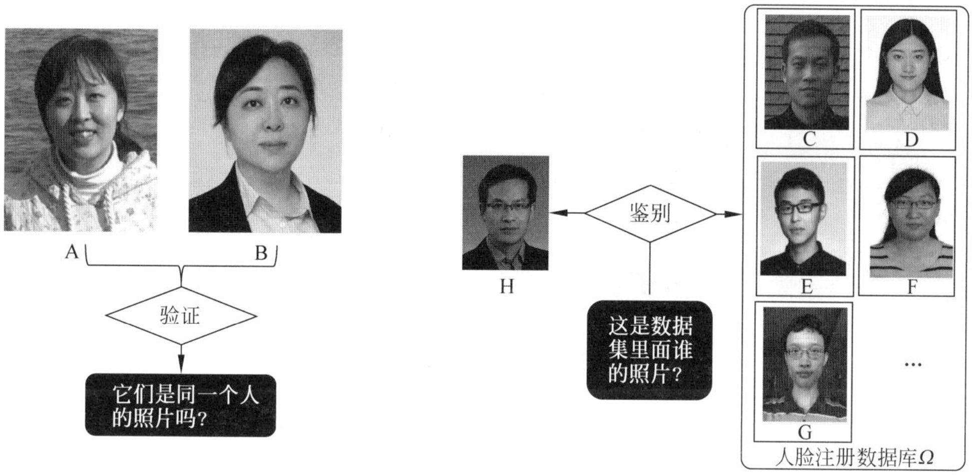

(a) 一对一的确认问题　　(b) 一对多的鉴别问题

图 1-3　人脸识别领域的两类问题

应用在更多的领域。

实际上，人脸识别技术也只是众多生物特征识别技术中的一种。常用的生物特征识别技术还包括指纹识别、掌纹（掌静脉）识别、虹膜识别、声纹识别等。它们可适用于不同的应用场景和应用需求，本书作者研发了非接触式掌纹掌静脉识别系统[2]，如图 1-4 所示。

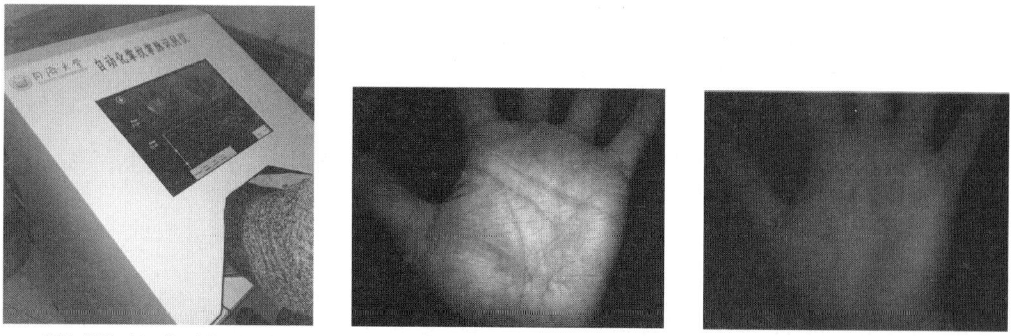

(a) 掌纹掌静脉图像采集硬件装置　　(b) 该系统所采集的掌纹图像　　(c) 该系统所采集的掌静脉图像

图 1-4　非接触式掌纹掌静脉识别系统

1.2.2　智能监控

视频监控是安保防范的重要手段之一，然而，依赖人工手段来检索分析监控视频难以高效地处理海量的视频数据。随着计算机视觉技术的发展，智能监控为视频监控提供了新的解决方案。智能监控技术采用计算机视觉方法对监控数据进行自动化分析，可实现智能化的安保监控与环境监测。智能监控系统能够更加高效地获取监控数据中的有效信息，实现全自动、全天候的安全监测与智能管理。

为了实现对视频监控数据的智能化分析，智能监控系统一般会涉及多项计算机视觉任务，如图像分割、物体识别、物体追踪以及行为分析等。一般来说，在智能监控系统中，首先需要进行底层的图像处理工作，以得到基础的图像信息，例如，通过图像分割（image segmentation）分离出视频画面中的前景和后景，以提取出监控画面中的重点关注区域。同时，通过物体检测与识别技术对目标物体进行更精确的定位及区分，常见的识别目标包括行人、车辆、车牌、信号灯

图 1-5　对行人目标的检测与追踪

等。在定位到目标物体后，智能监控系统需要对物体进行动态目标追踪(object tracking)，以获取目标的行为特征。比如，可对移动的行人及车辆进行追踪，记录其运动轨迹及速度等信息。图 1-5 展示了对行人目标的检测与追踪。随后，系统即可根据追踪得到的行为特征对目标物体的运动模式进行进一步分析和理解，以判断监控画面中是否存在需要关注的异常事件或行为，如人群聚集、打架斗殴、交通事故等，最终实现对场景的智能化实时监测。

智能监控技术能够被应用于交通、农业、军事等领域场景下的安全防范、信息获取与指挥调度等。智能监控既能够为大型公共场所提供安保措施，实现罪犯识别、实时监测和危险事件预警等功能；也能够服务家庭监控等任务，随时监测居家安全情况和家人的健康状况。

1.2.3　医学影像分析

计算机视觉技术在医学影像分析中的应用非常广泛，主要是通过图像处理、模式识别和机器学习等技术对医学影像数据进行分析和诊断，以辅助医生进行疾病的诊断和治疗。具体包括以下几方面。

(1) 图像分割和分析。医学影像数据通常包括 X 射线、CT、MRI 等图像，这些图像数据量大、复杂度高，需要对其进行分割和分析，提取出感兴趣的区域，如肿瘤、血管、器官等。

(2) 特征提取和匹配。对于医学影像数据，通常需要对其进行特征提取和匹配，以便对其进行分类和识别。常用的特征包括形态、纹理、灰度等，医学影像数据通常需要对这些特征进行分析和提取，以便对其进行分类和识别。

(3) 疾病诊断和治疗。计算机视觉技术可以辅助医生进行疾病的诊断和治疗，如肺部 CT 图像中的肿瘤检测、脑部 MRI 图像的病变分析等。通过计算机视觉技术，医生可以快速准确地识别疾病，并进行相应的治疗。

目前，医学影像分析领域的计算机视觉技术已经取得的一些重要进展如下：

(1) 深度学习和卷积神经网络等技术在医学影像分析中得到了广泛应用，可以对医学影像数据进行自动分类和识别；

(2) 多模态医学影像分析是一种新兴的技术，可以结合多个医学影像模态进行分析和识别，从而提高诊断和治疗的准确性和效率；

(3) 云计算和大数据技术可以帮助医学影像分析领域处理和分析大量的医学影像数据，从而提高分析的准确性和效率。

1.2.4　视觉定位

作为学术界和工业界同时发展最活跃的领域之一，智能移动机器人受到了世界各国的重视。随着其性能的不断完善，移动机器人已经成功应用于医疗服务、城市安全、国防和空间探测等领域。智能移动机器人系统一般包含环境感知、自身定位、决策规划和行为控制等多个功能模块。其中，自身定位作为其中最基本的模块之一，是机器人开展其他工作的基础和前提。

为解决机器人的定位问题，通常会涉及各类传感器的使用。例如，室外场景中常使用的全球导航卫星系统(global navigation satellite system，GNSS)。由于此类卫星定位系统无法在室内场景中使用,因此开发适用于室内场景的定位技术成为近年来的研究热点。目前,研究较为广泛的室内定位技术主要有基于无线电信号的定位技术、基于地磁场检测的定位技术及基于惯性测量单元(inertial measurement unit,IMU)的定位技术等。但是,以上室内定位技术在实际使用中仍然存在一些缺陷。基于无线电信号的定位技术依赖室内场景中布设的信号发射装置,而安装这些装置增加了定位的成本。此外,无线电信号容易受到移动物体的干扰,造成定位精度的下降。基于地磁检测的定位技术容易受到电气设备和金属物体的干扰。而基于IMU设备的定位技术容易产生累积误差,不适用于长距离定位。

由于人类确定自身位置时主要借助视觉,因此通过模仿人类视觉感知功能而设计的视觉定位系统体现出了独特的技术优势。视觉定位系统通过安装在移动机器人上的相机拍摄环境图片,再借助图像中的像素或低/高层次特征的位置变化估计机器人的位姿参数。由于成本低、信息丰富,相机已经成为众多智能移动机器人的标配。同时,因相机在定位方式上的独特优势,利用视觉进行定位已经在诸多领域得到应用。如图1-6所示,本书作者团队研发了面向室内自主泊车任务的定位建图系统,实现了基于前视相机、环视相机和IMU数据的车辆定位[3]。

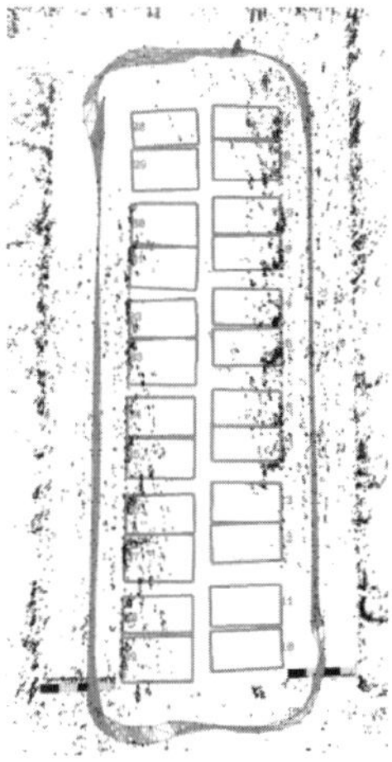

图1-6 室内停车场语义地图

根据是否使用先验地图,视觉定位技术分为基于先验地图的视觉定位技术与无先验地图的视觉定位技术。前者基于先验地图并借助重定位、图像检索等技术进行视觉定位,能较好地保证定位结果的全局一致性。而后者由于无法依赖先验地图,因此此类技术需要同时估计机器人位姿与周围环境结构,其定位结果缺乏全局一致性。根据是否实时运行,无先验地图的视觉定位技术通常可分为同时定位与建图(simultaneous localization and mapping,SLAM)技术和运动恢复结构(structure from motion,SFM)技术。SLAM技术起源于机器人社区,更加注重定位和实时性。按照实现方案中相机的个数,SLAM技术可以分为单目视觉SLAM技术、双目视觉SLAM技术和多目视觉SLAM技术。通常在实际应用中为提高机器人自身定位的精度,视觉SLAM技术通常会融合IMU和激光雷达等传感器。而SFM技术起源于计算机视觉社区,更加注重场景结构恢复的精准度,而非实时性。图1-7所示为视觉定位技术的分类。

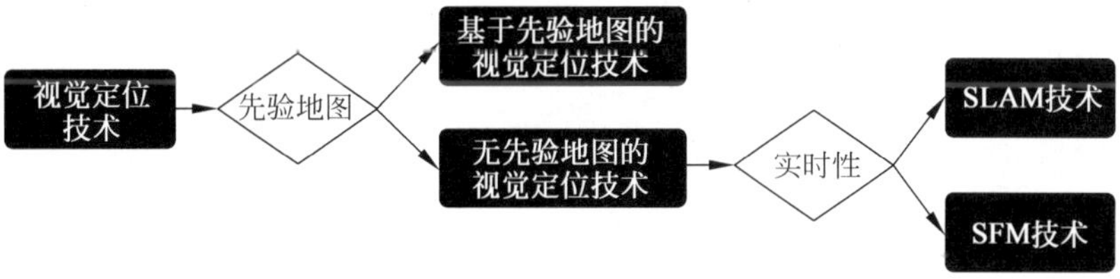

图1-7 视觉定位技术的分类

如今,视觉定位技术正逐渐从实验室走进人们的生活中,并在教育、医疗和安全等领域扮演着重要角色。对于视觉定位系统,定位精度和实时性是保证用户体验的关键。因此,提高定位精度以及保证系统实时性是视觉定位技术未来发展的主要目标。

1.2.5 三维场景重建

重建现实场景物体的三维模型,在数字空间呈现真实空间中物体的形状及色彩信息,在许多领域内有着重要的应用价值。在智慧城市应用中，使用城市数字模型展示并管理城市；在文物保护领域，可将文物复原为三维模型，构建数字博物馆；在虚拟现实（virtual reality，VR）场景中，可通过数字三维模型提供沉浸式的用户交互体验；除此之外，在工业制造、游戏开发、机器人导航等任务中，三维重建都有着广泛应用空间。

三维重建可以通过传统的几何建模方法实现，但是几何建模方法依赖复杂的人工建模过程，操作难度大且难以保证精确度。随着计算机视觉技术及传感器技术的发展，基于图像及点云的三维重建方法成为三维重建技术领域的主流。三维重建系统使用各种类型的视觉传感器对场景进行扫描，基于多视图几何原理，实现对现实物体的逆向建模，自动在数字空间中复原真实物体的结构及纹理特征。

三维重建系统的输入可以是普通的二维图像序列、深度相机采集的深度图以及激光雷达采集得到的点云数据等。对于二维图像序列输入，三维重建系统通过运动恢复结构技术生成稀疏的点云模型，再通过多视立体视觉（multi view stereo，MVS）技术进一步获取稠密的点云模型。而对于深度图像序列及激光雷达数据，系统则可以使用迭代最近点（iterative closet point，ICP）等算法获取传感器的位置，融合得到相应的点云模型。在得到点云模型后，利用距离截断函数（truncated signed distance function，TSDF）以及泊松重建（Poisson reconstruction）等方法能够从点云模型中构建出三角网格，得到表示物体形状特征的网格模型。随后，可再为网格模型添加纹理贴图，为模型添加真实的色彩信息，即可得到最终的数字三维模型。

目前，三维重建技术正向着实时化、轻量化的方向发展。三维重建系统已经能够做到在设备扫描的同时，实时输出高精度的模型。三维重建技术已经开始逐步普及至日常生活中，普通用户也能方便快捷地生成各种三维模型。伴随三维重建技术的普及与发展，更多的三维应用场景与需求将会在未来涌现。本书作者团队研发了多智能体协同的大范围室内场景三维重建系统[4]，图 1-8 所示为该系统对同济大学嘉定校区迩楼进行三维重建得到的结果。

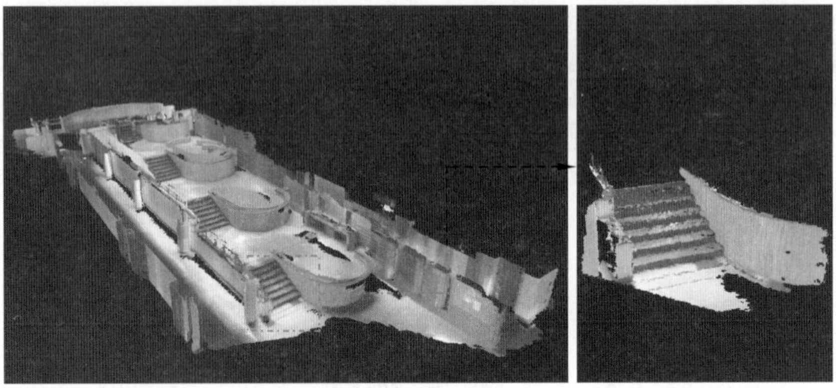

图 1-8　对同济大学嘉定校区迩楼进行三维重建得到的结果

1.2.6　无人（辅助）驾驶

计算机视觉技术在无人驾驶或辅助驾驶领域的应用，主要是通过对车辆周围环境的感知和理解，辅助自动驾驶系统进行决策和控制，从而实现车辆的自主行驶或协助驾驶员完成驾驶任务。具体包括以下几方面。

（1）环境感知。计算机视觉技术可以对车辆周围的环境进行感知（如图 1-9 所示的本书作者团队研发的环视相机系统[5]），如识别道路标志、检测路面障碍物、识别车辆和行人等，以便自动驾驶系统进行实时的决策和控制。

(a) 安装在车身四周的广角鱼眼相机拍摄到的4幅原始图像　　(b) 由4幅鱼眼图像拼合而成的360°环视图像

图 1-9　环视相机系统

（2）地图建立。计算机视觉技术可以通过对车辆周围环境的感知和分析，建立高精度的地图，为自动驾驶系统提供更准确和实时的信息。本书作者团队研发了基于激光雷达、相机和IMU数据的建图系统[6]，图1-10所示为该系统对同济大学嘉定校区校门附近区域进行建图得到的结果。

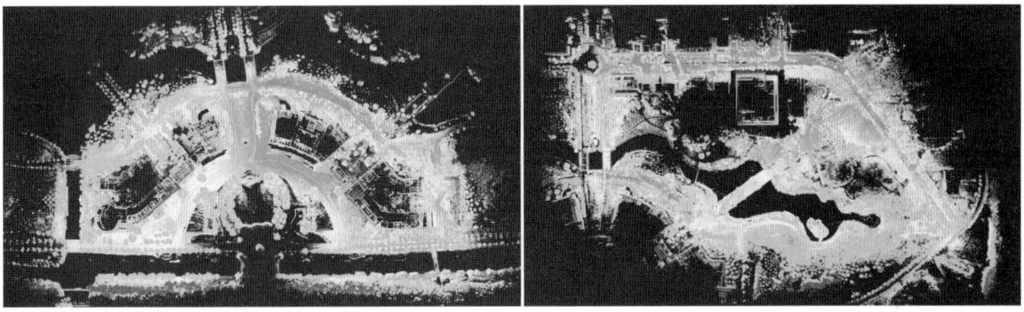

图 1-10　对同济大学嘉定校区校门附近区域进行建图得到的结果

（3）行驶决策。计算机视觉技术可以对车辆周围的环境进行分析和预测，根据不同的行驶场景，自主决策并控制车辆的行驶方向、速度等参数。

目前，自动驾驶领域的计算机视觉技术已经取得了一些重要的进展，主要包括以下几方面。

（1）传感器技术：无人驾驶或辅助驾驶系统需要采集车辆周围的大量数据，目前主要使用的传感器包括摄像头、激光雷达、超声波传感器等，这些传感器的发展和应用，为计算机视觉技术的发展提供了更好的支持。

（2）深度学习和神经网络：深度学习和神经网络等技术在无人驾驶领域得到了广泛应用，可以对车辆周围环境进行自动分析和识别，并为自动驾驶系统提供更为准确和实时的信息。

（3）多传感器融合：多传感器融合技术可以将多个传感器的信息进行融合，从而提高数据的准确性和可靠性，为自动驾驶系统提供更为全面和精准的信息。

1.2.7　农业智能化

计算机视觉技术在农业智能化领域的应用，主要是通过对农业生产环境和作物生长状态的感知和理解，提高农业生产效率和农产品质量，具体包括以下几方面。

(1) 农田环境监测。计算机视觉技术可以通过对农田环境的感知，如土壤湿度、温度、光照强度等参数进行实时监测，为农业生产提供准确的环境数据。

(2) 作物生长状态监测。计算机视觉技术可以通过对作物生长状态的感知，如作物高度、冠层覆盖率、叶片数量等参数进行实时监测，为农业生产提供准确的作物生长数据。

(3) 病虫害监测。计算机视觉技术可以通过对作物生长状态的监测，及时检测出作物的病虫害问题，为农民提供更加准确和实时的病虫害防治方案。

(4) 作物识别和分类。计算机视觉技术可以对农田中的作物进行自动识别和分类，从而为农民提供更加准确和实时的作物管理和决策支持。

近年来，农业智能化领域的计算机视觉技术已经取得了一些重要的进展，主要包括以下几方面。①传感器技术：目前，在农业智能化领域中用于采集环境和作物数据的各类传感器已经非常普遍，主要包括各类摄像头、红外传感器、温湿度传感器等。②图像处理技术：图像处理技术可以对农业图像进行预处理和特征提取，为计算机视觉技术的应用提供更加准确和可靠的数据。③深度学习和神经网络：深度学习和神经网络等技术可以对作物生长状态进行自动分析和识别。

1.2.8 智能家居

计算机视觉技术在智能家居领域的应用，主要是通过对家庭环境和用户行为的感知和理解，实现智能家居设备的控制和优化，具体包括以下几方面。

(1) 智能安防。计算机视觉技术可以通过对家庭环境的感知，如人员进出、异常动作、烟雾等，实现智能安防功能。例如，智能摄像头可以通过人脸识别技术，自动识别家庭成员和陌生人，从而提高家庭的安全性。

(2) 智能照明。计算机视觉技术可以通过对家庭环境的感知，如光线强度、用户位置等，实现智能照明功能。例如，智能灯具可以根据用户位置和光线强度自动调节亮度和色温，提高用户的舒适感和健康体验。

(3) 智能空调。计算机视觉技术可以通过对家庭环境的感知，如温度、湿度等，实现智能空调功能。例如，智能空调可以根据用户位置和温度需求自动调节风速和温度，提高家庭的舒适度和优化节能效果。

(4) 智能家电。计算机视觉技术可以通过对家电的感知，如电视、音响等，实现智能家电控制功能。例如，智能电视可以通过人脸识别技术，自动识别用户身份，并提供个性化的电视节目和推荐服务。

随着计算机视觉技术的不断进步，未来的智能家居将更加智能化、普及化、个性化、人性化，并且更加安全。

1.2.9 虚拟现实

计算机视觉技术在虚拟现实领域的应用主要是用于增强虚拟现实体验和交互性。具体来说，计算机视觉技术在虚拟现实中的应用包括以下几方面。

(1) 视觉感知。计算机视觉技术可以通过识别和跟踪用户的头部和手部动作，实现虚拟现实环境中的自然交互。例如，用户可以通过头部的运动来控制虚拟现实中的视角，通过手部动作来操作虚拟物体。

(2) 环境重建。计算机视觉技术可以通过对真实世界场景的拍摄和处理，实现虚拟现实环境的构建和渲染。例如，通过对真实场景的拍摄和处理，构建出高精度的虚拟城市场景，用户可以在虚拟城市中进行漫游和交互。

(3) 物体识别。计算机视觉技术可以通过对虚拟环境中的物体进行识别和跟踪，实现更加自然和真实的虚拟现实体验。例如，通过对虚拟环境中的物体进行识别和跟踪，可以实现虚拟现实中的真实物理交互。

(4) 身体跟踪。计算机视觉技术可以通过对用户身体姿态的感知和跟踪，实现虚拟现实环境中的自然交互和运动模拟。例如，通过对用户身体姿态的感知和跟踪，可以实现虚拟现实中的运动游戏和身体训练。

虚拟现实领域的计算机视觉技术近年来取得了许多进展，其中一些重要的进展包括以下几方面。

(1) 实时渲染技术。实时渲染技术可以在虚拟现实设备中实时渲染图像和视频，使用户在虚拟现实环境中的体验更加流畅和真实。例如，使用基于光线追踪的实时渲染技术可以实现更加真实的虚拟现实场景。

(2) 3D 扫描技术。通过使用 3D 扫描技术可以将现实世界中的物体快速、精确地转换为虚拟对象，使得虚拟现实体验更加真实和准确。例如，使用激光扫描技术可以将现实中的场景、人物或物体转换为高质量的 3D 模型。

(3) 身体跟踪技术。身体跟踪技术可以帮助识别用户的身体姿势和动作，使虚拟现实设备更好地跟随用户动作。例如，使用基于深度学习的姿态估计算法可以实现高效、准确的人体动作识别。

(4) 智能交互技术。智能交互技术可以使虚拟现实设备更好地与用户进行交互，增强用户的虚拟现实体验。例如，使用语音识别和自然语言处理技术可以实现自然语言对话和交互。

(5) 增强现实(augmented reality，AR)和虚拟现实技术的融合。增强现实和虚拟现实技术的融合可以实现更加真实和交互性的虚拟现实体验。例如，使用增强现实技术可以将虚拟物体融合到现实世界中，增强虚拟现实体验的真实性和交互性。

1.2.10 工业自动化

计算机视觉技术在工业自动化领域具有广泛应用，其中一些典型应用包括以下几方面。

(1) 工业机器人。利用计算机视觉技术，工业机器人可以实现自主定位、抓取和搬运物品等任务。

(2) 智能制造。通过计算机视觉技术可以实现生产线自动化、流程监控和质量控制等任务。

(3) 工业质检。计算机视觉技术可以实现自动化检测、质量控制和缺陷检测等任务。

(4) 智能仓储。利用计算机视觉技术可以实现智能化仓储管理和物流分拣等任务。

未来，计算机视觉技术在工业自动化领域中的发展和应用将呈现出如下趋势。

(1) 智能化程度提高。随着深度学习等技术的不断发展，计算机视觉技术的智能化程度将不断提高。未来，计算机视觉技术将能够更加准确地识别工件的形状、尺寸、颜色等属性，实现对不同工件的智能分类和分拣，进一步提高工业自动化的效率和精度。

(2) 多传感器融合。传感器技术的发展将为工业自动化中计算机视觉技术的应用提供更多的数据源。未来，计算机视觉技术将和其他传感器技术，如激光传感器、雷达等进行融合，实现对工业场景更加全面和深入的感知。

(3) 边缘计算和云计算的结合。随着云计算和边缘计算技术的不断发展，计算机视觉技术的应用将更加普及。未来，计算机视觉技术将不仅在云端进行数据处理，也将在边缘设备上实现数据处理和决策，实现更快的响应速度和更低的能耗。

(4) 可迁移学习的应用。随着不同行业对计算机视觉技术的应用需求不断增加，如何将已经训练好的模型应用到新的行业场景中将成为一个重要的问题。未来，可迁移学习技术将在工业自动化中得到广泛应用，实现不同行业场景下模型的共享和迁移。

(5) 机器人视觉的进一步发展。机器人视觉是计算机视觉技术在工业自动化中的重要应用方向。未来，机器人视觉将不仅局限于简单的任务，如物品抓取和移动，而是将实现更加复杂的任务，如装配、焊接、喷涂等，以提高工业自动化的灵活性和自动化程度。

1.3 发展简史

1.3.1 计算机视觉萌芽

同其他传统学科相比，计算机视觉是一个非常年轻的学科门类。它是从 20 世纪 60 年代开始才发展起来的，其发展历史至今也不足 70 年。1963 年，美国麻省理工学院(Massachusetts Institute of Technology，MIT)的博士生劳伦斯·罗伯茨(Lawrence Roberts)①完成了其名为“Machine perception of three-dimensional solids”的博士论文[7]，这篇博士论文被认为是计算机视觉领域的第一篇专业论文。该论文在理想积木(block)世界中描述了从二维图片中推导三维信息的过程，开创了以理解三维场景为目的的计算机视觉研究。鉴于他的开创性贡献，罗伯茨被普遍认为是计算机视觉之父[1]。非常有趣的是，罗伯茨不仅是计算机视觉学科的开拓者，也是人类另一项伟大技术——互联网的奠基人之一。1967—1973 年，罗伯茨受雇于美国国防部高级研究计划局(Advanced Research Project Agency，ARPA)。在这期间，他作为首席架构师领导建设了分布式网络阿帕网(advanced research projects agency network，ARPANET)，即 Internet 技术的前身，因此罗伯茨也被认为是“阿帕网之父”。

在 20 世纪 60 年代发生的“暑期视觉项目”(the summer vision project)故事广为流传。1966 年 7 月，MIT 的西摩·帕佩特博士(Seymour Papert)②组织了“暑期视觉项目”。该项目的目标是对真实世界的图像进行区域分割与目标识别。帕佩特把这个项目交给了一位名叫杰拉德·苏斯曼(Gerald Sussman)③的本科生来负责，让他协调一个由本科生组成的研究小组在暑期之内完成这项任务。这是有历史记录可查的早期计算机视觉任务描述(图 1-11)。

---

① 劳伦斯·吉尔曼·罗伯茨(Lawrence Gilman Roberts)，美国工程师，完成了首篇计算机视觉领域的博士论文，被普遍认为是计算机视觉之父；同时，他也是互联网技术先驱，他和他的团队设计和管理了世界上第一个分组交换网络 ARPANET。

② 西摩·奥布里·帕佩特(Seymour Aubrey Papert)，出生于南非的美国数学家、计算机科学家和教育家，他职业生涯大部分时间都在 MIT 从事教学和研究，他是人工智能和教育建构主义运动的先驱之一。

③ 杰拉德·杰伊·苏斯曼(Gerald Jay Sussman)，现为 MIT 教授；1968 年和 1973 年，他分别获得了 MIT 数学学士和博士学位，其博士生导师为西摩·帕佩特；自 1964 年以来，他一直在 MIT 从事人工智能研究，其研究主要集中于理解科学家和工程师使用解决问题的策略，以将这些策略的部分过程自动化。

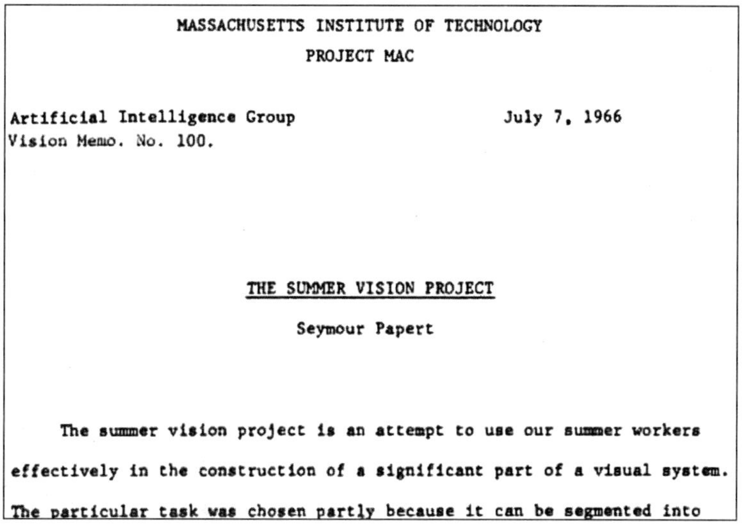
MASSACHUSETTS INSTITUTE OF TECHNOLOGY
PROJECT MAC

Artificial Intelligence Group   July 7, 1966
Vision Memo. No. 100.

THE SUMMER VISION PROJECT

Seymour Papert

The summer vision project is an attempt to use our summer workers effectively in the construction of a significant part of a visual system. The particular task was chosen partly because it can be segmented into

图 1-11 西摩·帕佩特提出的“暑期视觉项目”计划与要求文本

1.3.2 形成独立学科

20 世纪 70—80 年代出现了一项里程碑式的工作，由 MIT 的大卫·马尔（David Marr）① 教授所提出的计算视觉理论。马尔从严谨而又长远的角度给出了计算机视觉的发展方向和一些基本算法，使该学科的研究有了明确的体系。马尔将视觉描述为从（视网膜上的）二维视觉信号阵列到作为输出的三维世界描述的处理过程。他将视觉信息表达分为了三个层次。

（1）场景的基元表达（primal sketch）。该表达由从场景中提取的基本特征所组成，包括边缘、区域等。从概念上来说，场景的基元表达类似艺术家对场景进行快速绘制而得到的铅笔草图。

（2）场景的 2.5D 表达（2.5D sketch）。2.5D 表达与立体视觉、光流和运动视差有关。在现实中，我们并没有看到所有的环境，而是构建了以观察者为中心的三维环境视图。从概念上来说，场景的 2.5D 表达类似艺术家在铅笔草图的基础上添加了光影明暗处理以提供深度。

（3）场景的 3D 模型。有了完整的场景 3D 模型，便可以在三维空间中对场景进行多角度连续观察。

马尔于 1972 年从剑桥大学毕业，其博士论文的主题是从理论的角度研究大脑功能。1973 年，受 MIT 人工智能实验室主任马文·明斯基（Marvin Minsky）②邀请，马尔开始在 MIT 做博士后，并于 1977 年转为教职。1978 年冬，马尔被诊断出得了急性白血病。1980 年，当他转为正教授之后不久，便去世了，时年 35 岁。他在生命的最后时刻，抓紧时间整理了一本书：《视觉：从计算的视角研究人的视觉信息表达与处理》[8]。在马尔去世后，该书由他的学生和同事整理修订，并于 1982 年出版。为了纪念马尔，国际计算机视觉大会（International Conference on Computer Vision，ICCV）的最佳论文奖被命名为马尔奖（Marr Prize），认知科学会（Cognitive Science Society）年度会议的最佳学生论文奖也被命名为马尔奖。

---

① 大卫·考特尼·马尔（David Courtenay Marr），英国神经科学家和生理学家。马尔将心理学、人工智能和神经生理学的成果整合到新的视觉处理模型中。

② 马文·李·明斯基（Marvin Lee Minsky），生于美国纽约州纽约市，美国科学家，专长于认知科学与人工智能领域，MIT 人工智能实验室的创始人之一。1969 年，因为在人工智能领域的贡献，明斯基获得图灵奖。

在这一时期，除了学术界所取得的进展以外，计算机视觉技术也开始逐步走向实际应用。比如，由毕业自 MIT 的 Robert J. Shillman 博士于 1981 年创建的 Cognex① 公司，在 1982 年推出了世界上第一套工业光学字符识别(optical character recognition，OCR，)系统。1989 年，当时在贝尔实验室工作的杨立昆(Yann LeCun)等将使用反向传播算法训练的卷积神经网络应用到读取“手写”数字上，为美国邮政服务成功解决了手写邮政编码数字识别任务。该卷积神经网络即后来称为 LeNet[9] 的卷积神经网络的雏形。值得一提的是，在 1989 年发表的“反向传播应用于手写邮政编码识别”的论文[10]中，杨立昆在论述其网络结构时首次使用了“卷积”一词，“卷积神经网络”由此诞生，之后杨立昆便被业内称为“卷积神经网络之父”。鉴于杨立昆在深度学习领域的杰出贡献，他和另外两位加拿大计算机科学家——杰弗里·辛顿(Geoffrey Hinton)与约书亚·本吉奥(Yoshua Bengio)，一起获得了 2018 年度的图灵奖。

国际著名的专门交流计算机视觉领域前沿知识与思想的国际学术会议 CVPR(Computer Vision and Pattern Recognition)和 ICCV 也都创立于这一时期。CVPR 是计算机视觉和模式识别领域的重要会议之一，由 IEEE(Institute of Electrical and Electronics Engineers)发起并主办。该会议创立于 1983 年，每年夏季举办。CVPR 被认为是计算机视觉领域中的顶级会议之一，也是全球计算机视觉研究人员交流最为广泛、参与度最高的学术会议之一。ICCV 创立于 1987 年，每两年举办一次，目前也已经发展成为计算机视觉领域的顶级会议之一。

1.3.3 蓬勃发展期

在 20 世纪 90 年代到 21 世纪，计算机视觉领域的研究进入了蓬勃发展阶段，在多个细分领域(如图像分割、目标检测、特征检测与匹配、多视图几何等)都产生了许多经典的突破性工作。这些开创性的工作极大丰富了计算机视觉领域的研究内涵。

20 世纪 60—80 年代，虽然 CV 的概念已经提出了 20 年，但是与“识别”相关的工作进展得并不顺利，很难看到突破性的方法和文献。因此人们开始思考：如果图像识别太困难了，那为什么不先试试图像分割(image segmentation)呢？图像分割是指将图像分成若干具有相似性质区域的过程，从数学角度来看，图像分割是将图像划分成互不相交区域的过程。到了 1997 年，图像分割的方向终于有了进展。来自加州大学伯克利分校的 Jitendra Malik 和他的学生史建波对此做出了重要贡献，他们将图论算法引入图像分割领域并获得了巨大成功[11]。

从计算机视觉这个学科诞生伊始，目标检测问题便一直是这个领域中的热点研究问题。给定一张图像，目标检测算法需要把某类或某几类预定类型的目标框选出来。这类算法在智能监控、机器人导航、自动驾驶等上层任务中有着重要应用。2001 年，Paul Viola 和 Michael Jones 基于级联 Adaboost 分类框架和哈尔特征(Haar features，一种提取图像区域中简单特征的方法)实现了实时性人脸检测[12]。这一技术在 5 年后就被富士胶片公司应用于产品中，制造出了首个带有实时人脸检测功能的照相机。后来，Viola 和 Jones 的人脸检测算法也被推广，用于检测通用类型的视觉目标。2005 年，Dalal 和 Triggs 提出了方向梯度直方图(histogram of oriented gradients，HOG)特征，并研发了基于支持向量机(support vector machine，SVM)分类框架和 HOG 特征的行人检测系统[13]。HOG 随后成了计算机视觉领域中非常常用的一种图像局部纹理描述特征。2008 年，美国芝加哥大学学者 Felzenszwalb 等提出了基于 HOG 的可变形零件模型(deformable parts model，DPM)[14]。DPM 模型非常直观，它将目标对象建

---

① Cognex，英文 cognition expert 的缩写，意为“识别专家”。

模成几个部件的组合，比如，它将人体视为头部、身体、手和腿的组合。DPM 是深度学习之前最成功的目标检测与识别算法，它最成功的应用就是行人检测。自从被提出来之后，DPM 逐步成了众多分类、分割、姿态估计等算法的核心部分。

为了完成目标检测、图像配准、相机位姿估计等任务，一般需要在图像中进行特征点（特征区域）的提取与匹配。对于特征点（特征区域）来说，我们希望它们既具有高鲁棒性又具有高可区分性。在 20 世纪 90 年代，涌现了非常多的特征点（特征区域）检测与匹配算法，其中最具影响力的是尺度不变特征变换（scale invariant feature transform，SIFT）算法[15]。该算法由加拿大学者 David Lowe 于 1999 年提出。由于对图像平移、旋转、尺度和光照等变化具有很强的不变性优点，SIFT 算法自问世以后很快便成了最流行的图像特征点检测方法。

计算机视觉的一个主要研究目标是从图像序列中恢复出三维空间的几何结构，这就需要研究多视图几何。由于图像的成像过程是一个中心投影过程，因此多视图几何本质上就是要研究在射影变换下图像对应点以及空间点与其投影的图像点之间的约束理论和相关计算方法。在多视图几何领域中，相机的成像模型一般会被建模为针孔成像模型。而针孔成像模型是一种中心投影模型，因此当相机有畸变时，需要将畸变后的图像平面先校正到无畸变平面，而后才可以使用多视图几何理论。相机标定与多视图几何理论在这一时期发展得日臻完善。2000 年，微软公司的华人科学家张正友博士发明了相机参数平面标定法[16]。由于具有操作简单、标定精度高的优点，张正友提出的相机标定方法目前依然是该领域使用最为广泛的方法。2000 年，澳大利亚昆士兰大学的理查德·哈特利（Richard Hartley）①教授和英国牛津大学的安德鲁·齐瑟曼（Andrew Zisserman）②教授合作出版了专著《计算机视觉中的多视图几何》，全面总结了多视图几何领域的基础理论与算法。该书成了日后计算机视觉以及机器人领域研究人员广泛使用的参考书，其第 2 版出版于 2004 年[17]。

1.3.4 机器学习与计算机视觉深度交融

2010 年以来，计算机视觉领域取得了突飞猛进的进展，并催生了很多成功的应用。在这一阶段，该领域发展的最大特点是机器学习（尤其是深度学习）技术被广泛应用于解决计算机视觉问题。这一特点已经渗透到了几乎所有的 CV 细分技术领域，比如，物体识别、目标检测、特征点检测与匹配、三维重建、相机标定、图像分割、深度复原、视觉内容生成等。

为了促进图像识别技术的发展，2009 年，斯坦福大学的李飞飞等发布了一个大型图像数据集 ImageNet[18]。基于 ImageNet，在 2010 年至 2017 年，李飞飞等共组织了 8 次大规模视觉识别竞赛（imageNet large scale visual recognition challenge，ILSVRC）。该系列竞赛极大地推动了计算机视觉领域（尤其是深度神经网络设计技术）的发展。2012 年，加拿大多伦多大学的学者亚历克斯·克里泽夫斯基（Alex Krizhevsky）等构建了一个“大型的深度卷积神经网络”，即现在众所周知的 AlexNet[19]，以非常明显的性能优势赢得了当年 ILSVRC 图像分类比赛的

---

① 理查德·哈特利（Richard Hartley），澳大利亚昆士兰大学计算机科学和工程学院教授，他于 1971 年获得了澳大利亚国立大学的理学学士学位，随后又获得了多伦多大学的数学硕士学位（1972 年）和博士学位（1976 年）；他是多视几何算法的开创者之一，提出了许多重要的方法来计算多个视角下的三维结构，如三角化（triangulation）、基础矩阵和本质矩阵等；他曾获得多项国际荣誉和奖项，包括 IEEE Fellow、ACM Fellow、澳大利亚科学院院士等；他的研究成果和贡献在计算机视觉领域有着广泛而深远的影响。

② 安德鲁·齐瑟曼（Andrew Zisserman），英国计算机科学家，牛津大学教授；他的研究涵盖了计算机视觉、机器学习和人工智能等领域，尤其是在视频分析、目标跟踪和物体识别等方面有着重要的贡献；他曾获得多项国际荣誉和奖项，包括 IEEE Fellow、ACM Fellow 和英国皇家学会会士等。

冠军。从 2012 年起，在全球学术界和工业界掀起了研究和应用深度学习技术的浪潮。很多经典的神经网络结构也相继在这一时期诞生，如 VGGNet、GoogLeNet、ResNet、ShuffleNet、DenseNet 等。

2014 年，加拿大蒙特利尔大学的伊恩·古德费罗(Ian Goodfellow)等提出了生成式对抗网络(generative adversarial networks，GAN)的概念[20]。GAN 是一种深度学习模型，由生成器和判别器两个模块组成，旨在生成具有真实性的数据样本。GAN 的基本思想是将生成器和判别器两个模块对抗训练，生成器的目标是生成逼真的假样本，而判别器的目标是能够准确地区分真实数据和生成的假数据。通过对抗训练，生成器和判别器不断优化自己的表现，最终可以生成具有高度真实性的样本数据。最初的 GAN 模型是基于最大化生成数据真实性和最小化判别器错误率的目标函数进行训练。这个目标函数称为 min-max 目标函数。然而，这个目标函数的训练过程不够稳定，经常会出现模型崩溃的情况。随着时间的推移，研究者们不断改进 GAN 模型的训练方法，提出了一系列的变种，如深度卷积 GAN(DCGAN)、条件 GAN(CGAN)、Wasserstein GAN(WGAN)、CycleGAN、StarGAN 等。这些变种模型在图像生成、图像翻译、人脸识别等领域都得到了广泛应用。除了图像领域，GAN 在语音合成、文本生成等领域也得到了应用。例如，SeqGAN 模型[21]可以用于生成具有连续性的序列数据，如文本、代码、音乐等。

2020 年，美国加州大学伯克利分校的学者本·米尔登霍尔(Ben Mildenhall)等提出了神经辐射场的概念[22]。神经辐射场(NeRF)是一种用于合成高质量三维图像的深度学习技术。它的主要原理是将空间中每个点看作是一个密度函数和颜色函数的组合，然后使用深度神经网络学习这些函数，并从中生成图像。在生成图像时，神经辐射场算法可以估计出每个像素的密度和颜色，从而生成具有高保真度的逼真三维图像。神经辐射场算法的应用非常广泛，例如，①在视频游戏开发领域，神经辐射场算法可以用来生成逼真的游戏场景，包括角色、道具、建筑等；②在虚拟现实和增强现实领域，神经辐射场算法可以用于生成逼真的虚拟现实场景，以及可以将虚拟元素合成到真实世界中；③在渲染器加速领域，神经辐射场算法可以用于加速计算机图形学中的光线追踪算法，提高渲染器的性能和质量。自 2020 年提出神经辐射场算法以来，该算法受到了广泛关注，出现了许多改进和扩展，如 NeRF++[23]、NeRF-W[24]等。

2021 年，谷歌大脑团队的阿列克谢·多索维茨基(Alexey Dosovitskiy)等提出了 ViT (vision transformer)[25]。ViT 是一种基于 Transformer 结构的图像分类算法。它的主要原理是将图像分解为若干小的块，将这些块作为 Transformer 的输入，通过自注意力机制(self-attention)进行特征提取和特征融合，最终使用全连接层进行分类。ViT 可以看作是一种纯粹基于注意力机制的图像分类算法，与传统卷积神经网络(Convolutional Neural Network，CNN)不同，它没有卷积操作(Convolution)。ViT 目前已经被广泛应用于各种图像相关任务，并取得了不错的效果。

深度学习技术的发展离不开开源框架平台的发展。这一时期，深度学习框架平台变得逐步成熟与完善。目前使用较为广泛、影响力较大的深度学习平台主要有 Caffe、PyTorch、TensorFlow 等。2013 年，伯克利视觉和学习中心(Berkeley Vision and Learning Center)开发并发布了 Caffe①。它是第一个专注于 CNN 的深度学习框架，被广泛用于计算机视觉任务中，如图像分类、目标检测和图像分割等。Caffe 采用了 C++ 编程语言，并提供了 Python 接口。2015 年，Caffe2 项目②启动，旨在构建一个更加灵活和高效的深度学习平台。2017 年，

① https://caffe.berkeleyvision.org/

② https://caffe2.ai/

Facebook 宣布收购 Caffe 的开发团队，并将 Caffe2 作为其深度学习平台的基础。目前，Caffe 和 Caffe2 均已停止维护，它们的功能已经并入 PyTorch 中。PyTorch[①] 是一个基于 Python 的深度学习框架，由 Facebook 人工智能研究院(Facebook AI Research，FAIR)开发和维护，于 2016 年首次发布。PyTorch 的特点是易于使用、灵活、可扩展，被广泛应用于自然语言处理、计算机视觉和强化学习等领域。2019 年，PyTorch 宣布与 Caffe2 合并，形成了统一的深度学习平台。PyTorch 目前还在不断发展和完善，越来越受到深度学习开发者和学术界的欢迎。TensorFlow[②] 是由谷歌大脑团队开发的深度学习开源框架，最初在 2015 年发布。TensorFlow 的主要特点是灵活、可扩展、易于使用，被广泛应用于图像识别、自然语言处理、语音识别等领域。TensorFlow 目前也在不断探索新的方向和领域，如自动微分、分布式训练、移动端深度学习等。

1.4 本书章节安排

为了能够让读者在具体情境中深刻理解计算机视觉中各个知识点的作用以及它们之间的逻辑关系，本书以“图像的全景拼接”“单目测量”“目标检测”“三维立体视觉”4 个具体问题为主线，分成四篇来组织本书的内容。我们希望能以具体问题为载体，来带领读者系统学习该领域中的基本概念、模型、算法和相关应用数学知识。

第一篇是图像的全景拼接。这部分内容覆盖了本书第 2 章至第 6 章。在第 2 章中，我们对要解决的图像全景拼接问题给出清晰定义，之后在第 3 章至第 5 章中依次介绍所需技术。第 3 章介绍线性几何变换，第 4 章介绍特征点检测与匹配，第 5 章介绍线性最小二乘问题及其解法，第 6 章介绍基于随机采样一致性框架的模型拟合以及图像的双线性插值。

第二篇是单目测量。这部分内容覆盖了第 7 章至第 11 章。在第 7 章中，我们定义清楚要解决的单目测量问题。第 8 章介绍射影几何的基本知识。第 9 章介绍非线性最小二乘问题及其解法。第 10 章介绍相机成像模型与相机参数标定方案。第 11 章介绍鸟瞰视图的生成方法。

第三篇是目标检测。这部分内容覆盖了第 12 章至第 15 章。在第 12 章中，我们定义清楚要解决的视觉目标检测问题。第 13 章介绍凸优化基础，这是学习 SVM 模型的必备数学基础。第 14 章介绍 SVM 以及基于 SVM 的目标检测算法。第 15 章介绍以深度卷积神经网络为基础的目标检测算法中一个最具代表性的算法家族——YOLO。

第四篇是三维立体视觉。这部分内容覆盖了第 16 章至第 18 章。在第 16 章中，我们总体概述三维立体视觉技术的内涵以及应用场景。第 17 章全面介绍双目立体视觉系统。第 18 章介绍基于神经辐射场的场景渲染技术。

为了尽量做到内容自封闭，本书将如放在正文部分略显啰唆但又十分重要的相关内容放在了附录中，方便读者查阅相关数学知识、软硬件环境安装指导以及核心代码等。本书所提供的代码可在 GitHub 代码仓库 https://github.com/csLinZhang/CVBook 中下载。

---

① https://pytorch.org/

② https://www.tensorflow.org/?hl=zh-cn

1.5 习题

（1）除了本章所列举的实例之外，请列举几个在日常生活中能够遇到的计算机视觉技术的应用场景。

（2）安装好 Matlab 环境，尝试读取一张本地磁盘上的图像并显示出来。

（3）OpenCV 是一个跨平台计算机视觉和机器学习软件库，可以运行在 Linux、Windows、Android 和 macOS 操作系统上。本书后续章节中的部分示例代码需要有 OpenCV 库的支持。请读者在实验计算机上安装配置好 OpenCV 环境，尝试编写 C++代码调用 OpenCV 库函数，完成读取并显示一张图片的任务。

（4）Anaconda 软件平台用于管理 Python 虚拟开发环境。每个虚拟环境可以有自己独立的 Python 版本和软件包集合。请读者在实验计算机上安装好 Anaconda 软件，并熟悉在 Anaconda 中进行虚拟环境的创建、激活、删除、列出等基本操作。

参考文献

[1] HUANG T S. Computer vision: Evolution and promise[C]//Proc. 19th CERN School of Computing. 1996: 21-25.

[2] ZHANG L, LI L, YANG A, et al. Towards contactless palmprint recognition: A novel device, a new benchmark, and a collaborative representation based identification approach[J]. Pattern Recognition, 2017, 69: 199-212.

[3] SHAO X, ZHANG L, ZHANG T, et al. $MOFIS_{SLAM}$: A multi-object semantic SLAM system with front-view, inertial and surround-view sensors for indoor parking[J]. IEEE Transactions Circuits and Systems for Video Technol, 2022, 32(7): 4788-4803.

[4] ZHANG T, ZHANG L, CHEN Y, et al. CVIDS: A collaborative localization and dense mapping framework for multi-agent based visual-inertial SLAM[J]. IEEE Transactions Image Process, 2022, 31: 6562-6576.

[5] ZHANG T, ZHAO N, SHEN Y, et al. ROECS: A robust semi-direct pipeline towards online extrinsics correction of the surround-view system[C]//Proc. ACM Int'l. Conf. Multimedia, 2022: 3153-3161.

[6] WANG Z, ZHANG L, ZHAO S, et al. Ct-LVI: A framework towards continuous-time laser-visual-inertial odometry and mapping[J]. IEEE Transactions Circuits and Systems for Video Technol, Early Access.

[7] ROBERTS L G. Machine perception of three-dimensional solids[D]. Cambridge: Massachusetts Institute of Technology, 1963.

[8] MARR D. Vision: A computational investigation into the human representation and processing of visual information[M]. San Francisco: W. H. Freeman and Company, 1982.

[9] LECUN Y, BOTTOU L, BENGIO Y, et al. Gradient based learning applied to document recognition[J]. Proc. IEEE, 1998, 86(11): 2278-2324.

[10] LECUN Y, BOSER B, DENKER J S, et al. Backpropagation applied to handwritten zip code recognition [J]. Neural Computation, 1989, 1(4): 541-551.

[11] SHI J, MALIK J. Normalized cuts and image segmentation[J]. IEEE Transactions Pattern Analysis and Machine Intelligence, 2000, 22(8): 888-905.

[12] VIOLA P, JONES M. Rapid object detection using a boosted cascade of simple features[C]//Proc. IEEE Computer Society Conf. Computer Vision and Pattern Recognition, 2001: 511-518.

[13] DALAL N, TRIGGS B. Histograms of oriented gradients for human detection[C]//Proc. IEEE Computer Society Conf. Computer Vision and Pattern Recognition,2005: 886-893.

[14] FELZENSZWALB P, MCALLESTER D, RAMANAN D. A discriminatively trained, multiscale, deformable part model[C]//Proc. IEEE Computer Society Conf. Computer Vision and Pattern Recognition,2008: 1-8.

[15] LOWE D G. Object recognition from local scale-invariant features[C]//Proc. Int'l. Conf. Computer Vision,1999: 1150-1157.

[16] ZHANG Z. A flexible new technique for camera calibration[J]. IEEE Transactions Pattern Analysis and Machine Intelligence,2000,22(11): 1330-1334.

[17] HARTLEY R,ZISSERMAN A. Multiple view geometry in computer vision[M]. 2nd ed. Cambridge: Cambridge University Press,2004.

[18] DENG J,DONG W,SOCHER R,et al. ImageNet: A large-scale hierarchical image database[C]//Proc. IEEE Computer Society Conf. Computer Vision and Pattern Recognition,2009: 248-255.

[19] KRIZHEVSKY A, SUTSKEVER I, HINTON G E. ImageNet classification with deep convolutional neural networks[C]//Proc. Adv. Neural Inf. Process. Syst. ,2012: 1097-1105.

[20] GOODFELLOW I, POUGET-ABADIE J, MIRZA M. Generative adversarial nets[C]//Proc. Adv. Neural Inf. Process. Syst. ,2014: 2672-2680.

[21] YU L,ZHANG W,WANG J,et al. SeqGAN: Sequence generative adversarial nets with policy gradient [C]//Proc. AAAI Conf. Artificial Intelligence,2017: 2852-2858.

[22] MILDENHALL B, SRINIVASAN P P, TANCIK M, et al. NeRF: Representing scenes as neural radiance fields for view synthesis[C]//Proc. Eur. Conf. Computer Vision,2020: 405-421.

[23] ZHANG K,RIEGLER G,SNAVELY N,et al. NeRF++: Analyzing and improving neural radiance fields [J]. arXiv preprint arXiv: 2010.07492,2020.

[24] MARTIN-BRUALLA R,RADWAN N,SAIJADI M,et al. NeRF in the wild: Neural radiance fields for unconstrained photo collections[C]//Proc. IEEE Computer Society Conf. Computer Vision and Pattern Recognition,2021: 7206-7215.

[25] DOSOVIYSKIY A,BEYER L,KOLESNIKOV A,et al. An image is worth 16×16 words: Transformers for image recognition at scale[C]//Proc. Int'l. Conf. Learning Representations,2021: 405-421.

第一篇

图像的全景拼接

第 2 章 图像全景拼接问题概述

2.1 问题的定义

在采集图像时，由于单个相机的视场范围有限，因此每张图像只能反映有限视场内的信息。如果想获取到更大范围场景的图像信息，可以用全景拼接技术把一组反映同一场景不同局部、相互之间存在一定共视区域的图像拼接合成一张具有更大视场范围的图像。实际上，图像的全景拼接模型和拼接技术有很多种，同时，为了形成完整鲁棒的全景拼接系统，也有很多细节问题需要考虑。但本篇的目的是使读者以这个任务为载体学习和掌握一些重要的计算机视觉知识点，因此把该问题简化，把任务限定在有限范围内，不去关注过多的细枝末节。

本篇所要解决的图像全景拼接问题描述如下：有两张图像 $\boldsymbol{I}_1$ 和 $\boldsymbol{I}_2$，它们所对应的物理场景共面，且存在共视区域，拍摄它们的相机不存在镜头畸变（这意味着相机的成像平面和物理平面之间对应点的映射关系可以用同一个线性几何变换来刻画），$\boldsymbol{I}_1$ 和 $\boldsymbol{I}_2$ 之间不存在较大的光照条件变化（这意味着不需要额外考虑拼接图像中可能存在的光照不一致性问题），我们的目标是要把 $\boldsymbol{I}_1$ 和 $\boldsymbol{I}_2$ 根据共视区域内图像内容的一致性拼接在一起。如果 $\boldsymbol{I}_1$ 和 $\boldsymbol{I}_2$ 满足上述条件，它们对应像素点（同一物理点在 $\boldsymbol{I}_1$ 和 $\boldsymbol{I}_2$ 上分别所成的像）的坐标可以通过同一个线性几何变换 $\boldsymbol{H}$ 联系起来，即 $\forall \boldsymbol{x} \in \boldsymbol{I}_1$，如果 $\boldsymbol{x}' \in \boldsymbol{I}_2$，且 $\boldsymbol{x}$ 与 $\boldsymbol{x}'$ 是对应像素点的坐标，则

$$\boldsymbol{x}' = \boldsymbol{H}\boldsymbol{x} \tag{2-1}$$

2.2 方案流程

在 2.1 节中定义的图像全景拼接问题应该如何解决呢？现通过一个构造的示例来说明解决这个问题的基本思路。假设图 2-1(a)是要拍摄的整个物理平面，它包含了 4 个目标，六角形、正方形、三角形和梯形。图 2-1(b)是相机拍摄的第 1 张照片 $\boldsymbol{I}_1$，由于视场有限，最右边的景物“梯形”不在 $\boldsymbol{I}_1$ 之上；图 2-1(c)是相机拍摄的第 2 张照片 $\boldsymbol{I}_2$，类似地，由于视场所限，最左边的景物“六角形”不在 $\boldsymbol{I}_2$ 之上。不难想象，如果把 $\boldsymbol{I}_1$ 和 $\boldsymbol{I}_2$ 拼接在一起，便可以得到物理场景的完整图像。

根据 2.1 节对图像全景拼接问题的界定，可以知道，图像 $\boldsymbol{I}_2$ 上的点 $\boldsymbol{x}'$ 与图像 $\boldsymbol{I}_1$ 上对应点 $\boldsymbol{x}$ 之间可以通过线性几何变换 $\boldsymbol{H}$ 联系起来，$\boldsymbol{x}' = \boldsymbol{H}\boldsymbol{x}$。如果能有办法找到这个 $\boldsymbol{H}$，继而对 $\boldsymbol{I}_1$ 中所有像素点施加变换 $\boldsymbol{H}$，就会把 $\boldsymbol{I}_1$ 上的所有像素点变换到与 $\boldsymbol{I}_2$ 对应像素点重合的位置上，也就完成了全景拼接任务中的主要部分。想象一下，如果要以手工的方式来完成这件事，大概如何做呢？我们会观察 $\boldsymbol{I}_1$ 和 $\boldsymbol{I}_2$，找到它们各自之上一些非常具有区分性的“**特征点**”；然后，对

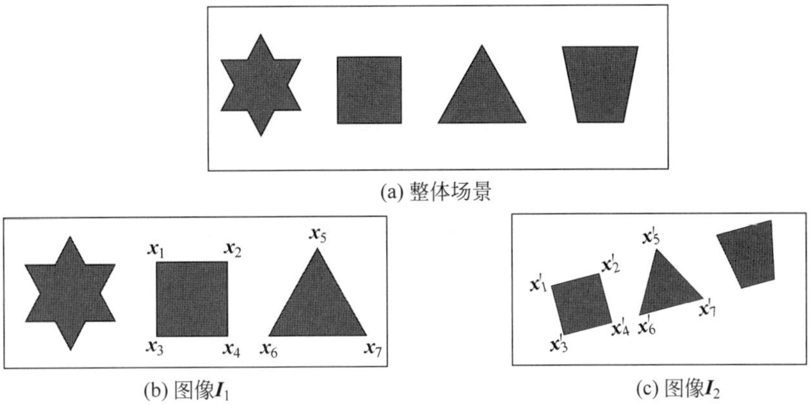

图 2-1　图像全景拼接问题示意图

$\boldsymbol{I}_1$ 进行一定程度的缩放、旋转、平移，使 $\boldsymbol{I}_1$ 中的特征点与 $\boldsymbol{I}_2$ 中**对应**的特征点都能重合上，即 $\boldsymbol{x}_1$ 点重合到 $\boldsymbol{x}_1'$点，$\boldsymbol{x}_2$ 点重合到 $\boldsymbol{x}_2'$点，…，$\boldsymbol{x}_7$ 点重合到 $\boldsymbol{x}_7'$点；经历了这些过程之后，$\boldsymbol{I}_1$ 中的“六角形”也已经被变换到了正确的位置，即完成了全景拼接任务。

把上述手工过程的每一步以计算机算法的形式实现出来，就会得到图像全景拼接的算法流程。给定两张图像 $\boldsymbol{I}_1$ 和 $\boldsymbol{I}_2$，假设它们满足 2.1 节所述的图像全景拼接问题定义中的限定条件，则可按照下述步骤完成 $\boldsymbol{I}_1$ 和 $\boldsymbol{I}_2$ 的拼接任务。

1. 特征点检测

利用特征点检测算法在 $\boldsymbol{I}_1$ 和 $\boldsymbol{I}_2$ 中检测出具有较高区分性的特征点，检测到的图像特征点最终的表达形式为图像中的二维位置坐标。

2. 创建特征点描述子

当从 $\boldsymbol{I}_1$ 和 $\boldsymbol{I}_2$ 中检测出特征点以后，为了估计 $\boldsymbol{I}_1$ 和 $\boldsymbol{I}_2$ 之间的几何变换 $\boldsymbol{H}$，我们必须知道 $\boldsymbol{I}_1$ 和 $\boldsymbol{I}_2$ 中特征点的对应关系。显然，如果仅有特征点的位置信息，那么是无法准确获得这个对应关系的。为了能进行特征点匹配从而得到 $\boldsymbol{I}_1$ 和 $\boldsymbol{I}_2$ 特征点间的对应关系，需要为每一个特征点构造它的**描述子**。一个特征点 $\boldsymbol{x}$ 的描述子 $\boldsymbol{d}$ 是一个基于 $\boldsymbol{x}$ 的局部图像信息所构造出来的向量。从理论上来说，我们希望所构造出来的描述子能具有如下特性：如果 $\boldsymbol{I}_1$ 中的特征点 $\boldsymbol{x}$ 和 $\boldsymbol{I}_2$ 中的特征点 $\boldsymbol{x}'$是对应的特征点(即它们是物理场景中同一个点的像)，那么 $\boldsymbol{x}$ 的描述子(基于 $\boldsymbol{I}_1$ 中 $\boldsymbol{x}$ 周围的局部图像信息构造)和 $\boldsymbol{x}'$的描述子(基于 $\boldsymbol{I}_2$ 中 $\boldsymbol{x}'$周围的局部图像信息构造)应该是相同的；反之，则不同。

3. 特征点匹配

当在 $\boldsymbol{I}_1$ 和 $\boldsymbol{I}_2$ 中分别检测了特征点并为每个特征点构建描述子之后，接下来需要设计基于描述子信息的特征点匹配算法，以得出 $\boldsymbol{I}_1$ 与 $\boldsymbol{I}_2$ 中特征点对应点对集合 $\mathcal{S}=\{\boldsymbol{x}_i\leftrightarrow\boldsymbol{x}_i'\}_{i=1}^{p}$，其中 $\boldsymbol{x}_i$ 是来自 $\boldsymbol{I}_1$ 的特征点，$\boldsymbol{x}_i'$是来自 $\boldsymbol{I}_2$ 的特征点，$\boldsymbol{x}_i\leftrightarrow\boldsymbol{x}_i'$表示 $\boldsymbol{x}_i$ 与 $\boldsymbol{x}_i'$是一对对应的特征点，p 为 $\boldsymbol{I}_1$ 和 $\boldsymbol{I}_2$ 中具有对应关系的特征点点对的个数。

4. 几何变换估计

经过特征点匹配以后，得到了特征点对应点对集合 $\mathcal{S}=\{\boldsymbol{x}_i\leftrightarrow\boldsymbol{x}_i'\}_{i=1}^{p}$。根据全景拼接问题的假定，我们知道 $\boldsymbol{x}_i'=\boldsymbol{H}\boldsymbol{x}_i$，$\boldsymbol{H}$ 是一个表达线性变换的矩阵。这样，便可从特征点对应点对集合$\mathcal{S}$中得到如下关于 $\boldsymbol{H}$ 的线性方程组

$$\begin{cases} \boldsymbol{x}'_1 = \boldsymbol{H}\boldsymbol{x}_1 \\ \boldsymbol{x}'_2 = \boldsymbol{H}\boldsymbol{x}_2 \\ \quad\vdots \\ \boldsymbol{x}'_p = \boldsymbol{H}\boldsymbol{x}_p \end{cases} \tag{2-2}$$

通过解方程组(2-2)，便可以得到几何变换 $\boldsymbol{H}$。

在这个过程中，有一个细节问题需要考虑一下。由于特征点检测、描述子构建、特征点匹配等算法潜在的局限性，步骤“3. 特征点匹配”中得到的特征点对应点对集合中可能会存在个别对应点对关系是错误的情况。那应该如何处理这个问题呢？换言之，是否有办法能在集合$\mathcal{S}$中存在部分错误点对关系的情况下依然能够鲁棒地估计出 $\boldsymbol{H}$？为了应对这个问题，可以使用随机抽样一致算法，这是一个能从存在外点（错误观测）的观测数据集合中鲁棒地拟合出模型的算法框架，可以有效地对抗外点所带来的干扰。

5. 坐标变换

当得到了 $\boldsymbol{H}$ 以后，便可以把 $\boldsymbol{I}_1$ 中的每个像素点 $\boldsymbol{x}_i$ 变换到新的位置 $\boldsymbol{H}\boldsymbol{x}_i$，以对齐 $\boldsymbol{I}_1$ 和 $\boldsymbol{I}_2$。再经过一些后处理操作，便完成了 $\boldsymbol{I}_1$ 和 $\boldsymbol{I}_2$ 的全景拼接。在这个过程中，也有一个细节问题需要考虑，就是如何具体实现对 $\boldsymbol{I}_1$ 施加几何变换 $\boldsymbol{H}$ 的操作。如果按照正向思路，$\boldsymbol{I}_1$ 中的点 $\boldsymbol{x}_i$ 变换之后的位置应该是 $\boldsymbol{H}\boldsymbol{x}_i$，因此只需要把 $\boldsymbol{H}\boldsymbol{x}_i$ 位置的像素值设置成像素值 $\boldsymbol{I}_1(\boldsymbol{x}_i)$不就可以了吗？但需要注意，数字图像的像素坐标都是用整数表示，也就是说 $\boldsymbol{x}_i$ 是个整数，那么目的坐标 $\boldsymbol{H}\boldsymbol{x}_i$ 是个浮点数，那么 $\boldsymbol{H}\boldsymbol{x}_i$ 这个位置在图像上就没办法唯一确定了。因此，对 $\boldsymbol{I}_1$ 施加几何变换 $\boldsymbol{H}$，在具体实现上需要使用图像插值技术。

接下来的第 3 章至第 6 章将详细阐述图像全景拼接算法的全部细节。

前面提到，在全景拼接问题中，如果 $\boldsymbol{x}$ 和 $\boldsymbol{x}'_i$是 $\boldsymbol{I}_1$ 和 $\boldsymbol{I}_2$ 中对应的特征点，那么它们可以被线性几何变换 $\boldsymbol{H}$ 联系起来，$\boldsymbol{x}'_i = \boldsymbol{H}\boldsymbol{x}$。但尚没有说明 $\boldsymbol{x}$ 和 $\boldsymbol{x}'_i$的表达是什么样子的，$\boldsymbol{H}$ 这个矩阵是什么样子的以及 $\boldsymbol{H}$ 具有哪些属性。后续会在第 3 章线性几何变换中把这些问题交代清楚。

在第 4 章中，将介绍目前计算机视觉领域中应用最为广泛的几种特征点检测算法、描述子构建算法以及描述子匹配算法。

解方程组(2-2)的问题实际上是一个线性最小二乘问题，将在第 5 章中详细阐述线性最小二乘问题的解法。

“如何能在集合$\mathcal{S}$中存在部分错误点对关系的情况下依然能够鲁棒地估计出 $\boldsymbol{H}$？”这个问题将在第 6 章中解决。在第 6 章中将学习能从观测数据中鲁棒拟合出模型的随机抽样一致算法框架。在第 6 章结束时，针对图像的线性几何变换这个问题，也会学习一下双线性差值算法。

2.3 本篇内容知识体系

图 2-2 按照“数学→算法→技术→应用”的层次支撑体系总结了读者在本篇中将要学习的内容。

本篇所介绍的图像间特征点检测与匹配技术以及平面间单应变换估计技术是以图像全景拼接应用作为载体的，但实际上这两项技术都是计算机视觉中的基本技术，都有着非常广泛的应用场景，比如，图像配准、相机位姿估计、视觉里程计等。

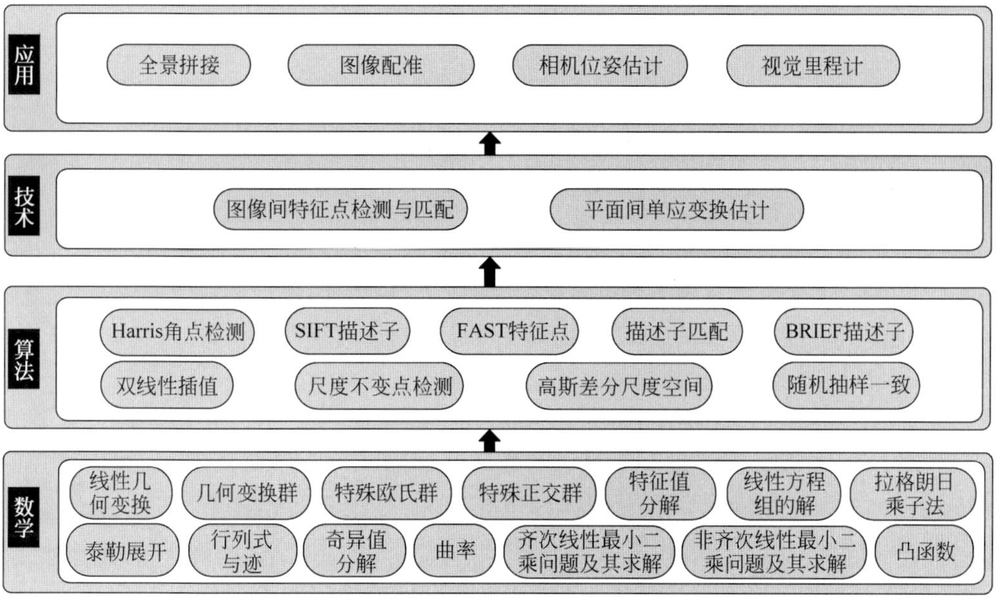
应用
全景拼接
图像配准
相机位姿估计
视觉里程计
技术
图像间特征点检测与匹配
平面间单应变换估计
算法
Harris角点检测
SIFT描述子
FAST特征点
描述子匹配
BRIEF描述子
双线性插值
尺度不变点检测
高斯差分尺度空间
随机抽样一致
数学
线性几何变换
几何变换群
特殊欧氏群
特殊正交群
特征值分解
线性方程组的解
拉格朗日乘子法
泰勒展开
行列式与迹
奇异值分解
曲率
齐次线性最小二乘问题及其求解
非齐次线性最小二乘问题及其求解
凸函数

图 2-2　本篇内容的知识层次体系

第 3 章 线性几何变换

第 2 章中提到，在定义的全景拼接问题中，图像 $\boldsymbol{I}_1$ 和 $\boldsymbol{I}_2$ 能够拼在一起的前提是它们的对应像素点间的坐标关系可以通过**统一的**线性几何变换 $\boldsymbol{H}$ 表达，其中 $\boldsymbol{H}$ 是表达坐标变换的矩阵。首先来说一下什么是线性几何变换。在 n 维向量空间 $\mathbb{R}^n$ 中，对其中的元素进行几何变换 T 为线性几何变换的充要条件是存在可逆矩阵 $\boldsymbol{H}$ 使得，

$$\forall \boldsymbol{x} \in \mathbb{R}^n, \quad T(\boldsymbol{x}) = \boldsymbol{H}\boldsymbol{x} \tag{3-1}$$

因此，能够表达线性几何变换的矩阵 $\boldsymbol{H}$ 必须是一个可逆矩阵。

由于本篇主题是图像的全景拼接，因此会主要讨论二维平面上的线性几何变换，并还会以群论的视角来重新看待线性几何变换。之后，会把在二维情况下线性几何变换的有关结论推广到三维情况。在三维空间中的几何变换相关结论会在后续单目测量、三维立体视觉等章节中用到。

3.1 平面上的线性几何变换

3.1.1 旋转变换

假设平面上有一点 $\boldsymbol{x}=(x,y)^{\mathrm{T}}$，该点绕原点逆时针方向旋转 θ 角后得到点 $\boldsymbol{x}'=(x',y')^{\mathrm{T}}$，则 $\boldsymbol{x}$ 与 $\boldsymbol{x}'$之间的关系(图 3-1)可表达为

$$\begin{bmatrix} x' \\ y' \end{bmatrix} = \begin{bmatrix} \cos\theta & -\sin\theta \\ \sin\theta & \cos\theta \end{bmatrix} \begin{bmatrix} x \\ y \end{bmatrix} \tag{3-2}$$

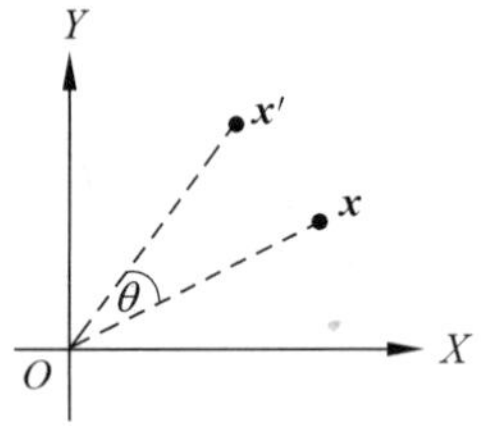

图 3-1　平面内一点 $\boldsymbol{x}$ 绕坐标原点旋转到 $\boldsymbol{x}'$关系示意图

记矩阵 $\boldsymbol{R}_{2\times2} = \begin{bmatrix} \cos\theta & -\sin\theta \\ \sin\theta & \cos\theta \end{bmatrix}$，则显然 $\boldsymbol{R}_{2\times2}$ 可以刻画平面内两点之间的旋转关系。矩阵 $\boldsymbol{R}_{2\times2}$ 是一个正交矩阵且行列式为 1。实际上，这个结论反过来也成立：如果一个矩阵 $\boldsymbol{R}_{2\times2}$ 是行列式为 1 的正交矩阵，它可以用来表达一个平面内**保持方向(orientation preserving)的旋转**。

我们强调表达保持方向旋转的正交矩阵 $\boldsymbol{R}_{2\times2}$ 的行列式要为 1。根据线性代数[1]的知识可知，正交矩阵的行列式要么是 1，要么是 −1。那么，行列式为 −1 的二维正交矩阵表达的几何变换是什么呢？这类正交矩阵表达的几何变换是平面内旋转再复合一个反射变换。通过一

个示例来理解一下。假设图 3-2(a)是变换之前的原始图像；图 3-2(b)是图像 3-2(a)经过了由矩阵 $\begin{bmatrix} \cos\dfrac{\pi}{6} & -\sin\dfrac{\pi}{6} \\ \sin\dfrac{\pi}{6} & \cos\dfrac{\pi}{6} \end{bmatrix}$(其行列式为 1)定义的绕图像中心几何变换得到的结果；图 3-2(c)是图像 3-2(a)经过了由矩阵 $\begin{bmatrix} -\cos\dfrac{\pi}{6} & -\sin\dfrac{\pi}{6} \\ -\sin\dfrac{\pi}{6} & \cos\dfrac{\pi}{6} \end{bmatrix}$(其行列式为 −1)定义的几何变换得到的结果。在图像 3-2(a)中，花坛前的石头在同济大学这个向量的顺时针一侧。在图像 3-2(b)中，该石头依然是在同济大学这个向量的顺时针一侧。但在图像 3-2(c)中，该石头在同济大学这个向量的逆时针一侧。因此，可以看到图像 3-2(a)到图像 3-2(b)的变换是保持方向的，而图像 3-2(a)到图像 3-2(c)的变换并没有保持方向。通过这个例子可以看到，行列式为 1 的正交矩阵可以表达**平面内**的旋转，而行列式为 −1 的正交矩阵不可以。在本书中，定义的旋转变换(rotation transformation)为保向旋转变换，要求表达旋转变换的矩阵为行列式为 1 的正交矩阵。因此，旋转变换也可称为特殊正交变换(在机器人学中这个称呼用得比较多)，其特殊性就在于表达旋转的正交矩阵行列式必须为 1。

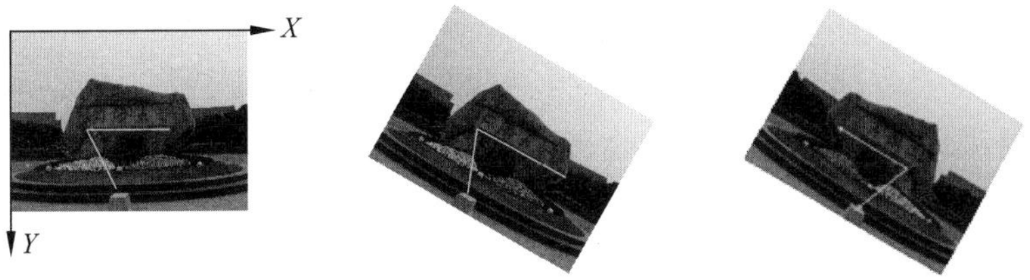

(a) 原始图像　　(b) 图像(a)经过一个平面内的旋转变换得到的结果　　(c) 图像(a) 经过旋转复合反射得到的结果

图 3-2　平面内的旋转变换与旋转和反射复合变换

为了便于表达形式的统一和扩展，可通过使用**齐次坐标**的方式来表达点的位置。对于二维平面上的点，其齐次坐标的表示为一个三维向量$(x_1,x_2,x_3)^T$。如果 $x_3=0$，则说明这个点为一个**无穷远点**；如果 $x_3\neq 0$，则说明该点为一个**正常点**。点的齐次坐标从形式上来说不具有唯一性：如果一个点的齐次坐标为$(x_1,x_2,x_3)^T$，则 $k(x_1,x_2,x_3)^T$(k 为任意实数且 $k\neq 0$)也是该点的齐次坐标。对于一个正常点，给定齐次坐标$(x_1,x_2,x_3)^T$，可以得出**规范化齐次坐标**$(x_1/x_3,x_2/x_3,1)^T$。显然，对于一个正常点来说，虽然齐次坐标形式不唯一，但它有唯一的规范化齐次坐标形式。

正常点的齐次坐标与非齐次坐标可以相互转换。如果一个平面正常点的坐标为$(x_1,x_2)^T$，则规范化齐次坐标为$(x_1,x_2,1)^T$，齐次坐标为 $k(x_1,x_2,1)^T$，$k\neq 0$。如果一个平面正常点的齐次坐标为$(x_1,x_2,x_3)^T$，则非齐次坐标表示为$(x_1/x_3,x_2/x_3)^T$。

一般情况下，对于旋转变换，我们只考虑针对正常点的情况。设旋转变换之前点$(x,y)^T$的规范化齐次坐标为 $\boldsymbol{x}=(x,y,1)^T$，变换之后点$(x',y')^T$ 的规范化齐次坐标为 $\boldsymbol{x}'=(x',y',1)^T$，则旋转变换的表达式(3-2)可以重新表示为

$$\begin{bmatrix} x' \\ y' \\ 1 \end{bmatrix} = \begin{bmatrix} \cos\theta & -\sin\theta & 0 \\ \sin\theta & \cos\theta & 0 \\ 0 & 0 & 1 \end{bmatrix} \begin{bmatrix} x \\ y \\ 1 \end{bmatrix} \tag{3-3}$$

简记为

$$\boldsymbol{x}'=\begin{bmatrix}\boldsymbol{R}_{2\times 2} & \boldsymbol{0}_{2\times 1}\\ \boldsymbol{0}_{1\times 2} & 1\end{bmatrix}\boldsymbol{x} \tag{3-4}$$

这样，表达平面上旋转关系的变换矩阵 $\boldsymbol{H}$ 应该具有如下形式：

$$\boldsymbol{H}_{3\times 3}=\begin{bmatrix}\boldsymbol{R}_{2\times 2} & \boldsymbol{0}_{2\times 1}\\ \boldsymbol{0}_{1\times 2} & 1\end{bmatrix} \tag{3-5}$$

其中，$\boldsymbol{R}_{2\times 2}$ 为正交矩阵且 $\det(\boldsymbol{R}_{2\times 2})=1$。可知，平面内的旋转变换有一个自由度。

3.1.2 欧氏变换

在数学类书籍中，一般把同时考虑旋转、反射与平移的几何变换称为欧氏变换（Euclidean transformation）。但在计算机视觉与机器人领域，一般不会考虑反射变换。因此，本书所讲的欧氏变换是由旋转和平移复合而成的，不考虑反射的情况。在机器人领域，这种复合了旋转和平移，而不考虑反射的几何变换也称为**特殊欧氏变换**[2]。

对于欧氏变换，一般也只考虑针对正常点的情况。设变换之前点的规范化齐次坐标为 $\boldsymbol{x}=(x,y,1)^{\mathrm{T}}$，该点经历了一个绕原点的逆时针旋转，旋转角度为 θ，之后又经历了一次平移，平移量为 $(t_x,t_y)^{\mathrm{T}}$。设变换之后点的规范化齐次坐标为 $\boldsymbol{x}'=(x',y',1)^{\mathrm{T}}$，则 $\boldsymbol{x}$ 与 $\boldsymbol{x}'$ 的关系为

$$\begin{bmatrix}x'\\ y'\\ 1\end{bmatrix}=\begin{bmatrix}\cos\theta & -\sin\theta & t_x\\ \sin\theta & \cos\theta & t_y\\ 0 & 0 & 1\end{bmatrix}\begin{bmatrix}x\\ y\\ 1\end{bmatrix} \tag{3-6}$$

简记为

$$\boldsymbol{x}'=\begin{bmatrix}\boldsymbol{R}_{2\times 2} & \boldsymbol{t}_{2\times 1}\\ \boldsymbol{0}_{1\times 2} & 1\end{bmatrix}\boldsymbol{x} \tag{3-7}$$

其中，$\boldsymbol{R}_{2\times 2}$ 为正交矩阵且 $\det(\boldsymbol{R}_{2\times 2})=1$，$\boldsymbol{t}_{2\times 1}=(t_x,t_y)^{\mathrm{T}}$。

这样便知，表达平面上欧氏变换的矩阵 $\boldsymbol{H}$ 应该具有如下形式

$$\boldsymbol{H}_{3\times 3}=\begin{bmatrix}\boldsymbol{R}_{2\times 2} & \boldsymbol{t}_{2\times 1}\\ \boldsymbol{0}_{1\times 2} & 1\end{bmatrix} \tag{3-8}$$

其中，$\boldsymbol{R}$ 和 $\boldsymbol{t}$ 与式(3-7)相同。同旋转变换相比，欧氏变换多了两个刻画平移量的自由度，因此平面内的欧氏变换有三个自由度。同时，不难注意到，**旋转变换是欧氏变换的一个特例**。

3.1.3 相似变换

在式(3-6)表达的欧氏变换（依然不考虑反射）的基础上再复合一个各向同性（isotropic）的缩放，就得到了相似变换（similarity transformation），

$$\begin{bmatrix}x'\\ y'\\ 1\end{bmatrix}=\begin{bmatrix}s\cos\theta & -s\sin\theta & t_x\\ s\sin\theta & s\cos\theta & t_y\\ 0 & 0 & 1\end{bmatrix}\begin{bmatrix}x\\ y\\ 1\end{bmatrix} \tag{3-9}$$

其中，$s\neq 0$ 是刻画缩放程度的标量。相应地，式(3-9)可简记为

$$\boldsymbol{x}'=\begin{bmatrix}s\boldsymbol{R}_{2\times 2} & \boldsymbol{t}_{2\times 1}\\ \boldsymbol{0}_{1\times 2} & 1\end{bmatrix}\boldsymbol{x} \tag{3-10}$$

其中，$\boldsymbol{R}_{2\times 2}$ 为正交矩阵且 $\det(\boldsymbol{R}_{2\times 2})=1$，$\boldsymbol{t}_{2\times 1}=(t_x,t_y)^{\mathrm{T}}$。

因此，表达平面上相似变换的矩阵 $\boldsymbol{H}$ 应该具有如下形式

$$\boldsymbol{H}_{3\times3}=\begin{bmatrix} s\boldsymbol{R}_{2\times2} & \boldsymbol{t}_{2\times1} \\ \boldsymbol{0}_{1\times2} & 1 \end{bmatrix} \tag{3-11}$$

同欧氏变换相比，相似变换多了一个控制缩放比例的自由度，因此平面内的相似变换有四个自由度。同时注意到，**欧氏变换是相似变换的一个特例**。

3.1.4 仿射变换

相似变换相较于欧氏变换来说，对变换矩阵左上角 2×2 子矩阵的要求放松了：在欧氏变换中，要求 2×2 的子矩阵是个能表达旋转的矩阵(正交且行列式为 1)，而在相似变换中，只要求 2×2 的子矩阵是旋转矩阵的常数倍即可。如果继续放松对这个子矩阵的要求，只要求它是一个 2×2 的非奇异矩阵，那么相应矩阵刻画的线性几何变换就称为仿射变换(affine transformation)。

本章只考虑针对正常点来定义仿射变换。设变换之前点的规范化齐次坐标为 $\boldsymbol{x}=(x,y,1)^{\mathrm{T}}$，该点经历了一个仿射变换，设变换之后点的规范化齐次坐标为 $\boldsymbol{x}'=(x',y',1)^{\mathrm{T}}$，则 $\boldsymbol{x}$ 与 $\boldsymbol{x}'$ 的关系为

$$\begin{bmatrix} x' \\ y' \\ 1 \end{bmatrix}=\begin{bmatrix} a_{11} & a_{12} & t_x \\ a_{21} & a_{22} & t_y \\ 0 & 0 & 1 \end{bmatrix}\begin{bmatrix} x \\ y \\ 1 \end{bmatrix} \tag{3-12}$$

其中，左上角矩阵 $\boldsymbol{A}_{2\times2}=\begin{bmatrix} a_{11} & a_{12} \\ a_{21} & a_{22} \end{bmatrix}$ 非奇异。式(3-12)可简记为

$$\boldsymbol{x}'=\begin{bmatrix} \boldsymbol{A}_{2\times2} & \boldsymbol{t}_{2\times1} \\ \boldsymbol{0}_{1\times2} & 1 \end{bmatrix}\boldsymbol{x} \tag{3-13}$$

其中，$\boldsymbol{t}_{2\times1}=(t_x,t_y)^{\mathrm{T}}$。

因此，表达平面上仿射变换的矩阵 $\boldsymbol{H}$ 形式为

$$\boldsymbol{H}_{3\times3}=\begin{bmatrix} \boldsymbol{A}_{2\times2} & \boldsymbol{t}_{2\times1} \\ \boldsymbol{0}_{1\times2} & 1 \end{bmatrix} \tag{3-14}$$

由于矩阵 $\boldsymbol{A}$ 包括了 4 个独立的元素，$\boldsymbol{t}$ 是一个二维向量，因此平面内的仿射变换总共有 6 个自由度。同时注意到，**相似变换是仿射变换的一个特例**。

进一步来理解矩阵 $\boldsymbol{A}$ 所带来的 4 个自由度的几何意义。由于 $\boldsymbol{A}$ 是二阶非奇异矩阵，它必然具有如下的奇异值分解形式：

$$\boldsymbol{A}=\boldsymbol{U}\boldsymbol{D}\boldsymbol{V}^{\mathrm{T}} \tag{3-15}$$

其中，$\boldsymbol{U}$ 和 $\boldsymbol{V}$ 为正交矩阵；$\boldsymbol{D}=\begin{bmatrix} \lambda_1 & 0 \\ 0 & \lambda_2 \end{bmatrix}$，$\lambda_1>0$，$\lambda_2>0$。因此 $\boldsymbol{A}=\boldsymbol{U}\boldsymbol{V}^{\mathrm{T}}\boldsymbol{V}\boldsymbol{D}\boldsymbol{V}^{\mathrm{T}}=\boldsymbol{U}\boldsymbol{V}^{\mathrm{T}}(\boldsymbol{V}\boldsymbol{D}\boldsymbol{V}^{\mathrm{T}})$。由于 $\boldsymbol{V}^{\mathrm{T}}$ 是正交矩阵，从几何上来说，它表示某个旋转角为 ϕ 的旋转，记为 $\boldsymbol{R}(\phi)$。那么，相应地，$\boldsymbol{V}$ 所表示的旋转一定是 $\boldsymbol{R}(-\phi)$。$\boldsymbol{U}\boldsymbol{V}^{\mathrm{T}}$ 也是正交矩阵，它表示某个旋转角度为 θ 的旋转，记为 $\boldsymbol{R}(\theta)$。这样，$\boldsymbol{A}=\boldsymbol{R}(\theta)\boldsymbol{R}(-\phi)\begin{bmatrix} \lambda_1 & 0 \\ 0 & \lambda_2 \end{bmatrix}\boldsymbol{R}(\phi)$。如果把 $\boldsymbol{A}$ 作用在几何图形上，相当于先把该图形绕原点旋转角度 ϕ，之后再沿 X 和 Y 方向进行缩放，缩放系数分别为 λ_1 和 λ_2，之后旋转回原来的位置，最后再旋转角度 θ。

通过一个例子感受一下仿射变换。在图 3-3 中，图 3-3(a)是原始图像，图 3-3(b)是经由矩阵$\begin{bmatrix}0.9 & 0.3 & 0\\0.3 & 1 & 0\\0 & 0 & 1\end{bmatrix}$定义的仿射变换得到的结果。可以看到，原来几乎是正圆形的盘子在仿射变换之后，变成了椭圆形。由此可见，在仿射变换之下，角度有可能不会被保持。

(a) 原始图像　(b) 图像经过仿射变换保持原始图像的方向性　(c) 经过仿射变换图像方向发生改变

图 3-3　仿射变换举例

在前面谈到旋转变换、欧氏变换和相似变换时，都强调了变换要保持方向性的问题。对于这三类变换来说，只有当其表达矩阵(式(3-5)、式(3-8)和式(3-11))中的 $\boldsymbol{R}$ 行列式为 1 时，变换才会保持图像的方向性。对于仿射变换，也有类似的结论。如果不对式(3-13)中的 $\boldsymbol{A}$ 加以约束，得到的仿射变换可能会改变图形的方向性。只有当 $\det(\boldsymbol{A})>0$ 时，对应的仿射变换才会保持图形的方向性；当 $\det(\boldsymbol{A})<0$ 时，图像的方向会改变。事实上，可以证明[3]：在平面上有两个方向不同的向量 $\boldsymbol{a}$、$\boldsymbol{b}$，当平面上发生了由式(3-13)所表达的仿射变换后，$\boldsymbol{a}$，$\boldsymbol{b}$ 两个向量相应地变换为向量 $\boldsymbol{a}'$ 和 $\boldsymbol{b}'$，那么以向量 $\boldsymbol{a}'$，$\boldsymbol{b}'$ 为邻边所围成平行四边形的**定向**面积与以向量 $\boldsymbol{a}$，$\boldsymbol{b}$ 为邻边所围成平行四边形的**定向**面积之比为 $\det(\boldsymbol{A})$。所以，当 $\det(\boldsymbol{A})<0$ 时，变换之后图形的方向性会发生变化。比如，在图 3-3 中，对图 3-3(a)施加由$\begin{bmatrix}-0.9 & 0.3 & 0\\0.3 & 1 & 0\\0 & 0 & 1\end{bmatrix}$(行列式$\begin{vmatrix}-0.9 & 0.3\\0.3 & 1\end{vmatrix}<0$)定义的仿射变换后得到图 3-3(c)，可以看到图 3-3(c)与图 3-3(a)相比，图形的方向性发生了改变。因此，如果只考虑保持方向的仿射变换，需要要求 $\det(\boldsymbol{A})>0$。

3.1.5　射影变换

在之前的讨论中，表达线性几何变换的矩阵 $\boldsymbol{H}$ 都有一个共同的特点，那就是最后一行是(0,0,1)。如果继续放松对矩阵 $\boldsymbol{H}$ 的要求，只要求它是一个非奇异的 3×3 矩阵，那么此时 $\boldsymbol{H}$ 所能表达的线性几何变换称为射影变换(projective transformation)。与前面讨论的几种变换不同，射影变换不但可以定义在正常点上，也可以定义在无穷远点上。在射影变换下，不再区分正常点和无穷远点，射影变换可以把正常点变换到无穷远点，也可以把无穷远点变换到正常点。因此，对点的坐标表达不再限定为规范化齐次坐标(因为无穷远点没有规范化齐次坐标)，而是使用一般化的齐次坐标表达。

假设变换之前点的齐次坐标为 $\boldsymbol{x}=(x_1,x_2,x_3)^{\mathrm{T}}$，经过射影变换 $\boldsymbol{H}$ 之后，该点就变为了 $\boldsymbol{Hx}$。由于点的齐次坐标不具有唯一性，$\boldsymbol{Hx}$ 与 $k\boldsymbol{Hx}(\forall k\neq 0)$代表的都是同一个平面点。这也就意味着 $\boldsymbol{H}$ 与 $k\boldsymbol{H}(\forall k\neq 0)$表达的实际上是同一个射影变换。因此，尽管从形式上看，射影变

换矩阵 $\boldsymbol{H}$ 有 9 个元素，但实际上只有 8 个自由度。

如果点 $\boldsymbol{x}=(x_1,x_2,x_3)^{\mathrm{T}}$ 与点 $\boldsymbol{x}'=(x_1',x_2',x_3')^{\mathrm{T}}$ 可以由射影变换 $\boldsymbol{H}$ 对应起来，那么 $\boldsymbol{Hx}$ 与 $\boldsymbol{x}'$之间是一个常数倍的关系，即必存在一个数 c，使得 $c\boldsymbol{x}'=\boldsymbol{Hx}$。也就是说，如果点 $\boldsymbol{x}$ 经过射影变换 $\boldsymbol{H}=\begin{bmatrix} h_{11} & h_{12} & h_{13} \\ h_{21} & h_{22} & h_{23} \\ h_{31} & h_{32} & h_{33} \end{bmatrix}$ 变换到了 $\boldsymbol{x}'$，那么它们满足关系

$$c\begin{pmatrix} x_1' \\ x_2' \\ x_3' \end{pmatrix}=\begin{bmatrix} h_{11} & h_{12} & h_{13} \\ h_{21} & h_{22} & h_{23} \\ h_{31} & h_{32} & h_{33} \end{bmatrix}\begin{pmatrix} x_1 \\ x_2 \\ x_3 \end{pmatrix} \tag{3-16}$$

其中，c 是一个与点 $\boldsymbol{x}'$有关的数。

最后再来谈一下射影变换对图形方向性的保持问题。对于由式(3-13)定义的仿射变换来说，可以根据 $\det(\boldsymbol{A})$的符号来判断该变换是否能够保持图形的方向性。但对于射影变换来说，无法判定一个射影变换是否会保持图形的方向性[4]。

3.2 变换群与几何学

德国数学家费利克斯·克莱因(Felix Klein)①在 1872 年运用变换群的思想来区分各种几何学。他提出，每一种几何都是研究图形在一定的变换群下不变的性质[3]。这就是著名的爱尔兰根纲领(Erlangen program)。

3.2.1 群的定义

群是一个代数学的概念。由于几何与代数的密切关系，这个概念对于几何学的研究不但是重要的而且具有深远的影响。

定义 3.1 群[5]。设有一个集合$\mathcal{G}$，在其元素之间定义操作$\circ$，如果集合$\mathcal{G}$关于运算$\circ$满足下列条件。

(1) 封闭性：$\forall g_1,g_2\in\mathcal{G},\exists g_3\in\mathcal{G}$，使得 $g_3=g_1\circ g_2$；

(2) 结合性：$\forall g_1,g_2,g_3\in\mathcal{G}, g_1\circ(g_2\circ g_3)=(g_1\circ g_2)\circ g_3$；

(3) 存在单位元：$\exists e\in\mathcal{G}$，使得 $\forall g\in\mathcal{G}, e\circ g=g\circ e=g$，$e$ 称为$\mathcal{G}$中的单位元；

(4) 每个元素存在逆元：$\forall g\in\mathcal{G},\exists g^{-1}\in\mathcal{G}$，使得 $g\circ g^{-1}=g^{-1}\circ g=e$。

则称$\mathcal{G}$在运算$\circ$之下构成一个群。

3.2.2 线性几何变换群

根据群的定义不难验证，在 3.1 节中定义的 5 种表达线性几何变换的矩阵元素在普通矩阵乘法运算之下均构成群，分别称为旋转变换群(又称特殊正交群[2]，special orthogonal group)、欧氏变换群(Euclidean group)②、相似变换群、仿射变换群和射影变换群。在机器人

① 费利克斯·克莱因(Felix Klein)，德国数学家。克莱因生于德国杜塞多夫，在爱尔兰根、慕尼黑和莱比锡当过教授，最后在哥廷根教授数学。他的主要课题是非欧几何、群论和复变函数论。他发布的爱尔兰根纲领将各种几何用它们的基础对称群来分类，是当时多个数学分支的一个综合导向，影响深远。

② 在一般数学类书籍中所说的欧氏变换会包含反射的情况。但本书中所说的欧氏变换不考虑反射的情况，这类欧氏变换群在机器人学中也称特殊欧氏群(special Euclidean group)。

学中，刻画机器人的保向刚体运动是最基本的问题。因此，在该领域中，最常见的特殊正交群和特殊欧氏变换群都有着通用的表达记号。在二维空间（欧氏平面）中，特殊正交群被记为SO(2)，特殊欧氏变换群被记为SE(2)；在三维空间中，特殊正交群被记为SO(3)，特殊欧氏变换群被记为SE(3)。

作为例子，验证表达平面内旋转变换的矩阵集合，

$$\mathcal{G}=\{\boldsymbol{R}\in\mathbb{R}^{2\times2}:|\ \boldsymbol{R}\boldsymbol{R}^{\mathrm{T}}=\boldsymbol{I},\det(\boldsymbol{R})=1\}$$

在普通矩阵乘法之下构成群。

（1）验证封闭性。假设 $g_1=\boldsymbol{R}_1\in\mathcal{G}$，$g_2=\boldsymbol{R}_2\in\mathcal{G}$，则 $g_1g_2=\boldsymbol{R}_1\boldsymbol{R}_2$，则有 $(g_1g_2)(g_1g_2)^{\mathrm{T}}=(\boldsymbol{R}_1\boldsymbol{R}_2)(\boldsymbol{R}_1\boldsymbol{R}_2)^{\mathrm{T}}=\boldsymbol{R}_1\boldsymbol{R}_2\boldsymbol{R}_2^{\mathrm{T}}\boldsymbol{R}_1^{\mathrm{T}}=\boldsymbol{I}$，且 $\det(g_1g_2)=\det(\boldsymbol{R}_1\boldsymbol{R}_2)=\det(\boldsymbol{R}_1)\det(\boldsymbol{R}_2)=1$，则 $g_1g_2\in\mathcal{G}$。

（2）验证结合性。在普通矩阵乘法中，结合性显然成立。

（3）验证存在单位元。单位元为二阶单位矩阵 $\boldsymbol{I}_{2\times2}$。

（4）验证每个元素存在逆元。设 $g=\boldsymbol{R}\in\mathcal{G}$，验证 $\boldsymbol{R}$ 的逆矩阵 $\boldsymbol{R}^{-1}$ 也属于 $\mathcal{G}$：$\boldsymbol{R}^{-1}(\boldsymbol{R}^{-1})^{\mathrm{T}}=\boldsymbol{R}^{\mathrm{T}}\boldsymbol{R}=\boldsymbol{I}$，且 $\det(\boldsymbol{R}^{-1})=\dfrac{1}{\det(\boldsymbol{R})}=1$，则 $\boldsymbol{R}^{-1}\in\mathcal{G}$。另，由于 $g\boldsymbol{R}^{-1}=\boldsymbol{R}\boldsymbol{R}^{-1}=\boldsymbol{I}$，$\boldsymbol{R}^{-1}g=\boldsymbol{R}^{-1}\boldsymbol{R}=\boldsymbol{I}$，则 g 的逆元为 $g^{-1}=\boldsymbol{R}^{-1}$。

现在知道了前面提到的5种几何变换都构成群，那么就可以得到一个重要推论。

推论 3.1 由于群的封闭性，两个同类型的几何变换复合在一起，得到的复合变换依然还是这个类型的几何变换。

比如，平面内两个欧氏变换复合在一起，得到的复合变换依然是平面内的欧氏变换，该复合变换的自由度依然是3个，它不会变成具有4个自由度的相似变换，也不会变成具有6个自由度的仿射变换。

不难理解，提到的这5个变换群具有如下包含关系。

推论 3.2 旋转变换群⊂欧氏变换群⊂相似变换群⊂仿射变换群⊂射影变换群。

如克莱因指出的，每一种几何都是研究图形在一定的变换群下不变的性质。那么接下来看一下，在定义的5种变换群下，图形会具有哪些不变的几何性质。

显然，在旋转变换与欧氏变换之下，两点之间的距离是保持不变的。从距离这个基本不变量出发，可以推导出其他的不变量，比如，两条线之间的夹角、图形的面积等。

在相似变换下，基本的几何不变量是**相似比**。假设变换之前有任意点 $\boldsymbol{x}_1,\boldsymbol{x}_2,\boldsymbol{x}_3$ 和 $\boldsymbol{x}_4$，变换之后它们的对应点分别为 $\boldsymbol{x}_1',\boldsymbol{x}_2',\boldsymbol{x}_3'$ 和 $\boldsymbol{x}_4'$。相似比不变指的是 $\dfrac{\|\boldsymbol{x}_1\boldsymbol{x}_2\|}{\|\boldsymbol{x}_3\boldsymbol{x}_4\|}=\dfrac{\|\boldsymbol{x}_1'\boldsymbol{x}_2'\|}{\|\boldsymbol{x}_3'\boldsymbol{x}_4'\|}$。由相似比这个基本不变量，也可以推导出相似变换下的其他不变量，比如，两条线之间的夹角、直线之间的平行关系等。

定义 3.2 简单比值[3]。设 a,b,c 是共线三点，在此直线上取定一个单位向量 $\boldsymbol{e}$，若 $ab=\lambda_1\boldsymbol{e}$，$bc=\lambda_2\boldsymbol{e}$，则称 $\dfrac{\lambda_1}{\lambda_2}$ 为共线三点 a,b,c 的简单比值，记作 (a,b,c)，即 $(a,b,c)=\dfrac{\lambda_1}{\lambda_2}$。

在仿射变换下，基本的几何不变量是简单比值，即仿射变换保持共线三点的简单比值不变。由简单比值这个基本不变量，也可以推导出仿射变换下的其他不变量：直线之间的平行关系在变换前后保持不变；两个图形的面积比在变换前后保持不变；若 c 是有向线段 ab 的中点，则变换之后它的对应点 c' 也是对应有向线段 $a'b'$ 的中点。需要格外注意的是，仿射变换不会保持角度，比如，一个矩形在仿射变换之下可能会变成平行四边形。

在射影变换下，基本的几何不变量是**交比**。由于交比在本书中其他地方不会再涉及，这里

就不再详加介绍了。相对于前面几种变换群来说，射影变换群是最大的，同时它能够保持的几何不变量是最少的。比如，在仿射变换下，直线的平行关系是可以被保持的，但一般的射影变换并不能保持直线间的平行关系，这就意味着一个矩形在射影变换之后可能会变成一个一般的四边形。但射影变换毕竟是线性几何变换，一些最基本的几何关系还是能被保持的，比如，它会把直线变换到直线，变换前是不重合的两点在射影变换后依然不重合。

3.3 三维空间中的线性几何变换

在3.1节中讲述的二维平面上的线性几何变换与在3.2节中讲述的关于变换群与几何学的有关结论，可以直接推广到三维空间。为了便于读者查阅，把在三维空间中的线性几何变换的有关结论总结在本节。

与二维情况一样，三维空间中的旋转变换、欧氏变换、相似变换和仿射变换都是针对正常点(非无穷远点)进行的。设变换之前三维空间点的规范化齐次坐标为 $\boldsymbol{x}=(x,y,z,1)^{\mathrm{T}}$，变换之后点的规范化齐次坐标为 $\boldsymbol{x}'=(x',y',z',1)^{\mathrm{T}}$。

在旋转变换下，$\boldsymbol{x}$ 与 $\boldsymbol{x}'$ 的关系为

$$\boldsymbol{x}'=\begin{bmatrix}\boldsymbol{R}_{3\times3} & \boldsymbol{0}_{3\times1}\\ \boldsymbol{0}_{1\times3} & 1\end{bmatrix}\boldsymbol{x} \tag{3-17}$$

其中，$\boldsymbol{R}_{3\times3}$ 为正交矩阵且 $\det(\boldsymbol{R}_{3\times3})=1$。表达三维空间旋转变换的矩阵元素在普通矩阵乘法运算之下构成群，称为三维空间下的旋转变换群。

在欧氏变换下，$\boldsymbol{x}$ 与 $\boldsymbol{x}'$ 的关系为

$$\boldsymbol{x}'=\begin{bmatrix}\boldsymbol{R}_{3\times3} & \boldsymbol{t}_{3\times1}\\ \boldsymbol{0}_{1\times3} & 1\end{bmatrix}\boldsymbol{x} \tag{3-18}$$

其中，$\boldsymbol{R}_{3\times3}$ 为正交矩阵且 $\det(\boldsymbol{R}_{3\times3})=1$；$\boldsymbol{t}_{3\times1}=(t_x,t_y,t_z)^{\mathrm{T}}$ 为平移向量。表达三维空间欧氏变换的矩阵元素在普通矩阵乘法运算之下构成群，称为三维空间下的欧氏变换群。在三维旋转变换群与欧氏变换群下，空间点之间的距离保持不变。

在相似变换下，$\boldsymbol{x}$ 与 $\boldsymbol{x}'$ 的关系为

$$\boldsymbol{x}'=\begin{bmatrix}s\boldsymbol{R}_{3\times3} & \boldsymbol{t}_{3\times1}\\ \boldsymbol{0}_{1\times3} & 1\end{bmatrix}\boldsymbol{x} \tag{3-19}$$

其中，$\boldsymbol{R}_{3\times3}$ 为正交矩阵且 $\det(\boldsymbol{R}_{3\times3})=1$；$\boldsymbol{t}_{3\times1}=(t_x,t_y,t_z)^{\mathrm{T}}$ 为平移向量；$s>0$ 为尺度缩放系数(这个条件是为了使得 $\det(s\boldsymbol{R})>0$，即所表达的变换为保向变换)。表达三维空间相似变换的矩阵元素在普通矩阵乘法运算之下构成群，称为三维空间下的相似变换群。在三维相似变换群下，空间点之间距离的相似比保持不变。

在仿射变换下，$\boldsymbol{x}$ 与 $\boldsymbol{x}'$ 的关系为

$$\boldsymbol{x}'=\begin{bmatrix}\boldsymbol{A}_{3\times3} & \boldsymbol{t}_{3\times1}\\ \boldsymbol{0}_{1\times3} & 1\end{bmatrix}\boldsymbol{x} \tag{3-20}$$

其中，$\det(\boldsymbol{A})>0$；$\boldsymbol{t}_{3\times1}=(t_x,t_y,t_z)^{\mathrm{T}}$ 为平移向量。表达三维空间仿射变换的矩阵元素在普通矩阵乘法运算之下构成群，称为三维空间下的仿射变换群。在三维仿射变换群下，空间共线三点之间的简单比值保持不变。另外，与二维情况类似，可以证明：在三维空间中有三个不共面向量 $\boldsymbol{a},\boldsymbol{b},\boldsymbol{c}$，当该空间发生了由式(3-20)表达的仿射变换后，$\boldsymbol{a},\boldsymbol{b},\boldsymbol{c}$ 三个向量相应地变换为向量 $\boldsymbol{a}',\boldsymbol{b}'$ 和 $\boldsymbol{c}'$，那么以向量 $\boldsymbol{a}',\boldsymbol{b}'$ 和 $\boldsymbol{c}'$ 为邻边所围成平行六面体的**定向**体积与以向量 $\boldsymbol{a},\boldsymbol{b}$ 和 $\boldsymbol{c}$

为邻边所围成平行六面体的**定向**体积之比为 $\det(\boldsymbol{A})$，因此 $\det(\boldsymbol{A})$ 也被形象地称为仿射变换的变积系数[5]。

如果三维空间点(齐次坐标表示)$\boldsymbol{x}=(x_1,x_2,x_3,x_4)^{\mathrm{T}}$ 与点 $\boldsymbol{x}'=(x_1',x_2',x_3',x_4')^{\mathrm{T}}$ 可以由射影变换 $\boldsymbol{H}=\begin{bmatrix} h_{11} & h_{12} & h_{13} & h_{14} \\ h_{21} & h_{22} & h_{23} & h_{24} \\ h_{31} & h_{32} & h_{33} & h_{34} \\ h_{41} & h_{42} & h_{43} & h_{44} \end{bmatrix}$ 对应起来，那么它们满足关系

$$c\begin{pmatrix} x_1' \\ x_2' \\ x_3' \\ x_4' \end{pmatrix}=\begin{bmatrix} h_{11} & h_{12} & h_{13} & h_{14} \\ h_{21} & h_{22} & h_{23} & h_{24} \\ h_{31} & h_{32} & h_{33} & h_{34} \\ h_{41} & h_{42} & h_{43} & h_{44} \end{bmatrix}\begin{pmatrix} x_1 \\ x_2 \\ x_3 \\ x_4 \end{pmatrix} \tag{3-21}$$

其中，c 是一个与点 $\boldsymbol{x}'$ 有关的数。表达三维空间射影变换的矩阵元素在普通矩阵乘法运算之下构成群，称为三维空间下的射影变换群。在三维射影变换群下，空间共线四点之间的交比值保持不变。

表 3-1 总结了二维空间与三维空间下的线性几何变换的主要相关结论。

表 3-1　二维空间与三维空间下的线性几何变换(n 为空间维度，$n=2,3$)

变换名称	矩阵表达式	二维情况下自由度个数	三维情况下自由度个数	不变量
旋转变换	$\begin{bmatrix} \boldsymbol{R}_{n\times n} & \boldsymbol{0}_{n\times 1} \\ \boldsymbol{0}_{1\times n} & 1 \end{bmatrix}$，$\boldsymbol{R}$ 为正交矩阵且 $\det(\boldsymbol{R})=1$	1	3	长度，角度，面积(体积)
欧氏变换	$\begin{bmatrix} \boldsymbol{R}_{n\times n} & \boldsymbol{t}_{n\times 1} \\ \boldsymbol{0}_{1\times n} & 1 \end{bmatrix}$，$\boldsymbol{R}$ 为正交矩阵且 $\det(\boldsymbol{R})=1$	3	6	长度，角度，面积(体积)
相似变换	$\begin{bmatrix} s\boldsymbol{R}_{n\times n} & \boldsymbol{t}_{n\times 1} \\ \boldsymbol{0}_{1\times n} & 1 \end{bmatrix}$，$\boldsymbol{R}$ 为正交矩阵且 $\det(\boldsymbol{R})=1$，且 $\det(s\boldsymbol{R})=s^n\det(\boldsymbol{R})>0$	4	7	相似比，角度，面积(体积)比
仿射变换	$\begin{bmatrix} \boldsymbol{A}_{n\times n} & \boldsymbol{t}_{n\times 1} \\ \boldsymbol{0}_{1\times n} & 1 \end{bmatrix}$，$\det(\boldsymbol{A})>0$	6	12	简单比，面积(体积)比，平行关系
射影变换	$\boldsymbol{H}_{(n+1)\times(n+1)}$，$\boldsymbol{H}$ 为非奇异矩阵	8	15	交比，共线关系

3.4　习题

(1) 请证明式(3-8)所定义的表达平面内特殊欧氏变换的矩阵元素集合构成群。

(2) 请证明式(3-18)所定义的表达三维空间内特殊欧氏变换的矩阵元素集合构成群。

参考文献

[1] 李世栋,乐经良,冯卫国,等.线性代数[M].北京：科学出版社,2000.
[2] 高翔,张涛.视觉 SLAM 十四讲：从理论到实践[M].2 版.北京：电子工业出版社,2019.
[3] 丘维声.解析几何[M].2 版.北京：北京大学出版社,1996.
[4] HARTLEY R,ZISSERMAN A. Multiple view geometry in computer vision[M]. 2nd ed. Cambridge：Cambridge University Press,2004.
[5] 方德植,陈奕培.射影几何[M].北京：高等教育出版社,1983.

第4章 特征点检测与匹配

本章将学习如何在给定图像中检测出特征点，如何对特征点构建特征描述子向量以及如何根据特征描述子建立起两幅图像中特征点的匹配关系。

图像特征点检测与匹配算法是很多高层计算机视觉应用系统的基石。因此，从20世纪70年代开始到21世纪初，该问题一直是计算机视觉领域的研究热点。在讲述具体的图像特征点检测与匹配算法之前，首先来定性说明一个好的特征点检测算法以及描述子构造算法应该具有哪些性质。好的图像特征点具有如下性质。

（1）**局部性**。特征点的位置容易准确定位。比如，图像中的边缘点就不具备很好的局部性，因为沿着边缘方向移动，所经过点的形态都高度相似。

（2）**稀疏性**。图像上的特征点相对于图像上全体像素点来说，其数量应该是比较稀少的。如果检测到的特征点太过于稠密，会显著增加后续处理过程的计算代价。

（3）**对光照变化的稳定性**。当环境的光照条件发生了变化，我们希望特征点检测算法依然能够找到相同的特征点。

（4）**对几何变换的稳定性**。当相机拍摄视角发生了改变，图像平面会发生相应的几何变换，我们希望特征点检测算法依然能够检测出对应的特征点。

好的特征描述子构建算法具有如下性质。

（1）**高判别性**。假设 $\boldsymbol{x}_1$、$\boldsymbol{x}_2$ 为两个（不同图像中的）图像特征点，$\boldsymbol{d}_1$ 和 $\boldsymbol{d}_2$ 分别为它们的特征描述子。若 $\boldsymbol{x}_1$ 与 $\boldsymbol{x}_2$ 对应于物理场景中的同一点，我们期望 $\boldsymbol{d}_1$ 和 $\boldsymbol{d}_2$ 相同；若 $\boldsymbol{x}_1$ 与 $\boldsymbol{x}_2$ 对应于物理场景中不同的点，我们期望 $\boldsymbol{d}_1$ 和 $\boldsymbol{d}_2$ 距离较大。

（2）**对光照变化的稳定性**。当环境的光照条件发生了变化，我们希望对相应特征点所构建的特征描述子能够保持不变。

（3）**对几何变换的稳定性**。当相机拍摄视角发生了改变，图像平面会发生相应的几何变换，我们希望对相应特征点所构建的特征描述子能够保持不变。

4.1 哈里斯角点及其描述子

4.1.1 哈里斯角点检测算法设计思路

哈里斯角点（Harris corners）检测算法是由英国学者克里斯·哈里斯（Chris Harris）和迈克·斯蒂芬斯（Mike Stephens）于1988年提出来的[1]，是一个经典常用的图像特征点检测算法。哈里斯等认为，图像中的角点是一类非常稳定的、稀疏的、特殊的点，可以作为图像的特征点。那么应该如何判断一个点是不是角点呢？

如图4-1所示，从一个简单的理想模型出发进行定性分析。在图4-1(a)、图4-1(b)和

图 4-1(c)中,看看被考查点 **a**、**b**、**c** 是不是角点。通过直观观察,不难理解,只有图 4-1(c)中的 **c** 点是角点,其他两个都不是。那图 4-1(c)中的 **c** 点与图 4-1(a)、图 4-1(b)中的被考查点 **a**、**b** 相比,有什么特点呢?考虑在被考查点周围取一个邻域窗口 W,如果将 W 移动一个小量,就会到达一个新窗口 W'。我们来观察一下 W' 与 W 所覆盖图像块的像素值变化 s_W。在图 4-1(a)中无论朝哪个方向移动 W,所引起的 s_W 都会很小,这说明被考查点 **a** 位于图像平坦区域上,不会是角点。在图 4-1(b)中,如果 W 是沿垂直方向移动到达 W' 的话,s_W 会很小,而当 W 是沿水平方向移动到达 W' 的话,s_W 会比较大,这说明被考查点 **b** 位于边缘(edge)上,也不是角点。而在图 4-1(c)中,无论 W' 是由 W 沿何方向移动得到的,s_W 都会比较大。基于上述分析,图像中的角点被定义为:在点 $\boldsymbol{x}$ 周围取一个邻域窗口 W,无论沿哪个方向移动 W,新窗口 W' 所覆盖的图像区域与旧窗口 W 所覆盖的图像区域在像素值上都会有很大变化,那么点 $\boldsymbol{x}$ 即为角点。

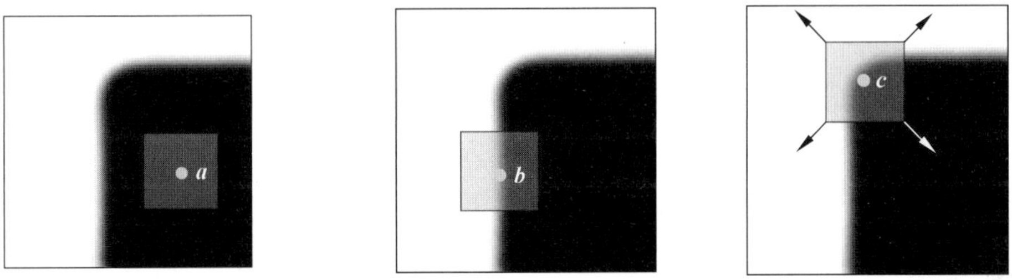

(a) **a**点位于平坦图像区域之上,不是角点 (b) **b**点位于图像边缘之上,不是角点 (c) **c**点为图像角点

图 4-1 哈里斯角点检测算法设计思路

4.1.2 哈里斯角点检测算法的实现

哈里斯角点检测算法就是按照 4.1.1 节中对角点属性的定性分析来设计的。对于图像 f 上某点 $\boldsymbol{x}=(x,y)$,考查该点是否为角点。在图像 f 上,以 $\boldsymbol{x}$ 为中心取窗口 W,W 移动小量 $(\Delta x,\Delta y)$ 之后,新旧窗口所覆盖图像区域像素值的差异可表达为

$$s_W(\Delta x,\Delta y)=\sum_{(x_i,y_i)\in W}\left(f(x_i,y_i)-f(x_i+\Delta x,y_i+\Delta y)\right)^2 \tag{4-1}$$

由于 $(\Delta x,\Delta y)$ 很小,可以对 $f(x_i+\Delta x,y_i+\Delta y)$ 进行一阶泰勒近似(见附录 A)

$$f(x_i+\Delta x,y_i+\Delta y)\simeq f(x_i,y_i)+\left(\left.\frac{\partial f}{\partial x}\right|_{(x_i,y_i)},\left.\frac{\partial f}{\partial y}\right|_{(x_i,y_i)}\right)\begin{pmatrix}\Delta x\\ \Delta y\end{pmatrix} \tag{4-2}$$

将式(4-2)代入式(4-1)可得

$$\begin{aligned}
s_W(\Delta x,\Delta y)&\simeq\sum_{(x_i,y_i)\in W}\left(f(x_i,y_i)-f(x_i,y_i)-\left(\left.\frac{\partial f}{\partial x}\right|_{(x_i,y_i)},\left.\frac{\partial f}{\partial y}\right|_{(x_i,y_i)}\right)\begin{pmatrix}\Delta x\\ \Delta y\end{pmatrix}\right)^2\\
&=\sum_{(x_i,y_i)\in W}\left(\left(\left.\frac{\partial f}{\partial x}\right|_{(x_i,y_i)},\left.\frac{\partial f}{\partial y}\right|_{(x_i,y_i)}\right)\begin{pmatrix}\Delta x\\ \Delta y\end{pmatrix}\right)^2\\
&=\sum_{(x_i,y_i)\in W}(\Delta x,\Delta y)\begin{bmatrix}\left.\frac{\partial f}{\partial x}\right|_{(x_i,y_i)}\\ \left.\frac{\partial f}{\partial y}\right|_{(x_i,y_i)}\end{bmatrix}\left(\left.\frac{\partial f}{\partial x}\right|_{(x_i,y_i)},\left.\frac{\partial f}{\partial y}\right|_{(x_i,y_i)}\right)\begin{pmatrix}\Delta x\\ \Delta y\end{pmatrix}\\
&=(\Delta x,\Delta y)\left\{\sum_{(x_i,y_i)\in W}\begin{bmatrix}\left.\frac{\partial f}{\partial x}\right|_{(x_i,y_i)}\\ \left.\frac{\partial f}{\partial y}\right|_{(x_i,y_i)}\end{bmatrix}\left(\left.\frac{\partial f}{\partial x}\right|_{(x_i,y_i)},\left.\frac{\partial f}{\partial y}\right|_{(x_i,y_i)}\right)\right\}\begin{pmatrix}\Delta x\\ \Delta y\end{pmatrix}
\end{aligned}$$

$$
=(\Delta x,\Delta y)\begin{bmatrix}\sum\limits_{(x_i,y_i)\in W}\left(\dfrac{\partial f}{\partial x}\bigg|_{(x_i,y_i)}\right)^2 & \sum\limits_{(x_i,y_i)\in W}\left(\dfrac{\partial f}{\partial x}\bigg|_{(x_i,y_i)}\right)\left(\dfrac{\partial f}{\partial y}\bigg|_{(x_i,y_i)}\right)\\ \sum\limits_{(x_i,y_i)\in W}\left(\dfrac{\partial f}{\partial x}\bigg|_{(x_i,y_i)}\right)\left(\dfrac{\partial f}{\partial y}\bigg|_{(x_i,y_i)}\right) & \sum\limits_{(x_i,y_i)\in W}\left(\dfrac{\partial f}{\partial y}\bigg|_{(x_i,y_i)}\right)^2\end{bmatrix}\begin{pmatrix}\Delta x\\ \Delta y\end{pmatrix} \tag{4-3}
$$

令

$$
\boldsymbol{M}=\begin{bmatrix}\sum\limits_{(x_i,y_i)\in W}\left(\dfrac{\partial f}{\partial x}\bigg|_{(x_i,y_i)}\right)^2 & \sum\limits_{(x_i,y_i)\in W}\left(\dfrac{\partial f}{\partial x}\bigg|_{(x_i,y_i)}\right)\left(\dfrac{\partial f}{\partial y}\bigg|_{(x_i,y_i)}\right)\\ \sum\limits_{(x_i,y_i)\in W}\left(\dfrac{\partial f}{\partial x}\bigg|_{(x_i,y_i)}\right)\left(\dfrac{\partial f}{\partial y}\bigg|_{(x_i,y_i)}\right) & \sum\limits_{(x_i,y_i)\in W}\left(\dfrac{\partial f}{\partial y}\bigg|_{(x_i,y_i)}\right)^2\end{bmatrix} \tag{4-4}
$$

则 $s_W(\Delta x,\Delta y)=(\Delta x,\Delta y)\boldsymbol{M}\begin{pmatrix}\Delta x\\ \Delta y\end{pmatrix}$。如果让新旧窗口覆盖图像区域像素值的差异 $s_W(\Delta x,\Delta y)$ 为一个常数，如 $s_W(\Delta x,\Delta y)=1$，即

$$
(\Delta x,\Delta y)\boldsymbol{M}\begin{pmatrix}\Delta x\\ \Delta y\end{pmatrix}=1 \tag{4-5}
$$

那么，式(4-5)代表了能够使新旧窗口所覆盖区域像素值差异为1的窗口移动量$(\Delta x,\Delta y)$所形成的轨迹。对于式(4-5)来说，矩阵 $\boldsymbol{M}$ 为已知量，它是由点 $\boldsymbol{x}$ 处的局部窗口 W 所唯一确定的。可以证明，按式(4-4)所定义的矩阵 $\boldsymbol{M}$ 为半正定矩阵。实际上，除非是极特殊情况（比如，窗口 W 所覆盖图像块的像素值全部为相同常数），$\boldsymbol{M}$ 为正定矩阵。当 $\boldsymbol{M}$ 为正定矩阵时，可以证明式(4-5)所描述$(\Delta x,\Delta y)$的轨迹为一个椭圆（见附录B）。显然，该椭圆的几何属性完全由 $\boldsymbol{M}$ 决定。如图4-2(a)所示，假设 $\boldsymbol{M}$ 的两个特征值分别为 λ_1 和 λ_2，且 $\lambda_1\geqslant\lambda_2$，则该椭圆的长半轴长度为 $\lambda_2^{-1/2}$，其短半轴长度为 $\lambda_1^{-1/2}$（该结论可作为习题证明）。

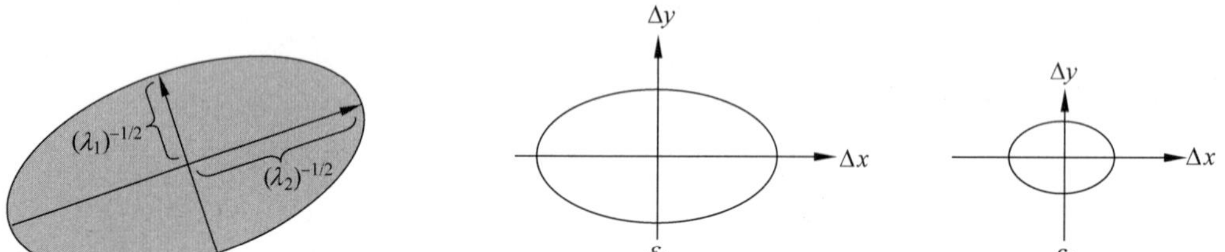

(a) 式(4-5)所确定的椭圆，该椭圆的长半轴长度为$\lambda_2^{-1/2}$、短半轴长度为$\lambda_1^{-1/2}$

(b) 假设图像上有两个点$\boldsymbol{x}_1$和$\boldsymbol{x}_2$，在它们周围取相同大小的窗口，按照式(4-5)的方式得到两个相应的椭圆ε_1和ε_2，那么较小的椭圆ε_2所对应的$\boldsymbol{x}_2$更可能是一个角点

图4-2　新旧窗口覆盖区域像素值差异为常数时，窗口移动量轨迹形成椭圆

考虑图像 $\boldsymbol{I}$ 上的两个点 $\boldsymbol{x}_1$ 和 $\boldsymbol{x}_2$，在它们周围取相同大小的窗口，之后按照式(4-4)的方式分别计算与 $\boldsymbol{x}_1$ 和 $\boldsymbol{x}_2$ 对应的实对称矩阵 $\boldsymbol{M}_1$ 和 $\boldsymbol{M}_2$。之后，按照式(4-5)，可以有两个相应的椭圆 ε_1：$(\Delta x,\Delta y)\boldsymbol{M}_1\begin{pmatrix}\Delta x\\ \Delta y\end{pmatrix}=1$ 和 ε_2：$(\Delta x,\Delta y)\boldsymbol{M}_2\begin{pmatrix}\Delta x\\ \Delta y\end{pmatrix}=1$。假设椭圆 ε_1 和 ε_2 的形态如图4-2(b)所示，那么相应地，$\boldsymbol{x}_1$ 和 $\boldsymbol{x}_2$ 中的哪一个更可能是一个角点呢？答案是与较小的椭圆 ε_2 对应的点 $\boldsymbol{x}_2$ 更可能是一个角点。这是因为，小的椭圆意味着只要对原始覆盖窗口施加一个很小的移动量就可以使窗口覆盖区域的像素值变化为1，而大的椭圆意味着要对原始覆盖窗口施加一个相对较大的移动量才可以使窗口覆盖区域的像素值变化为1。实际上，更准确地说，不但要小而且要“接近于圆”的椭圆所对应的被考查点才更有可能是一个角点；“接近于

圆”意味着无论沿哪个方向对覆盖该点的窗口施加相同幅度的移动量都会使得新旧窗口所覆盖的区域的像素值产生较为一致的变化，这才符合在 4.1.1 节中对角点特性的定性分析。注意到，小的椭圆意味着式(4-5)中 $\boldsymbol{M}$ 的特征值会比较大，而“接近于圆”则意味着 $\boldsymbol{M}$ 的两个特征值要差不多大，这就说明可以根据 $\boldsymbol{M}$ 的特征值情况来对角点进行判定：当 $\boldsymbol{M}$ 的两个特征值都很大而且差不多大时，它所刻画的点 $\boldsymbol{x}$ 更可能是角点。类似地，对于 $\boldsymbol{M}$ 中其他特征值情况也可以得到相应判断：当 λ_1 和 λ_2 都很小时，点 $\boldsymbol{x}$ 更可能位于图像平滑区域上；当 λ_1 和 λ_2 其中一个很大、另一个很小时，点 $\boldsymbol{x}$ 可能位于图像边缘上。我们把 $\boldsymbol{x}$ 点所属类型与 λ_1、λ_2 之间的关系总结在了图 4-3 中。

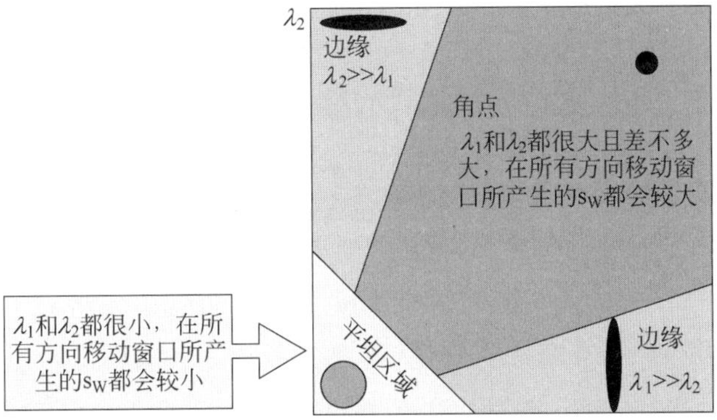

图 4-3 图像上一点 $\boldsymbol{x}$ 所在区域属性与 $\boldsymbol{x}$ 所对应的 $\boldsymbol{M}$ 矩阵的特征值 λ_1 和 λ_2 之间的关系

在编程实现中，如果真的要对 $\boldsymbol{M}$ 进行特征值分解的话，角点检测操作的效率会很低，因为矩阵特征值分解的计算代价较高。幸运的是，Harris 和 Stephens 给出了一个计算点 $\boldsymbol{x}$ 处角点程度(cornerness)的经验公式，避免了对 $\boldsymbol{M}$ 进行显式的特征值分解。该经验公式按如下方式计算点 $\boldsymbol{x}$ 处的角点程度值 $r(\boldsymbol{x})$

$$r(\boldsymbol{x}) = \det(\boldsymbol{M}(\boldsymbol{x})) - k(\operatorname{trace}(\boldsymbol{M}(\boldsymbol{x})))^2 \tag{4-6}$$

其中，$\boldsymbol{M}(\boldsymbol{x})$表示按照式(4-4)的方式计算点 $\boldsymbol{x}$ 处的 $\boldsymbol{M}$ 矩阵，$\det(\boldsymbol{M}(\boldsymbol{x}))$表示计算矩阵 $\boldsymbol{M}(\boldsymbol{x})$ 的行列式，$\operatorname{trace}(\boldsymbol{M}(\boldsymbol{x}))$表示计算矩阵 $\boldsymbol{M}(\boldsymbol{x})$的迹，$k$ 为一个事先设定的超参数，一般设置为 0.04～0.06。r 的值越大，说明该点处是角点的可能性就越高。需要注意到，在式(4-6)中，虽然在计算 $r(\boldsymbol{x})$的过程中并没有显式计算 $\boldsymbol{M}(\boldsymbol{x})$的特征值，但 $r(\boldsymbol{x})$的数值实质上依赖 $\boldsymbol{M}(\boldsymbol{x})$的特征值，这是因为 $\det(\boldsymbol{M}(\boldsymbol{x}))$与 $\operatorname{trace}(\boldsymbol{M}(\boldsymbol{x}))$都完全决定于$\boldsymbol{M}(\boldsymbol{x})$的特征值。若$\boldsymbol{M}(\boldsymbol{x})$的两个特征值分别为 λ_1 和 λ_2，则 $\det(\boldsymbol{M}(\boldsymbol{x}))=\lambda_1\lambda_2$，$\operatorname{trace}(\boldsymbol{M}(\boldsymbol{x}))=\lambda_1+\lambda_2$。图 4-4 清晰地展示了 r 与 λ_1 和 λ_2 的关系。可以看出，只有当 λ_1 和 λ_2 同时都很大时，r 才会很大，而这刚好符合对角点属性的定性分析。矩阵行列式与迹的计算相比矩阵特征值分解来说，计算复杂度会低很多。

若点 $\boldsymbol{x}$ 处的 $r(\boldsymbol{x})$大于预先设定的阈值 t，即 $r(\boldsymbol{x})>t$，则认为 $\boldsymbol{x}$ 为一个候选角点。但为了得到图像 f 上合理的稀疏角点集合，还需要对候选角点集合进行一步后处理操作，非极大值抑制(non-maximum suppression)。这是因为如果 $\boldsymbol{x}$ 处的 $r(\boldsymbol{x})$很大，则它的近邻 $\boldsymbol{x}'$处的 $r(\boldsymbol{x}')$通常也会非常大，这就导致单一阈值化操作会认为 $\boldsymbol{x}$ 附近的“一大片区域”都是角点，这显然与客观物理世界是不相符合的。非极大值抑制这个操作就是在一个预设大小的局部范围内，只保留角点程度值最大的候选角点，而把该局部区域内其他的候选角点剔除出角点集合，从而保证最后得到的角点集合是较为稀疏的。

再来谈一下窗口 W 的具体形式。由于是借助 W 所覆盖的图像区域来分析 W 中心位置 $\boldsymbol{x}$

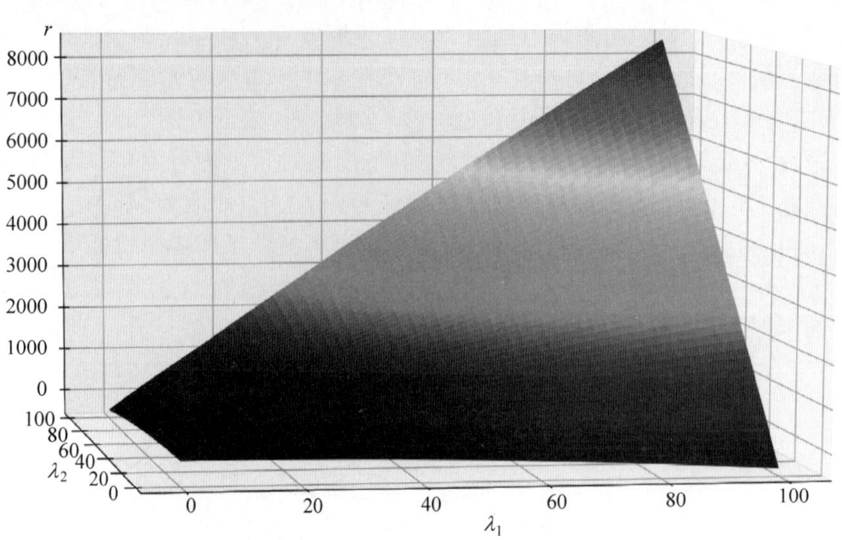

图 4-4　角点程度数值 r 与矩阵 $\boldsymbol{M}$ 的两个特征值 λ_1 和 λ_2 之间的关系

的特性的，可以合理地认为与 $\boldsymbol{x}$ 距离越近的点对 $\boldsymbol{x}$ 特性的影响越高，与 $\boldsymbol{x}$ 离得较远的点对 $\boldsymbol{x}$ 特性的影响会小一些。因此，在算法实现中，W 通常被取为各向同性的二维高斯窗口 $g(x,y;\sigma)$，其中 σ 为高斯窗口的标准差，需要用户预先设定。W 的大小一般设定为 $\widehat{6\sigma}\times\widehat{6\sigma}$，$\widehat{6\sigma}$ 表示对 6σ 进行向上取整。

为了计算式(4-4)所定义的矩阵 $\boldsymbol{M}$，需要近似计算图像函数 f 的偏导数。由于实际的图像为离散数字图像，只能用差分方法来近似计算图像函数的偏导数。对此部分内容不熟悉的读者，可参见附录 C。

为了使读者能够对哈里斯角点检测算法的处理流程有一个整体上的认识，在图 4-5 中总结了该算法的关键处理步骤，并以可视化的形式给出了每一步所得到的处理结果。

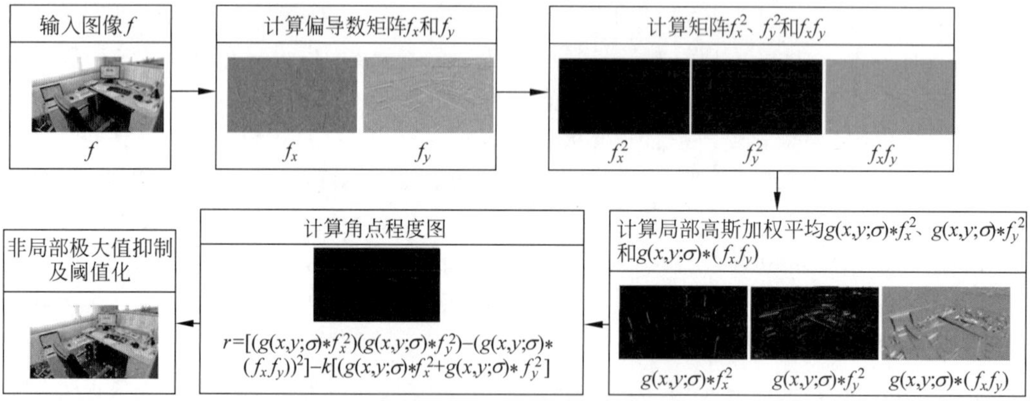

图 4-5　哈里斯角点检测算法处理流程

接下来分析一下哈里斯角点检测算法对光照变化和几何变换的不变性。图像上某点处的角点属性完全是由该点处由式(4-4)所定义的矩阵 $\boldsymbol{M}$ 来决定的，而 $\boldsymbol{M}$ 是由该点邻域中的一阶偏导数所决定的。根据导数的计算规则容易知道，哈里斯角点检测算法对图像的整体光照变化具有不变性，即当图像 $f(x,y)$ 变为 $f(x,y)+b$(其中 b 为常数)时，每点处的角点程度值保持不变。但对除此之外的其他类型的光照变化，哈里斯角点检测算法都不具有不变性。根据哈里斯角点检测算法对角点的定义(图 4-1(c))，不难理解，从理论上来说该算法具有旋转不变性，也就是说，在图像发生了旋转变换的前后，用相同的哈里斯角点检测程序可以（大致）检测出相同的特征点。但该算法不具有尺度不变性，可以通过一个简单的理想模型来说明这个问题，如图4-6所示。在图4-6中，在尺度变换前后，角点检测算法的分析窗口大小一致，这就会导致在大尺度下所有的点都被认为是边缘点，而在小尺度下，该模式将被认为是角点。导致哈里斯角点检测算法不具有尺度不变性的根本原因就在于该算法使用的分析窗口 W 的大小是预先设定的，它没有一种自动化的、与尺度大小相适应的分析窗口大小设定机制。

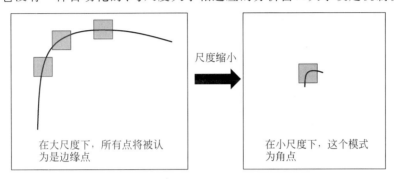

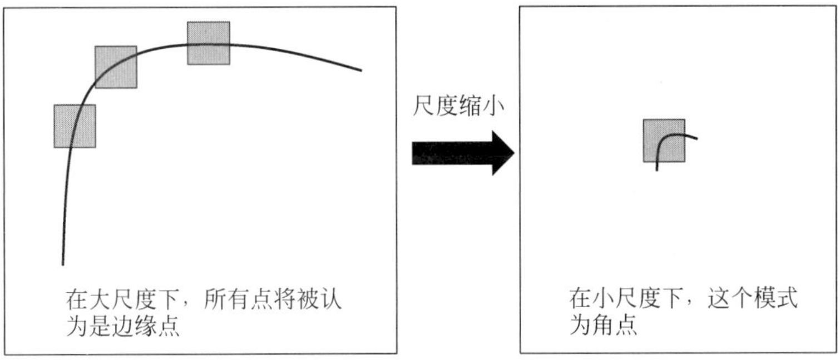

图4-6　哈里斯角点检测算法不具有尺度不变性

4.1.3　哈里斯角点的特征描述子

特征点实际就是图像上的一个位置。为了后续应用，比如，要匹配不同图像中的特征点，需要为特征点建立特征描述子以表达该特征点。对于一个给定特征点 $\boldsymbol{x}$ 来说，它的特征描述子 $\boldsymbol{d}$ 是一个向量，$\boldsymbol{d}$ 是基于 $\boldsymbol{x}$ 的邻域图像信息构造出来的。

假设 $\boldsymbol{x}$ 为一个哈里斯角点。为构造 $\boldsymbol{x}$ 的特征向量 $\boldsymbol{d}$，需要以 $\boldsymbol{x}$ 为中心取一个大小为 $s\times s$ 的窗口 W，然后基于 W 所覆盖的图像区域来构造 $\boldsymbol{d}$。s 的值是需要用户事先设定的。

最简单的特征描述子称为块（block）描述子。它直接把 W 所覆盖的 $s\times s$ 大小的图像块拉成一个列向量并进行单位化（即，使得该向量的 l_2-范数为1），以这个单位化之后的列向量作为 $\boldsymbol{x}$ 的特征描述子 $\boldsymbol{d}$。不难理解，块描述子不具有旋转不变性，也不具有尺度不变性。

要对特征点进行匹配，我们首先要知道如何计算两个描述子之间的距离。设 $\boldsymbol{d}_1\in\mathbb{R}^{n\times 1}$、$\boldsymbol{d}_2\in\mathbb{R}^{n\times 1}$ 为两个块描述子。常用的计算 $\boldsymbol{d}_1$、$\boldsymbol{d}_2$ 距离的方式包括**平方差之和**（sum of squared differences，SSD）距离、**绝对差之和**（sum of absolute differences，SAD）距离与**规范化互相关**（normalized cross correlation，NCC）距离。SSD距离定义为

$$\mathrm{SSD}_{\mathrm{dist}}(\boldsymbol{d}_1,\boldsymbol{d}_2)=\|\boldsymbol{d}_1-\boldsymbol{d}_2\|_2^2=\sum_{i=1}^{n}(d_1^i-d_2^i)^2 \tag{4-7}$$

其中，d_1^i 表示向量 $\boldsymbol{d}_1$ 的第 i 个元素。SAD距离定义为

$$\mathrm{SAD}_{\mathrm{dist}}(\boldsymbol{d}_1,\boldsymbol{d}_2)=\sum_{i=1}^{n}|d_1^i-d_2^i| \tag{4-8}$$

规范化互相关距离定义为

$$\mathrm{NCC}_{\mathrm{dist}}(\boldsymbol{d}_1,\boldsymbol{d}_2)=1-\frac{1}{n}\frac{(\boldsymbol{d}_1-\mu(\boldsymbol{d}_1))\cdot(\boldsymbol{d}_2-\mu(\boldsymbol{d}_2))}{\mathrm{std}(\boldsymbol{d}_1)\mathrm{std}(\boldsymbol{d}_2)} \tag{4-9}$$

其中，std(·)返回向量数据的标准差，$\mu(\cdot)$ 返回向量数据的均值，$\boldsymbol{d}_1-\mu(\boldsymbol{d}_1)$ 这个操作指的是向量 $\boldsymbol{d}_1$ 中每一个元素都要减去标量 $\mu(\boldsymbol{d}_1)$。实际上在式(4-9)中，$\frac{1}{n}\frac{(\boldsymbol{d}_1-\mu(\boldsymbol{d}_1))\cdot(\boldsymbol{d}_2-\mu(\boldsymbol{d}_2))}{\mathrm{std}(\boldsymbol{d}_1)\mathrm{std}(\boldsymbol{d}_2)}$

为 $\boldsymbol{d}_1$ 与 $\boldsymbol{d}_2$ 的皮尔逊线性相关系数，其取值范围为[−1,1]，因此 $NCC_{dist}(\boldsymbol{d}_1,\boldsymbol{d}_2)$ 的取值范围为[0,2]。也有另外一种方式来定义规范化互相关距离

$$NCC_{dist}(\boldsymbol{d}_1,\boldsymbol{d}_2)=\arccos\left(\frac{1}{n}\frac{(\boldsymbol{d}_1-\mu(\boldsymbol{d}_1))\cdot(\boldsymbol{d}_2-\mu(\boldsymbol{d}_2))}{\text{std}(\boldsymbol{d}_1)\text{std}(\boldsymbol{d}_2)}\right) \tag{4-10}$$

即为 $\boldsymbol{d}_1$ 与 $\boldsymbol{d}_2$ 两个向量之间线性相关系数的反余弦值，因此其取值范围为[0,π]。当确定了特征描述子之间距离的计算方式之后，便可以对两个特征描述子集合进行匹配，找到其中对应的特征对，具体匹配策略将在 4.4 节中介绍。

对于一个哈里斯角点，除了块描述子以外，也可以为其构建更加高端的描述子，如 SIFT 描述子[2]、SURF 描述子[3]、KAZE 描述子[4]、BRISK 描述子[5]等，但这些描述子都不是为哈里斯角点而专门设计的，它们都配合了特征尺度选择机制。如果要把这些高端描述子配合哈里斯角点来使用，只能假设一张图像上的所有哈里斯角点具有相同的、预先设定的特征尺度。我们将在 4.2 节中结合 SIFT 特征点检测，详细介绍 SIFT 描述子。在图 4-7 中，通过一个具体例子展示了基于块描述子匹配的哈里斯角点匹配结果。在这个例子中，利用块描述子，大部分的角点对应关系都是正确的，但也有一些对应关系是错误的，这也说明块描述子对图像局部特征的刻画能力十分有限，后面将要学习的几个精心设计的描述子的性能要远优于块描述子。

(a) 输入图像

(b) 输入图像

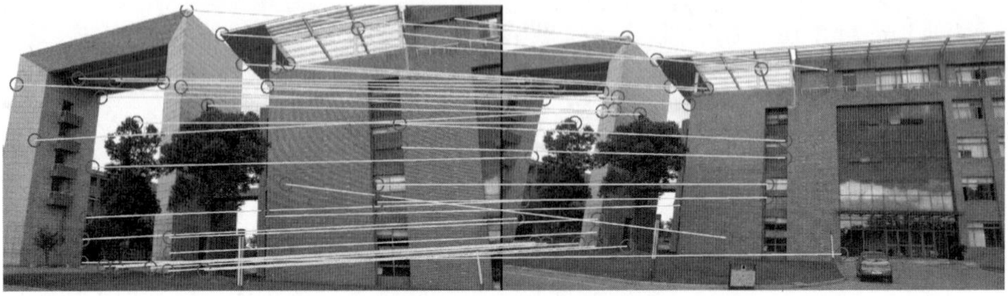

(c) 基于描述子匹配结果建立起(a)和(b)图像上角点之间的对应关系

图 4-7　哈里斯角点以及基于块特征的角点匹配

4.2　SIFT 特征点及其特征描述子

SIFT 的全称为尺度不变特征变换(scale-invariant feature transform)，它实际上包含两部分，尺度不变特征点的检测和尺度不变特征描述子的构建。SIFT 由加拿大英属哥伦比亚大学的大卫·罗维(David Lowe)教授①提出，其最初版本发表在 1999 年的国际计算机视觉大会

① 大卫·罗维(David Lowe)，加拿大英属哥伦比亚大学计算机科学系教授。他于 1999 年发表 SIFT 算法，是 SIFT 算法的创始人。

(International Conference on Computer Vision, ICCV)上[6]，其完整版本发表在2004年的国际计算机视觉杂志(International Journal of Computer Vision, IJCV)上[2]。SIFT可以说是图像特征点检测与匹配领域中的里程碑式工作，它对后来许多优秀的同类算法都产生了很大影响。

接下来，将在4.2.1节和4.2.2节中讲述SIFT框架下的特征点检测算法，在4.2.3节中讲述SIFT框架下的尺度不变特征描述子的构造方法。

4.2.1　特征点检测基本思想

先来大致描述一下SIFT特征点检测算法的基本思想。在SIFT框架下，特征点是一类被称为"斑点"(blob)的特殊的点。如图4-8所示，向日葵的中心点就是典型的斑点特征点。通过观察发现，刻画一个斑点特征不单单需要知道它的中心位置，还要知道它的空间大小。为了检测斑点这种特殊的图像结构，大卫·罗维使用了由瑞典学者托尼·林德伯格(Tony Linderberg)提出的**尺度归一化高斯-拉普拉斯**(scale-normalized Laplacian of Gaussian)算子[7]，简称为尺度归一化LoG算子。那这个尺度归一化LoG算子是什么样子的呢？

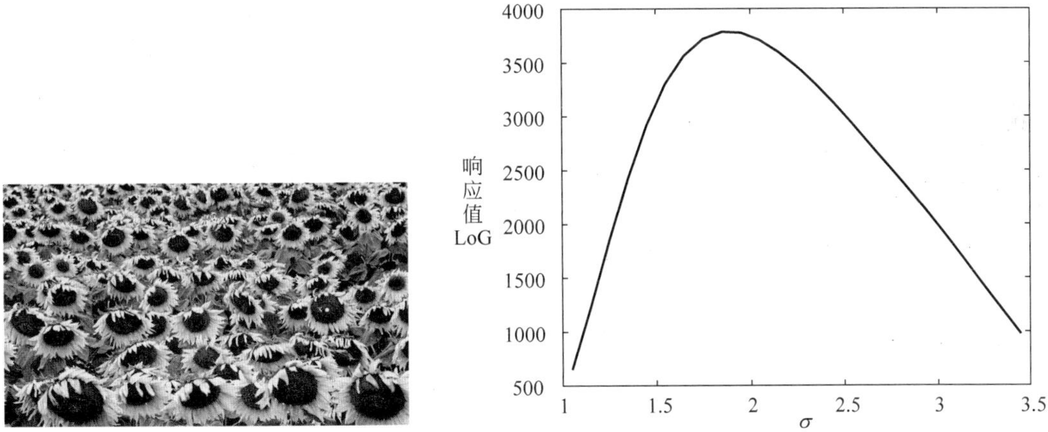

(a) 典型的斑点特征

(b) 对图像(a)用一系列不同尺度的尺度归一化LoG算子进行卷积，点$\boldsymbol{x}$处的随LoG算子尺度变化的响应值曲线

图4-8　典型的斑点特征点

二维各向同性的高斯函数$g(x,y):\mathbb{R}^2\to\mathbb{R}$为

$$g(x,y)=\frac{1}{2\pi\sigma^2}\exp\left(-\frac{x^2+y^2}{2\sigma^2}\right) \tag{4-11}$$

其参数σ称为高斯函数的**尺度**。函数的拉普拉斯算了为函数二阶偏导数之和，因此高斯函数$g(x,y)$的拉普拉斯$\nabla^2 g$为

$$\nabla^2 g=\frac{\partial^2 g}{\partial x^2}+\frac{\partial^2 g}{\partial y^2}=\frac{x^2+y^2-2\sigma^2}{2\pi\sigma^6}\mathrm{e}^{-\frac{x^2+y^2}{2\sigma^2}} \tag{4-12}$$

相应地，尺度归一化LoG算子便是在$\nabla^2 g$之前乘上σ^2，即

$$\sigma^2\nabla^2 g=\frac{x^2+y^2-2\sigma^2}{2\pi\sigma^4}\mathrm{e}^{-\frac{x^2+y^2}{2\sigma^2}} \tag{4-13}$$

图4-9(a)展示了$\sigma^2\nabla^2 g$算子的空间几何形状；不难理解，$\sigma^2\nabla^2 g$算子非常适合于检测图像中圆盘状的斑点结构。可以看到，尺度归一化LoG算子$\sigma^2\nabla^2 g$有一个控制其尺度大小的参数σ。通过改变σ，如取σ的值为$\sigma_1,\sigma_2,\cdots,\sigma_n$，可以得到一系列不同尺度的尺度归一化LoG算子，$\{\sigma_i^2\nabla^2 g(\sigma_i)\}_{i=1}^n$。

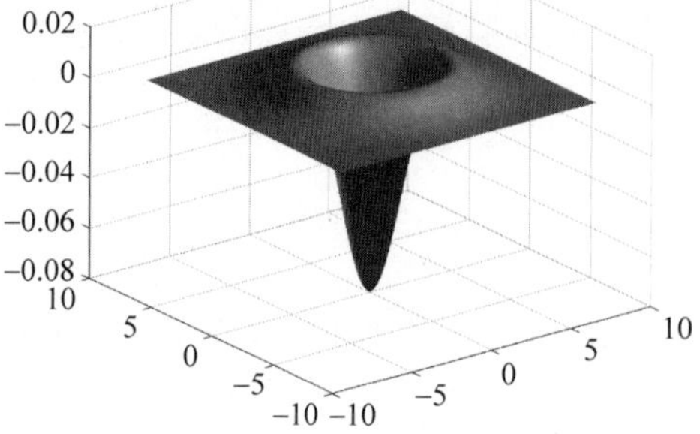

(a) $\sigma^2\nabla^2 g$算子的空间几何形状

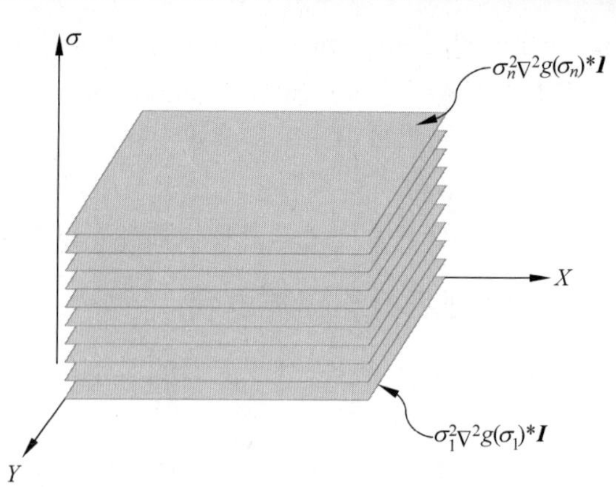

(b) 图像$\boldsymbol{I}$的尺度归一化LoG尺度空间

图 4-9　$\sigma^2\nabla^2 g$ 算子的空间几何形状与图像 $\boldsymbol{I}$ 的尺度归一化 LoG 尺度空间

斑点结构检测问题本质上是一种基于模板匹配思想的图像模式检测问题。在绝对清晰图像 $\boldsymbol{I}$ 中[①]，假设 $\boldsymbol{x}$ 为斑点特征的中心位置。当用一系列尺度递增的尺度归一化 LoG 算子 $\{\sigma_i^2\nabla^2 g(\sigma_i)\}_{i=1}^n$（其中，$\sigma_{i+1}>\sigma_i$）和 $\boldsymbol{I}$ 进行卷积后，就会得到 $\boldsymbol{I}$ 的尺度归一化 LoG 尺度空间，如图 4-9(b)所示。在该尺度空间中，与 $\boldsymbol{x}$ 对应位置处会有一组响应值$\{r_i\}_{i=1}^n$。r_i 可以看作是关于σ_i 的函数，而且该函数曲线只有一个峰（谷）值，即斑点结构中心 $\boldsymbol{x}$ 处关于σ 的尺度归一化 LoG 响应值曲线只有一个极值点（图 4-8(b)）。如果 $\sigma_k^2\nabla^2 g(\sigma_k)$的形状是最接近于该斑点结构的，那么 r_k 将是响应值中的极值点，我们把相应的 σ_k 称为这个斑点结构的**特征尺度**。特征尺度实际上反映了斑点结构的空间大小。另外，如果 $\boldsymbol{x}$ 是一个斑点结构的中心位置，它的近邻 $\boldsymbol{x}'$处的关于$\{\sigma_i^2\nabla^2 g(\sigma_i)\}_{i=1}^n$ 的响应值的极值会不如 r_k 显著，所以可以通过邻域内响应值的比较来得到稀疏的合理的特征点。

再对特征尺度的性质进一步明确。通过上述方式确定出的斑点结构的特征尺度具有**尺度协变性**。假设在图像 $\boldsymbol{I}_1$ 中，点 $\boldsymbol{x}$ 为斑点结构中心，利用尺度归一化 LoG 算子确定出其特征尺度为 σ_1。把图像 $\boldsymbol{I}_1$ 放大 s 倍得到图像 $\boldsymbol{I}_2$，点 $\boldsymbol{y}$ 为 $\boldsymbol{x}$ 的对应点，显然 $\boldsymbol{y}$ 所在的斑点结构的空间大小应该是 $\boldsymbol{x}$ 所在的斑点结构空间大小的 s 倍。假设利用尺度归一化 LoG 算子确定出了 $\boldsymbol{y}$ 所在的斑点结构的特征尺度为 σ_2。我们会发现 σ_2 与 σ_1 之间恰好会满足 $\sigma_2=s\sigma_1$。特征尺度的这种性质便称为尺度协变性，在图 4-10 中通过一个具体的例子对该性质进行了说明。特征尺度的尺度协变性是非常重要的一个性质，这意味着可以**基于特征尺度来构建尺度不变的特征点描述子**。

需要强调一下，对以 $\boldsymbol{x}$ 为中心的斑点结构的特征尺度的确定，是以寻找 $\boldsymbol{x}$ 位置处$\{\sigma_i^2\nabla^2 g(\sigma_i)\}_{i=1}^n$ 响应值极值点的方式来完成的。极值点意味着该极值有可能是极大值，也有可能是极小值，到底是极大值还是极小值取决于斑点结构的特点：如果它是“中部暗、周边亮”的结构，那么上述极值就是极大值，反之如果它是“中间亮、周边暗”的结构，上述极值就是极小值。

斑点结构是通过一组尺度归一化 LoG 算子检测出来的，由于 LoG 算子是各向同性的算

① 这里假设 $\boldsymbol{I}$ 是“绝对清晰图像”，是为了叙述方便但又保持严谨；在这个条件下，如果极值点出现在了尺度空间的第 k 层，即该层为 $\sigma_k^2\nabla^2 g(\sigma_k)*\boldsymbol{I}$，则认为该极值点的特征尺度为 σ_k。但实际上，“绝对清晰”的图像是不存在的，这个问题在 4.2.2 节中再具体解决。

(a) $\boldsymbol{x}$点为斑点特征点，利用尺度归一化LoG算子确定出其特征尺度为σ_1，白色圆圈的半径为σ_1

(b) 图(a)放大两倍结果的一部分，与$\boldsymbol{x}$对应的点为$\boldsymbol{y}$，利用尺度归一化LoG算子确定出的$\boldsymbol{y}$的特征尺度为σ_2，白色圆圈的半径为σ_2，且有$\sigma_2=2\sigma_1$

图 4-10 特征尺度的尺度协变性

子，因此相应的斑点结构检测算法显然具有旋转不变性。另外，斑点特征点是以在尺度归一化LoG尺度空间中寻找极值点的方式来确定的，容易理解，这种特征点检测方式会对图像的光照变化具有很强的鲁棒性。

本节简要描述了SIFT框架下特征点检测算法设计的基本思想。在4.2.2中，将描述该算法实现的细节。

4.2.2 特征点检测算法实现

1. 用DoG对尺度归一化LoG进行近似

在具体实现过程中，大卫·罗维建议可用高斯差分(difference of Gaussians，DoG)算子来近似代替尺度归一化LoG算子$\sigma^2\nabla^2 g$，这会使得尺度不变的特征点检测在实现上更加简洁和高效。顾名思义，DoG算子是由两个不同尺度的二维高斯函数相减得到的。可以证明，当$k\to 1$时，DoG算子$\mathrm{DoG}(\sigma)\triangleq g(x,y;k\sigma)-g(x,y;\sigma)$与尺度归一化LoG算子$\sigma^2\nabla^2 g$之间有如下关系

$$\mathrm{DoG}(\sigma)\approx(k-1)\sigma^2\nabla^2 g(x,y;\sigma) \tag{4-14}$$

简要证明一下式(4-14)。根据高斯函数$g(x,y;\sigma)$的定义式(4-11)可知，

$$\frac{\partial g}{\partial\sigma}=\frac{(x^2+y^2-2\sigma^2)}{2\pi\sigma^5}\mathrm{e}^{\frac{-(x^2+y^2)}{2\sigma^2}}=\sigma\nabla^2 g \tag{4-15}$$

而当$k\to 1$时

$$\frac{\partial g}{\partial\sigma}\approx\frac{g(x,y;k\sigma)-g(x,y;\sigma)}{k\sigma-\sigma}=\frac{\mathrm{DoG}(\sigma)}{(k-1)\sigma} \tag{4-16}$$

结合式(4-16)和式(4-15)可知

$$\mathrm{DoG}(\sigma)=(k-1)\sigma\frac{\partial g}{\partial\sigma}=(k-1)\sigma(\sigma\nabla^2 g(x,y;\sigma))=(k-1)\sigma^2\nabla^2 g(x,y;\sigma) \tag{4-17}$$

证毕。虽然从理论上来说，只有当$k\to 1$时，式(4-14)才能成立，但实践表明，即使k明显比1大，DoG算子检测尺度不变特征点的性能也不会受到明显影响[2]。

利用DoG算子，在图像尺度归一化LoG尺度空间中的特征点检测问题就转换成了在DoG尺度空间中的特征点检测问题。根据卷积运算的性质可知，图像$\boldsymbol{I}$在高斯差分算子$\mathrm{DoG}(\sigma)$下的卷积响应输出$\mathrm{DoG}(\sigma)*\boldsymbol{I}$就是$g(x,y;k\sigma)*\boldsymbol{I}-g(x,y;\sigma)*\boldsymbol{I}$。因此，$\boldsymbol{I}$的DoG尺度空间中的尺度层$\mathrm{DoG}(\sigma)*\boldsymbol{I}$可以通过$\boldsymbol{I}$的高斯响应差分$g(x,y;k\sigma)*\boldsymbol{I}-g(x,y;\sigma)*\boldsymbol{I}$来得到。

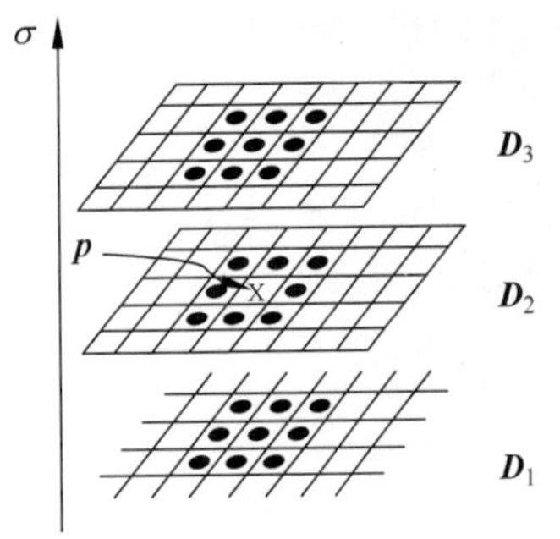

图 4-11 SIFT 中的特征点被定义为 DoG 尺度空间中的局部极值点

2. 在高斯差分尺度空间中特征点的检测

假设有图像 $\boldsymbol{I}$。如图 4-11 所示，$\boldsymbol{D}_1$，$\boldsymbol{D}_2$ 和 $\boldsymbol{D}_3$ 分别为图像 $\boldsymbol{I}$ 高斯差分尺度空间中的相邻三层，且它们的尺度分别为 σ_1，σ_2 和 σ_3。如果 $\boldsymbol{p}$ 点处的值是 DoG 尺度空间中的一个局部极值，即 $\boldsymbol{D}_2(\boldsymbol{p})$ 比 $\boldsymbol{p}$ 在尺度空间中的 26 个近邻的值都大（或者都小），点 $\boldsymbol{p}$ 所对应的图像空间中的像素坐标 (x,y) 就被认为是候选特征点，该特征点的特征尺度为 σ_2。

3. 高斯差分尺度空间的构造

给定图像 $\boldsymbol{I}$，现在的任务是要构建 $\boldsymbol{I}$ 的 DoG 尺度空间。由于 $\boldsymbol{I}$ 的高斯差分被定义为 $g(x,y;k\sigma)*\boldsymbol{I}-g(x,y;\sigma)*\boldsymbol{I}$，因此构建 $\boldsymbol{I}$ 的 DoG 尺度空间的前提是要构建 $\boldsymbol{I}$ 的高斯尺度空间。从理论上来说，图像 $\boldsymbol{I}$ 的高斯尺度空间是用一系列具有由小到大变化的标准差的高斯函数同 I 所对应的"清晰场景"进行卷积得到，每一个高斯函数 $g(x,y;\sigma_i)$ 同 $\boldsymbol{I}$ 所对应的清晰场景进行卷积之后得到高斯尺度空间中的一层，该层的尺度即为 σ_i。

然而与 $\boldsymbol{I}$ 所对应的清晰场景是无法准确获得的，这是因为在拍摄实际图像时，镜头不可避免地对清晰场景进行了低通滤波，即输入图像 $\boldsymbol{I}$ 自带一个较小的尺度 σ_{init}，换句话说就是 $\boldsymbol{I}$ 是清晰场景与 $g(x,y;\sigma_{\text{init}})$ 进行卷积之后的结果。大卫·罗维建议 σ_{init} 的值可以设为 0.5。对 $\boldsymbol{I}$ 施加标准差为 $\sqrt{\sigma^2-\sigma_{\text{init}}^2}$ 的高斯滤波，得到的结果 $g(x,y;\sqrt{\sigma^2-\sigma_{\text{init}}^2})*\boldsymbol{I}$ 便是高斯尺度空间中尺度为 σ 的图像。这里用到了高斯函数卷积运算的一个性质：对图像 $\boldsymbol{I}$ 先后进行尺度为 σ_1 和 σ_2 的两次高斯卷积的结果，等于对原始图像 $\boldsymbol{I}$ 进行尺度为 $\sqrt{\sigma_1^2+\sigma_2^2}$ 的高斯卷积的结果，即 $g(x,y;\sigma_2)*(g(x,y;\sigma_1)*\boldsymbol{I})=g(x,y;\sqrt{\sigma_1^2+\sigma_2^2})*\boldsymbol{I}$（见附录 D）。

为了使 DoG 尺度空间中每层的 DoG 算子 $\text{DoG}(\sigma)$ 与其对应的尺度归一化 LoG 算子 $\sigma^2\nabla^2 g(\sigma)$ 之间保持恒定的倍数关系 $\text{DoG}(\sigma)\approx(k-1)\sigma^2\nabla^2 g(\sigma)$，在构建高斯尺度空间时，相邻两层高斯函数的尺度（即标准差）之间，即 σ_{i+1} 与 σ_i 之间，要满足关系 $\sigma_{i+1}/\sigma_i=k$。

为了计算效率的提升，$\boldsymbol{I}$ 的高斯尺度空间可以分为不同的组（octave）。第 $o+1$ 组的第 0 层①的尺度是第 o 组第 0 层尺度的 2 倍。每一组又可以分为 s 个间隔，这样显然有 $k=2^{1/s}$。由于第 $o+1$ 组的第 0 层的尺度是第 o 组第 0 层尺度的 2 倍，因此可以把第 $o+1$ 组的第 0 层的图像分辨率降为第 o 组图像分辨率的 $\frac{1}{2}$ 而不会损失任何信息②，而之后第 $o+1$ 组的其他层都是在该组第 0 层的基础上通过累积高斯卷积得到。每组内各个尺度层的图像分辨率相同。这样，每一组的图像空间分辨率都是上一组的一半。那么，为了进行基于 DoG 尺度空间的特征点检测，图像 $\boldsymbol{I}$ 的高斯尺度空间每组只有 s 层是不是合理的呢？答案是否定的。为了使 $\boldsymbol{I}$ 的高斯尺度空间能够满足特征点检测需求，还需要一些精巧的设计。

为了便于读者理解，假定要构造的高斯尺度空间包括 3 组，每组的尺度分隔为 4，即 $s=4$，

① 为了和本节配套学习的 C++ 代码相容，这节对尺度空间中组和层的计数是从 0 开始的。

② 当高斯函数与图像进行卷积时，高斯函数便成为了低通滤波器，其低通范围与其标准差成反比。设第 o 组第 0 层图像为 $\boldsymbol{I}_1$，第 $o+1$ 组第 0 层图像为 $\boldsymbol{I}_2$。由于 $\boldsymbol{I}_2$ 的尺度为 $\boldsymbol{I}_1$ 的两倍，则相对于由 $\boldsymbol{I}_1$ 所定义的频率范围来说，$\boldsymbol{I}_2$ 的有效频率范围为 $\boldsymbol{I}_1$ 频率范围的 1/2。对 $\boldsymbol{I}_2$ 进行"隔二取一"的降采样操作得到 $\boldsymbol{I}_3$，这相当于在频域中只保留了 $\boldsymbol{I}_2$ 频率范围的一半（低频部分），但 $\boldsymbol{I}_2$ 的有效信息恰恰都在低频这一半，因此 $\boldsymbol{I}_3$ 与 $\boldsymbol{I}_2$ 相比并没有信息损失。对此内容的更深入理解，需要读者学习与信号的傅里叶分析有关的内容。

初始尺度为 σ_0。对图像高斯尺度空间的尺度维度进行离散采样且要保证相邻两层之间的尺度关系满足 $\sigma_{i+1}/\sigma_i=k$，高斯尺度空间中的尺度层次设计如图 4-12(a)所示。要注意到，特征点检测是在 DoG 尺度空间中进行的，而图 4-12(a)所示的高斯尺度空间尺度采样层所形成的 DoG 尺度空间是不连续的，根本原因在于高斯尺度空间的相邻两组之间会有个下采样操作，这使得跨组的两个相邻尺度层之间无法完成相减操作，导致 DoG 尺度空间中缺失了 DoG$(\sigma_0 2^{3/4})$和 DoG$(\sigma_0 2^{7/4})$这两层。沿着这个思路不难想象，要使形成的 DoG 尺度空间是连续等间隔采样的，就需要在高斯尺度空间的每组顶上额外再加上一层，这便形成了如图 4-12(b)所示的高斯尺度空间采样层设计方案：该方案形成的 DoG 尺度空间便是连续等间隔采样的。但这依然不能满足特征点检测的要求，这是因为如前所述，特征点的检测需要在相邻的三个 DoG 层之间才能进行。在图 4-12(b)中，标记出了能够进行特征点检测操作的层；显然，能够进行特征点检测的层的尺度不是连续等间隔的，缺失了 DoG$(\sigma_0 2^{3/4})$、DoG$(\sigma_0 2^{4/4})$、DoG$(\sigma_0 2^{7/4})$、DoG$(\sigma_0 2^{8/4})$等。为了使能够进行特征点检测的 DoG 层在尺度空间上是等间隔连续的，需要在高斯尺度空间中每组的顶部继续增加额外的尺度层，如图 4-12(c)所示。在图 4-12(c)中，最终能够进行特征点检测的 DoG 层在尺度维度上是连续等间隔采样的，这才是满足特征点检测要求的尺度空间尺度层级设计方案。在该方案中，高斯尺度空间尺度层的设计具有如下特性：①每组中尺度层的数目为 $s+3$；②$o+1$ 组的第 0 层图像由第 o 组中倒数第 3 层图像进行分辨率减半的下采样操作得到；③相邻两个尺度层之间的尺度关系满足 $\sigma_{i+1}/\sigma_i=k=2^{1/s}$。

接下来讲述在实现高斯尺度空间时会遇到的一些细节问题。

问题 1：初始尺度 σ_0 设为多少合适？

根据大卫·罗维的建议，σ_0 可以取为 1.6。

问题 2：假设输入图像为 $\boldsymbol{I}$，那么与 σ_0 对应的初始层的图像是什么？是 $g(x,y;\sigma_0)*\boldsymbol{I}$ 吗？

答案是否定的。为了能更加充分地利用图像信息、有效提升检测到的尺度不变特征点的数量，大卫·罗维建议要对 $\boldsymbol{I}$ 进行 2 倍上采样，即通过图像插值的办法构造出空间分辨率为 $\boldsymbol{I}$ 的 2 倍的图像 $\boldsymbol{I}_{us}$。如前所述，图像 $\boldsymbol{I}$ 也自带一个较小的高斯尺度 σ_{init}，那么，由 $\boldsymbol{I}$ 进行 2 倍上采样得到的 $\boldsymbol{I}_{us}$ 的自带尺度就是 $2\sigma_{init}$。对 $\boldsymbol{I}_{us}$ 施加标准差为 $\sqrt{\sigma_0^2-(2\sigma_{init})^2}$ 的高斯滤波，得到的结果 $\boldsymbol{I}_0 \triangleq g(x,y;\sqrt{\sigma_0^2-(2\sigma_{init})^2})*\boldsymbol{I}_{us}$ 便是尺度为 σ_0 的高斯尺度空间的初始图像。

问题 3：高斯尺度空间的组数如何确定？

由于在高斯尺度空间中，每组的空间分辨率都为其上一组的 1/2，因此组数的确定必然和输入图像 $\boldsymbol{I}$ 的空间分辨率有关。一个常用的确定高斯尺度空间组数的经验公式[8]为

$$\text{octNum}=\frac{\log(\min(w,h))}{\log 2}-2 \tag{4-18}$$

其中，w 和 h 分别为 $\boldsymbol{I}$ 的宽度和高度。比如，如果输入图像 $\boldsymbol{I}$ 的像素分辨率为 256×256，按照式(4-18)，$\boldsymbol{I}$ 的高斯尺度空间会有 6 组，它们的空间分辨率分别为 512×512、256×256、128×128、64×64、32×32 和 16×16。

问题 4：如何计算得到高斯尺度空间中每一层的图像？

基于高斯函数卷积运算的性质，不难理解，高斯尺度空间的构造可以迭代进行：设第 $i+1$ 层的尺度为 σ_{i+1}、第 i 层的尺度为 σ_i，只需要对第 i 层的图像 $\boldsymbol{I}_i$ 施加尺度为 $\sqrt{\sigma_{i+1}^2-\sigma_i^2}$ 的高斯卷积，便可以得到第 $i+1$ 层的图像 $\boldsymbol{I}_{i+1}$，即 $\boldsymbol{I}_{i+1}=g(x,y;\sqrt{\sigma_{i+1}^2-\sigma_i^2})*\boldsymbol{I}_i$，这种实现方式会使得在构造高斯尺度空间时所使用的高斯卷积核都比较小。还有一个实现方面的细节：第 $o+1$

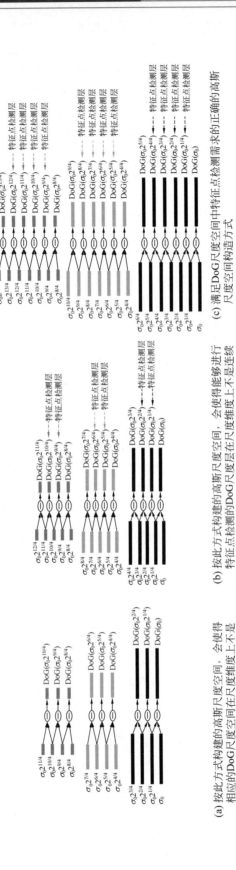

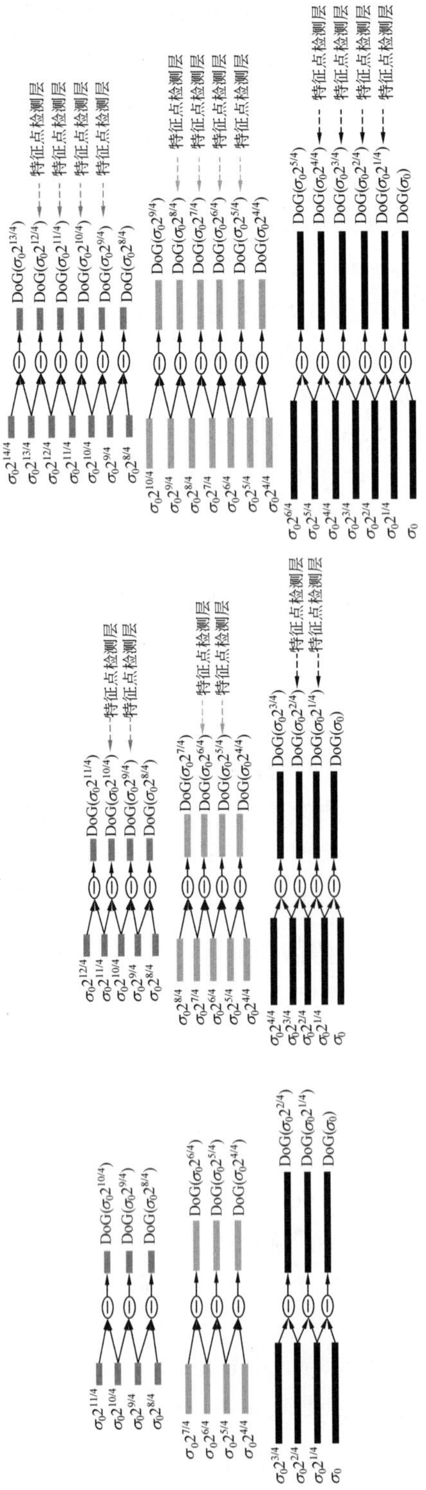

(a) 按此方式构建的高斯尺度空间，会使得相应的DoG尺度空间在尺度维度上不是连续等间隔采样的

(b) 按此方式构建的高斯尺度空间，会使得能够进行特征点检测的DoG尺度层在尺度维度上不是连续等间隔采样的

(c) 满足DoG尺度空间中特征点检测需求的正确的高斯尺度空间构造方式

图 4-12　满足 DoG 尺度空间中特征点检测需求的高斯尺度空间的构造

组的基准尺度(该组内第 0 层的尺度)与第 o 组的基准尺度之间正好是 2 倍的关系,但这两个基准尺度所对应的高斯函数的标准差却是一样的(而不是 2 倍的关系),这是因为第 $o+1$ 组的空间分辨率恰好是第 o 组空间分辨率的一半。现举个具体的例子来说明一下这个问题。如图 4-12(c)所示,第 0 组的基准尺度为 σ_0,第 1 组的基准尺度为第 0 组基准尺度的两倍,即 $2\sigma_0$。在计算第 0 组第 1 层图像时,需要对该组第 0 层图像施加的高斯卷积的标准差为 $\sqrt{(\sigma_0 2^{\frac{1}{4}})^2-\sigma_0^2}$。由于第 1 组的空间分辨率为第 0 组的一半,相对于第 1 组的空间分辨率来说,第 1 组的基准尺度所对应的高斯标准差为 σ_0;同样地,相对于第 1 组的空间分辨率来说,第一组第 1 层尺度所对应的高斯标准差为 $\sigma_0 2^{\frac{5}{4}}/2=\sigma_0 2^{\frac{1}{4}}$。因此,在计算第 1 组第 1 层图像时,需要对该组第 0 层图像施加的高斯卷积的标准差为也为 $\sqrt{(\sigma_0 2^{\frac{1}{4}})^2-\sigma_0^2}$。

4. 粗略极值点位置的精化以及对低对比度极值点的剔除

我们可把图像 $\boldsymbol{I}$ 在 DoG 尺度空间中的响应看作一个三元函数 $f(x,y,l):\mathbb{R}^3\to\mathbb{R}$,$(x,y)$为 DoG 尺度空间中某一层图像上的位置,$l$ 为该层在 DoG 尺度空间中的尺度序号(假设 DoG 尺度空间中的尺度层从 0 开始统一编号),该层的尺度为 $\sigma_0 2^{l/s}$。在 DoG 尺度空间中,假设通过比较某点的值与其周围 26 个邻居值大小关系的方式,初步确定出点 $\boldsymbol{x}_0=(x_0,y_0,l_0)^{\mathrm{T}}$ 为一个局部极值点。由于构造的尺度空间是离散的,$\boldsymbol{x}_0$ 的坐标一定都是整数。但在真实连续的 DoG 尺度空间中,点 $\boldsymbol{x}_0$ 很可能并不是准确的尺度空间局部极值点。可以对初始取得的粗略极值点位置 $\boldsymbol{x}_0$ 进行精化,以得到更加精准的极值点位置。可以通过一个简单的例子来理解一下粗略极值点位置精化的思想。在图 4-13 中,假设连续可微函数 $f(x)$的一个真正的局部极值点为 x^*。我们只有 $f(x)$在离散采样点 $x_1,x_2,x_3,\cdots$处的数据。通过比较离散采样点处的数据,可知 x_2 可能为 $f(x)$一个局部极值点,但实际上它并不是 $f(x)$真正精确的极值点。基于离散采样数据,利用位置精化操作,希望能找到比 x_2 更接近于真实极值点 x^* 的点。

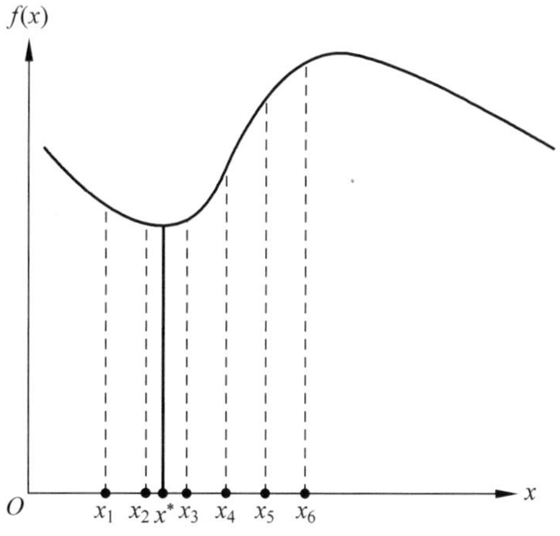

图 4-13 离散极值点的位置精化操作示意图

对粗略极值点 $\boldsymbol{x}_0$ 进行的精化是通过不断尝试迭代来完成的。对 $f(x,y,l)$在点 $\boldsymbol{x}_0=(x_0,y_0,l_0)^{\mathrm{T}}$ 近旁进行二阶泰勒展开

$$f(\boldsymbol{x}_0+\Delta\boldsymbol{x})\approx f(\boldsymbol{x}_0)+(\nabla f(\boldsymbol{x}_0))^{\mathrm{T}}\Delta x+\frac{1}{2}(\Delta\boldsymbol{x})^{\mathrm{T}}(\nabla^2 f(\boldsymbol{x}_0))\Delta\boldsymbol{x} \tag{4-19}$$

其中,$\Delta\boldsymbol{x}\triangleq(\Delta x,\Delta y,\Delta l)^{\mathrm{T}}$,$\nabla f(\boldsymbol{x}_0)$表示在点 $\boldsymbol{x}_0$ 处函数 $f(\boldsymbol{x})$的梯度,$\nabla^2 f(\boldsymbol{x}_0)$表示在点 $\boldsymbol{x}_0$ 处函数 $f(\boldsymbol{x})$的海森矩阵。式(4-19)中的 $f(\boldsymbol{x}_0+\Delta\boldsymbol{x})$是关于 $\Delta\boldsymbol{x}$ 的函数,现在要求出它的极值点 $\Delta\boldsymbol{x}^*$。如果 $\Delta\boldsymbol{x}^*=\boldsymbol{0}$,那说明 $\boldsymbol{x}_0$ 本身就是极值点,否则真正的极值点可能应该更接近于 $\boldsymbol{x}_0+\Delta\boldsymbol{x}^*$。由于式(4-19)是关于 $\Delta\boldsymbol{x}$ 的二次函数,要找到它的极值点 $\Delta\boldsymbol{x}^*$ 只需要找到它关于 $\Delta\boldsymbol{x}$ 的驻点即可,即求方程 $\frac{\mathrm{d}f(\boldsymbol{x}_0+\Delta\boldsymbol{x})}{\mathrm{d}\Delta\boldsymbol{x}}=0$ 的解 $\Delta\boldsymbol{x}^*$,容易知道

$$\Delta\boldsymbol{x}^*=-(\nabla^2 f(\boldsymbol{x}_0))^{-1}\nabla f(\boldsymbol{x}_0) \tag{4-20}$$

当然,需要保证$\nabla^2 f(\boldsymbol{x}_0)$可逆,式(4-20)才会成立。如果 $\boldsymbol{x}_0+\Delta\boldsymbol{x}^*$ 更接近于另外一个整数位置

点 $\boldsymbol{x}_1$（即此时的 $\Delta\boldsymbol{x}^*$ 至少有一个维度上的值大于 0.5），说明真正的极值点应该更接近于 $\boldsymbol{x}_1$，则我们需要把 $\boldsymbol{x}_0$ 更新为 $\boldsymbol{x}_1$，$\boldsymbol{x}_0 := \boldsymbol{x}_1$，然后继续按照上述方式在 $\boldsymbol{x}_0$ 点进行粗略极值点位置的精化；否则的话，与 $\boldsymbol{x}_0$ 对应的精确极值点的位置被估计为

$$\hat{\boldsymbol{x}}_0 := \boldsymbol{x}_0 + \Delta\boldsymbol{x}^* \tag{4-21}$$

同时更进一步，可以根据式(4-19)估计出 DoG 尺度空间中点 $\hat{\boldsymbol{x}}_0$ 处的值 $f(\hat{\boldsymbol{x}}_0)$

$$\begin{aligned} f(\hat{\boldsymbol{x}}_0) &= f(\boldsymbol{x}_0 + \Delta\boldsymbol{x}^*) \approx f(\boldsymbol{x}_0) + (\nabla f(\boldsymbol{x}_0))^{\mathrm{T}}\Delta\boldsymbol{x}^* + \frac{1}{2}(\Delta\boldsymbol{x}^*)^{\mathrm{T}}(\nabla^2 f(\boldsymbol{x}_0))\Delta\boldsymbol{x}^* \\ &= f(\boldsymbol{x}_0) + (\nabla f(\boldsymbol{x}_0))^{\mathrm{T}}(-(\nabla^2 f(\boldsymbol{x}_0))^{-1}\nabla f(\boldsymbol{x}_0)) + \\ &\quad \frac{1}{2}(-(\nabla^2 f(\boldsymbol{x}_0))^{-1}\nabla f(\boldsymbol{x}_0))^{\mathrm{T}}(\nabla^2 f(\boldsymbol{x}_0))(-(\nabla^2 f(\boldsymbol{x}_0))^{-1}\nabla f(\boldsymbol{x}_0)) \\ &= f(\boldsymbol{x}_0) - \frac{1}{2}(\nabla f(\boldsymbol{x}_0))^{\mathrm{T}}(\nabla^2 f(\boldsymbol{x}_0))^{-1}\nabla f(\boldsymbol{x}_0) \\ &= f(\boldsymbol{x}_0) + \frac{1}{2}(\nabla f(\boldsymbol{x}_0))^{\mathrm{T}}\Delta\boldsymbol{x}^* \end{aligned} \tag{4-22}$$

如果 $|f(\hat{\boldsymbol{x}}_0)|$ 的值太小，则说明点 $\hat{\boldsymbol{x}}_0$ 并不是一个稳定的特征点，需要被剔除掉。需要格外注意，式(4-21)和式(4-22)中的 $\boldsymbol{x}_0$ 很有可能并不是那个初始给定的粗略极值点，而是最后一步精化迭代步骤中的整数位置点。另外，粗略极值点位置精化操作只能限制在组内进行，也就是说如果初始给定的粗略极值点 $\boldsymbol{x}_0$ 在第 o 组，那么最终精化后的点 $\hat{\boldsymbol{x}}_0$ 也需要被限制在第 o 组之内。算法 4-1 给出了对 DoG 尺度空间中粗略极值点 $\boldsymbol{x}_0$ 进行位置精化操作的处理流程伪码。

算法 4-1：粗略极值点 $\boldsymbol{x}_0$ 的位置精化

```
K = 5
iter = 0
Δx* = -(∇²f(x₀))⁻¹ ∇f(x₀)
while iter<K
  if any dimension of Δx* is smaller than 0.5
    break
  end
  x₀ := round(x₀+Δx*)
  Δx* = -(∇²f(x₀))⁻¹ ∇f(x₀)
  iter++
end
if iter>=K                    //说明算法没有收敛，精化操作失败
    return false
end
x̂₀ := x₀+Δx*
f(x̂₀)=f(x₀)+1/2(∇f(x₀))ᵀΔx*
```

5. 对不稳定的边缘响应点的剔除

假设 $\boldsymbol{x}_0$ 是 DoG 尺度空间中的一个初始给定的粗略极值点，它被精化之后的位置为 $\hat{\boldsymbol{x}}_0$。如前所述，若 $|f(\hat{\boldsymbol{x}}_0)|$ 的值太小，$\hat{\boldsymbol{x}}_0$ 将不会被认为是一个有效特征点。若 $|f(\hat{\boldsymbol{x}}_0)|$ 的值足够

大，还需要对 $\hat{\boldsymbol{x}}_0$ 进行进一步检查，看看它是不是图像边缘点。对于一个图像边缘点，很难获得其在空间上的精确位置，因此大卫·罗维建议要尽可能剔除掉位于图像边缘结构上的候选特征点。如果 $\hat{\boldsymbol{x}}_0$ 确实是图像边缘点，它将被剔除，否则 $\hat{\boldsymbol{x}}_0$ 最终会被确认为一个有效特征点。那么，有什么办法可以判定 $\hat{\boldsymbol{x}}_0$ 是否位于图像边缘上呢？首先需要说明一点，由于 $\hat{\boldsymbol{x}}_0$ 是从初始粗略极值点经过迭代精化之后得到的，其坐标很有可能不是整数，这会给边缘点判别算法的实现带来很大困难。一个可行的解决方案是：将 $\hat{\boldsymbol{x}}_0$ 是否为边缘点的判定问题近似等价为 $\boldsymbol{x}_r=\text{round}(\hat{\boldsymbol{x}}_0)$ 是否为边缘点的判定问题。

现在的任务是要判定 DoG 尺度空间中的一个极值点[①] $\boldsymbol{x}_r=(x_r,y_r,l_r)$ 是否位于图像边缘上，其中 $\boldsymbol{x}_r$ 的坐标分量皆为整数。我们把 $\boldsymbol{x}_r$ 所在的 DoG 尺度空间层记为函数 $f(x,y)$，则 $(x,y,f(x,y))$ 会形成一个三维曲面。如果点 (x_r,y_r) 位于图像边缘上，不难理解，曲面上点 $(x_r,y_r,f(x_r,y_r))$ 处的两个主曲率（曲面的主曲率的定义见附录 E）的绝对值一定会相差很大，依据图像边缘点的这个特性便可以对位于边缘上的特征点进行甄别。

令 $\kappa_{\max}$ 表示 $(x_r,y_r,f(x_r,y_r))$ 处的两个主曲率中绝对值较大的一个，令 $\kappa_{\min}$ 表示另一个绝对值较小的主曲率。设 $\boldsymbol{H}\in\mathbb{R}^{2\times 2}$ 为 $f(x,y)$ 在点 (x_r,y_r) 处的海森矩阵。根据附录 E 可知

$$\begin{cases}\text{tr}(\boldsymbol{H})=\kappa_{\max}+\kappa_{\min}\\ \det(\boldsymbol{H})=\kappa_{\max}\kappa_{\min}\end{cases}\tag{4-23}$$

令 $r=\dfrac{\kappa_{\max}}{\kappa_{\min}}$，根据上面的条件容易知道，$r\geqslant 1$。此时有

$$\frac{(\text{tr}(\boldsymbol{H}))^2}{\det(\boldsymbol{H})}=\frac{(\kappa_{\max}+\kappa_{\min})^2}{\kappa_{\max}\kappa_{\min}}=\frac{(r\kappa_{\min}+\kappa_{\min})^2}{r\kappa_{\min}\cdot\kappa_{\min}}=\frac{(r+1)^2}{r}\tag{4-24}$$

容易验证，在 $r=1$ 时，式(4-24)会取得最小值；当 $r>1$ 时，随着 r 的增大，$\dfrac{(\text{tr}(\boldsymbol{H}))^2}{\det(\boldsymbol{H})}$ 的值会单调递增。而 r 越大就意味着点 (x_r,y_r) 越像一个图像边缘点。按照大卫·罗维建议，r 的阈值可以设置为 10，因此只要 $\dfrac{(\text{tr}(\boldsymbol{H}))^2}{\det(\boldsymbol{H})}>\dfrac{(10+1)^2}{10}$，便认为 (x_r,y_r) 位于图像边缘结构上，即点 $\boldsymbol{x}_r$ 是图像边缘点，近似地，$\hat{\boldsymbol{x}}_0$ 便被认为是图像边缘点。

6. $\hat{\boldsymbol{x}}_0$ 的空间位置与特征尺度的最终估计

假设 $\hat{\boldsymbol{x}}_0=(\hat{x}_0,\hat{y}_0,\hat{l}_0)^{\mathrm{T}}$ 为 DoG 尺度空间中经过精化后的特征点且已满足判定条件，即该点处的 DoG 值幅度较大且该点非图像边缘点。需要注意到，$\hat{\boldsymbol{x}}_0$ 的空间位置 $(\hat{x}_0,\hat{y}_0)$ 是定义在它所在的组上的，而我们需要知道该点在原始输入图像 $\boldsymbol{I}$ 中的位置。设 $\hat{\boldsymbol{x}}_0$ 所在组的序号为 octIndex（octIndex 的计数从 0 开始，第 0 组的图像空间分辨率为输入图像 $\boldsymbol{I}$ 的 2 倍），则 $\hat{\boldsymbol{x}}_0$ 相对于原始输入图像 $\boldsymbol{I}$ 的空间位置 $(\hat{x}'_0,\hat{y}'_0)$ 为

$$\begin{cases}\hat{x}'_0=\hat{x}_0\cdot 2^{\text{octIndex}-1}\\ \hat{y}'_0=\hat{y}_0\cdot 2^{\text{octIndex}-1}\end{cases}\tag{4-25}$$

假设整个 DoG 尺度空间中的尺度层从序号 0 开始统一编号，如图 4-12(c)所示，相对于初

---

① “极值点”这个条件意味着下文中的函数 $f(x,y)$ 在 (x_r,y_r) 处的梯度为 $\boldsymbol{0}$，且其海森矩阵半定（半正定或者半负定），即其海森矩阵的两个特征值不可能是异号的，证明见附录 I 中的定理 I.1 和定理 I.2。

始图像 $\boldsymbol{I}_0$ 来说(分辨率为 $\boldsymbol{I}$ 的 2 倍)，序号为 l 的 DoG 层的尺度为 $\sigma_0 \cdot 2^{l/s}$。类似地，$\hat{\boldsymbol{x}}_0$ 在 DoG 尺度空间中的层序号为 $\hat{l}_0$(注意，$\hat{l}_0$ 为精化操作之后的层序号，它不一定是整数)，因此相对于输入图像 $\boldsymbol{I}$ 的分辨率来说，它的特征尺度 $\hat{\sigma}_0$ 可以被估计为

$$\hat{\sigma}_0 = \sigma_0 \cdot 2^{\frac{\hat{l}_0}{s}} / 2 \tag{4-26}$$

总结下来，对于一个有效的 SIFT 尺度不变特征点来说，它由三部分信息组成(在后续操作中我们会用到这三类信息)：相对于输入图像的空间位置($\hat{x}_0'$，$\hat{y}_0'$)，相对于输入图像空间分辨率的特征尺度 $\hat{\sigma}_0$，在 DoG 尺度空间中与它离得最近的整数尺度层的层号，即 round($\hat{l}_0$)。

本节详细讲述了 SIFT 框架下尺度不变特征点检测算法的实现细节。为了使读者能从整体上把握该算法的结构和处理流程，我们将该算法的主要步骤总结在了图 4-14 中。在图 4-15 中，通过一个具体的例子展示了 SIFT 特征点检测算法的输出结果。在该图中，每个圆圈代表了一个 SIFT 特征点，圆圈的中心为该特征点在原始输入图像空间中的位置，其半径为该特征点的特征尺度。

4.2.3 描述子构造

在 4.2.2 节中，学习了 SIFT 框架下的特征点检测算法。假设 $\boldsymbol{I}$ 为输入图像，$\boldsymbol{x}=(x,y,\sigma,l)$ 为 $\boldsymbol{I}$ 上的一个 SIFT 特征点，其中 (x,y) 为该点在图像 $\boldsymbol{I}$ 上的位置，σ 为该点相对于 $\boldsymbol{I}$ 空间分辨率的特征尺度，l 为 DoG 尺度空间中离该点最近的尺度层的序号(l 为整数)。基于这些信息，本节的任务是要构建特征点 $\boldsymbol{x}$ 的尺度不变的特征描述子向量。

1. 用于构建描述子的图像邻域的确定

为了提升计算效率，$\boldsymbol{x}$ 描述子的构造可在 $\boldsymbol{I}$ 的高斯尺度空间中对应的尺度层上来进行。特征点 $\boldsymbol{x}$ 在 DoG 尺度空间中的层序号为 l，与此 DoG 层尺度最接近的高斯尺度空间中的尺度层的序号也为 l，我们把该高斯尺度空间层记为 g_l。$\boldsymbol{x}$ 描述子的构建便在 g_l 上进行。

假设 g_l 所在的组序号为 octIndex，则与图像 $\boldsymbol{I}$ 上 (x,y) 点对应的 g_l 上的点的位置为 $\boldsymbol{x}_d=(x/2^{\text{octIndex}-1}, y/2^{\text{octIndex}-1})$。为了使构造的特征描述子具有尺度不变性，构造描述子的图像块的大小显然需要具有尺度协变性。我们已经知道 $\boldsymbol{x}$ 的特征尺度为 σ，但 σ 的值是相对于 $\boldsymbol{I}$ 的空间分辨率来定义的。在 g_l 上，与特征尺度 σ 所对应的高斯标准差的值应该为 $\sigma_l=\sigma/2^{\text{octIndex}-1}$。在后面的步骤中，无论是确定局部主方向还是构建描述子，在 g_l 上选定 $\boldsymbol{x}_d$ 周围的邻域范围时，都是以 σ_l 作为基准。

2. 邻域主方向的确定

为了使构造的描述子具有旋转不变性，需要确定出 $\boldsymbol{x}_d$ 周围局部邻域的主方向 θ，之后 $\boldsymbol{x}_d$ 周围用于计算描述子的邻域点都绕 $\boldsymbol{x}_d$ 旋转 $-\theta$，这便实现了方向的归一化。在图 4-16 中，通过一个示例来进一步说明方向归一化操作的目的。在图 4-16(a)和图 4-16(b)中，$\boldsymbol{p}_1$ 和 $\boldsymbol{p}_2$ 是两个对应的特征点，它们的邻域内容只是相差了一个旋转变换。不难理解，我们希望构造出的 $\boldsymbol{p}_1$ 和 $\boldsymbol{p}_2$ 的描述子应该是相同的，也就是说，描述子的构造算法要具有旋转不变性。为了满足这个要求，在构造描述子之前，先要进行方向归一化。在图 4-16 中，箭头标识出了根据特征点局部邻域内点的梯度方向估计出的主方向。之后，要对 $\boldsymbol{p}_1$ 和 $\boldsymbol{p}_2$ 邻域内的点进行旋转，以使得各自的主方向与 X 轴重合。旋转之后 $\boldsymbol{p}_1$ 和 $\boldsymbol{p}_2$ 的邻域分别显示在了图 4-16(a)和图 4-16(b)的右下角。可以看出，经过方向归一化操作后，$\boldsymbol{p}_1$ 和 $\boldsymbol{p}_2$ 的局部邻域内容完全相同。后续的描述子构建操作将会基于旋转之后的图像邻域来进行。

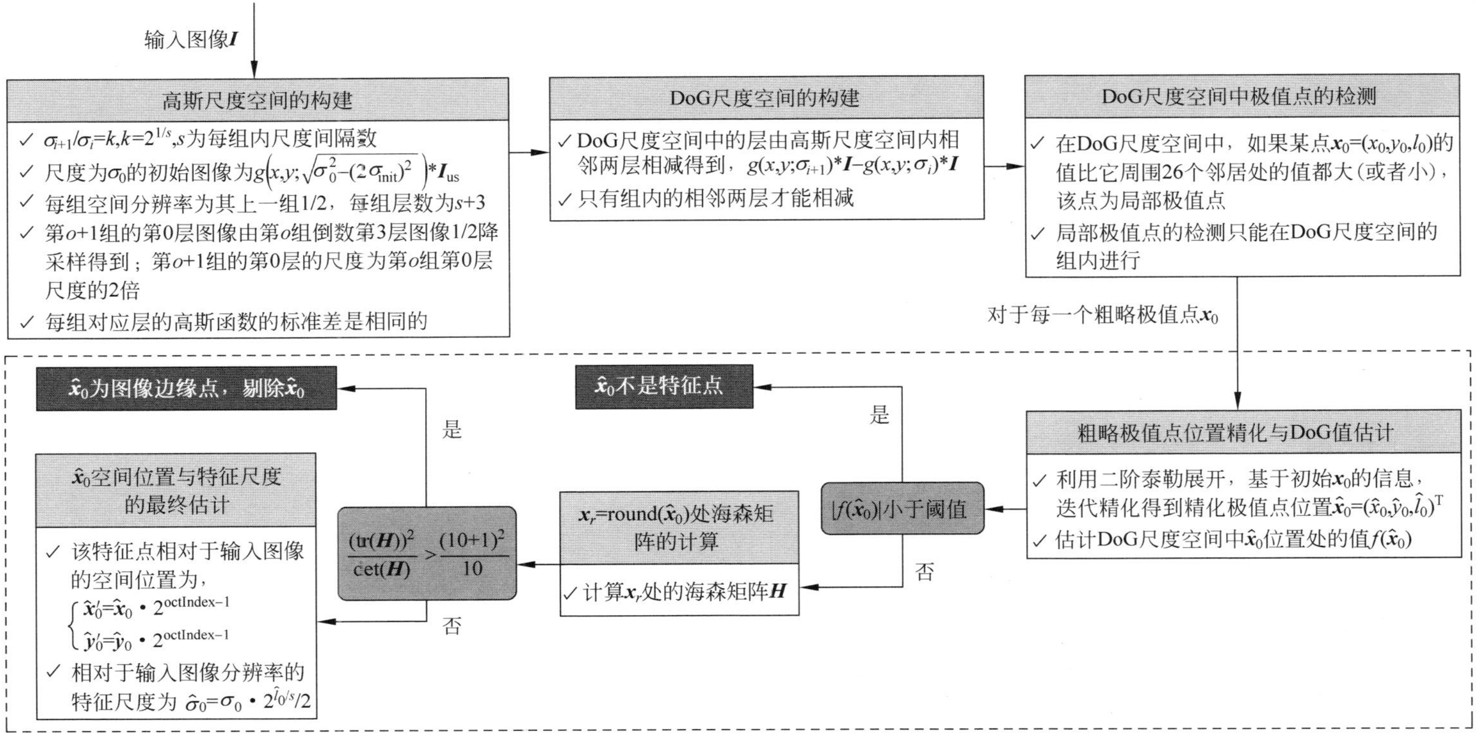

图 4-14　SIFT 框架中尺度不变的特征点检测算法整体流程

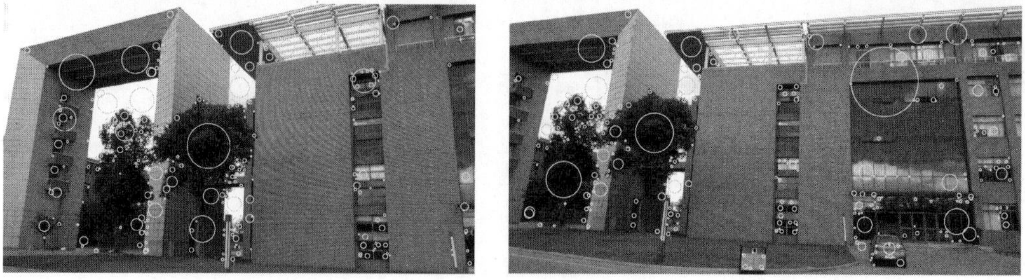

(a) (b)

图 4-15　(a)和(b)分别是图 4-7 中(a)和(b)两张图像的 SIFT 特征点检测结果

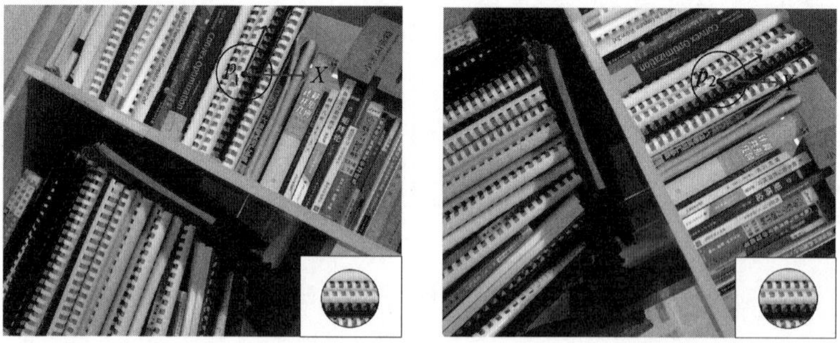

(a) (b)

图 4-16　特征点的局部邻域主方向。箭头标识出了根据特征点局部邻域内点的梯度方向估计出的主方向。进行了方向归一化操作之后的 $\boldsymbol{p}_1$ 和 $\boldsymbol{p}_2$ 的邻域分别显示在了(a)和(b)的右下角

根据大卫·罗维的建议，为了确定主方向，需要在 g_l 上 $\boldsymbol{x}_d$ 点周围划定一个 $9\sigma_l \times 9\sigma_l$ 的区域范围，把该图像区域记为 $\boldsymbol{P}$。那么，如何找到 $\boldsymbol{P}$ 的主方向呢？需要借助 $\boldsymbol{P}$ 的梯度方向直方图。

对 $\boldsymbol{P}$ 中的每一点 $\boldsymbol{p}_i$，计算出它的梯度模 m_i 和梯度方向 $\alpha_i \in [0, 2\pi)$。梯度方向直方图 **oriHist** 包含 n(在实现中，n 一般取为 36)个小仓(bin)，小仓 k($0 <= k < n$)覆盖角度范围 $\left[\frac{2\pi}{n}k, \frac{2\pi}{n}(k+1)\right)$。为了构建 **oriHist**，需要遍历 $\boldsymbol{P}$ 中所有的点：对于点 $\boldsymbol{p}_i$，若该点处的梯度方向 α_i 满足 $\frac{2\pi}{n}k \leqslant \alpha_i < \frac{2\pi}{n}(k+1)$，则

$$\textbf{oriHist}[k] := \textbf{oriHist}[k] + \omega_i \cdot m_i \tag{4-27}$$

其中，ω_i 为按照点 $\boldsymbol{p}_i$ 到 $\boldsymbol{x}_d$ 距离设定的高斯权重，该高斯函数的标准差为 $1.5\sigma_l$。初步得到 **oriHist** 后，需要对 **oriHist** 进行 2 次局部平滑以增强其稳定性，局部平滑窗口权重为[0.25, 0.5, 0.25]。按照局部平滑策略，在一次平滑操作之后，**oriHist**[k]被更新为

$$\textbf{oriHist}[k] := 0.25 \times \textbf{oriHist}[k-1] + 0.50 \times \textbf{oriHist}[k] + 0.25 \times \textbf{oriHist}[k+1] \tag{4-28}$$

假设 **oriHist** 的峰值出现在小仓 k(k 当然为整数)。与 4.2.2 节中从粗略极值点位置精化出准确极值点位置所用的思想类似，可根据 **oriHist**[$k-1$]、**oriHist**[k]和 **oriHist**[$k+1$]的值，估计出更加准确的峰值位置，所用理论工具还是函数的二阶泰勒展开。不难验证，整数峰值位置 k 所对应的准确峰值位置 k^* 可被估计为(具体证明过程作为练习，请读者完成)

$$k^* = k + \frac{\textbf{oriHist}[k-1] - \textbf{oriHist}[k+1]}{2(\textbf{oriHist}[k-1] + \textbf{oriHist}[k+1] - 2\textbf{oriHist}[k])} \tag{4-29}$$

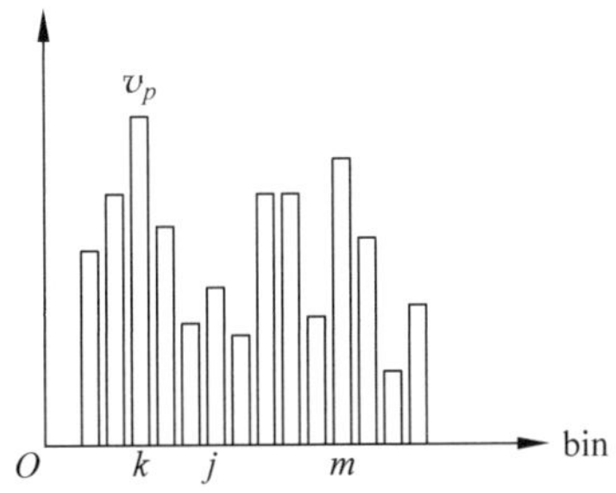

图 4-17 特征点有两个局部主方向的情况

小仓 k 的值为 v_p，是全局峰值，显然小仓 k 可确定一个主方向。小仓 m 处是一个局部峰值，且其值大于 $v_p \times 80\%$，认为小仓 m 也可确定一个主方向。小仓 j 处虽然也取得了局部峰值，但它的值小于 $v_p \times 80\%$，因此它不能确定一个主方向

则最终与此 **oriHist** 峰值位置 k^* 所对应的主方向角度可插值为 $\frac{2\pi}{n}k^*$，它便是特征点 $\boldsymbol{x}$ 所在局部区域的主方向。

在实际情况中，当 $\boldsymbol{P}$ 的图像结构比较复杂时，它可能会有多个主方向。为了后续特征匹配操作的稳定性，可以按如下方式处理。设 **oriHist** 的最高峰值为 v_p。若小仓 m 的值也是 **oriHist** 的一个局部极大峰值且 **oriHist**$[m] > v_p \times 80\%$（图 4-17），我们也会按照同样的方式基于 **oriHist**$[m-1]$、**oriHist**$[m]$和 **oriHist**$[m+1]$，估计出小仓 m 所代表的主方向角度值 o_m。之后，把特征点 $\boldsymbol{x}$ 的信息复制一份为 $\boldsymbol{x}_c$，并把 o_m 作为 $\boldsymbol{x}_c$ 的主方向。在后续的所有处理中，$\boldsymbol{x}$ 和 $\boldsymbol{x}_c$ 将被当作两个完全独立的特征点。换句话说，在图像位置(x,y)处，有两个特征点 $\boldsymbol{x}$ 和 $\boldsymbol{x}_c$，它们的位置相同、特征尺度相同，唯一的不同之处就是它们的局部主方向不同。当然，点 $\boldsymbol{x}$ 处的主方向也许会多于两个，对每一个主方向都按照上述方式处理即可。

3. 特征描述子的构建

假设按照上述方式确定出特征点 $\boldsymbol{x}$ 的主方向为 θ，接下来看看如何根据 $\boldsymbol{x}_d$ 的邻域信息来构建 $\boldsymbol{x}$ 的描述子。

在 g_l 上，以 $\boldsymbol{x}_d$ 为中心，在 $\boldsymbol{x}_d$ 周围取半径为 $7.5\sigma_l \cdot \sqrt{2}$ 的区域，将该区域中的每个点绕 $\boldsymbol{x}_d$ 旋转 $-\theta$①，以使得后续构建出的描述子具有旋转不变性。之后，以 $\boldsymbol{x}_d$ 为中心，在 $\boldsymbol{x}_d$ 周围取大小为 $12\sigma_l \times 12\sigma_l$ 的方形区域，将该区域记为 $\boldsymbol{Q}$。如图 4-18 所示，把 $\boldsymbol{Q}$ 划分为 4×4 共 16 个子区域，每个子区域记作 $\boldsymbol{Q}_i(i=1,2,\cdots,16)$。从每个 $\boldsymbol{Q}_i$ 中构建一个 8 维的梯度方向直方图 $\mathbf{hist}_i$，显然直方图的每个小仓覆盖的角度范围为 $2\pi/8=\pi/4$。最终，将$\{\mathbf{hist}_i\}_{i=1}^{16}$ 连接起来形成一个 128 维的向量 **hist**，**hist** 便是特征点 $\boldsymbol{x}$ 的 SIFT 尺度不变描述子。在基于 $\boldsymbol{Q}$ 构建描述子 **hist** 的过程中，大卫·罗维给出了一些实现上需要注意的细节和技巧，以使得构建出的描述子更加稳定可靠。比如，在构建 $\mathbf{hist}_i$ 的时候，某点对 $\mathbf{hist}_i$ 的贡献要进行基于该点到 $\boldsymbol{x}_d$ 距离的高斯加权，以弱化离 $\boldsymbol{x}_d$ 较远的点对 $\boldsymbol{x}_d$ 描述子的影响。另外，每个点的贡献需要按照距离依照比例线性分配到与它最近邻子区域的直方图的相关小仓上去，这样 $\boldsymbol{Q}$ 中每一个点实际上会影响到 8 个小仓的值②。但这些细节过于琐碎，本书就不再详加阐述了。感兴趣的读者可参阅与本章配套学习的代码。

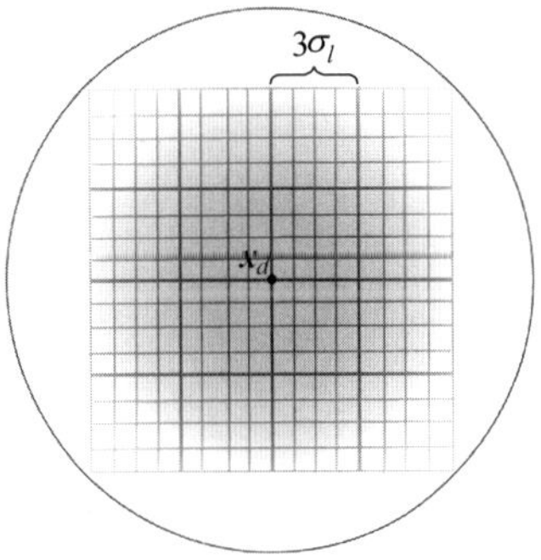

图 4-18 SIFT 描述子的构建

得到了 128 维的描述子向量 **hist** 以后，还要对它进行一些后处理操作。首先，要对 **hist** 向量进行单位化得到 $\mathbf{hist}_n$，以使得描述子向量能够具有对光照仿射变化的不变性。然后，对

① 从概念上来理解，需要对局部图像绕 $\boldsymbol{x}_d$ 旋转 $-\theta$。但在实际编程实现时，并不需要真的对局部图像块进行旋转得到一个新的图像块，而只需要把点的坐标重新计算以确定它落在 16 个子区域中的哪一个当中，并把每点处的梯度方向加上 $-\theta$。

② 沿行方向，它会影响行方向相邻 2 个子区域的直方图；沿列方向，它会影响列方向相邻 2 个子区域的直方图；对于每个子区域的直方图，它会影响与它方向最近的 2 个小仓；因此，总共会影响 $2\times2\times2=8$ 个小仓的值。

$\mathbf{hist}_n$ 中过大的小仓值进行限定，以使得描述子向量能够对一定程度的更加广泛的非线性光照变化具有鲁棒性。Lowe 建议，可把 $\mathbf{hist}_n$ 中值大于 0.2 的小仓的值限定为 0.2。假设上一步骤处理之后的特征描述子向量为 $\mathbf{hist}_{nr}$，再对 $\mathbf{hist}_{nr}$ 进行一次单位化操作，得到最终的单位化特征描述子向量。

SIFT 特征描述子具有很好的对特征点的描述性，同时从理论上来说又具有旋转不变性和尺度不变性。另外，它对环境光照条件的变化也具有很强的鲁棒性。对于两个给定的 SIFT 特征描述子，可以用 4.1.3 节中介绍的 SSD_{dist}、SAD_{dist} 或者 NCC_{dist} 的方式来计算它们之间的距离。关于如何对来自两幅图像的 SIFT 特征描述子集合进行匹配，我们将在 4.4 节中进行介绍。

在图 4-19 中，通过一个具体的例子展示了 SIFT 特征点的匹配结果。图 4-19 中的两幅输入图像来自图 4-7 中的(a)和(b)。在对它们进行了 SIFT 特征点检测、描述子构建以及特征点匹配之后，特征点之间的对应关系如图 4-19 所示。

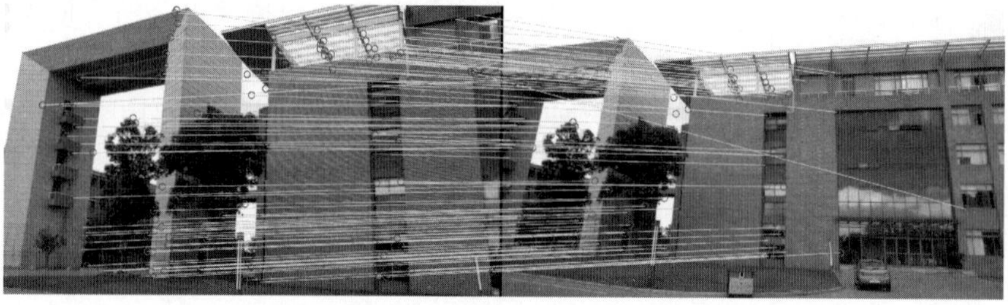

图 4-19　SIFT 特征点以及基于 SIFT 特征描述子的特征点匹配

4.3　ORB 特征点及其特征描述子

SIFT 特征点及其描述子具有极其优秀的性能，但它有一个很大的不足之处，那就是它的计算代价较高，较难应用在对计算实时性有很高要求的任务中。因此，自 SIFT 提出以后，很多学者都在试图找到它的替代品，在其中，ORB(oriented fast and rotated brief)特征[9]是一个较好的选择。该特征由美国学者伊桑·鲁布里(Ethan Rublee)等于 2011 年提出。同 SIFT 相比，ORB 特征的提取计算代价和匹配计算代价都低很多，同时它也具有很好的旋转不变性、尺度不变性以及对光照变化和噪声的鲁棒性。鉴于其在各方面优秀的表现，ORB 特征已经广泛应用在了各种基于图像匹配技术的领域中。

ORB 包含两部分，特征点检测和描述子构造。在特征点检测部分，ORB 使用了改进型的 FAST(feature from accelerated segment test)特征点[10]，在原有 FAST 特征点的基础上引入了方向信息，该信息将在描述子构造阶段中被用到，以使所构造的描述子具有旋转不变性。在描述子构造阶段，ORB 使用了改进型的二进制描述子(binary robust independent elementary feature，BRIEF)[11]。下面将对这两部分分别阐述。

4.3.1　ORB 中的特征点检测

如前面所介绍的，ORB 所用的特征点检测算法是在 FAST 的基础上改进来的，引入了额外的方向信息。首先，我们来看看什么是 FAST 特征点，之后再介绍如何计算 FAST 特征点的主方向。

FAST 是一种角点，主要检测局部像素灰度变化明显的地方，以速度快著称。它的思想是：如果一个像素与其邻域像素差别较大（过亮或过暗），那么它很可能是角点。相比于其他角点检测算法，FAST 只需比较像素亮度的大小，十分快捷。给定灰度图像 $\boldsymbol{I}$，判定其上某点 $\boldsymbol{p}$ 是否为 FAST 特征点的过程如下（图 4-20）。

（1）设置一个阈值 t（一般设为 $\boldsymbol{I}(\boldsymbol{p})$ 的 20%）。

（2）以 $\boldsymbol{p}$ 点为中心，选取半径为 3 的圆上的 16 个像素位置。

（3）假如选取的圆上有连续的 N 个点的亮度大于 $\boldsymbol{I}(\boldsymbol{p})+t$ 或小于 $\boldsymbol{I}(\boldsymbol{p})-t$，那么 $\boldsymbol{p}$ 点便被认为是一个特征点；N 通常取为 12，相应地，所得到的特征点检测算法便称为 FAST-12；其他常用的 N 取值还有 9 和 11，相应的特征点检测算法被分别称作 FAST-9 和 FAST-11。

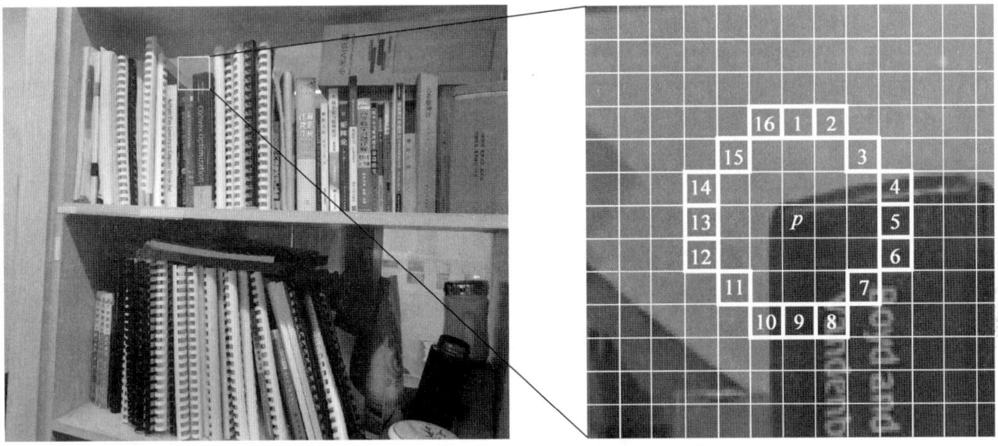

图 4-20　FAST 特征点的计算方式

对图像 $\boldsymbol{I}$ 上的每一个像素点执行上述判定过程，即可检测出 $\boldsymbol{I}$ 上所有的 FAST 特征点。在 FAST-12 算法中，为提高算法的搜索效率，可增加一步预处理测试操作，以快速地排除掉不可能是特征点的像素位置。具体操作为：对每一个像素 $\boldsymbol{p}$ 点，直接测试它邻域圆上的第 1、5、9、13 个像素位置的像素值。只有当这 4 个像素值中至少有 3 个同时大于 $\boldsymbol{I}(\boldsymbol{p})+t$ 或同时小于 $\boldsymbol{I}(\boldsymbol{p})-t$ 时，$\boldsymbol{p}$ 点才有可能是一个特征点，否则可直接将 $\boldsymbol{p}$ 点排除。这个预测试操作大大加速了 FAST 特征点的检测过程。在得到初步的 FAST 特征点以后，如同在哈里斯角点检测当中所做的那样，还需要使用非极大值抑制操作，即在一定区域内仅保留具有响应极大值的点，来得到合理的稀疏特征点。FAST 特征点的响应值可计算为连续 N 个点的像素值与 $\boldsymbol{I}(\boldsymbol{p})$ 差异的平均值。

为了使构造的特征描述子具有旋转不变性，还需要提取特征点的局部主方向信息。假设 $\boldsymbol{p}$ 为灰度图像 $\boldsymbol{I}$ 上一 FAST 特征点，可用如下所述的灰度质心法计算出 $\boldsymbol{p}$ 点的局部主方向。

（1）以 $\boldsymbol{p}$ 点为中心，取一图像邻域窗口 W；

（2）在 W 中定义图像块的矩

$$m_{pq}=\sum_{(x,y)\in W} x^p y^q \boldsymbol{I}(x,y) \tag{4-30}$$

（3）通过图像矩可计算出图像块 W 的质心 $\boldsymbol{c}$

$$\boldsymbol{c}=\left(\frac{m_{10}}{m_{00}},\frac{m_{01}}{m_{00}}\right) \tag{4-31}$$

（4）连接图像块几何中心 $\boldsymbol{p}$ 和质心 $\boldsymbol{c}$ 得到方向向量 $\boldsymbol{pc}$，进而可得到特征点 $\boldsymbol{p}$ 的局部主方向 $\theta=\arctan2(m_{01},m_{10})$，$\theta\in[0,2\pi)$。

4.3.2 ORB 中的特征描述子

在提取了 FAST 特征点并计算出每个特征点的局部主方向之后，接下来需要对每个特征点构建特征描述子。ORB 采用了改进型的 BRIEF 描述子。BRIEF 是一种二进制描述子，其描述向量由许多个 0、1 组成。这里的 0 和 1 编码了以关键点为中心的一个 $s \times s$（s 一般取为 31）的图像邻域窗口内两个随机位置的像素值（比如，a 和 b）的大小关系：若 a 大于 b，取 1，反之取 0。重复选取 128 组（或 256 组、512 组）随机位置的像素值进行大小关系编码，便可得到一个 128 维（或 256 维、512 维）的由 0 和 1 构成的特征向量 BRIEF-128（或者 BRIEF-256、BRIEF-512）。当然，在同一个应用中，128 组（或 256 组、512 组）位置对的随机模式必须是预先固定的。图 4-21 显示了 OpenCV 所使用的 BRIEF 描述子随机位置选取模式，一共会选取 256 组位置进行像素值比较。由于只编码了像素值之间的大小关系，BRIEF 描述子对光照变化具有较强的鲁棒性。

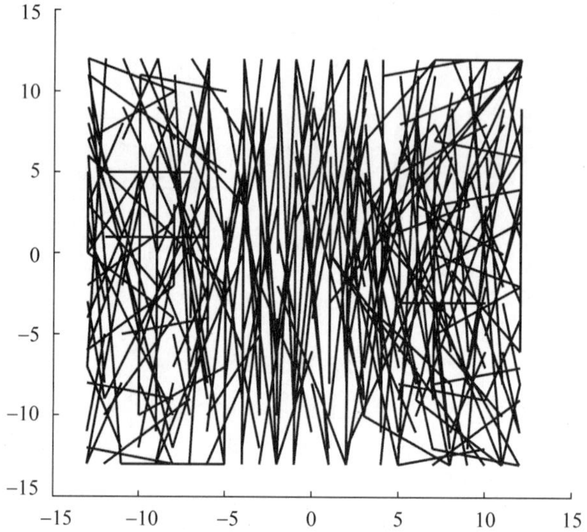

图 4-21　OpenCV 中所使用的 BRIEF 描述子随机位置选取模式

显然，如上得到的 BRIEF 特征向量还不具有旋转不变性。我们可利用在特征点提取阶段计算出的局部主方向信息来对上述过程稍加改进。对于某特征点 $\boldsymbol{p}$，假设其主方向维为 θ。在计算 $\boldsymbol{p}$ 的 BRIEF 向量时，把每一个事先选取的用于编码的采样位置坐标先绕点 $\boldsymbol{p}$ 旋转 θ，再用旋转之后得到的新位置上的像素值来参与后续的编码过程即可。这样便可使最终得到的 BRIEF 向量具有旋转不变性。

接下来谈一下如何计算两个给定 BRIEF 特征向量的距离。由于 BRIEF 特征向量表达是由 0、1 组成的二进制串，相较于前面介绍的 SSD_{dist}、SAD_{dist} 以及 NCC_{dist}，（归一化）汉明距离（Hamming distance）更适合被用来计算两个 BRIEF 向量之间的距离。假设 $\boldsymbol{b}_1$，$\boldsymbol{b}_2$ 为两个二进制 BRIEF 特征向量，可用如下方式计算它们之间的归一化汉明距离

$$H_{dist}(\boldsymbol{b}_1, \boldsymbol{b}_2) = \frac{\text{ones\_num}(\boldsymbol{b}_1 \odot \boldsymbol{b}_2)}{\text{size}(\boldsymbol{b}_1)} \tag{4-32}$$

其中，$\boldsymbol{b}_1 \odot \boldsymbol{b}_2$ 表示对 $\boldsymbol{b}_1$ 和 $\boldsymbol{b}_2$ 进行按位异或运算，ones_num($\boldsymbol{x}$)表示返回二进制串 $\boldsymbol{x}$ 中 1 的个数，size($\boldsymbol{b}_1$)表示返回二进制串 $\boldsymbol{b}_1$ 的位长度。

4.3.3　ORB 中的多尺度处理

4.3.1 节和 4.3.2 节中介绍的特征点检测方法以及描述子构造方法具有旋转不变性，对光照变化以及噪声也具有很好的鲁棒性，但显然它们还不具有尺度不变性。假设 $\boldsymbol{I}_1$、$\boldsymbol{I}_2$ 是拍摄自同一物理场景的尺度不同的两张照片。为了能在它们之间实现特征点匹配，我们要构造 $\boldsymbol{I}_1$ 和 $\boldsymbol{I}_2$ 的图像金字塔 $\mathcal{G}_1$ 和 $\mathcal{G}_2$，并在 $\mathcal{G}_1$ 和 $\mathcal{G}_2$ 的每一层都进行 FAST 特征点的提取并构造相应的 BRIEF 特征描述子（当然，在每一层上进行 FAST 点的检测以及 BRIEF 特征描述子构建时，使用统一的超参数），并最终将特征点的位置统一换算到输入图像所在的分辨率之下。

对于给定图像 $\boldsymbol{I}$，可以通过下述方式得到它的图像金字塔。设 scale_factor 为尺度因子（一般其值取为 1.2），则金字塔中第 l 层的尺度参数为 $s_l = \text{scale\_factor}^{l-1}(l=1,2,\cdots,L)$，其中 L 为金字塔总的层数。可通过插值下采样的方法得到第 l 层图像，该层图像的分辨率为 $\boldsymbol{I}$ 的分辨率的 $1/s_l$。

把来自 $\mathcal{G}_1$ 的 ORB 特征集合记为 $\mathcal{O}_1=\{(\boldsymbol{x}_i^1,\boldsymbol{b}_i^1)\}_{i=1}^N$，来自 $\mathcal{G}_2$ 的 ORB 特征集合记为 $\mathcal{O}_2=\{(\boldsymbol{x}_j^2,\boldsymbol{b}_j^2)\}_{j=1}^M$；其中，$(\boldsymbol{x}_i^1,\boldsymbol{b}_i^1)$ 为来自 $\mathcal{G}_1$ 的第 i 个 ORB 特征信息，$\boldsymbol{x}_i^1$ 为该特征点的像素位置（相对于该特征点所在的金字塔层的图像来说），$\boldsymbol{b}_i^1$ 为该点的 BRIEF 特征向量。在特征匹配阶段，需要匹配特征集合 $\mathcal{O}_1$ 和 $\mathcal{O}_2$，显然，最终匹配上的特征点很有可能位于不同的金字塔层上。

4.4　特征点匹配

在 4.1 节、4.2 节和 4.3 节中，分别介绍了三种特征点检测算法及相应的描述子构建算法。无论采用哪种特征点检测及描述子构造方法，在特征点匹配阶段所使用的策略一般来说都是一致的，这将在本节中进行介绍。

假设有两张图像 $\boldsymbol{I}_1$ 和 $\boldsymbol{I}_2$。$\boldsymbol{I}_1$ 上的特征点集合为 $\{\boldsymbol{x}_i\}_{i=1}^m$，对应的特征描述子集合为 $\mathcal{P}=\{\boldsymbol{d}_i\}_{i=1}^m$。$\boldsymbol{I}_2$ 上的特征点集合为 $\{\boldsymbol{y}_j\}_{j=1}^n$，对应的特征描述子集合为 $\mathcal{Q}-\{\boldsymbol{e}_j\}_{j=1}^n$，且 $\boldsymbol{d}_i(i-1,2,\cdots,n)$ 与 $\boldsymbol{e}_j(j=1,2,\cdots,m)$ 为同类型的特征描述子。现在的目标是要进行特征点匹配，也就是要建立起点集 $\{\boldsymbol{x}_i\}_{i=1}^m$ 和 $\{\boldsymbol{y}_j\}_{j=1}^n$ 之间的对应关系，这需要借助对比它们的特征描述子集合来完成。若点 $\boldsymbol{x}_i$ 与点 $\boldsymbol{y}_j$ 的特征描述子 $\boldsymbol{d}_i$ 与 $\boldsymbol{e}_j$ 满足以下三个条件，则认为 $\boldsymbol{x}_i$ 与 $\boldsymbol{y}_j$ 为一对匹配的特征点。

（1）$\boldsymbol{d}_i$ 与 $\boldsymbol{e}_j$ 之间的距离要小于某个预设阈值 t_1。

$\boldsymbol{d}_i$ 与 $\boldsymbol{e}_j$ 之间的距离可以按照本章 4.1.3 节中介绍的特征描述子距离的某种定义方式来计算，t_1 为预设阈值。

（2）$\boldsymbol{d}_i$ 与 $\boldsymbol{e}_j$ 满足双向确认准则。

$\boldsymbol{e}_j$ 是特征描述子集合 $\mathcal{Q}$ 的所有元素中，与 $\boldsymbol{d}_i$ 距离最小的元素；$\boldsymbol{d}_i$ 是特征描述子集合 $\mathcal{P}$ 的所有元素中，与 $\boldsymbol{e}_j$ 距离最小的元素。

（3）$\boldsymbol{d}_i$ 与 $\boldsymbol{e}_j$ 的匹配无歧义。

设 $d_1=\text{dist}(\boldsymbol{d}_i,\boldsymbol{e}_j)$。若 $\boldsymbol{e}_k$ 是集合 $\mathcal{Q}$ 中除了 $\boldsymbol{e}_j$ 之外，与 $\boldsymbol{d}_i$ 的距离最近的，且它们之间的距离为 $d_2=\text{dist}(\boldsymbol{d}_i,\boldsymbol{e}_k)$。若

$$d_1/d_2 < t_2 \tag{4-33}$$

其中，t_2 为预先设定的参数，则认为 $\boldsymbol{d}_i$ 与 $\boldsymbol{e}_j$ 的匹配无歧义。容易理解，匹配无歧义这条准则想表达的含义是正确匹配时的距离要比错误匹配的距离小很多。这条准则由大卫·罗维提出[2]。

最后再来谈一下给定了 $\boldsymbol{e}_j$，如何能从集合$\mathcal{P}$中找出与 $\boldsymbol{e}_j$ 距离最近的描述子元素。最简单、最容易理解的方法就是穷举法，即要遍历整个集合$\mathcal{P}$，计算$\mathcal{P}$中每一个元素与 $\boldsymbol{e}_j$ 的距离，然后从中挑出与 $\boldsymbol{e}_j$ 最近的集合$\mathcal{P}$中的元素。这种穷举法适合于集合$\mathcal{P}$的规模不大且需要在线动态生成的情况。如果集合$\mathcal{P}$规模较大且可以以离线方式提前构建，那么可以用一些精巧的索引结构来存储$\mathcal{P}$，从而有效提升从$\mathcal{P}$中寻找与 $\boldsymbol{e}_j$ 最近邻元素的计算效率。在特征点匹配领域，常用的特征描述子索引数据结构有 KD 树[12]、spill 树[13]等。由于这部分内容隶属于图像检索领域，本书就不再对这些数据结构的构建和查找操作的细节详加展开了，感兴趣的读者可以参见本章参考文献[14]。

4.5 实践

从本节开始，读者需要完成一些实践环节来加深对理论内容的理解。本书的代码可在 https://github.com/csLinZhang/CVBook 下载。

1. 哈里斯角点检测

示例程序“\chapter-04-feature detection and matching\01-harrisCornerDetector”可对一张输入图像执行哈里斯角点检测，实现原理与本书所述一致。该程序为 Matlab 程序，本书开发时所用的 Matlab 版本为 Matlab R2023a。

该程序的主文件为 HarrisCornerMain.m，执行哈里斯角点检测的文件为 harrisCornerDetector.m，对角点程度图执行非极大值抑制处理的函数在文件 nonmaxsuppts.m 中。正确运行该程序后，会可视化出角点检测结果。附录 P.1 列出了核心文件 harrisCornerDetector.m 和 nonmaxsuppts.m 中的代码内容。

2. 哈里斯角点检测、块描述子构造与描述子匹配

示例程序“\chapter-04-feature detection and matching\02-harrisCornerDescriptorMatching”可对两张输入图像执行哈里斯角点检测以及块描述子构造，最后再通过计算任意两对描述子之间的距离实现两张图像上对应角点的匹配。成功执行该程序后，会可视化出类似图 4-7(c)所示的角点匹配结果。该程序中的核心文件 matchDescriptors.m 会完成两张图像特征描述子之间距离的计算，并会根据 4.4 节中所描述的“三个条件”来找到匹配的特征点对。附录 P.2 列出了 matchDescriptors.m 中的代码内容。

3. openSIFT

示例程序“\chapter-04-feature detection and matching\03-openSIFTVS”实现了 SIFT 特征点检测、描述子构建以及描述子匹配等功能。建议读者认真学习此示例程序，它可帮助读者深刻理解 SIFT 算法设计原理。该程序为 C++程序，本书所用的具体开发环境为 Windows 11+Visual Studio 2017。请读者先学习该示例程序附带的文档“openSIFT 编译指南”。该文档可指导读者在 Windows+Visual Studio 的开发环境下正确配置和部署运行该程序所需的软件环境。

正确部署并编译运行后，该程序可输出如图 4-22 所示的 SIFT 特征点检测及匹配结果。

图 4-22 SIFT 特征点检测及匹配结果

4.6 习题

(1) 请证明按照式(4-4)的方式构造的矩阵 $\boldsymbol{M}$ 必为半正定矩阵。

(2) 对于实际图像来说,除非是极特殊情况,一般情况下式(4-4)中的 $\boldsymbol{M}$ 是正定矩阵。请证明,如果 $\boldsymbol{M}\in\mathbb{R}^{2\times 2}$ 为正定矩阵,则满足方程 $(\Delta x,\Delta y)\boldsymbol{M}\begin{pmatrix}\Delta x\\ \Delta y\end{pmatrix}=1$ 的点$(\Delta x,\Delta y)$所形成的轨迹为椭圆。更进一步,设 $\boldsymbol{M}$ 的两个特征值为 λ_1、λ_2 且 $\lambda_1\geqslant\lambda_2$,则上述椭圆的长半轴长度为$(\lambda_2)^{-1/2}$,其短半轴长度为$(\lambda_1)^{-1/2}$。

(3) 证明式(4-29)。假设 **oriHist** 为一直方图,其峰值出现在小仓 k(k 当然为整数)。可根据 **oriHist**[$k-1$]、**oriHist**[k]和 **oriHist**[$k+1$]的值,估计出更加准确的峰值位置 k^*,

$$k^*=k+\frac{\textbf{oriHist}[k-1]-\textbf{oriHist}[k+1]}{2(\textbf{oriHist}[k-1]+\textbf{oriHist}[k+1]-2\textbf{oriHist}[k])}$$

(4) 请完成 4.5 实践部分中的所有操作。

(5) OpenCV 库中已经完整实现了 ORB 特征点检测及其匹配算法。请编写 C++程序,调用 OpenCV 库中有关 ORB 特征点检测与匹配的算法库,实现对两张给定图像的特征点检测与匹配,输出类似如下示例的特征点匹配结果。

参考文献

[1] HARRIS C, STEPHENS M. A combined corner and edge detector[C]//Proc. 4th Alvey Vision Conference, 1988: 147-151.

[2] LOWE D G. Distinctive image features from scale-invariant keypoints[J]. Int'l. J. Computer Vision, 2004, 60: 91-110.

[3] BAY H, ESS A, TUYTELAARS T, et al. SURF: Speeded up robust features[J]. Computer Vision and Image Understanding, 2008, 110(3): 346-359.

[4] ALCANTARILLA P F, BARTOLI A, DAVISON A J. KAZE features[C]//Proc. Euro. Conf. Computer Vision, 2012: 214-227.

[5] LEUTENEGGER S, CHLI M, SIEGWART R. BRISK: Binary robust invariant scalable keypoints[C]//Proc. IEEE Int'l. Conf. Computer Vision, 2011: 2548-2555.

[6] LOWE D G, Object recognition from local scale-invariant features[C]//Proc. IEEE Int'l. Conf. Computer Vision, 1999: 1150-1157.

[7] LINDEBERG T. Scale-space theory: A basic tool for analysing structures at different scales[J]. Journal of Applied Statistics, 1994, 21(2): 224-270.

[8] OPENSIFT, An open-source SIFT library[EB/OL]. http://robwhess.github.io/opensift/, 2024-05-15.

[9] RUBLEE E, RABAUD V, KONOLOGE K, et al. ORB: An efficient alternative to SIFT or SURF[C]//Proc. IEEE Int'l. Conf. Computer Vision, 2011: 2564-2571.

[10] ROSTEN E, DRUMMOND T. Machine learning for high-speed corner detection[C]//Proc. European Conf. Computer Vision, 2006: 430-443.

[11] CALONDER M, LEPETIT V, STRECHA C, et al. BRIEF: Binary robust independent elementary features[C]//Proc. European Conf. Computer Vision, 2010: 778-792.

[12] BENTLEY J L. Multidimensional binary search trees used for associative searching[J]. Communications of the ACM, 1975, 18(9): 509-517.

[13] LIU T, MOORE A, GRAY A, et al. An investigation of practical approximate nearest neighbor algorithms[C]//Proc. Adv. Neural Inf. Process. Syst., 2004: 825-832.

[14] 王永明，王贵锦. 图像局部不变性特征与描述[M]. 北京：国防工业出版社，2010.

第 5 章 线性最小二乘问题

在第 4 章中，通过描述子匹配，已经得到了图像 $\boldsymbol{I}_1$ 和 $\boldsymbol{I}_2$ 中特征点对应点对关系集合 $\mathcal{S}=\{\boldsymbol{x}_i\leftrightarrow\boldsymbol{x}'_i\}_{i=1}^{p}$，其中 $\boldsymbol{x}_i$ 是来自 $\boldsymbol{I}_1$ 的特征点，$\boldsymbol{x}'_i$ 是来自 $\boldsymbol{I}_2$ 的特征点，$\boldsymbol{x}_i\leftrightarrow\boldsymbol{x}'_i$ 表示 $\boldsymbol{x}_i$ 与 $\boldsymbol{x}'_i$ 是一对对应的特征点，p 为 $\boldsymbol{I}_1$ 和 $\boldsymbol{I}_2$ 中具有对应关系的特征点点对的个数。根据全景拼接问题的描述，图像 $\boldsymbol{I}_1$ 和 $\boldsymbol{I}_2$ 的所有对应点可以通过同一个线性几何变换 $\boldsymbol{H}$ 关联起来。在没有任何其他先验知识的情况下，把 $\boldsymbol{H}$ 考虑成平面之间最具有普适性的线性变换，射影变换，则 $\forall\, \boldsymbol{x}_i\leftrightarrow\boldsymbol{x}'_i\in\mathcal{S}$，

$$c_i\boldsymbol{x}'_i=\boldsymbol{H}_{3\times3}\boldsymbol{x}_i \tag{5-1}$$

其中，$c_i\neq0$ 是一个与 $\boldsymbol{x}'_i$ 有关的常数，$\boldsymbol{H}=\begin{bmatrix}h_{11}&h_{12}&h_{13}\\h_{21}&h_{22}&h_{23}\\h_{31}&h_{32}&h_{33}\end{bmatrix}$ 是一个 3×3 的表达平面上射影变换的 8 自由度矩阵。由于 $\boldsymbol{x}_i$，$\boldsymbol{x}'_i$ 都是从图像上检测到的特征点，因此它们都是平面上的正常点（非无穷远点），因此可假定式(5-1)中的 $\boldsymbol{x}_i$，$\boldsymbol{x}'_i$ 都是规范化齐次坐标形式（如果不是，则可以先转换为规范化齐次坐标形式），即 $\boldsymbol{x}_i=(x_i,y_i,1)^{\mathrm{T}}$，$\boldsymbol{x}'_i=(x'_i,y'_i,1)^{\mathrm{T}}$。则式(5-1)可进一步变为

$$c_i\begin{bmatrix}x'_i\\y'_i\\1\end{bmatrix}_i^{\prime}=\begin{bmatrix}h_{11}&h_{12}&h_{13}\\h_{21}&h_{22}&h_{23}\\h_{31}&h_{32}&h_{33}\end{bmatrix}\begin{bmatrix}x_i\\y_i\\1\end{bmatrix} \tag{5-2}$$

这样，从每一个点对关系 $\boldsymbol{x}_i\leftrightarrow\boldsymbol{x}'_i$ 中都可以得到一个形如式(5-2)的关于 $\boldsymbol{H}$ 的等式。点对关系集合 $\mathcal{S}$ 中共有 p 个元素，因此可以得到 p 个形如式(5-2)的等式。接下去的任务就是要从这 p 个等式中解出 $\boldsymbol{H}$。根据具体处理方式的不同，这个问题可以建模为齐次线性最小二乘问题或者非齐次线性最小二乘问题。接下来就对这两个问题详加阐述。

在本章后面的推导过程中，会遇到函数或自变量的表达中包含矩阵或向量的求导问题，如果读者对这些内容不是很熟悉的话，请参见本书附录 G。

5.1 齐次线性最小二乘问题

5.1.1 问题定义

给定一个点对关系 $\boldsymbol{x}_i\leftrightarrow\boldsymbol{x}'_i$，得到了一个形如式(5-2)的方程。对这个方程左右展开得到

$$\begin{cases}h_{11}x_i+h_{12}y_i+h_{13}=c_ix'_i\\h_{21}x_i+h_{22}y_i+h_{23}=c_iy'_i\\h_{31}x_i+h_{32}y_i+h_{33}=c_i\end{cases} \tag{5-3}$$

将式(5-3)中第一式和第三式的左右两边相除、第二式和第三式的左右两边相除，得到

$$\begin{cases}\dfrac{h_{11}x_i+h_{12}y_i+h_{13}}{h_{31}x_i+h_{32}y_i+h_{33}}=x_i' \\ \dfrac{h_{21}x_i+h_{22}y_i+h_{23}}{h_{31}x_i+h_{32}y_i+h_{33}}=y_i'\end{cases} \tag{5-4}$$

对式(5-4)从形式上进行整理得到

$$\begin{pmatrix} x_i & y_i & 1 & 0 & 0 & 0 & -x_ix_i' & -y_ix_i' & -x_i' \\ 0 & 0 & 0 & x_i & y_i & 1 & -x_iy_i' & -y_iy_i' & -y_i' \end{pmatrix}\begin{pmatrix} h_{11} \\ h_{12} \\ h_{13} \\ h_{21} \\ h_{22} \\ h_{23} \\ h_{31} \\ h_{32} \\ h_{33} \end{pmatrix}=\mathbf{0} \tag{5-5}$$

从式(5-5)中可以看出，由一对点对关系 $\boldsymbol{x}_i \leftrightarrow \boldsymbol{x}_i'$，可以得到两个方程。如果有 4 对点对关系 $\{\boldsymbol{x}_i \leftrightarrow \boldsymbol{x}_i'\}_{i=1}^4$ 的话，便可以得到 8 个线性方程，写成矩阵形式即为

$$\boldsymbol{A}_{8\times 9}\boldsymbol{h}_{9\times 1}=\mathbf{0} \tag{5-6}$$

其中，$\boldsymbol{A}_{8\times 9}$ 是方程组的系数矩阵，$\boldsymbol{h}_{9\times 1}=(h_{11},h_{12},h_{13},h_{21},h_{22},h_{23},h_{31},h_{32},h_{33})^{\mathrm{T}}$。在一般情况下，$\operatorname{rank}(\boldsymbol{A}_{8\times 9})=8$，则齐次线性方程组(5-6)的解空间中存在(9－8)＝1 个线性无关的解向量[1]，这个解向量便对应于最终需要的射影矩阵 $\boldsymbol{H}$。因此，从理论上来说，两个平面间的射影变换关系可以由 4 个有效对应点对唯一确定。我们强调是有效对应点对，指的是 $\{\boldsymbol{x}_i\}_{i=1}^4$（以及 $\{\boldsymbol{x}_i'\}_{i=1}^4$）中不能存在三点共线的情况。

但在估计平面间的射影变换时，得到的点对关系集合 $\mathcal{S}=\{\boldsymbol{x}_i \leftrightarrow \boldsymbol{x}_i'\}_{i=1}^p$ 中的元素数量往往会远多于 4 对，即 $p>4$，这时问题会变成什么形式呢？显然，这时从 p 个点对中，可以得到 $2p$ 个线性方程，其矩阵形式为

$$\boldsymbol{A}_{2p\times 9}\boldsymbol{h}_{9\times 1}=\mathbf{0} \tag{5-7}$$

其中，$\boldsymbol{A}_{2p\times 9}$ 是方程组的系数矩阵，$\boldsymbol{h}_{9\times 1}=(h_{11},h_{12},h_{13},h_{21},h_{22},h_{23},h_{31},h_{32},h_{33})^{\mathrm{T}}$。在一般情况下，$\operatorname{rank}(\boldsymbol{A}_{2p\times 9})=9$，此时根据齐次线性方程组解的理论[1]，方程组(5-7)只有平凡的零解。然而零解对于问题来说没有意义。需要在最小二乘意义之下找到一个适合于方程组(5-7)的非零解 $\boldsymbol{h}^*$。同时注意，在问题中，解向量 $\boldsymbol{h}^*$ 实际上代表了射影变换矩阵，而由射影变换的性质可知，对于任意实数 $k\neq 0$，$k\boldsymbol{h}^*$ 与 $\boldsymbol{h}^*$ 会表达相同的射影变换。因此，不失一般性，可以约束 $\|\boldsymbol{h}^*\|_2^2=1$。这样，问题就被建模为

$$\boldsymbol{h}^*=\underset{\boldsymbol{h}}{\operatorname{argmin}}\|\boldsymbol{A}\boldsymbol{h}\|_2^2,\quad \text{subject to } \|\boldsymbol{h}\|_2^2=1,\quad \boldsymbol{A}\in\mathbb{R}^{2p\times 9},\quad \boldsymbol{h}\in\mathbb{R}^{9\times 1} \tag{5-8}$$

其中，$p>4$，$\operatorname{rank}(\boldsymbol{A})=9$。

可以以一种更加普适的表达方式来描述形如式(5-8)所代表的一类问题

$$\boldsymbol{x}^*=\underset{\boldsymbol{x}}{\operatorname{argmin}}\|\boldsymbol{A}\boldsymbol{x}\|_2^2,\quad \text{subject to } \|\boldsymbol{x}\|_2^2=1,\quad \boldsymbol{A}\in\mathbb{R}^{m\times n},\quad \boldsymbol{x}\in\mathbb{R}^{n\times 1} \tag{5-9}$$

其中，$\operatorname{rank}(\boldsymbol{A})=n$。该问题即为齐次线性最小二乘问题，将在 5.1.2 中讲述如何求解此类优化问题。

5.1.2 问题的求解

式(5-9)的求解问题是一个典型带有等式约束的求函数最小值点的问题。目标函数 $f(\boldsymbol{x})=\|\boldsymbol{Ax}\|_2^2$ 与等式约束函数 $g(\boldsymbol{x})=1-\|\boldsymbol{x}\|_2^2$ 关于优化变量 $\boldsymbol{x}$ 都有连续的一阶偏导数。因此,可以用拉格朗日乘子法(附录 F)来找出 $f(\boldsymbol{x})$ 在等式约束 $g(\boldsymbol{x})=0$ 下所有可能的极值点。

构造拉格朗日函数

$$L(\boldsymbol{x},\lambda)=f(\boldsymbol{x})+\lambda g(\boldsymbol{x})=\|\boldsymbol{Ax}\|_2^2+\lambda(1-\|\boldsymbol{x}\|_2^2) \tag{5-10}$$

根据拉格朗日乘子法的原理,首先要找出 $L(\boldsymbol{x},\lambda)$ 的驻点。设 $(\boldsymbol{x}_0,\lambda_0)$ 是 $L(\boldsymbol{x},\lambda)$ 的一个驻点,则它必须满足

$$\begin{cases}\left.\dfrac{\partial L}{\partial \boldsymbol{x}}\right|_{\boldsymbol{x}=\boldsymbol{x}_0,\lambda=\lambda_0}=\boldsymbol{0}\\ \left.\dfrac{\partial L}{\partial \lambda}\right|_{\boldsymbol{x}=\boldsymbol{x}_0,\lambda=\lambda_0}=0\end{cases}\Rightarrow\begin{cases}\left.\dfrac{\partial(\boldsymbol{x}^{\mathrm{T}}\boldsymbol{A}^{\mathrm{T}}\boldsymbol{Ax}+\lambda(1-\boldsymbol{x}^{\mathrm{T}}\boldsymbol{x}))}{\partial \boldsymbol{x}}\right|_{\boldsymbol{x}=\boldsymbol{x}_0,\lambda=\lambda_0}=\boldsymbol{0}\\ \left.\dfrac{\partial(\boldsymbol{x}^{\mathrm{T}}\boldsymbol{A}^{\mathrm{T}}\boldsymbol{Ax}+\lambda(1-\boldsymbol{x}^{\mathrm{T}}\boldsymbol{x}))}{\partial \lambda}\right|_{\boldsymbol{x}=\boldsymbol{x}_0,\lambda=\lambda_0}=0\end{cases}\Rightarrow\begin{cases}\boldsymbol{A}^{\mathrm{T}}\boldsymbol{Ax}_0=\lambda_0\boldsymbol{x}_0\\ \boldsymbol{x}_0^{\mathrm{T}}\boldsymbol{x}_0=1\end{cases} \tag{5-11}$$

即 λ_0 是 $\boldsymbol{A}^{\mathrm{T}}\boldsymbol{A}$ 的特征值,$\boldsymbol{x}_0$ 是 $\boldsymbol{A}^{\mathrm{T}}\boldsymbol{A}$ 对应于特征值 λ_0 的单位特征向量。显然,满足这样条件的“$(\boldsymbol{x}_0,\lambda_0)$”并不是唯一的。设集合 $\mathcal{S}=\{(\boldsymbol{x}_i,\lambda_i):|\boldsymbol{A}^{\mathrm{T}}\boldsymbol{Ax}_i=\lambda_i\boldsymbol{x}_i,\boldsymbol{x}_i^{\mathrm{T}}\boldsymbol{x}_i=1\}$,则 $\mathcal{S}$ 表示 $L(\boldsymbol{x},\lambda)$ 的所有驻点。设集合 $\mathcal{C}=\{\boldsymbol{x}_i:|(\boldsymbol{x}_i,\lambda_i)\in\mathcal{S}\}$,则 $\mathcal{C}$ 表示 $f(\boldsymbol{x})$ 在等式约束 $g(\boldsymbol{x})=0$ 下所有可能的极值点。接下来,要在 $\mathcal{C}$ 中挑选出能使 $f(\boldsymbol{x})$ 取得最小值(在等式约束 $g(\boldsymbol{x})=0$ 下)的点。若 $\boldsymbol{x}_i\in\mathcal{C}$,则

$$f(\boldsymbol{x}_i)=\|\boldsymbol{Ax}_i\|_2^2=\boldsymbol{x}_i^{\mathrm{T}}\boldsymbol{A}^{\mathrm{T}}\boldsymbol{Ax}_i=\boldsymbol{x}_i^{\mathrm{T}}\lambda_i\boldsymbol{x}_i=\lambda_i \tag{5-12}$$

则可知 $f(\boldsymbol{x})$ 的最小值为 $\min\{\lambda_i\}$①,即为 $\boldsymbol{A}^{\mathrm{T}}\boldsymbol{A}$ 最小的特征值。而 $f(\boldsymbol{x})$ 能取到这个最小值(在等式约束 $g(\boldsymbol{x})=0$ 下)的点为 $\boldsymbol{A}^{\mathrm{T}}\boldsymbol{A}$ 的对应于其最小特征值的单位特征向量。

5.2 非齐次线性最小二乘问题

5.2.1 问题定义

虽然表达平面间射影变换的矩阵 $\boldsymbol{H}$ 有 9 个元素,但只有 8 个自由度。在 5.1 节的实际处理中,以限定“向量化之后的 $\boldsymbol{H}$ 为 9 维单位向量”的方式(式(5-8))把自由度限定为 8。本节用另外一种思路来限定 $\boldsymbol{H}$ 的自由度。

假设 $\boldsymbol{H}$ 中的元素 $h_{ij}\neq 0$,则在求解 $\boldsymbol{H}$ 的过程中可以把 h_{ij} 固定为一个非零常数。不失一般性,假设 $h_{33}\neq 0$,固定 h_{33} 为 $h_{33}=1$。这样,给定一对对应点对 $\boldsymbol{x}_i'=(x_i',y_i',1)^{\mathrm{T}}$ 和 $\boldsymbol{x}_i=(x_i,y_i,1)^{\mathrm{T}}$,它们之间的关系可表述为

$$c_i\begin{bmatrix}x_i'\\y_i'\\1\end{bmatrix}=\begin{bmatrix}h_{11}&h_{12}&h_{13}\\h_{21}&h_{22}&h_{23}\\h_{31}&h_{32}&1\end{bmatrix}\begin{bmatrix}x_i\\y_i\\1\end{bmatrix} \tag{5-13}$$

对式(5-13)左右展开得到

$$\begin{cases}h_{11}x_i+h_{12}y_i+h_{13}=c_ix_i'\\h_{21}x_i+h_{22}y_i+h_{23}=c_iy_i'\\h_{31}x_i+h_{32}y_i+1=c_i\end{cases} \tag{5-14}$$

---

① $\{\lambda_i\}$ 表示由 $\boldsymbol{A}^{\mathrm{T}}\boldsymbol{A}$ 的所有特征值构成的集合。

将式(5-14)中第一式和第三式的左右两边相除、第二式和第三式的左右两边相除，得到

$$\begin{cases}\dfrac{h_{11}x_i+h_{12}y_i+h_{13}}{h_{31}x_i+h_{32}y_i+1}=x'_i\\[2ex]\dfrac{h_{21}x_i+h_{22}y_i+h_{23}}{h_{31}x_i+h_{32}y_i+1}=y'_i\end{cases}\tag{5-15}$$

对式(5-15)从形式上进行整理得到

$$\begin{pmatrix}x_i & y_i & 1 & 0 & 0 & 0 & -x_ix'_i & -y_ix'_i\\0 & 0 & 0 & x_i & y_i & 1 & -x_iy'_i & -y_iy'_i\end{pmatrix}\begin{pmatrix}h_{11}\\h_{12}\\h_{13}\\h_{21}\\h_{22}\\h_{23}\\h_{31}\\h_{32}\end{pmatrix}=\begin{pmatrix}x'_i\\y'_i\end{pmatrix}\tag{5-16}$$

从式(5-16)中可以看出，由一对点对关系 $\boldsymbol{x}_i\leftrightarrow\boldsymbol{x}'_i$，可以得到两个方程。如果有 4 对点对关系 $\{\boldsymbol{x}_i\leftrightarrow\boldsymbol{x}'_i\}_{i=1}^4$ 的话，便可以得到 8 个线性方程，写成矩阵的形式为

$$\boldsymbol{A}_{8\times8}\boldsymbol{h}_{8\times1}=\boldsymbol{b}_{8\times1}\tag{5-17}$$

其中，$\boldsymbol{A}_{8\times8}$ 是方程组的系数矩阵，$\boldsymbol{h}_{8\times1}=(h_{11},h_{12},h_{13},h_{21},h_{22},h_{23},h_{31},h_{32})^{\mathrm{T}}$，$\boldsymbol{b}_{8\times1}=(x'_1,y'_1,x'_2,y'_2,x'_3,y'_3,x'_4,y'_4)^{\mathrm{T}}$。在一般情况下($\{\boldsymbol{x}_i\}_{i=1}^4$ 中以及 $\{\boldsymbol{x}'_i\}_{i=1}^4$ 中都不能有三点共线)，$\mathrm{rank}(\boldsymbol{A}_{8\times8})=\mathrm{rank}([\boldsymbol{A}_{8\times8};\boldsymbol{b}])=8$，则方程组(5-17)有唯一解[1]，从这个解向量就可以相应得到最终的射影矩阵 $\boldsymbol{H}$。因此，从理论上来说，通过两个平面内 4 个有效对应点对，便可以唯一确定这两个平面间的射影变换关系。

但一般情况下，点对关系集合 $\mathcal{S}=\{\boldsymbol{x}_i\leftrightarrow\boldsymbol{x}'_i\}_{i=1}^p$ 中的元素数量远多于 4 对，即 $p>4$。这时从 p 个点对中，可以得到 $2p$ 个线性方程，其矩阵形式为

$$\boldsymbol{A}_{2p\times8}\boldsymbol{h}_{8\times1}=\boldsymbol{b}_{2p\times1}\tag{5-18}$$

其中，$\boldsymbol{A}_{2p\times8}$ 是方程组的系数矩阵，$\boldsymbol{h}_{8\times1}=(h_{11},h_{12},h_{13},h_{21},h_{22},h_{23},h_{31},h_{32})^{\mathrm{T}}$，$\boldsymbol{b}_{2p\times1}$ 为非零常数向量。在一般情况下，方程组(5-18)的系数矩阵的秩 $\mathrm{rank}(\boldsymbol{A}_{2p\times8})=8$，而其增广矩阵的秩 $\mathrm{rank}([\boldsymbol{A}_{2p\times8};\boldsymbol{b}])=9$，因此根据线性方程组解的理论[1]，方程组(5-18)无解。既然从理论上来说，方程组(5-18)无解，我们只能退而求其次，希望能在最小二乘意义之下找到一个适合于方程组(5-18)的 $\boldsymbol{h}^*$。这样，我们的问题就被建模为

$$\boldsymbol{h}^*=\underset{\boldsymbol{h}}{\operatorname{argmin}}\|\boldsymbol{Ah}-\boldsymbol{b}\|_2^2,\quad \boldsymbol{A}\in\mathbb{R}^{2p\times8},\quad \boldsymbol{h}\in\mathbb{R}^{8\times1},\quad \boldsymbol{b}\neq\boldsymbol{0}\in\mathbb{R}^{2p\times1}\tag{5-19}$$

其中，$p>4$，$\mathrm{rank}(\boldsymbol{A})=8$。

可以以一种更加普适的表达方式来描述形如式(5-19)所代表的一类问题

$$\boldsymbol{x}^*=\underset{\boldsymbol{x}}{\operatorname{argmin}}\|\boldsymbol{Ax}-\boldsymbol{b}\|_2^2,\quad \boldsymbol{A}\in\mathbb{R}^{m\times n},\quad \boldsymbol{x}\in\mathbb{R}^{n\times1},\quad \boldsymbol{b}\neq\boldsymbol{0}\in\mathbb{R}^{m\times1}\tag{5-20}$$

其中，$\mathrm{rank}(\boldsymbol{A})=n$。该问题即为非齐次线性最小二乘问题，将在 5.2.2 节和 5.2.3 节中讲述如何求解此类优化问题。

5.2.2 问题的求解

求式(5-20)最优解的问题是一个典型的无约束凸优化问题。首先可以证明该问题的目标

函数

$$f(\boldsymbol{x})=\|\boldsymbol{A}\boldsymbol{x}-\boldsymbol{b}\|_2^2,\quad \boldsymbol{A}\in\mathbb{R}^{m\times n},\quad \boldsymbol{x}\in\mathbb{R}^{n\times 1},\quad \boldsymbol{b}\neq\boldsymbol{0}\in\mathbb{R}^{m\times 1} \tag{5-21}$$

为凸函数，这个证明作为练习请读者来完成。然后，找到目标函数 $f(\boldsymbol{x})$ 的驻点。如果 $\boldsymbol{x}_s$ 为 $f(\boldsymbol{x})$ 的驻点，那么 $\boldsymbol{x}_s$ 需要满足

$$\begin{aligned}\nabla f(\boldsymbol{x})\Big|_{\boldsymbol{x}=\boldsymbol{x}_s}&=\frac{\mathrm{d}\|\boldsymbol{A}\boldsymbol{x}-\boldsymbol{b}\|_2^2}{\mathrm{d}\boldsymbol{x}}\Big|_{\boldsymbol{x}=\boldsymbol{x}_s}\\&=\frac{\mathrm{d}((\boldsymbol{A}\boldsymbol{x}-\boldsymbol{b})^{\mathrm{T}}(\boldsymbol{A}\boldsymbol{x}-\boldsymbol{b}))}{\mathrm{d}\boldsymbol{x}}\Big|_{\boldsymbol{x}=\boldsymbol{x}_s}\\&=\frac{\mathrm{d}(\boldsymbol{x}^{\mathrm{T}}\boldsymbol{A}^{\mathrm{T}}\boldsymbol{A}\boldsymbol{x}-2\boldsymbol{x}^{\mathrm{T}}\boldsymbol{A}^{\mathrm{T}}\boldsymbol{b}+\boldsymbol{b}^{\mathrm{T}}\boldsymbol{b})}{\mathrm{d}\boldsymbol{x}}\Big|_{\boldsymbol{x}=\boldsymbol{x}_s}\\&=2\boldsymbol{A}^{\mathrm{T}}\boldsymbol{A}\boldsymbol{x}-2\boldsymbol{A}^{\mathrm{T}}\boldsymbol{b}\Big|_{\boldsymbol{x}=\boldsymbol{x}_s}=\boldsymbol{0}\end{aligned} \tag{5-22}$$

因此

$$\boldsymbol{x}_s=(\boldsymbol{A}^{\mathrm{T}}\boldsymbol{A})^{-1}\boldsymbol{A}^{\mathrm{T}}\boldsymbol{b} \tag{5-23}$$

需要注意的是，式(5-23)要成立的话，$\boldsymbol{A}^{\mathrm{T}}\boldsymbol{A}$ 必须可逆才可以。事实上，在这个问题中，由于要求 $\mathrm{rank}(\boldsymbol{A})=n$，即 $\boldsymbol{A}$ 是列满秩矩阵，则可以证明 $\boldsymbol{A}^{\mathrm{T}}\boldsymbol{A}$ 一定是可逆的，这个证明作为练习请读者来完成。待优化的目标函数 $f(\boldsymbol{x})$ 为凸函数，则它的驻点一定也是全局最小值点[2]。因此，问题(5-20)的最优解就是 $\boldsymbol{x}^*=\boldsymbol{x}_s=(\boldsymbol{A}^{\mathrm{T}}\boldsymbol{A})^{-1}\boldsymbol{A}^{\mathrm{T}}\boldsymbol{b}$。

5.2.3 基于奇异值分解原理的求解方法

本节将介绍非齐次线性最小二乘问题的另外一种解法：基于奇异值分解的方法。该方法同 5.2.2 节中介绍的方法相比，有两个优越之处：(1)要用 5.2.2 节中介绍的方法来解非齐次线性最小二乘问题时，问题中的系数矩阵必须是列满秩矩阵，如式(5-20)中，$\mathrm{rank}(\boldsymbol{A}_{m\times n})=n$，而本节介绍的方法并不需要待解问题满足这个附加条件；(2)从计算机算法实现的角度来说，本节介绍的基于奇异值分解的方法[3]所产生的解会具有更高的数值精度。如果读者对矩阵奇异值分解的基本内容不太熟悉的话，可参见附录 H。

首先，梳理一下要解决的问题。解如下线性方程组

$$\boldsymbol{A}_{m\times n}\boldsymbol{x}_{n\times 1}=\boldsymbol{b}_{m\times 1},\quad \boldsymbol{b}\neq\boldsymbol{0} \tag{5-24}$$

方程组(5-24)的解会出现以下三种：(1)$\mathrm{rank}(\boldsymbol{A})=\mathrm{rank}([\boldsymbol{A};\boldsymbol{b}])=n$，此时方程组有唯一解，要把这个解找出来；(2)$\mathrm{rank}(\boldsymbol{A})=\mathrm{rank}([\boldsymbol{A};\boldsymbol{b}])<n$，此时方程组有无穷多组解，要找到其中一个来解决我们手里的实际问题；(3)$\mathrm{rank}(\boldsymbol{A})\neq\mathrm{rank}([\boldsymbol{A};\boldsymbol{b}])$，此时方程组无解，要在最小二乘意义之下找到一个最适合该方程组的解。不难看出，对以上三种情况的处理都可以归结为求解如下问题

$$\boldsymbol{x}^*=\underset{\boldsymbol{x}}{\operatorname{argmin}}\|\boldsymbol{A}\boldsymbol{x}-\boldsymbol{b}\|_2^2,\quad \boldsymbol{A}\in\mathbb{R}^{m\times n},\quad \boldsymbol{x}\in\mathbb{R}^{n\times 1},\quad \boldsymbol{b}\neq\boldsymbol{0}\in\mathbb{R}^{m\times 1} \tag{5-25}$$

需要注意的是，式(5-25)所定义的问题同式(5-20)不同，后者有一个额外的要求 $\mathrm{rank}(\boldsymbol{A})=n$ 而前者没有。下面就来看看如何具体来求解问题(5-25)。

对 $\boldsymbol{A}$ 进行奇异值分解得到

$$\boldsymbol{A}=\boldsymbol{U}_{m\times m}\boldsymbol{\Sigma}_{m\times n}\boldsymbol{V}_{n\times n}^{\mathrm{T}} \tag{5-26}$$

其中，$\boldsymbol{U}$ 和 $\boldsymbol{V}$ 为正交矩阵。假设 $\mathrm{rank}(\boldsymbol{A})=r$，则

$$\boldsymbol{\Sigma}_{m\times n}=\begin{bmatrix}\begin{bmatrix}\sigma_1 & & & \\ & \sigma_2 & & \\ & & \ddots & \\ & & & \sigma_r\end{bmatrix} & \boldsymbol{O}_{r\times(n-r)} \\ \boldsymbol{O}_{(m-r)\times r} & \boldsymbol{O}_{(m-r)\times(n-r)}\end{bmatrix}_{m\times n} \tag{5-27}$$

其中，$\sigma_1,\sigma_2,\cdots,\sigma_r>0$ 为矩阵 $\boldsymbol{A}$ 的奇异值。进一步有

$$\begin{aligned}\boldsymbol{Ax}-\boldsymbol{b}&=\boldsymbol{U\Sigma V}^{\mathrm{T}}\boldsymbol{x}-\boldsymbol{b}\\&=\boldsymbol{U}(\boldsymbol{\Sigma V}^{\mathrm{T}}\boldsymbol{x})-\boldsymbol{U}(\boldsymbol{U}^{\mathrm{T}}\boldsymbol{b})\\&=\boldsymbol{U}(\boldsymbol{\Sigma V}^{\mathrm{T}}\boldsymbol{x}-\boldsymbol{U}^{\mathrm{T}}\boldsymbol{b})\\&\triangleq\boldsymbol{U}(\boldsymbol{\Sigma y}_{n\times1}-\boldsymbol{c}_{m\times1})\end{aligned} \tag{5-28}$$

其中，$\boldsymbol{y}_{n\times1}=\boldsymbol{V}^{\mathrm{T}}\boldsymbol{x},\boldsymbol{c}_{m\times1}=\boldsymbol{U}^{\mathrm{T}}\boldsymbol{b}$。由于 $\boldsymbol{U}$ 是正交矩阵，它可以保持向量长度，因此

$$\|\boldsymbol{Ax}-\boldsymbol{b}\|_2=\|\boldsymbol{U}(\boldsymbol{\Sigma}\boldsymbol{y}-\boldsymbol{c})\|_2=\|\boldsymbol{\Sigma}\boldsymbol{y}_{n\times1}-\boldsymbol{c}_{m\times1}\|_2 \tag{5-29}$$

最终目的是要找到 $\boldsymbol{x}^*=\underset{\boldsymbol{x}}{\operatorname{argmin}}\|\boldsymbol{Ax}-\boldsymbol{b}\|_2$。由于有式(5-29)，可以先找出最优的 $\boldsymbol{y}^*=\underset{\boldsymbol{y}}{\operatorname{argmin}}\|\boldsymbol{\Sigma}\boldsymbol{y}_{n\times1}-\boldsymbol{c}_{m\times1}\|_2$，再根据 $\boldsymbol{y}^*=\boldsymbol{V}^{\mathrm{T}}\boldsymbol{x}^*$ 解出 $\boldsymbol{x}^*$ 即可。

由于

$$\boldsymbol{\Sigma y}_{n\times1}=\begin{bmatrix}\begin{bmatrix}\sigma_1 & & & \\ & \sigma_2 & & \\ & & \ddots & \\ & & & \sigma_r\end{bmatrix} & \boldsymbol{O}_{r\times(n-r)} \\ \boldsymbol{O}_{(m-r)\times r} & \boldsymbol{O}_{(m-r)\times(n-r)}\end{bmatrix}_{m\times n}\begin{bmatrix}y_1\\y_2\\\vdots\\y_n\end{bmatrix}=\begin{bmatrix}\sigma_1y_1\\\sigma_2y_2\\\vdots\\\sigma_ry_r\\0\\\vdots\\0\end{bmatrix}_{m\times1} \tag{5-30}$$

因此

$$\boldsymbol{\Sigma y}_{n\times1}-\boldsymbol{c}_{m\times1}=\begin{bmatrix}\sigma_1y_1-c_1\\\sigma_2y_2-c_2\\\vdots\\\sigma_ry_r-c_r\\-c_{r+1}\\\vdots\\-c_m\end{bmatrix}_{m\times1} \tag{5-31}$$

根据式(5-31)，只要让 $y_i=\dfrac{c_i}{\sigma_i},1\leqslant i\leqslant r$（此时 $y_{r+1},\cdots,y_n$ 可以是任意值），则 $\|\boldsymbol{\Sigma}\boldsymbol{y}_{n\times1}-\boldsymbol{c}_{m\times1}\|_2$ 便可取到最小长度 $\left(\sum\limits_{i=r+1}^{m}c_i^2\right)^{1/2}$。满足这个要求的一个最简单的 $\boldsymbol{y}_{n\times1}^*$ 可以为

$$\boldsymbol{y}_{n\times1}^*=\begin{bmatrix}\begin{bmatrix}\frac{1}{\sigma_1} & & & \\ & \frac{1}{\sigma_2} & & \\ & & \ddots & \\ & & & \frac{1}{\sigma_r}\end{bmatrix} & \boldsymbol{O}_{r\times(m-r)} \\ \boldsymbol{O}_{(n-r)\times r} & \boldsymbol{O}_{(n-r)\times(m-r)}\end{bmatrix}_{n\times m}\begin{bmatrix}c_1\\c_2\\\vdots\\c_m\end{bmatrix}_{m\times1}=\begin{bmatrix}c_1/\sigma_1\\c_2/\sigma_2\\\vdots\\c_r/\sigma_r\\0\\\vdots\\0\end{bmatrix}_{n\times1}\triangleq\boldsymbol{\Sigma}^+\boldsymbol{c}_{m\times1} \tag{5-32}$$

其中，$\boldsymbol{\Sigma}^{+}$代表了对矩阵$\boldsymbol{\Sigma}$做转置并把非零对角元取倒数的操作。需要强调的是，当$r<n$时，最优的$\boldsymbol{y}^{*}$是不唯一的，式(5-32)中给出的$\boldsymbol{y}^{*}$只是满足条件$y_i=\frac{c_i}{\sigma_i}(1\leqslant i\leqslant r)$的最优$\boldsymbol{y}^{*}$中的一个。当然，如果$r=n$，即系数矩阵$\boldsymbol{A}_{m\times n}$是列满秩矩阵，则最优$\boldsymbol{y}^{*}$是唯一的。

有了$\boldsymbol{y}^{*}$之后，可以自然得出$\boldsymbol{x}^{*}$

$$\boldsymbol{x}^{*}=\boldsymbol{V}\boldsymbol{y}^{*}=\boldsymbol{V}\boldsymbol{\Sigma}^{+}\boldsymbol{c}=\boldsymbol{V}\boldsymbol{\Sigma}^{+}\boldsymbol{U}^{\mathrm{T}}\boldsymbol{b} \tag{5-33}$$

其中，$\boldsymbol{A}^{+}\triangleq\boldsymbol{V}\boldsymbol{\Sigma}^{+}\boldsymbol{U}^{\mathrm{T}}$称为$\boldsymbol{A}$的 Moore-Penrose 广义逆。

5.3 习题

(1) 式(5-12)中出现的λ_i有没有可能是负数？为什么？

(2) 请证明在式(5-20)所描述的优化问题中，目标函数$f(\boldsymbol{x})=\|\boldsymbol{A}\boldsymbol{x}-\boldsymbol{b}\|_2^2$，$\boldsymbol{A}\in\mathbb{R}^{m\times n}$，$\boldsymbol{x}\in\mathbb{R}^{n\times 1}$，$\boldsymbol{b}\neq\boldsymbol{0}\in\mathbb{R}^{m\times 1}$为凸函数。提示：由于$f(\boldsymbol{x})$二阶可微，只需要证明该函数的定义域为凸集并且它的 Hessian 矩阵为半正定矩阵[2]即可。

(3) 有矩阵$\boldsymbol{A}\in\mathbb{R}^{m\times n}$且$\operatorname{rank}(\boldsymbol{A})=n$，请证明矩阵$\boldsymbol{A}^{\mathrm{T}}\boldsymbol{A}$必为可逆矩阵。

参考文献

[1] 李世栋，乐经良，冯卫国，等. 线性代数[M]. 北京：科学出版社，2000.
[2] BOYD S，VANDENBERGHE L. Convex optimization[M]. Cambridge：Cambridge University Press，2004.
[3] GOLUB G H，VAN LOAN C F. Matrix computations[M]. 4th ed. Baltimore：The Johns Hopkins University Press，2013.

第 6 章 射影矩阵的鲁棒估计与图像的插值

6.1 随机抽样一致算法

在第 5 章中，解决了这样一个问题：假设得到了图像 $\boldsymbol{I}_1$ 和 $\boldsymbol{I}_2$ 中特征点对应点对关系结合 $\mathcal{S}=\{\boldsymbol{x}_i \leftrightarrow \boldsymbol{x}'_i\}_{i=1}^{p}$，通过最小二乘法对线性方程组 $\{c_i\boldsymbol{x}'_i=\boldsymbol{H}_{3\times3}\boldsymbol{x}_i\}_{i=1}^{p}$ 进行求解，便可得到图像 $\boldsymbol{I}_1$ 和 $\boldsymbol{I}_2$ 之间的射影变换矩阵 $\boldsymbol{H}$。在这个过程中，实际上隐含了一个很强的假设，那就是要假设集合 $\mathcal{S}$ 中的所有点对关系都是正确的，即不存在错误的匹配。但在绝大多数现实情况中，特征点检测算法、描述子构造算法以及特征点匹配策略，都不是完美无缺的，这会导致对应点对关系集合 $\mathcal{S}$ 中很可能会存在某些错误的对应关系。在 $\mathcal{S}$ 中存在错误对应点对关系的情况下，若直接将 $\mathcal{S}$ 中的数据不加区别地输入给最小二乘法来解出 $\boldsymbol{H}$，那这个 $\boldsymbol{H}$ 很有可能离正确的 $\boldsymbol{H}$ 相去甚远。那么，是否有一种处理策略，可以在从集合 $\mathcal{S}$ 估计射影变换 $\boldsymbol{H}$ 的过程中，尽可能地摆脱错误对应点对关系的影响？

实际上，可以将射影矩阵估计这个具体问题拓展到一类更加广泛的问题：如何从可能存在**外点**(outlier)的观测数据集合中鲁棒地拟合出参数模型？下面通过一个简单的具体实例来对该问题及相关的概念进行阐释。

如图 6-1 所示，假设我们的任务是要从一组平面二维数据点中拟合出一条平面直线。平面直线的方程为 $y=ax+b$，进行直线拟合也就是要基于观测数据点确定出模型中待定参数 a 和 b 的值。由于已经知道要拟合的数学模型为一条直线，而且大部分观测数据应该是可靠的，因此可以合理地认为大部分观测点应该大致沿着一条直线分布。带着这个先验知识，来看一下图 6-1 中的观测数据点。除了 $\boldsymbol{p}_1$，$\boldsymbol{p}_2$ 以外，大部分的观测点都是正常的。唯有 $\boldsymbol{p}_1$，$\boldsymbol{p}_2$ 显得有些不正常，因为它们显然游离在了大部分点所组成的**一致集合**之外，因此，$\boldsymbol{p}_1$，$\boldsymbol{p}_2$ 便是两个外点。如果在直线拟合过程中，不对外点进行区分，即利用所有的观测数据点来进行直线拟

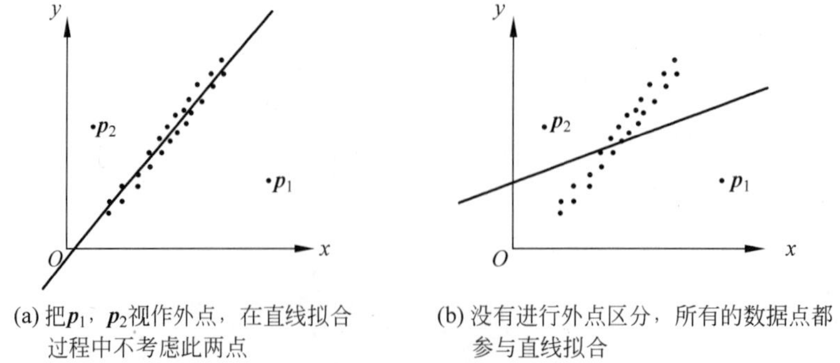

(a) 把 $\boldsymbol{p}_1$，$\boldsymbol{p}_2$ 视作外点，在直线拟合过程中不考虑此两点

(b) 没有进行外点区分，所有的数据点都参与直线拟合

图 6-1 直线拟合

合，得到的直线就会如图 6-1(b)所示，这显然不是我们所期待的正确结果。如果能有办法识别并剔除外点 $\boldsymbol{p}_1$，$\boldsymbol{p}_2$，而只使用剩余的内点集合来进行直线拟合的话，得到的便是图 6-1(a)中所示的结果，显然这是符合预期的正确结果。

那么，如何才能在基于观测数据的模型拟合过程中消除掉外点的影响呢？一个常用的解决这一类问题的算法框架是随机抽样一致(random sample consensus，RANSAC)算法。该算法最早由美国学者 Martin Fischler 和 Robert Bolles 于 1981 年发表在《ACM 通讯》上[1]。RANSAC 是一种迭代算法，在迭代过程中不断尝试从输入观测数据集合$\mathcal{S}$中寻找更好的一致集。在每一次迭代过程中，基于从观测数据集中随机选取的观测数据点来进行模型拟合，并计算当前模型的一致集。**模型的一致集**是由观测数据集中的这样一些点组成的：该点带入模型后，根据某种选定的度量函数计算出来的误差值小于预先设定的阈值。算法最终要么会返回由最好的一致集所拟合出来的模型，要么算法失败(即无法从观测数据集中拟合出满足条件的参数模型)。算法 6-1 给出了 RANSAC 算法框架的伪码①。

算法 6-1：RANSAC 模型拟合算法

```
输入：
    data //观测数据集
    n //拟合模型所需要的最少的数据点个数
    k //最大允许迭代次数
    t //阈值，若数据点代入模型所得误差小于 t，则认为该数据点属于该模型的一致集
    d //阈值，若当前模型的一致集中数据点的个数多于 d，则认为该一致集已经足够好

输出：bestFit //拟合出来的模型参数，若为空则表明拟合失败

iterations = 0
bestFit = null
bestErr = something really large

while iterations < k do
    maybeInliers := 从 data 中随机选取的 n 个数据点
    maybeModel := 从数据集 maybeInliers 中拟合出的模型
    alsoInliers := empty set
    for 每一个在 data 集合中但不在 maybeInliers 集合中的数据点 point do
    //计算 maybeModel 的一致集
        if point 在模型 maybeModel 下的拟合误差小于 t
          将 point 加入集合 alsoInliers 中
        end if
    end for
    if alsoInliers 中的元素个数大于 d then
        // 这意味着可能已经找到了一个很好的模型
        // 把该模型从当前一致集中拟合出来
        betterModel := 基于 maybeInliers 和 alsoInliers 中所有数据点拟合出的模型
        thisErr := betterModel 在 maybeInliers 和 alsoInliers 上的误差
        if thisErr < bestErr then      //完成输出模型及其误差更新
            bestFit := betterModel
            bestErr := thisErr
        end if
```

① 从程序实现角度来说，RANSAC 算法框架的实现方式并不是唯一的，往往可以根据要解决的具体问题的性质对实现细节进行调整。

```
        end if
        increment iterations
    end while

    return bestFit
```

结合上面提到的直线拟合这个具体任务，来理解一下算法 6-1 中的关键变量和处理步骤。data 就是给定的二维数据点集合。由于两个不重合的点可以唯一地确定一条直线，因此 $n=2$。最大迭代次数 k 以及两个阈值 t 和 d 的取值需要根据具体任务的经验知识来确定，或者需要通过尝试性的试验来确定。如图 6-2 所示，在某次迭代过程中，随机选择的两点 $\boldsymbol{p}_1$，$\boldsymbol{p}_2$ 构成了 maybeInliers，由 $\boldsymbol{p}_1$，$\boldsymbol{p}_2$ 拟合的直线便是 maybeModel。一个数据点在 maybeModel 下的拟合误差可以用该点到 maybeModel 所确定的直线距离来表示。这样，接下来计算数据集中除了 $\boldsymbol{p}_1$，$\boldsymbol{p}_2$ 之外的每一点到 maybeModel 所表示的直线距离；若相应的距离小于 t，则该点属于 alsoInliers；maybeInliers 和 alsoInliers 集合一起构成了当前模型 maybeModel 的一致集。若当前模型的一致集中的元素足够多了(大于 $d+2$)，则可基于该一致集中的全部数据采用最小二乘法估计出直线模型 betterModel，并度量该 betterModel 的精度 thisErr；thisErr 可以用当前一致集中所有点到 betterModel 所代表的直线距离的平均值来表示。

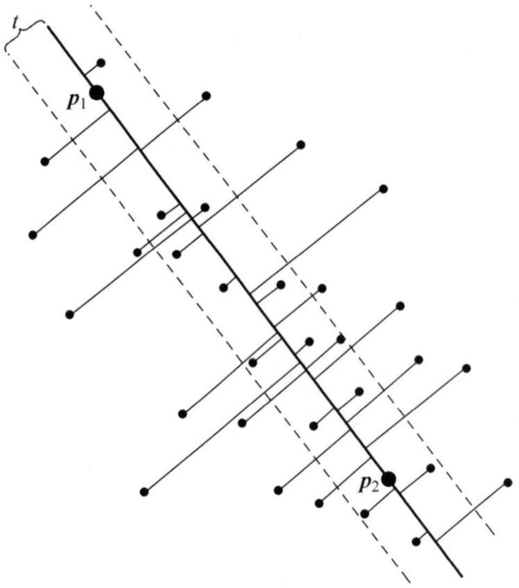

图 6-2　在用 RANSAC 框架来解决直线拟合问题的一次迭代过程中，maybeInliers、maybeModel 以及 alsoInliers

稍微展开讨论一下算法 6-1 中最大迭代次数 k 的确定。对于某些类型的问题，可以事先大致估计出给定观测数据的内点比例 ω。这样，一次估计中随机选取的用于估计模型的 n 个点都为内点的概率就为 ω^n。如果要保证在 k 次迭代过程中，至少有一次估计模型时所用的所有 n 个数据点都是内点的概率不低于 p，那么是可以把 k 估计出来的。设事件 A 为“每次随机选取的 n 个用于估计模型的点中至少有一个是外点”，则事件 A 每次发生的概率为 $1-\omega^n$。同时，在 k 次迭代中，事件 A 是独立的。基于这些条件可知，事件 A 满足了贝努利试验的条件。这样，迭代了 k 次之后，事件 A 发生了 k 次的概率为 $P(k)=C_k^k(1-\omega^n)^k(\omega^n)^0$。同时，根据条件可知，$P(k)\leqslant 1-p$。因此有

$$C_k^k(1-\omega^n)^k(\omega^n)^0 \leqslant 1-p \tag{6-1}$$

则有

$$k \geqslant \frac{\log(1-p)}{\log(1-\omega^n)} \tag{6-2}$$

最后再强调一下，RANSAC是一个算法框架，它并不是为解决某一个具体问题而设计的，而是用于解决“从可能存在外点的观测数据集中鲁棒地拟合出参数模型”这一类问题的通用框架。回到本章需要解决的问题：从可能包含外点的对应点对关系集合 $\mathcal{S}=\{\boldsymbol{x}_i \leftrightarrow \boldsymbol{x}'_i\}_{i=1}^{p}$ 中估计图像 $\boldsymbol{I}_1$ 和 $\boldsymbol{I}_2$ 之间的射影变换矩阵 $\boldsymbol{H}$。如果用RANSAC模型拟合算法(算法6-1)来解决这个具体地从观测数据集合($\mathcal{S}$)中拟合出参数模型($\boldsymbol{H}$)的问题的话，算法6-1中的每个处理步骤是什么？应该如何来做？这个问题请读者作为练习来完成。

6.2　图像的插值

到目前为止，已经可以估计出图像 $\boldsymbol{I}_1$ 与 $\boldsymbol{I}_2$ 之间的射影变换矩阵 $\boldsymbol{H}$ 了，即如果 $\boldsymbol{x}_i \in \boldsymbol{I}_1$ 与 $\boldsymbol{x}'_i \in \boldsymbol{I}_2$ 为对应点，则 $\exists c_i$ 使得 $c_i\boldsymbol{x}'_i = \boldsymbol{H}\boldsymbol{x}_i$ 成立。之后，便可以把 $\boldsymbol{I}_1$ 中的每个像素点 $\boldsymbol{x}_i$ 变换到新的位置 $\boldsymbol{H}\boldsymbol{x}_i$(注意：这是齐次坐标)，以对齐 $\boldsymbol{I}_1$ 和 $\boldsymbol{I}_2$ 中的图像内容，进行 $\boldsymbol{I}_1$ 和 $\boldsymbol{I}_2$ 的全景拼接。本节将讨论如何具体实现将 $\boldsymbol{I}_1$ 中的像素点 $\boldsymbol{x}_i$ 变换到位置 $\boldsymbol{H}\boldsymbol{x}_i$ 这个操作。

假设变换之前的图像为 $\boldsymbol{I}_{\text{src}}$，变换之后的图像为 $\boldsymbol{I}_{\text{dst}}$。如图6-3(a)所示，先考虑按照正向思路来实现从 $\boldsymbol{I}_{\text{src}}$ 至 $\boldsymbol{I}_{\text{dst}}$ 的变换。对于 $\boldsymbol{I}_{\text{src}}$ 中的某一点 $\boldsymbol{x}_i$，它变换之后的位置为 $\boldsymbol{H}\boldsymbol{x}_i$，因此只需要把 $\boldsymbol{I}_{\text{dst}}$ 中的对应位置赋值为像素值 $\boldsymbol{I}_{\text{src}}(\boldsymbol{x}_i)$ 即可，即 $\boldsymbol{I}_{\text{dst}}(\boldsymbol{H}\boldsymbol{x}_i)=\boldsymbol{I}_{\text{src}}(\boldsymbol{x}_i)$。但实际上，这个正向思路是很难实现的，这是因为图像是数字图像，只能对图像上整数坐标处的像素值进行存取。$\boldsymbol{x}_i$ 为整数坐标，但 $\boldsymbol{H}\boldsymbol{x}_i$ 几乎不可能也为整数坐标，因此 $\boldsymbol{I}_{\text{dst}}(\boldsymbol{H}\boldsymbol{x}_i)=\boldsymbol{I}_{\text{src}}(\boldsymbol{x}_i)$ 这个像素赋值操作实际上是不能完成的。

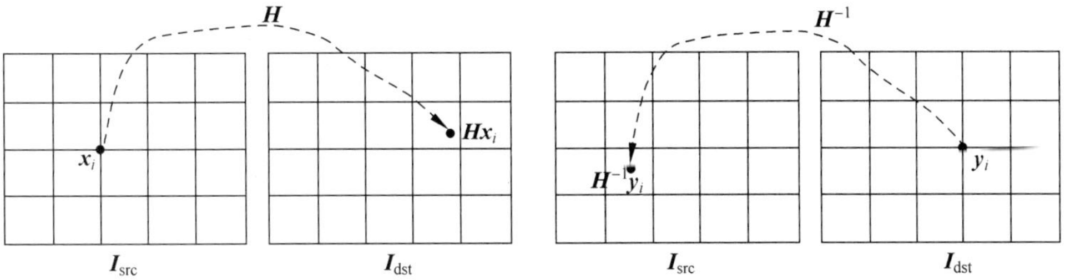

(a) 正向思路，把源图像坐标映射至目标图像坐标　　(b) 逆向思路，根据目标图像坐标到源图中找对应位置

图6-3　图像坐标变换实现思路示意图

接下来看看按照逆向思路是否能实现目的。如图6-3(b)所示，对于 $\boldsymbol{I}_{\text{dst}}$ 上的任意一点 $\boldsymbol{y}_i$，只要能在 $\boldsymbol{I}_{\text{src}}$ 上找到与之对应的点并把那一点的像素值赋值给 $\boldsymbol{I}_{\text{dst}}(\boldsymbol{y}_i)$ 即可。容易知道，在这个过程中，点 $\boldsymbol{y}_i$ 的坐标为整数，但 $\boldsymbol{I}_{\text{src}}$ 上与之对应的位置 $\boldsymbol{H}^{-1}\boldsymbol{y}_i$ 很大概率上不是整数。我们可以利用 $\boldsymbol{I}_{\text{src}}$ 上点 $\boldsymbol{H}^{-1}\boldsymbol{y}_i$ 周围整数坐标位置处的像素值来估计出像素值 $\boldsymbol{I}_{\text{src}}(\boldsymbol{H}^{-1}\boldsymbol{y}_i)$。这个根据周围邻域整数坐标位置处的像素值来估计出非整数坐标位置处像素值的过程便称为**图像的插值**(image interpolation)。

图像的插值问题属于典型的数字图像处理问题，常见的解决方法有最近邻插值法、双线性(bilinear)插值法、双三次(bicubic)插值法等。最近邻插值法是最简单的，同时也是计算代价最小的图像插值算法。它直接从 $\boldsymbol{H}^{-1}\boldsymbol{y}_i$ 的4个整数坐标位置处的邻居中挑选一个最近的，然

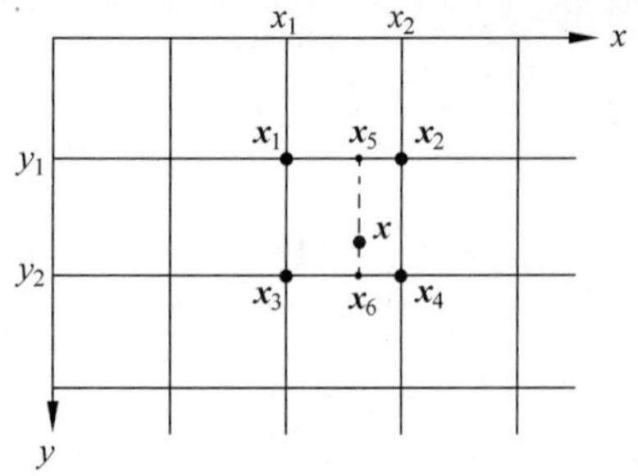

图 6-4　图像的双线性插值算法原理示意图

后把这个最近邻居处的像素值作为 $\boldsymbol{H}^{-1}\boldsymbol{y}_i$ 处的像素值。最近邻插值法的插值效果较差，经常会出现较为明显的锯齿效应或块效应。如果从计算复杂度、易理解性、插值效果三个方面综合考虑的话，双线性插值法是一个非常好的折中选择，因此目前它也是使用最广泛的图像插值算法。本节接下来将详细介绍双线性插值法。关于双三次插值法以及更加高级的图像插值算法，读者可参考专门的图像处理书籍[2]。

如图 6-4 所示，在数字图像 f 上，我们的目标是要估计出非整数坐标位置 $\boldsymbol{x}=(x,y)$ 处的像素值 $f(\boldsymbol{x})$。首先，要确定出 $\boldsymbol{x}$ 的 4 个整数位置处的最近邻节点，$\boldsymbol{x}_1=(x_1,y_1)$，$\boldsymbol{x}_2=(x_2,y_1)$，$\boldsymbol{x}_3=(x_1,y_2)$和 $\boldsymbol{x}_4=(x_2,y_2)$。所谓双线性插值，顾名思义，就是要执行两次线性插值操作。首先，根据 $\boldsymbol{x}_1$、$\boldsymbol{x}_2$ 和 $\boldsymbol{x}$ 沿 x 方向的坐标值线性插值出 $\boldsymbol{x}_5=(x,y_1)$处的像素值 $f(\boldsymbol{x}_5)$，$f(\boldsymbol{x}_1)$与 $f(\boldsymbol{x}_2)$对像素值 $f(\boldsymbol{x}_5)$的贡献线性反比于点 $\boldsymbol{x}_1$，$\boldsymbol{x}_2$ 到 $\boldsymbol{x}_5$ 的距离

$$f(\boldsymbol{x}_5)=\frac{x_2-x}{x_2-x_1}f(\boldsymbol{x}_1)+\frac{x-x_1}{x_2-x_1}f(\boldsymbol{x}_2) \tag{6-3}$$

同理，还需要从像素值 $f(\boldsymbol{x}_3)$与 $f(\boldsymbol{x}_4)$线性插值出点 $\boldsymbol{x}_6=(x,y_2)$处的像素值 $f(\boldsymbol{x}_6)$

$$f(\boldsymbol{x}_6)=\frac{x_2-x}{x_2-x_1}f(\boldsymbol{x}_3)+\frac{x-x_1}{x_2-x_1}f(\boldsymbol{x}_4) \tag{6-4}$$

有了点 $\boldsymbol{x}_5=(x,y_1)$和点 $\boldsymbol{x}_6=(x,y_2)$处的像素值 $f(\boldsymbol{x}_5)$和 $f(\boldsymbol{x}_6)$以后，根据 $\boldsymbol{x}_5$，$\boldsymbol{x}_6$ 和 $\boldsymbol{x}$ 沿 y-方向的坐标值再一次通过线性插值便可以得到 $\boldsymbol{x}$ 处的像素值 $f(\boldsymbol{x})$

$$f(\boldsymbol{x})=\frac{y_2-y}{y_2-y_1}f(\boldsymbol{x}_5)+\frac{y-y_1}{y_2-y_1}f(\boldsymbol{x}_6) \tag{6-5}$$

通过联合式(6-3)、式(6-4)和式(6-5)，同时注意到 $y_2-y_1=1$ 和 $x_2-x_1=1$，最终可得到图像的双线性插值公式

$$\begin{aligned}f(\boldsymbol{x})=&(y_2-y)(x_2-x)f(\boldsymbol{x}_1)+(y_2-y)(x-x_1)f(\boldsymbol{x}_2)+\\&(y-y_1)(x_2-x)f(\boldsymbol{x}_3)+(y-y_1)(x-x_1)f(\boldsymbol{x}_4)\end{aligned} \tag{6-6}$$

利用双线性插值式(6-6)，便可以实现图像的几何变换了。

6.3　实践

到这里为止，本书第一篇的内容图像的全景拼接就全部讲述完毕了。最后以一个实践环节来结束本篇，带领读者用所学技术来实现两张图像的全景拼接。

本实践环节所用的程序为"\chapter-06-homography estimation\PanoramaStitchingSIFTRANSAC"。该程序为 Matlab 程序，实现了对两张图像(拍摄的景物要大致在同一个平面上)进行全景拼接的全部流程，包括了尺度不变特征点检测、SIFT 特征描述子构造、特征点匹配、基于 RANSAC 框架的射影变换矩阵估计以及图像的几何变换拼接。程序的主入口文件为 main.m。

程序正确执行后，会产生如图 6-5 所示的输出。图 6-5(a)和图 6-5(b)是两张待拼接的图像，$\boldsymbol{I}_1$ 和 $\boldsymbol{I}_2$。程序首先在 $\boldsymbol{I}_1$ 和 $\boldsymbol{I}_2$ 中检测尺度不变特征点，其中 DoG 响应值较强的部分特征点被显示在了图 6-5(c)和图 6-5(d)中。在图 6-5(c)和图 6-5(d)中，每个圆圈代表了一个尺度

不变特征点，圆圈的中心为特征点的空间位置，圆圈的半径为对应特征点的特征尺度。之后，程序为每个特征点构建 SIFT 特征描述子，并基于特征描述子进行特征点匹配，建立起 $\boldsymbol{I}_1$ 和 $\boldsymbol{I}_2$ 上特征点之间的对应点对关系。图 6-5(e)展示了基于特征点匹配建立起来的特征点对应关系；要注意：一般情况下，这些点对关系中会存在对应错误的情况。接下来使用 RANSAC 算法，从可能存在外点（错误匹配关系）的点对关系集合中估计出最优的一致集。图 6-5(f)展示了最优一致集中点对关系情况；可以看出，一致集中就不存在错误匹配的点对关系了。基于最优一致集中的数据，使用线性最小二乘法便可以解出 $\boldsymbol{I}_1$ 与 $\boldsymbol{I}_2$ 之间的射影变换矩阵 $\boldsymbol{H}$。之后，对 $\boldsymbol{I}_1$ 施加几何变换 $\boldsymbol{H}$，便把图像平面 $\boldsymbol{I}_1$ 与 $\boldsymbol{I}_2$ 进行了对齐，在这个过程中用到了图像插值技术。变换后的 $\boldsymbol{I}_1$ 显示在了图 6-5(g)中。最后，把变换后的 $\boldsymbol{I}_1$ 和 $\boldsymbol{I}_2$ 填充到一张图像上，如图 6-5(h)所示，完成全景拼接任务。该实践所用到的核心文件代码被列在了附录 P.3 中。

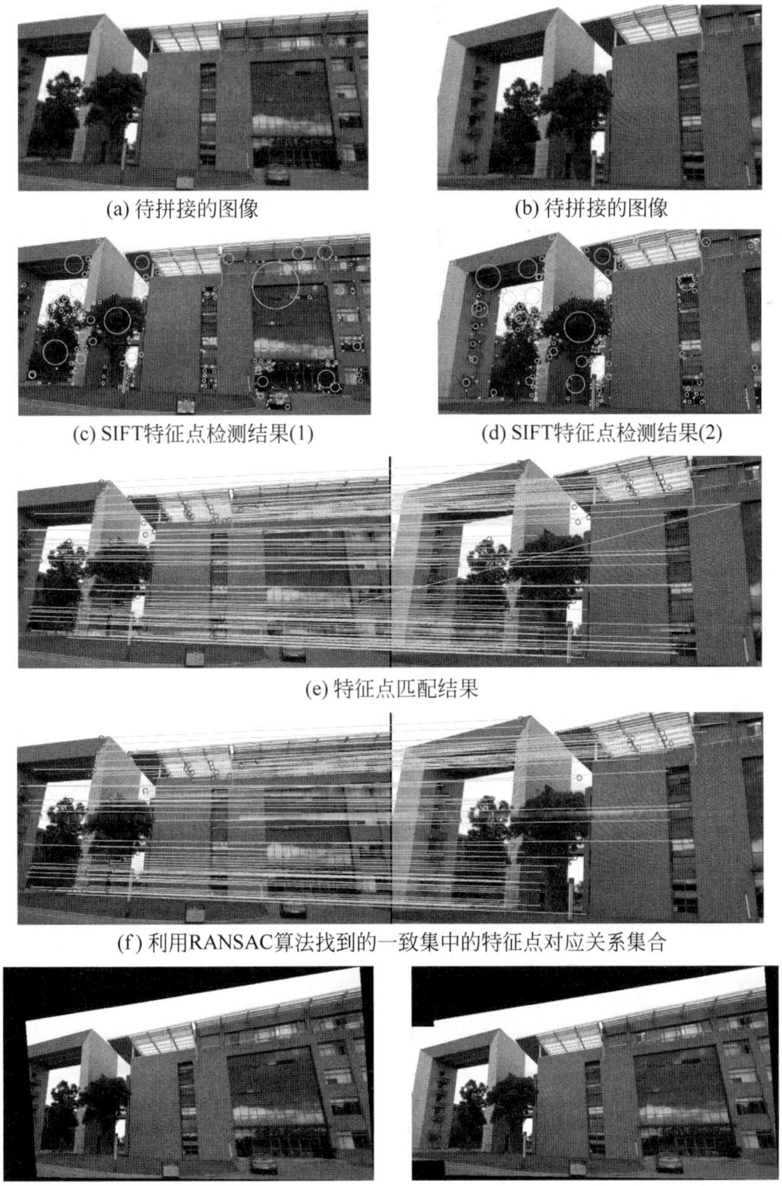

(a) 待拼接的图像　(b) 待拼接的图像

(c) SIFT特征点检测结果(1)　(d) SIFT特征点检测结果(2)

(e) 特征点匹配结果

(f) 利用RANSAC算法找到的一致集中的特征点对应关系集合

(g) 对图像$\boldsymbol{I}_1$施加射影变换$\boldsymbol{H}$的结果　(h) $\boldsymbol{I}_1$与$\boldsymbol{I}_2$全景拼接的最终结果

图 6-5　基于特征点匹配思想的图像全景拼接关键步骤处理结果示例

读者可把示例程序中的测试图像替换成自己的两张图像，再运行该全景拼接程序，看看结果如何。

6.4 习题

(1) 基于 RANSAC 算法框架的图像平面间的射影变换估计。假设得到了图像 $\boldsymbol{I}_1$ 和 $\boldsymbol{I}_2$ 中特征点对应点对关系结合$\mathcal{S}=\{\boldsymbol{x}_i \leftrightarrow \boldsymbol{x}_i'\}_{i=1}^{p}$，但该集合中可能存在外点，即$\mathcal{S}$中的某些对应点对关系有可能是错误的。假设用算法 6-1：RANSAC 模型拟合算法来解决该问题，请显式地写明算法 6-1 在解决这个具体问题时的处理步骤。

(2) 完成 6.3 实践部分的练习。

参考文献

[1] FISCHLER M A, BOLLES R C. Random sample consensus: A paradigm for model fitting with applications to image analysis and automated cartography[J]. Communications of the ACM, 1981, 24(6): 381-395.

[2] GONZALEZ R C, WOODS R E. Digital image processing[M]. 3rd ed. Hoboken: Prentice Hall, 2008.

第二篇

单 目 测 量

第 7 章 单目测量问题概述

7.1 问题的定义

在本篇中，读者将要学习如何给图像中的目标赋予度量信息，即要回答图像中的指定目标在实际物理空间中的位置是什么、它的大小是多少等问题。可以通过两个例子更加直观地理解本篇中要解决的问题。图 7-1(a)拍摄的是一枚硬币放在桌面上的场景。假设使用某种目标分割算法在该图像上分割出了硬币，能否进一步知道该硬币的真实直径是多少毫米？图 7-1(b)是由安装在机器人上的相机所采集到的图像。假设用目标检测算法在 7-1(b)上检测并框出了行人及减速带目标，那么能否知道这些目标在实际物理空间中距离机器人有多远？不难想象，如果没有附加其他额外信息的话，以上描述的两个任务都是不可能的。那么，需要提前知道些什么信息才能完成这两个任务呢？

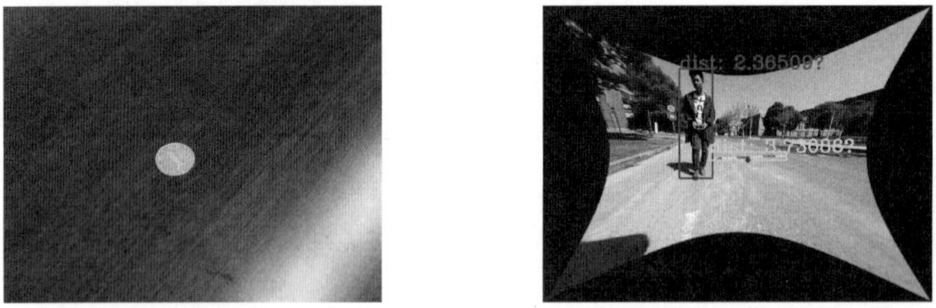

(a) 桌面之上放置一枚硬币，如何从给定图像中提取出硬币的物理直径信息？

(b) 该图像由安装在机器人上的相机拍摄获得，如何如同该图所示的那样计算出兴趣目标(行人与减速带)到机器人的距离？

图 7-1 单目测量问题举例

把在单张图像上对目标的大小或位置进行测量的问题称为单目测量问题。这类问题需要满足一个前提假设：**待测量的目标要位于一个物理平面之上，图像平面与该物理平面之间满足线性几何变换的关系**。比如，在图 7-1(a)中，待测量直径的硬币是位于桌面上的；在图 7-1(b)中，假设行人与减速带目标包围框的下边缘是位于路面上的。解决这类问题的关键在于：要事先通过离线标定，计算出图像平面与实际物理平面(图 7-1(a)中的桌面、图 7-1(b)中的路面)之间的线性几何变换 $\boldsymbol{H}$；当有了 $\boldsymbol{H}$ 以后，便可以把图像上的任意点映射到实际物理平面之上，这样便可以得到图像平面上目标物体的实际几何信息。

7.2 方案流程

在第一篇中已经学习了如何求解两个(图像)平面之间的线性几何变换。但在那时额外附加了一些假设条件，即假设两个(图像)平面的所有对应点之间确实是可以经由同一个线性几何变换联系起来的。但在实际情况下，对于一般的相机而言，由于镜头存在畸变，我们并不能保证它所拍摄的物理平面与图像平面之间一定满足线性几何变换的关系。因此，对于单目测量问题，首先需要对所拍摄的图像进行去畸变处理。去畸变处理的本质目的是使相机的成像过程严格满足针孔(pin-hole)相机成像模型，从而使得物理空间中的平面与成像平面之间满足线性几何变换关系。

为了对图像进行去畸变处理，我们需要知道包括畸变系数在内的所有相机内参数。**相机内参数**指的是在参数化相机成像模型中与相机自身有关的参数，这些参数的取值仅与相机自身的物理属性有关，与相机所处的外在空间位置无关。对于给定的一个相机，需要对它进行内参标定才能获得它的内参数值。有了相机内参之后，便可以对该相机所采集的图像进行去畸变处理(实际上，图 7-1(b)就是一张经过了去畸变处理之后的图像)。之后，便可以通过离线外参数标定，确定出相机的成像平面(去畸变之后)与目标物体所处平面(图 7-1(a)中的桌面、图 7-1(b)中的路面)间的线性几何变换 $\boldsymbol{H}$。值得强调的是，对图像进行畸变去除并不是相机内参标定的唯一用途。当构建双目或多目立体视觉系统、基于视觉的三维重建系统、基于视觉的空间定位系统时，我们都必须知道系统中每个相机的内外参数，唯有如此，才能从图像信息中得到三维物理空间中的度量信息。

借助图像平面与物理平面间的线性几何变换矩阵 $\boldsymbol{H}$，还可以生成出该物理平面的鸟瞰视图。从几何上来说，鸟瞰视图与它所代表的物理平面之间是相似变换关系。如果待分析的目标是比较扁的、位于平面上的目标，如图 7-1(a)中的硬币、图 7-1(b)中的减速带等，在鸟瞰视图中对它们进行观察、检测和测量等操作，会更加方便和直观。图 7-2 中给出了一个环视鸟瞰视图的示例。环视鸟瞰视图经常用于辅助驾驶任务，如泊车位的检测与定位[1]等。图 7-2(a)是 4 张由安装在车身四周的鱼眼相机拍摄的图像。经过图像去畸变、外参标定等操作之后，可以从图 7-2(a)的 4 张图像中拼合成图 7-2(b)所示的环视鸟瞰视图。显然，在鸟瞰视图之下，对路面上的平面目标(如车道线、泊车位等)进行检测和测量会更加容易进行。

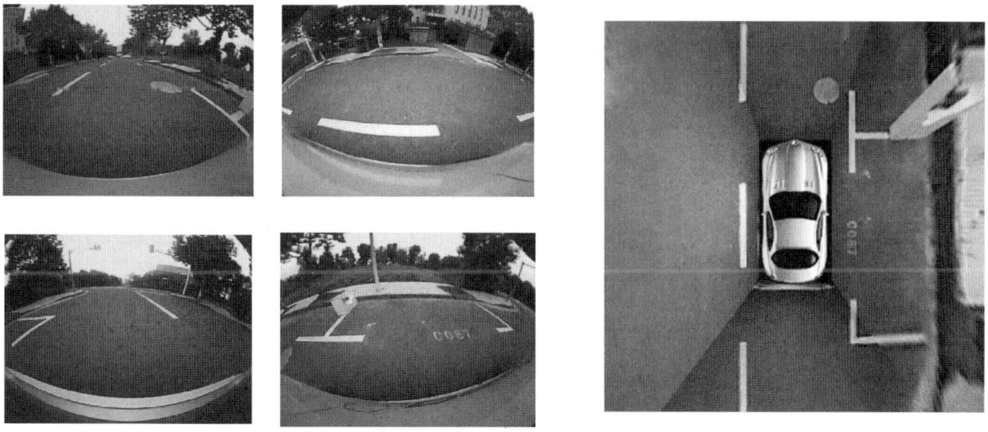

(a) 4张由安装在车身四周的鱼眼相机拍摄的图像

(b) 由(a)中的4张图像生成的环视鸟瞰视图，该视图与路面之间的几何变换关系为相似变换

图 7-2 车载环视鸟瞰视图

在接下来的第 8 章至第 11 章中，将详细阐述单目测量所需的理论和技术知识。

为了学习相机的内参标定，读者须具备一些初步的射影几何方面的基础知识。鉴于大部分计算机领域的初学者可能都不曾系统学习过这方面的内容，我们在第 8 章中会介绍射影几何的基本内容。

从数学角度来看，相机的内参标定问题最终会归结为一个非线性最小二乘优化问题。在第 9 章中将介绍非线性最小二乘问题及其解法。

第 8 章和第 9 章的内容都是为了解决相机标定问题而需要事先学习的预备知识。第 10 章首先会介绍针孔相机成像模型，然后会系统讲解对相机内参进行标定的一个最常用的方法——张正友平面标定法[2]。

最后，在第 11 章中，将学习如何生成物理平面的鸟瞰视图。

7.3 本篇内容知识体系

图 7-3 按照“数学→算法→技术→应用”的层次支撑体系总结了读者在本篇中将要学习的内容。

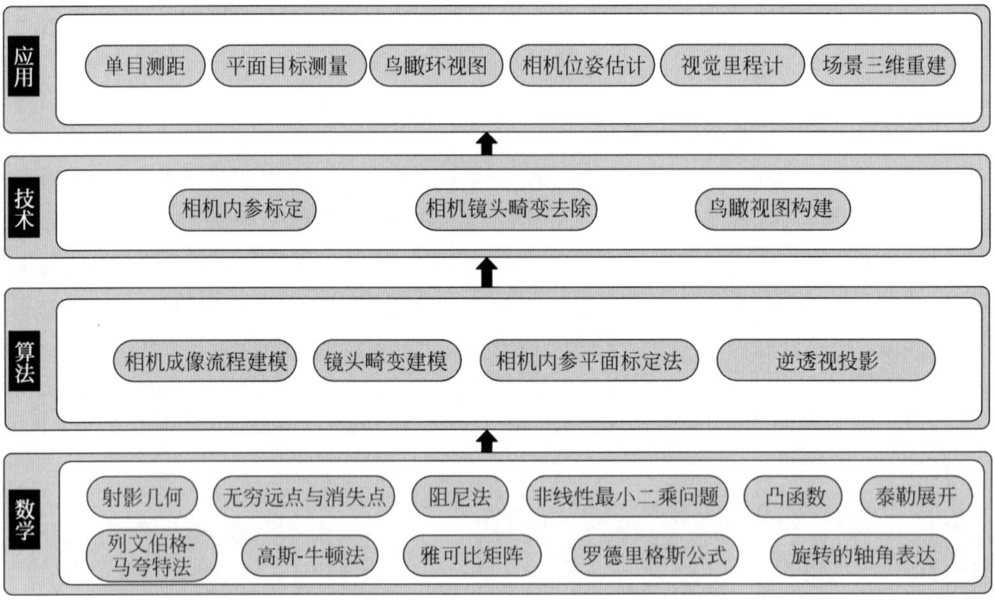

图 7-3　本篇内容的知识层次体系

本书想强调一下，本篇所介绍的相机内参标定、相机镜头畸变去除以及鸟瞰视图构建是以单目测距这个应用作为载体的，但实际上这几项技术都是计算机视觉中的重要基本技术，在众多应用场景中都是不可或缺的，如平面目标测量、鸟瞰环视图的生成、相机位姿估计、视觉里程计、场景三维重建等。

参考文献

[1] ZHANG L, HUANG J, LI X, et al. Vision-based parking-slot detection: A DCNN-based approach and a large-scale benchmark dataset[J]. IEEE Trans. Image Processing, 2018, 27(11): 5350-5364.

[2] ZHANG Z. A flexible new technique for camera calibration[J]. IEEE Trans. Pattern Analysis and Machine Intelligence, 2000, 22(11): 1330-1334.

第8章 射影几何初步

在视觉测量领域，经常需要刻画出空间中点、线、面等基本几何要素的关联关系；另外，也经常会用到平面上的无穷远点这个特殊的几何元素。这便需要学习一些射影几何的基础知识。

8.1 射影平面

几何元素之间最基本的关系便为点在直线上、直线与平面相交等**关联关系**。现在来考查如图 8-1(a)所示过空间中一点 $\boldsymbol{O}$ 的直线族与平面 π_0 上点集的关联关系。π_0 为空间中的欧氏平面，$\boldsymbol{O}$ 为 π_0 外一点。规定：若 $\boldsymbol{O}$ 中的一条直线 l 过 π_0 上一点 $\boldsymbol{x}$，就说 l 与 $\boldsymbol{x}$ 是关联在一起的。如图 8-1(a)所示，过 $\boldsymbol{O}$ 的三条直线 l_1, l_2, l_3 分别与 π_0 中的点 $\boldsymbol{x}_1, \boldsymbol{x}_2, \boldsymbol{x}_3$ 关联。在这样的关联定义下，不难看到，对于 π_0 上的任意一点 $\boldsymbol{x}$，都可以找到一条且仅有一条过 $\boldsymbol{O}$ 的直线与之关联。然而这件事反过来是不成立的，即并不是过 $\boldsymbol{O}$ 的所有直线都能在 π_0 中找到与之关联的点。显然，这样的直线位于过 $\boldsymbol{O}$ 且平行于 π_0 的平面上，如图 8-1(a)中的 l_4 和 l_5。

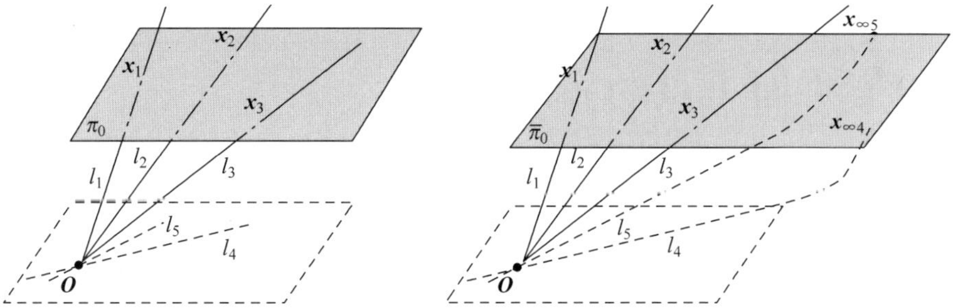

(a) 欧氏平面π_0，其上的点集与经过$\boldsymbol{O}$的直线集合之间不能构成一对一的关联关系

(b) 扩大的欧氏平面$\bar{\pi}_0$，其上的点集与经过$\boldsymbol{O}$的直线集合之间可以构成一对一的关联关系

图 8-1 关联关系示意

为了弥补这个缺憾，可以向 π_0 中补充一些点，同时规定这些点可以与过 $\boldsymbol{O}$ 且与 π_0 平行的直线集合构成关联关系。为此，可采取如下的补充方法：

(1) 规定过 $\boldsymbol{O}$ 且与 π_0 平行的直线(如 l_4 和 l_5)也与 π_0 相交，相交的点称为无穷远点，意味着这些点位于 π_0 上非常遥远的地方；

(2) 对于过 $\boldsymbol{O}$ 且与 π_0 平行的两条不同直线(显然，它们的方向不同)，它们与 π_0 相交于两个不同的无穷远点；

(3) 规定 π_0 中的每条直线都有相应唯一的无穷远点，且方向相同(平行)的两条直线，其无穷远点相同，方向不同的两条直线，其无穷远点不同；

(4) 规定 π_0 上的所有无穷远点构成无穷远直线。

图 8-1(b)中展示了一个示意例子：l_4 和 l_5 是两条过 $\boldsymbol{O}$ 且平行于 π_0 的不同直线，按照上面所作的规定，它们与 π_0 会相交于无穷远点；同时，由于这两条直线方向不同，它们所对应的无穷远点也不同，分别为 $\boldsymbol{x}_{\infty 4}$ 和 $\boldsymbol{x}_{\infty 5}$。

基于上面所作的规定，可以得出一些显而易见的推论。比如，**在 π_0 中平行的两条直线也相交，相交于它们共同的无穷远点；过 $\boldsymbol{O}$ 且与 π_0 平行的平面也与 π_0 相交，所得的交线便是无穷远直线**；由于规定了 π_0 中的每条直线只有一个无穷远点，这就意味着**对于每条直线来说，当它向两端无限延伸时，会到达同一个无穷远点，即在添加了无穷远点的欧氏平面上，直线在概念上是封闭的**，好像是一个圆周；设 l 为过 $\boldsymbol{O}$ 且平行于 π_0 的直线，它与 π_0 相交于 π_0 上的无穷远点 $\boldsymbol{p}_\infty$，l' 为 π_0 中与 l 平行的直线，则 l' 的无穷远点即为 $\boldsymbol{p}_\infty$，即实际上 l 与 l' 相交于 $\boldsymbol{p}_\infty$。

按照上述方式补充了无穷远点的欧氏平面称为扩大的欧氏平面，记作 $\bar{\pi}_0$，又称**射影平面**。可以看出，射影平面与普通欧氏平面相比，其最大的不同之处在于：**在射影平面之上，不再有平行的概念，任意两条直线都会相交**。在射影平面上，两条直线可能会相交于一个通常点（非无穷远点）；如果两条直线是欧氏几何意义下的平行直线，则它们会相交于一个无穷远点；一条通常直线与无穷远直线会相交于一个无穷远点。

读者可能会觉得新引入的无穷远点与无穷远直线较通常点（非无穷远点）与通常直线（非无穷远直线）来说是很特殊的，需要小心地应对和处理。然而事实上并非如此。读者会高兴地看到：在后续的有关射影平面上的几何结论中，我们会对射影平面上的所有点（直线）做一致性的对待，而不会刻意区分通常点（直线）和无穷远点（直线）；也就是说，对于本章讲述的射影平面上的几何结论来说，如果该结论对于通常点（直线）是成立的，那它对于无穷远点（直线）来说也是成立的。

8.2 射影平面上点的齐次坐标

在 8.1 节中，通过在欧氏平面 π_0 上补充了无穷远点，得到了射影平面 $\bar{\pi}_0$。为了进一步研究射影平面上的几何度量关系，必须引入点的坐标。然而普通的平面坐标系无法表达无穷远点的坐标，这就需要去寻找新的用于表达射影平面上点的坐标的策略。

回顾一下，在 π_0 上引入无穷远点的最初目的是建立起过 $\boldsymbol{O}$ 的直线集合与平面上点集合之间一对一的关联关系。在引入无穷远点以后，射影平面 $\bar{\pi}_0$ 上的点与过 $\boldsymbol{O}$ 的直线之间已经可以建立起一对一的映射关系了。而过 $\boldsymbol{O}$ 的每一条直线又是由它的方向完全确定的，因此可以用如下方式来定义 $\bar{\pi}_0$ 上点的坐标。

定义 8.1 射影平面 $\bar{\pi}_0$ 上点的齐次坐标。如图 8-2 所示，在 $\bar{\pi}_0$ 上建立一直角坐标系，$[\boldsymbol{O}_1; \boldsymbol{e}_1, \boldsymbol{e}_2]$，其中，$\boldsymbol{O}_1$ 为坐标原点，两个单位向量 $\boldsymbol{e}_1, \boldsymbol{e}_2$ 确定了两个坐标轴，且 $\boldsymbol{e}_1 \perp \boldsymbol{e}_2$。在 $\bar{\pi}_0$ 外取一点 $\boldsymbol{O}$，令 $|\boldsymbol{O}\boldsymbol{O}_1| = 1$ 且 $\overrightarrow{\boldsymbol{O}\boldsymbol{O}_1} \perp \pi_0$，取 $\boldsymbol{e}_3 = \overrightarrow{\boldsymbol{O}\boldsymbol{O}_1}$，这样在 $\boldsymbol{O}$ 处便可建立起一个三维正交坐标系 $[\boldsymbol{O}; \boldsymbol{e}_1, \boldsymbol{e}_2, \boldsymbol{e}_3]$。对于 $\bar{\pi}_0$ 上一点 $\boldsymbol{m}$，将与 $\boldsymbol{m}$ 对应的过 $\boldsymbol{O}$ 直线（由 $\boldsymbol{O}$ 和 $\boldsymbol{m}$ 确定）上除 $\boldsymbol{O}$ 外任意一点在坐标系 $[\boldsymbol{O}; \boldsymbol{e}_1, \boldsymbol{e}_2, \boldsymbol{e}_3]$ 下的坐标称为点 $\boldsymbol{m}$ 在 $[\boldsymbol{O}_1; \boldsymbol{e}_1, \boldsymbol{e}_2]$ 下的齐次坐标。

从点的齐次坐标定义不难看出，若 (x_1, x_2, x_3) 是 $\bar{\pi}_0$ 上点 $\boldsymbol{m}$ 的齐次坐标，则 $k(x_1, x_2, x_3)$ $(k \neq 0)$，也是点 $\boldsymbol{m}$ 的齐次坐标，这是因为 (x_1, x_2, x_3) 与 $k(x_1, x_2, x_3)$ 位于同一条过 $\boldsymbol{O}$ 的直线上。这说明：$\bar{\pi}_0$ 上每个点的齐次坐标不唯一，但它们成比例。如果 (x_1, x_2, x_3) 与 (y_1, y_2, y_3)

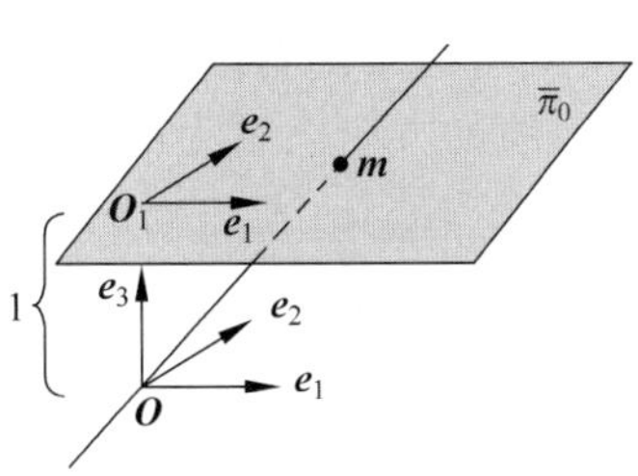

图 8-2　射影平面 $\bar{\pi}_0$ 上一点 $\boldsymbol{m}$ 的齐次坐标由它所对应的过 $\boldsymbol{O}$ 的直线确定

不成比例，则它们必然位于过 $\boldsymbol{O}$ 的不同直线之上，从而它们表示 $\bar{\pi}_0$ 上不同的点。因此，$\bar{\pi}_0$ 上不同点的齐次坐标不成比例。

进一步考虑，在定义 8.1 之下，$\bar{\pi}_0$ 上无穷远点的坐标会是什么形式的呢？对于 $\bar{\pi}_0$ 上的某个无穷远点来说，它对应于一条过 $\boldsymbol{O}$ 且与 $\bar{\pi}_0$ 平行的直线。在坐标系$[\boldsymbol{O};\ \boldsymbol{e}_1,\boldsymbol{e}_2,\boldsymbol{e}_3]$下，该直线上点的坐标形式必为$(x_1,x_2,0)$。因此，由定义 8.1，$\bar{\pi}_0$ 上无穷远点的齐次坐标形式必为$(x_1,x_2,0)$（其中，x_1，x_2 不能同时为零）。同样地，若$(x_1,x_2,0)$与$(y_1,y_2,0)$成比例，则它们表示同一个无穷远点，不同无穷远点的齐次坐标不成比例。

最后，再来说明一下齐次坐标与二维坐标的关系。设点 $\boldsymbol{m}$ 是平面 $\bar{\pi}_0$ 上的通常点，(x,y)是它对于坐标系$[\boldsymbol{O}_1;\ \boldsymbol{e}_1,\boldsymbol{e}_2]$的坐标。而点 $\boldsymbol{m}$ 对于坐标系$[\boldsymbol{O};\ \boldsymbol{e}_1,\boldsymbol{e}_2,\boldsymbol{e}_3]$的坐标就是$(x,y,1)$，则 $\boldsymbol{m}$ 的齐次坐标(x_1,x_2,x_3)必与$(x,y,1)$成比例

$$(x_1,x_2,x_3)=\lambda(x,y,1) \tag{8-1}$$

其中，$\lambda\neq 0$，$x_3\neq 0$。从而有

$$x=\frac{x_1}{x_3},\quad y=\frac{x_2}{x_3} \tag{8-2}$$

因此，可以看出通常点的齐次坐标和它的二维坐标可以互相确定。现在考虑 $\bar{\pi}_0$ 上的无穷远点 $\boldsymbol{p}_\infty$，设它的齐次坐标为$(x_1,x_2,0)$。这时在平面 $\bar{\pi}_0$ 上对于坐标系$[\boldsymbol{O}_1;\ \boldsymbol{e}_1,\boldsymbol{e}_2]$具有坐标$(x,y)=(x_1,x_2)$的向量显然平行于 $\boldsymbol{p}_\infty$ 所对应的 $\boldsymbol{O}$ 中的直线（因为该直线的方向向量为$(x_1,x_2,0)$）；反过来，平面 $\bar{\pi}_0$ 上的一个方向(x,y)在它的两个坐标 x，y 之后再添加一个零，就可以得到这个方向上的无穷远点 $\boldsymbol{p}_\infty$ 的齐次坐标$(x,y,0)$。因此，无穷远点 $\boldsymbol{p}_\infty$ 的齐次坐标与它所对应方向的二维坐标（对于坐标系$[\boldsymbol{O}_1;\ \boldsymbol{e}_1,\boldsymbol{e}_2]$）可以互相确定。

8.3　射影平面上的点与直线

在射影平面上，最基本的两类几何元素便是点与直线。与欧氏平面中的情况相同，在射影平面上，两个不同的点可以确定出唯一的一条直线。但与欧氏平面情况不同的是，在射影平面上，任意两条不同的直线都会相交于一点；这是因为在射影平面上不再有平行的概念，在欧氏平面上平行的两条直线在射影平面上会相交于它们共同的无穷远点。在射影平面中，点的坐标都以齐次坐标的形式表达。本节将讲述在齐次坐标表达下，如何计算两条直线的交点，以及给定两个点如何确定出它们决定的直线方程。

8.3.1　两点所确定的直线

假设射影平面 $\bar{\pi}_0$ 上有两点 $\boldsymbol{x}$ 和 $\boldsymbol{x}'$，它们的齐次坐标分别为 $\boldsymbol{x}=(x_1,y_1,z_1)$和 $\boldsymbol{x}'=(x_2,$

y_2, z_2)。现在的目标是确定出 $\boldsymbol{x}$ 和 $\boldsymbol{x}'$ 所决定的直线的方程。我们还是借助之前建立的辅助坐标系，如图 8-3 所示，$\boldsymbol{x}$ 对应 $\boldsymbol{O}$ 中直线的方向向量为 (x_1, y_1, z_1)，$\boldsymbol{x}'$ 对应 $\boldsymbol{O}$ 中直线的方向向量为 (x_2, y_2, z_2)；若点 $\boldsymbol{m}(x, y, z)$ 位于直线 $\boldsymbol{xx}'$ 之上，其充要条件为 $\boldsymbol{m}$ 对应的 $\boldsymbol{O}$ 中直线在 $\boldsymbol{Ox}$ 和 $\boldsymbol{Ox}'$ 所张成的平面之内；另外，$\boldsymbol{m}$ 对应 $\boldsymbol{O}$ 中直线的方向向量为 (x, y, z)。综上，若点 $\boldsymbol{m}(x, y, z)$ 位于直线 $\boldsymbol{xx}'$ 之上，必然有方向向量 (x_1, y_1, z_1)、(x_2, y_2, z_2) 和 (x, y, z) 共面，则该三向量的混合积为零[1]，即

$$\begin{vmatrix} x & y & z \\ x_1 & y_1 & z_1 \\ x_2 & y_2 & z_2 \end{vmatrix} = 0 \tag{8-3}$$

将上述行列式展开得到

$$\eta_1 x + \eta_2 y + \eta_3 z = 0 \tag{8-4}$$

其中，$\eta_1 = \begin{vmatrix} y_1 & z_1 \\ y_2 & z_2 \end{vmatrix}$，$\eta_2 = \begin{vmatrix} z_1 & x_1 \\ z_2 & x_2 \end{vmatrix}$，$\eta_3 = \begin{vmatrix} x_1 & y_1 \\ x_2 & y_2 \end{vmatrix}$。方程式(8-4)便是由点 $\boldsymbol{x} = (x_1, y_1, z_1)$ 和 $\boldsymbol{x}' = (x_2, y_2, z_2)$ 所确定的直线方程。可将该方程的系数 $\boldsymbol{l} = (\eta_1, \eta_2, \eta_3)$ 看成该直线的坐标，则 $\boldsymbol{l}$ 就称为该**直线的齐次坐标**。不难验证，与点的齐次坐标类似，若直线齐次坐标 $\boldsymbol{l}$ 和 $\boldsymbol{l}'$ 成比例，则它们实际上表示的是同一条直线。另外，容易验证 $\boldsymbol{l} = (x_1, y_1, z_1) \times (x_2, y_2, z_2) = \boldsymbol{x} \times \boldsymbol{x}'$，其中"×"表示向量的叉乘。综上，可得到以下定理。

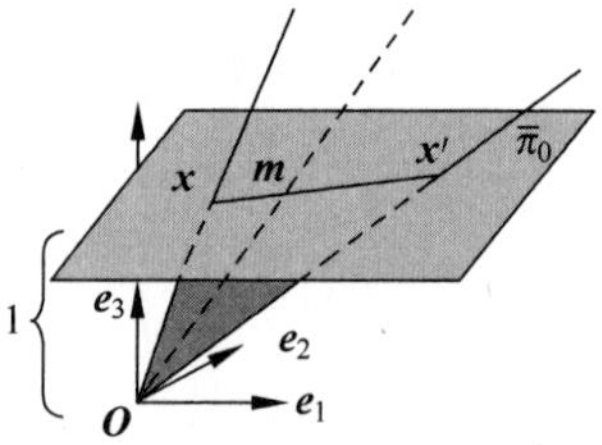

图 8-3 射影平面上由 $\boldsymbol{x}$ 和 $\boldsymbol{x}'$ 所确定的直线与该直线上点 $\boldsymbol{m}$ 之间的几何关系

定理 8.1 射影平面上两点所确定的直线。设 $\boldsymbol{x}$ 和 $\boldsymbol{x}'$ 是射影平面上两点的齐次坐标，则经过这两点的直线的齐次坐标为

$$\boldsymbol{l} = \boldsymbol{x} \times \boldsymbol{x}' \tag{8-5}$$

有了直线的齐次坐标表示以后，齐次坐标为 $\boldsymbol{l}$ 的直线便可以被方便地表达为

$$\boldsymbol{lx} = 0 \quad 或 \quad \boldsymbol{l}^{\mathrm{T}}\boldsymbol{x} = 0 \tag{8-6}$$

其中，$\boldsymbol{x}$ 是该直线上点的齐次坐标。

我们来看一条稍显特殊的直线——无穷远直线，它的齐次坐标是什么样子的。无穷远直线是由所有的无穷远点组成的，而两点便可唯一确定出一条直线，因此只需取两个不同的无穷远点便可确定出无穷远直线的坐标。取两个无穷远点 $\boldsymbol{p}_{\infty 1}(x_1, y_1, 0)$ 和 $\boldsymbol{p}_{\infty 2}(x_2, y_2, 0)$ 且它们的坐标之间不成比例，由定理 8.1 可计算出由 $\boldsymbol{p}_{\infty 1}$ 和 $\boldsymbol{p}_{\infty 2}$ 确定的无穷远直线的齐次坐标

$$\boldsymbol{l}_\infty = \boldsymbol{p}_{\infty 1} \times \boldsymbol{p}_{\infty 2} = (x_1, y_1, 0) \times (x_2, y_2, 0) = \left(0, 0, \begin{vmatrix} x_1 & y_1 \\ x_2 & y_2 \end{vmatrix}\right) \tag{8-7}$$

由于 $\boldsymbol{l}_\infty$ 是齐次坐标，任意的 $k\boldsymbol{l}_\infty (k \neq 0)$ 实际上也都是无穷远直线的齐次坐标，一般可将无穷远直线的齐次坐标简洁地写为 $k(0,0,1)(k \neq 0)$。

8.3.2 两条直线所确定的交点

在8.3.1节中，讨论了在齐次坐标表示之下如何求射影平面上由两点确定的直线方程。本节将讨论上述问题的一个对偶问题：给定了射影平面上的两条不同直线，如何求它们的交点坐标。设有射影平面上的两条直线，它们的齐次坐标分别为 $\boldsymbol{l}=(a_1,b_1,c_1)$ 和 $\boldsymbol{l}'=(a_2,b_2,c_2)$，则该两条直线的方程分别为

$$a_1x_1+b_1x_2+c_1x_3=0 \tag{8-8}$$

$$a_2x_1+b_2x_2+c_2x_3=0 \tag{8-9}$$

接下来的任务是计算 $\boldsymbol{l}$ 和 $\boldsymbol{l}'$ 两条直线的交点坐标。

首先来考虑两条通常直线(非无穷远直线)交于通常点的情况。设交点 $\boldsymbol{x}$ 的齐次坐标为 (x_{10},x_{20},x_{30})(由于假设交点 $\boldsymbol{x}$ 为通常点，因此 $x_{30}\neq 0$)，它必满足方程(8-8)和方程(8-9)，即

$$a_1x_{10}+b_1x_{20}+c_1x_{30}=0 \tag{8-10}$$

$$a_2x_{10}+b_2x_{20}+c_2x_{30}=0 \tag{8-11}$$

$\boldsymbol{x}$ 的非齐次普通坐标为$(X=x_{10}/x_{30},Y=x_{20}/x_{30})$。将式(8-10)和式(8-11)的两端都除以 x_{30} 得到

$$a_1X+b_1Y+c_1=0 \tag{8-12}$$

$$a_2X+b_2Y+c_2=0 \tag{8-13}$$

解上述方程组，得到交点 $\boldsymbol{x}$ 的非齐次普通坐标为 $\left(X=\frac{\begin{vmatrix}-c_1 & b_1\\ -c_2 & b_2\end{vmatrix}}{\begin{vmatrix}a_1 & b_1\\ a_2 & b_2\end{vmatrix}},Y=\frac{\begin{vmatrix}a_1 & -c_1\\ a_2 & -c_2\end{vmatrix}}{\begin{vmatrix}a_1 & b_1\\ a_2 & b_2\end{vmatrix}}\right)$，则 $\boldsymbol{x}$ 的齐次坐标为 $k\left(\frac{\begin{vmatrix}-c_1 & b_1\\ -c_2 & b_2\end{vmatrix}}{\begin{vmatrix}a_1 & b_1\\ a_2 & b_2\end{vmatrix}},\frac{\begin{vmatrix}a_1 & -c_1\\ a_2 & -c_2\end{vmatrix}}{\begin{vmatrix}a_1 & b_1\\ a_2 & b_2\end{vmatrix}},1\right)$，$k\neq 0$。可取 $k=\begin{vmatrix}a_1 & b_1\\ a_2 & b_2\end{vmatrix}$，则 $\boldsymbol{x}$ 的齐次坐标从形式上可化为，$\boldsymbol{x}=\left(\begin{vmatrix}-c_1 & b_1\\ -c_2 & b_2\end{vmatrix},\begin{vmatrix}a_1 & -c_1\\ a_2 & -c_2\end{vmatrix},\begin{vmatrix}a_1 & b_1\\ a_2 & b_2\end{vmatrix}\right)=\boldsymbol{l}\times\boldsymbol{l}'$。

为了证明的完整性，还需要考虑两条通常直线交于无穷远点的情况，以及一条通常直线与无穷远直线相交的情况。感兴趣的读者可以对在这两种情况下的交点计算进行自行推导。对这三种情况都进行了分析之后，不难验证，会得出如下结论。

定理 8.2 射影平面上两条直线的交点。设 $\boldsymbol{l}$ 和 $\boldsymbol{l}'$ 是射影平面上两条直线的齐次坐标，则它们交点的齐次坐标为

$$\boldsymbol{x}=\boldsymbol{l}\times\boldsymbol{l}' \tag{8-14}$$

到目前为止，相信读者已经会注意到：在射影平面上，点有齐次坐标，直线也有齐次坐标；甚至根据两点计算它们所确定直线的齐次坐标的计算公式与根据两条直线的坐标计算它们交点的齐次坐标的计算公式也是相同的。这就意味着在射影平面上点与直线的地位是对称的，而且实际上，在射影平面上关于点与直线的命题都存在**对偶性**，这便是射影平面上的对偶原理。

定义 8.2 对偶命题。设 φ(点，线)是关于射影平面上一些点和一些直线的关联关系的一个命题，那么，把此命题中的点都改写成线，把线都改写成点，并且保持关联关系不变以及其他

一切表述不变，则得到的命题 φ(线，点)称为原命题 φ(点，线)的对偶命题。

定理 8.3 射影平面上的对偶原理。射影平面上，如果一个命题 φ(点，线)可以证明是一条定理，则它的对偶命题 φ(线，点)也可以证明是一条定理。

可以举一个具体的例子。比如，原命题为“射影平面上三点共线的充分必要条件是它们的齐次坐标组成的三阶行列式等于零”，该命题的对偶命题是“射影平面上三线共点的充分必要条件是它们的齐次坐标组成的三阶行列式等于零”。再如，一条直线的齐次坐标为 $\boldsymbol{l}$，则在这条直线的点 $\boldsymbol{x}$ 必然要满足方程 $\boldsymbol{l}\cdot\boldsymbol{x}=0$；设有一固定点 $\boldsymbol{x}$，则射影平面上经过 $\boldsymbol{x}$ 的直线 $\boldsymbol{l}$ 必然要满足方程 $\boldsymbol{l}\cdot\boldsymbol{x}=0$。也就是说，给定同一个方程表达式 $\boldsymbol{l}\cdot\boldsymbol{x}=0$，它可以有不同的几何含义：如果直线 $\boldsymbol{l}$ 是固定的，则该方程代表了 $\boldsymbol{l}$ 上所有的点；如果点 $\boldsymbol{x}$ 是固定的，则该方程代表了过 $\boldsymbol{x}$ 的所有直线。关于射影平面上对偶命题以及对偶原理的更多表述，可参见文献[2]。

8.4 习题

(1) 设在射影平面上建立一直角坐标系 $\boldsymbol{O}\text{-}xy$，请写出 x 轴和 y 轴这两条直线上的无穷远点的坐标。

(2) 在射影平面上，有一条用非齐次坐标形式给出的通常直线 $x-3y+4=0$，请写出这条直线在齐次坐标下的形式以及该条直线上的无穷远点坐标。

(3) 当知道两条直线的齐次坐标之后，可以利用公式(8-14)计算它们的交点坐标。请用该方法分别计算两组直线 $x=1$ 与 $y=1$ 以及 $x=1$ 与 $x=2$ 的交点坐标。

参考文献

[1] 同济大学数学系. 高等数学：下册[M]. 6 版. 北京：高等教育出版社，2007.
[2] 丘维声. 解析几何[M]. 2 版. 北京：北京大学出版社，1996.

第 9 章 非线性最小二乘问题

从数学形式上来说，相机参数标定问题最终会转化为一个非线性最小二乘问题，该问题是一类具有特殊结构的无约束优化问题。由于工程实践中的很多问题都可以被建模为非线性最小二乘问题，因此这类问题求解方法的应用范畴绝不仅限于相机参数标定这个具体任务。本章将先介绍无约束优化问题的相关基本概念和基本方法，之后再具体介绍非线性最小二乘这个特殊的无约束优化问题的求解方法。

9.1 无约束优化问题基础

9.1.1 问题定义与基本概念

考虑这样一个问题：$f(\boldsymbol{x}):\mathbb{R}^n \to \mathbb{R}$ 为一个连续可微函数，其在定义域内的取值有界，我们的目标是要找到它的最小值点。对于这个问题，我们在高等数学中学过的做法是：先要找到 $f(\boldsymbol{x})$的所有驻点，然后通过比较 $f(\boldsymbol{x})$在所有驻点处和可能的定义域端点处的值来找出 $f(\boldsymbol{x})$的最小值点。在这个过程中，为了要找到驻点，需要解关于 $\boldsymbol{x}$ 的方程$\nabla f(\boldsymbol{x})=\boldsymbol{0}$，这个方程只有在极特殊的情况下才存在闭式解，而在绝大多数情况下无法找到该方程的闭式解。因而实际上，对于大多数情况来说，由于 $f(\boldsymbol{x})$的形式较为复杂，我们并不能找到 $f(\boldsymbol{x})$的所有驻点，因此在没有其他额外条件的情况下，想找到 $f(\boldsymbol{x})$的全局最小值点是非常困难的。一般来说，只能退而求其次，通过迭代优化的办法找到 $f(\boldsymbol{x})$的局部极小值点。如果对迭代的初始点选择恰当的话，局部极值点（虽然它不是问题的全局最优解）对于实际工程问题来说也是足够用的。本章要解决的问题就限定为：从一个初始点 $\boldsymbol{x}_0$ 开始，经过迭代优化，寻找非线性函数 $f(\boldsymbol{x})$的局部极小值点（局部极小值点的定义见附录 I）。

对于一般的非线性优化问题，求解方法都是迭代进行的：从初始迭代点 $\boldsymbol{x}_0$ 开始，算法在每一次迭代之后都产生一个新的迭代点 $\boldsymbol{x}_1,\boldsymbol{x}_2,\cdots$；我们希望这个过程可以在有限次内完成并最终收敛于函数 $f(\boldsymbol{x})$的一个极小值点 $\boldsymbol{x}^*$。在这个过程中，算法需要有某种度量准则，来确保迭代是沿着使函数值不断减小的方向行进的，即要保证

$$f(\boldsymbol{x}_{k+1}) < f(\boldsymbol{x}_k) \tag{9-1}$$

这样一个准则可以使得迭代过程最终不会收敛于一个局部极大值点，同时也降低了它收敛到一个鞍点（关于鞍点的定义与讨论见附录 I）的可能性[1]。迭代算法的每一步，从本质上来说，就是要确定迭代更新向量：考虑从 $\boldsymbol{x}_k$ 开始的一次迭代，就是要确定出更新向量 $\boldsymbol{h}$，然后根据 $\boldsymbol{h}$ 得到下一个迭代点 $\boldsymbol{x}_{k+1}=\boldsymbol{x}_k+\boldsymbol{h}$。从本质上来说，不同迭代优化算法之间的不同之处就在于它们在每次迭代中计算更新向量的方式不同。在下一节，我们将学习一个非常直观和常用的迭代优化算法框架，阻尼法（damped method）。

在过渡到下一节讲解具体的迭代更新算法之前，还有一个宏观层面的问题需要明确。如

果函数 $f(\boldsymbol{x})$ 有很多个局部极小值点，迭代算法最终会收敛到哪个局部极小值点和初始迭代点 $\boldsymbol{x}_0$ 的选择有很大关系，但这并不意味着算法最终收敛到的局部极小值点一定是距离 $\boldsymbol{x}_0$ 最近的那个局部极小值点[1]。

9.1.2 阻尼法

现在要解决的问题是，如何确定函数 $f(\boldsymbol{x}):\mathbb{R}^n\to\mathbb{R}$ 在点 $\boldsymbol{x}$ 处的更新向量 $\boldsymbol{h}_{\mathrm{dm}}$ 以得到下一个迭代点 $\boldsymbol{x}+\boldsymbol{h}_{\mathrm{dm}}$。一般来说，$f(\boldsymbol{x})$ 的形式较为复杂，导致我们不太容易确定合理的更新向量 $\boldsymbol{h}_{\mathrm{dm}}$。一个直观的想法是，可以用一个简单的函数 $l(\boldsymbol{h}):\mathbb{R}^n\to\mathbb{R}$ 近似代替 f 在 $\boldsymbol{x}$ 附近的形态 $f(\boldsymbol{x}+\boldsymbol{h})$。兼顾到函数的复杂程度以及对 f 的逼近能力，l 的一个常用的合理选择就是二次函数(quadratic function)形式。同时，$l(\boldsymbol{h})$ 还要满足 $l(\boldsymbol{0})=f(\boldsymbol{x})$。因此，$l(\boldsymbol{h})$ 需要被构造为

$$l(\boldsymbol{h})=f(\boldsymbol{x})+\boldsymbol{h}^{\mathrm{T}}\boldsymbol{c}+\frac{1}{2}\boldsymbol{h}^{\mathrm{T}}\boldsymbol{B}\boldsymbol{h} \tag{9-2}$$

其中，$\boldsymbol{c}\in\mathbb{R}^n$，$\boldsymbol{B}\in\mathbb{R}^{n\times n}$ 为实对称矩阵。显然，$\boldsymbol{c}$ 和 $\boldsymbol{B}$ 需要根据函数 f 在 $\boldsymbol{x}$ 点处的信息来构造，不同的方法会采用不同的构造方式，我们稍后会见到具体的 $\boldsymbol{c}$ 和 $\boldsymbol{B}$，在这里姑且认为 $\boldsymbol{c}$ 和 $\boldsymbol{B}$ 已经构造好了。当 $\|\boldsymbol{h}\|$ 足够小时，$l(\boldsymbol{h})$ 可以作为 $f(\boldsymbol{x}+\boldsymbol{h})$ 很好的近似。目标是要找到 $\boldsymbol{h}_{\mathrm{dm}}$ 以使得 $f(\boldsymbol{x}+\boldsymbol{h}_{\mathrm{dm}})$ 尽可能小，而又假定 $l(\boldsymbol{h})$ 可以用来近似 $f(\boldsymbol{x}+\boldsymbol{h})$，因此借助 $l(\boldsymbol{h})$，$\boldsymbol{h}_{\mathrm{dm}}$ 可以被合理地估计为

$$\boldsymbol{h}_{\mathrm{dm}}=\underset{\boldsymbol{h}}{\operatorname{argmin}}\, l(\boldsymbol{h}) \tag{9-3}$$

同时要注意，只有当 $\|\boldsymbol{h}\|$ 很小时，$l(\boldsymbol{h})$ 才可以很好地近似 $f(\boldsymbol{x}+\boldsymbol{h})$。式(9-3)仅仅是以最小化 $l(\boldsymbol{h})$ 为目标，得到的 $\|\boldsymbol{h}_{\mathrm{dm}}\|$ 可能会很大。这就导致尽管 $l(\boldsymbol{h}_{\mathrm{dm}})$ 可能会很小，但 $f(\boldsymbol{x}+\boldsymbol{h}_{\mathrm{dm}})$ 可能并不一定小，因为这时 $l(\boldsymbol{h}_{\mathrm{dm}})$ 并不一定能很好地近似 $f(\boldsymbol{x}+\boldsymbol{h}_{\mathrm{dm}})$。综合这些分析，需要在式(9-3)的基础上对大的 $\|\boldsymbol{h}\|$ 进行适当惩罚，从而使得到的 $\|\boldsymbol{h}_{\mathrm{dm}}\|$ 不至于过大。这样，最终设计的迭代更新向量 $\boldsymbol{h}_{\mathrm{dm}}$ 的求解方式就变成了

$$\boldsymbol{h}_{\mathrm{dm}}=\underset{\boldsymbol{h}}{\operatorname{argmin}}\left\{l(\boldsymbol{h})+\frac{1}{2}\mu\boldsymbol{h}^{\mathrm{T}}\boldsymbol{h}\right\} \tag{9-4}$$

其中，$\mu>0$ 称为**阻尼系数**，$\frac{1}{2}\mu\boldsymbol{h}^{\mathrm{T}}\boldsymbol{h}$ 称为阻尼项。以式(9-4)所表示的方式来求解更新向量的迭代优化框架便称为阻尼法(damped method)(本节中出现的迭代更新向量记为了 $\boldsymbol{h}_{\mathrm{dm}}$，其下标 dm 就是 damped 的缩写)。不难理解，阻尼项的目的就是要对大的更新步长进行惩罚，从而使迭代更新保持稳步前进，而不会朝着一个方向一步走得太远。

要找到式(9-4)中目标函数的最小值点 $\boldsymbol{h}_{\mathrm{dm}}$，就需要计算目标函数 $l(\boldsymbol{h})+\frac{1}{2}\mu\boldsymbol{h}^{\mathrm{T}}\boldsymbol{h}$ 的驻点。该目标函数的形式比较简单，可以容易求出其驻点为 $-(\boldsymbol{B}+\mu\boldsymbol{I})^{-1}\boldsymbol{c}$，其中 $\boldsymbol{I}$ 为 n 阶单位矩阵。容易知道，目标函数 $l(\boldsymbol{h})+\frac{1}{2}\mu\boldsymbol{h}^{\mathrm{T}}\boldsymbol{h}$ 的海森矩阵为 $\boldsymbol{B}+\mu\boldsymbol{I}$，而且这个矩阵和 $\boldsymbol{h}$ 无关，即在驻点 $-(\boldsymbol{B}+\mu\boldsymbol{I})^{-1}\boldsymbol{c}$ 处的海森矩阵也是 $\boldsymbol{B}+\mu\boldsymbol{I}$。假定 μ 是合适的以使得 $\boldsymbol{B}+\mu\boldsymbol{I}$ 为正定矩阵，那么根据附录定理 I.3 可知，驻点 $-(\boldsymbol{B}+\mu\boldsymbol{I})^{-1}\boldsymbol{c}$ 必为函数 $l(\boldsymbol{h})+\frac{1}{2}\mu\boldsymbol{h}^{\mathrm{T}}\boldsymbol{h}$ 的局部极小值点。而实际上如果 $\boldsymbol{B}+\mu\boldsymbol{I}$ 为正定矩阵，则 $l(\boldsymbol{h})+\frac{1}{2}\mu\boldsymbol{h}^{\mathrm{T}}\boldsymbol{h}$ 必为凸函数，那么它的局部极小值点 $-(\boldsymbol{B}+$

$\mu \boldsymbol{I})^{-1}\boldsymbol{c}$ 也是它的全局最小值点[2]。因此，在 $\boldsymbol{B}+\mu\boldsymbol{I}$ 是正定矩阵的条件下，式(9-4)的解为

$$\boldsymbol{h}_{\mathrm{dm}} = -(\boldsymbol{B}+\mu\boldsymbol{I})^{-1}\boldsymbol{c} \tag{9-5}$$

当迭代算法以上述方式在当前迭代点 $\boldsymbol{x}$ 处计算出更新向量 $\boldsymbol{h}_{\mathrm{dm}}$ 之后，并不会贸然接受 $\boldsymbol{h}_{\mathrm{dm}}$，因为这个更新向量仅是根据 $f(\boldsymbol{x}+\boldsymbol{h})$ 的替身 $l(\boldsymbol{h})$ 得到的，它对于 f 来说是否真正合适还需要判断一下：只有当 $f(\boldsymbol{x}+\boldsymbol{h}_{\mathrm{dm}})< f(\boldsymbol{x})$ 时，算法才会接受 $\boldsymbol{h}_{\mathrm{dm}}$ 并前进到下一迭代点 $\boldsymbol{x}+\boldsymbol{h}_{\mathrm{dm}}$；否则，不会进行迭代点的更新。**不论当前这一步计算出来的 $\boldsymbol{h}_{\mathrm{dm}}$ 是否被接受，都需要调整 μ 值来为下一次计算更新向量做准备**。那么如何进行 μ 值的调整呢？可以先来定性的分析一下。如果当前这一步计算出来的 $\boldsymbol{h}_{\mathrm{dm}}$ 不够理想，那在下一次计算更新向量的时候就不能过于相信模型 $l(\boldsymbol{h})$ 了，就需要对大的更新步长加大惩罚力度，即增加 μ 值；反之，我们可以适当调低 μ 值。而什么叫作不够理想呢？这指的是从当前点前进了 $\boldsymbol{h}_{\mathrm{dm}}$ 之后，模型 l 的值下降了很多(即 $l(\boldsymbol{0})-l(\boldsymbol{h}_{\mathrm{dm}})$ 比较大)，而真正的目标函数 f 的值下降的确很有限(即 $f(\boldsymbol{x})-f(\boldsymbol{x}+\boldsymbol{h}_{\mathrm{dm}})$ 比较小)。受这个想法启发，可以定义一个量来定量刻画 $\boldsymbol{h}_{\mathrm{dm}}$ 的理想程度，这个量称为增益比(gain ratio)ρ，按如下定义

$$\rho = \frac{f(\boldsymbol{x})-f(\boldsymbol{x}+\boldsymbol{h}_{\mathrm{dm}})}{l(\boldsymbol{0})-l(\boldsymbol{h}_{\mathrm{dm}})} \tag{9-6}$$

需要注意的是，$l(\boldsymbol{0})-l(\boldsymbol{h}_{\mathrm{dm}})$ 这部分一定是正的。不难理解，ρ 越小，说明 $\boldsymbol{h}_{\mathrm{dm}}$ 越差；ρ 越大，说明 $\boldsymbol{h}_{\mathrm{dm}}$ 越好。这样，就可以根据当前的 ρ 值来动态调整下一步迭代时所用的 μ 值。在文献中，有两种常用的 μ 值调整算法：一个是由美国统计学家马夸特(Donald W. Marquardt)①于1963年提出来的[3]，一个是由丹麦数学家尼尔森(Hans Bruun Nielsen)于1999年提出来的[4]，它们分别被总结在算法9-1和算法9-2中。

算法 9-1：马夸特阻尼系数 μ 调整算法

if $\rho<0.25$
  $\mu := \mu\times 2$
elseif $\rho>0.75$
  $\mu := \mu\times \frac{1}{3}$
end

算法 9-2：尼尔森阻尼系数 μ 调整算法

if $\rho>0$
  $\mu := \mu\times \max\left\{\frac{1}{3}, 1-(2\rho-1)^3\right\};\ v := 2$
else
  $\mu := \mu\times v;\ v := 2\times v$
end

在前面介绍模型 $l(\boldsymbol{h})$ 时，并没有具体说明 l 中的 $\boldsymbol{c}$ 和 $\boldsymbol{B}$ 是如何根据目标函数 f 在 $\boldsymbol{x}$ 处的信息来构造的。实际上，可以有不同 $\boldsymbol{c}$ 和 $\boldsymbol{B}$ 的构造方式。这里介绍一个具体的例子。如果 $\boldsymbol{c}$

① 唐纳德·马夸特(Donald W. Marquardt)[5]，美国统计学家，因独立提出 Levenberg-Marquardt 非线性最小二乘解法而闻名。他于1950年在哥伦比亚大学获得物理学和数学学士学位，并于1956年在特拉华大学获得数学和统计学硕士学位。1953年，他加入杜邦公司，在那里工作了39年，创立并管理了杜邦质量管理与技术中心。1975年，他当选为美国统计协会会士，1986年获得了休哈特奖章。

为 f 在 $\boldsymbol{x}$ 处的梯度、$\boldsymbol{B}$ 为 f 在 $\boldsymbol{x}$ 处的海森矩阵，即 $\boldsymbol{c}=\nabla f(\boldsymbol{x})$、$\boldsymbol{B}=\nabla^2 f(\boldsymbol{x})$，则此时由式(9-5)所确定的更新向量的具体形式为

$$\boldsymbol{h}_{\mathrm{dn}}=-(\nabla^2 f(\boldsymbol{x})+\mu \boldsymbol{I})^{-1}\nabla f(\boldsymbol{x}) \tag{9-7}$$

通过式(9-7)计算更新向量的阻尼法的具体形式称为阻尼牛顿法(damped Newton method)[1]（式(9-7)中的更新向量记为了 $\boldsymbol{h}_{\mathrm{dn}}$，其下标 dn 就是 damped Newton 的缩写）。

以上讲述了在阻尼法迭代优化框架之下，一次迭代更新所需要完成的两个核心步骤：更新向量的计算以及阻尼系数的调整。我们还有最后一个问题没有讲清楚，那就是该迭代算法什么时候终止，或者说算法终止迭代的条件是什么。不难理解，如果当前点已经是驻点了或者当前这一步迭代得到的更新向量已经足够小（$\|\boldsymbol{h}_{\mathrm{dm}}\|$ 足够小），那么算法就可以停止迭代了。在 9.2.3 节中将以列文伯格-马夸特法(Levenberg-Marquardt method)作为一个具体的例子给出阻尼法迭代优化框架的完整算法伪码。

9.2 非线性最小二乘问题及其解法

9.2.1 问题定义与基本概念

在第 5 章中学习了线性最小二乘问题及其解法。在线性最小二乘问题中，目标是求目标函数 $f(\boldsymbol{x})=\frac{1}{2}\|\boldsymbol{Ax}-\boldsymbol{b}\|_2^2$，$\boldsymbol{A}\in\mathbb{R}^{m\times n}$，$\boldsymbol{x}\in\mathbb{R}^{n\times 1}$，$\boldsymbol{b}\in\mathbb{R}^{m\times 1}$（该函数在式(5-25)中给出）的最小值点。可以对这个目标函数 $f(\boldsymbol{x})$ 做一下形式上的改变：把 $\boldsymbol{A}$ 按行来表示，$\boldsymbol{A}=\begin{bmatrix}\boldsymbol{a}_1^{\mathrm{T}}\\ \boldsymbol{a}_2^{\mathrm{T}}\\ \vdots\\ \boldsymbol{a}_m^{\mathrm{T}}\end{bmatrix}$，其中 $\boldsymbol{a}_i^{\mathrm{T}}$ 代表 $\boldsymbol{A}$ 的第 i 行，$\boldsymbol{b}=\begin{bmatrix}b_1\\ b_2\\ \vdots\\ b_m\end{bmatrix}$，其中 b_i 是 $\boldsymbol{b}$ 的第 i 个元素。令 $f_i(\boldsymbol{x})=\boldsymbol{a}_i^{\mathrm{T}}\boldsymbol{x}-b_i\ (i=1,2,\cdots,m)$，$\boldsymbol{f}(\boldsymbol{x})=(f_1(\boldsymbol{x}),f_2(\boldsymbol{x}),\cdots,f_m(\boldsymbol{x}))^{\mathrm{T}}$，则有

$$f(\boldsymbol{x})=\frac{1}{2}\sum_{i=1}^{m}f_i^2(\boldsymbol{x})=\frac{1}{2}\|\boldsymbol{f}(\boldsymbol{x})\|_2^2=\frac{1}{2}\boldsymbol{f}^{\mathrm{T}}(\boldsymbol{x})\boldsymbol{f}(\boldsymbol{x}) \tag{9-8}$$

在线性最小二乘问题中，$f_i(\boldsymbol{x})$ 中与优化变量 $\boldsymbol{x}$ 有关的部分为线性函数，因此该问题才被称为线性最小二乘问题。而如果 $f_i(\boldsymbol{x})$ 中关于 $\boldsymbol{x}$ 的部分不能写为关于 $\boldsymbol{x}$ 的线性函数，那么以式(9-8)为目标函数的最小二乘问题便称为**非线性最小二乘问题**。线性最小二乘问题有闭式解，在第 5 章中已经学习。而非线性最小二乘问题一般没有闭式解，只能使用本节所讲述的迭代优化算法求解。本节接下来将讲述非线性最小二乘问题的解法，该问题的目标函数由式(9-8)给出。

若对向量函数 $\boldsymbol{f}(\boldsymbol{x}):\mathbb{R}^n\to\mathbb{R}^m$ 进行一阶泰勒展开，可以得到

$$\boldsymbol{f}(\boldsymbol{x}+\boldsymbol{h})=\begin{bmatrix}f_1(\boldsymbol{x}+\boldsymbol{h})\\ f_2(\boldsymbol{x}+\boldsymbol{h})\\ \vdots\\ f_m(\boldsymbol{x}+\boldsymbol{h})\end{bmatrix}$$

$$
\simeq \begin{bmatrix} f_1(\boldsymbol{x})+(\nabla f_1(\boldsymbol{x}))^{\mathrm{T}}\boldsymbol{h} \\ f_2(\boldsymbol{x})+(\nabla f_2(\boldsymbol{x}))^{\mathrm{T}}\boldsymbol{h} \\ \vdots \\ f_m(\boldsymbol{x})+(\nabla f_m(\boldsymbol{x}))^{\mathrm{T}}\boldsymbol{h} \end{bmatrix} = \begin{bmatrix} f_1(\boldsymbol{x}) \\ f_2(\boldsymbol{x}) \\ \vdots \\ f_m(\boldsymbol{x}) \end{bmatrix} + \begin{bmatrix} (\nabla f_1(\boldsymbol{x}))^{\mathrm{T}} \\ (\nabla f_2(\boldsymbol{x}))^{\mathrm{T}} \\ \vdots \\ (\nabla f_m(\boldsymbol{x}))^{\mathrm{T}} \end{bmatrix}\boldsymbol{h}
$$

$$
=\boldsymbol{f}(\boldsymbol{x})+\boldsymbol{J}(\boldsymbol{x})\boldsymbol{h} \tag{9-9}
$$

其中，$\boldsymbol{J}(\boldsymbol{x}) \triangleq \begin{bmatrix} (\nabla f_1(\boldsymbol{x}))^{\mathrm{T}} \\ (\nabla f_2(\boldsymbol{x}))^{\mathrm{T}} \\ \vdots \\ (\nabla f_m(\boldsymbol{x}))^{\mathrm{T}} \end{bmatrix} \in \mathbb{R}^{m\times n}$ 称为向量函数 $\boldsymbol{f}(\boldsymbol{x})$ 的**雅可比矩阵**(Jacobian matrix)，显然它是由 $\{f_i(\boldsymbol{x})\}_{i=1}^{m}$ 的一阶偏导数所组成的一个矩阵；矩阵 $\boldsymbol{J}(\boldsymbol{x})$ 有 m 行，它的第 i 行正是函数 $f_i(\boldsymbol{x})$ 的梯度向量的转置。

再来看一看式(9-8)所定义的目标函数 $f(\boldsymbol{x})$ 的梯度。先来看看 $\frac{\partial f(\boldsymbol{x})}{\partial x_j}, j=1,2,\cdots,n$ 的形式

$$
\begin{aligned}
\frac{\partial f(\boldsymbol{x})}{\partial x_j} &= \frac{1}{2}\frac{\partial[f_1^2(\boldsymbol{x})+f_2^2(\boldsymbol{x})+\cdots+f_m^2(\boldsymbol{x})]}{\partial x_j} \\
&= f_1(\boldsymbol{x})\frac{\partial f_1(\boldsymbol{x})}{\partial x_j}+f_2(\boldsymbol{x})\frac{\partial f_2(\boldsymbol{x})}{\partial x_j}+\cdots+f_m(\boldsymbol{x})\frac{\partial f_m(\boldsymbol{x})}{\partial x_j} \\
&= \sum_{i=1}^{m}\left[f_i(\boldsymbol{x})\frac{\partial f_i(\boldsymbol{x})}{\partial x_j}\right]
\end{aligned} \tag{9-10}
$$

基于式(9-10)，可知 $f(\boldsymbol{x})$ 的梯度 $\nabla f(\boldsymbol{x})$ 为

$$
\begin{aligned}
\nabla f(\boldsymbol{x}) &= \begin{bmatrix} \frac{\partial f(\boldsymbol{x})}{\partial x_1} \\ \frac{\partial f(\boldsymbol{x})}{\partial x_2} \\ \vdots \\ \frac{\partial f(\boldsymbol{x})}{\partial x_n} \end{bmatrix} = \begin{bmatrix} f_1(\boldsymbol{x})\frac{\partial f_1}{\partial x_1}+f_2(\boldsymbol{x})\frac{\partial f_2}{\partial x_1}+\cdots+f_m(\boldsymbol{x})\frac{\partial f_m}{\partial x_1} \\ f_1(\boldsymbol{x})\frac{\partial f_1}{\partial x_2}+f_2(\boldsymbol{x})\frac{\partial f_2}{\partial x_2}+\cdots+f_m(\boldsymbol{x})\frac{\partial f_m}{\partial x_2} \\ \vdots \\ f_1(\boldsymbol{x})\frac{\partial f_1}{\partial x_n}+f_2(\boldsymbol{x})\frac{\partial f_2}{\partial x_n}+\cdots+f_m(\boldsymbol{x})\frac{\partial f_m}{\partial x_n} \end{bmatrix} \\
&= \begin{bmatrix} \frac{\partial f_1(\boldsymbol{x})}{\partial x_1} & \frac{\partial f_2(\boldsymbol{x})}{\partial x_1} & \cdots & \frac{\partial f_m(\boldsymbol{x})}{\partial x_1} \\ \frac{\partial f_1(\boldsymbol{x})}{\partial x_2} & \frac{\partial f_2(\boldsymbol{x})}{\partial x_2} & \cdots & \frac{\partial f_m(\boldsymbol{x})}{\partial x_2} \\ & \vdots & & \\ \frac{\partial f_1(\boldsymbol{x})}{\partial x_n} & \frac{\partial f_2(\boldsymbol{x})}{\partial x_n} & \cdots & \frac{\partial f_m(\boldsymbol{x})}{\partial x_n} \end{bmatrix}_{n\times m} \begin{bmatrix} f_1(\boldsymbol{x}) \\ f_2(\boldsymbol{x}) \\ \vdots \\ f_m(\boldsymbol{x}) \end{bmatrix} \\
&= (\boldsymbol{J}(\boldsymbol{x}))^{\mathrm{T}}\boldsymbol{f}(\boldsymbol{x})
\end{aligned} \tag{9-11}
$$

9.2.2 高斯-牛顿法

现在要解决的问题是：对于式(9-8)给出的目标函数 $f(\boldsymbol{x})$，在当前迭代点 $\boldsymbol{x}$ 处如何得到行进至下一个迭代点的更新向量。先来讲述解决这一问题最直接的方法——高斯-牛顿法

(Gauss-Newton method)。该方法是基于对 $\boldsymbol{f}(\boldsymbol{x})$在 $\boldsymbol{x}$ 这点附近的一阶泰勒展开来构造的。根据式(9-9)可知，当$\|\boldsymbol{h}\|$很小时，$\boldsymbol{f}(\boldsymbol{x}+\boldsymbol{h})\simeq\boldsymbol{f}(\boldsymbol{x})+\boldsymbol{J}(\boldsymbol{x})\boldsymbol{h}$。这样，式(9-8)中的目标函数 $f(\boldsymbol{x})$在点 $\boldsymbol{x}+\boldsymbol{h}$ 处的值近似为

$$\begin{aligned} f(\boldsymbol{x}+\boldsymbol{h}) &= \frac{1}{2}\boldsymbol{f}^{\mathrm{T}}(\boldsymbol{x}+\boldsymbol{h})\boldsymbol{f}(\boldsymbol{x}+\boldsymbol{h}) \\ &\simeq \frac{1}{2}(\boldsymbol{f}(\boldsymbol{x})+\boldsymbol{J}(\boldsymbol{x})\boldsymbol{h})^{\mathrm{T}}(\boldsymbol{f}(\boldsymbol{x})+\boldsymbol{J}(\boldsymbol{x})\boldsymbol{h}) \\ &= \frac{1}{2}\boldsymbol{f}^{\mathrm{T}}(\boldsymbol{x})\boldsymbol{f}(\boldsymbol{x})+\boldsymbol{h}^{\mathrm{T}}(\boldsymbol{J}^{\mathrm{T}}(\boldsymbol{x})\boldsymbol{f}(\boldsymbol{x}))+\frac{1}{2}\boldsymbol{h}^{\mathrm{T}}\boldsymbol{J}^{\mathrm{T}}(\boldsymbol{x})\boldsymbol{J}(\boldsymbol{x})\boldsymbol{h} \\ &= f(\boldsymbol{x})+\boldsymbol{h}^{\mathrm{T}}(\boldsymbol{J}^{\mathrm{T}}(\boldsymbol{x})\boldsymbol{f}(\boldsymbol{x}))+\frac{1}{2}\boldsymbol{h}^{\mathrm{T}}\boldsymbol{J}^{\mathrm{T}}(\boldsymbol{x})\boldsymbol{J}(\boldsymbol{x})\boldsymbol{h} \end{aligned} \tag{9-12}$$

记

$$l(\boldsymbol{h})=f(\boldsymbol{x})+\boldsymbol{h}^{\mathrm{T}}(\boldsymbol{J}^{\mathrm{T}}(\boldsymbol{x})\boldsymbol{f}(\boldsymbol{x}))+\frac{1}{2}\boldsymbol{h}^{\mathrm{T}}\boldsymbol{J}^{\mathrm{T}}(\boldsymbol{x})\boldsymbol{J}(\boldsymbol{x})\boldsymbol{h} \tag{9-13}$$

则 $f(\boldsymbol{x}+\boldsymbol{h})\simeq l(\boldsymbol{h})$。目标是要找到更新向量 $\boldsymbol{h}_{\mathrm{gn}}$ 使得 $f(\boldsymbol{x}+\boldsymbol{h}_{\mathrm{gn}})$尽可能小，这个目标可以借助求解 $f(\boldsymbol{x}+\boldsymbol{h})$的替身 $l(\boldsymbol{h})$的最小值点来实现，即

$$\boldsymbol{h}_{\mathrm{gn}}=\underset{\boldsymbol{h}}{\operatorname{argmin}}\, l(\boldsymbol{h}) \tag{9-14}$$

容易知道，函数 $l(\boldsymbol{h})$的驻点为$-(\boldsymbol{J}^{\mathrm{T}}(\boldsymbol{x})\boldsymbol{J}(\boldsymbol{x}))^{-1}\boldsymbol{J}^{\mathrm{T}}(\boldsymbol{x})\boldsymbol{f}(\boldsymbol{x})$。这里需要附加一个额外条件：雅可比矩阵 $\boldsymbol{J}(\boldsymbol{x})$是列满秩的，即 $\mathrm{rank}(\boldsymbol{J}(\boldsymbol{x}))=n$；这样的话：$\boldsymbol{J}^{\mathrm{T}}(\boldsymbol{x})\boldsymbol{J}(\boldsymbol{x})$必为正定矩阵，因而 $l(\boldsymbol{h})$的驻点$-(\boldsymbol{J}^{\mathrm{T}}(\boldsymbol{x})\boldsymbol{J}(\boldsymbol{x}))^{-1}\boldsymbol{J}^{\mathrm{T}}(\boldsymbol{x})\boldsymbol{f}(\boldsymbol{x})$，也是 $l(\boldsymbol{h})$的全局最小值点(这个结论留做练习，请读者完成证明)，即

$$\boldsymbol{h}_{\mathrm{gn}}=-(\boldsymbol{J}^{\mathrm{T}}(\boldsymbol{x})\boldsymbol{J}(\boldsymbol{x}))^{-1}\boldsymbol{J}^{\mathrm{T}}(\boldsymbol{x})\boldsymbol{f}(\boldsymbol{x}) \tag{9-15}$$

式(9-15)便是在点 $\boldsymbol{x}$ 处由高斯-牛顿法所确定的更新向量的计算方式(式(9-15)中的更新向量记为了 $\boldsymbol{h}_{\mathrm{gn}}$，其下标 gn 就是 Gauss-Newton 的缩写)。

在 9.1.2 节中，说二次函数 $l(\boldsymbol{h})$(式(9-2))可以用来作为目标函数 f 在 $\boldsymbol{x}+\boldsymbol{h}$ 处的替身。也说函数 $l(\boldsymbol{h})$中的 $\boldsymbol{c}$ 和 $\boldsymbol{B}$ 会有不同的具体构造方式。对照高斯-牛顿法中使用的具体的 $l(\boldsymbol{h})$(式(9-13))，不难发现，在高斯-牛顿法这个解决非线性最小二乘问题的具体方法中，$\boldsymbol{c}=\boldsymbol{J}^{\mathrm{T}}(\boldsymbol{x})\boldsymbol{f}(\boldsymbol{x})$，$\boldsymbol{B}=\boldsymbol{J}^{\mathrm{T}}(\boldsymbol{x})\boldsymbol{J}(\boldsymbol{x})$。

最后再从阻尼法的视角来审视一下高斯-牛顿法。阻尼法计算更新向量时所用的目标函数为式(9-4)，而高斯-牛顿法计算更新向量所用的目标函数为式(9-14)，对照之下，不难发现，高斯-牛顿法可以看作是阻尼系数恒为 0 的用于解非线性最小二乘这个具体问题的阻尼法，是完全没有启用阻尼项的阻尼法。按照在介绍阻尼法时所做的分析，像高斯-牛顿法这种直接以替身函数 $l(\boldsymbol{h})$的最小值点来作为更新向量的方式并不是很合理，需要引入适当的阻尼项以惩罚由 $l(\boldsymbol{h})$所诱导出的大的更新向量。直观地，可以在高斯-牛顿法计算更新向量的优化目标函数(式(9-14))的基础之上引入阻尼项，这便是下一节要介绍的列文伯格-马夸特法。

9.2.3 列文伯格-马夸特法

列文伯格-马夸特法要解决的问题与 9.2.2 节中讲述的高斯-牛顿法是相同的。它与高斯-牛顿法相比，唯一的不同之处在于：在计算目标函数 f(式(9-8))在 $\boldsymbol{x}$ 点处的更新向量时引入了阻尼项，即更新向量 $\boldsymbol{h}_{\mathrm{lm}}$ 通过式(9-16)来确定

$$\boldsymbol{h}_{\mathrm{lm}} = \underset{\boldsymbol{h}}{\operatorname{argmin}}\left\{l(\boldsymbol{h}) + \frac{1}{2}\mu\boldsymbol{h}^{\mathrm{T}}\boldsymbol{h}\right\} \tag{9-16}$$

其中，$l(\boldsymbol{h})$由式(9-13)给出，$\mu>0$ 为阻尼系数。可以证明，式(9-16)中的目标函数 $l(\boldsymbol{h})+\frac{1}{2}\mu\boldsymbol{h}^{\mathrm{T}}\boldsymbol{h}$ 为凸函数，则其驻点 $-(\boldsymbol{J}^{\mathrm{T}}(\boldsymbol{x})\boldsymbol{J}(\boldsymbol{x})+\mu\boldsymbol{I})^{-1}\boldsymbol{J}^{\mathrm{T}}(\boldsymbol{x})\boldsymbol{f}(\boldsymbol{x})$便为其最小值点，因此

$$\boldsymbol{h}_{\mathrm{lm}} = -(\boldsymbol{J}^{\mathrm{T}}(\boldsymbol{x})\boldsymbol{J}(\boldsymbol{x}) + \mu\boldsymbol{I})^{-1}\boldsymbol{J}^{\mathrm{T}}(\boldsymbol{x})\boldsymbol{f}(\boldsymbol{x}) \tag{9-17}$$

式(9-17)便是在点 $\boldsymbol{x}$ 处由列文伯格-马夸特法所确定的更新向量的计算方式(式(9-17)中的更新向量记为了 $\boldsymbol{h}_{\mathrm{lm}}$，其下标 lm 就是 Levenberg-Marquardt 的缩写)。

列文伯格-马夸特法是解决非线性优化问题的阻尼法通用框架在非线性最小二乘这个具体问题上的实例化体现，对照式(9-5)和式(9-17)也可以清楚地体会到这一点：只要把通用阻尼法中的 $\boldsymbol{c}$ 和 $\boldsymbol{B}$ 分别取为 $\boldsymbol{c}=\boldsymbol{J}^{\mathrm{T}}(\boldsymbol{x})\boldsymbol{f}(\boldsymbol{x})$、$\boldsymbol{B}=\boldsymbol{J}^{\mathrm{T}}(\boldsymbol{x})\boldsymbol{J}(\boldsymbol{x})$，便得到了列文伯格-马夸特这个实例化方法。

在 9.2.2 节中讲述的高斯-牛顿法和本节讲述的列文伯格-马夸特法都是解决非线性最小二乘问题的具体算法，它们用来计算更新向量的方式分别为式(9-15)和式(9-17)。通过对照式(9-15)和式(9-17)，可以发现，列文伯格-马夸特法要比高斯-牛顿法更加稳健，这是因为在高斯-牛顿法中，迭代的每一步都要以 $\boldsymbol{J}(\boldsymbol{x})$为列满秩矩阵为前提条件，否则 $\boldsymbol{J}^{\mathrm{T}}(\boldsymbol{x})\boldsymbol{J}(\boldsymbol{x})$不可逆，迭代将无法进行下去；而列文伯格-马夸特法并没有这个要求，不管 $\boldsymbol{J}(\boldsymbol{x})$是否为列满秩矩阵，$\boldsymbol{J}^{\mathrm{T}}(\boldsymbol{x})\boldsymbol{J}(\boldsymbol{x})+\mu\boldsymbol{I}$ 都为正定矩阵，迭代一定可以进行下去。式(9-17)同式(9-15)相比，它额外引入了阻尼项，因此列文伯格-马夸特法也称为阻尼高斯-牛顿法[1]。

在 9.1.2 节介绍阻尼法时，并没有详细讨论如何设定阻尼系数 μ 的初值、如何设置迭代终止条件等细节问题，这里我们以列文伯格-马夸特法这个实例化阻尼法为对象，讨论一下这些细节问题。

如何得到 μ 的初始设定值 μ_0。μ_0 与初始迭代点 $\boldsymbol{x}_0$ 处的雅可比矩阵 $\boldsymbol{J}(\boldsymbol{x}_0)$有关，它被设定为

$$\mu_0 = \tau \cdot \max_i\{[\boldsymbol{J}^{\mathrm{T}}(\boldsymbol{x}_0)\boldsymbol{J}(\boldsymbol{x}_0)]_{ii}\},\quad i=1,2,\cdots,n \tag{9-18}$$

其中，$[\boldsymbol{J}^{\mathrm{T}}(\boldsymbol{x}_0)\boldsymbol{J}(\boldsymbol{x}_0)]_{ii}$ 表示方阵 $\boldsymbol{J}^{\mathrm{T}}(\boldsymbol{x}_0)\boldsymbol{J}(\boldsymbol{x}_0)$第 i 行 i 列的对角元；τ 是一个需要预先设定的超参数，算法对 τ 的设置并不敏感，但作为一般准则，如果确信 $\boldsymbol{x}_0$ 已经非常接近要找的局部极小值点时，τ 可以设置的小一些，如 $\tau=10^{-6}$，否则 τ 需要设置的相对大一些，如设置为 $\tau=10^{-3}$ 甚至是 $\tau=1$。在算法迭代过程中，μ 值可根据算法 9-1 或算法 9-2 进行动态调整。

如何设置迭代终止条件。如果目标函数 f 在当前迭代点 $\boldsymbol{x}$ 的梯度$\nabla f(\boldsymbol{x})=\boldsymbol{J}^{\mathrm{T}}(\boldsymbol{x})\boldsymbol{f}(\boldsymbol{x})$已经为 $\mathbf{0}$ 的话，说明 $\boldsymbol{x}$ 已经是 f 的极小值点(不考虑极特殊的鞍点情况)了，迭代就需要终止。转换为程序实现，只需要判断以下条件是否满足

$$\|\nabla f(\boldsymbol{x})\|_{\infty} \leqslant \varepsilon_1 \tag{9-19}$$

其中，ε_1 为预先设定的一个很小的正数，$\|\cdot\|_{\infty}$ 为向量的无穷范数。另外，如果当前这一步迭代的更新向量已经非常小了，说明迭代已经走不动了，迭代也需要终止了。转换为程序实现，这个终止条件被表述为

$$\|\boldsymbol{h}_{\mathrm{new}}\|_2 \leqslant \varepsilon_2(\|\boldsymbol{x}\|_2 + \varepsilon_2) \tag{9-20}$$

其中，ε_2 为预先设定的一个很小的正数；当$\|\boldsymbol{x}\|_2$ 相对较大时，更新向量长短的判定(大致上)是通过与一个相对量 $\varepsilon_2\|\boldsymbol{x}\|_2$ 进行比较而得出的，而当$\|\boldsymbol{x}\|_2$ 非常小时，更新向量长短的判定(大致上)是通过与一个绝对量 ε_2^2 进行比较而得出的。除了以上两个终止条件之外，为了避免

无限循环，还需要设置一个最大迭代次数限制：当迭代次数超过 k_{max} 时，迭代停止。

算法 9-3 给出了完整的列文伯格-马夸特法的程序伪码。

算法 9-3：列文伯格-马夸特法

```
begin
  k := 0; v := 2; x = x_0
  A := J^T(x)J(x); g := J^T(x)f(x)
  found := (‖g‖_∞ ≤ ε_1); μ = τ · max_i{A_ii}
  while (not found) and (k < k_max)
    k := k+1; h_lm := -(A+μI)^{-1} g
    if ‖h_lm‖_2 ≤ ε_2(‖x‖_2 + ε_2)
      found := true
    else
      x_new := x + h_lm
      ρ := (f(x) - f(x_new))/(l(0) - l(h_lm))
      if ρ > 0
        x := x_new
        A := J^T(x)J(x); g := J^T(x)f(x)
        found := ‖g‖_∞ ≤ ε_1
        μ := μ × max{1/3, 1-(2ρ-1)^3}; v := 2
      else
        μ := μ × v; v := 2 × v
      end if
    end if
  end while
  return x
end
```

列文伯格-马夸特法可以说是目前使用的最为广泛的用于解非线性最小二乘问题的方法。该方法最早于 1944 年由美国数学家肯尼斯·列文伯格(Kenneth Levenberg)提出[6]，后来唐纳德·马夸特于 1963 年又独立提出了该方法[3]，因此该方法后来被命名为列文伯格-马夸特法，以纪念这两位数学家。

最后，再来强调一点，无论是高斯-牛顿法还是列文伯格-马夸特法，从它们计算在点 $\boldsymbol{x}$ 处的更新向量时所用的方式(式(9-15)和式(9-17))可以看出，我们需要知道的信息包括 $\boldsymbol{f}(\boldsymbol{x})$ 和 $\boldsymbol{f}$ 在点 $\boldsymbol{x}$ 处的雅可比矩阵 $\boldsymbol{J}(\boldsymbol{x})$。当已经有了最小二乘问题的目标函数以后，在点 $\boldsymbol{x}$ 处的 $\boldsymbol{f}(\boldsymbol{x})$ 的值当然是容易知道的，因而具体实现迭代算法的关键就在于要得到 $\boldsymbol{J}(\boldsymbol{x})$ 的表达式。在 10.3.4 节中，我们将以相机内参标定这个具体任务为载体，介绍如何推导得到非线性最小二乘问题中的雅可比矩阵 $\boldsymbol{J}(\boldsymbol{x})$。

9.3 习题

(1) 请证明：在式(9-14)中，如果雅可比矩阵 $\boldsymbol{J}(\boldsymbol{x})$ 为列满秩矩阵，即 $\mathrm{rank}(\boldsymbol{J}(\boldsymbol{x}))=n$，则 $\boldsymbol{J}^{\mathrm{T}}(\boldsymbol{x})\boldsymbol{J}(\boldsymbol{x})$ 必为正定矩阵，同时，$l(\boldsymbol{h})$ 的驻点 $-(\boldsymbol{J}^{\mathrm{T}}(\boldsymbol{x})\boldsymbol{J}(\boldsymbol{x}))^{-1}\boldsymbol{J}^{\mathrm{T}}(\boldsymbol{x})\boldsymbol{f}(\boldsymbol{x})$ 也是 $l(\boldsymbol{h})$ 的全局

最小值点。

（2）请证明：式(9-16)中的目标函数为凸函数。

参考文献

[1] MADSEN K,NIELSEN H B,TINGLEFF O. Methods for non-linear least squares problems[M]. 2nd ed. Technical University of Denmark,2004.

[2] BOYD S, VANDENBERGHE L. Convex optimization [M]. Cambridge: Cambridge University Press,2004.

[3] MARQUARDT D. An algorithm for least squares estimation on nonlinear parameters[J]. SIAM J. Appl. Math. ,1963,11: 431-441.

[4] NIELSEN H B. Damping parameter in Marquardt's method[R]. Technical University of Denmark,1999.

[5] Donald W. Marquardt[EB/OL]. https://en. wikipedia. org/wiki/Donald_Marquardt,2024-05-15.

[6] LEVENBERG K. A method for the solution of certain problems in least squares[J]. Quarterly of Applied Mathematics,1944,2(2): 164-168.

第 10 章 相机成像模型与内参标定

本章将首先介绍针孔相机成像模型。进而会详细讲解如何对给定相机进行内参标定，以得到该相机成像模型中的内参数值。

10.1 不考虑镜头畸变的成像模型

为了便于分析，在计算机视觉领域，最常使用的相机成像模型为针孔(pin-hole)相机模型。在该模型下，如果不考虑镜头畸变，世界坐标系中的一点 $\boldsymbol{p}_w$ 到其在图像上的像点 $\boldsymbol{u}=(u,v)^{\mathrm{T}}$ 的成像流程可以用图 10-1 表示。接下来将详细建模这个成像流程。

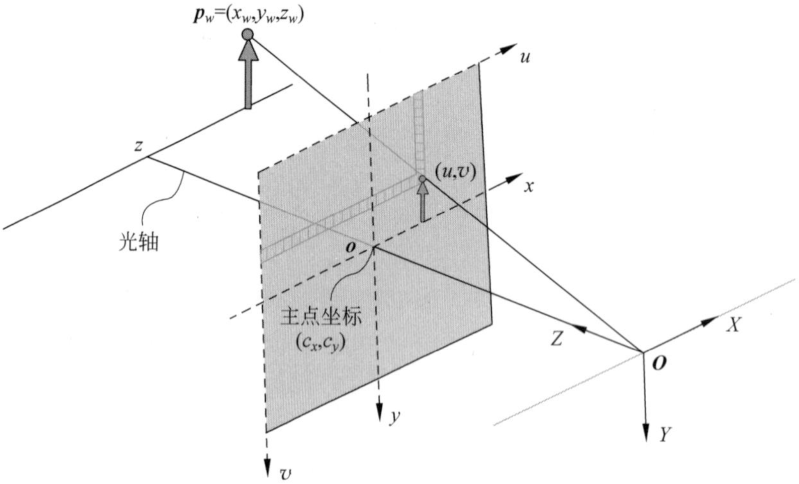

图 10-1　针孔相机模型

设三维**世界坐标系**中的 $\boldsymbol{p}_w$ 点坐标为 $\boldsymbol{p}_w=(x_w,y_w,z_w,1)^{\mathrm{T}}$(齐次坐标表示)。相机自身也建立了一个三维坐标系，称为**相机坐标系**，这个坐标系以相机的光心 $\boldsymbol{O}$ 为坐标原点，其三个正交坐标轴被表示为 X、Y 和 Z。由于相机坐标系和世界坐标系之间的关系可以通过旋转和平移来刻画，因此，点 $\boldsymbol{p}_w$ 在相机坐标系下的坐标 $\boldsymbol{p}_c$ 可被表达为

$$\boldsymbol{p}_c=[\boldsymbol{R}_{3\times3}\quad \boldsymbol{t}_{3\times1}]\,\boldsymbol{p}_w=[\boldsymbol{R}_{3\times3}\quad \boldsymbol{t}_{3\times1}]\begin{bmatrix}x_w\\y_w\\z_w\\1\end{bmatrix}\triangleq\begin{bmatrix}x_c\\y_c\\z_c\end{bmatrix}\tag{10-1}$$

其中，$\boldsymbol{R}$ 为正交矩阵且 $\det(\boldsymbol{R})=1$，$\boldsymbol{p}_c$ 为非齐次坐标表示。

相机的成像平面为一个到光心 $\boldsymbol{O}$ 的距离为 f、垂直于 Z 轴且在 Z 轴正向的平面。在这个平面上，我们定义**成像平面坐标系**，这是一个二维平面坐标系。该坐标系的原点 $\boldsymbol{o}$ 为 Z 轴与

该平面的交点，其 x 轴与 X 轴方向相同，其 y 轴与 Y 轴方向相同。显然 $\boldsymbol{o}$ 即是相机光心 $\boldsymbol{O}$ 在成像平面上的像。根据相似三角形的知识容易知道，$\boldsymbol{p}_c$ 在成像平面坐标系下的投影点的坐标 $(x,y)^{\mathrm{T}}$ 为

$$\begin{cases} x = f\dfrac{x_c}{z_c} \\ y = f\dfrac{y_c}{z_c} \end{cases} \tag{10-2}$$

其齐次坐标表达为

$$\begin{bmatrix} x \\ y \\ 1 \end{bmatrix} = \frac{1}{z_c}\begin{bmatrix} f & 0 & 0 \\ 0 & f & 0 \\ 0 & 0 & 1 \end{bmatrix}\begin{bmatrix} x_c \\ y_c \\ z_c \end{bmatrix} \tag{10-3}$$

为了后续的推导，还需要引入一个**归一化成像平面坐标系**，这个坐标系的定义和构建方式与成像平面坐标系类似，唯一的一点区别是归一化成像平面到光心 $\boldsymbol{O}$ 的距离为单位"1"，即 $f=1$，这也是为什么该平面称为归一化成像平面。这个单位"1"是个无量纲的数值。借助式(10-3)，容易知道，令 $f=1$，便可以得到点 $\boldsymbol{p}_c$ 在归一化成像平面上投影点的齐次坐标$(x_n,y_n,1)^{\mathrm{T}}$，

$$\begin{bmatrix} x_n \\ y_n \\ 1 \end{bmatrix} = \frac{1}{z_c}\begin{bmatrix} x_c \\ y_c \\ z_c \end{bmatrix} \tag{10-4}$$

可以看出，点 $\boldsymbol{p}_c=(x_c,y_c,z_c)^{\mathrm{T}}$ 在归一化成像平面坐标系下的投影坐标只与 x_c、y_c 和 z_c 三者之间的比值有关，与它们的绝对数值大小以及单位都无关。

最后，我们对成像平面进行像素化，得到成像平面上的点在**像素坐标系**之下的坐标。如图 10-2 所示，像素坐标系(u-v)和成像平面坐标系(x-y)都在同一平面上，且成像平面坐标系的原点 $\boldsymbol{o}$ 在像素坐标系下的像素坐标为$(c_x,c_y)^{\mathrm{T}}$，这个坐标称为**主点**(principal point)坐标，主点坐标实际上就是相机光心 $\boldsymbol{O}$ 在最终图像上的成像位置。像素坐标系的 u 轴与 x 轴平行。而由于感光器件制造工艺不完美，v 轴与 u 轴并不一定是严格垂直的，因此，在成像模型中需要建模 u 与 v 之间的不垂直特性，我们把 v 轴与 y 轴方向的夹角记为 α。设成像器件上一个像素的物理宽度为 $\mathrm{d}x$、高度为 $\mathrm{d}y$。从图 10-2 所示的关系图中容易知道，成像平面坐标系下的一点$(x,y)^{\mathrm{T}}$ 在像素坐标系下的坐标$(u,v)^{\mathrm{T}}$ 为

$$\begin{cases} u = c_x + \dfrac{x + y\tan\alpha}{\mathrm{d}x} \\ v = c_y + \dfrac{y}{\mathrm{d}y} \end{cases} \tag{10-5}$$

写成矩阵乘法的形式为

$$\begin{bmatrix} u \\ v \\ 1 \end{bmatrix} = \begin{bmatrix} \dfrac{1}{\mathrm{d}x} & \dfrac{\tan\alpha}{\mathrm{d}x} & c_x \\ 0 & \dfrac{1}{\mathrm{d}y} & c_y \\ 0 & 0 & 1 \end{bmatrix}\begin{bmatrix} x \\ y \\ 1 \end{bmatrix} \tag{10-6}$$

通过联立式(10-1)、式(10-3)和式(10-6)，便可以得到世界坐标系下的一点 $\boldsymbol{p}_w=(x_w,y_w,z_w,1)^{\mathrm{T}}$ 到它最终在成像平面像素坐标系下的位置$(u,v,1)^{\mathrm{T}}$ 的完整映射过程

扫码看图

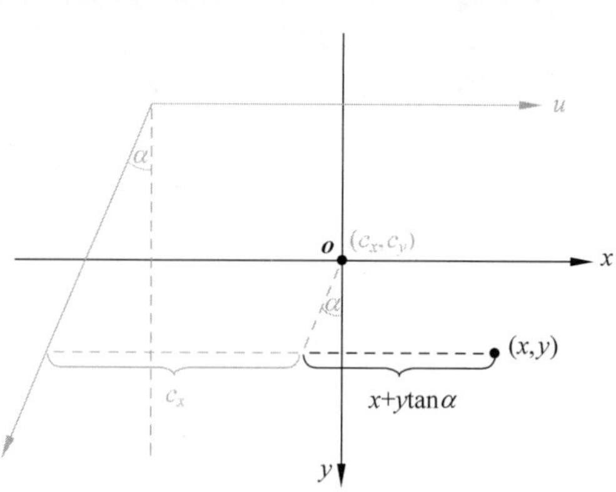

图 10-2　成像平面坐标系与像素坐标系关系示意图，绿色部分代表的是像素坐标系下的信息，蓝色部分代表的是成像平面坐标系下的信息

$$
\begin{bmatrix} u \\ v \\ 1 \end{bmatrix} = \begin{bmatrix} \frac{1}{\mathrm{d}x} & \frac{\tan\alpha}{\mathrm{d}x} & c_x \\ 0 & \frac{1}{\mathrm{d}y} & c_y \\ 0 & 0 & 1 \end{bmatrix} \begin{bmatrix} x \\ y \\ 1 \end{bmatrix} = \begin{bmatrix} \frac{1}{\mathrm{d}x} & \frac{\tan\alpha}{\mathrm{d}x} & c_x \\ 0 & \frac{1}{\mathrm{d}y} & c_y \\ 0 & 0 & 1 \end{bmatrix} \frac{1}{z_c} \begin{bmatrix} f & 0 & 0 \\ 0 & f & 0 \\ 0 & 0 & 1 \end{bmatrix} \begin{bmatrix} x_c \\ y_c \\ z_c \end{bmatrix}
$$

$$
= \frac{1}{z_c} \begin{bmatrix} \frac{1}{\mathrm{d}x} & \frac{\tan\alpha}{\mathrm{d}x} & c_x \\ 0 & \frac{1}{\mathrm{d}y} & c_y \\ 0 & 0 & 1 \end{bmatrix} \begin{bmatrix} f & 0 & 0 \\ 0 & f & 0 \\ 0 & 0 & 1 \end{bmatrix} [\boldsymbol{R}_{3\times3} \quad \boldsymbol{t}_{3\times1}] \begin{bmatrix} x_w \\ y_w \\ z_w \\ 1 \end{bmatrix} = \frac{1}{z_c} \begin{bmatrix} \frac{f}{\mathrm{d}x} & \frac{f\tan\alpha}{\mathrm{d}x} & c_x \\ 0 & \frac{f}{\mathrm{d}y} & c_y \\ 0 & 0 & 1 \end{bmatrix} [\boldsymbol{R}_{3\times3} \quad \boldsymbol{t}_{3\times1}] \begin{bmatrix} x_w \\ y_w \\ z_w \\ 1 \end{bmatrix}
$$

$$
\triangleq \frac{1}{z_c} \begin{bmatrix} f_x & s & c_x \\ 0 & f_y & c_y \\ 0 & 0 & 1 \end{bmatrix} [\boldsymbol{R}_{3\times3} \quad \boldsymbol{t}_{3\times1}] \begin{bmatrix} x_w \\ y_w \\ z_w \\ 1 \end{bmatrix} \tag{10-7}
$$

在式(10-7)最后一步中，令 $f_x = f/\mathrm{d}x$、$f_y = f/\mathrm{d}y$ 和 $s = f_x \tan\alpha$。f_x、f_y 称为相机在 x 方向和 y 方向的焦距，s 刻画了成像器件两个坐标轴的不垂直性，称为**扭曲参数**(skew parameter)。容易知道，f_x、f_y 和 s 都只与相机的物理属性有关，都是相机的内参数，所以矩阵 $\boldsymbol{K} = \begin{bmatrix} f_x & s & c_x \\ 0 & f_y & c_y \\ 0 & 0 & 1 \end{bmatrix}$ 称为相机的**内参矩阵**。式(10-7)中的 $\boldsymbol{R}$ 和 $\boldsymbol{t}$ 都与相机相对于世界坐标系的位置有关，因此它们是相机的外参数。

我们还需要明确一下成像建模过程中各个变量的单位问题。$\boldsymbol{p}_w$ 点的坐标使用的是物理长度单位，如毫米、厘米。假定在成像模型中物理长度所采用的单位都为毫米，则 $\boldsymbol{t}$、$\boldsymbol{p}_c$、$(x, y)^{\mathrm{T}}$、f 的单位都为毫米；$\mathrm{d}x$、$\mathrm{d}y$ 的单位为毫米/像素；f_x、f_y 和 s 的单位都为像素，主点坐标 $(c_x, c_y)^{\mathrm{T}}$ 的单位为像素。内参矩阵 $\boldsymbol{K}$ 中的参数都以像素为单位。

当读者用一些现有的工具包来执行相机标定任务时，可能会发现有些工具包(如 Matlab)所用的成像模型考虑了扭曲参数 s；但也有些工具包(如 OpenCV)并不考虑这个参数，即认为 $s=0$。对于绝大多数现代相机而言，把扭曲参数 s 简单地认为取值为 0 也是合理的，这是因为现代相机的制作工艺精度较高，可以认为它们的成像器件几乎是完美的长方形，这就意味着式(10-7)中的 $\alpha=0$,因此相应地 $s=0$。为了使论述的问题尽可能简洁,本书后面再讨论相机模型时,将不再考虑扭曲参数 s,即认为 $s=0$。因此,本书中的内参矩阵 $\boldsymbol{K}$ 为

$$\boldsymbol{K}=\begin{bmatrix} f_x & 0 & c_x \\ 0 & f_y & c_y \\ 0 & 0 & 1 \end{bmatrix} \tag{10-8}$$

可以用向量形式来表达点的坐标,从而成像流程式(10-7)可以被简洁地表达为

$$\boldsymbol{u}=\frac{1}{z_c}\boldsymbol{K}\left[\boldsymbol{R}_{3\times3} \quad \boldsymbol{t}_{3\times1}\right]\boldsymbol{p}_w \tag{10-9}$$

其中,$\boldsymbol{p}_w$ 为三维世界坐标系中一点的规范化齐次坐标表示,$\boldsymbol{u}$ 为点 $\boldsymbol{p}_w$ 在最终像素坐标系下的规范化齐次像素坐标。

根据式(10-4)可知$\frac{1}{z_c}\left[\boldsymbol{R}_{3\times3} \quad \boldsymbol{t}_{3\times1}\right]\boldsymbol{p}_w=(x_n,y_n,1)^{\mathrm{T}}$,结合式(10-9)会有

$$\boldsymbol{u}=\boldsymbol{K}\begin{pmatrix} x_n \\ y_n \\ 1 \end{pmatrix} \tag{10-10}$$

式(10-10)表达了归一化成像平面坐标系下的点$(x_n,y_n,1)^{\mathrm{T}}$ 与其在像素坐标系下的对应点 $\boldsymbol{u}=(u,v,1)^{\mathrm{T}}$ 之间的关系。

10.2 考虑镜头畸变的成像模型

10.2.1 普通镜头畸变模型

式(10-9)描述的成像模型没有考虑相机镜头的畸变,这是因为理想的针孔相机模型中是没有镜头的。为了更准确地建模真实相机的成像流程,需要在式(10-9)的基础上额外考虑镜头所引起的径向畸变(radial distortion)和切向畸变(tangential distortion)[1,2]。

当光线在透镜边缘的弯曲程度大于在透镜光学中心的弯曲程度时,就会发生径向畸变。镜头越小,畸变程度越大。镜头的径向畸变又分为两种:枕形畸变(pincushion distortion)和桶形畸变(barrel distortion),又分别称为正径向畸变(positive radial distortion)和负径向畸变(negative radial distortion)。我们可以通过图 10-3 来直观地理解这两类径向畸变。图 10-3(b)中的图像是在镜头不存在畸变时,得到的理想图像;图 10-3(a)中,镜头发生了枕形畸变,成像点到光轴的距离会变大;图 10-3(c)中,镜头发生了桶形畸变,成像点到光轴的距离会变小。我们平时见到的广角鱼眼镜头就利用了桶形畸变的特性,这种镜头通过减小成像点到成像中心的距离,有效扩大了成像的视场范围。

对镜头径向畸变现象的建模是在归一化成像平面坐标系下进行的。假设在没有镜头径向畸变的情况下,归一化成像平面坐标系下的一点为$(x_n,y_n)^{\mathrm{T}}$;当发生了径向畸变之后,这一点被映射到了$(x_{\mathrm{dr}},y_{\mathrm{dr}})^{\mathrm{T}}$,则$(x_{\mathrm{dr}},y_{\mathrm{dr}})^{\mathrm{T}}$ 与$(x_n,y_n)^{\mathrm{T}}$ 之间的关系可被表达为

$$\begin{cases} x_{\mathrm{dr}}=x_n(1+k_1r^2+k_2r^4+k_3r^6) \\ y_{\mathrm{dr}}=y_n(1+k_1r^2+k_2r^4+k_3r^6) \end{cases} \tag{10-11}$$

其中,$r^2=x_n^2+y_n^2$,k_1、k_2 和 k_3 为待定参数。

另外一种镜头畸变称为切向畸变。如图 10-4 所示,当镜头平面与成像器件平面不是严格

(a) 镜头发生了枕形畸变　(b) 镜头没有发生畸变时所成图像　(c) 镜头发生了桶形畸变

图 10-3　镜头的径向畸变示意图

平行时，就会产生切向畸变。同径向畸变一样，镜头的切向畸变也是在归一化成像坐标系下进行建模的。假设在没有镜头切向畸变的时候，归一化成像平面坐标系下的一点为$(x_n, y_n)^{\mathrm{T}}$；当发生了切向畸变之后，这一点被映射到了$(x_{\mathrm{dt}}, y_{\mathrm{dt}})^{\mathrm{T}}$，则$(x_{\mathrm{dt}}, y_{\mathrm{dt}})^{\mathrm{T}}$与$(x_n, y_n)^{\mathrm{T}}$之间的关系可被表达为

$$\begin{cases} x_{\mathrm{dt}} = x_n + (2\rho_1 x_n y_n + \rho_2(r^2 + 2x_n^2)) \\ y_{\mathrm{dt}} = y_n + (2\rho_2 x_n y_n + \rho_1(r^2 + 2y_n^2)) \end{cases} \tag{10-12}$$

其中，$r^2 = x_n^2 + y_n^2$，ρ_1、ρ_2 是和切向畸变相关的两个参数。

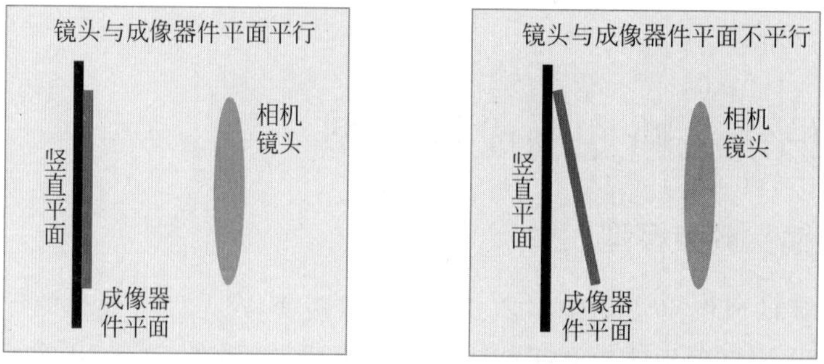

(a) 当相机镜头与成像器件平面严格平行时，所成图像不会发生切向畸变　(b) 当相机镜头与成像器件平面不平行时，所成图像会发生切向畸变

图 10-4　镜头的切向畸变示意图

我们当然可以在成像模型中同时考虑镜头的径向畸变和切向畸变。假设在没有镜头畸变时，归一化成像平面坐标系下的一点为$(x_n, y_n)^{\mathrm{T}}$；当发生了径向与切向畸变之后，这一点被映射到了$(x_d, y_d)^{\mathrm{T}}$，则$(x_d, y_d)^{\mathrm{T}}$与$(x_n, y_n)^{\mathrm{T}}$之间的关系可被表达为

$$\begin{cases} x_d = x_n(1 + k_1 r^2 + k_2 r^4) + 2\rho_1 x_n y_n + \rho_2(r^2 + 2x_n^2) + x_n k_3 r^6 \\ y_d = y_n(1 + k_1 r^2 + k_2 r^4) + 2\rho_2 x_n y_n + \rho_1(r^2 + 2y_n^2) + y_n k_3 r^6 \end{cases} \tag{10-13}$$

其中，k_1、k_2、ρ_1、ρ_2、k_3 称为相机的畸变参数，它们当然也是相机的内参数。

相机的镜头畸变是在归一化成像平面坐标系之下被进行建模的。根据式(10-10)中的结论，归一化成像平面坐标系下的点乘上内参矩阵 $\boldsymbol{K}$ 就得到了最终的像素坐标系下点的坐标。我们在成像模型(10-9)的基础上，引入一个畸变算子$\mathcal{D}$来表示在归一化成像平面坐标系下发生的镜头畸变。这样，考虑了镜头畸变的完整相机成像模型为

$$\boldsymbol{u} = \boldsymbol{K} \cdot \mathcal{D}\left\{\frac{1}{z_c}[\boldsymbol{R} \quad \boldsymbol{t}]_{3\times 4}\,\boldsymbol{p}_w\right\} \tag{10-14}$$

其中，畸变算子$\mathcal{D}$表示在归一化成像平面坐标系下把无畸变的投影点进行由式(10-13)所示的畸变映射。

10.2.2 鱼眼镜头畸变模型

模型式(10-13)可以很好地对绝大多数普通相机镜头的畸变情况进行建模。在工程应用中,与普通相机镜头相对应的,还有一类鱼眼镜头,其应用范围也非常广泛。一般来说,视场超过100°的镜头称为鱼眼镜头。在设计上,鱼眼镜头通过径向压缩成像位置来突破成像视角的局限,从而达到广角成像,如图10-5所示。对这类镜头成像畸变的建模,需要使用不同于式(10-13)的方式。

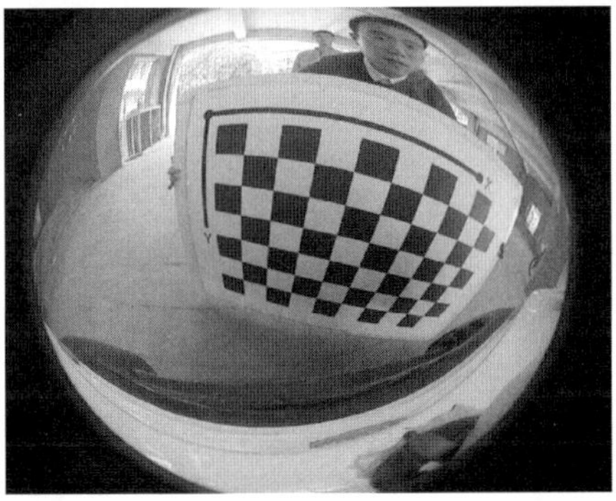

图10-5 一张由装有视场为200°的鱼眼镜头的相机拍摄的图像

鱼眼镜头的畸变建模也是在归一化成像平面上进行的。如图10-6(a)所示,设在没有镜头畸变的情况下,空间点 $\boldsymbol{p}_w$ 在归一化成像平面上的投影位置为 $\boldsymbol{x}_n=(x_n,y_n)$,该点的径向距离($\boldsymbol{x}_n$ 距归一化成像平面坐标系原点 $\boldsymbol{o}$ 的距离)为 $r=\sqrt{x_n^2+y_n^2}$。设此时 $\boldsymbol{Op}_w$ 与 $\boldsymbol{Oo}$ 之间的夹角为 θ,则显然有 $r=1\times\tan(\theta)=\tan(\theta)$ 以及 $\theta=\arctan(r)$(归一化成像平面到相机光心 $\boldsymbol{O}$ 的距离为1)。在引入了鱼眼畸变之后,$\boldsymbol{p}_w$ 点的成像位置会沿着 $\boldsymbol{ox}_n$ 方向向原点 $\boldsymbol{o}$ 收缩,如图10-6(b)所示。比如,在鱼眼镜头的等距投影(equidistance projection)模型之下,投影点 $\boldsymbol{x}_d$ 的径向距离会收缩为

$$r_d=1\cdot\theta=\theta$$

在体视投影(stereographic projection)模型之下,投影点 $\boldsymbol{x}_d$ 的径向距离会收缩为

$$r_d=2\cdot 1\cdot\tan\left(\frac{\theta}{2}\right)=2\tan\left(\frac{\theta}{2}\right)$$

在等立体角投影(equisolid angle projection)模型之下,投影点 $\boldsymbol{x}_d$ 的径向距离会收缩为

$$r_d=2\cdot 1\cdot\sin\left(\frac{\theta}{2}\right)=2\sin\left(\frac{\theta}{2}\right)$$

在正交投影(orthogonal projection)模型之下,投影点 $\boldsymbol{x}_d$ 的径向距离会收缩为

$$r_d=1\cdot\sin(\theta)=\sin(\theta)$$

容易看出,上述不同的鱼眼镜头畸变模型会把投影位置的径向距离建模为关于 θ 的不同函数形式。然而,芬兰学者Kannala等指出[3],对于某给定的实际镜头,你很难说它会精确服从哪一个畸变模型。为了满足自动化相机参数标定任务的需要,Kannala等提出了一个更具普适性的鱼眼镜头畸变参数模型

$$r_d=\theta(1+l_1\theta^2+l_2\theta^4+l_3\theta^6+l_4\theta^8) \tag{10-15}$$

其中,l_1、l_2、l_3 和 l_4 为模型的待定参数。r_d 是畸变后投影点 $\boldsymbol{x}_d$ 到原点 $\boldsymbol{o}$ 的径向距离,又由于 $\boldsymbol{o}$、$\boldsymbol{x}_d$、$\boldsymbol{x}_n$ 共线,结合图10-6容易知道 $\boldsymbol{x}_d(x_d,y_d)$(在归一化成像平面上)的坐标为

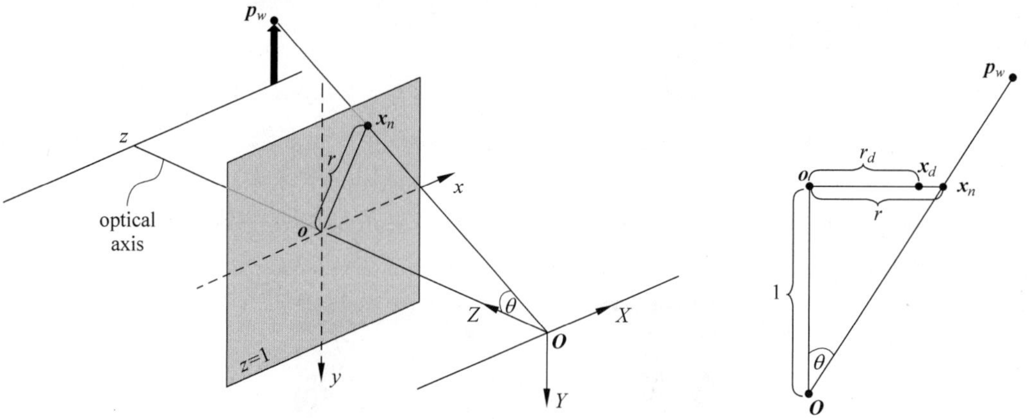

(a) 不考虑鱼眼镜头畸变时，空间一点$\boldsymbol{p}_w$在归一化成像平面上的投影为$\boldsymbol{x}_n$

(b) 当考虑鱼眼镜头畸变时，畸变后的点投影位置会沿着$\boldsymbol{ox}_n$方向径向收缩至$\boldsymbol{x}_d$

图 10-6　鱼眼镜头畸变模型示意

$$\begin{cases} x_d = \dfrac{r_d}{r} x_n \\ y_d = \dfrac{r_d}{r} y_n \end{cases} \tag{10-16}$$

式(10-15)和式(10-16)所确立的鱼眼镜头畸变模型被工程领域广为采用。

为了行文简洁起见，本书后续部分讨论中所使用的相机镜头畸变模型由式(10-13)给出，但所描述的相机标定流程与求解解法对于鱼眼镜头来说也是适用的。

10.3　相机内参标定

10.3.1　相机内参标定算法的基本流程

在 10.2 节中，我们对相机成像过程的完整流程进行了建模。在 10.3 节中，我们将解决这样一个问题：对于一个给定的相机，如何能知道刻画它的相机模型的内参数值，即成像模型式(10-14)中的待定参数$\{f_x, f_y, c_x, c_y, k_1, k_2, \rho_1, \rho_2, k_3\}$具体的值。求解相机内参数的过程称为**相机的内参标定**，这往往是用相机来执行空间测量任务前的必要操作。那么应该如何来解决这个问题呢？

假设我们知道一组空间三维点的世界坐标$\{\boldsymbol{p}_{wi}\}_{i=1}^n$($\boldsymbol{p}_{wi} \in \mathbb{R}^{4\times1}$为空间三维点 i 的齐次坐标)，并且知道与它们对应的相机图像上点集的像素坐标$\{\boldsymbol{u}_i\}_{i=1}^n$($\boldsymbol{u}_i \in \mathbb{R}^{3\times1}$为空间点 i 在图像上二维投影像素点的齐次坐标)。根据成像模型式(10-14)，可以得到一组关于相机未知参数(包括内参数与外参数)的方程。通过解这组方程，便可得到相机模型中的待定参数值。所有现有的相机标定方案都是基于这一基本思想来设计的。

在众多的相机内参标定方案中，目前使用最为广泛的便是张正友①平面标定法[4]，这是由于该方法具有操作简便、标定精度高的优点。本节后面的内容将详细介绍该内参标定方案的

① 张正友，博士，男，汉族，浙江温岭市人，1965 年 8 月 1 日出生。先后毕业于浙江大学、法国南锡(Nancy)大学、法国巴黎第十一大学，ACM Fellow，IEEE Fellow。是世界知名的人工智能和机器人科学家，在多个领域都有开创性的贡献。2013 年，因为“张氏标定法”，张正友获得了 IEEE Helmholtz 时间考验奖，目前这一相机标定法在全世界被普遍采用。

具体细节。

首先要制作一张平面标定板，其上要印有易于检测的周期性图像模式。最常使用的标定板图像模式是黑白棋盘格模式，它由周期性排布的等边长黑白正方形块组成，如图 10-7(a)所示。棋盘格标定板上的交叉点便是将要用于相机标定的三维特征点。为了使标定板上交叉点的坐标不具有歧义性，标定板上行与列的黑白块数目的奇偶性不能相同。即如果它有奇数列(以黑白块为单位)，它就需要有偶数行；反之，如果它有偶数列，它就需要有奇数行。否则，标定板上交叉点的坐标会出现歧义性。图 10-7(b)展示了棋盘格标定板的行数与列数都是奇数的情况，可以看到，在这种情况下，我们无法对两个交叉点 $\boldsymbol{p}_1$ 与 $\boldsymbol{p}_2$ 进行区分。

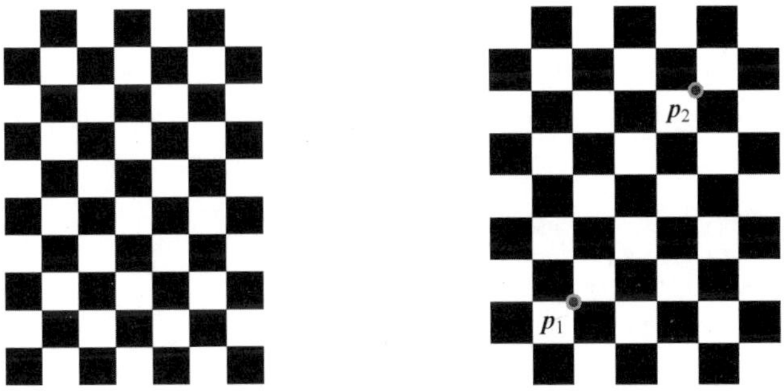

(a) 平面标定法中常用的棋盘格标定板

(b) 此棋盘格标定板有9行7列，这样的话我们无法对两个交叉点$\boldsymbol{p}_1$与$\boldsymbol{p}_2$进行区分，$\boldsymbol{p}_2$可能是与$\boldsymbol{p}_1$不一样的一个点，也可能是在标定板旋转了180°之后的结果，即$\boldsymbol{p}_2$就是$\boldsymbol{p}_1$

图 10-7

在标定板平面之上选定好坐标原点，同时规定好 X 轴和 Y 轴方向，之后再确定出垂直于标定板平面的 Z 轴，这样便可建立一个基于标定板平面的三维世界坐标系。显然，为了便于操作，原点要选在某一交叉点上，X 轴与 Y 轴要沿着黑白格边的方向。按照一般惯例，可选择标定板中最外侧的由“白-黑-白”三个块所围成的交叉点作为原点，将从该点出发沿着交叉点多的边行进的方向作为 X 轴，将从该点出发沿着交叉点少的边行进的方向作为 Y 轴，且 X 轴要按顺时针方向旋转至 Y 轴，继而再确定出 Z 轴，如图 10-8 所示。不难看出，如此确定的由标定板平面所诱导的三维坐标系是唯一的，不会具有歧义性。在这个三维世界坐标系下，如果

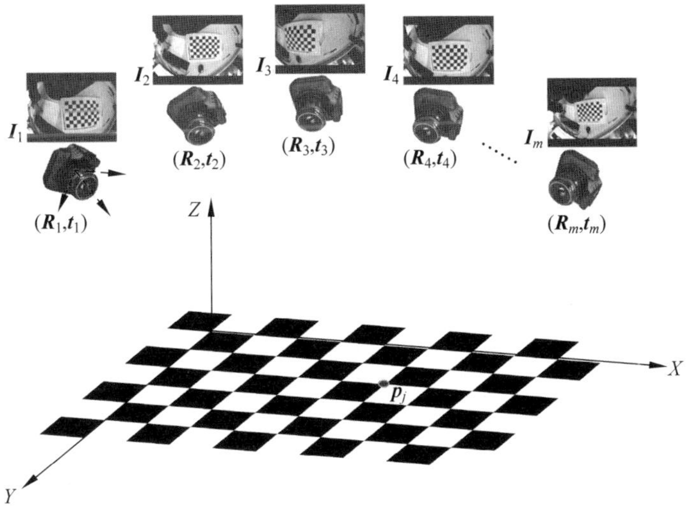

图 10-8　相机内参标定操作示意图

预先测量好了每个黑白块的边长，那么可以容易得到标定板上所有交叉点的世界坐标 $\{\boldsymbol{p}_j\}_{j=1}^n$，其中 $\boldsymbol{p}_j=(x_j,y_j,0,1)^{\mathrm{T}}$ 为交叉点的三维齐次坐标，n 为标定板上交叉点的个数（图 10-8 中所示的标定板有 54 个交叉点）。由于交叉点 $\boldsymbol{p}_j(j=1,2,\cdots,n)$ 位于标定板平面之上，因此 $\boldsymbol{p}_j$ 坐标的 Z 值为 0。

准备好标定板以后，将待标定相机放置在不同的合适位置，并在每个位置处拍摄一张标定板照片，如图 10-8 所示。假设总共在 m 个不同位置处拍摄了 m 张标定板图像 $\{\boldsymbol{I}_i\}_{i=1}^m$。在位置 i 处，相机相对于由标定板所建立的世界坐标系的位置记为 $(\boldsymbol{R}_i,\boldsymbol{t}_i)$，即当相机在位置 i 处时，世界坐标系下的点 $\boldsymbol{p}_w$（规范化齐次坐标形式）在相机坐标系下的坐标为 $[\boldsymbol{R}_i \quad \boldsymbol{t}_i]\boldsymbol{p}_w$。如图 10-9 所示，对图像 $\boldsymbol{I}_i(i=1,2,\cdots,m)$，用交叉点检测算法在其上检测出图像空间中的交叉点，继而依据预先约定好的标定板平面坐标系建立规则建立起标定板平面上的物理交叉点与 $\boldsymbol{I}_i$ 上图像空间中的交叉点之间的对应关系 $\{\boldsymbol{p}_j\leftrightarrow\boldsymbol{u}_{ij}\}_{j=1}^n$，即标定板平面上的物理交叉点 $\boldsymbol{p}_j$ 在图像 $\boldsymbol{I}_i$ 中的像为 $\boldsymbol{u}_{ij}$①。

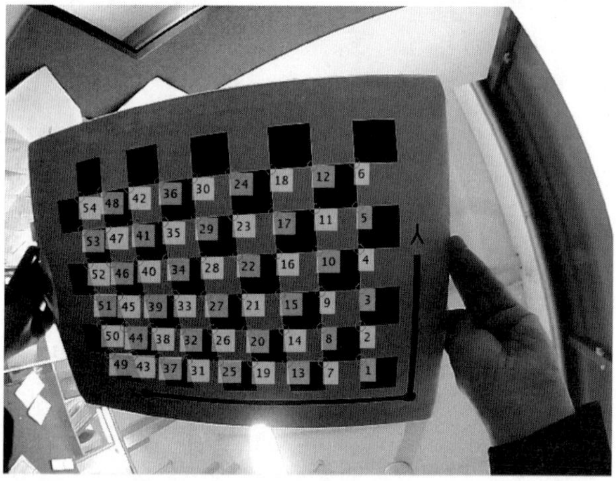

图 10-9　对标定板图像进行交叉点检测

考虑标定板上的交叉点 $\boldsymbol{p}_j$，如果给定相机内参（内参矩阵 $\boldsymbol{K}$ 以及镜头畸变系数）和相机在位置 i 处的位置 $(\boldsymbol{R}_i,\boldsymbol{t}_i)$，根据成像模型式(10-14)，它在 $\boldsymbol{I}_i$ 上的投影点应该为 $\boldsymbol{K}\cdot\mathcal{D}\left\{\frac{1}{z_{cij}}[\boldsymbol{R}_i \quad \boldsymbol{t}_i]_{3\times4}\boldsymbol{p}_j\right\}$；而我们观测到的它在 $\boldsymbol{I}_i$ 上的实际投影点为 $\boldsymbol{u}_{ij}$。定义

$$\frac{1}{2}\left\|\boldsymbol{K}\cdot\mathcal{D}\left\{\frac{1}{z_{cij}}[\boldsymbol{R}_i \quad \boldsymbol{t}_i]_{3\times4}\boldsymbol{p}_j\right\}-\boldsymbol{u}_{ij}\right\|_2^2 \tag{10-17}$$

为 $\boldsymbol{p}_j$ 在 $\boldsymbol{I}_i$ 上的**重投影误差**（reprojection error），即重投影误差表示的是在某组参数下根据理论模型计算出来的理论投影位置与实际观测到的投影位置之间的误差。式(10-17)中的 $\frac{1}{2}$ 只是为了后续便于求导而加上去的。更进一步，可以得到标定板上全体交叉点 $\{\boldsymbol{p}_j\}_{j=1}^n$ 在全部标定板图像 $\{\boldsymbol{I}_i\}_{i=1}^m$ 上的重投影误差之和

$$e=\sum_{i=1}^{m}\sum_{j=1}^{n}\frac{1}{2}\left\|\boldsymbol{K}\cdot\mathcal{D}\left\{\frac{1}{z_{cij}}[\boldsymbol{R}_i \quad \boldsymbol{t}_i]\boldsymbol{p}_j\right\}-\boldsymbol{u}_{ij}\right\|_2^2 \tag{10-18}$$

① 在标定板图像上进行交叉点检测并按照预先设定的坐标系建立规则建立起标定板平面上的物理交叉点与图像空间中的交叉点之间的对应关系，这部分内容并没有过多的理论知识，感兴趣的读者可以参见 Matlab 中 detectPatternPoints 这个函数的源代码，或者 OpenCV 中 findChessboardCorners 这个函数的源代码。

容易理解，e 实际上是相机模型中待定参数集合 Θ 的函数，集合 Θ 包含了相机的内参数以及相机在各个位置上相对于世界坐标系的外参数(位姿)，即 $\Theta=\{f_x,f_y,c_x,c_y,k_1,k_2,\rho_1,\rho_2,k_3,\{\boldsymbol{R}_i\}_{i=1}^m,\{\boldsymbol{t}_i\}_{i=1}^m\}$。进一步把 e 明确写为 Θ 的函数，即

$$e(\Theta)=\sum_{i=1}^{m}\sum_{j=1}^{n}\frac{1}{2}\left\|\boldsymbol{K}\cdot\mathcal{D}\left\{\frac{1}{z_{cij}}[\boldsymbol{R}_i\quad \boldsymbol{t}_i]\boldsymbol{p}_j\right\}-\boldsymbol{u}_{ij}\right\|_2^2 \tag{10-19}$$

显然，相机模型参数越趋近于正确，相应得到的重投影误差之和 e 就会越小。因此，可以把相机参数的求解问题转换为求函数 $e(\Theta)$ 的最小值点问题，即要求解如下最优化问题

$$\Theta^*=\underset{\Theta}{\operatorname{argmin}}\sum_{i=1}^{m}\sum_{j=1}^{n}\frac{1}{2}\left\|\boldsymbol{K}\cdot\mathcal{D}\left\{\frac{1}{z_{cij}}[\boldsymbol{R}_i\quad \boldsymbol{t}_i]\boldsymbol{p}_j\right\}-\boldsymbol{u}_{ij}\right\|_2^2 \tag{10-20}$$

式(10-20)的最优解 Θ^* 便是待标定相机的内外参数集合。

细心的读者可能会注意到，一对标定板交叉点与其像点的对应关系 $\boldsymbol{p}_j\leftrightarrow\boldsymbol{u}_{ij}$ 可以提供两条独立约束，那么如果标定板上的交叉点足够多(也就是 n 足够大)，能否只需要拍摄一张标定板图像就能够执行相机标定任务了？答案是否定的[5]。我们先来考虑一下镜头畸变。镜头畸变只是建模了归一化平面内部的几何变换关系，它有 5 个自由度($k_1,k_2,\rho_1,\rho_2,k_3$)。因此，在相机模型中其他参数已知的情况下，只需要一张标定板图像上的 3 个点对关系便可以唯一地把与镜头畸变有关的 5 个参数确定下来。如果不考虑与镜头畸变有关的 5 个参数，拍摄一张标定板图像时，相机模型中待定参数的个数是 10，包括 4 个内参和 6 个外参(三维空间中的相机位姿有 6 个自由度)，而此时标定板平面和图像平面之间满足射影变换关系。根据 3.1.5 节中的知识可知，平面间射影变换的自由度为 8，并且可以通过 4 个有效对应点对关系唯一确定(见 5.1.1 节)，即使有再多的点对关系，它们能提供的约束信息从本质上来说与 4 个有效点对是一样多的，并不会提供更多的约束。因此，如果只有一张标定板图像，即使它上面有很多个交叉点，但它对相机模型能够提供独立约束的个数也就是 8 个，当然，基于这些约束信息并不能唯一解出此时的 10 个待定相机模型参数。假设标定板上交叉点的个数不少于 4 个，如果有两张标定板图像，便可提供 16 个约束，这时的待定参数正好也为 16 个(4 个内参和代表两组相机位姿的 12 个外参)，因此便可以唯一地解出所有的待定相机参数。这样便知，为了要执行相机内参标定，至少需要拍摄两张标定板图像。但在实际操作中，由于要考虑噪声的存在，还要考虑到解的稳定性，一般往往需要拍摄 10～20 张标定板图像。

10.3.2 三维空间旋转的轴角表达

在具体介绍如何对相机模型参数进行求解之前，还有一个关键问题需要解决，那就是三维欧氏空间中旋转的表示问题。在目标函数式(10-20)中，拍摄第 i 张标定板图像时，相机坐标系相对于由标定板平面所建立的世界坐标系来说的位姿被表达为($\boldsymbol{R}_i,\boldsymbol{t}_i$)，其中 $\boldsymbol{R}_i$ 是用来刻画旋转的特殊正交阵(见 3.3 节中有关三维空间中线性几何变换的介绍)。这种以旋转矩阵来表达三维空间旋转的方法，会给迭代优化算法的实现带来很大困难，因为这会迫使我们引入额外的约束来确保与旋转有关的这 9 个优化变量能够组成一个可以有效表达三维空间旋转的特殊正交矩阵，导致该问题会变成比较困难的有约束优化问题。我们知道，三维欧氏空间中的旋转有 3 个自由度，那么是否存在一种三维空间旋转的三维向量表示，而且这个表示向量中的三个数是相互独立的而不是耦合在一起的？如果存在这样的旋转表示方式，那么以三维空间旋转为优化变量的优化问题就变成了相对简单的无约束优化问题。幸运的是，这种表达方式是存在的，它就是三维欧氏空间旋转的**轴角**(axis-angle)表达。

不难想象，任何一个三维欧氏空间中的旋转都可以表达成绕某一个旋转轴 $\boldsymbol{n}\in\mathbb{R}^{3\times1}$（$\|\boldsymbol{n}\|_2=1$）按右手法则逆时针旋转 θ（$\theta>0$，以弧度为单位）的形式，只要 $\boldsymbol{n}$ 和 θ 确定了，它们所代表的旋转会被唯一确定（图 10-10）。我们可以用三维向量 $\boldsymbol{d}=\theta\boldsymbol{n}$ 来表达由 $\boldsymbol{n}$ 和 θ 所确定地旋转，这样 $\boldsymbol{n}=\frac{\boldsymbol{d}}{\|\boldsymbol{d}\|_2}$，$\theta=\|\boldsymbol{d}\|_2$；这种三维空间旋转的表达方式称为轴角（axis-angle）。

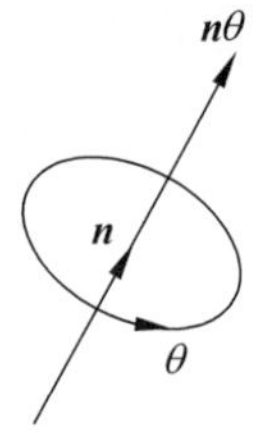

图 10-10　三维空间旋转的轴角表示

既然旋转矩阵和轴角都可用来表达三维欧氏空间中的旋转，那么这两种表达方式之间是否可以进行相互转化呢？答案是肯定的。如果一个三维旋转的轴角表达为 $\theta\boldsymbol{n}$，$\boldsymbol{n}=(n_1,n_2,n_3)^{\mathrm{T}}$，且 $\|\boldsymbol{n}\|_2=1$，那么表达该旋转的旋转矩阵为

$$\boldsymbol{R}=\cos\theta\cdot\boldsymbol{I}+(1-\cos\theta)\boldsymbol{n}\boldsymbol{n}^{\mathrm{T}}+\sin\theta\cdot\boldsymbol{n}^{\wedge} \tag{10-21}$$

其中，$\boldsymbol{I}\in\mathbb{R}^{3\times3}$ 为单位矩阵，$\boldsymbol{n}^{\wedge}=\begin{bmatrix}0 & -n_3 & n_2\\ n_3 & 0 & -n_1\\ -n_2 & n_1 & 0\end{bmatrix}$。式（10-21）给出了从轴角表示到旋转矩阵表示的转化方式，该公式称为罗德里格斯公式（Rodrigues'rotation formula），最早由法国数学家奥林德·罗德里格斯（Olinde Rodrigues）提出；也有文献认为该公式的提出应该归功于莱昂哈德·欧拉（Leonhard Euler）[6]。罗德里格斯公式的具体证明见本书附录 J。

基于式（10-21），也可以从一个给定的旋转矩阵 $\boldsymbol{R}$ 得到与之对应的轴角 $\theta\boldsymbol{n}$。由式（10-21）可知

$$\boldsymbol{R}=\begin{bmatrix}\cos\theta & & \\ & \cos\theta & \\ & & \cos\theta\end{bmatrix}+(1-\cos\theta)\begin{bmatrix}n_1^2 & n_1n_2 & n_1n_3\\ n_1n_2 & n_2^2 & n_2n_3\\ n_1n_3 & n_2n_3 & n_3^2\end{bmatrix}+\sin\theta\begin{bmatrix}0 & -n_3 & n_2\\ n_3 & 0 & -n_1\\ -n_2 & n_1 & 0\end{bmatrix} \tag{10-22}$$

对式（10-22）两端进行求迹操作，得到

$$\operatorname{tr}(\boldsymbol{R})=3\cos\theta+(1-\cos\theta)(n_1^2+n_2^2+n_3^2)=1+2\cos\theta \tag{10-23}$$

其中，$\operatorname{tr}(\boldsymbol{R})$ 表示矩阵 $\boldsymbol{R}$ 的迹。由式（10-23）可知，

$$\theta=\arccos\left(\frac{\operatorname{tr}(\boldsymbol{R})-1}{2}\right) \tag{10-24}$$

然后需要确定旋转轴 $\boldsymbol{n}$。旋转轴 $\boldsymbol{n}$ 应该是在施加旋转变换 $\boldsymbol{R}$ 之后保持不动的向量，因此它要满足

$$\boldsymbol{R}\boldsymbol{n}=\boldsymbol{n} \tag{10-25}$$

则 $\boldsymbol{n}$ 为矩阵 $\boldsymbol{R}$ 对应于特征值 1 的单位特征向量。因此，要计算 $\boldsymbol{n}$，只需要对 $\boldsymbol{R}$ 进行特征值分解，与特征值 1 相对应的单位特征向量就是 $\boldsymbol{n}$。其中还有三个细节问题值得考虑一下。矩阵 $\boldsymbol{R}$ 一定会有一个特征值是 1 吗？答案是肯定的，证明请读者作为练习自行完成。第 2 个问题是，1 这个特征值所对应的特征子空间（几何重数）的维度会不会大于 1？如果可能存在这种情况的话，旋转轴 $\boldsymbol{n}$ 就会有无穷多种可行情况，会不会给我们确定旋转轴带来困扰？答案是：确实存在特征值 1 所对应的特征子空间的维度大于 1 的情况，也就是说这时候满足条件式（10-25）的 $\boldsymbol{n}$ 有无穷多种可行情况，但幸运的是，这并不会给确定 $\boldsymbol{n}$ 带来困扰。可以证明，如果 $\boldsymbol{R}$ 有重根 1，它的三个特征值必然全部为 1；而这样的 $\boldsymbol{R}$ 所对应的 $\theta=\arccos\left(\frac{\operatorname{tr}(\boldsymbol{R})-1}{2}\right)=$

$\arccos\left(\frac{(1+1+1)-1}{2}\right)=0$，也就是说这种情况根本就没有旋转，轴角表达就是0。第3个问题是，与特征值1对应的$\boldsymbol{R}$的单位特征向量不是唯一的，如果$\boldsymbol{x}$是满足条件的向量，那么$-\boldsymbol{x}$一定也满足条件，那么$\boldsymbol{n}$到底应该是$\boldsymbol{x}$呢还是$-\boldsymbol{x}$呢？这需要结合着θ的取值来确定。根据式(10-24)可知，θ的取值范围为$[0,\pi]$。假设我们要表达的真实旋转是绕$\boldsymbol{x}$轴旋转$\frac{3}{2}\pi$，但根据式(10-24)，计算出来的θ值为$\frac{1}{2}\pi$，则需要把旋转轴选为$-\boldsymbol{x}$；也就是说，需要通过检验$\theta\boldsymbol{x}$与$-\theta\boldsymbol{x}$哪一个能通过式(10-21)得到给定的$\boldsymbol{R}$来决定旋转轴的选择。

由于轴角表达中的三个分量是相互独立的，因此在以旋转为优化变量的问题中轴角这种表达方式更适合用来表达三维空间中的旋转。在问题式(10-20)中，假设与$\boldsymbol{R}_i$对应的轴角为$\boldsymbol{d}_i\in\mathbb{R}^{3\times1}$，可以把$\boldsymbol{R}_i$用$\boldsymbol{d}_i$的映射$\mathcal{R}(\boldsymbol{d}_i):\mathbb{R}^{3\times1}\to\mathbb{R}^{3\times3}$来表示，$\mathcal{R}(\boldsymbol{d}_i)$表示把轴角$\boldsymbol{d}_i$映射到与其对应的旋转矩阵(该映射由式(10-21)所确定)。这样，式(10-20)所描述的优化问题可改写为

$$\boldsymbol{\theta}^*=\underset{\boldsymbol{\theta}}{\arg\min}\sum_{i=1}^{m}\sum_{j=1}^{n}\frac{1}{2}\left\|\boldsymbol{K}\cdot\mathcal{D}\left\{\frac{1}{z_{cij}}[\mathcal{R}(\boldsymbol{d}_i)\ \boldsymbol{t}_i]\boldsymbol{p}_j\right\}-\boldsymbol{u}_{ij}\right\|_2^2 \tag{10-26}$$

其中，待优化的参数集合$\boldsymbol{\theta}=(f_x,f_y,c_x,c_y,k_1,k_2,\rho_1,\rho_2,k_3,\boldsymbol{d}_1^{\mathrm{T}},\cdots,\boldsymbol{d}_m^{\mathrm{T}},\boldsymbol{t}_1^{\mathrm{T}},\cdots,\boldsymbol{t}_m^{\mathrm{T}})^{\mathrm{T}}$。我们将在10.3.3节中讲解如何对参数集合$\boldsymbol{\theta}$进行合理的初始化，在10.3.4节中讲解迭代优化求解式(10-26)的具体细节。

10.3.3 相机成像模型参数的初始估计

接下来考虑如何解式(10-26)这个优化问题。根据第9章中的知识，我们知道，式(10-26)这个问题是一个非线性最小二乘问题，同时它也是一个非凸优化问题。对于这样一个问题来说，实际上很难找到它的全局最优解。但对于大多数实际工程问题来说，合适的局部最优解(目标函数在此处取得局部极小值)往往也是足够用的。我们需要用第9章中介绍的方法来迭代求解式(10-26)这个问题，即从优化变量的一个初始值开始，按照下降方向不断迭代，直至最终收敛于目标函数的一个局部极小值点。不难理解，对于这样的迭代优化算法来说，优化变量初始值的选取会对最终得到的局部极小值点有很大影响。如图10-11，$f(x)$是一个非凸连续函数。在定义域内，它的全局最优解应该为x^*；它还有几个局部极小值点，如x_l^1、x_l^2等。如果把优化变量的初始值选在了x_1处，经迭代优化后，迭代算法很可能会收敛于局部极小值点x_l^1；类似地，如果把优化变量的初始值选在了x_2处，经迭代优化后，迭代算法很可能会收敛于局部极小值点x_l^2。显然，即使x_l^2并不是全局最优解，但它明显要比x_l^1好。因此，对于迭代优化算法来说，对优化变量初始值的合理估计是非常重要的，而这个步骤往往需要基于要解决的实际问题的领域知识来进行。针对相机标定这个特定问题，本节将详细介绍如何对待优化变量$\boldsymbol{\theta}$进行合理的初始值估计。

首先来考虑与镜头畸变有关的5个参数$(k_1,k_2,\rho_1,\rho_2,k_3)$。如果关于镜头畸变我们并没有任何先验知识，可以把这5个参数都初始化为0。也就是说，在参数初始化阶段，我们姑且简单地认为相机镜头不存在畸变。这样，在这个阶段所用的相机成像模型便是式(10-9)。

再来考虑主点坐标$(c_x,c_y)^{\mathrm{T}}$。从相机成像流程示意图10-1中可以看出，主点坐标是相机光心在成像平面上所成的像素坐标，基本上大致处于最终图像的中心位置。因此，c_x和c_y可以被合理地分别初始化为所成图像宽和高的一半，即

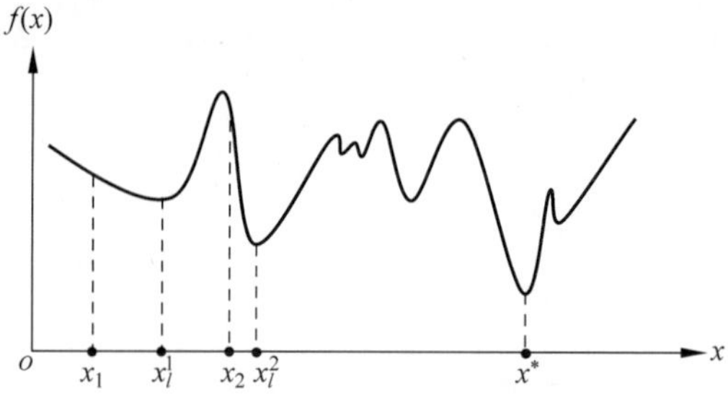

图 10-11　对非凸问题的迭代优化方法的局部极小值点与优化变量初始值选取的关系

$$c_x=\frac{\text{width}}{2},\quad c_y=\frac{\text{height}}{2} \tag{10-27}$$

其中，width 和 height 分别为相机所拍摄图像的宽和高（单位是像素）。

对另外两个内参（f_x，f_y）的初始化稍微复杂了一些，需要用到消失点（vanishing point）的概念和性质，需要循序渐进地铺垫一些定义和命题。

定义 10.1　消失点。在针孔相机成像模型下，物理平面上一条直线的无穷远点在成像平面上所成的像称为这条直线所对应的消失点。

可以通过图 10-12(a)来理解一下消失点的定义。在图 10-12(a)中，$\boldsymbol{O}$ 为相机光心，π 是其成像平面（图中显示的是该成像平面的截面）。物理平面上有一条直线 l，我们现在来看看 l 在 π 上的像。考虑在 l 上取一些等间距的点，$\boldsymbol{x}_1$、$\boldsymbol{x}_2$、$\boldsymbol{x}_3$、$\boldsymbol{x}_4$、……无穷远点。这些点在投影平面 π 上的投影点之间的间距会越来越小。不难想象，l 无穷远点的像最终会收敛于 $\boldsymbol{v}$，$\boldsymbol{v}$ 是经过 $\boldsymbol{O}$ 且与 l 平行的直线与 π 的交点，称为 l 的消失点。

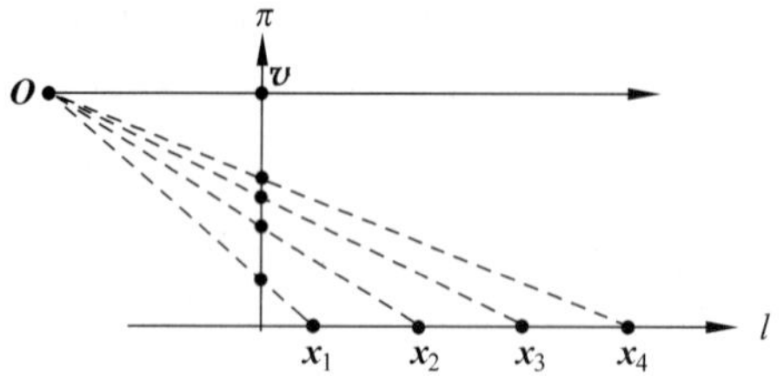

(a) 物理平面上一条直线l的无穷远点在成像平面π上的像为$\boldsymbol{v}$，$\boldsymbol{v}$便称为l在成像平面π上的消失点

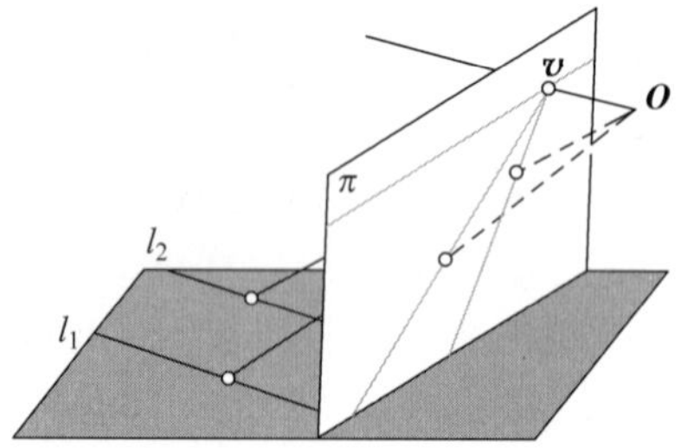

(b) 平面上两条平行直线l_1和l_2在成像平面π上的像会汇聚于同一个消失点$\boldsymbol{v}$

图 10-12　消失点

由消失点的定义不难知道，如图 10-12(b)所示，欧氏平面上的两条平行线 l_1 和 l_2，它们在成像平面 π 上的像会汇聚在同一消失点$\boldsymbol{v}$。从射影平面的视角来看，两条平行线 l_1 和 l_2 会相交于无穷远点，即它们具有相同的无穷远点，而消失点是无穷远点的像，因而 l_1 和 l_2 在成像平面上的像会汇聚于相同的消失点。更进一步，对于平面上的一组平行线，它们在成像平面上会具有相同的消失点；对于平面上方向不同的两条直线，它们的消失点也不同。而且，我们有如下命题成立。

命题 10.1　设相机光心为 $\boldsymbol{O}$，$\boldsymbol{v}$ 为成像平面上一点，则直线 $\boldsymbol{Ov}$ 平行于空间中以 $\boldsymbol{v}$ 为消失点的直线。

接下来我们要看看给定图像上一点，如何来表达连接相机光心和这点的射线的方向。有如下命题。

命题 10.2　设相机光心为 $\boldsymbol{O}$，$\boldsymbol{u}$ 为成像平面像素坐标系下一点的齐次坐标表示，则在相机坐标系下，射线$\overrightarrow{\boldsymbol{Ou}}$的方向$\boldsymbol{d}$可表示为$\boldsymbol{d}=\boldsymbol{K}^{-1}\boldsymbol{u}$，其中$\boldsymbol{K}$为相机内参矩阵。

证明：

设像素$\boldsymbol{u}$的规范化齐次坐标表达为$\boldsymbol{u}'$。根据式(10-10)可知，$\boldsymbol{u}'$与归一化成像平面上的对应点$\boldsymbol{x}_n=(x_n,y_n,1)^{\mathrm{T}}$(注意：这是归一化成像平面上二维点的规范化齐次坐标)之间的关系为，$\boldsymbol{x}_n=\boldsymbol{K}^{-1}\boldsymbol{u}'$。需要注意的是，如图10-13(a)所示，$(x_n,y_n,1)^{\mathrm{T}}$恰好也是$\boldsymbol{x}_n$这个点在相机坐标系下的三维空间坐标。同时，根据相机成像模型知道，$\boldsymbol{O}$，$\boldsymbol{x}_n$与$\boldsymbol{u}$共线。因此，$\boldsymbol{d}$可以表达为$\boldsymbol{d}=\overrightarrow{\boldsymbol{Ou}}=\overrightarrow{\boldsymbol{Ox}_n}=\boldsymbol{x}_n=\boldsymbol{K}^{-1}\boldsymbol{u}'$。显然，$\forall c\neq 0$，$c\boldsymbol{K}^{-1}\boldsymbol{u}'=\boldsymbol{K}^{-1}(c\boldsymbol{u}')$都可以用来表示方向$\boldsymbol{d}$，而$c\boldsymbol{u}'$就是$\boldsymbol{u}'$的普通齐次坐标表示，即为$\boldsymbol{u}$。因此，$\boldsymbol{d}=\boldsymbol{K}^{-1}\boldsymbol{u}$。

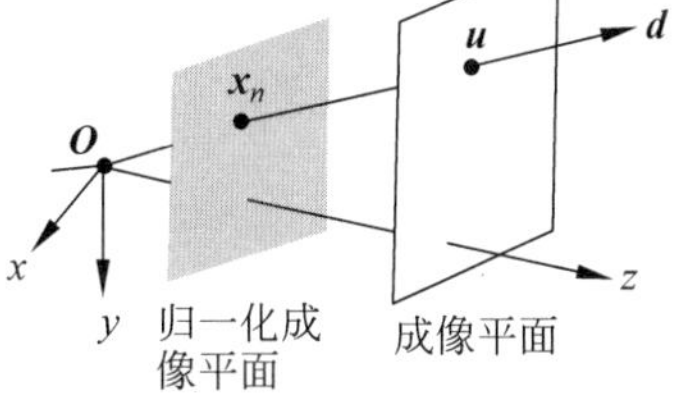

(a) 在相机坐标系下，连接光心$\boldsymbol{O}$和成像平面上像素坐标系下一点$\boldsymbol{u}$的射线的方向为$\boldsymbol{d}=\boldsymbol{K}^{-1}\boldsymbol{u}$

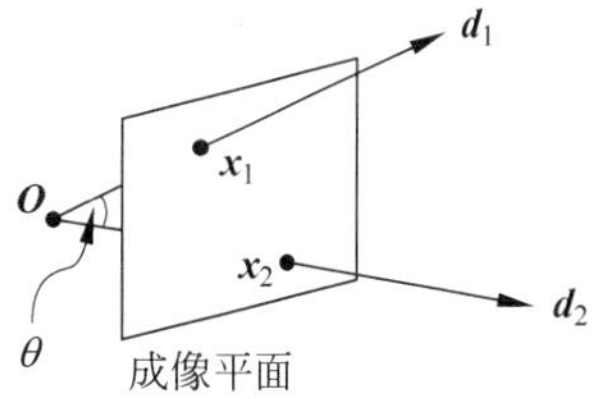

(b) $\boldsymbol{O}$为相机光心，$\boldsymbol{x}_1$、$\boldsymbol{x}_2$为成像平面上像素坐标系下的两点，在相机坐标系下，射线$\overrightarrow{\boldsymbol{Ox}_1}$与$\overrightarrow{\boldsymbol{Ox}_2}$的夹角为$\theta=\arccos\frac{\boldsymbol{x}_1^{\mathrm{T}}(\boldsymbol{K}^{-\mathrm{T}}\boldsymbol{K}^{-1})\boldsymbol{x}_2}{\sqrt{\boldsymbol{x}_1^{\mathrm{T}}(\boldsymbol{K}^{-\mathrm{T}}\boldsymbol{K}^{-1})\boldsymbol{x}_1}\sqrt{\boldsymbol{x}_1^{\mathrm{T}}(\boldsymbol{K}^{-\mathrm{T}}\boldsymbol{K}^{-1})\boldsymbol{x}_2}}$

图10-13 像素点所确定出的相机坐标系下的光线

命题10.3 设相机光心为$\boldsymbol{O}$，$\boldsymbol{x}_1$、$\boldsymbol{x}_2$为成像平面像素坐标系下两点的齐次坐标，则在相机坐标系下，射线$\overrightarrow{\boldsymbol{Ox}_1}$与$\overrightarrow{\boldsymbol{Ox}_2}$的夹角$\theta$为

$$\theta=\arccos\frac{\boldsymbol{x}_1^{\mathrm{T}}(\boldsymbol{K}^{-\mathrm{T}}\boldsymbol{K}^{-1})\boldsymbol{x}_2}{\sqrt{\boldsymbol{x}_1^{\mathrm{T}}(\boldsymbol{K}^{-\mathrm{T}}\boldsymbol{K}^{-1})\boldsymbol{x}_1}\ \sqrt{\boldsymbol{x}_2^{\mathrm{T}}(\boldsymbol{K}^{-\mathrm{T}}\boldsymbol{K}^{-1})\boldsymbol{x}_2}} \tag{10-28}$$

其中，$\boldsymbol{K}$为相机内参矩阵。

证明：

根据图10-13(b)，设$\overrightarrow{\boldsymbol{Ox}_1}$的方向为$\boldsymbol{d}_1$、$\overrightarrow{\boldsymbol{Ox}_2}$的方向为$\boldsymbol{d}_2$。根据命题10.2可知，$\boldsymbol{d}_1=\boldsymbol{K}^{-1}\boldsymbol{x}_1$，$\boldsymbol{d}_2=\boldsymbol{K}^{-1}\boldsymbol{x}_2$。因此有

$$\cos\theta=\frac{\boldsymbol{d}_1\cdot\boldsymbol{d}_2}{\|\boldsymbol{d}_1\|\|\boldsymbol{d}_2\|}=\frac{(\boldsymbol{K}^{-1}\boldsymbol{x}_1)^{\mathrm{T}}\boldsymbol{K}^{-1}\boldsymbol{x}_2}{\sqrt{(\boldsymbol{K}^{-1}\boldsymbol{x}_1)^{\mathrm{T}}(\boldsymbol{K}^{-1}\boldsymbol{x}_1)}\ \sqrt{(\boldsymbol{K}^{-1}\boldsymbol{x}_2)^{\mathrm{T}}(\boldsymbol{K}^{-1}\boldsymbol{x}_2)}}$$
$$=\frac{\boldsymbol{x}_1^{\mathrm{T}}(\boldsymbol{K}^{-\mathrm{T}}\boldsymbol{K}^{-1})\boldsymbol{x}_2}{\sqrt{\boldsymbol{x}_1^{\mathrm{T}}(\boldsymbol{K}^{-\mathrm{T}}\boldsymbol{K}^{-1})\boldsymbol{x}_1}\ \sqrt{\boldsymbol{x}_2^{\mathrm{T}}(\boldsymbol{K}^{-\mathrm{T}}\boldsymbol{K}^{-1})\boldsymbol{x}_2}},$$

则有，$\theta=\arccos\frac{\boldsymbol{x}_1^{\mathrm{T}}(\boldsymbol{K}^{-\mathrm{T}}\boldsymbol{K}^{-1})\boldsymbol{x}_2}{\sqrt{\boldsymbol{x}_1^{\mathrm{T}}(\boldsymbol{K}^{-\mathrm{T}}\boldsymbol{K}^{-1})\boldsymbol{x}_1}\sqrt{\boldsymbol{x}_2^{\mathrm{T}}(\boldsymbol{K}^{-\mathrm{T}}\boldsymbol{K}^{-1})\boldsymbol{x}_2}}$。

命题10.4 设l_1和l_2是同一物理平面上的两条直线，它们在成像平面像素坐标系下的消失点分别为$\boldsymbol{v}_1$和$\boldsymbol{v}_2$，$\boldsymbol{O}$为相机光心。θ为射线$\overrightarrow{\boldsymbol{Ov}_1}$与$\overrightarrow{\boldsymbol{Ov}_2}$之间的夹角。则直线$l_1$和$l_2$之间的两个夹角分别为$\theta$和$\pi-\theta$。

证明：

由于$\boldsymbol{v}_1$和$\boldsymbol{v}_2$是空间直线l_1和l_2在成像平面上的消失点，根据命题10.1可知，$l_1\parallel\overrightarrow{\boldsymbol{Ov}_1}$，$l_2\parallel\overrightarrow{\boldsymbol{Ov}_2}$。而向量$\overrightarrow{\boldsymbol{Ov}_1}$与$\overrightarrow{\boldsymbol{Ov}_2}$之间的夹角为$\theta$，因此显然$l_1$和$l_2$之间的两个夹角分别为$\theta$和$\pi-\theta$。

命题 10.5 设 l_1 和 l_2 是同一物理平面上两条相互垂直的直线，它们在成像平面像素坐标系下的消失点分别为 $\boldsymbol{v}_1$ 和 $\boldsymbol{v}_2$，$\boldsymbol{O}$ 为相机光心，则有 $\boldsymbol{v}_1^{\mathrm{T}}(\boldsymbol{K}^{-\mathrm{T}}\boldsymbol{K}^{-1})\boldsymbol{v}_2=0$，其中 $\boldsymbol{K}$ 为相机内参矩阵。

证明：

由于 $\boldsymbol{v}_1$ 和 $\boldsymbol{v}_2$ 是空间直线 l_1 和 l_2 在成像平面上的消失点，根据命题 10.1 可知，$l_1 \parallel \overrightarrow{\boldsymbol{O}\boldsymbol{v}_1}$，$l_2 \parallel \overrightarrow{\boldsymbol{O}\boldsymbol{v}_2}$。又由于 $l_1 \perp l_2$，则有 $\overrightarrow{\boldsymbol{O}\boldsymbol{v}_1} \perp \overrightarrow{\boldsymbol{O}\boldsymbol{v}_2}$，即向量 $\overrightarrow{\boldsymbol{O}\boldsymbol{v}_1}$、$\overrightarrow{\boldsymbol{O}\boldsymbol{v}_2}$ 之间的夹角 $\theta=\frac{\pi}{2}$。又由命题 10.3 证明过程可知，$\cos\theta=\frac{\boldsymbol{v}_1^{\mathrm{T}}(\boldsymbol{K}^{-\mathrm{T}}\boldsymbol{K}^{-1})\boldsymbol{v}_2}{\sqrt{\boldsymbol{v}_1^{\mathrm{T}}(\boldsymbol{K}^{-\mathrm{T}}\boldsymbol{K}^{-1})\boldsymbol{v}_1}\sqrt{\boldsymbol{v}_2^{\mathrm{T}}(\boldsymbol{K}^{-\mathrm{T}}\boldsymbol{K}^{-1})\boldsymbol{v}_2}}=\cos\frac{\pi}{2}=0$。因此有，$\boldsymbol{v}_1^{\mathrm{T}}(\boldsymbol{K}^{-\mathrm{T}}\boldsymbol{K}^{-1})\boldsymbol{v}_2=0$。

对相机内参 (f_x, f_y) 的初始化估计就是利用了标定板平面上相互垂直直线的消失点的性质来进行的。由于在本节相机模型参数初始化操作中，假定相机镜头无畸变，因此标定板平面和成像平面之间满足射影变换关系，即标定板平面上一点可以通过射影变换矩阵 $\boldsymbol{H}_i \in \mathbb{R}^{3\times 3}$ 变换到标定板图像 $\boldsymbol{I}_i$ 中的对应点。对于 $\boldsymbol{H}_i$，可以预先根据标定板平面上交叉点与 $\boldsymbol{I}_i$ 上图像空间中的交叉点之间的对应关系 $\{\boldsymbol{p}_j \leftrightarrow \boldsymbol{u}_{ij}\}_{j=1}^{n}$，使用线性最小二乘法将其解算出来。需要强调的一点是，这里的 $\boldsymbol{p}_j$ 是标定板上第 j 个交叉点在标定板二维平面坐标系下的二维齐次坐标，其形式为 $\boldsymbol{p}_j=(x_j, y_j, 1)^{\mathrm{T}}$。从对应点对关系集合来估计两个平面间的射影变换矩阵的具体方法可参见第 5 章中的相关内容。

考虑标定板平面坐标系下的 4 条特殊直线，l_1：$Y=0$、l_2：$X=0$、l_3：$Y=X$ 和 l_4：$Y=-X$。容易知道，$l_1 \perp l_2$、$l_3 \perp l_4$。根据第 8 章知识可知，如果把标定板平面看作射影平面的话，可以求得 l_1、l_2、l_3 和 l_4 的无穷远点 $\boldsymbol{p}_{\infty 1}$、$\boldsymbol{p}_{\infty 2}$、$\boldsymbol{p}_{\infty 3}$ 和 $\boldsymbol{p}_{\infty 4}$ 坐标分别为

$$\boldsymbol{p}_{\infty 1}=(1,0,0)^{\mathrm{T}},\quad \boldsymbol{p}_{\infty 2}=(0,1,0)^{\mathrm{T}},\quad \boldsymbol{p}_{\infty 3}=(1,1,0)^{\mathrm{T}},\quad \boldsymbol{p}_{\infty 4}=(1,-1,0)^{\mathrm{T}} \tag{10-29}$$

把 $\boldsymbol{H}_i$ 按列展开表示为 $\boldsymbol{H}_i=[\boldsymbol{h}_{i1}\ \boldsymbol{h}_{i2}\ \boldsymbol{h}_{i3}]$。这样，标定板平面上的点 $\boldsymbol{p}_{\infty 1}$、$\boldsymbol{p}_{\infty 2}$、$\boldsymbol{p}_{\infty 3}$ 和 $\boldsymbol{p}_{\infty 4}$ 在 $\boldsymbol{I}_i$ 中的像 $\boldsymbol{v}_{i1}$、$\boldsymbol{v}_{i2}$、$\boldsymbol{v}_{i3}$ 和 $\boldsymbol{v}_{i4}$ 分别为

$$\boldsymbol{v}_{i1}=[\boldsymbol{h}_{i1}\quad \boldsymbol{h}_{i2}\quad \boldsymbol{h}_{i3}]\begin{bmatrix}1\\0\\0\end{bmatrix}=\boldsymbol{h}_{i1},\quad \boldsymbol{v}_{i2}=[\boldsymbol{h}_{i1}\quad \boldsymbol{h}_{i2}\quad \boldsymbol{h}_{i3}]\begin{bmatrix}0\\1\\0\end{bmatrix}=\boldsymbol{h}_{i2}$$

$$\boldsymbol{v}_{i3}=[\boldsymbol{h}_{i1}\quad \boldsymbol{h}_{i2}\quad \boldsymbol{h}_{i3}]\begin{bmatrix}1\\1\\0\end{bmatrix}=\boldsymbol{h}_{i1}+\boldsymbol{h}_{i2},\quad \boldsymbol{v}_{i4}=[\boldsymbol{h}_{i1}\quad \boldsymbol{h}_{i2}\quad \boldsymbol{h}_{i3}]\begin{bmatrix}1\\-1\\0\end{bmatrix}=\boldsymbol{h}_{i1}-\boldsymbol{h}_{i2}$$

根据消失点的定义可知，$\boldsymbol{v}_{i1}$、$\boldsymbol{v}_{i2}$、$\boldsymbol{v}_{i3}$ 和 $\boldsymbol{v}_{i4}$ 实际上正是直线 l_1、l_2、l_3 和 l_4 在图像 $\boldsymbol{I}_i$ 上的消失点。更进一步，由于 $l_1 \perp l_2$、$l_3 \perp l_4$，根据命题 10.5 有

$$\begin{cases}\boldsymbol{v}_{i1}^{\mathrm{T}}(\boldsymbol{K}^{-\mathrm{T}}\boldsymbol{K}^{-1})\,\boldsymbol{v}_{i2}=0\\ \boldsymbol{v}_{i3}^{\mathrm{T}}(\boldsymbol{K}^{-\mathrm{T}}\boldsymbol{K}^{-1})\,\boldsymbol{v}_{i4}=0\end{cases} \tag{10-30}$$

我们再来审视一下内参矩阵 $\boldsymbol{K}=\begin{bmatrix}f_x & 0 & c_x\\0 & f_y & c_y\\0 & 0 & 1\end{bmatrix}$。令 $\boldsymbol{P}=\begin{bmatrix}1 & 0 & c_x\\0 & 1 & c_y\\0 & 0 & 1\end{bmatrix}$，$\boldsymbol{Q}=\begin{bmatrix}f_x & 0 & 0\\0 & f_y & 0\\0 & 0 & 1\end{bmatrix}$，则显然有 $\boldsymbol{K}=\boldsymbol{P}\boldsymbol{Q}$。这样有

$$\boldsymbol{K}^{-\mathrm{T}}\boldsymbol{K}^{-1}=(\boldsymbol{P}\boldsymbol{Q})^{-\mathrm{T}}(\boldsymbol{P}\boldsymbol{Q})^{-1}=\boldsymbol{P}^{-\mathrm{T}}(\boldsymbol{Q}^{-\mathrm{T}}\boldsymbol{Q}^{-1})\boldsymbol{P}^{-1} \tag{10-31}$$

将式(10-31)代入式(10-30)得到

$$\begin{cases}(\boldsymbol{P}^{-1}\boldsymbol{v}_{i1})^{\mathrm{T}}(\boldsymbol{Q}^{-\mathrm{T}}\boldsymbol{Q}^{-1})(\boldsymbol{P}^{-1}\boldsymbol{v}_{i2})=0\\(\boldsymbol{P}^{-1}\boldsymbol{v}_{i3})^{\mathrm{T}}(\boldsymbol{Q}^{-\mathrm{T}}\boldsymbol{Q}^{-1})(\boldsymbol{P}^{-1}\boldsymbol{v}_{i4})=0\end{cases}\tag{10-32}$$

在式(10-32)中,$\boldsymbol{P}^{-1}\boldsymbol{v}_{i1}$、$\boldsymbol{P}^{-1}\boldsymbol{v}_{i2}$、$\boldsymbol{P}^{-1}\boldsymbol{v}_{i3}$ 和 $\boldsymbol{P}^{-1}\boldsymbol{v}_{i4}$ 实际上都为已知量。为了简化表述,令 $\begin{pmatrix}a_{i1}\\b_{i1}\\c_{i1}\end{pmatrix}\triangleq\boldsymbol{P}^{-1}\boldsymbol{v}_{i1}$、$\begin{pmatrix}a_{i2}\\b_{i2}\\c_{i2}\end{pmatrix}\triangleq\boldsymbol{P}^{-1}\boldsymbol{v}_{i2}$、$\begin{pmatrix}a_{i3}\\b_{i3}\\c_{i3}\end{pmatrix}\triangleq\boldsymbol{P}^{-1}\boldsymbol{v}_{i3}$ 和 $\begin{pmatrix}a_{i4}\\b_{i4}\\c_{i4}\end{pmatrix}\triangleq\boldsymbol{P}^{-1}\boldsymbol{v}_{i4}$。同时,$\boldsymbol{Q}^{-\mathrm{T}}\boldsymbol{Q}^{-1}=\begin{bmatrix}\frac{1}{f_x^2}&0&0\\0&\frac{1}{f_y^2}&0\\0&0&1\end{bmatrix}$。这样,式(10-32)可变形为

$$\begin{bmatrix}a_{i1}a_{i2}&b_{i1}b_{i2}\\a_{i3}a_{i4}&b_{i3}b_{i4}\end{bmatrix}\begin{bmatrix}\frac{1}{f_x^2}\\\frac{1}{f_y^2}\end{bmatrix}=\begin{bmatrix}-c_{i1}c_{i2}\\-c_{i3}c_{i4}\end{bmatrix}\tag{10-33}$$

式(10-33)实际上是由2个关于未知数$\left(\frac{1}{f_x^2},\frac{1}{f_y^2}\right)^{\mathrm{T}}$的线性方程所组成的线性方程组,且这个方程组是由标定板平面和它的图像 $\boldsymbol{I}_i$ 所确定的。由于我们一共拍摄了 m 张标定板图像 $\{\boldsymbol{I}_i\}_{i=1}^m$,因此相应地会得到 m 个形如式(10-33)的关于$\left(\frac{1}{f_x^2},\frac{1}{f_y^2}\right)^{\mathrm{T}}$的线性方程组。我们把它们联立在一起便得到了由标定板平面和它的图像集合$\{\boldsymbol{I}_i\}_{i=1}^m$所确定的关于$\left(\frac{1}{f_x^2},\frac{1}{f_y^2}\right)^{\mathrm{T}}$的线性方程组

$$\begin{bmatrix}a_{11}a_{12}&b_{11}b_{12}\\a_{13}a_{14}&b_{13}b_{14}\\a_{21}a_{22}&b_{21}b_{22}\\a_{23}a_{24}&b_{23}b_{24}\\\vdots&\vdots\\a_{m1}a_{m2}&b_{m1}b_{m2}\\a_{m3}a_{m4}&b_{m3}b_{m4}\end{bmatrix}_{2m\times2}\begin{bmatrix}\frac{1}{f_x^2}\\\frac{1}{f_y^2}\end{bmatrix}=\begin{bmatrix}-c_{11}c_{12}\\-c_{13}c_{14}\\-c_{21}c_{22}\\-c_{23}c_{24}\\\vdots\\-c_{m1}c_{m2}\\-c_{m3}c_{m4}\end{bmatrix}_{2m\times1}\tag{10-34}$$

显然,式(10-34)中$\left(\frac{1}{f_x^2},\frac{1}{f_y^2}\right)^{\mathrm{T}}$的求解问题是一个非齐次线性最小二乘问题,可以用5.2节中所讲述的方法来解决该问题。当从式(10-34)中求解出$\left(\frac{1}{f_x^2},\frac{1}{f_y^2}\right)^{\mathrm{T}}$之后,便相应地得到了 f_x 和 f_y。这样到目前为止,在问题式(10-26)中,待优化参数$\boldsymbol{\theta}$中的相机内参数$\{f_x,f_y,c_x,c_y,k_1,k_2,\rho_1,\rho_2,k_3\}$就都已经初始化好了。接下来,我们将考虑如何对$\boldsymbol{\theta}$中的外参数$\{\boldsymbol{d}_i\}_{i=1}^m$、$\{\boldsymbol{t}_i\}_{i=1}^m$进行合理初始化。

对于标定板图像 $\boldsymbol{I}$,假设已经得到了标定板平面上交叉点与 $\boldsymbol{I}$ 上图像空间中交叉点的对应关系集合$\{\boldsymbol{p}_j\leftrightarrow\boldsymbol{u}_j\}_{j=1}^n$,其中 $\boldsymbol{p}_j$ 为标定板上的交叉点,其在标定板平面坐标系下的齐次坐标

可表示为$(x_j, y_j, 1)^{\mathrm{T}}$，相应地，其在标定板平面所定义出来的三维世界坐标系下的坐标为$(x_j, y_j, 0, 1)^{\mathrm{T}}$，$\boldsymbol{u}_j$ 为 $\boldsymbol{I}$ 上与 $\boldsymbol{p}_j$ 对应的点。设与 $\boldsymbol{p}_j$（及 $\boldsymbol{u}_j$）对应的相机归一化成像平面上的点为 $\boldsymbol{x}_{nj}$，根据式(10-10)有 $\boldsymbol{x}_{nj}=\boldsymbol{K}^{-1}\boldsymbol{u}_j$。由于在参数初始化过程中假定相机镜头不存在畸变，因此标定板平面和归一化成像平面之间满足射影变换关系，相应的射影变换矩阵 $\boldsymbol{P}$ 可以通过对应关系集合$\{\boldsymbol{p}_j \leftrightarrow \boldsymbol{x}_{nj}\}_{j=1}^{n}$（注意：这里的 $\boldsymbol{p}_j=(x_j, y_j, 1)^{\mathrm{T}}$ 为标定板上第 j 个交叉点在标定板平面坐标系下的二维齐次坐标）解算出来。根据平面间射影变换的定义可知，对于标定板平面上任意的交叉点$(x_j, y_j, 1)^{\mathrm{T}}$ 有

$$c_j \boldsymbol{x}_{nj}=\boldsymbol{P}\begin{pmatrix} x_j \\ y_j \\ 1 \end{pmatrix} \tag{10-35}$$

其中，c_j 为与点 $\boldsymbol{x}_{nj}$ 相关的一个常数。另外，根据相机成像模型式(10-9)可知，$z_{cj}\boldsymbol{K}^{-1}\boldsymbol{u}_j=[\boldsymbol{R} \quad \boldsymbol{t}](x_j, y_j, 0, 1)^{\mathrm{T}}$，即

$$z_{cj}\boldsymbol{x}_{nj}=[\boldsymbol{R} \quad \boldsymbol{t}]\begin{pmatrix} x_j \\ y_j \\ 0 \\ 1 \end{pmatrix}=[\boldsymbol{r}_1 \ \boldsymbol{r}_2 \ \boldsymbol{r}_3 \ \boldsymbol{t}]\begin{pmatrix} x_j \\ y_j \\ 0 \\ 1 \end{pmatrix}=[\boldsymbol{r}_1 \ \boldsymbol{r}_2 \ \boldsymbol{t}]\begin{pmatrix} x_j \\ y_j \\ 1 \end{pmatrix} \tag{10-36}$$

其中，$\boldsymbol{r}_1$、$\boldsymbol{r}_2$、$\boldsymbol{r}_3$ 分别为矩阵 $\boldsymbol{R}$ 的第 1、2、3 列。需要注意到，由于坐标的齐次性，式(10-35)的左端 $c_j\boldsymbol{x}_{nj}$ 和式(10-36)的左端 $z_{cj}\boldsymbol{x}_{nj}$ 实际上表达的是归一化成像平面上的同一个点。这样，对比式(10-35)和式(10-36)，我们发现矩阵 $\boldsymbol{P}$ 和矩阵$[\boldsymbol{r}_1 \ \boldsymbol{r}_2 \ \boldsymbol{t}]$把标定板平面上的点$(x_j, y_j, 1)^{\mathrm{T}}$映射到了归一化成像平面上的同一个点。因此，$\boldsymbol{P}$ 和$[\boldsymbol{r}_1 \ \boldsymbol{r}_2 \ \boldsymbol{t}]$实际上表达了相同的平面间的射影变换。根据 3.1.5 节中关于射影变换矩阵的知识可知，$\boldsymbol{P}$ 和$[\boldsymbol{r}_1 \ \boldsymbol{r}_2 \ \boldsymbol{t}]$之间只相差了一个倍数关系，即存在数 λ 使得

$$\boldsymbol{P}=\lambda[\boldsymbol{r}_1 \ \boldsymbol{r}_2 \ \boldsymbol{t}] \tag{10-37}$$

把 $\boldsymbol{P}$ 按列展开，表达为形式$[\boldsymbol{p}_1 \ \boldsymbol{p}_2 \ \boldsymbol{p}_3]$，结合式(10-37)有

$$\boldsymbol{r}_1=\frac{1}{\lambda}\boldsymbol{p}_1, \quad \boldsymbol{r}_2=\frac{1}{\lambda}\boldsymbol{p}_2, \quad \boldsymbol{t}=\frac{1}{\lambda}\boldsymbol{p}_3 \tag{10-38}$$

由于 $\boldsymbol{R}$ 为正交矩阵，因此$\|\boldsymbol{r}_1\|_2=\|\boldsymbol{r}_2\|_2=1$，结合式(10-38)，可得$|\lambda|=\|\boldsymbol{p}_1\|_2=\|\boldsymbol{p}_2\|_2$。在编程实现时，$\lambda$ 一般可被取为$\lambda=(\|\boldsymbol{p}_1\|_2+\|\boldsymbol{p}_2\|_2)/2$。当 λ 的值确定了以后，根据式(10-38)，$\boldsymbol{r}_1$、$\boldsymbol{r}_2$ 和 $\boldsymbol{t}$ 可以相应地被确定下来。由于 $\boldsymbol{R}$ 为正交矩阵且 $\det(\boldsymbol{R})=1$，可以推出 $\boldsymbol{r}_3=\boldsymbol{r}_1\times\boldsymbol{r}_2$，具体证明过程给读者留做练习。最后，再把 $\boldsymbol{R}$ 转换为对应的轴角 $\boldsymbol{d}$。这样，与标定板图像 $\boldsymbol{I}$ 所对应的相机外参 $\boldsymbol{d}$ 和 $\boldsymbol{t}$ 就被初始化完毕了。由于我们给标定板拍摄了 m 张图像$\{\boldsymbol{I}_i\}_{i=1}^{m}$，与每一张图像相关联的相机外参都不相同，因此需要针对每一张标定板图像都要进行一次上述外参初始化过程以得到与之相关联的相机外参，最终便可得到$\boldsymbol{\theta}$ 中的全部相机外参数$\{\boldsymbol{d}_i\}_{i=1}^{m}$、$\{\boldsymbol{t}_i\}_{i=1}^{m}$的初始值。

10.3.4 相机成像模型参数的迭代优化

根据第 9 章中的知识可知，式(10-26)所定义的问题为一个非线性最小二乘问题。我们在 10.3.3 节中给该问题中的待优化变量$\boldsymbol{\theta}$ 进行了合理的初始化。接下来就可以用第 9 章中介绍的高斯-牛顿法或者列文伯格-马夸特法来迭代求解这个问题。

令

$$\boldsymbol{f}_{ij}(\boldsymbol{\theta})=\boldsymbol{K}\cdot\mathcal{D}\left\{\frac{1}{z_{cij}}[\mathcal{R}(\boldsymbol{d}_i)\ \boldsymbol{t}_i]\boldsymbol{p}_j\right\}-\boldsymbol{u}_{ij} \tag{10-39}$$

$$\boldsymbol{f}(\boldsymbol{\theta})=[(\boldsymbol{f}_{11}^{\mathrm{T}}(\boldsymbol{\theta})\ \ \boldsymbol{f}_{12}^{\mathrm{T}}(\boldsymbol{\theta})\ \cdots\ \boldsymbol{f}_{mn}^{\mathrm{T}}(\boldsymbol{\theta}))^{\mathrm{T}}]_{2mn\times 1} \tag{10-40}$$

则式(10-26)所定义的优化问题可被表达为

$$\boldsymbol{\theta}^{*}=\underset{\boldsymbol{\theta}}{\operatorname{argmin}}\left(\frac{1}{2}\boldsymbol{f}^{\mathrm{T}}(\boldsymbol{\theta})\boldsymbol{f}(\boldsymbol{\theta})\right) \tag{10-41}$$

式(10-41)便是标准化的非线性最小二乘问题的表达方式了。根据第9章中的内容我们知道，无论是用高斯-牛顿法还是用列文伯格-马夸特法来求解问题(10-41)，关键都在于要推导出 $\boldsymbol{f}(\boldsymbol{\theta})$ 的雅可比矩阵 $\boldsymbol{J}(\boldsymbol{\theta})$ 的表达形式。

在式(10-39)中，令 $\boldsymbol{u}'_{ij}=\boldsymbol{K}\cdot\mathcal{D}\left\{\frac{1}{z_{cij}}[\mathcal{R}(\boldsymbol{d}_i)\ \boldsymbol{t}_i]\boldsymbol{p}_j\right\}$，则 $\boldsymbol{u}'_{ij}$ 表示的是根据成像模型计算出的标定板上的交叉点 $\boldsymbol{p}_j$(其表达是在由标定板平面所定义的世界坐标系下)在标定板图像 $\boldsymbol{I}_i$ 上的投影点。$\boldsymbol{f}_{ij}(\boldsymbol{\theta})$ 中与优化变量 $\boldsymbol{\theta}$ 有关的部分仅为 $\boldsymbol{u}'_{ij}$，因此 $\boldsymbol{f}(\boldsymbol{\theta})$ 的雅可比矩阵 $\boldsymbol{J}(\boldsymbol{\theta})$ 为

$$\boldsymbol{J}(\boldsymbol{\theta})=\begin{pmatrix}\dfrac{\mathrm{d}\boldsymbol{f}_{11}(\boldsymbol{\theta})}{\mathrm{d}\boldsymbol{\theta}^{\mathrm{T}}}\\ \dfrac{\mathrm{d}\boldsymbol{f}_{12}(\boldsymbol{\theta})}{\mathrm{d}\boldsymbol{\theta}^{\mathrm{T}}}\\ \vdots\\ \dfrac{\mathrm{d}\boldsymbol{f}_{1n}(\boldsymbol{\theta})}{\mathrm{d}\boldsymbol{\theta}^{\mathrm{T}}}\\ \dfrac{\mathrm{d}\boldsymbol{f}_{21}(\boldsymbol{\theta})}{\mathrm{d}\boldsymbol{\theta}^{\mathrm{T}}}\\ \vdots\\ \dfrac{\mathrm{d}\boldsymbol{f}_{mn}(\boldsymbol{\theta})}{\mathrm{d}\boldsymbol{\theta}^{\mathrm{T}}}\end{pmatrix}_{(2mn)\times(9+6m)}=\begin{pmatrix}\dfrac{\mathrm{d}\boldsymbol{u}'_{11}}{\mathrm{d}\boldsymbol{\theta}^{\mathrm{T}}}\\ \dfrac{\mathrm{d}\boldsymbol{u}'_{12}}{\mathrm{d}\boldsymbol{\theta}^{\mathrm{T}}}\\ \vdots\\ \dfrac{\mathrm{d}\boldsymbol{u}'_{1n}}{\mathrm{d}\boldsymbol{\theta}^{\mathrm{T}}}\\ \dfrac{\mathrm{d}\boldsymbol{u}'_{21}}{\mathrm{d}\boldsymbol{\theta}^{\mathrm{T}}}\\ \vdots\\ \dfrac{\mathrm{d}\boldsymbol{u}'_{mn}}{\mathrm{d}\boldsymbol{\theta}^{\mathrm{T}}}\end{pmatrix}_{(2mn)\times(9+6m)} \tag{10-42}$$

要得出 $\boldsymbol{J}(\boldsymbol{\theta})$ 的表达式，关键在于要得到 $\frac{\mathrm{d}\boldsymbol{u}'_{ij}}{\mathrm{d}\boldsymbol{\theta}^{\mathrm{T}}}$ 的表达式。具体来说，我们要得到 $\boldsymbol{u}'_{ij}$ 关于相机内参的偏导数 $\frac{\partial\boldsymbol{u}'_{ij}}{\partial f_x},\frac{\partial\boldsymbol{u}'_{ij}}{\partial f_y},\frac{\partial\boldsymbol{u}'_{ij}}{\partial c_x},\frac{\partial\boldsymbol{u}'_{ij}}{\partial c_y},\frac{\partial\boldsymbol{u}'_{ij}}{\partial k_1},\frac{\partial\boldsymbol{u}'_{ij}}{\partial k_2},\frac{\partial\boldsymbol{u}'_{ij}}{\partial \rho_1},\frac{\partial\boldsymbol{u}'_{ij}}{\partial \rho_2}$ 和 $\frac{\partial\boldsymbol{u}'_{ij}}{\partial k_3}$；也要得到 $\boldsymbol{u}'_{ij}$ 关于相机外参的偏导数 $\frac{\partial\boldsymbol{u}'_{ij}}{\partial\boldsymbol{d}_k^{\mathrm{T}}}(k=1,2,\cdots,m)$ 和 $\frac{\partial\boldsymbol{u}'_{ij}}{\partial\boldsymbol{t}_k^{\mathrm{T}}}(k=1,2,\cdots,m)$，但我们要注意到图像 $\boldsymbol{I}_i$ 和相机位置 $\forall k\neq i,(\boldsymbol{d}_k,\boldsymbol{t}_k)$ 是没有关系的，因此 $\forall k\neq i$，有 $\frac{\partial\boldsymbol{u}'_{ij}}{\partial\boldsymbol{d}_k^{\mathrm{T}}}=\boldsymbol{0}$ 和 $\frac{\partial\boldsymbol{u}'_{ij}}{\partial\boldsymbol{t}_k^{\mathrm{T}}}=\boldsymbol{0}$，因此实际上我们只需要推导 $\frac{\partial\boldsymbol{u}'_{ij}}{\partial\boldsymbol{d}_i^{\mathrm{T}}}$ 和 $\frac{\partial\boldsymbol{u}'_{ij}}{\partial\boldsymbol{t}_i^{\mathrm{T}}}$ 的表达式。

设 $\boldsymbol{u}'_{ij}$ 的非齐次坐标为 $\boldsymbol{u}'_{ij}=(u,v)^{\mathrm{T}}$；与 $\boldsymbol{u}'_{ij}$ 对应的世界坐标系下的三维空间点为 $\boldsymbol{p}_j$，我们把它的坐标记为 $\boldsymbol{p}_j=(x,y,z,1)^{\mathrm{T}}$(齐次坐标)；$\boldsymbol{p}_j$ 在相机 i 坐标系下的坐标记为 $\boldsymbol{p}_c=(x_c,y_c,z_c)^{\mathrm{T}}$(非齐次坐标)；$\boldsymbol{p}_j$ 在相机 i 归一化成像平面上的投影记为 $\boldsymbol{p}_n=(x_n,y_n)^{\mathrm{T}}$，它在相机 i 归一化成像平面上经过镜头畸变建模之后的投影记为 $\boldsymbol{p}_d=(x_d,y_d)^{\mathrm{T}}$。记 $\boldsymbol{d}_i=(d_1,d_2,d_3)^{\mathrm{T}},\boldsymbol{t}_i=(t_1,t_2,t_3)^{\mathrm{T}}$。需要明确一点，$\boldsymbol{p}_j$ 是已知量而且它在迭代优化过程中始终保持不变，其他坐标值 $\boldsymbol{p}_c,\boldsymbol{p}_n,\boldsymbol{p}_d$ 和 $\boldsymbol{u}'_{ij}$ 可以以当前迭代点 $\boldsymbol{\theta}$ 为成像模型参数值，根据相机成像模型式(10-14)，通过投影 $\boldsymbol{p}_j$ 来计算得到，因此，对于当前迭代点 $\boldsymbol{\theta}$ 来说，$\boldsymbol{\theta},\boldsymbol{p}_j,\boldsymbol{p}_c,\boldsymbol{p}_n,\boldsymbol{p}_d$ 和 $\boldsymbol{u}'_{ij}$ 实际上都是已知量。

根据式(10-14)可知，归一化成像平面上的点 $\boldsymbol{p}_d$ 与其在成像平面像素坐标系下的投影点 $\boldsymbol{u}'_{ij}$ 之间只相差了一个内参矩阵 $\boldsymbol{K}$，即 $\boldsymbol{u}'_{ij}=\boldsymbol{K}\boldsymbol{p}_d$，展开之后即为

$$\begin{bmatrix}u\\v\\1\end{bmatrix}=\begin{bmatrix}f_x & 0 & c_x\\0 & f_y & c_y\\0 & 0 & 1\end{bmatrix}\cdot\begin{bmatrix}x_d\\y_d\\1\end{bmatrix}\tag{10-43}$$

根据式(10-43)，可得

$$\frac{\partial \boldsymbol{u}'_{ij}}{\partial f_x}=\begin{bmatrix}\dfrac{\partial u}{\partial f_x}\\ \dfrac{\partial v}{\partial f_x}\end{bmatrix}=\begin{bmatrix}x_d\\0\end{bmatrix},\quad \frac{\partial \boldsymbol{u}'_{ij}}{\partial f_y}=\begin{bmatrix}\dfrac{\partial u}{\partial f_y}\\ \dfrac{\partial v}{\partial f_y}\end{bmatrix}=\begin{bmatrix}0\\y_d\end{bmatrix},$$

$$\frac{\partial \boldsymbol{u}'_{ij}}{\partial c_x}=\begin{bmatrix}\dfrac{\partial u}{\partial c_x}\\ \dfrac{\partial v}{\partial c_x}\end{bmatrix}=\begin{bmatrix}1\\0\end{bmatrix},\quad \frac{\partial \boldsymbol{u}'_{ij}}{\partial c_y}=\begin{bmatrix}\dfrac{\partial u}{\partial c_y}\\ \dfrac{\partial v}{\partial c_y}\end{bmatrix}=\begin{bmatrix}0\\1\end{bmatrix}\tag{10-44}$$

同时，从式(10-43)中，我们还可得到

$$\frac{\partial \boldsymbol{u}'_{ij}}{\partial \boldsymbol{p}_d^{\mathrm{T}}}=\begin{bmatrix}\dfrac{\partial u}{\partial x_d} & \dfrac{\partial u}{\partial y_d}\\ \dfrac{\partial v}{\partial x_d} & \dfrac{\partial v}{\partial y_d}\end{bmatrix}=\begin{bmatrix}f_x & 0\\0 & f_y\end{bmatrix}\tag{10-45}$$

我们把与镜头畸变建模有关的内参数组合为一个向量 $\boldsymbol{k}\triangleq(k_1,k_2,\rho_1,\rho_2,k_3)^{\mathrm{T}}$。根据式(10-13)，可得

$$\frac{\partial \boldsymbol{p}_d}{\partial \boldsymbol{k}^{\mathrm{T}}}=\begin{bmatrix}\dfrac{\partial x_d}{\partial k_1} & \dfrac{\partial x_d}{\partial k_2} & \dfrac{\partial x_d}{\partial \rho_1} & \dfrac{\partial x_d}{\partial \rho_2} & \dfrac{\partial x_d}{\partial k_3}\\ \dfrac{\partial y_d}{\partial k_1} & \dfrac{\partial y_d}{\partial k_2} & \dfrac{\partial y_d}{\partial \rho_1} & \dfrac{\partial y_d}{\partial \rho_2} & \dfrac{\partial y_d}{\partial k_3}\end{bmatrix}=\begin{bmatrix}x_nr^2 & x_nr^4 & 2x_ny_n & r^2+2x_n^2 & x_nr^6\\ y_nr^2 & y_nr^4 & r^2+2y_n^2 & 2x_ny_n & y_nr^6\end{bmatrix}\tag{10-46}$$

其中，$r^2=x_n^2+y_n^2$。结合式(10-45)和式(10-46)，根据链式求导法则得到

$$\frac{\partial \boldsymbol{u}'_{ij}}{\partial \boldsymbol{k}^{\mathrm{T}}}=\frac{\partial \boldsymbol{u}'_{ij}}{\partial \boldsymbol{p}_d^{\mathrm{T}}}\cdot\frac{\partial \boldsymbol{p}_d}{\partial \boldsymbol{k}^{\mathrm{T}}}=\begin{bmatrix}f_xx_nr^2 & f_xx_nr^4 & 2f_xx_ny_n & f_x(r^2+2x_n^2) & f_xx_nr^6\\ f_yy_nr^2 & f_yy_nr^4 & f_y(r^2+2y_n^2) & 2f_yx_ny_n & f_yy_nr^6\end{bmatrix}\tag{10-47}$$

至此为止，我们已经得到了 $\boldsymbol{u}'_{ij}$ 关于相机所有内参的偏导数形式，即 $\dfrac{\partial \boldsymbol{u}'_{ij}}{\partial f_x}$，$\dfrac{\partial \boldsymbol{u}'_{ij}}{\partial f_y}$，$\dfrac{\partial \boldsymbol{u}'_{ij}}{\partial c_x}$，$\dfrac{\partial \boldsymbol{u}'_{ij}}{\partial c_y}$ 和 $\dfrac{\partial \boldsymbol{u}'_{ij}}{\partial \boldsymbol{k}^{\mathrm{T}}}$。接下来需要确定 $\boldsymbol{u}'_{ij}$ 关于相机外参 $(\boldsymbol{d}_i,\boldsymbol{t}_i)$ 的偏导数形式。

根据式(10-13)，可得

$$\frac{\partial \boldsymbol{p}_d}{\partial \boldsymbol{p}_n^{\mathrm{T}}}=\begin{bmatrix}\dfrac{\partial x_d}{\partial x_n} & \dfrac{\partial x_d}{\partial y_n}\\ \dfrac{\partial y_d}{\partial x_n} & \dfrac{\partial y_d}{\partial y_n}\end{bmatrix}$$

$$=\begin{bmatrix}\begin{matrix}1+k_1r^2+k_2r^4+k_3r^6+2x_n^2(k_1+2k_2r^2+3k_3r^4)+\\2\rho_1y_n+6\rho_2x_n\end{matrix} & 2x_ny_n(k_1+2k_2r^2+3k_3r^4)+2(\rho_1x_n+\rho_2y_n)\\ 2x_ny_n(k_1+2k_2r^2+3k_3r^4)+2(\rho_1x_n+\rho_2y_n) & \begin{matrix}1+k_1r^2+k_2r^4+k_3r^6+2y_n^2(k_1+2k_2r^2+3k_3r^4)+\\2\rho_2x_n+6\rho_1y_n\end{matrix}\end{bmatrix}\tag{10-48}$$

根据式(10-4)可得

$$\frac{\partial \boldsymbol{p}_n}{\partial \boldsymbol{p}_c^{\mathrm{T}}}=\begin{bmatrix}\frac{\partial x_n}{\partial x_c} & \frac{\partial x_n}{\partial y_c} & \frac{\partial x_n}{z_c}\\ \frac{\partial y_n}{\partial x_c} & \frac{\partial y_n}{\partial y_c} & \frac{\partial y_n}{\partial z_c}\end{bmatrix}=\begin{bmatrix}\frac{1}{z_c} & 0 & \frac{-x_c}{z_c^2}\\ 0 & \frac{1}{z_c} & \frac{-y_c}{z_c^2}\end{bmatrix}\tag{10-49}$$

设与轴角 $\boldsymbol{d}_i$ 对应的旋转矩阵为 $\boldsymbol{R}=\begin{bmatrix}r_{11} & r_{12} & r_{13}\\ r_{21} & r_{22} & r_{23}\\ r_{31} & r_{32} & r_{33}\end{bmatrix}$，把矩阵 $\boldsymbol{R}$ 的元素按行排列形成列向量 $\boldsymbol{r}=(r_{11},r_{12},r_{13},r_{21},r_{22},r_{23},r_{31},r_{32},r_{33})^{\mathrm{T}}$。式(10-1)表达了世界坐标系下的一点与相机坐标系下点的关系，根据式(10-1)，我们可知 $\boldsymbol{p}_c$ 与 $\boldsymbol{p}_j$ 之间满足式(10-50)的关系

$$\begin{bmatrix}x_c\\ z_c\\ z_c\end{bmatrix}=\begin{bmatrix}r_{11}x+r_{12}y+r_{13}z+t_1\\ r_{21}x+r_{22}y+r_{23}z+t_2\\ r_{31}x+r_{32}y+r_{33}z+t_3\end{bmatrix}\tag{10-50}$$

由式(10-50)可得

$$\begin{aligned}\frac{\partial \boldsymbol{p}_c}{\partial \boldsymbol{r}^{\mathrm{T}}}&=\begin{bmatrix}\frac{\partial x_c}{\partial r_{11}} & \frac{\partial x_c}{\partial r_{12}} & \frac{\partial x_c}{\partial r_{13}} & \frac{\partial x_c}{\partial r_{21}} & \frac{\partial x_c}{\partial r_{22}} & \frac{\partial x_c}{\partial r_{23}} & \frac{\partial x_c}{\partial r_{31}} & \frac{\partial x_c}{\partial r_{32}} & \frac{\partial x_c}{\partial r_{33}}\\ \frac{\partial y_c}{\partial r_{11}} & \frac{\partial y_c}{\partial r_{12}} & \frac{\partial y_c}{\partial r_{13}} & \frac{\partial y_c}{\partial r_{21}} & \frac{\partial y_c}{\partial r_{22}} & \frac{\partial y_c}{\partial r_{23}} & \frac{\partial y_c}{\partial r_{31}} & \frac{\partial y_c}{\partial r_{32}} & \frac{\partial y_c}{\partial r_{33}}\\ \frac{\partial z_c}{\partial r_{11}} & \frac{\partial z_c}{\partial r_{12}} & \frac{\partial z_c}{\partial r_{13}} & \frac{\partial z_c}{\partial r_{21}} & \frac{\partial z_c}{\partial r_{22}} & \frac{\partial z_c}{\partial r_{23}} & \frac{\partial z_c}{\partial r_{31}} & \frac{\partial z_c}{\partial r_{32}} & \frac{\partial z_c}{\partial r_{33}}\end{bmatrix}\\ &=\begin{bmatrix}x & y & z & 0 & 0 & 0 & 0 & 0 & 0\\ 0 & 0 & 0 & x & y & z & 0 & 0 & 0\\ 0 & 0 & 0 & 0 & 0 & 0 & x & y & z\end{bmatrix}\end{aligned}\tag{10-51}$$

$$\frac{\mathrm{d}\boldsymbol{p}_c}{\mathrm{d}\boldsymbol{t}_i^{\mathrm{T}}}=\begin{bmatrix}\frac{\partial x_c}{\partial t_1} & \frac{\partial x_c}{\partial t_2} & \frac{\partial x_c}{\partial t_3}\\ \frac{\partial y_c}{\partial t_1} & \frac{\partial y_c}{\partial t_2} & \frac{\partial y_c}{\partial t_3}\\ \frac{\partial z_c}{\partial t_1} & \frac{\partial z_c}{\partial t_2} & \frac{\partial z_c}{\partial t_3}\end{bmatrix}=\begin{bmatrix}1 & 0 & 0\\ 0 & 1 & 0\\ 0 & 0 & 1\end{bmatrix}\tag{10-52}$$

我们把轴角 $\boldsymbol{d}_i=(d_1,d_2,d_3)^{\mathrm{T}}$ 显示地表示为旋转轴与旋转角乘积的形式，$\boldsymbol{d}_i=\theta\boldsymbol{n}$，其中 $\theta=\|\boldsymbol{d}_i\|_2$，$\boldsymbol{n}=(n_1,n_2,n_3)^{\mathrm{T}}=\frac{\boldsymbol{d}_i}{\|\boldsymbol{d}_i\|_2}$，记 $\alpha=\sin\theta$、$\beta=\cos\theta$、$\gamma=1-\cos\theta$，由式(10-21)可得，

$$\begin{aligned}\begin{bmatrix}r_{11} & r_{12} & r_{13}\\ r_{21} & r_{22} & r_{23}\\ r_{31} & r_{32} & r_{33}\end{bmatrix}=\beta\begin{bmatrix}1 & & \\ & 1 & \\ & & 1\end{bmatrix}+\gamma\begin{bmatrix}n_1^2 & n_1n_2 & n_1n_3\\ n_1n_2 & n_2^2 & n_2n_3\\ n_1n_3 & n_2n_3 & n_3^2\end{bmatrix}+\\ \alpha\begin{bmatrix}0 & -n_3 & n_2\\ n_3 & 0 & -n_1\\ -n_2 & n_1 & 0\end{bmatrix}\end{aligned}\tag{10-53}$$

基于以上信息，我们可推导出 $\boldsymbol{r}$ 与 $\boldsymbol{d}_i$ 的导数关系

$$\frac{\partial \boldsymbol{r}}{\partial \boldsymbol{d}_i^{\mathrm{T}}}=\begin{bmatrix}
\frac{2\gamma n_1(1-n_1^2)}{\theta}+\alpha n_1(n_1^2-1) & -\frac{2\gamma n_1^2 n_2}{\theta}+\alpha n_2(n_1^2-1) & -\frac{2\gamma n_1^2 n_3}{\theta}+\alpha n_3(n_1^2-1) \\
n_1(\alpha n_1 n_2-\beta n_3)+\frac{\gamma n_2(1-2n_1^2)+\alpha n_1 n_3}{\theta} & n_2(\alpha n_1 n_2-\beta n_3)+\frac{\gamma n_1(1-2n_2^2)+\alpha n_2 n_3}{\theta} & n_3(\alpha n_1 n_2-\beta n_3)+\frac{\alpha(n_3^2-1)-2\gamma n_1 n_2 n_3}{\theta} \\
n_1(\alpha n_1 n_3+\beta n_2)+\frac{\gamma n_3(1-2n_1^2)-\alpha n_1 n_2}{\theta} & n_2(\alpha n_1 n_3+\beta n_2)+\frac{\alpha(1-n_2^2)-2\gamma n_1 n_2 n_3}{\theta} & n_3(\alpha n_1 n_3+\beta n_2)+\frac{\gamma n_1(1-2n_3^2)-\alpha n_2 n_3}{\theta} \\
n_1(\alpha n_1 n_2+\beta n_3)+\frac{\gamma n_2(1-2n_1^2)-\alpha n_1 n_3}{\theta} & n_2(\alpha n_1 n_2+\beta n_3)+\frac{\gamma n_1(1-2n_2^2)-\alpha n_2 n_3}{\theta} & n_3(\alpha n_1 n_2+\beta n_3)+\frac{\alpha(1-n_3^2)-2\gamma n_1 n_2 n_3}{\theta} \\
\frac{-2\gamma n_1 n_2^2}{\theta}+\alpha n_1(n_2^2-1) & \frac{2\gamma n_2(1-n_2^2)}{\theta}+\alpha n_2(n_2^2-1) & -\frac{2\gamma n_2^2 n_3}{\theta}+\alpha n_3(n_2^2-1) \\
n_1(\alpha n_2 n_3-\beta n_1)-\frac{\alpha(1-n_1^2)+2\gamma n_1 n_2 n_3}{\theta} & n_2(\alpha n_2 n_3-\beta n_1)+\frac{\gamma n_3(1-2n_2^2)+\alpha n_1 n_2}{\theta} & n_3(\alpha n_2 n_3-\beta n_1)+\frac{\alpha n_1 n_3+\gamma n_2(1-2n_3^2)}{\theta} \\
n_1(\alpha n_1 n_3-\beta n_2)+\frac{\alpha n_1 n_2+\gamma n_3(1-2n_1^2)}{\theta} & n_2(\alpha n_1 n_3-\beta n_2)-\frac{\alpha(1-n_2^2)+2\gamma n_1 n_2 n_3}{\theta} & n_3(\alpha n_1 n_3-\beta n_2)+\frac{\alpha n_2 n_3+\gamma n_1(1-2n_3^2)}{\theta} \\
n_1(\alpha n_2 n_3+\beta n_1)+\frac{\alpha(1-n_1^2)-2\gamma n_1 n_2 n_3}{\theta} & n_2(\alpha n_2 n_3+\beta n_1)+\frac{\gamma n_3(1-2n_2^2)-\alpha n_1 n_2}{\theta} & n_3(\alpha n_2 n_3+\beta n_1)+\frac{\gamma n_2(1-2n_3^2)-\alpha n_1 n_3}{\theta} \\
\frac{-2\gamma n_1 n_3^2}{\theta}+\alpha n_1(n_3^2-1) & -\frac{2\gamma n_2 n_3^2}{\theta}+\alpha n_2(n_3^2-1) & \frac{2\gamma n_3(1-n_3^2)}{\theta}+\alpha n_3(n_3^2-1)
\end{bmatrix} \tag{10-54}$$

作为练习，请读者完成式(10-54)的推导。结合式(10-45)、式(10-48)、式(10-49)、式(10-51)和式(10-54)，根据链式求导法则得到

$$\frac{\partial \boldsymbol{u}'_{ij}}{\partial \boldsymbol{d}_i^{\mathrm{T}}}=\frac{\partial \boldsymbol{u}'_{ij}}{\partial \boldsymbol{p}_d^{\mathrm{T}}}\cdot\frac{\partial \boldsymbol{p}_d}{\partial \boldsymbol{p}_n^{\mathrm{T}}}\cdot\frac{\partial \boldsymbol{p}_n}{\partial \boldsymbol{p}_c^{\mathrm{T}}}\cdot\frac{\partial \boldsymbol{p}_c}{\partial \boldsymbol{r}^{\mathrm{T}}}\cdot\frac{\partial \boldsymbol{r}}{\partial \boldsymbol{d}_i^{\mathrm{T}}} \tag{10-55}$$

结合式(10-45)、式(10-48)、式(10-49)和式(10-52)，根据链式求导法则得到

$$\frac{\partial \boldsymbol{u}'_{ij}}{\partial \boldsymbol{t}_i^{\mathrm{T}}}=\frac{\partial \boldsymbol{u}'_{ij}}{\partial \boldsymbol{p}_d^{\mathrm{T}}}\cdot\frac{\partial \boldsymbol{p}_d}{\partial \boldsymbol{p}_n^{\mathrm{T}}}\cdot\frac{\partial \boldsymbol{p}_n}{\partial \boldsymbol{p}_c^{\mathrm{T}}}\cdot\frac{\partial \boldsymbol{p}_c}{\partial \boldsymbol{t}_i^{\mathrm{T}}} \tag{10-56}$$

到这里为止，计算$\frac{\mathrm{d}\boldsymbol{u}'_{ij}}{\mathrm{d}\boldsymbol{\theta}^{\mathrm{T}}}$所需的所有必要的表达形式都已经得到了，继而可以确定 $\boldsymbol{f}(\boldsymbol{\theta})$的雅可比矩阵 $\boldsymbol{J}(\boldsymbol{\theta})$，然后就可以利用第 9 章中所介绍的高斯-牛顿法或者列文伯格-马夸特法来对相机模型参数$\boldsymbol{\theta}$ 进行迭代优化了，最终便可得到相机参数的标定结果$\boldsymbol{\theta}^*$。

10.4 镜头畸变去除

当有了相机模型的参数以后，便可以基于图像观测来对物理空间进行测量。一般来说，为了便于建模和分析，往往先要对获取的图像进行镜头畸变去除。在进行了镜头畸变去除以后，便可以使用理想的针孔相机成像模型(式(10-9))来建模成像流程，而无须再考虑镜头畸变这件事儿。在相机内参数已知的情况下，图像的镜头畸变去除是很容易执行的。

假设原始拍摄的带有镜头畸变的图像为 $\boldsymbol{I}_d$，去畸变之后的图像记为 $\boldsymbol{I}$。对于 $\boldsymbol{I}$ 上一点 $\boldsymbol{u}$，我们需要计算出 $\boldsymbol{I}_d$ 上与之对应的点 $\boldsymbol{u}_d$。与 $\boldsymbol{u}$ 对应的归一化成像坐标系下的点为 $\boldsymbol{K}^{-1}\boldsymbol{u}$，该点经镜头畸变映射至归一化成像坐标系下的点$\mathcal{D}(\boldsymbol{K}^{-1}\boldsymbol{u})$。点$\mathcal{D}(\boldsymbol{K}^{-1}\boldsymbol{u})$在成像平面像素坐标系下的投影为 $\boldsymbol{K}(\mathcal{D}(\boldsymbol{K}^{-1}\boldsymbol{u}))$，即 $\boldsymbol{u}_d=\boldsymbol{K}(\mathcal{D}(\boldsymbol{K}^{-1}\boldsymbol{u}))$。之后，我们便可把 $I_d(\boldsymbol{u}_d)$的像素值赋值给 $I(\boldsymbol{u})$。当然，在实际编程实现的时候，由于 $\boldsymbol{u}$ 为整数，它在 $\boldsymbol{I}_d$ 上的对应点坐标 $\boldsymbol{u}_d=\boldsymbol{K}(\mathcal{D}(\boldsymbol{K}^{-1}\boldsymbol{u}))$几乎不可能也为整数，因此 $\boldsymbol{I}_d(\boldsymbol{u}_d)$的像素值获取需要通过对 $\boldsymbol{u}_d$ 邻域整数位置点的像素值的插值来得到。关于图像插值的内容，我们已经在第 6 章中介绍过了。

10.5 实践

10.5.1 基于 Matlab 的相机内参标定

Matlab 提供了一个用于相机内参标定的 App①。本实践环节将带领读者学习该标定 App 的使用，并利用最终得到的相机内参数完成图像去畸变任务。

1. 标定板图像准备

制作符合要求的平面棋盘格标定板。本书所用的棋盘格模式文件为"\chapter-10-imaging model and intrinsics calibration\cameraCalibratorImgs\checkerboardPattern.pdf"。用待标定相机对标定板进行拍摄(图 10-14)，获取 10～20 张标定板图像。在获取标定板图像的过程中需要注意以下要点：

① 相机到标定板的距离要大致与将来相机的工作距离一致，例如，如果计划从 2 米处测量对象，请将标定板保持在距离相机约 2 米的位置；

② 标定板平面与相机成像平面之间的角度要小于 45°；

③ 不要对拍摄到的图像进行修改，例如，不要裁剪图像；

④ 在图像采集过程中，要保持相机焦距不变，如要关闭相机的自动对焦功能并且不能更改缩放设置；

⑤ 要在相对于相机尽可能多的不同方向上拍摄标定板图像。

图 10-14　拍摄 10～20 张标定板图像

对于标定板图像的采集，读者可以用与相机配套的采集程序或 OpenCV 事先采集好，也可以使用接下来将要提到的 Matlab 中的 Camera Calibrator 自带的图像采集器来采集。如果要使用 Matlab 提供的图像采集功能，需要安装硬件支持包"Matlab Support Package for USB Webcams"。如果读者的 Matlab 环境中尚未安装此支持包，可以通过 Matlab 主页标签页中的"附加功能→获取硬件支持包"来完成安装。为了叙述方便，本节假定标定板图像已经事先采集好。本书预先采集的标定板图像文件可在"\chapter-10-imaging model and intrinsics calibration\cameraCalibratorImgs\"目录下找到。

2. 打开标定 App 并读入标定板图像

如图 10-15 所示，在 Matlab 的 App 标签页中找到 Camera Calibrator 应用，并打开。然后单击执行"Add Images→From file"。如图 10-16 所示，在弹出的文件选择对话框中选择要读入的标定板图像文件(可以多选)，单击"打开"后，会导入所选择的标定板图像文件。图像导入后，App 会提示需要做一些标定板参数设定，如图 10-17(a)所示。对于我们的情况，标定板的类型应选择"Checkerboard"；标定板上每个格子的物理尺寸(size of checkerboard square)需要根据实际情况给出，如 60mm；相机的畸变程度(image distortion)也需要根据实际情况来

① 本书所使用的 Matlab 版本为 R2023a。

设置。单击确定后，程序会执行标定板交叉点检测并报告检测结果，之后可以查看每张图像的交叉点检测情况，如图 10-17(b)所示。

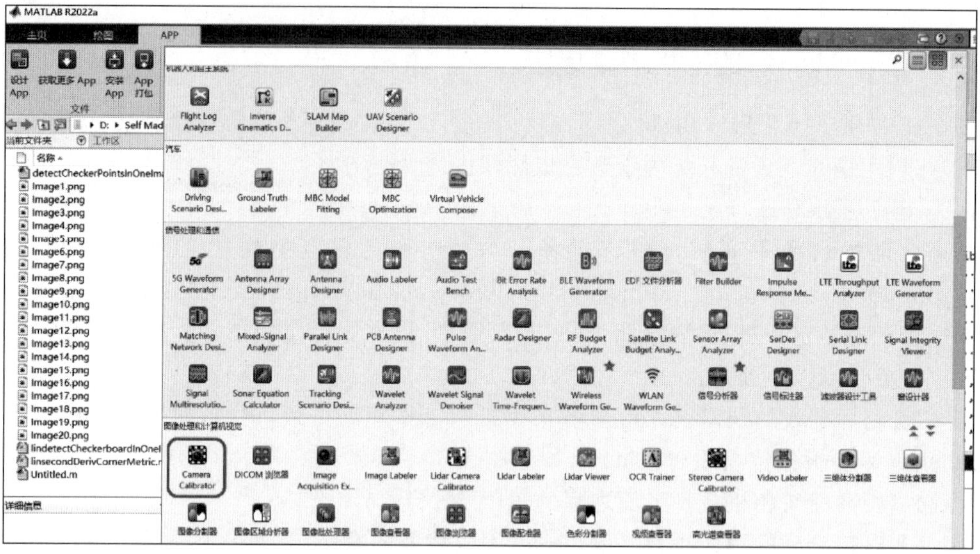

图 10-15　Matlab 中的 Camera Calibrator 应用

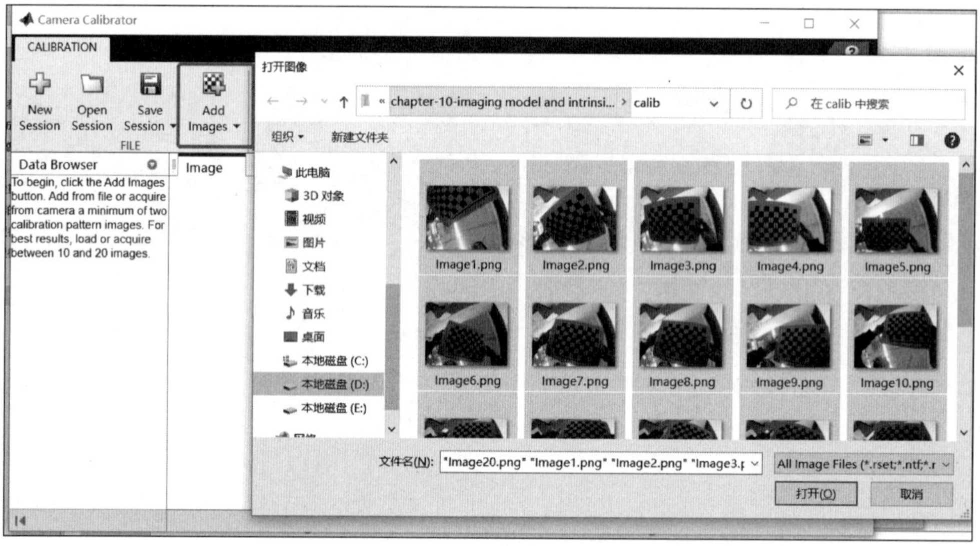

图 10-16　在 Camera Calibrator 中导入事先拍摄好的标定板图像

3. 相机模型参数设置

如图 10-18 所示，如果相机是广角鱼眼相机，可以使用“Fisheye”相机模型，否则可选用“Standard”相机模型。本例使用“Standard”相机模型。

之后，可以在“Options”下对相机模型参数进行进一步设置，包括径向畸变模型选择、是否计算扭曲系数(skew)、是否计算切向畸变等。事实上，我们往往需要根据标定结果是否达到满意的程度，不断尝试调整这些设置。

4. 完成标定并观察结果

完成设置后，单击“Calibrate”执行相机参数标定的计算。在标定过程执行完毕之后，App 会出现几个辅助窗口来帮助我们观察标定结果(图 10-19)：①“Reprojection errors”统计了在

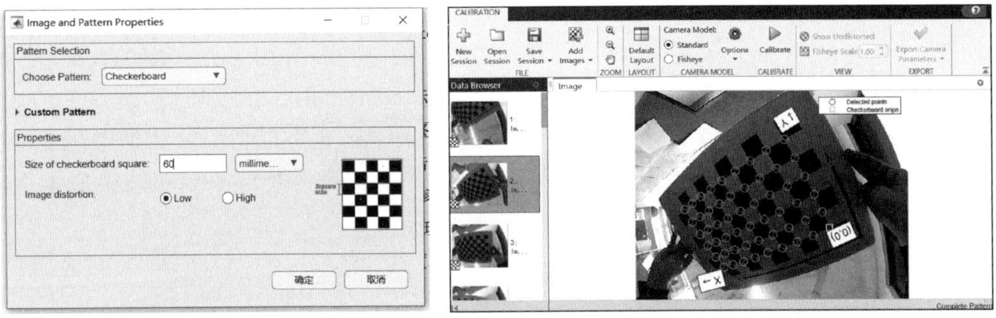

(a) 标定板参数设定　　　　(b) 每张图像上的交叉点检测结果

图 10-17

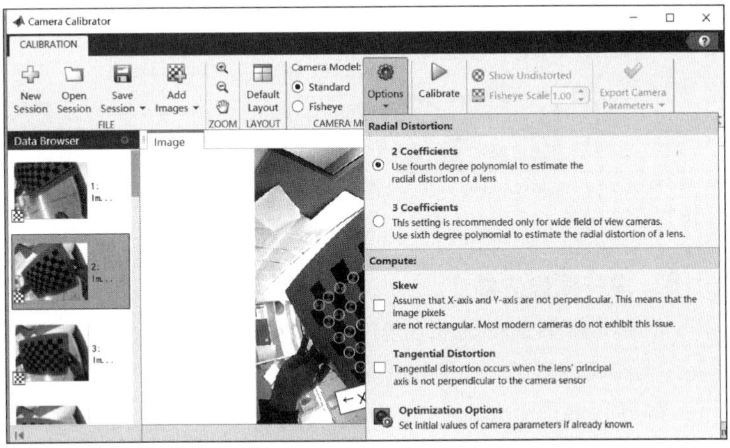

图 10-18　Camera Calibrator 中相机模型的选择与参数设置

当前参数下每幅图像上交叉点的平均重投影误差；②“Pattern-centric”是假设标定板不动，观察相机的相对位姿；③“Camera-centric”是假设相机不动，观察标定板的相对位姿。

可以根据初步标定结果对之前的标定参数设置进行修正，直至达到满意为止。比如，如图 10-19 所示，我们观察到“image1”的重投影误差很大，表明这张标定板图像拍摄的可能有些问题。检查发现，该图像中的标定板没有完全在相机视场内，导致一部分交叉点不可见，可将该标定板图像删除，再重新执行标定过程。

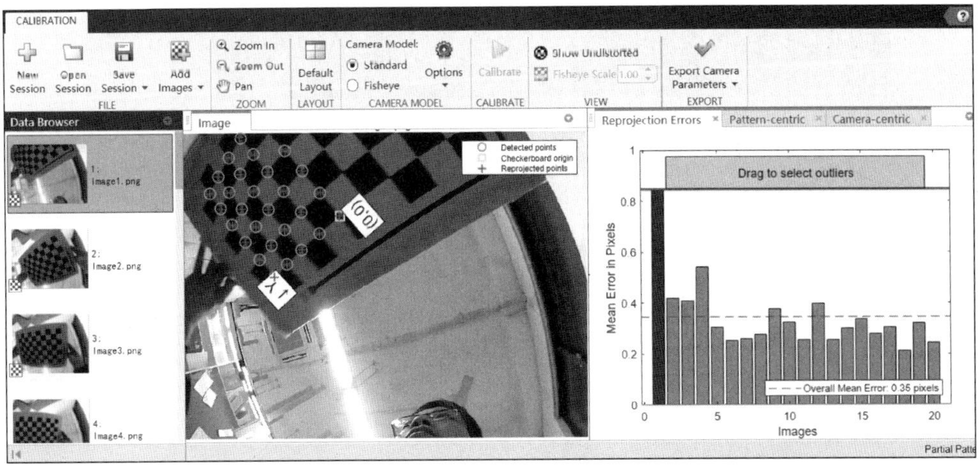

图 10-19　执行完相机参数标定操作后，可对标定结果进行可视化观察

5. 导出标定参数与生成标定程序代码

如图 10-20（a）所示，标定完成后，单击“Export Camera Parameters”下的“Export Parameters to Workspace”将得到的相机参数导出至当前 Matlab 的工作区环境（图 10-20(b)），之后便可以利用得到的相机内参数来继续完成其他任务，当然，也可以把参数结果保存至本地磁盘。也可以用“Export Camera Parameters”下的“Generate Matlab Script”功能生成本次标定任务的 Matlab 程序脚本，方便学习或进行进一步开发。

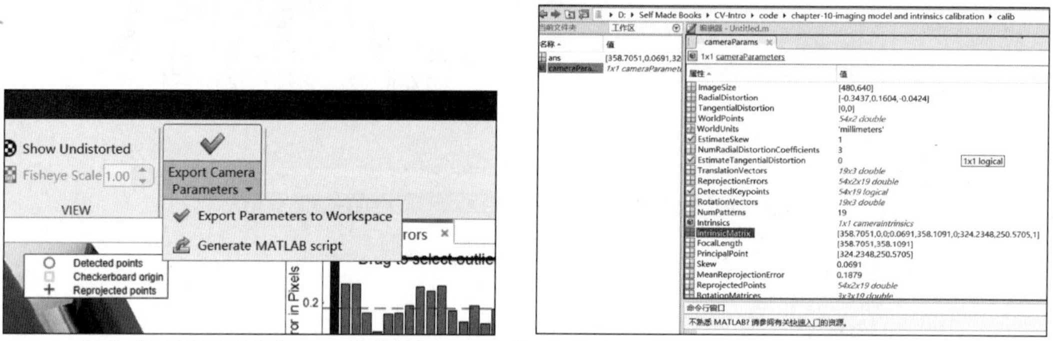

(a) 生成本次标定任务的Matlab程序脚本　　(b) 导入工作区的相机参数

图 10-20　标定结果的导出

6. 利用相机内参，进行图像去畸变

假设我们已经将上述步骤中获得的相机内参数文件通过 Matlab 环境存储到了本地磁盘。之后，可以导入该参数文件，来对同款相机拍摄的带畸变图像进行图像去畸变操作。具体程序在“\chapter-10-imaging model and intrinsics calibration\imageUndistortUsingIntrinsicsMatlab”目录下。其中，程序主文件 main.m 的代码也列在了附录 P.4 中。该程序的示例输出结果如图 10-21 所示。

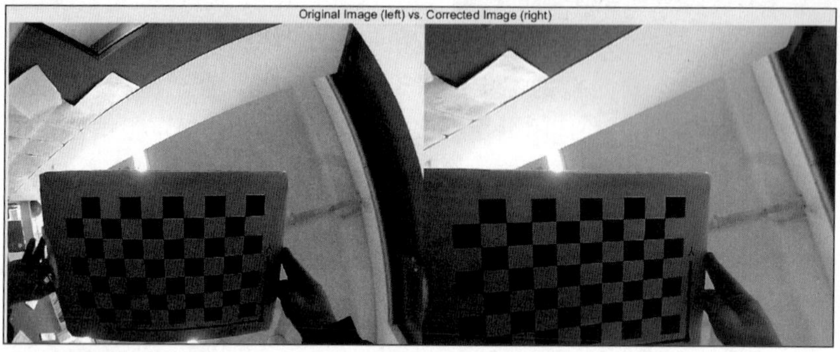

图 10-21　图像去畸变：左侧图像为带有明显镜头畸变的原始图像，物理空间中的直线在该图像上变成了曲线；右侧为进行了去畸变操作之后所得到的结果，可以看到图像畸变已经被有效消除，物理空间中的直线在该图像上也是直线

10.5.2　基于 OpenCV 和 C++的鱼眼相机内参标定

本实践环节所使用的程序为“\chapter-10-imaging model and intrinsics calibration\fisheyeCameraCalib”。该程序基于 Windows 11＋Visual Studio 2017＋OpenCV 4.5.5 开发。该程序示范了如何实时采集标定板图像、如何调用 OpenCV 库函数来完成鱼眼相机的内参标定以及如何利用已经获得的鱼眼相机内参数来完成鱼眼视频的实时去畸变。为运行本程序，

读者需准备一个 USB 接口的鱼眼相机。

在 OpenCV 中，与鱼眼相机标定有关的操作被封装在了类 cv::fisheye 中。本书想强调的是，虽然本示例程序是针对鱼眼相机的，其相关处理流程对于普通相机来说也是适用的。读者只需要将其中特别针对鱼眼相机的 OpenCV 函数替换成面向普通相机的 OpenCV 函数即可。比如，针对鱼眼相机内参标定任务的 OpenCV 函数为 cv::fisheye::calibrate()，而针对普通相机内参标定任务的 OpenCV 函数为 cv::calibrateCamera()；针对鱼眼相机图像去畸变任务的 OpenCV 函数为 cv::fisheye::undistortImage()，而针对普通相机图像去畸变任务的 OpenCV 函数为 cv::undistort()。

fisheyeCameraCalib 程序的主文件为 cameracalib. cpp。该程序有 3 个 main 函数，编译时，每次都需要注释掉其他两个，只保留一个 main 函数。

第 1 个 main 函数完成对标定板图像的采集。成功采集的图像被存储在"\fisheyeCameraCalib\data\imgs"目录之下，典型的鱼眼相机所采集的标定板图像如图 10-22(a)和图 10-22(b)所示。第 2 个 main 函数基于所采集的标定板图像，完成鱼眼相机内参标定，并将得到的内参数据存储为本地磁盘文件"\fisheyeCameraCalib\data\camParams. xml"。第 3 个 main 函数从前面得到的内参文件中读入相机内参，对输入的鱼眼相机视频进行实时去畸变操作，并实时可视化出采集的原始鱼眼视频以及对应的经去畸变处理之后的视频，如图 10-22(c)所示。本书在 cameracalib. cpp 文件中对相关程序代码进行了详尽的注释。该文件中的核心代码被列在了附录 P. 5 中。

(a) 典型的鱼眼相机所采集的标定板图像(1)

(b) 典型的鱼眼相机所采集的标定板图像(2)

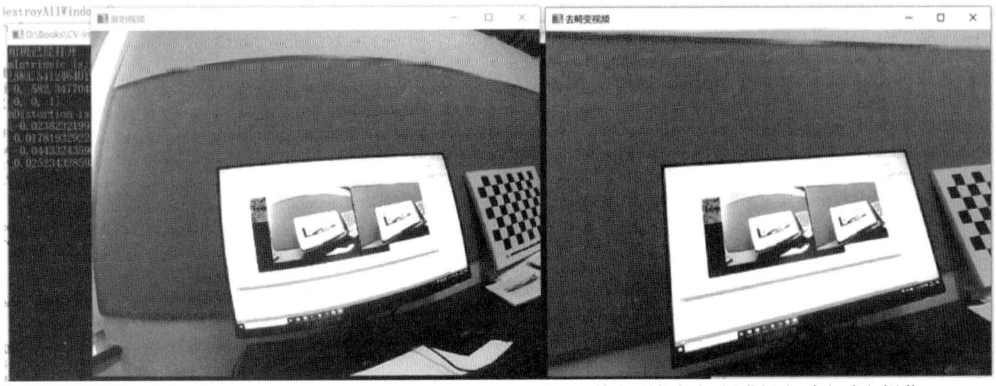

(c) 当内参标定完成后，fisheyeCameraCalib程序可对输入的鱼眼相机视频进行实时去畸变操作

图 10-22　鱼眼相机标定

10.6 习题

(1) 矩阵 $\boldsymbol{R}\in\mathbb{R}^{3\times3}$ 为正交矩阵且 det($\boldsymbol{R}$)=1。若把 $\boldsymbol{R}$ 按列展开，写成形式 $\boldsymbol{R}=[\boldsymbol{r}_1\ \boldsymbol{r}_2\ \boldsymbol{r}_3]$，其中 $\boldsymbol{r}_1$、$\boldsymbol{r}_2$、$\boldsymbol{r}_3$ 分别为 $\boldsymbol{R}$ 的第 1、2、3 列，请证明 $\boldsymbol{r}_3=\boldsymbol{r}_1\times\boldsymbol{r}_2$。

(2) 矩阵 $\boldsymbol{R}\in\mathbb{R}^{3\times3}$ 为正交矩阵且 det($\boldsymbol{R}$)=1。请证明 1 必然是 $\boldsymbol{R}$ 的特征值。

(3) 请推导式(10-48)和式(10-54)。

(4) 完成实践环节 10.5.1。

(5) 完成实践环节 10.5.2。

(6) 运行并理解程序"\chapter-10-imaging model and intrinsics calibration\monoCalib"。该程序改编自 OpenCV 中关于相机内参标定部分的源代码(本书对非核心代码进行了简化)。本书对该程序中的关键部分进行了注释。该程序的实现完全遵照本章所讲述的理论内容。建议读者认真学习此程序，它可以帮助读者深刻理解本章所讲述的相机内参标定原理。本书在开发该程序时所用的运行环境为 Windows 11+VS2017+OpenCV4.5.5。

参考文献

[1] BROWN D C. Close-range camera calibration[J]. Photogrammetric Engineering, 1971, 37: 855-866.

[2] FRYER J G, BROWN D C. Lens distortion for close-range photogrammetry[J]. Photogrammetric Engineering and Remote Sensing, 1986, 52: 51-58.

[3] KANNALA J, BRANDT S S. A generic camera model and calibration method for conventional, wide-angle, and fish-eye lenses[J]. IEEE Trans. Pattern Analysis and Machine Intelligence, 2006, 28(8): 1335-1340.

[4] ZHANG Z. A flexible new technique for camera calibration[J]. IEEE Trans. Pattern Analysis and Machine Intelligence, 2000, 22(11): 1330-1334.

[5] KAEHLER A, BRADSKI G. Learning OpenCV 3[M]. California: O'Reilly Media Inc, 2016.

[6] CHENG H, GUPTA K C. An historical note on finite rotations[J]. Journal of Applied Mechanics, 1989, 56(1): 139-145.

第 11 章 鸟瞰视图

在第 7 章中提到，为了便于使用视觉技术来对平面上的目标进行检测或测量，我们可以生成物理平面的鸟瞰视图。鸟瞰视图又称**逆透视投影**，这是因为当拍摄物理平面信息时，在针孔相机模型下，图像平面是物理平面通过透视投影产生的。逆透视投影便是将图像平面信息反投影至它所对应的物理平面上，得到物理平面的像素化表示。鸟瞰视图被广泛应用在辅助驾驶中的环视系统和各类工业流水线中的工件属性测量系统中。我们将在这一章学习如何从物理平面的图像中构造出该平面的鸟瞰视图。

11.1 基本流程

如果读者已经掌握了相机内参标定技术、图像镜头畸变去除技术以及平面间射影变换估计技术，会很容易理解和掌握鸟瞰视图生成技术，因为后者正是对前面几项技术的综合应用。

假定对于某个物理平面，我们拍摄了它的图像 $\boldsymbol{I}_D$，现在的任务是要从 $\boldsymbol{I}_D$ 中生成该平面的鸟瞰视图 $\boldsymbol{I}_B$。完成这个任务的关键在于要建立起从鸟瞰视图 $\boldsymbol{I}_B$ 坐标系下的点到原始图像 $\boldsymbol{I}_D$ 坐标系下的点的映射查找表 $T_{B\to D}$，即对于给定的 $\boldsymbol{I}_B$ 上的一点 $\boldsymbol{x}_B$，通过查询查找表 $T_{B\to D}$，我们可以得到 $\boldsymbol{I}_D$ 上与之对应的点 $\boldsymbol{x}_D$。这样便可以把 $\boldsymbol{I}_B(x_B)$ 赋值为 $\boldsymbol{I}_D(x_D)$，从而生成出鸟瞰视图 $\boldsymbol{I}_B$。

如图 11-1 所示，从概念上来说，查找表 $T_{B\to D}$ 的构建需要借助几个坐标系：鸟瞰视图图像坐标系、物理平面坐标系、去畸变图像坐标系和原始图像坐标系[1]。只要我们建立起了从鸟瞰视图图像坐标系到物理平面坐标系的映射关系、从物理平面坐标系到去畸变图像坐标系的映射关系以及从去畸变图像坐标系到原始图像坐标系的映射关系，便可以生成查找表 $T_{B\to D}$。需要强调一下，$T_{B\to D}$ 的构建是离线完成的，它和图像的内容无关，只与相机相对于物理平面的位置有关；因此，只要相机相对于物理平面的位姿保持不变，$T_{B\to D}$ 在构建完毕之后就不需要再重新构建了。

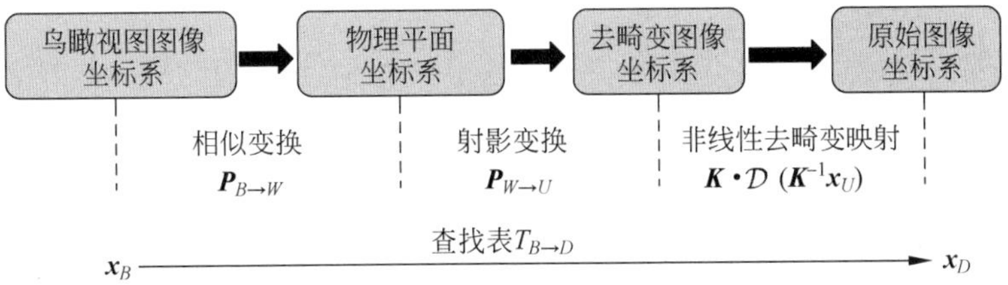

图 11-1　鸟瞰视图坐标系下的一点 $\boldsymbol{x}_B$ 与原始图像坐标系下对应点 $\boldsymbol{x}_D$ 之间的映射关系

11.2 鸟瞰视图坐标系到物理平面坐标系的映射

鸟瞰视图坐标系与物理平面坐标系之间的映射关系 $\boldsymbol{P}_{B\to W}$ 实际上是一个相似变换。一般情况下，为了测量和表示的方便，鸟瞰视图图像坐标系的两个坐标轴与物理平面坐标系的两个坐标轴分别平行，这样只要预先确定好鸟瞰视图图像的像素分辨率、它所覆盖的物理平面范围以及鸟瞰视图中心点在物理平面坐标系下的位置便可以确定出 $\boldsymbol{P}_{B\to W}$。鸟瞰视图图像坐标系的单位为像素，物理平面坐标系的单位为物理长度单位，如米或者毫米。

如图 11-2 所示，假设生成的鸟瞰视图图像的分辨率为 $m\times n$（单位为像素），所覆盖的物理平面的长度为 h（单位为物理长度单位，如毫米），图像的中心对应于物理平面坐标系的原点 $\boldsymbol{o}$。设 $\boldsymbol{x}_B=(x_B,y_B)^{\mathrm{T}}$ 为鸟瞰视图图像 $\boldsymbol{I}_B$ 上一点，与之对应的物理平面坐标系下的一点为 $\boldsymbol{x}_W=(x_W,y_W)^{\mathrm{T}}$，那么容易知道，$\boldsymbol{x}_B$ 与 $\boldsymbol{x}_W$ 之间的关系为

$$\begin{pmatrix}x_W\\y_W\\1\end{pmatrix}=\begin{bmatrix}\frac{h}{m} & 0 & -\frac{hn}{2m}\\0 & -\frac{h}{m} & \frac{h}{2}\\0 & 0 & 1\end{bmatrix}\begin{pmatrix}x_B\\y_B\\1\end{pmatrix}\tag{11-1}$$

即 $\boldsymbol{P}_{B\to W}$ 为

$$\boldsymbol{P}_{B\to W}=\begin{bmatrix}\frac{h}{m} & 0 & -\frac{hn}{2m}\\0 & -\frac{h}{m} & \frac{h}{2}\\0 & 0 & 1\end{bmatrix}\tag{11-2}$$

当然，式(11-2)是在鸟瞰视图中心对应于物理平面坐标系原点 $\boldsymbol{o}$ 的情况下得到的结果，如果鸟瞰视图中心对应于物理平面坐标系中的其他位置，则 $\boldsymbol{P}_{B\to W}$ 的具体形式也需要随之改变。

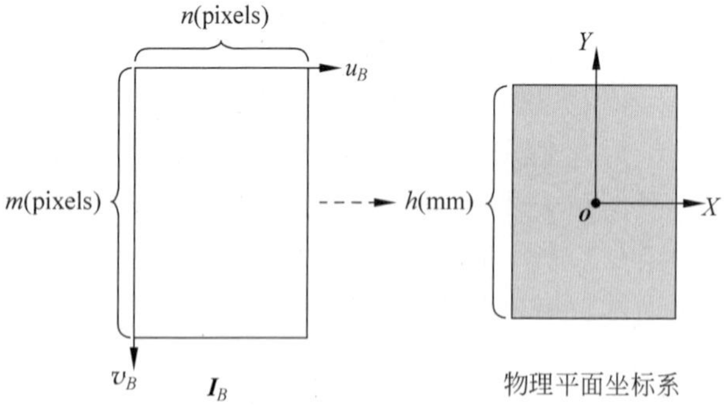

(a) 鸟瞰视图图像坐标系与物理平面坐标系之间的映射关系示意图

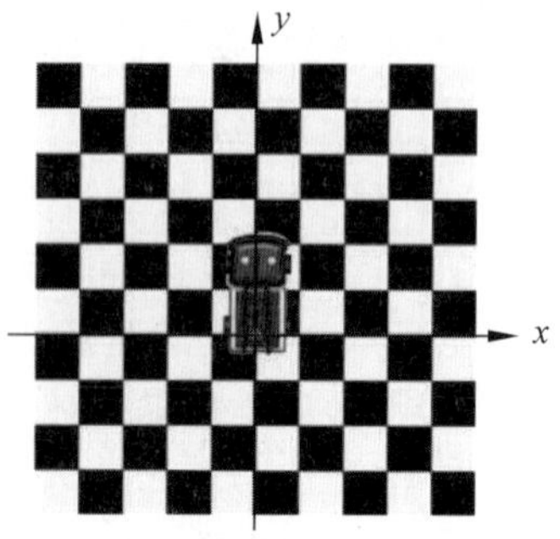
(b) 基于棋盘格标定场所建立的物理平面坐标系，该标定场由边长为1米的黑白方格组成

图 11-2 鸟瞰视图图像坐标系与物理平面坐标系之间的映射关系示意图及基于棋盘格标定场所建立的物理平面坐标系

需要强调一点，在下一步建立物理平面坐标系与去畸变图像坐标系的映射关系时，需要借助棋盘格标定场。为了方便起见，物理平面坐标系的建立往往也是借助标定场的，即它的坐标原点会选在某个棋盘格交叉点上，它的两个坐标轴要沿着标定场的边的方向，如图 11-2(b)所示。

11.3 物理平面坐标系到去畸变图像坐标系的映射

假设物理平面的去畸变图像为 $\boldsymbol{I}_U$，则物理平面与 $\boldsymbol{I}_U$ 之间满足射影变换关系。根据第 5 章中的知识可知，要估计两个平面之间的射影变换，必须知道这两个平面之间的对应点对集合且集合中的元素个数不少于 4 个。为此，我们需要在物理平面上铺设棋盘格标定场，标定场中每个交叉点在物理平面坐标系下的坐标都可以提前测得。如图 11-3 所示，在图像 $\boldsymbol{I}_U$ 中，可以选择一些在视场内可见的棋盘格图像交叉点并标注出它们在 $\boldsymbol{I}_U$ 上的像素坐标 $\{\boldsymbol{x}_U^i\}_{i=1}^p(p>4)$；与 $\boldsymbol{x}_U^i$ 对应的物理平面坐标系下的棋盘格交叉点 $\boldsymbol{x}_W^i$ 是已知的。假设物理平面与去畸变图像 $\boldsymbol{I}_U$ 之间的射影变换矩阵为 $\boldsymbol{P}_{W\to U}$，则 $\boldsymbol{x}_U^i=\boldsymbol{P}_{W\to U}\boldsymbol{x}_W^i$。这样，基于点对关系集合 $\{\boldsymbol{x}_U^i\leftrightarrow\boldsymbol{x}_W^i\}_{i=1}^p$，使用最小二乘法(参见第 5 章)便可以解出 $\boldsymbol{P}_{W\to U}$。

图 11-3 在去畸变图像上选取可视范围内的棋盘格图像交叉点并标注它们的像素坐标

11.4 去畸变图像坐标系到原始图像坐标系的映射

去畸变图像坐标系到原始图像坐标系的映射实际上就是图像镜头畸变去除的过程。根据 10.4 节的内容可知，设 $\boldsymbol{x}_U$(二维齐次坐标)为去畸变图像 $\boldsymbol{I}_U$ 上的一点，它所对应的带有镜头畸变的原始图像 $\boldsymbol{I}_D$ 上的一点为 $\boldsymbol{x}_D=\boldsymbol{K}\,\mathcal{D}(\boldsymbol{K}^{-1}\boldsymbol{x}_U)$，其中 $\boldsymbol{K}$ 为相机的内参矩阵，$\mathcal{D}(\cdot)$ 为相机镜头畸变算子(式(10-14))。

这样，假设我们对相机进行了内参标定得到了内参矩阵 $\boldsymbol{K}$ 和镜头畸变算子 $\mathcal{D}(\cdot)$，通过外参标定得到了矩阵 $\boldsymbol{P}_{B\to W}$ 和矩阵 $\boldsymbol{P}_{W\to U}$，对于鸟瞰视图图像中的一点 $\boldsymbol{x}_B$，便可以通过式(11-3)得到在原始输入图像 $\boldsymbol{I}_D$ 中的对应点 $\boldsymbol{x}_D$

$$\boldsymbol{x}_D=\boldsymbol{K}\mathcal{D}(\boldsymbol{K}^{-1}\boldsymbol{P}_{W\to U}\boldsymbol{P}_{B\to W}\boldsymbol{x}_B) \tag{11-3}$$

通过式(11-3)，我们便可以建立起从鸟瞰视图坐标系下的点到原始图像坐标系下的点的映射查找表 $T_{B\to D}$，进而便可以生成鸟瞰视图。图 11-4 通过一个实例展示了鸟瞰视图图像的生成过程，图 11-4(a)为原始标定场图像，图 11-4(b)为对图 11-4(a)进行了镜头畸变去除之后的图像，图 11-4(c)为最终得到的鸟瞰视图图像。

(a) 原始标定场图像　　(b) 去除镜头畸变图像　　(c) 鸟瞰视图图像

图 11-4　鸟瞰视图的生成

11.5　习题

运行并理解程序"\chapter-11-bird-eye view\surround-view"。该程序示范了用于辅助驾驶的鸟瞰环视图的生成方法。为了方便没有实验条件的读者理解，本书也提供了相应的原始数据以及中间过程数据，数据放在了"\surround-view\data"文件夹之下，包括如下文件：

(1) f. avi、l. avi、b. avi、r. avi，这 4 个视频文件是由安装在车辆上的前、左、后、右 4 路鱼眼相机所拍摄的同步视频；我们的目标就是要从这些原始鱼眼视频中实时拼接合成出鸟瞰环视图。

(2) homofor4cams. txt，该文本文件存储了从鸟瞰视图平面到 4 个相机成像平面（去畸变之后）的单应（射影）矩阵，由于有 4 个相机，所以这种矩阵一共有 4 个；这 4 个单应矩阵需要按照 11.2 节和 11.3 节中所介绍的方法来建立。

(3) intrinsics. xml，该文件存储了 4 个鱼眼相机的内参数；对于每个相机来说，内参数包括内参矩阵和与镜头畸变有关的 4 个参数（式(10-15)中的 l_1、l_2、l_3 和 l_4）。

该程序首先基于从鸟瞰视图平面到相机成像平面的单应矩阵以及相机内参数，生成从鸟瞰视图上一点到鱼眼图像上一点的查找映射表，然后再基于此查找表从 4 路原始鱼眼视频中实时拼接生成出鸟瞰环视图视频。下图展示了该鸟瞰环视图视频中典型的一帧。本书在开发此程序时所用的开发环境为 Windows 11＋VS 2017＋OpenCV 4.5.5。

参考文献

ZHANG L, LI X, HUANG J, et al. Vision-based parking-slot detection: A benchmark and a learning-based approach[J]. Symmetry, 2018, 64: 1-18.

第三篇

目 标 检 测

第 12 章 目标检测问题概述

目标检测是计算机视觉领域中的一个重要问题，其主要任务是在图像或视频中识别并定位出现的多个目标物体，然后为每个目标分配一个对应的类别标签，同时标明其位置，通常是用矩形框来表示目标的位置。目标检测不仅要识别图像中的物体，还要提供它们在图像中位置的信息。这使得目标检测相对于简单的物体分类问题更具挑战性。图 12-1 为典型目标检测系统的运行结果。该系统检测出了 person、bicycle、car 三类目标，共 4 个实例，并用矩形框标识出了目标在图像中的位置。

图 12-1　典型目标检测系统的运行结果

12.1　目标检测技术的应用领域

目标检测的应用场景非常广泛，包括但不限于以下几方面。

（1）自动驾驶：在自动驾驶领域，车辆需要识别和定位道路上的其他车辆、行人、交通标志等，以做出安全决策。

（2）安防监控：目标检测在视频监控中可以用于识别潜在的威胁或可疑行为，如检测入侵者、异常行为或遗留物品。

（3）工业质检：在制造业中，目标检测可以用于检测产品中的缺陷、裂纹或错误组装，以确保产品质量。

（4）医学图像分析：目标检测在医学图像中可以用于识别和定位病变，如肿瘤，以辅助医生进行诊断。

（5）零售业：在零售环境中，目标检测可以用于实时监测商品货架上的库存情况，帮助商家管理货物。

（6）农业领域：农业中可以利用目标检测来监测作物的生长情况，检测病虫害并采取适当的措施。

(7) 人脸识别：人脸识别系统中通常需要首先检测图像中的人脸位置，然后再进行人脸识别操作。

总之，目标检测在许多领域都具有重要意义，它使计算机能够从图像中获取更多的信息，从而实现自动化、智能化的应用。

12.2　目标检测技术的简要发展历程

对于人类来说，目标检测是一项非常简单的任务，就连几个月大的婴儿都能识别出一些常见目标。然而，直到十年之前，让机器学会目标检测仍是一个艰巨的任务。目标检测技术的发展历史可以追溯到几十年前。目前，该领域的方法大致可以分为传统方法（不基于深度学习的）和基于深度学习的方法两大类。

12.2.1　传统方法

这里介绍三个代表性的传统目标检测方法。

1. Viola-Jones 目标检测算法

Viola-Jones 目标检测算法[1]是一种经典的用于实时人脸检测的方法，于 2001 年由 Paul Viola 和 Michael Jones 提出，当时在计算机视觉领域引起了广泛关注。Viola-Jones 算法的主要思想包括以下几个关键组成部分。

(1) 积分图像（integral image）：为了加速特征计算，Viola-Jones 算法引入了积分图像的概念。积分图像可以快速地计算出图像中某个区域内所有像素值的和，从而使得特征计算的复杂度大大降低。

(2) Haar 特征：Haar 特征是一种矩形滤波器，用于表示图像的不同部分。这些特征包括两个、三个和四个矩形的组合，可以用来检测图像中的边缘、线条和角等不同的局部模式。通过在积分图像上快速计算特征差值，可以高效地提取这些特征。

(3) AdaBoost 分类器：Viola-Jones 算法采用了 AdaBoost（adaptive boosting）算法来训练强大的分类器。AdaBoost 通过迭代训练多个弱分类器（通常是简单的决策树），然后将它们加权组合成一个强分类器。在每次迭代中，AdaBoost 会关注之前分类错误的样本，使得后续的弱分类器更关注这些难以分类的样本。

(4) 级联分类器：为了进一步提高检测速度，Viola Jones 算法采用了级联分类器的结构。这个结构包含多个级别，每个级别都由多个弱分类器组成。第一个级别往往用来快速排除不包含目标的图像区域，后续级别逐步提高分类器的复杂度，以减少误报率。

Viola-Jones 目标检测算法在人脸检测方面取得了很大的成功，其快速的特征计算和级联结构使得在实时应用中能够高效地进行人脸检测。然而，随着深度学习的兴起，基于卷积神经网络的方法在目标检测领域取得了更好的性能，在复杂场景和多类别问题上表现更好。尽管如此，Viola-Jones 算法仍然具有历史地位，并且在教育和研究中仍然有重要价值。

2. 基于 HOG＋SVM 的目标检测算法

HOG＋SVM 的目标检测方法于 2005 年被提出[2]。该方法强调提取图像的局部梯度信息，并使用 SVM 进行分类。以下是该方法的主要步骤和要点。

(1) HOG 特征提取：HOG 特征是一种用于描述图像局部梯度信息的特征表示方法。它将图像分割成小的细胞（cell）区域，然后计算每个细胞内像素的梯度方向和强度，进而创建每个细胞的梯度直方图。这些直方图被连接起来，形成整个图像的 HOG 特征向量。HOG 特征对于不同的目标具有一定的不变性，可以捕捉到对象的边缘和纹理信息。

(2) 训练 SVM 分类器：在目标检测任务中，首先需要收集正样本（包含目标）和负样本（不包含目标）的图像数据。利用这些数据，可以训练一个二分类的 SVM 分类器。在训练过程中，HOG 特征向量被用作输入特征，目标标签（正样本为 1，负样本为 0）作为输出标签。SVM 的目标是找到一个决策边界，能够在特征空间中最好的分离正负样本。

(3) 滑动窗口检测：一旦 SVM 分类器训练完毕，就可以在测试图像上应用滑动窗口检测。滑动窗口从图像上不同位置和尺度开始滑动，每次提取对应窗口内的 HOG 特征，并将这些特征输入 SVM 分类器中。如果 SVM 输出的分数高于某个阈值，就认为在该窗口内检测到目标。

(4) 非极大值抑制：在滑动窗口检测过程中，可能会出现多个窗口重叠并且都被分类为目标的情况。为了去除重复检测，可以应用非极大值抑制（non-maximum suppression，NMS）方法，保留具有最高分数的窗口，同时抑制重叠窗口。

3. DPM 目标检测算法

基于 DPM（deformable parts model）的目标检测算法是一种在 CV 领域非常有影响力的方法，它于 2008 年由 Pedro Felzenszwalb 等提出[3]。DPM 算法主要用于检测具有多个部分和形变的目标，如人体、动物等。它在一定程度上解决了传统方法在处理具有形变和部分遮挡目标时的问题。

DPM 算法的核心思想是将目标分解为多个部分，并学习这些部分的特征和相对位置。以下是该算法的主要步骤和要点。

(1) 部分模型（part model）：DPM 将目标表示为由多个部分组成的模型，每个部分对应目标的一个特定区域，如人体的头部、躯干和四肢。每个部分模型包括两部分：一个特征描述子和一个位置模型。特征描述子用于捕获该部分的外观特征，位置模型用于描述部分的相对位置和可能的形变。

(2) 滑动窗口检测：与传统的滑动窗口不同，DPM 算法在每个窗口位置尝试匹配目标的各个部分。对于每个部分，使用特征描述子计算其在当前窗口内的相似度。这些相似度加权求和后，得到目标的总体相似度。

(3) 学习与训练：DPM 算法通过训练数据来学习部分模型的特征描述子和位置模型。训练样本需要提供目标的标注边界框和各个部分的位置信息。通过学习，算法能够自动学习到部分模型的外观和相对位置。

(4) 非极大值抑制：与其他目标检测方法一样，DPM 算法在滑动窗口检测后还需要应用非极大值抑制，以消除重叠的检测结果。

DPM 算法在一些任务上取得了很好的效果，尤其是在检测具有多个部分、形变和遮挡的目标时表现出色。

12.2.2 基于深度学习的方法

深度学习（2010 年至今）的兴起极大地推动了目标检测技术的发展。卷积神经网络的出现使得模型能够自动从数据中学习特征，大幅提升了目标检测的性能。以下是几个重要的基于深度学习的目标检测方法。

1. R-CNN 系列

R-CNN（region-based convolutional neural network）系列是一组经典的基于卷积神经网络的目标检测方法，它们在深度学习时代对目标检测领域产生了重大影响。R-CNN 系列的主要思想是首先提取候选区域，然后对这些区域进行分类和定位。这个系列主要包括 R-CNN、Fast R-CNN、Faster R-CNN 和 Mask R-CNN。

以下是 R-CNN 系列方法的主要特点和发展历程。

(1) R-CNN：R-CNN 是第一个引入候选区域的目标检测方法[4]。它的流程包括以下几个步骤。

① 候选区域生成：使用选择性搜索(selective search)等方法从图像中生成多个可能包含目标的候选区域。

② 特征提取：对每个候选区域应用预训练的卷积神经网络，提取区域内的特征。

③ 分类和定位：将每个区域的特征输入线性 SVM 分类器中，同时使用回归器来微调候选区域的边界框。

(2) Fast R-CNN：Fast R-CNN[5]在 R-CNN 的基础上做了优化，使得训练和测试速度更快，性能更好。主要改进包括以下几方面。

① 共享特征提取：在 R-CNN 中，每个候选区域都需要单独提取特征，而 Fast R-CNN 将整个图像一次送入卷积网络中，然后利用 RoI pooling 层从共享特征图中提取每个候选区域的特征。

② 端到端训练：Fast R-CNN 将分类、定位和边界框回归合并为一个损失函数，实现了端到端的训练，提高了训练速度和性能。

(3) Faster R-CNN：Faster R-CNN[6]在 Fast R-CNN 的基础上进一步提升了速度和准确性，引入了可训练的区域提取网络(region proposal network，RPN)。

① RPN：RPN 是一个用于生成候选区域的神经网络，它能够根据输入图像预测出各种尺寸和比例的候选框，并为每个框分配一个置信度分数。

② 共享特征：Faster R-CNN 中的 RPN 和后续的分类、定位网络共享相同的卷积特征，从而进一步提高了速度。

(4) Mask R-CNN：Mask R-CNN[7]在 Faster R-CNN 的基础上引入对实例分割的支持，使得模型不仅可以检测目标的边界框，还可以为每个目标实例生成精确的分割掩码。

总体而言，R-CNN 系列方法通过引入候选区域、共享特征提取以及端到端训练等技术，使得目标检测在速度和性能上都取得了巨大的提升。这些方法在目标检测领域产生了深远的影响，为后续的研究和发展奠定了基础。

2. YOLO 系列

YOLO(you only look once)系列[8]是一组经典的基于卷积神经网络的目标检测方法。其主要特点是能够在一次前向传递中同时进行目标检测和分类，因此具有较快的检测速度。本书在第 15 章详细介绍 YOLO，因此这里不具体展开介绍。

3. SSD

SSD(single shot multibox detector)[9]结合检测和定位的任务，通过在不同层次的特征图上同时进行多个尺度的预测，可以捕捉不同大小的目标。这使得 SSD 在速度和准确性之间取得了很好的平衡。以下是 SSD 目标检测方法的主要特点和步骤。

(1) 基于多尺度特征的预测：SSD 使用一个基础的卷积神经网络来提取图像的特征。然后，在不同层次的特征图上应用一系列卷积层来进行分类和回归预测。每个层次的特征图都用于预测不同尺度的目标，这使得 SSD 可检测各种大小不同的目标。

(2) 锚点框(anchor boxes)：SSD 引入锚点框的概念，用于在特征图上生成不同宽高比和尺寸的候选框。每个锚点框都与特定的位置和尺度相关联，通过卷积层的预测来微调它们的位置和大小，以适应真实目标的位置和尺寸。

（3）分类和回归预测：对于每个锚点框，SSD 预测两类信息，分别是目标的类别概率（分类预测）和边界框的坐标偏移（回归预测）。分类预测使用 softmax 激活函数，回归预测用于微调锚点框，以更好地匹配真实目标。

（4）损失函数：SSD 使用多任务损失函数，将分类误差和回归误差结合起来，同时考虑不同层次和锚点框的贡献。这有助于平衡不同尺度和不同难易程度的目标。

（5）非极大值抑制：与其他目标检测方法一样，SSD 在预测完成后应用非极大值抑制来去除冗余的检测框。

4. EfficientDet

EfficientDet[10]是对 EfficientNet[11]网络结构的扩展，将一种高效的卷积神经网络与目标检测技术相结合，以实现在资源受限环境下的高性能目标检测。以下是 EfficientDet 目标检测方法的主要特点和步骤：

（1）网络结构：EfficientDet 使用 EfficientNet 网络结构作为基础，在此基础上进一步引入一系列的 BiFPN（bi-directional feature pyramid network）层和分类/回归头部，用于进行多尺度特征融合和目标预测。

（2）BiFPN：BiFPN 层是 EfficientDet 的核心部分，它在不同层次的特征金字塔上进行双向的特征融合，从而使模型能够从多个层次捕捉目标的不同尺度和上下文信息。这有助于提高模型对小目标和大目标的检测性能。

（3）分阶段训练：为了有效地训练 EfficientDet，它采用分阶段的训练策略。首先，使用较低分辨率的图像对网络进行初步训练，然后逐渐增加分辨率以提高性能。这有助于平衡训练过程中的速度和准确性。

（4）损失函数：EfficientDet 使用了组合损失函数，结合了分类误差和回归误差。为了处理不同层次和尺度的预测，EfficientDet 还引入了权重调整，以平衡不同部分对损失的贡献。

（5）缩放框架：为了适应不同的输入分辨率，EfficientDet 提供了一种缩放框架，可以根据实际需求在不同分辨率下进行目标检测。

EfficientDet 在目标检测领域中取得了显著的成就，它通过结合高效的网络结构和有效的训练策略，在计算资源受限的情况下实现了高水准的性能。这使得 EfficientDet 成为在移动设备、嵌入式系统和边缘计算等场景中进行目标检测的理想选择。

5. DETR

DETR（detection transformer）[12]是一种基于 Transformer 架构的目标检测方法，由 Facebook AI Research 于 2020 年提出。DETR 的核心思想是将目标检测问题视为一个对象匹配问题，通过 Transformer 的注意力机制来实现对图像中目标和背景之间的关联建模，从而实现端到端的目标检测。以下是 DETR 目标检测方法的主要特点和步骤。

（1）全局感知：传统的目标检测方法通常采用滑动窗口或锚点框来提取候选区域，而 DETR 采用 Transformer 的注意力机制，直接在全局范围内对图像特征进行处理，从而捕捉目标与背景的全局关系。

（2）Queries 和 Keys：DETR 引入了 Queries 和 Keys 的概念。Keys 是用来存储信息的向量。在 DETR 中，Keys 通常是编码器（encoder）中的特征向量，它们包含了图像的空间信息和语义信息。Queries 是用来查询 Keys 的信息。在 DETR 中，每个目标框被表示为一个 Query 向量，Query 向量会与所有 Keys 进行注意力计算，以确定图像中与每个 Query 最匹配的区域。通过将 Query 与 Keys 进行比较，DETR 可以找到图像中与每个目标框最匹配的区域。这类似于 Transformer 在自然语言处理中的应用。

（3）位置编码：由于 Transformer 不具备显式的位置信息，DETR 引入了位置编码，以将目标的位置信息融入特征表示。位置编码可以是固定的正弦余弦函数，也可以是可学习的参数。

（4）解码过程：在解码过程中，DETR 使用 Queries 在图像特征中找到与之匹配的 Keys，从而获得目标的位置信息。同时，DETR 还进行类别预测，以识别目标的类别。

（5）损失函数：DETR 使用匈牙利算法来匹配预测的目标和真实目标，计算分类损失和定位损失。匹配损失用于对预测和真实目标之间的匹配进行建模。

（6）位置嵌入和类别嵌入：对于每个目标，DETR 使用位置嵌入和类别嵌入表示目标的位置和类别信息。这些嵌入将在解码过程中用于生成最终的目标预测。

12.3　本篇内容安排

目标检测算法数量众多，在这里不可能也没有必要对它们一一详加介绍。本书从传统算法和基于深度学习的算法中分别选取了一个（族）代表性算法加以详细介绍。知识是触类旁通的。学习了这些代表性算法之后，再去学习其他算法，应该不会有很大困难。

在传统目标检测算法家族中，本篇选取了 HOG＋SVM 算法。这是因为 SVM 是传统机器学习算法中最重要的一个代表，它有着完备的理论基础和优秀的性能。学习 SVM 以及相关的凸优化知识，会对提升读者的理论素养、增强读者的数学建模能力大有裨益。这些知识的应用范畴已经大大超过了计算机视觉领域。第 13 章将介绍凸优化基础知识，开始于最基本的凸集合定义，结束于凸优化理论中可以说是最重要的一个结论——KKT 最优条件。这章内容是学习 SVM 的基础。第 14 章主要介绍各类 SVM 及相应求解方法；最后是 SVM 的应用，会介绍 HOG 特征以及基于 HOG 和 SVM 分类器的目标检测算法。

在基于深度学习的目标检测算法家族中，本书选择了 YOLO。YOLO 算法家族都遵循单阶段目标检测理念。鉴于 YOLO 算法家族在检测精度、运行效率和应用部署三方面的优秀表现，它们已被工程界广泛采用。第 15 章将详细介绍 YOLO 算法家族当中的三个代表性版本，YOLOv1、YOLOv3 和 YOLOv8，并且详细介绍 YOLOv4 和 YOLOv8 的应用实践。

图 12-2 按照“数学→算法→技术→应用”层次支撑体系总结了在本篇中将要学习的内容。

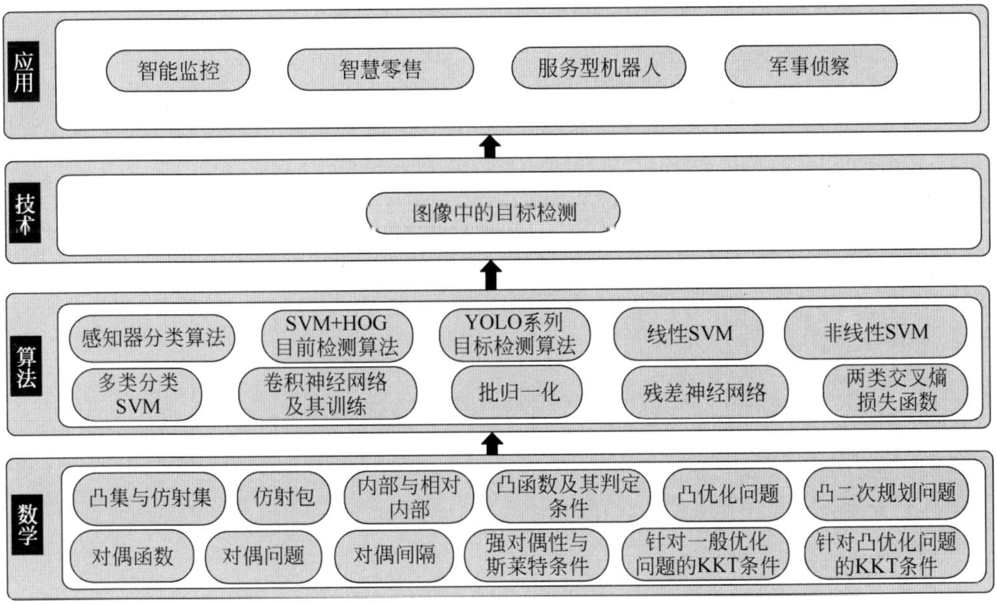

图 12-2　本篇内容的知识层次体系

参考文献

[1] VIOLA P,JONES M. Rapid object detection using a boosted cascade of simple features[C]. Proc. of IEEE Computer Society Conference on Computer Vision and Pattern Recognition,2001: 511-518.

[2] DALAL N, TRIGGS B. Histograms of oriented gradients for human detection[C]. Proc. of IEEE Computer Society Conference on Computer Vision and Pattern Recognition,2005: 886-893.

[3] FELZENSZWALB P, MCALLESTER D, RAMANAN D. A discriminatively trained, multiscale, deformable part model[C]. Proc. of IEEE Computer Society Conference on Computer Vision and Pattern Recognition,2008: 1-8.

[4] GIRSHICK R,DONAHUE J,DARRELL T,et al. Rich feature hierarchies for accurate object detection and semantic segmentation[C]. Proc. of IEEE Computer Society Conference on Computer Vision and Pattern Recognition,2014: 580-587.

[5] GIRSHICK R. Fast R-CNN[C]. Proc. of IEEE Int'l Conf. Computer Vision,2015: 1440-1448.

[6] REN S,HE K,GIRSHICK R,et al. Faster R-CNN: Towards real-time object detection with region proposal networks[C]. Proc. of Advances in Neural Information Processing Systems,2015.

[7] HE K,GKIOXARI G,DOLLÁR P,et al. Mask R-CNN[C]. Proc. of IEEE Int'l Conf. Computer Vision, 2017: 2961-2969.

[8] TERVEN J R,CORDOVA-ESPARAZA D M. A comprehensive review of YOLO: From YOLOv1 to YOLOv8 and beyond[EB/OL]. [2024-05-13]. arXiv: 2304. 0050.

[9] LIU W,ANGUELOV D,ERHAN D,et al. SSD: Single shot multibox detector[C]. Proc. of European Conf. Computer Vision,2016: 21-37.

[10] TAN M,PANG R,LE Q V. EfficientDet: Scalable and efficient object detection[C]. Proc. of IEEE Conference on Computer Vision and Pattern Recognition,2020: 10781-10790.

[11] TAN M,LE Q V. EfficientNet: Rethinking model scaling for convolutional neural networks[C]. Proc. of Int'l Conf. Machine Learning,2019: 6105-6114.

[12] CARION N,MASSA F,SYNNAEVE G,et al. End-to-end object detection with transformers[C]. Proc. of European Conf. Computer Vision,2020: 213-229.

第 13 章 凸优化基础

13.1 凸优化问题

13.1.1 凸集与仿射集

定义 13.1 凸集(convex set)。如果一个集合$\mathcal{C}$是凸集，当且仅当对于$\mathcal{C}$中任意的两个元素 $\boldsymbol{x}_1 \in \mathcal{C}$和 $\boldsymbol{x}_2 \in \mathcal{C}$，对于任意的实数 $\theta \in [0,1]$，有

$$\theta \boldsymbol{x}_1 + (1-\theta)\boldsymbol{x}_2 \in \mathcal{C}$$

$\theta \boldsymbol{x}_1 + (1-\theta)\boldsymbol{x}_2$ 也称元素 $\boldsymbol{x}_1$、$\boldsymbol{x}_2$ 的凸组合。从凸集的定义可以看出，如果一个集合$\mathcal{C}$是凸集，$\mathcal{C}$中任意两个元素 $\boldsymbol{x}_1$、$\boldsymbol{x}_2$ 连接所形成的“线段”上的点也一定属于集合$\mathcal{C}$。图 13-1 给出了二维空间上的几个典型的凸集和非凸集的示例。

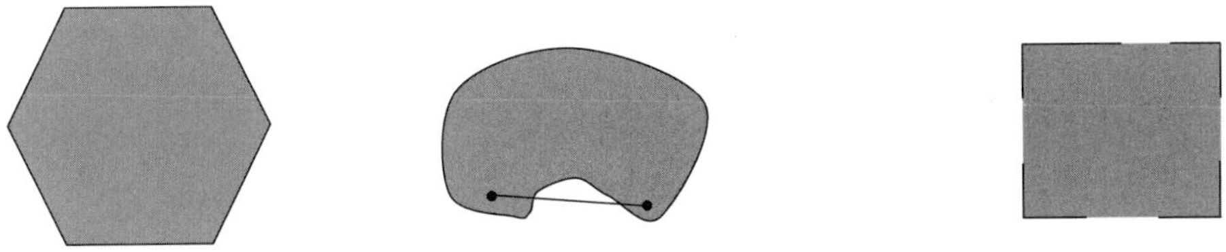

(a) 六边形，包含边界，它是一个凸集

(b) 不规则图形，不是凸集，因为图中连接两点的线段有一部分处于集合之外

(c) 四边形，包含了一部分边界，有一部分边界没有被包含在集合中，由凸集的定义可知，它不是凸集

图 13-1 二维空间上几个典型的凸集与非凸集示例

命题 13.1 集合的交运算保持凸性。也就是说，如果集合$\mathcal{C}_1$和$\mathcal{C}_2$为两个凸集，那么它们的交集$\mathcal{C}_1 \cap \mathcal{C}_2$也是凸集。

定义 13.2 仿射集(affine set)。如果一个集合$\mathcal{C}$是仿射集，当且仅当对于$\mathcal{C}$中任意的两个元素 $\boldsymbol{x}_1 \in \mathcal{C}$和 $\boldsymbol{x}_2 \in \mathcal{C}$，对于任意的实数 θ，有

$$\theta \boldsymbol{x}_1 + (1-\theta)\boldsymbol{x}_2 \in \mathcal{C}$$

$\theta \boldsymbol{x}_1 + (1-\theta)\boldsymbol{x}_2$ 也称元素 $\boldsymbol{x}_1$、$\boldsymbol{x}_2$ 的**仿射组合**。从仿射集的定义可以看出，如果一个集合$\mathcal{C}$是仿射集，经过$\mathcal{C}$中任意两个元素 $\boldsymbol{x}_1$、$\boldsymbol{x}_2$ 的“直线”上的点也一定属于集合$\mathcal{C}$。对照仿射集和凸集的定义不难看出，如果一个集合是仿射集，它也必为凸集。

定义 13.3 仿射包(affine hull)。由集合$\mathcal{C}$中元素所有可能的仿射组合所形成的集合称为集合$\mathcal{C}$的仿射包，记作

$$\textbf{aff}\ \mathcal{C} = \{\theta \boldsymbol{x}_1 + (1-\theta)\boldsymbol{x}_2 \mid \boldsymbol{x}_1, \boldsymbol{x}_2 \in \mathcal{C}\}$$

其中，θ 为任意实数。

由仿射包的定义不难看出，$\textbf{aff}\ \mathcal{C}$一定是仿射集，且是包含集合$\mathcal{C}$的最小仿射集；如果$\mathcal{C}$本身已经是仿射集，那么 $\textbf{aff}\ \mathcal{C} = \mathcal{C}$。

在$\mathbb{R}^n$ 空间中，基于集合$\mathcal{C}$的仿射包 $\textbf{aff}\ \mathcal{C}$，可以定义集合$\mathcal{C}$的相对内部(relative interior)和相对边界(relative boundary)这两个概念。作为铺垫，首先回顾一下集合的内部(interior)、闭包

(closure)、边界(boundary)、开集(open)、闭集(closed)这几个概念。

定义 13.4 内部、闭包、边界、开集、闭集。

集合$\mathcal{C}\subseteq\mathbb{R}^n$的内部 **int** $\mathcal{C}$被定义为

$$\mathbf{int}\ \mathcal{C}=\{\boldsymbol{x}\in\mathcal{C}\mid\exists\varepsilon>0,B(\boldsymbol{x},\varepsilon)\subseteq\mathcal{C}\}$$

即，如果$\boldsymbol{x}$为 **int** $\mathcal{C}$中的一点，这意味着$\boldsymbol{x}$属于集合$\mathcal{C}$，并且一定存在以$\boldsymbol{x}$为中心的某个$\mathbb{R}^n$空间中的"闭球"$B(\boldsymbol{x},\varepsilon)=\{\boldsymbol{y}\mid\|\boldsymbol{y}-\boldsymbol{x}\|\leqslant\varepsilon\}$($\|\cdot\|$可以是任意范数)，该球全部被包含在$\mathcal{C}$中。

集合$\mathcal{C}$的闭包被定义为 **cl** $\mathcal{C}=\mathbb{R}^n\setminus\mathbf{int}\{\mathbb{R}^n\setminus\mathcal{C}\}$，其中$\mathbb{R}^n\setminus\mathcal{C}=\{\boldsymbol{x}\in\mathbb{R}^n\mid\boldsymbol{x}\notin\mathcal{C}\}$表示$\mathcal{C}$的补集(complement)；也可以从另外一个角度来理解闭包，

$$\mathbf{cl}\ \mathcal{C}=\{\boldsymbol{x}\in\mathbb{R}^n\mid\forall\varepsilon>0,\exists\boldsymbol{y}\in\mathcal{C},\|\boldsymbol{y}-\boldsymbol{x}\|\leqslant\varepsilon\}$$

集合$\mathcal{C}$的边界被定义为 **bd** $\mathcal{C}=\mathbf{cl}\ \mathcal{C}\setminus\mathbf{int}\ \mathcal{C}$；边界上一点$\boldsymbol{x}$满足如下性质：$\forall\varepsilon>0$，$\exists\boldsymbol{y}\in\mathcal{C}$，$\exists\boldsymbol{z}\notin\mathcal{C}$，使得$\|\boldsymbol{y}-\boldsymbol{x}\|\leqslant\varepsilon$，$\|\boldsymbol{z}-\boldsymbol{x}\|\leqslant\varepsilon$，即同时存在离$\boldsymbol{x}$无限近的$\mathcal{C}$中的点和离$\boldsymbol{x}$无限近的$\mathbb{R}^n\setminus\mathcal{C}$中的点。

集合$\mathcal{C}$为开集，如果 **int** $\mathcal{C}=\mathcal{C}$，即集合$\mathcal{C}$中的每一个点都是它的内部点；集合$\mathcal{C}\subseteq\mathbb{R}^n$为闭集，如果它的补集$\mathbb{R}^n\setminus\mathcal{C}$为开集。根据边界的定义可知，如果集合$\mathcal{C}$为闭集，则它包含其边界，即 **bd** $\mathcal{C}\subseteq\mathcal{C}$；如果集合$\mathcal{C}$为开集，则它不包含边界中的任何点，即 **bd** $\mathcal{C}\cap\mathcal{C}=\varnothing$。

需要注意，上面阐述的集合$\mathcal{C}$的内部、边界、开集、闭集等概念是相对于$\mathcal{C}$中元素所在的空间$\mathbb{R}^n$来说的。为了后续论述需要，还需要引入集合$\mathcal{C}$相对于它的仿射包 **aff** $\mathcal{C}$的"相对内部" **relint** $\mathcal{C}$这个概念。

定义 13.5 相对内部(relative interior)。有集合$\mathcal{C}\subseteq\mathbb{R}^n$，其相对内部 **relint** $\mathcal{C}$被定义为

$$\mathbf{relint}\ \mathcal{C}=\{\boldsymbol{x}\in\mathcal{C}\mid\exists\varepsilon>0,\text{such that}(B(\boldsymbol{x},\varepsilon)\cap\mathbf{aff}\ \mathcal{C})\subseteq\mathcal{C}\}\tag{13-1}$$

其中，$B(\boldsymbol{x},\varepsilon)=\{\boldsymbol{y}\mid\|\boldsymbol{y}-\boldsymbol{x}\|\leqslant\varepsilon\}$是以$\boldsymbol{x}$为中心、以$\varepsilon$为半径的$\mathbb{R}^n$空间中的闭球($\|\cdot\|$可以是任意范数)。基于 **relint** $\mathcal{C}$，还可以定义集合$\mathcal{C}$相对它的仿射包 **aff** $\mathcal{C}$来说的"相对边界"，$\mathbf{cl}\ \mathcal{C}\setminus\mathbf{relint}\ \mathcal{C}$。

由相对内部的定义，不难得出以下结论。

命题 13.2 $\mathcal{C}$为$\mathbb{R}^n$中的一个集合。若 **aff** $\mathcal{C}=\mathbb{R}^n$，则$\mathcal{C}$的相对内部和它的内部相同，$\mathcal{C}$的边界和它的相对边界相同，即 **relint** $\mathcal{C}=\mathbf{int}\ \mathcal{C}$和$\mathbf{cl}\ \mathcal{C}\setminus\mathbf{relint}\ \mathcal{C}=\mathbf{bd}\ \mathcal{C}$。

下面通过一个具体的例子来理解一下内部、边界、相对内部、相对边界这几个概念。

例 13.1 考虑$\mathbb{R}^3$空间中x_1Ox_2平面上的一个正方形内的点所形成的集合$\mathcal{C}$(图 13-2(a))

$$\mathcal{C}=\{\boldsymbol{x}\in\mathbb{R}^3\mid-1\leqslant x_1\leqslant1,-1\leqslant x_2\leqslant1,x_3=0\}$$

其中，$\boldsymbol{x}=(x_1,x_2,x_3)^{\mathrm{T}}$。集合$\mathcal{C}$的仿射包为整个$x_1Ox_2$平面，即 **aff** $\mathcal{C}=\{\boldsymbol{x}\in\mathbb{R}^3\mid x_3=0\}$。集合$\mathcal{C}$的内部 **int** $\mathcal{C}$(在$\mathbb{R}^3$中)为空集，但它的相对内部 **relint** $\mathcal{C}$(图 13-2(b))为

$$\mathbf{relint}\ \mathcal{C}=\{\boldsymbol{x}\in\mathbb{R}^3\mid-1<x_1<1,-1<x_2<1,x_3=0\}$$

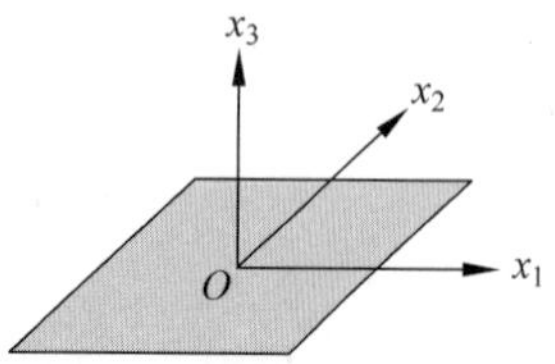

(a) 例13.1中所描述的集合$\mathcal{C}$，它是$\mathbb{R}^3$空间中的一个正方形

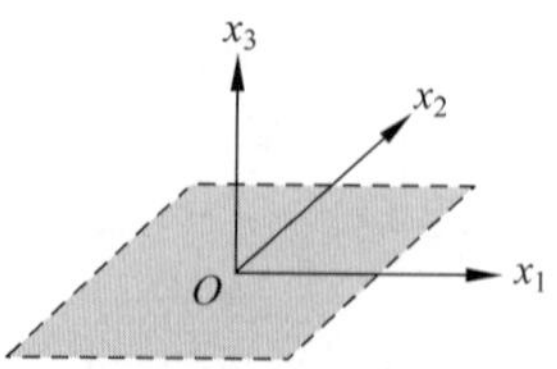

(b) 集合$\mathcal{C}$的相对内部**relint**$\mathcal{C}$

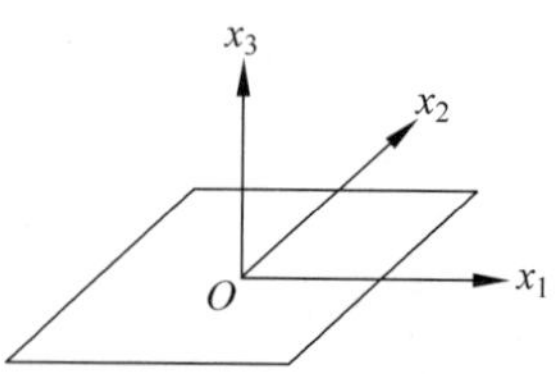

(c) 集合$\mathcal{C}$的相对边界**cl**$\mathcal{C}\setminus$**relint**$\mathcal{C}$

图 13-2 集合的相对内部与相对边界

集合$\mathcal{C}$的边界 $\mathbf{bd}\ \mathcal{C}$(在$\mathbb{R}^3$ 中)为其自身；它的相对边界 $\mathbf{cl}\ \mathcal{C}\backslash\mathbf{relint}\ \mathcal{C}$为这个正方形的“边框”(图 13-2(c))，

$$\mathbf{cl}\ \mathcal{C}\backslash\mathbf{relint}\ \mathcal{C}=\{\boldsymbol{x}\in\mathbb{R}^3\mid\max\{\mid x_1\mid,\mid x_2\mid\}=1,x_3=0\}$$

从例 13.1 可以看出，相对内部(相对边界)这个概念是用来描述嵌在高维空间(如$\mathbb{R}^3$ 空间)中的低维空间(如$\mathbb{R}^3$ 中的某个平面)上的某个集合相对于低维空间的“内外”关系的。

13.1.2　凸函数

定义 13.6　仿射函数(affine function)。如果函数 $\boldsymbol{f}(\boldsymbol{x}):\mathbb{R}^n\to\mathbb{R}^m$ 是一个线性函数和一个常量之和，也就是说，它具有如下形式：

$$\boldsymbol{f}(\boldsymbol{x})=\boldsymbol{A}\boldsymbol{x}+\boldsymbol{b},\quad A\in\mathbb{R}^{m\times n},\quad \boldsymbol{x}\in\mathbb{R}^{n\times 1},\quad \boldsymbol{b}\in\mathbb{R}^{m\times 1}\tag{13-2}$$

则 $\boldsymbol{f}(\boldsymbol{x})$称为仿射函数。

式(13-2)所定义的仿射函数为向量值函数，它可以看作是由 m 个实值函数 $f_i(\boldsymbol{x})=\boldsymbol{a}_i^{\mathrm{T}}\boldsymbol{x}-b_i,i=1,2,\cdots,m$，所组成的列向量，其中 $\boldsymbol{a}_i^{\mathrm{T}}$ 为$\boldsymbol{A}$ 的第i 行，b_i 为$\boldsymbol{b}$ 的第i 个元素。

定义 13.7　凸函数(convex function)。函数 $f(\boldsymbol{x}):\mathbb{R}^n\to\mathbb{R}$，如果它的定义域 $\mathbf{dom}f$ 是凸集，且对于定义域中任意的两点 $\boldsymbol{x}$ 和 $\boldsymbol{y}$，对于任意的实数 $\theta\in[0,1]$，都有

$$\theta f(\boldsymbol{x})+(1-\theta)f(\boldsymbol{y})\geqslant f(\theta\boldsymbol{x}+(1-\theta)\boldsymbol{y})\tag{13-3}$$

则称 $f(\boldsymbol{x})$为凸函数(图 13-3(a))。

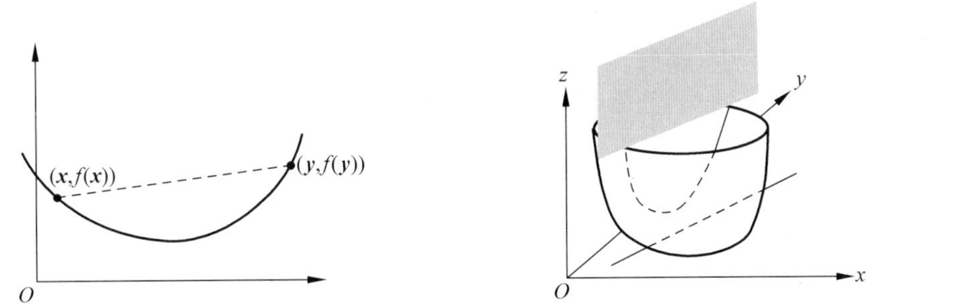

(a) 凸函数图形上任意两点的连线所形成的弦(chord)都在函数图形之上

(b) 一个函数为凸函数，当且仅当该函数被限定在其定义域内的任意一条线上时，所形成的一元函数也为凸函数

图 13-3　凸函数

从凸函数的定义可以看出，如果一个函数是凸函数，当且仅当其定义域内两点凸组合的函数值要小于或等于两点函数值的凸组合，还要满足定义域是凸集的前提条件。如果式(13-3)中的大于或等于号是严格大于号，那么函数 $f(\boldsymbol{x})$便称为**严格凸函数**(strictly convex function)。如果$-f(\boldsymbol{x})$为凸函数，则称 $f(\boldsymbol{x})$为**凹函数**(concave function)；相应地，如果$-f(\boldsymbol{x})$为严格凸函数，则称 $f(\boldsymbol{x})$为严格凹函数。

命题 13.3　仿射函数既是凸函数也是凹函数。

证明：

仿射函数的定义为式(13-2)。其定义域为$\mathbb{R}^n$，显然为凸集。另外，$\forall\,\boldsymbol{x},\boldsymbol{y}\in\mathbb{R}^n$，$\forall\theta\in[0,1]$，有

$$\begin{aligned}\theta\boldsymbol{f}(\boldsymbol{x})+(1-\theta)\boldsymbol{f}(\boldsymbol{y})&=\theta(\boldsymbol{A}\boldsymbol{x}+\boldsymbol{b})+(1-\theta)(\boldsymbol{A}\boldsymbol{y}+\boldsymbol{b})\\&=\boldsymbol{A}\theta\boldsymbol{x}+\boldsymbol{A}(1-\theta)\boldsymbol{y}+\theta\boldsymbol{b}+(1-\theta)\boldsymbol{b}\\&=\boldsymbol{A}(\theta\boldsymbol{x}+(1-\theta)\boldsymbol{y})+\boldsymbol{b}\\&=\boldsymbol{f}(\theta\boldsymbol{x}+(1-\theta)\boldsymbol{y})\end{aligned}$$

则可知仿射函数 $f(\boldsymbol{x})$ 为凸函数，即它的每一个分量函数 $f_i(\boldsymbol{x})$ 为凸函数。类似地，也可证明 $-f(\boldsymbol{x})$ 也为凸函数，则 $f(\boldsymbol{x})$ 为凹函数。这样综合起来，仿射函数既是凸函数也是凹函数。

命题 13.4 一个函数为凸函数，当且仅当该函数被限定在其定义域内的任意一条线上时所形成的一元函数也为凸函数。

也就是说，函数 $f(\boldsymbol{x})$ 为凸函数，当且仅当对于其定义域内的任意两点 $\boldsymbol{x}$ 和 $\boldsymbol{v}$，函数 $g(t)=f(\boldsymbol{x}+t\boldsymbol{v})$ 为凸函数，其中 t 要使得 $\boldsymbol{x}+t\boldsymbol{v}$ 依然在定义域内，如图 13-3(b)所示。可以通过一个比喻来理解一下该性质。平放在地面上的一口锅就是一个凸函数。这时，用任意一个垂直于地面的平面去截这口锅，所得到的交线就是一个一元函数，该一元函数的定义域就是平面与地面相交所得到的直线，显然这样得到的一元函数也是凸函数。凸函数的这个性质很有用：若要检查某函数 $f(\boldsymbol{x})$ 是否为凸函数，则可以把该函数限定在一维直线上，再检查所得到的一维函数是否为凸函数；若以这种方式得到的任意一维函数均为凸函数，则 $f(\boldsymbol{x})$ 便为凸函数。

定理 13.1 凸函数的一阶判定条件。设函数 $f(\boldsymbol{x}):\mathbb{R}^n\to\mathbb{R}$ 一阶可微，也就是说函数在其定义域内的每一点处的梯度 $\nabla f(\boldsymbol{x})$ 都存在，则函数 $f(\boldsymbol{x})$ 是凸函数的充要条件是：它的定义域是凸集并且对于定义域内的任意两点 $\boldsymbol{x}$ 和 $\mathbf{y}$，式(13-4)成立：

$$f(\mathbf{y})\geqslant f(\boldsymbol{x})+(\nabla f(\boldsymbol{x}))^{\mathrm{T}}(\mathbf{y}-\boldsymbol{x}) \tag{13-4}$$

证明：

(1) 先来证明 $n=1$ 的情况，即需要证明：可微函数 $f(x):\mathbb{R}\to\mathbb{R}$ 为凸函数的充要条件是 $\mathbf{dom}f$ 为凸集，且 $f(y)\geqslant f(x)+f'(x)(y-x)$，$\forall x,y\in\mathbf{dom}f$ 都成立，其中 $\mathbf{dom}f$ 为函数 $f(x)$ 的定义域。

必要性。由于 $f(x)$ 为凸函数，根据凸函数的定义，其定义域 $\mathbf{dom}f$ 为凸集。根据凸集的性质，$\forall x,y\in\mathbf{dom}f$，$\forall t\in(0,1]$，有 $x+t(y-x)\in\mathbf{dom}f$。由于 $f(x)$ 为凸函数，根据凸函数定义，有

$$f(x+t(y-x))=f(ty+(1-t)x)\leqslant tf(y)+(1-t)f(x)$$

两边同时除以 t 得到

$$f(y)\geqslant\frac{f(x+t(y-x))-f(x)}{t}+f(x)$$

两边关于 $t\to0$ 取极限得到

$$\begin{aligned}f(y)&\geqslant f(x)+\lim_{t\to0}\frac{f(x+t(y-x))-f(x)}{t}\\&=f(x)+\frac{f(x)+t(y-x)f'(x)-f(x)}{t}\\&=f(x)+f'(x)(y-x)\end{aligned}$$

充分性。已知 $\mathbf{dom}f$ 为凸集，且 $f(y)\geqslant f(x)+f'(x)(y-x)$，$\forall x,y\in\mathbf{dom}f$ 都成立，要证明 $f(x)$ 为凸函数。$\forall x,y\in\mathbf{dom}f,\theta\in[0,1]$，令 $z=\theta x+(1-\theta)y$，由于 $\mathbf{dom}f$ 为凸集，则 $z\in\mathbf{dom}f$。根据已知条件，有

$$f(x)\geqslant f(z)+f'(z)(x-z),\quad f(y)\geqslant f(z)+f'(z)(y-z)$$

将两个不等式的两边分别乘以 θ 和 $1-\theta$ 得到

$$\theta f(x)\geqslant\theta f(z)+\theta f'(z)(x-z),\quad(1-\theta)f(y)\geqslant(1-\theta)f(z)+(1-\theta)f'(z)(y-z)$$

然后将得出的两个不等式左右两边分别相加得到

$$\begin{aligned}\theta f(x)+(1-\theta)f(y)&\geqslant\theta f(z)+\theta f'(z)(x-z)+(1-\theta)f(z)+(1-\theta)f'(z)(y-z)\\&=\theta f(z)+\theta xf'(z)-\theta zf'(z)+f(z)-\theta f(z)+yf'(z)-\\&\quad zf'(z)-\theta yf'(z)+\theta zf'(z)\end{aligned}$$

$$
\begin{aligned}
&= f(z) + [\theta x + (1-\theta)y - z]f'(z) \\
&= f(z) + [z - z]f'(z) \\
&= f(z) = f(\theta x + (1-\theta y))
\end{aligned}
$$

因此函数 $f(x)$ 为凸函数。

(2) 再来证明一般情况，也就是函数形式为 $f(\boldsymbol{x}):\mathbb{R}^n \to \mathbb{R}$ 时的情况。

必要性。也就是要证明如果 $f(\boldsymbol{x})$ 为凸函数时，$\mathbf{dom}f$ 为凸集且 $\forall \boldsymbol{x},\boldsymbol{y} \in \mathbf{dom}f$，$f(\boldsymbol{y}) \geqslant f(\boldsymbol{x}) + (\nabla f(\boldsymbol{x}))^{\mathrm{T}}(\boldsymbol{y}-\boldsymbol{x})$ 成立。根据凸函数定义，若 $f(\boldsymbol{x})$ 为凸函数，其定义域 $\mathbf{dom}f$ 必然为凸集。$\forall \boldsymbol{x},\boldsymbol{y} \in \mathbf{dom}f$，设 $f(\boldsymbol{x})$ 被限定在直线 $t\boldsymbol{y}+(1-t)\boldsymbol{x}$（$t$ 的取值要使得 $t\boldsymbol{y}+(1-t)\boldsymbol{x} \in \mathbf{dom}f$）之上所形成的一元函数为 $g(t)=f(t\boldsymbol{y}+(1-t)\boldsymbol{x})$。记 $\boldsymbol{u}=t\boldsymbol{y}+(1-t)\boldsymbol{x}$，则 $g'(t)=\frac{\mathrm{d}g}{\mathrm{d}\boldsymbol{u}^{\mathrm{T}}}\frac{\mathrm{d}\boldsymbol{u}}{\mathrm{d}t}=(\nabla f(t\boldsymbol{y}+(1-t)\boldsymbol{x}))^{\mathrm{T}}(\boldsymbol{y}-\boldsymbol{x})$，因此有 $g'(0)=(\nabla f(\boldsymbol{x}))^{\mathrm{T}}(\boldsymbol{y}-\boldsymbol{x})$。根据命题 13.4 可知，$g(t)$ 为凸函数，因此，根据上面已经证明的 $n=1$ 时的情况可知，$g(1) \geqslant g(0)+g'(0)(1-0)$，即 $f(\boldsymbol{y}) \geqslant f(\boldsymbol{x})+(\nabla f(\boldsymbol{x}))^{\mathrm{T}}(\boldsymbol{y}-\boldsymbol{x})$。

充分性。也就是要证明如果 $\mathbf{dom}f$ 为凸集且 $\forall \boldsymbol{x},\boldsymbol{y} \in \mathbf{dom}f$，$f(\boldsymbol{y}) \geqslant f(\boldsymbol{x})+(\nabla f(\boldsymbol{x}))^{\mathrm{T}}(\boldsymbol{y}-\boldsymbol{x})$ 都成立，那么 $f(\boldsymbol{x})$ 必为凸函数。$\forall \boldsymbol{x},\boldsymbol{y} \in \mathbf{dom}f$，任取两个数 t 和 s，它们要满足 $t\boldsymbol{y}+(1-t)\boldsymbol{x} \in \mathbf{dom}f$，$s\boldsymbol{y}+(1-s)\boldsymbol{x} \in \mathbf{dom}f$。那么，根据已知条件，有

$$
\begin{aligned}
f(t\boldsymbol{y}+(1-t)\boldsymbol{x}) &\geqslant f(s\boldsymbol{y}+(1-s)\boldsymbol{x})+(\nabla f(s\boldsymbol{y}+(1-s)\boldsymbol{x}))^{\mathrm{T}}(t\boldsymbol{y}+(1-t)\boldsymbol{x}-s\boldsymbol{y}-(1-s)\boldsymbol{x}) \\
&= f(s\boldsymbol{y}+(1-s)\boldsymbol{x})+(\nabla f(s\boldsymbol{y}+(1-s)\boldsymbol{x}))^{\mathrm{T}}(\boldsymbol{y}-\boldsymbol{x})(t-s)
\end{aligned}
$$

也就是 $g(t) \geqslant g(s)+g'(s)(t-s)$，且 t 的取值集合 $\mathbf{dom}g$ 为凸集。根据已经证明的 $n=1$ 时的情况可知，$g(t)$ 为凸函数。在上面证明过程中，$\boldsymbol{x}$、$\boldsymbol{y}$ 和 t 是任意取的，这就意味着把 $f(\boldsymbol{x})$ 限制在它定义域内任意一条线 $t\boldsymbol{y}+(1-t)\boldsymbol{x}$ 上，所得到的一元函数 $g(t)=f(t\boldsymbol{y}+(1-t)\boldsymbol{x})$ 都是凸函数，根据命题 13.4 可知，$f(\boldsymbol{x})$ 必为凸函数。

图 13-4(a)以可视化的方式展示了定理 13.1 所描述的凸函数一阶判定条件的几何含义。也可以用一种更加生活化的方式来阐述这个定理的思想：如图 13-4(b)所示，你有一口锅，在锅曲面上任取一点，在该点放一根与锅曲面相切的棍子，那么这根棍子的全部一定都在锅的下面。

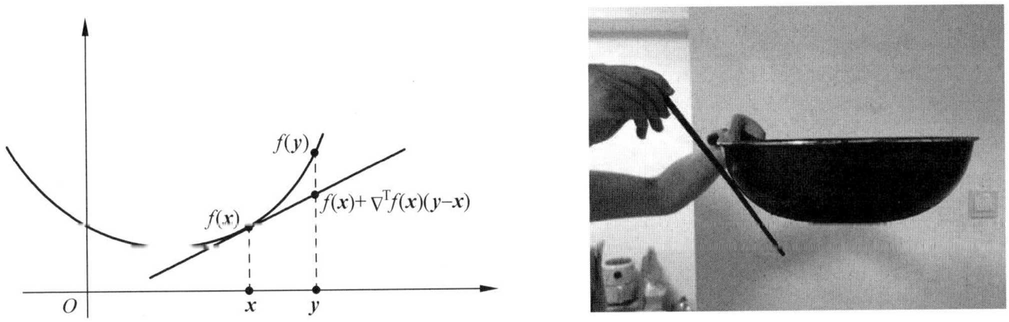

(a) 凸函数的一阶判定条件几何示意图

(b) 生活中，锅就是个典型的“凸函数”，相应地，凸函数一阶判定条件的意思就是：在锅曲面上任取一点，在该点放一根与锅曲面相切的棍子，那么这根棍子的全部一定都在锅的下面

图 13-4 凸函数的一阶判定条件

类似地，可以证明如下关于严格凸函数的判定命题。

命题 13.5 严格凸函数的一阶判定条件。设函数 $f(\boldsymbol{x}):\mathbb{R}^n \to \mathbb{R}$ 一阶可微，则函数 $f(\boldsymbol{x})$ 是严格凸函数的充要条件是：$\mathbf{dom}f$ 是凸集并且 $\forall \boldsymbol{x},\boldsymbol{y} \in \mathbf{dom}f$ 且 $\boldsymbol{x} \neq \boldsymbol{y}$，式(13-5)成立：

$$
f(\boldsymbol{y}) > f(\boldsymbol{x}) + (\nabla f(\boldsymbol{x}))^{\mathrm{T}}(\boldsymbol{y}-\boldsymbol{x}) \tag{13-5}
$$

从定理 13.1,可以得到凸函数的一个非常重要的性质。

命题 13.6 可微凸函数的驻点就是该函数的全局最小值点。设凸函数 $f(\boldsymbol{x}):\mathbb{R}^n\rightarrow\mathbb{R}$ 一阶可微,在点 $\boldsymbol{x}^*\in\mathbf{dom}f$ 处,若$\nabla_{\boldsymbol{x}=\boldsymbol{x}^*}f(\boldsymbol{x})=\mathbf{0}$,则 $\boldsymbol{x}^*$ 是 $f(\boldsymbol{x})$的全局最小值点。

证明:

由于 $f(\boldsymbol{x})$为可微凸函数,根据定理 13.1 可知,$\forall\boldsymbol{x},\boldsymbol{y}\in\mathbf{dom}f$,有

$$f(\boldsymbol{y})\geqslant f(\boldsymbol{x})+(\nabla f(\boldsymbol{x}))^{\mathrm{T}}(\boldsymbol{y}-\boldsymbol{x})$$

在点 $\boldsymbol{x}=\boldsymbol{x}^*$ 处则有 $f(\boldsymbol{y})\geqslant f(\boldsymbol{x}^*)+(\nabla_{\boldsymbol{x}=\boldsymbol{x}^*}f(\boldsymbol{x}))^{\mathrm{T}}(\boldsymbol{y}-\boldsymbol{x}^*)$。因为$\nabla_{\boldsymbol{x}=\boldsymbol{x}^*}f(\boldsymbol{x})=\mathbf{0}$,则有 $f(\boldsymbol{y})\geqslant f(\boldsymbol{x}^*)$,因此 $\boldsymbol{x}^*$ 是 $f(\boldsymbol{x})$的全局最小值点。

定理 13.2 凸函数的二阶判定条件。如果函数 $f(\boldsymbol{x}):\mathbb{R}^n\rightarrow\mathbb{R}$ 二阶可微,则函数 $f(\boldsymbol{x})$是凸函数的充要条件是:它的定义域是凸集并且它的海森矩阵$\nabla^2 f(\boldsymbol{x})$为半正定矩阵。

证明:

必要性。需要证明若 $f(\boldsymbol{x})$是凸函数,则它的定义域是凸集并且它的海森矩阵$\nabla^2 f(\boldsymbol{x})$为半正定矩阵。由于 $f(\boldsymbol{x})$是凸函数,根据凸函数定义,$\mathbf{dom}f$ 必然为凸集。由于 $f(\boldsymbol{x})$二阶可微,$\forall\boldsymbol{x}\in\mathbf{dom}f$,可在 $\boldsymbol{x}$ 近旁进行二阶泰勒展开,有

$$f(\boldsymbol{x}+\boldsymbol{h})=f(\boldsymbol{x})+\boldsymbol{h}^{\mathrm{T}}\nabla f(\boldsymbol{x})+\frac{1}{2}\boldsymbol{h}^{\mathrm{T}}\nabla^2 f(\boldsymbol{x})\boldsymbol{h}+O(\|\boldsymbol{h}\|^2)$$

其中,$\boldsymbol{h}\neq\mathbf{0}$。由于已知 $f(\boldsymbol{x})$为凸函数,根据定理 13.1 可知,$f(\boldsymbol{x}+\boldsymbol{h})\geqslant f(\boldsymbol{x})+\nabla^{\mathrm{T}}f(\boldsymbol{x})\boldsymbol{h}$。结合$\frac{1}{2}\boldsymbol{h}^{\mathrm{T}}\nabla^2 f(\boldsymbol{x})\boldsymbol{h}\geqslant 0$,因此$\nabla^2 f(\boldsymbol{x})$为半正定矩阵。

充分性。需要证明若 $f(\boldsymbol{x})$的定义域是凸集并且它的海森矩阵$\nabla^2 f(\boldsymbol{x})$为半正定矩阵,则 $f(\boldsymbol{x})$必为凸函数。$\forall\boldsymbol{x},\boldsymbol{y}\in\mathbf{dom}f$,根据泰勒展开,有

$$f(\boldsymbol{y})=f(\boldsymbol{x})+\nabla^{\mathrm{T}}f(\boldsymbol{x})(\boldsymbol{y}-\boldsymbol{x})+\frac{1}{2}(\boldsymbol{y}-\boldsymbol{x})^{\mathrm{T}}\nabla^2 f(\boldsymbol{x}+t(\boldsymbol{y}-\boldsymbol{x}))(\boldsymbol{y}-\boldsymbol{x})$$

其中,$t\in[0,1]$是存在的能使其成立的某个数。由于 $\mathbf{dom}f$ 为凸集,根据凸集的性质可知 $\boldsymbol{x}+t(\boldsymbol{y}-\boldsymbol{x})\in\mathbf{dom}f$。根据已知条件,$f(\boldsymbol{x})$在其定义域内任意一点处的海森矩阵都为半正定矩阵,则$\nabla^2 f(\boldsymbol{x}+t(\boldsymbol{y}-\boldsymbol{x}))$为半正定矩阵,则$\frac{1}{2}(\boldsymbol{y}-\boldsymbol{x})^{\mathrm{T}}\nabla^2 f(\boldsymbol{x}+t(\boldsymbol{y}-\boldsymbol{x}))(\boldsymbol{y}-\boldsymbol{x})\geqslant 0$。再结合上述泰勒展开结果可知,$f(\boldsymbol{y})\geqslant f(\boldsymbol{x})+\nabla^{\mathrm{T}}f(\boldsymbol{x})(\boldsymbol{y}-\boldsymbol{x})$。根据定理 13.1 可知,$f(\boldsymbol{x})$为凸函数。

命题 13.7 严格凸函数的二阶判定条件。函数 $f(\boldsymbol{x}):\mathbb{R}^n\rightarrow\mathbb{R}$ 二阶可微,若其定义域为凸集且其海森矩阵$\nabla^2 f(\boldsymbol{x})$为正定矩阵,则函数 $f(\boldsymbol{x})$为严格凸函数。

证明:

$\forall\boldsymbol{x},\boldsymbol{y}\in\mathbf{dom}f$,根据泰勒展开,有

$$f(\boldsymbol{y})=f(\boldsymbol{x})+\nabla^{\mathrm{T}}f(\boldsymbol{x})(\boldsymbol{y}-\boldsymbol{x})+\frac{1}{2}(\boldsymbol{y}-\boldsymbol{x})^{\mathrm{T}}\nabla^2 f(\boldsymbol{x}+t(\boldsymbol{y}-\boldsymbol{x}))(\boldsymbol{y}-\boldsymbol{x})$$

其中,$t\in[0,1]$是存在的能使其成立的某个数。由于 $\mathbf{dom}f$ 为凸集,根据凸集的性质可知 $\boldsymbol{x}+t(\boldsymbol{y}-\boldsymbol{x})\in\mathbf{dom}f$。根据已知条件,$f(\boldsymbol{x})$在其定义域内任意一点处的海森矩阵都为正定矩阵,则$\nabla^2 f(\boldsymbol{x}+t(\boldsymbol{y}-\boldsymbol{x}))$为正定矩阵,则$\frac{1}{2}(\boldsymbol{y}-\boldsymbol{x})^{\mathrm{T}}\nabla^2 f(\boldsymbol{x}+t(\boldsymbol{y}-\boldsymbol{x}))(\boldsymbol{y}-\boldsymbol{x})>0$。结合泰勒展开结果,则有 $f(\boldsymbol{y})>f(\boldsymbol{x})+\nabla^{\mathrm{T}}f(\boldsymbol{x})(\boldsymbol{y}-\boldsymbol{x})$。根据命题 13.5 可知,$f(\boldsymbol{x})$为严格凸函数。

需要注意的是,命题 13.7 阐述的是判定一个函数为严格凸函数的充分条件,但该条件并不是严格凸函数判定的必要条件。比如,$f(x)=x^4$ 为严格凸函数,但其在 $x=0$ 处的海森矩

阵(即二阶导数 $f''(0)=0$)并不是正定的(对于只有一个元素的矩阵来说,矩阵正定和该唯一元素大于零等价)。

命题 13.8 两个凸函数逐点求最大,得到的函数依然是凸函数。即若 $f_1(\boldsymbol{x})$、$f_2(\boldsymbol{x})$ 为两个凸函数,则 $f(\boldsymbol{x})=\max\{f_1(\boldsymbol{x}),f_2(\boldsymbol{x})\}$ 也为凸函数。

证明:

设 $f_1(\boldsymbol{x})$、$f_2(\boldsymbol{x})$ 的定义域分别为 $\mathbf{dom}f_1$、$\mathbf{dom}f_2$,因为这两个函数均为凸函数,根据凸函数的定义(定义 13.7)可知,$\mathbf{dom}f_1$、$\mathbf{dom}f_2$ 均为凸集。$f(\boldsymbol{x})$ 的定义域 $\mathbf{dom}f$ 显然为 $f_1(\boldsymbol{x})$、$f_2(\boldsymbol{x})$ 定义域的交集,即 $\mathbf{dom}f=\mathbf{dom}f_1\cap\mathbf{dom}f_2$。根据命题 13.1,凸集的交集依然是凸集,因此 $\mathbf{dom}f$ 为凸集。另外,$\forall\,\boldsymbol{x},\boldsymbol{y}\in\mathbf{dom}f$,$\forall\,\theta\in[0,1]$,有

$$\begin{aligned}f(\theta\boldsymbol{x}+(1-\theta)\boldsymbol{y})&=\max\{f_1(\theta\boldsymbol{x}+(1-\theta)\boldsymbol{y}),f_2(\theta\boldsymbol{x}+(1-\theta)\boldsymbol{y})\}\\&\leqslant\max\{\theta f_1(\boldsymbol{x})+(1-\theta)f_1(\boldsymbol{y}),\theta f_2(\boldsymbol{x})+(1-\theta)f_2(\boldsymbol{y})\}\\&\leqslant\theta\max\{f_1(\boldsymbol{x}),f_2(\boldsymbol{x})\}+(1-\theta)\max\{f_1(\boldsymbol{y}),f_2(\boldsymbol{y})\}\\&=\theta f(\boldsymbol{x})+(1-\theta)f(\boldsymbol{y})\end{aligned}$$

综合以上信息可知,$f(\boldsymbol{x})$ 为凸函数。

命题 13.9 两个凹函数逐点求最小,得到的函数依然是凹函数。即若 $f_1(\boldsymbol{x})$、$f_2(\boldsymbol{x})$ 为两个凹函数,则 $f(\boldsymbol{x})=\min\{f_1(\boldsymbol{x}),f_2(\boldsymbol{x})\}$ 也为凹函数。

该命题的证明作为练习,请读者自行完成(提示:可直接利用命题 13.8 的结论)。

命题 13.10 凸函数的非负组合依然是凸函数。假设 $f_1(\boldsymbol{x}),f_2(\boldsymbol{x}),\cdots,f_m(\boldsymbol{x})$ 都是凸函数,则 $f(\boldsymbol{x})=\omega_1f_1(\boldsymbol{x})+\omega_2f_2(\boldsymbol{x})+\cdots+\omega_mf_m(\boldsymbol{x}),\omega_i\geqslant0,i=1,2,\cdots,m$ 为凸函数。

证明:

$\mathbf{dom}f=\bigcap_{i=1}^{m}\mathbf{dom}f_i$,由于 $\mathbf{dom}f_i$ 是凸集,则 $\mathbf{dom}f$ 是一系列凸集的交集,根据命题 13.1,$\mathbf{dom}f$ 为凸集。另外,$\forall\,\boldsymbol{x},\boldsymbol{y}\in\mathbf{dom}f$,$\forall\,\theta\in[0,1]$,有

$$\begin{aligned}f(\theta\boldsymbol{x}+(1-\theta)\boldsymbol{y})&=\sum_{i=1}^{m}\omega_if_i(\theta\boldsymbol{x}+(1-\theta)\boldsymbol{y})\\&\leqslant\sum_{i=1}^{m}\omega_i(\theta f_i(\boldsymbol{x})+(1-\theta)f_i(\boldsymbol{y}))=\theta\sum_{i=1}^{m}\omega_if_i(\boldsymbol{x})+(1-\theta)\sum_{i=1}^{m}\omega_if_i(\boldsymbol{y})\\&=\theta f(\boldsymbol{x})+(1-\theta)f(\boldsymbol{y})\end{aligned}$$

综上,$f(\boldsymbol{x})$ 为凸函数。

定义 13.8 二次函数(quadratic function)。具有如下形式的函数 $f(\boldsymbol{x}):\mathbb{R}^n\rightarrow\mathbb{R}$ 被称为二次函数:

$$f(\boldsymbol{x})=\frac{1}{2}\boldsymbol{x}^{\mathrm{T}}\boldsymbol{P}\boldsymbol{x}+\boldsymbol{q}^{\mathrm{T}}\boldsymbol{x}+r\tag{13-6}$$

其中,$\boldsymbol{P}\in\mathbb{R}^{n\times n}$ 为实对称矩阵;$\boldsymbol{q}\in\mathbb{R}^{n\times1}$;$r$ 为实数。

对于式(13-6)中的二次函数 $f(\boldsymbol{x})$,容易知道它是二次可微的,且其定义域显然为凸集,同时其海森矩阵为 $\nabla^2f(\boldsymbol{x})=\boldsymbol{P}$①。根据定理 13.2 可知,该二次函数为凸函数的充要条件为 $\boldsymbol{P}$ 为半正定矩阵;根据命题 13.7 可知,该二次函数为严格凸函数的充分条件为 $\boldsymbol{P}$ 为正定矩阵。

13.1.3 优化问题

定义 13.9 优化问题(optimization problem)。一般用如下形式来表示优化问题:

① 如果读者不熟悉向量与矩阵形式的求导操作,请仔细阅读本书附录 G。

$$
\begin{aligned}
&\boldsymbol{x}^{*}=\underset{\boldsymbol{x}}{\operatorname{argmin}} f_{0}(\boldsymbol{x}) \\
&\text{subject to } f_{i}(\boldsymbol{x}) \leqslant 0, \quad i=1,2,\cdots,m \\
&h_{i}(\boldsymbol{x})=0, \quad i=1,2,\cdots,p
\end{aligned}
\tag{13-7}
$$

式(13-7)所表达的含义是，在所有满足条件 $f_i(\boldsymbol{x})\leqslant 0, i=1,2,\cdots,m$ 和 $h_i(\boldsymbol{x})=0, i=1,2,\cdots,p$ 的 $\boldsymbol{x}$ 中找到能够使函数 $f_0(\boldsymbol{x})$ 取得最小值的点 $\boldsymbol{x}^*$。其中，$\boldsymbol{x}\in\mathbb{R}^n$ 称为**优化变量**(optimization variable)，$f_0(\boldsymbol{x}):\mathbb{R}^n\to\mathbb{R}$ 称为**目标函数**(objective function)，$f_i(\boldsymbol{x})\leqslant 0, i=1,2,\cdots,m$ 称为**不等式约束**，$h_i(\boldsymbol{x})=0, i=1,2,\cdots,p$ 称为**等式约束**；如果 $m=p=0$，即该问题没有任何约束，则该问题称为无约束优化问题。

在式(13-7)中，目标函数与约束函数都能够有定义的优化变量取值集合称为优化问题的**定义域**(domain)，记为 $\mathcal{D}=\bigcap_{i=0}^{m}\mathbf{dom} f_i \cap \bigcap_{i=1}^{p}\mathbf{dom} h_i$，即 $\mathcal{D}$ 是目标函数与所有约束函数定义域的交集。如果 $\boldsymbol{x}\in\mathcal{D}$ 且 $\boldsymbol{x}$ 满足所有约束，即 $f_i(\boldsymbol{x})\leqslant 0, i=1,2,\cdots,m, h_i(\boldsymbol{x})=0, i=1,2,\cdots,p$，则称 $\boldsymbol{x}$ 为该问题的一个**可行点**(feasible point)。当优化问题式(13-7)至少存在一个可行点时，称该问题是**可行的**(feasible)，否则称该问题是**不可行的**(infeasible)。由所有可行点构成的集合称为该问题的**可行集**(feasible set)。一个优化问题如果存在最优解，最优解一定在该问题的可行集中取得。需要注意的是，如果说一个优化问题是可行的，这并不意味着该问题一定存在最优解。如如下这个优化问题：

$$
x^{*}=\underset{x}{\operatorname{argmin}}\, 2x, \quad \text{subject to } x \leqslant 0
$$

它的可行集显然是 $x\leqslant 0$，但在该可行集上目标函数 $2x$ 的取值没有下界(unbounded below)，因此该问题的最优解不存在。

最优值(optimal value)。最优值是在约束条件下目标函数能取得的最小值，即

$$
v^{*}=\min\{f_0(\boldsymbol{x}) \mid f_i(\boldsymbol{x})\leqslant 0, i=1,2,\cdots,m, h_i(\boldsymbol{x})=0, i=1,2,\cdots,p\} \tag{13-8}
$$

如果优化问题式(13-7)存在最优解 $\boldsymbol{x}^*$，则最优值 $v^*=f_0(\boldsymbol{x}^*)$；如果问题式(13-7)是不可行的，则定义 $v^*=+\infty$；如果问题式(13-7)的目标函数 $f_0(\boldsymbol{x})$ 在约束条件下的取值没有下界(unbounded below)，则定义 $v^*=-\infty$。

13.1.4 凸优化问题

定义 13.10 凸优化问题(convex optimization problem)。如下形式的优化问题称为凸优化问题：

$$
\begin{aligned}
&\boldsymbol{x}^{*}=\underset{\boldsymbol{x}}{\operatorname{argmin}} f_{0}(\boldsymbol{x}) \\
&\text{subject to } f_{i}(\boldsymbol{x}) \leqslant 0, \quad i=1,2,\cdots,m \\
&\boldsymbol{a}_i^{\mathrm{T}}\boldsymbol{x}-b_i=0, \quad i=1,2,\cdots,p
\end{aligned}
\tag{13-9}
$$

式中，$f_i(\boldsymbol{x})$ 是凸函数。

显然，凸优化问题是优化问题的“子集”。通过对比一般优化问题的定义(定义 13.9)和凸优化问题的定义(定义 13.10)，可以看出凸优化问题在一般优化问题的基础上还有三个额外要求：①目标函数必须是凸函数；②不等式约束函数是凸函数；③等式约束函数必须是仿射函数 $h_i(\boldsymbol{x})=\boldsymbol{a}_i^{\mathrm{T}}\boldsymbol{x}-b_i$。凸优化问题的可行集一定是凸集[①]。

① 如果要证明凸优化问题的可行集一定为凸集，还需要引入次水平集(sub-level set)的概念，这个概念与本书的其他内容无关，为了叙述简洁，就不再引入这个概念。读者只需要知道“凸优化问题的可行集一定为凸集”这个结论就可以了。

下面介绍一下作为凸优化问题的一个典型代表凸二次规划问题。

定义 13.11 凸二次规划问题(convex quadratic program problem)。如下形式的凸优化问题被称为凸二次规划问题：

$$
\begin{aligned}
&\boldsymbol{x}^* = \underset{\boldsymbol{x}}{\operatorname{argmin}} \frac{1}{2}\boldsymbol{x}^{\mathrm{T}}\boldsymbol{P}\boldsymbol{x} + \boldsymbol{q}^{\mathrm{T}}\boldsymbol{x} + r \\
&\text{subject to } \boldsymbol{G}\boldsymbol{x} \leqslant \boldsymbol{h}, \boldsymbol{G} \in \mathbb{R}^{m\times n} \\
&\boldsymbol{A}\boldsymbol{x} = \boldsymbol{b}, \boldsymbol{A} \in \mathbb{R}^{p\times n}
\end{aligned}
\tag{13-10}
$$

其中，$\boldsymbol{P}$ 为半正定矩阵。

凸二次规划问题是凸优化问题，因为：①它的目标函数为二次函数，由于 $\boldsymbol{P}$ 为半正定矩阵，根据定理 13.2 可知该目标函数为凸函数；②不等式约束函数均为仿射函数，根据命题 13.3 可知，它们也都是凸函数；③等式约束函数均为仿射函数。

13.2 对偶

13.2.1 对偶函数

定义 13.12 拉格朗日函数(Lagrangian)。如下函数 $l(\boldsymbol{x},\boldsymbol{\alpha},\boldsymbol{\beta}):\mathbb{R}^n\times\mathbb{R}^m\times\mathbb{R}^p\to\mathbb{R}$ 称为定义 13.9 所描述的优化问题的拉格朗日函数：

$$
l(\boldsymbol{x},\boldsymbol{\alpha},\boldsymbol{\beta}) = f_0(\boldsymbol{x}) + \sum_{i=1}^{m}\alpha_i f_i(\boldsymbol{x}) + \sum_{i=1}^{p}\beta_i h_i(\boldsymbol{x}) \tag{13-11}
$$

其中，$\boldsymbol{\alpha}=\{\alpha_i\}_{i=1}^m$，$\boldsymbol{\beta}=\{\beta_i\}_{i=1}^p$，它们称为**对偶变量**(dual variables)或**拉格朗日乘子向量**(Lagrange multiplier vectors)；函数 $l(\boldsymbol{x},\boldsymbol{\alpha},\boldsymbol{\beta})$ 的定义域为 $\mathbf{dom}l=\mathcal{D}\times\mathbb{R}^m\times\mathbb{R}^p$。

定义 13.13 拉格朗日对偶函数(Lagrange dual function)，简称**对偶函数**(dual function)。如下函数 $g(\boldsymbol{\alpha},\boldsymbol{\beta}):\mathbb{R}^m\times\mathbb{R}^p\to\mathbb{R}$ 称为拉格朗日函数式(13-11)的对偶函数，即

$$
g(\boldsymbol{\alpha},\boldsymbol{\beta}) = \min_{x\in\mathcal{D}} l(\boldsymbol{x},\boldsymbol{\alpha},\boldsymbol{\beta}) = \min_{x\in\mathcal{D}}\left(f_0(\boldsymbol{x}) + \sum_{i=1}^{m}\alpha_i f_i(\boldsymbol{x}) + \sum_{i=1}^{p}\beta_i h_i(\boldsymbol{x})\right) \tag{13-12}
$$

也就是说，对偶函数 $g(\boldsymbol{\alpha},\boldsymbol{\beta})$ 是关于对偶变量 $(\boldsymbol{\alpha},\boldsymbol{\beta})$ 的函数，其值是在固定 $(\boldsymbol{\alpha},\boldsymbol{\beta})$ 时，拉格朗日函数 $l(\boldsymbol{x},\boldsymbol{\alpha},\boldsymbol{\beta})$ 在变化 $\boldsymbol{x}$ 时所能取得的最小值。若在 $(\boldsymbol{\alpha}_0,\boldsymbol{\beta}_0)$ 处，$l(\boldsymbol{x},\boldsymbol{\alpha}_0,\boldsymbol{\beta}_0)$ 关于 $\boldsymbol{x}$ 没有下界，则定义 $g(\boldsymbol{\alpha}_0,\boldsymbol{\beta}_0)=-\infty$。

命题 13.11 式(13-12)所定义的拉格朗日对偶函数为凹函数。

证明：

式(13-12)所定义的对偶函数 $g(\boldsymbol{\alpha},\boldsymbol{\beta})$ 可变形为如下形式：

$$
g(\boldsymbol{\alpha},\boldsymbol{\beta}) = \min_{x\in\mathcal{D}}\left(\left(f_1(\boldsymbol{x})\ f_2(\boldsymbol{x})\cdots f_m(\boldsymbol{x})\ h_1(\boldsymbol{x})\ h_2(\boldsymbol{x})\cdots h_p(\boldsymbol{x})\right)\begin{pmatrix}\alpha_1\\ \alpha_2\\ \vdots\\ \alpha_m\\ \beta_1\\ \beta_2\\ \vdots\\ \beta_p\end{pmatrix} + f_0(\boldsymbol{x})\right)
$$

显然，$g(\boldsymbol{\alpha},\boldsymbol{\beta})$为一系列关于$\begin{pmatrix}\boldsymbol{\alpha}\\ \boldsymbol{\beta}\end{pmatrix}$的仿射函数逐点求最小得到的；而根据命题 13.3，仿射函数为凹函数。这也就是说，函数$g(\boldsymbol{\alpha},\boldsymbol{\beta})$为一系列关于$\begin{pmatrix}\boldsymbol{\alpha}\\ \boldsymbol{\beta}\end{pmatrix}$的凹函数逐点求最小而得到的，根据命题 13.9 可知，$g(\boldsymbol{\alpha},\boldsymbol{\beta})$为凹函数。

命题 13.12 式(13-12)所定义的拉格朗日对偶函数的值是优化问题式(13-7)的最优值v^*的下界，即$\forall\boldsymbol{\alpha}\geqslant\mathbf{0}$，$\forall\boldsymbol{\beta}$，有$g(\boldsymbol{\alpha},\boldsymbol{\beta})\leqslant v^*$。

证明：

先考虑优化问题式(13-7)为可行的情况。假设$\tilde{\boldsymbol{x}}$是优化问题式(13-7)的一个可行点，根据可行点的定义可知：

$$f_i(\tilde{\boldsymbol{x}})\leqslant 0,\quad i=1,2,\cdots,m,\quad h_i(\tilde{\boldsymbol{x}})=0,\quad i=1,2,\cdots,p$$

则有

$$\sum_{i=1}^{m}\alpha_i f_i(\tilde{\boldsymbol{x}})+\sum_{i=1}^{p}\beta_i h_i(\tilde{\boldsymbol{x}})\leqslant 0$$

因此

$$l(\tilde{\boldsymbol{x}},\boldsymbol{\alpha},\boldsymbol{\beta})=f_0(\tilde{\boldsymbol{x}})+\sum_{i=1}^{m}\alpha_i f_i(\tilde{\boldsymbol{x}})+\sum_{i=1}^{p}\beta_i h_i(\tilde{\boldsymbol{x}})\leqslant f_0(\tilde{\boldsymbol{x}})$$

因此

$$g(\boldsymbol{\alpha},\boldsymbol{\beta})=\min_{\boldsymbol{x}\in\mathcal{D}} l(\boldsymbol{x},\boldsymbol{\alpha},\boldsymbol{\beta})\leqslant l(\tilde{\boldsymbol{x}},\boldsymbol{\alpha},\boldsymbol{\beta})\leqslant f_0(\tilde{\boldsymbol{x}})$$

由于对任意的可行点$\tilde{\boldsymbol{x}}$都成立，而优化问题式(13-7)的最优值v^*当然也是在某个可行点处取得的，因此有$g(\boldsymbol{\alpha},\boldsymbol{\beta})\leqslant v^*$。

若优化问题式(13-7)不可行，则其最优值$v^*=+\infty$，则有$g(\boldsymbol{\alpha},\boldsymbol{\beta})\leqslant v^*$。

需要注意的是，命题 13.12 对$\boldsymbol{\alpha}$的取值是有要求的，要求$\boldsymbol{\alpha}\geqslant\mathbf{0}$；只有满足$\boldsymbol{\alpha}\geqslant\mathbf{0}$这个条件，上述推导才能成立。

为了能够深刻理解拉格朗日对偶函数以及命题 13.12 的含义，下面举两个简单的例子。

例 13.2 考虑如下优化问题

$$\boldsymbol{x}^*=\underset{\boldsymbol{x}}{\operatorname{argmin}}\,\boldsymbol{x}^{\mathrm{T}}\boldsymbol{x},\ \text{subject to } \boldsymbol{A}\boldsymbol{x}=\boldsymbol{b},\boldsymbol{A}\in\mathbb{R}^{p\times n}$$

这个优化问题没有不等式约束，只有p个等式约束。它的拉格朗日函数为

$$l(\boldsymbol{x},\boldsymbol{\beta})=\boldsymbol{x}^{\mathrm{T}}\boldsymbol{x}+\boldsymbol{\beta}^{\mathrm{T}}(\boldsymbol{A}\boldsymbol{x}-\boldsymbol{b})$$

其中，$\boldsymbol{\beta}\in\mathbb{R}^p$；$l$的定义域为$\mathbf{dom}l=\mathbb{R}^n\times\mathbb{R}^p$。相应地，拉格朗日对偶函数为$g(\boldsymbol{\beta})=\min\limits_{\boldsymbol{x}\in\mathbf{R}^n} l(\boldsymbol{x},\boldsymbol{\beta})$。考虑$l(\boldsymbol{x},\boldsymbol{\beta})$，对于固定的$\boldsymbol{\beta}$，$l(\boldsymbol{x},\boldsymbol{\beta})$为关于$\boldsymbol{x}$的凸二次函数。因此，可以找到使$l(\boldsymbol{x},\boldsymbol{\beta})$最小化的$\boldsymbol{x}$，即解$\nabla_{\boldsymbol{x}} l(\boldsymbol{x},\boldsymbol{\beta})=\mathbf{0}$，得到$\boldsymbol{x}=-\dfrac{1}{2}\boldsymbol{A}^{\mathrm{T}}\boldsymbol{\beta}$。因此，对偶函数$g(\boldsymbol{\beta})$为

$$g(\boldsymbol{\beta})=l\left(-\frac{1}{2}\boldsymbol{A}^{\mathrm{T}}\boldsymbol{\beta},\boldsymbol{\beta}\right)=-\frac{1}{4}\boldsymbol{\beta}^{\mathrm{T}}\boldsymbol{A}\boldsymbol{A}^{\mathrm{T}}\boldsymbol{\beta}-\boldsymbol{\beta}^{\mathrm{T}}\boldsymbol{b}$$

该函数为一个凹二次函数。由命题 13.12 可知，$\forall\boldsymbol{\beta}\in\mathbb{R}^p$，有

$$g(\boldsymbol{\beta})=-\frac{1}{4}\boldsymbol{\beta}^{\mathrm{T}}\boldsymbol{A}\boldsymbol{A}^{\mathrm{T}}\boldsymbol{\beta}-\boldsymbol{\beta}^{\mathrm{T}}\boldsymbol{b}\leqslant\min_{\boldsymbol{x}}(\boldsymbol{x}^{\mathrm{T}}\boldsymbol{x}\mid\boldsymbol{A}\boldsymbol{x}=\boldsymbol{b})$$

例 13.3 考虑如下优化问题：

$$\boldsymbol{x}^*=\underset{\boldsymbol{x}}{\operatorname{argmin}}\,\boldsymbol{c}^{\mathrm{T}}\boldsymbol{x}$$

$$\text{subject to } \boldsymbol{x} \geqslant \mathbf{0}$$
$$\boldsymbol{Ax} = \boldsymbol{b}, \quad \boldsymbol{A} \in \mathbb{R}^{p\times n}$$

式中，$\boldsymbol{x} \in \mathbb{R}^n$。

首先，把该优化问题写成标准优化问题的形式，

$$\boldsymbol{x}^* = \underset{\boldsymbol{x}}{\operatorname{argmin}} \boldsymbol{c}^{\mathrm{T}}\boldsymbol{x}$$
$$\text{subject to} -\boldsymbol{x} \leqslant \mathbf{0}$$
$$\boldsymbol{Ax} - \boldsymbol{b} = \mathbf{0}, \quad \boldsymbol{A} \in \mathbb{R}^{p\times n}$$

它的拉格朗日函数为

$$l(\boldsymbol{x}, \boldsymbol{\alpha}, \boldsymbol{\beta}) = \boldsymbol{c}^{\mathrm{T}}\boldsymbol{x} - \boldsymbol{\alpha}^{\mathrm{T}}\boldsymbol{x} + \boldsymbol{\beta}^{\mathrm{T}}(\boldsymbol{Ax} - \boldsymbol{b})$$

式中，$\boldsymbol{\alpha} \in \mathbb{R}^n$；$\boldsymbol{\beta} \in \mathbb{R}^p$；$l$ 的定义域为 $\mathbf{dom}l = \mathbb{R}^n \times \mathbb{R}^n \times \mathbb{R}^p$。相应地，拉格朗日对偶函数为

$$g(\boldsymbol{\alpha}, \boldsymbol{\beta}) = \min_{\boldsymbol{x}\in\mathbf{R}^n} l(\boldsymbol{x}, \boldsymbol{\alpha}, \boldsymbol{\beta}) = -\boldsymbol{\beta}^{\mathrm{T}}\boldsymbol{b} + \min_{\boldsymbol{x}\in\mathbf{R}^n}(\boldsymbol{c} + \boldsymbol{A}^{\mathrm{T}}\boldsymbol{\beta} - \boldsymbol{\alpha})^{\mathrm{T}}\boldsymbol{x}$$

其中，关于 $\boldsymbol{x}$ 的部分为关于 $\boldsymbol{x}$ 的线性函数，只要 $\boldsymbol{c}+\boldsymbol{A}^{\mathrm{T}}\boldsymbol{\beta}-\boldsymbol{\alpha} \neq \mathbf{0}$，那么 $(\boldsymbol{c}+\boldsymbol{A}^{\mathrm{T}}\boldsymbol{\beta}-\boldsymbol{\alpha})^{\mathrm{T}}\boldsymbol{x}$ 必然是没有下界的，因此可知

$$g(\boldsymbol{\alpha}, \boldsymbol{\beta}) = \begin{cases} -\boldsymbol{\beta}^{\mathrm{T}}\boldsymbol{b}, & \boldsymbol{c} + \boldsymbol{A}^{\mathrm{T}}\boldsymbol{\beta} - \boldsymbol{\alpha} = \mathbf{0} \\ -\infty, & \text{其他} \end{cases}$$

因此，当 $\boldsymbol{\alpha} \geqslant \mathbf{0}$ 且 $\boldsymbol{c}+\boldsymbol{A}^{\mathrm{T}}\boldsymbol{\beta}-\boldsymbol{\alpha}=\mathbf{0}$ 时，对偶函数 $g(\boldsymbol{\alpha},\boldsymbol{\beta})$ 给出了原始优化问题最优值的一个非平凡下界 $-\boldsymbol{\beta}^{\mathrm{T}}\boldsymbol{b}$。

13.2.2 对偶问题

拉格朗日对偶函数(式(13-12))给出了优化问题(式(13-7))最优值 v^* 的下界。这些下界的取值是决定于 $\boldsymbol{\alpha}$ 和 $\boldsymbol{\beta}$ 的。实际上，这些由对偶函数所确定的优化问题最优值的下界中，最大的下界是"最有意义的"。为什么这么说呢？下面用生活中的一个例子来说明。假如你想在上海买一套房子，地段、楼层、户型、面积等因素构成了一系列约束条件。你很想知道买这样一套房子最少得准备多少钱(最优值)。为了解除心中的疑惑，你找了 10 个朋友(对偶函数)，他们每个人都是靠谱的、值得信赖的，也就是说，他们对你买房子最少花多少钱这件事所给出的估计(最优值的下界)都是正确的。A 说你最少得花 10 元，B 说你最少要花 100 元，C 说你最少要花 1 万元……。这 10 个朋友当中 E 说的最高，他说你最少得准备 500 万元。那么，这 10 个朋友所提供的信息当中，谁的信息对你来说是最有价值的呢？显然是 E。因此，接下来你要回答一个引出的问题：由对偶函数 $g(\boldsymbol{\alpha},\boldsymbol{\beta})$ 所确定出的最优(最大)下界是什么？即求解如下拉格朗日对偶问题。

定义 13.14 拉格朗日对偶问题(Lagrange dual problem)。如下优化问题称为定义 13.9 所定义的优化问题的拉格朗日对偶问题：

$$\boldsymbol{\alpha}^*, \boldsymbol{\beta}^* = \arg\max_{\boldsymbol{\alpha},\boldsymbol{\beta}} g(\boldsymbol{\alpha}, \boldsymbol{\beta})$$
$$\text{subject to } \boldsymbol{\alpha} \geqslant \mathbf{0} \tag{13-13}$$

其中，$g(\boldsymbol{\alpha},\boldsymbol{\beta})$ 为由式(13-12)所定义的拉格朗日对偶函数。问题式(13-13)的最优解 $(\boldsymbol{\alpha}^*, \boldsymbol{\beta}^*)$ 被称作是**对偶最优的**(dual optimal)，或**最优的拉格朗日乘子**(optimal Lagrange multipliers)。

与对偶问题相对应的由定义 13.9 所定义的优化问题也被称为对偶问题的**原问题**(primal problem)。如果 $\boldsymbol{\alpha} \geqslant \mathbf{0}$ 且 $g(\boldsymbol{\alpha},\boldsymbol{\beta}) > -\infty$，则 $(\boldsymbol{\alpha},\boldsymbol{\beta})$ 称为**对偶可行**(dual feasible)的，即此时 $(\boldsymbol{\alpha},\boldsymbol{\beta})$ 是优化问题式(13-13)的一个可行点。只有 $(\boldsymbol{\alpha},\boldsymbol{\beta})$ 是对偶可行的，$g(\boldsymbol{\alpha},\boldsymbol{\beta})$ 所定义的值才是

原问题的一个非平凡的下界。

需要注意的是，无论原优化问题(定义 13.9)是否为凸优化问题，式(13-13)所描述的拉格朗日对偶问题一定是一个凸优化问题：①它的目标是要最大化一个凹函数，这相当于是要最小化一个凸函数，因此如果写成标准优化问题形式，其目标函数为凸函数；②其不等式约束函数均为仿射函数，也都是凸函数。

命题 13.13 优化问题的弱对偶性(weak duality)。设式(13-13)所定义的对偶问题的最优值为 d^*，即 $d^*=\max\limits_{\boldsymbol{\alpha},\boldsymbol{\beta}} g(\boldsymbol{\alpha},\boldsymbol{\beta})$，subject to $\boldsymbol{\alpha}\geqslant\mathbf{0}$，则 d^* 是原问题最优值 v^* 由对偶函数 $g(\boldsymbol{\alpha},\boldsymbol{\beta})$所确定的最大的下界，因此必有 $d^*\leqslant v^*$。这个性质称为优化问题的弱对偶性。

13.2.3 强对偶性与斯莱特条件

由定义 13.9 所定义的一般化的优化问题具有弱对偶性，即原问题的最优值 v^* 和其对偶问题的最优值 d^* 之间满足关系：

$$d^*\leqslant v^* \tag{13-14}$$

那么什么条件下式(13-14)中的等号可以成立呢？若式(13-14)中的等号成立，即一个优化问题(由定义 13.9 定义)的最优值和它的对偶问题的最优值相等，则称该优化问题具有**强对偶性**(strong duality)。显然，需要为一般化的优化问题附加上一些额外的限制条件，才能使得到的优化问题具有强对偶性。一个广泛使用的强对偶判定条件便是**斯莱特**(Slater)**条件**[1]。

定理 13.3 斯莱特条件(Slater condition)。如果一个优化问题为由定义 13.10 所定义的凸优化问题，即该优化问题具有如下形式：

$$\begin{aligned}&\boldsymbol{x}^*=\arg\min_{\boldsymbol{x}} f_0(\boldsymbol{x})\\&\text{subject to } f_i(\boldsymbol{x})\leqslant 0,\quad i=1,2,\cdots,m\\&\boldsymbol{Ax}=\boldsymbol{b},\quad \boldsymbol{A}\in\mathbb{R}^{p\times n}\end{aligned} \tag{13-15}$$

其中，$f_i(\boldsymbol{x}),i=0,1,2,\cdots,m$ 为凸函数。若至少存在一点 $\boldsymbol{x}\in\textbf{relint }\mathcal{D}$(相对内部的定义见式(13-1))，使得

$$f_i(\boldsymbol{x})<0,\quad i=1,2,\cdots,m,\quad \boldsymbol{Ax}=\boldsymbol{b} \tag{13-16}$$

则该优化问题必具有强对偶性。该定理的证明需要较多细节且与本书的主线内容关系不大，这里就不给出了，感兴趣的读者可以参见参考文献[2]。

斯莱特条件要求要至少存在一个 $\boldsymbol{x}\in\textbf{relint }\mathcal{D}$**严格满足**所有不等式约束(小于号严格成立)，但如果不等式约束函数为仿射函数，这个条件可以放松一下：只要满足该不等式约束即可(可以是小于或等于号)，而不一定是严格满足。这样便有了针对仿射型不等式约束的修正斯莱特条件。

定理 13.4 修正斯莱特条件(refined slater condition)。如果凸优化问题式(13-15)的前 k 个不等式约束函数 $f_1,f_2,\cdots,f_k$ 为仿射函数，若至少存在一点 $\boldsymbol{x}\in\textbf{relint }\mathcal{D}$，使得

$$f_i(\boldsymbol{x})\leqslant 0,\quad i=1,2,\cdots,k,\quad f_i(\boldsymbol{x})<0,\quad i=k+1,k+2,\cdots,m,\quad \boldsymbol{Ax}=\boldsymbol{b} \tag{13-17}$$

则该优化问题具有强对偶性。

根据定理 13.4 可知，如下命题成立。

命题 13.14 约束函数全为仿射函数的凸优化问题的斯莱特条件。如果一个凸优化问题的约束函数(包括不等式约束和等式约束)都是仿射函数而且其目标函数的定义域 $\textbf{dom}f_0$ 为开集，那么只要该问题是可行的(至少存在一个可行点)，它必满足(修正)斯莱特条件，即它具有强对偶性。

证明：

根据已知条件，该凸优化问题的不等式约束函数 $f_1, f_2, \cdots, f_m$ 都为仿射函数，等式约束函数为仿射函数 $\boldsymbol{Ax}=\boldsymbol{b}$。仿射函数的定义域均为$\mathbb{R}^n$。这样，该优化问题的定义域$\mathcal{D}$为 $\mathbf{dom} f_0$ 与所有约束函数定义域的交集，则$\mathcal{D}=\mathbf{dom} f_0 \cap \mathbb{R}^n \cap \mathbb{R}^n \cdots \cap \mathbb{R}^n = \mathbf{dom} f_0$，而 $\mathbf{dom} f_0$ 又是开集，则$\mathcal{D}$为$\mathbb{R}^n$ 中的开集，再由开集的定义(定义 13.4)可知，$\mathbf{int}\ \mathcal{D}=\mathcal{D}$。另外，由于$\mathcal{D}$为$\mathbb{R}^n$ 中的开集，则 $\mathbf{aff}\ \mathcal{D}=\mathbb{R}^n$，由命题 13.2 可知，$\mathbf{relint}\ \mathcal{D}=\mathbf{int}\ \mathcal{D}$，则有 $\mathbf{relint}\ \mathcal{D}=\mathcal{D}$。若该问题可行，则说明至少有一点 $\boldsymbol{x} \in \mathcal{D}=\mathbf{relint}\ \mathcal{D}$满足所有约束条件，即

$$f_i(\boldsymbol{x}) \leqslant 0, \quad i=1,2,\cdots,m, \quad \boldsymbol{Ax}=\boldsymbol{b}$$

根据定理 13.4 可知，该凸优化问题满足修正斯莱特条件，因此它具有强对偶性。

命题 13.15　形如式(13-10)所定义的凸二次规划问题，如果该问题可行，则其必然具有强对偶性。这个结论可由命题 13.14 直接得出。

需要注意：斯莱特条件是一个优化问题具有强对偶性的充分条件，但不是必要条件。

下面通过一个具体例子来进一步理解斯莱特条件。例 13.2 原问题为

$$\boldsymbol{x}^* = \underset{\boldsymbol{x}}{\operatorname{argmin}}\, \boldsymbol{x}^{\mathrm{T}}\boldsymbol{x}, \quad \text{subject to } \boldsymbol{Ax}=\boldsymbol{b}, \quad \boldsymbol{A} \in \mathbb{R}^{p \times n}$$

它的对偶问题为

$$\underset{\boldsymbol{\beta}}{\operatorname{maximize}} -\frac{1}{4}\boldsymbol{\beta}^{\mathrm{T}}\boldsymbol{A}\boldsymbol{A}^{\mathrm{T}}\boldsymbol{\beta} - \boldsymbol{\beta}^{\mathrm{T}}\boldsymbol{b}$$

原问题为凸优化问题，没有不等式约束，目标函数的定义域为$\mathbb{R}^n$，其为开集，那么根据命题 13.14，只需要原问题是可行的，它便是强对偶的。对于这个问题来说，原问题是可行的，等价于 $\boldsymbol{Ax}=\boldsymbol{b}, \boldsymbol{A} \in \mathbb{R}^{p \times n}$ 有解，即只需要 $\operatorname{rank}(\boldsymbol{A})=\operatorname{rank}([\boldsymbol{A}\ \boldsymbol{b}])$。

13.2.4　强弱对偶性的“最大-最小”刻画

式(13-11)给出了原问题式(13-7)的拉格朗日函数 $l(\boldsymbol{x}, \boldsymbol{\alpha}, \boldsymbol{\beta}): \mathbb{R}^n \times \mathbb{R}^m \times \mathbb{R}^p \to \mathbb{R}$，由该函数的定义可知：

$$\max_{\boldsymbol{\alpha} \geqslant \boldsymbol{0}, \boldsymbol{\beta}} l(\boldsymbol{x}, \boldsymbol{\alpha}, \boldsymbol{\beta}) = \begin{cases} f_0(\boldsymbol{x}), & f_i(\boldsymbol{x}) \leqslant 0, \quad i=1,2,\cdots,m, h_i(\boldsymbol{x})=0, i=1,2,\cdots,p \\ +\infty, & \text{其他} \end{cases}$$

也就是说，在条件 $f_i(\boldsymbol{x}) \leqslant 0, i=1,2,\cdots,m, h_i(\boldsymbol{x})=0, i=1,2,\cdots,p$ 下，$\max\limits_{\boldsymbol{\alpha} \geqslant \boldsymbol{0}, \boldsymbol{\beta}} l(\boldsymbol{x}, \boldsymbol{\alpha}, \boldsymbol{\beta}) = f_0(\boldsymbol{x})$，而该条件实际上正是原问题式(13-7)的可行条件。因此不难理解，原问题式(13-7)的最优值 v^* 可表达为

$$v^* = \min_{\boldsymbol{x} \in \mathcal{D}} \max_{\boldsymbol{\alpha} \geqslant \boldsymbol{0}, \boldsymbol{\beta}} l(\boldsymbol{x}, \boldsymbol{\alpha}, \boldsymbol{\beta})$$

另外，结合对偶问题的定义(式(13-13))以及拉格朗日对偶函数的定义(式(13-12))，可知对偶问题的最优值 d^* 可表达为

$$d^* = \max_{\boldsymbol{\alpha} \geqslant \boldsymbol{0}, \boldsymbol{\beta}} \min_{\boldsymbol{x} \in \mathcal{D}} l(\boldsymbol{x}, \boldsymbol{\alpha}, \boldsymbol{\beta})$$

根据优化问题的弱对偶性质(命题 13.13)可知 $d^* \leqslant v^*$，即以下不等式成立：

$$\max_{\boldsymbol{\alpha} \geqslant \boldsymbol{0}, \boldsymbol{\beta}} \min_{\boldsymbol{x} \in \mathcal{D}} l(\boldsymbol{x}, \boldsymbol{\alpha}, \boldsymbol{\beta}) \leqslant \min_{\boldsymbol{x} \in \mathcal{D}} \max_{\boldsymbol{\alpha} \geqslant \boldsymbol{0}, \boldsymbol{\beta}} l(\boldsymbol{x}, \boldsymbol{\alpha}, \boldsymbol{\beta}) \tag{13-18}$$

更进一步，如果原问题具有强对偶性，则意味着原问题的最优值 v^* 和对偶问题的最优值 d^* 相等，则有

$$\max_{\boldsymbol{\alpha} \geqslant \boldsymbol{0}, \boldsymbol{\beta}} \min_{\boldsymbol{x} \in \mathcal{D}} l(\boldsymbol{x}, \boldsymbol{\alpha}, \boldsymbol{\beta}) = \min_{\boldsymbol{x} \in \mathcal{D}} \max_{\boldsymbol{\alpha} \geqslant \boldsymbol{0}, \boldsymbol{\beta}} l(\boldsymbol{x}, \boldsymbol{\alpha}, \boldsymbol{\beta}) \tag{13-19}$$

也就是说，如果原问题具有强对偶性，对其拉格朗日函数在优化变量 $\boldsymbol{x}$ 上求最小以及在对偶变量($\boldsymbol{\alpha} \geqslant \boldsymbol{0}, \boldsymbol{\beta}$)上求最大的两个操作可以交换顺序。

13.2.5 KKT 最优条件

假设 $\boldsymbol{x}$ 为原问题的一个可行点，$(\boldsymbol{\alpha},\boldsymbol{\beta})$为对偶问题的对偶可行点，则把此时原问题目标函数值 $f_0(\boldsymbol{x})$与对偶问题目标函数值 $g(\boldsymbol{\alpha},\boldsymbol{\beta})$之差称为**对偶间隔**(duality gap)，即

$$f_0(\boldsymbol{x})-g(\boldsymbol{\alpha},\boldsymbol{\beta})$$

由原问题与对偶问题的性质可知以下内容。

命题 13.16 对于给定的一对可行优化变量 $\boldsymbol{x}_0$ 与对偶可行变量$(\boldsymbol{\alpha}_0,\boldsymbol{\beta}_0)$，若相应的对偶间隔为 0，即 $f_0(\boldsymbol{x}_0)=g(\boldsymbol{\alpha}_0,\boldsymbol{\beta}_0)$，则 $\boldsymbol{x}_0$ 是原问题的最优解，$(\boldsymbol{\alpha}_0,\boldsymbol{\beta}_0)$是对偶问题的最优解，并且原问题是强对偶的。该结论的证明作为练习，请读者自行完成。

设原问题是强对偶的。假设 $\boldsymbol{x}^*$ 是原问题的最优解，$(\boldsymbol{\alpha}^*,\boldsymbol{\beta}^*)$是对偶问题的最优解，则有

$$\begin{aligned}f_0(\boldsymbol{x}^*)&=g(\boldsymbol{\alpha}^*,\boldsymbol{\beta}^*)\\&=\min_{\boldsymbol{x}}\left(f_0(\boldsymbol{x})+\sum_{i=1}^{m}\alpha_i^*f_i(\boldsymbol{x})+\sum_{i=1}^{p}\beta_i^*h_i(\boldsymbol{x})\right)\\&\leqslant f_0(\boldsymbol{x}^*)+\sum_{i=1}^{m}\alpha_i^*f_i(\boldsymbol{x}^*)+\sum_{i=1}^{p}\beta_i^*h_i(\boldsymbol{x}^*)\\&\leqslant f_0(\boldsymbol{x}^*)\end{aligned}\tag{13-20}$$

第一行等号成立是因为原问题具有强对偶性，则原问题的最优值 $f_0(\boldsymbol{x}^*)$等于对偶问题的最优值 $g(\boldsymbol{\alpha}^*,\boldsymbol{\beta}^*)$；第二行等号成立，根据的是对偶函数的定义；第三行小于或等于号成立，是因为当遍历所有 $\boldsymbol{x}$ 之后拉格朗日函数的最小值当然要小于或等于该函数在点 $\boldsymbol{x}^*$ 处的值；最后一行等号成立，是因为 $\alpha_i^*\geqslant0,f_i(\boldsymbol{x}^*)\leqslant0,i=1,2,\cdots,m,h_i(\boldsymbol{x}^*)=0,i=1,2,\cdots,p$。由于上述一系列推导链条的两端都是 $f_0(\boldsymbol{x}^*)$，因此两个小于或等于号实际上都是等号！继而可以得到以下有用的结论：

(1) 由于第 3 行的小于或等于号实际上是等号，因此，$\boldsymbol{x}^*$ 就是拉格朗日函数 $l(\boldsymbol{x};\boldsymbol{\alpha}^*,\boldsymbol{\beta}^*)$的最小值点；

(2) 由于第 4 行的小于或等于号实际上也为等号，因此，$\sum_{i=1}^{m}\alpha_i^*f_i(\boldsymbol{x}^*)$ 必为 0；又由于已知 $\alpha_i^*f_i(\boldsymbol{x}^*)\leqslant0,i=1,2,\cdots,m$，因此必有 $\alpha_i^*f_i(\boldsymbol{x}^*)=0,i=1,2,\cdots,m$。

基于上述分析，可引出优化领域中的一个重要结论：KKT 条件(Karush-Kuhn-Tucker conditions)。在描述 KKT 条件时，首先要假定优化问题(定义 13.9)中的目标函数和所有约束函数都是可微的，即要假设 $f_0,f_1,\cdots,f_m,h_1,\cdots,h_p$ 都是可微的。

定理 13.5 针对一般优化问题的 KKT 条件。设原优化问题是强对偶的。假设 $\boldsymbol{x}^*$ 是原问题的最优解，$(\boldsymbol{\alpha}^*,\boldsymbol{\beta}^*)$是对偶问题的最优解，由式(13-20)所得到的结论(1)可知，$\boldsymbol{x}^*$ 就是拉格朗日函数 $l(\boldsymbol{x};\boldsymbol{\alpha}^*,\boldsymbol{\beta}^*)$的最小值点，由于 $l(\boldsymbol{x};\boldsymbol{\alpha}^*,\boldsymbol{\beta}^*)$是可微的，因此它在 $\boldsymbol{x}^*$ 处的梯度 $\nabla_{\boldsymbol{x}=\boldsymbol{x}^*}l(\boldsymbol{x};\boldsymbol{\alpha}^*,\boldsymbol{\beta}^*)$为 $\mathbf{0}$，即，$\nabla_{\boldsymbol{x}=\boldsymbol{x}^*}f_0(\boldsymbol{x})+\sum_{i=1}^{m}\alpha_i^*\nabla_{\boldsymbol{x}=\boldsymbol{x}^*}f_i(\boldsymbol{x})+\sum_{i=1}^{p}\beta_i^*\nabla_{\boldsymbol{x}=\boldsymbol{x}^*}h_i(\boldsymbol{x})=\mathbf{0}$。综合在一起，有

$$\begin{aligned}&f_i(\boldsymbol{x}^*)\leqslant0, && i=1,2,\cdots,m\\&h_i(\boldsymbol{x}^*)=0, && i=1,2,\cdots,p\\&\alpha_i^*\geqslant0, && i=1,2,\cdots,m\\&\alpha_i^*f_i(\boldsymbol{x}^*)=0, && i=1,2,\cdots,m\end{aligned}\tag{13-21}$$

$$\nabla_{x=x^*} f_0(\boldsymbol{x}) + \sum_{i=1}^{m} \alpha_i^* \nabla_{x=x^*} f_i(\boldsymbol{x}) + \sum_{i=1}^{p} \beta_i^* \nabla_{x=x^*} h_i(\boldsymbol{x}) = \boldsymbol{0}$$

式(13-21)便称为 KKT 条件。其中,第 4 条 $\alpha_i^* f_i(\boldsymbol{x}^*)=0, i=1,2,\cdots,m$ 称为**互补松弛**(complementary slackness)条件。总结下来,对于任意的由定义 13.9 所定义的优化问题,如果它的目标函数和所有约束函数都是可微的,并且该优化问题是强对偶的,那么任意一对原问题和对偶问题的最优解 $\boldsymbol{x}^*$、$(\boldsymbol{\alpha}^*, \boldsymbol{\beta}^*)$都满足式(13-21)所列的 KKT 条件。

定理 13.6 针对凸优化问题的 KKT 条件。假设一个凸优化问题的目标函数和约束函数都可微,且该问题满足斯莱特条件。在这种情况下,KKT 条件是一对原问题可行点 $\boldsymbol{x}_0$ 与对偶问题对偶可行点$(\boldsymbol{\alpha}_0, \boldsymbol{\beta}_0)$分别为原问题最优与对偶最优的充要条件。

证明:

必要性,即证明如果 $\boldsymbol{x}_0$ 和$(\boldsymbol{\alpha}_0, \boldsymbol{\beta}_0)$分别为原问题和对偶问题的最优解,则它们满足 KKT 条件。由于已知原问题满足斯莱特条件,则可知原问题具有强对偶性;又因为 $\boldsymbol{x}_0$ 和$(\boldsymbol{\alpha}_0, \boldsymbol{\beta}_0)$分别为原问题和对偶问题的最优解且原问题所有约束函数都可微,根据定理 13.5,$\boldsymbol{x}_0$ 和$(\boldsymbol{\alpha}_0, \boldsymbol{\beta}_0)$满足 KKT 条件。

充分性,即证明如果 $\boldsymbol{x}_0$ 和$(\boldsymbol{\alpha}_0, \boldsymbol{\beta}_0)$满足 KKT 条件,则它们必然分别是原问题和对偶问题的最优解。由于 $\boldsymbol{x}_0$ 和$(\boldsymbol{\alpha}_0, \boldsymbol{\beta}_0)$满足 KKT 条件,则有

$$f_i(\boldsymbol{x}_0) \leqslant 0, \quad i=1,2,\cdots,m$$

$$h_i(\boldsymbol{x}_0) = 0, \quad i=1,2,\cdots,p$$

$$\alpha_{0i} \geqslant 0, \quad i=1,2,\cdots,m$$

$$\alpha_{0i} f_i(\boldsymbol{x}_0) = 0, \quad i=1,2,\cdots,m$$

$$\nabla_{x=x_0} f_0(\boldsymbol{x}) + \sum_{i=1}^{m} \alpha_{0i} \nabla_{x=x_0} f_i(\boldsymbol{x}) + \sum_{i=1}^{p} \beta_{0i} \nabla_{x=x_0} h_i(\boldsymbol{x}) = \boldsymbol{0}$$

由于原问题为凸优化问题,则可知 $f_0, f_1, \cdots, f_m$ 都是凸函数且 $h_1, h_2, \cdots, h_p$ 都为仿射函数(见凸优化问题定义 13.10)。又从 KKT 条件第 3 条知道,$\alpha_{0i} \geqslant 0$,则可知拉格朗日函数

$$l(\boldsymbol{x}, \boldsymbol{\alpha}_0, \boldsymbol{\beta}_0) = f_0(\boldsymbol{x}) + \sum_{i=1}^{m} \alpha_{0i} f_i(\boldsymbol{x}) + \sum_{i=1}^{p} \beta_{0i} h_i(\boldsymbol{x})$$

为关于 $\boldsymbol{x}$ 的凸函数(证明留作练习请读者完成);同时,KKT 条件的最后一条表明了函数 $l(\boldsymbol{x}; \boldsymbol{\alpha}_0, \boldsymbol{\beta}_0)$在 $\boldsymbol{x}_0$ 处的梯度为 $\boldsymbol{0}$,因此必有 $\boldsymbol{x}_0$ 为 $l(\boldsymbol{x}; \boldsymbol{\alpha}_0, \boldsymbol{\beta}_0)$的最小值点。这样便有

$$g(\boldsymbol{\alpha}_0, \boldsymbol{\beta}_0) = \min_{x} l(\boldsymbol{x}, \boldsymbol{\alpha}_0, \boldsymbol{\beta}_0) = l(\boldsymbol{x}_0, \boldsymbol{\alpha}_0, \boldsymbol{\beta}_0)$$

$$= f_0(\boldsymbol{x}_0) + \sum_{i=1}^{m} \alpha_{0i} f_i(\boldsymbol{x}_0) + \sum_{i=1}^{p} \beta_{0i} h_i(\boldsymbol{x}_0) = f_0(\boldsymbol{x}_0)$$

其中,最后一个等式应用了 $h_i(\boldsymbol{x}_0)=0, \alpha_{0i} f_i(\boldsymbol{x}_0)=0$ 这两个已知条件(KKT 条件中的第 2、第 4 条)。这说明在 $\boldsymbol{x}_0$ 和$(\boldsymbol{\alpha}_0, \boldsymbol{\beta}_0)$处,对偶间隔为 0,再根据命题 13.16 可知,$\boldsymbol{x}_0$ 和$(\boldsymbol{\alpha}_0, \boldsymbol{\beta}_0)$分别是原问题的最优解和对偶问题的最优解。

KKT 条件在优化领域占有重要地位。在一些特殊情况下,可以解析求解出 KKT 条件,从而得到优化问题的最优解。很多解决凸优化问题的算法可以被理解为求解 KKT 条件的方法。KKT 条件最初以哈罗德·库恩(Harold W. Kuhn)[①]和阿尔伯特·威廉·塔克(Albert

① 哈罗德·库恩(Harold W. Kuhn),研究博弈论的美国数学家,普林斯顿大学前数学名誉教授,他与 David Gale 和 Albert William Tucker 一起获得了 1980 年冯·诺依曼理论奖;他与约翰·福布斯·纳什(John Forbes Nash)是多年朋友和同事,他也是纳什获得诺贝尔奖委员会关注的关键人物(纳什于 1994 年获诺贝尔经济学奖);他在 2001 年拍摄的改编自纳什生活的电影《美丽心灵》中担任数学顾问。

W. Tucker)①的名字命名，他们于 1951 年提出了这些条件[3]。后来，学者们发现威廉·卡鲁什(William Karush)②在他 1939 年的硕士论文中已经阐述了这些条件[4]。最终，这项数学成果根据他们三个人姓氏的首字母称为 KKT 条件。

例 13.4 考虑如下等式约束的凸二次规划问题。

$$\boldsymbol{x}^* = \underset{\boldsymbol{x}}{\operatorname{argmin}} \frac{1}{2}\boldsymbol{x}^{\mathrm{T}}\boldsymbol{P}\boldsymbol{x} + \boldsymbol{q}^{\mathrm{T}}\boldsymbol{x} + r$$

$$\text{subject to } \boldsymbol{A}\boldsymbol{x} = \boldsymbol{b}, \boldsymbol{A} \in \mathbb{R}^{p\times n}$$

其中，$\boldsymbol{P}$ 为半正定矩阵。

该问题的拉格朗日函数为，$l(\boldsymbol{x},\boldsymbol{\beta}) = \frac{1}{2}\boldsymbol{x}^{\mathrm{T}}\boldsymbol{P}\boldsymbol{x} + \boldsymbol{q}^{\mathrm{T}}\boldsymbol{x} + r + \boldsymbol{\beta}^{\mathrm{T}}(\boldsymbol{A}\boldsymbol{x} - \boldsymbol{b})$。设原问题的最优解为 $\boldsymbol{x}^*$，对偶问题的最优解为$\boldsymbol{\beta}^*$。在这个具体的问题中 KKT 条件的最后一条为

$$\nabla_{\boldsymbol{x}=\boldsymbol{x}^*} l(\boldsymbol{x},\boldsymbol{\beta}^*) = \boldsymbol{P}\boldsymbol{x}^* + \boldsymbol{q} + \boldsymbol{A}^{\mathrm{T}}\boldsymbol{\beta}^* = \boldsymbol{0}$$

KKT 条件的第 2 条在这个具体问题中为 $\boldsymbol{A}\boldsymbol{x}^* = \boldsymbol{b}$。这两个条件可组合表达为

$$\begin{bmatrix} \boldsymbol{P} & \boldsymbol{A}^{\mathrm{T}} \\ \boldsymbol{A} & \boldsymbol{0} \end{bmatrix} \begin{bmatrix} \boldsymbol{x}^* \\ \boldsymbol{\beta}^* \end{bmatrix} = \begin{bmatrix} -\boldsymbol{q} \\ \boldsymbol{b} \end{bmatrix}$$

通过解该线性方程组便可得到原问题以及对偶问题的最优解。

例 13.5 考虑如下优化问题。

$$x_1, x_2 = \underset{x_1, x_2}{\operatorname{argmin}} x_1^2 + x_2^2$$

$$\text{subject to } x_2 \leqslant b$$

$$x_1 + x_2 = 1$$

解：

容易验证，该优化问题是一个凸优化问题且满足斯莱特条件。该优化问题的拉格朗日函数为，$l(x_1,x_2,\alpha,\beta) = x_1^2 + x_2^2 + \alpha(x_2 - b) + \beta(1 - x_1 - x_2)$。只要能够找到一对满足 KKT 条件的原问题的可行点(x_1^*, x_2^*)和对偶问题的对偶可行点(α^*, β^*)，那么(x_1^*, x_2^*)必为原问题的最优解。接下来只需从 KKT 条件方程组中，把(x_1^*, x_2^*)和(α^*, β^*)求解出来，即解方程组

$$\begin{cases} x_2^* - b \leqslant 0 \\ 1 - x_1^* - x_2^* = 0 \\ \alpha^* \geqslant 0 \\ \alpha^*(x_2^* - b) = 0 \\ \left.\dfrac{\partial l}{\partial x_1}\right|_{x_1 = x_1^*} = 0, \left.\dfrac{\partial l}{\partial x_2}\right|_{x_2 = x_2^*} = 0 \end{cases}$$

由最后一条梯度为 $\boldsymbol{0}$ 的约束可得

$$\begin{cases} 2x_1^* - \beta^* = 0 \\ 2x_2^* + \alpha^* - \beta^* = 0 \end{cases} \Rightarrow \begin{cases} x_1^* = \dfrac{\beta^*}{2} \\ x_2^* = \dfrac{\beta^* - \alpha^*}{2} \end{cases}$$，再代入 KKT 条件第 2 条，得到 $\beta^* = \frac{2+\alpha^*}{2}$，因此有

---

① 阿尔伯特·威廉·塔克(Albert William Tucker)，加拿大数学家，在拓扑学、博弈论和非线性规划方面做出了重要贡献。塔克出生于加拿大安大略省的奥沙瓦，1928 年在多伦多大学获得学士学位，1929 年在同一所大学获得硕士学位；1932 年，他在普林斯顿大学获得博士学位；1932—1933 年，他先后在剑桥大学、哈佛大学和芝加哥大学担任研究员；他于 1933 年回到普林斯顿大学，直到 1974 年退休。

② 威廉·卡鲁什(William Karush)，美国加州州立大学北岭分校的数学教授，以对 KKT 条件的贡献而闻名。在其硕士论文中，他首次提出了不等式约束问题最优解的必要条件。

$\begin{cases} x_1^* = \dfrac{2+\alpha^*}{4} \\ x_2^* = \dfrac{2-\alpha^*}{4} \end{cases}$。不等式约束 $x_2^* \leqslant b$，则有 $\dfrac{2-\alpha^*}{4} \leqslant b$，即 $\alpha^* \geqslant 2-4b$。下面对 b 分类讨论(图 13-5)：

(1) 若 $b>1/2$，只需取 $\alpha^*=0$ 即可满足所有约束，这时极值点出现在可行集相对内部，为 $(x_1^*=1/2, x_2^*=1/2)$(图 13-5(a))；

(2) 若 $b=\dfrac{1}{2}$，只需取 $\alpha^*=0$ 即可满足所有约束，这时极值点出现在可行集相对边界，为 $(x_1^*=1/2, x_2^*=1/2)$(图 13-5(b))；

(3) 若 $b<1/2$，α^* 必然要大于 0，此时根据 KKT 条件第 4 条，必有 $x_2^*=b$，则 $x_1^*=1-b$，此时最优解也出现在可行集相对边界上(图 13-5(c))。

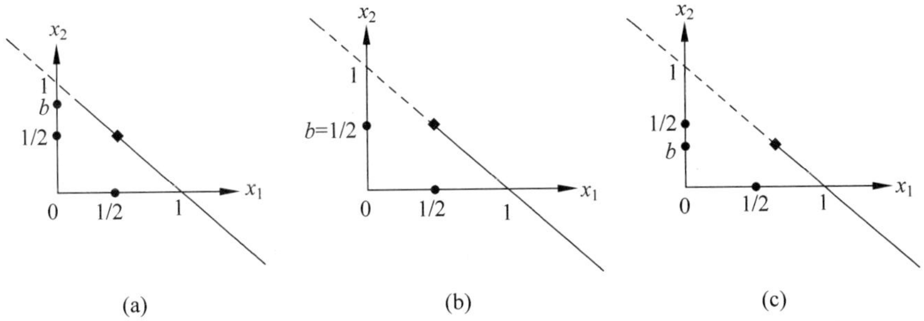

图 13-5　例 13.5 最优解的 3 种情况。图中，实线表示可行集，方块点表示最优解。在情况(a)中，$b>1/2$，最优解出现在可行集相对内部；在情况(b)($b=1/2$)和情况(c)($b<1/2$)中，最优解出现在可行集相对边界上

13.2.6　利用对偶问题来求解原问题

在 13.2.5 节中，从式(13-20)得到的结论(1)可知，如果原问题具有强对偶性且对偶问题的最优解为$(\boldsymbol{\alpha}^*, \boldsymbol{\beta}^*)$，则原问题的最优解 $\boldsymbol{x}^*$ 一定是拉格朗日函数 $l(\boldsymbol{x};\boldsymbol{\alpha}^*,\boldsymbol{\beta}^*)$ 的最小值点。利用这个结论，可以通过对偶问题的最优解来计算原问题的最优解。

具体来说，假设原问题具有强对偶性且对偶问题的最优解为$(\boldsymbol{\alpha}^*, \boldsymbol{\beta}^*)$。假设函数 $l(\boldsymbol{x};\boldsymbol{\alpha}^*,\boldsymbol{\beta}^*)$ 的最小值点为

$$\boldsymbol{x}^* = \underset{\boldsymbol{x}}{\operatorname{argmin}} f_0(\boldsymbol{x}) + \sum_{i=1}^{m} \alpha_i^* f_i(\boldsymbol{x}) + \sum_{i=1}^{p} \beta_i^* h_i(\boldsymbol{x})$$

是唯一的。那么，只要 $\boldsymbol{x}^*$ 对于原问题来说是可行的且满足互补松弛性，则它必是原问题的最优解，否则原问题没有最优解(即 $\boldsymbol{x}^*$ 对于原问题来说不是可行的，或者不满足互补松弛性)。

利用这个性质，当对偶问题较容易解的时候，可以先求出对偶问题的最优解，再利用上述过程求出原问题的最优解。

13.3　总结

本章的内容从凸集的概念开始，到 KKT 条件结束，简要介绍了凸优化领域的基础概念和理论。这些材料可为深入学习数学优化理论和算法打下基础。由于本章的概念和结论较多，为了方便初学者厘清它们之间的逻辑推理关系、知晓每个概念或结论是如何支撑其他概念或结论的，图 13-6 给出了本章基本概念和结论之间的支撑关系，图中的箭头表示支撑关系，比如，

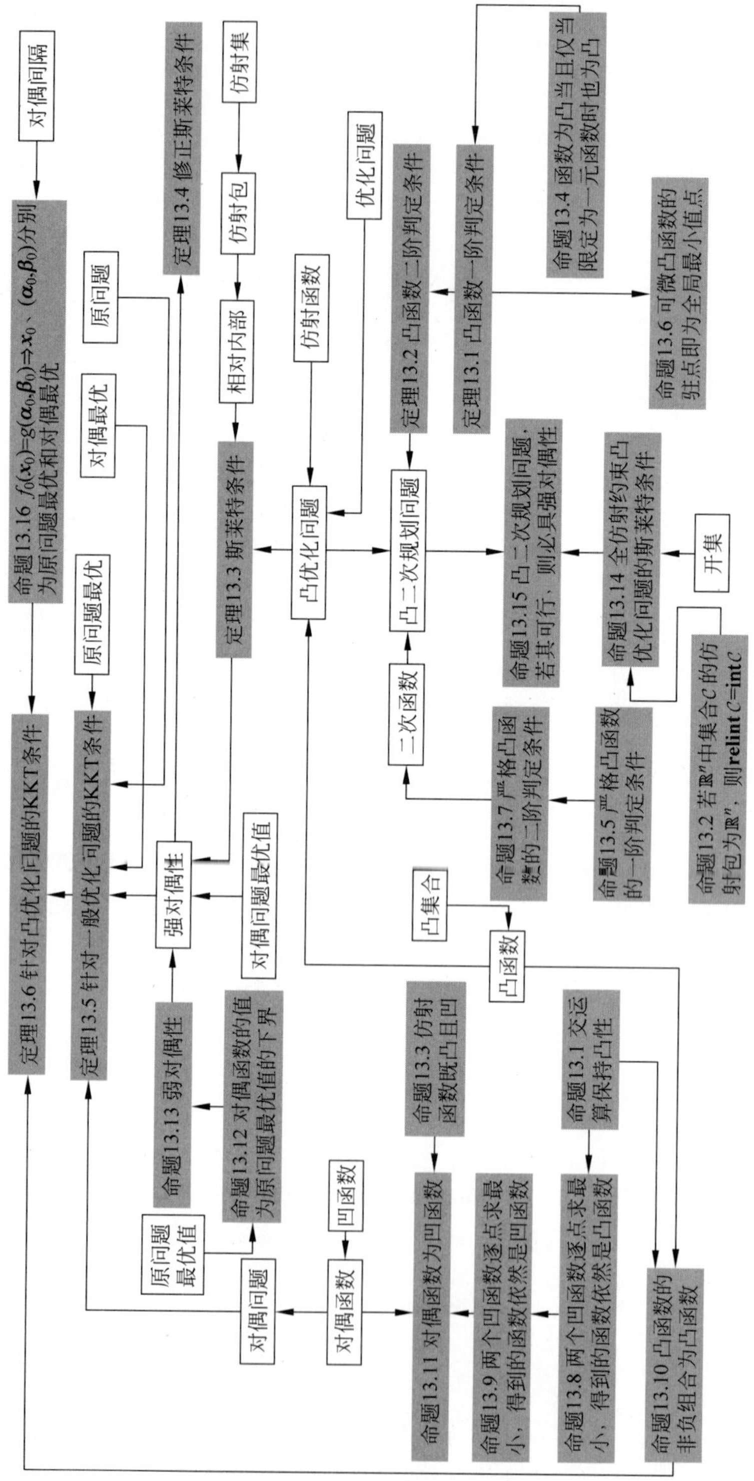

图 13-6 云章基本概念和结论之间的支撑关系

“仿射函数→凸优化问题”，表示的含义是“凸优化问题”这个概念在定义的时候需要“仿射函数”这个概念来支撑。

13.4 习题

(1) 请证明命题 13.9，即，若 $f_1(\boldsymbol{x})$、$f_2(\boldsymbol{x})$为两个凹函数，则 $f(\boldsymbol{x})=\min\{f_1(\boldsymbol{x}),f_2(\boldsymbol{x})\}$也为凹函数。

(2) 考虑由式(13-7)所定义的原优化问题，以及其由式(13-13)所定义的对偶问题。若 $\boldsymbol{x}_0$ 是原问题的一个可行点，$(\boldsymbol{\alpha}_0,\boldsymbol{\beta}_0)$是对偶问题的一个对偶可行点，且相应的对偶间隔为 0，即 $f_0(\boldsymbol{x}_0)=g(\boldsymbol{\alpha}_0,\boldsymbol{\beta}_0)$，请证明：$\boldsymbol{x}_0$ 必为原问题的最优解，$(\boldsymbol{\alpha}_0,\boldsymbol{\beta}_0)$必为对偶问题的最优解，并且原问题是强对偶的。

(3) 考虑由式(13-9)所定义的凸优化问题，其拉格朗日函数为

$$l(\boldsymbol{x},\boldsymbol{\alpha},\boldsymbol{\beta})=f_0(\boldsymbol{x})+\sum_{i=1}^{m}\alpha_i f_i(\boldsymbol{x})+\sum_{i=1}^{p}\beta_i(\boldsymbol{a}_i^{\mathrm{T}}\boldsymbol{x}-b_i)$$

若$\boldsymbol{\alpha}\geqslant\boldsymbol{0}$，请证明 $l(\boldsymbol{x};\boldsymbol{\alpha},\boldsymbol{\beta})$为关于 $\boldsymbol{x}$ 的凸函数。

参考文献

[1] SLATER M. Lagrange multipliers revisited[R]. Cowles Commission Discussion Paper No. 403，1950.

[2] BOYD S，VANDENBERGHE L. Convex Optimization [M]. Cambridge：Cambridge University Press，2004.

[3] KUHN H W，TUCKER A W. Nonlinear programming[C]. Proc. of 2nd Berkeley Symposium，Berkeley：University of California Press，1951：481-492.

[4] KARUSH W. Minima of Functions of Several Variables with Inequalities as Side Constraints[D]. Chicago，Illinois：Dept. of Mathematics，Univ. of Chicago，1939.

第 14 章 SVM与基于SVM的目标检测

14.1 线性分类问题

考虑这样一个二类分类的机器学习问题：给定训练集$\mathcal{D}=\{(\boldsymbol{x}_i,y_i):\boldsymbol{x}_i\in\mathbb{R}^d,y_i\in\{+1,-1\}\}_{i=1}^n$，要从中学习出来一个二类分类模型 h。其中，$(\boldsymbol{x}_i,y_i)$为第 i 个训练样本，$\boldsymbol{x}_i$ 为一个 d 维特征向量，y_i 为样本 i 的标签。为了后续讨论方便，假定训练集$\mathcal{D}$是线性可分的①，即$\mathcal{D}$中的正负样本可以用一个超平面完美区分开来。那什么又是超平面呢？

定义 14.1 超平面[1]。欧氏空间$\mathbb{R}^d$ 中的一个超平面是由满足如下条件的点 $\boldsymbol{x}$ 组成的集合：

$$\boldsymbol{w}^{\mathrm{T}}\boldsymbol{x}+b=0 \tag{14-1}$$

式中，$\boldsymbol{w}\neq\boldsymbol{0}\in\mathbb{R}^d$ 为超平面的法向量；如果以 $\boldsymbol{w}$ 为正向，从原点出发到超平面的带符号的距离为$\dfrac{-b}{\|\boldsymbol{w}\|}$。

若 $d=1$，则超平面就是数轴上一个孤立的点；若 $d=2$，超平面表现为二维平面中的一条直线；若 $d=3$，超平面则为三维欧氏空间中的一个平面。如图 14-1(a)所示，以二维空间为例，来解释一下超平面方程中参数的几何意义。设超平面的法向量为 $\boldsymbol{w}$，且该超平面过一已知点 $\boldsymbol{x}_0$，那么该超平面上的任意点 $\boldsymbol{x}$ 满足方程：

$$\boldsymbol{w}^{\mathrm{T}}(\boldsymbol{x}-\boldsymbol{x}_0)=0 \tag{14-2}$$

对照定义式(14-1)，可知 $b=-\boldsymbol{w}^{\mathrm{T}}\boldsymbol{x}_0$。根据图 14-1(a)，由原点 O 出发到超平面的有向距离为 $\boldsymbol{x}_0\cdot\dfrac{\boldsymbol{w}}{\|\boldsymbol{w}\|}=\dfrac{\boldsymbol{w}^{\mathrm{T}}\boldsymbol{x}_0}{\|\boldsymbol{w}\|}=\dfrac{-b}{\|\boldsymbol{w}\|}$。这些关于超平面方程的几何解释拓广到高维欧氏空间中也是成立的。

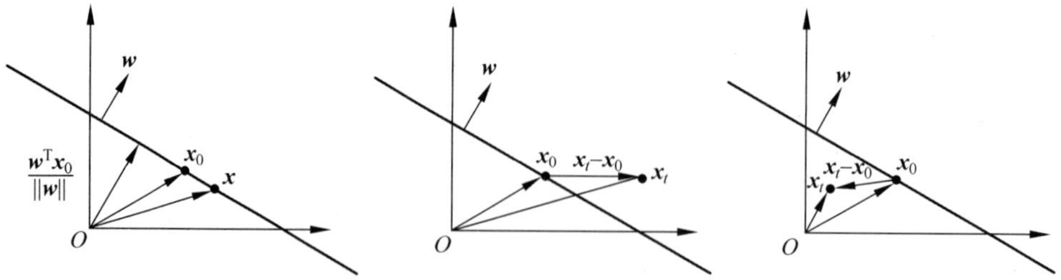

(a) 超平面方程的几何解释：$\boldsymbol{w}^{\mathrm{T}}\boldsymbol{x}+b=0$定义了一个超平面，其法向量为$\boldsymbol{w}$，若该平面过一已知点$\boldsymbol{x}_0$，则$b=-\boldsymbol{w}^{\mathrm{T}}\boldsymbol{x}_0$；以$\boldsymbol{w}$为正向，从原点出发到超平面的有向距离为$\dfrac{-b}{\|\boldsymbol{w}\|}$

(b) 位于超平面正侧($\boldsymbol{w}$指向的一侧)的点$\boldsymbol{x}_t$满足$\boldsymbol{w}^{\mathrm{T}}\boldsymbol{x}_t+b>0$

(c) 位于超平面负侧的点$\boldsymbol{x}_t$满足$\boldsymbol{w}^{\mathrm{T}}\boldsymbol{x}_t+b<0$

图 14-1 超平面

---

① 在大多数实际情况中，分类问题不是二类分类问题，训练集也不是线性可分的。请读者少安毋躁，在后续章节中会逐步增加问题的复杂度以适配实际情况。

如果样本集$\mathcal{D}$是线性可分的，则在 d 维空间中一定存在某个超平面 $\boldsymbol{w}^{\mathrm{T}}\boldsymbol{x}+b=0$，使得$\mathcal{D}$中的所有正样本都在该超平面的正侧（$\boldsymbol{w}$ 所指向的一侧），所有负样本都在该超平面的负侧。图 14-2(a)和图 14-2(b)分别给出了二维和三维情况下线性可分数据的示例；“加号”表示正样本，“圆点”表示负样本。线性分类学习算法就是要基于训练集$\mathcal{D}$，在线性模型集合$\mathcal{H}$中，找到能把正负样本完全分开的超平面 $\boldsymbol{w}^{\mathrm{T}}\boldsymbol{x}+b=0$。

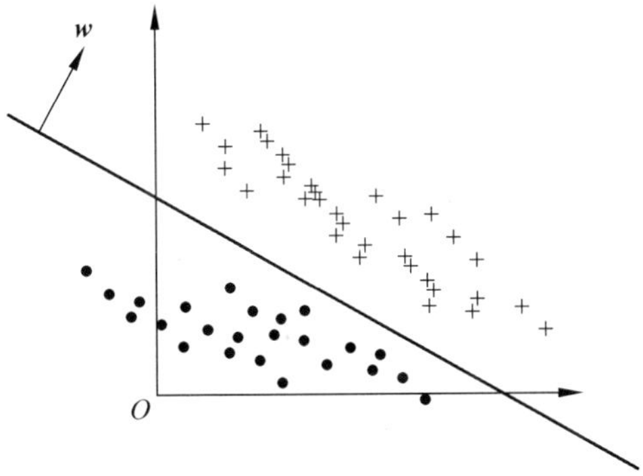

(a) 二维情况下的线性可分数据，正负样本分别位于由直线所形成的分类面的两侧

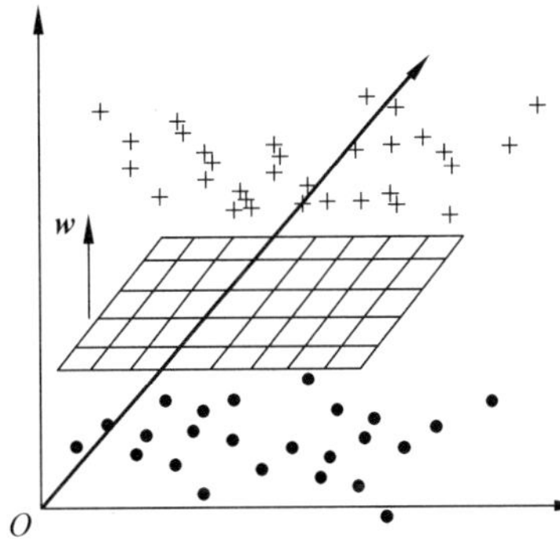

(b) 三维情况下的线性可分数据，正负样本分别位于由平面所形成的分类面的两侧

图 14-2　线性可分数据示例

假如基于$\mathcal{D}$，利用某种方法已经找到了满足条件的超平面 $\boldsymbol{w}^{\mathrm{T}}\boldsymbol{x}+b=0$，那么在测试阶段，对于一个新来的测试样本 $\boldsymbol{x}_t$，如何利用该超平面来判断 $\boldsymbol{x}_t$ 到底是正样本还是负样本呢？如图 14-1(b)所示，如果点 $\boldsymbol{x}_t$ 位于超平面 $\boldsymbol{w}^{\mathrm{T}}\boldsymbol{x}+b=0$ 正侧，则向量 $\boldsymbol{x}_t-\boldsymbol{x}_0$ 与 $\boldsymbol{w}$ 夹角为锐角，因此 $\boldsymbol{w}^{\mathrm{T}}(\boldsymbol{x}_t-\boldsymbol{x}_0)>0$，即 $\boldsymbol{w}^{\mathrm{T}}\boldsymbol{x}_t+b>0$，此结论反之也成立，即如果 $\boldsymbol{w}^{\mathrm{T}}\boldsymbol{x}_t+b>0$，那么 $\boldsymbol{x}_t$ 就是正样本。同理，如图 14-1(c)所示，如果点 $\boldsymbol{x}_t$ 位于超平面 $\boldsymbol{w}^{\mathrm{T}}\boldsymbol{x}+b=0$ 负侧，则向量 $\boldsymbol{x}_t-\boldsymbol{x}_0$ 与 $\boldsymbol{w}$ 夹角为钝角，相应地 $\boldsymbol{w}^{\mathrm{T}}(\boldsymbol{x}_t-\boldsymbol{x}_0)<0$，即 $\boldsymbol{w}^{\mathrm{T}}\boldsymbol{x}_t+b<0$，此结论反之也成立，即如果 $\boldsymbol{w}^{\mathrm{T}}\boldsymbol{x}_t+b<0$，那么 $\boldsymbol{x}_t$ 就是负样本。总结下来，可以根据超平面 $\boldsymbol{w}^{\mathrm{T}}\boldsymbol{x}+b=0$ 诱导出一个分类模型 $h_{\boldsymbol{w},b}(\boldsymbol{x})$：

$$h_{\boldsymbol{w},b}(\boldsymbol{x})=\begin{cases}+1, & \boldsymbol{w}^{\mathrm{T}}\boldsymbol{x}+b\geqslant 0\\ -1, & \boldsymbol{w}^{\mathrm{T}}\boldsymbol{x}+b<0\end{cases} \tag{14-3}$$

对任何一个特征向量 $\boldsymbol{x}$，都可以按照式(14-3)所确定的分类模型来判断 $\boldsymbol{x}$ 是正样本还是负样本，那么式(14-3)便是一个线性分类模型。还剩下一个非常棘手的问题没有解决：基于训练集$\mathcal{D}$，如何能找到参数 $\boldsymbol{w}$ 和 b，使得超平面 $\boldsymbol{w}^{\mathrm{T}}\boldsymbol{x}+b=0$ 能把$\mathcal{D}$中的正负样本完全分开（所有正样本都在超平面的正侧，所有负样本都在超平面的负侧）？14.2 节将学习解决这个问题的一个算法——感知器算法。

14.2　感知器算法

感知器(perceptron)可以说是最简单的线性分类器，该算法由美国学者弗兰克·罗森布拉特(Frank Rosenblatt)①于 1958 年提出[2]。在后续章节中可以看到，感知器实际上可以看

① 弗兰克·罗森布拉特(Frank Rosenblatt)是美国心理学家，在人工智能领域享有盛誉。由于他最早提出了感知器学习算法，而感知器模型现在被认为是神经网络的基础构件，因此也有文献认为他是“深度学习之父”[3]。为了纪念弗兰克·罗森布拉特，IEEE(电气电子工程师学会)从 2004 年开始设立了 IEEE Frank Rosenblatt Award 奖，用以表彰对生物和语言驱动的计算范式和系统做出杰出贡献的学者。

作是神经网络的基本组成单元。

感知器学习算法要解决的问题是：从线性可分的训练集$\mathcal{D}=\{(\boldsymbol{x}_i,y_i):|\boldsymbol{x}_i\in\mathbb{R}^d,y_i\in\{+1,-1\}\}_{i=1}^n$ 中确定出 $\boldsymbol{w}$ 和 b，使得对于$\mathcal{D}$中的每一个样本 i，$h_{\boldsymbol{w},b}(\boldsymbol{x}_i)=\text{sign}(\boldsymbol{w}^{\mathrm{T}}\boldsymbol{x}_i+b)=y_i$ 都能成立。为了后续论述方便，记 $\hat{\boldsymbol{x}}_i=\begin{pmatrix}\boldsymbol{x}_i\\1\end{pmatrix}$、$\hat{\boldsymbol{w}}=\begin{pmatrix}\boldsymbol{w}\\b\end{pmatrix}$，这样显然有 $\boldsymbol{w}^{\mathrm{T}}\boldsymbol{x}_i+b=\hat{\boldsymbol{w}}^{\mathrm{T}}\hat{\boldsymbol{x}}_i$。相应地，从$\mathcal{D}$中确定超平面参数 $\boldsymbol{w}$ 和 b 的问题也就转换成了从$\mathcal{D}$中确定 $\hat{\boldsymbol{w}}$ 的问题。算法 14-1 给出了感知器算法的伪码。

算法 14-1：感知器算法

输入：

训练集$\mathcal{D}=\{(\boldsymbol{x}_i,y_i):|\boldsymbol{x}_i\in\mathbb{R}^d,y_i\in\{+1,-1\}\}_{i=1}^n$

输出：

超平面参数 $\hat{\boldsymbol{w}}$

随机初始化 $\hat{\boldsymbol{w}}$

misclassified_examples $:=\{(\boldsymbol{x}_i,y_i)\in\mathcal{D}:|h_{\hat{\boldsymbol{w}}}(\boldsymbol{x}_i)\neq y_i\}$

while misclassified_examples 非空

从 misclassified_examples 中随机选取一个样本$(\boldsymbol{x}_m,y_m)$

//注意：y_m 是这个错分样本的真实类标

$\hat{\boldsymbol{w}}:=\hat{\boldsymbol{w}}+\hat{\boldsymbol{x}}_m y_m$

misclassified_examples $:=\{(\boldsymbol{x}_i,y_i)\in\mathcal{D}:|h_{\hat{\boldsymbol{w}}}(\boldsymbol{x}_i)\neq y_i\}$

end

返回最终得到的 $\hat{\boldsymbol{w}}$

从算法(14-1)可以看出，感知器学习算法首先会初始化一个超平面，之后会进入迭代阶段。在每次迭代中，算法首先用当前超平面去对训练集$\mathcal{D}$进行分类测试，进而从被错误分类的样本集合中随机挑选出一个错分样本，并用该错分样本的信息对超平面参数 $\hat{\boldsymbol{w}}$ 进行更新。迭代过程持续进行，直至在当前所得的超平面下，集合$\mathcal{D}$中没有被错分的样本为止。对于该算法的几个细节有必要进一步解读一下。

在每次迭代过程中，感知器算法根据随机选取的一个错分样本$(\boldsymbol{x}_m,y_m)$的信息来对超平面参数 $\hat{\boldsymbol{w}}$ 进行更新，更新准则为 $\hat{\boldsymbol{w}}:=\hat{\boldsymbol{w}}+\hat{\boldsymbol{x}}_m y_m$。那么，该准则为什么是合理的？不难理解，如果一个更新准则是合理的，更新之后的超平面应该有很大概率可以将之前被错分的样本$(\boldsymbol{x}_m,y_m)$分对。检查一下更新准则 $\hat{\boldsymbol{w}}:=\hat{\boldsymbol{w}}+\hat{\boldsymbol{x}}_m y_m$ 是否具有该特性。如图 14-3(a)所示，由于 $\hat{\boldsymbol{w}}^{\mathrm{T}}\hat{\boldsymbol{x}}_m<0$，因此原始超平面 $\hat{\boldsymbol{w}}$ 将 $\boldsymbol{x}_m$ 错分为了负样本，必有 $y_m=1$。在这种情况下，更新之后的向量 $\hat{\boldsymbol{w}}+\hat{\boldsymbol{x}}_m y_m=\hat{\boldsymbol{w}}+\hat{\boldsymbol{x}}_m$ 与 $\hat{\boldsymbol{x}}_m$ 之间的夹角会减小，因此超平面 $\hat{\boldsymbol{w}}+\hat{\boldsymbol{x}}_m y_m$ 与原超平面 $\hat{\boldsymbol{w}}$ 相比，其有更高的可能性将 $\boldsymbol{x}_m$ 正确分类为正样本。同理，如图 14-3(b)所示，由于 $\hat{\boldsymbol{w}}^{\mathrm{T}}\hat{\boldsymbol{x}}_m>0$，因此原始超平面 $\hat{\boldsymbol{w}}$ 将 $\boldsymbol{x}_m$ 错分为了正样本，必有 $y_m=-1$。在这种情况下，更新之后的向量 $\hat{\boldsymbol{w}}+\hat{\boldsymbol{x}}_m y_m=\hat{\boldsymbol{w}}-\hat{\boldsymbol{x}}_m$ 与 $\hat{\boldsymbol{x}}_m$ 之间的夹角会增大，因此超平面 $\hat{\boldsymbol{w}}+\hat{\boldsymbol{x}}_m y_m$ 与原超平面 $\hat{\boldsymbol{w}}$ 相比，其有更高的可能性将 $\boldsymbol{x}_m$ 正确分类为负样本。因此，可以看出，超平面参数更新准则 $\hat{\boldsymbol{w}}:=\hat{\boldsymbol{w}}+\hat{\boldsymbol{x}}_m y_m$ 是合理的。但需要注意的是，这并不意味着经过一次超平面参数更新之后，新的超平面就一定会把之前相应的错分样本 $\boldsymbol{x}_m$ 分类正确，往往需要经过几次迭代之后才能达到这个目标。

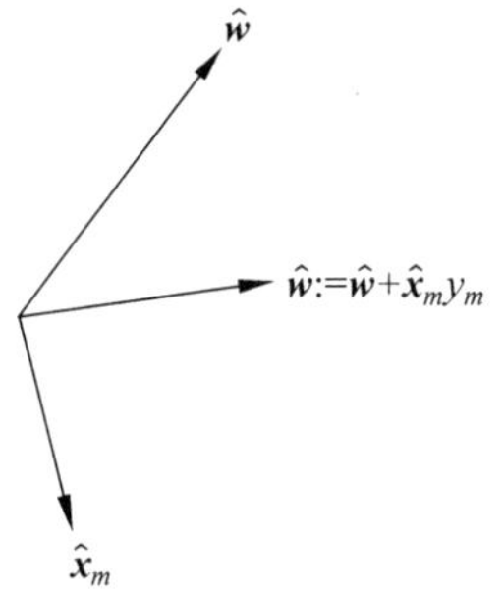

(a) 原始超平面$\hat{w}$将$\hat{x}_m$错分为负样本，更新之后的超平面$\hat{w}:=\hat{w}+\hat{x}_m y_m$具有更高的可能性可将$\hat{x}_m$正确分类为正样本

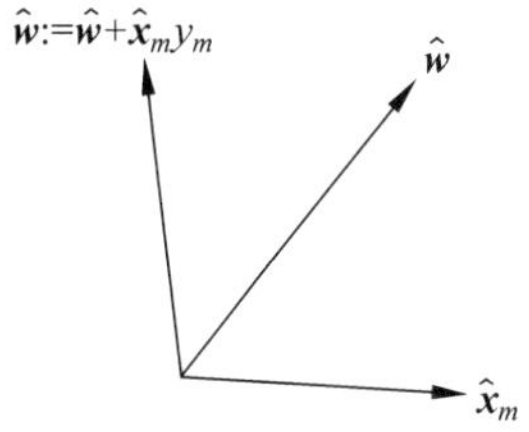

(b) 原始超平面$\hat{w}$将$\hat{x}_m$错分为正样本，更新之后的超平面 $\hat{w}:=\hat{w}+\hat{x}_m y_m$具有更高的可能性可将$\hat{x}_m$正确分类为负样本

图 14-3　感知器算法中超平面参数的更新机制

另外，根据某个错分样本 $\boldsymbol{x}_1$ 对超平面进行更新之后，原本已经被正确分类的样本 $\boldsymbol{x}_2$ 有时在新的超平面之下反而会被错误分类。有效处理这个问题的一个简单办法就是只有当更新之后的超平面会降低错分样本数目的时候，此次更新才会被接受。

从算法 14-1 中可以看出，感知器算法的迭代停止条件是训练集中，不再有被错分的样本。那么问题来了，按照算法 14-1 中的超平面参数更新准则，经过有限次迭代以后，训练集中的所有样本一定都会被正确分类吗？答案是肯定的。1962 年，美国学者 Novikoff 证明了如下结论：如果一个集合$\mathcal{D}$中的正负样本是线性可分的，那么按照算法 14-1 所述的超平面参数更新准则，经过有限次迭代更新之后，最终得到的超平面一定能够将$\mathcal{D}$中的正负样本完全分开[4]。Novikoff 定理的证明也可以参见中文教科书《统计学习方法》[5]。但如果训练集$\mathcal{D}$本身并不是线性可分的，感知器学习算法不会收敛，迭代结果会发生振荡。

如果训练集$\mathcal{D}$是线性可分的，那么感知器算法一定可以从中学习出一个超平面，该超平面可以把$\mathcal{D}$中的正负样本完全分开。但要注意的是，由于超平面是随机初始化的，并且在每次更新超平面参数时，所使用的错分样本也是随机选取的，因此若多次运行感知器算法，可能会得到多个不同的分类超平面。如图 14-4 所示，在某个具体的线性可分训练集上运行感知器算法 3 次，得到了 3 个分类超平面 h_1、h_2 和 h_3。初看起来似乎没有什么潜在的问题，因为这些超平面虽然不同，但它们都可以将训练集中的正负样本完全区分开。那是否便可以认为这些超平面是“同样好的”呢？答案是否定的！不要忘记，机器学习的任务是从训练集中学习出一个模

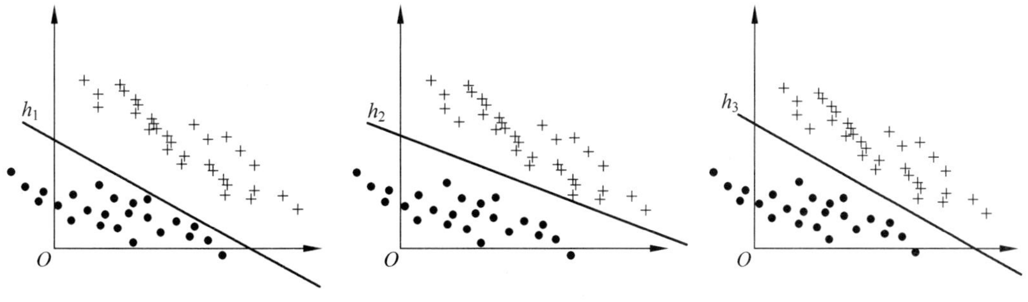

图 14-4　3 个不同的分类超平面

运行感知器学习算法 3 次，从同一组训练数据中会得到 3 个不同的分类超平面。通过直观观察不难理解，超平面 h_3 比 h_1 和 h_2 更好，因为对于 h_1 和 h_2 来说，某些样本到它们的距离非常小(远小于训练样本集到 h_3 的最小距离)，说明它们潜在的泛化能力不如 h_3

型，并且这个模型在将来的测试数据上具有较好的泛化能力。虽然图 14-4 中的超平面 h_1、h_2 和 h_3 都能将训练样本正确分类(即它们的训练分类误差为 0)，但需要注意，对于 h_1、h_2 来说，某些样本离它们非常近，一旦对这些样本增加一些小的扰动，相应的超平面一定会产生分类错误，也就是说图 14-4 中的分类超平面 h_1 和 h_2 的泛化能力较差。对比之下，所有样本到图 14-4(c)中的超平面 h_3 的距离都很大，这就意味着 h_3 抗扰动能力很强，即它会具有较好的泛化能力。那么，如何才能从线性可分的数据集中学习出类似 h_3 这样较优的分类超平面呢？在下一节中将解决这个问题。

14.3 线性可分 SVM

在上一节的最后提到，对于线性可分的训练集，感知器算法并不能返回唯一的最优分类超平面。在这一节中，将学习线性可分 SVM(linearly separable SVM)学习算法，它可以从线性可分的训练集合$\mathcal{D}$中学习出唯一的最优的分类超平面(类似于图 14-4(c)中的 h_3)。首先定义什么是最优分类超平面；之后，再逐步把从集合$\mathcal{D}$中学习出最优分类超平面的问题建模为一个典型的凸优化问题；最后，详细介绍如何求解这个凸优化问题。

线性可分 SVM 算法于 20 世纪 60 年代由苏联学者弗拉基米尔·瓦普尼克(Vladimir N. Vapnik)①等提出，其相关工作被总结在了其俄文版专著之中[6]。线性可分 SVM 也称**线性硬间隔 SVM**(linear hard-margin SVM)。"硬间隔"的意思就是要假定训练数据集本身是线性可分的，这样就一定会存在分隔超平面可以将训练集中的全部样本完全正确分类。

14.3.1 线性可分 SVM 的问题建模

在 14.1 节中已经介绍了分隔超平面的概念。为了方便建模 SVM 学习问题，还需要重新梳理一下这个概念。对于数据集$\mathcal{D}$，如果超平面 $\boldsymbol{w}^{\mathrm{T}}\boldsymbol{x}+b=0$ 是其分隔超平面，那么必有

$$\forall(\boldsymbol{x}_i,y_i)\in\mathcal{D},\quad y_i(\boldsymbol{w}^{\mathrm{T}}\boldsymbol{x}_i+b)>0 \tag{14-4}$$

但分类信号 $y_i(\boldsymbol{w}^{\mathrm{T}}\boldsymbol{x}_i+b)$本身的大小是没有意义的，因为通过缩放$(\boldsymbol{w},b)$，可以得到任意大小的 $y_i(\boldsymbol{w}^{\mathrm{T}}\boldsymbol{x}_i+b)$。这是因为$(\boldsymbol{w},b)$和$(\boldsymbol{w}/\rho,b/\rho)$，$\forall\rho>0$ 表达的是完全相同的超平面，但通过改变 ρ，却可以随意改变样本 i 的分类信号的大小。按如下方式取 ρ：

$$\rho=\min_{i=1,2,\cdots,n} y_i(\boldsymbol{w}^{\mathrm{T}}\boldsymbol{x}_i+b) \tag{14-5}$$

并对超平面参数$(\boldsymbol{w},b)$进行缩放，得到其新的表达$(\boldsymbol{w}/\rho,b/\rho)$。这样便有

$$\min_{i=1,2,\cdots,n} y_i\left(\frac{\boldsymbol{w}^{\mathrm{T}}}{\rho}\boldsymbol{x}_i+\frac{b}{\rho}\right)=\frac{1}{\rho}\min_{i=1,2,\cdots,n} y_i(\boldsymbol{w}^{\mathrm{T}}\boldsymbol{x}_i+b)=\frac{\rho}{\rho}=1 \tag{14-6}$$

上述分析表明，对于线性可分的数据集$\mathcal{D}$来说，对于它的任意一个分隔超平面，都可以通过选择合适的参数$(\boldsymbol{w},b)$来表达该分隔超平面，使得 $\forall(\boldsymbol{x}_i,y_i)\in\mathcal{D}$，$y_i(\boldsymbol{w}^{\mathrm{T}}\boldsymbol{x}_i+b)\geqslant1$，并且$\mathcal{D}$中至少有一个样本使得上述不等式中的等号严格成立。受此启发，给出如下在 SVM 学习领

① 弗拉基米尔·瓦普尼克(Vladimir N. Vapnik，1936 年 12 月 6 日—)，统计学家，因提出了 SVM、VC 理论等而著名。他出生于苏联。1958 年，他在撒马尔罕(现属乌兹别克斯坦)的乌兹别克国立大学完成了硕士学业。1964 年，他于莫斯科控制科学学院获得博士学位。毕业后，他一直在该校工作，直到 1990 年。在此期间，他成为该校计算机科学与研究系的系主任。1990 年年底，弗拉基米尔·瓦普尼克移居美国，加入了位于新泽西州霍姆德尔的 AT&T 贝尔实验室的自适应系统研究部门。1995 年，他被伦敦大学聘为计算机与统计科学专业的教授，后来又工作于新泽西州普林斯顿的 NEC 实验室。2006 年，他成为美国国家工程院院士。

域所使用的分隔超平面定义。

定义 14.2　分隔超平面(separating hyperplane)。给定训练集$\mathcal{D}=\{(\boldsymbol{x}_i,y_i):|\boldsymbol{x}_i\in\mathbb{R}^d,y_i\in\{+1,-1\}\}_{i=1}^n$，超平面 h 是$\mathcal{D}$的分隔超平面，当且仅当它可以被满足如下条件的参数$(\boldsymbol{w},b)$所表达：

$$\min_{i=1,2,\cdots,n} y_i(\boldsymbol{w}^{\mathrm{T}}\boldsymbol{x}_i+b)=1 \tag{14-7}$$

观察图 14-4 中的三个分类超平面 h_1、h_2 和 h_3，为什么会感觉 h_3 要比 h_1 和 h_2 更好呢？那是因为样本到 h_3 的最小距离要比样本到 $h_1(h_2)$的最小距离要大，这就使得 h_3 对样本的扰动具有更高的鲁棒性。基于这个直观观察，就有了比较两个分类超平面优劣的基本准则。

设 h_1 和 h_2 是两个可将线性可分训练集$\mathcal{D}$正确分类的超平面，$\mathcal{D}$中样本到 h_1 的最小距离为 m_1，$\mathcal{D}$中样本到 h_2 的最小距离为 m_2。若 $m_1>m_2$，则超平面 h_1 优于超平面 h_2。

那如何计算样本 $\boldsymbol{x}_i$ 到超平面 $\boldsymbol{w}^{\mathrm{T}}\boldsymbol{x}+b=0$ 的“距离”呢？先来看看如何计算 $\boldsymbol{x}_i$ 到超平面 $\boldsymbol{w}^{\mathrm{T}}\boldsymbol{x}+b=0$ 的欧氏距离。如图 14-5 所示，点 $\boldsymbol{x}_i$ 到超平面 $\boldsymbol{w}^{\mathrm{T}}\boldsymbol{x}+b=0$ 的欧氏距离记为 d_i，d_i 可通过如下方式计算得出

$$d_i=\left|\frac{\boldsymbol{w}}{\|\boldsymbol{w}\|}\cdot(\boldsymbol{x}_i-\boldsymbol{x}_0)\right|=\frac{|\boldsymbol{w}\cdot(\boldsymbol{x}_i-\boldsymbol{x}_0)|}{\|\boldsymbol{w}\|}=\frac{|\boldsymbol{w}^{\mathrm{T}}\boldsymbol{x}_i-\boldsymbol{w}^{\mathrm{T}}\boldsymbol{x}_0|}{\|\boldsymbol{w}\|}=\frac{|\boldsymbol{w}^{\mathrm{T}}\boldsymbol{x}_i+b|}{\|\boldsymbol{w}\|} \tag{14-8}$$

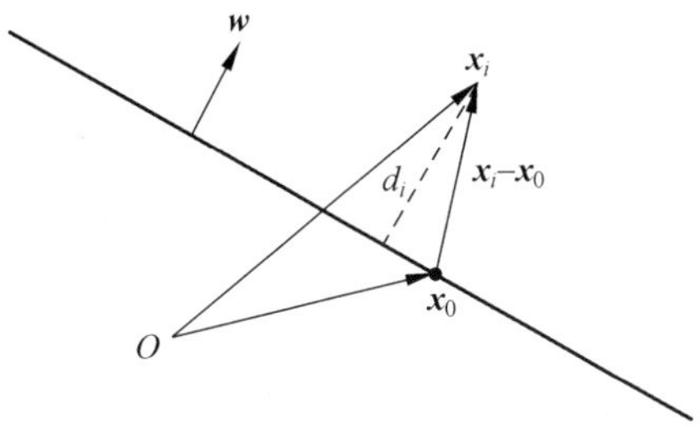

图 14-5　点 $\boldsymbol{x}_i$ 到超平面 $\boldsymbol{w}^{\mathrm{T}}\boldsymbol{x}+b=0$ 的欧氏距离计算示意图

需要注意到，式(14-8)计算的是点 $\boldsymbol{x}_i$ 到超平面 $\boldsymbol{w}^{\mathrm{T}}\boldsymbol{x}+b=0$ 的欧氏距离，这个距离始终是非负数，它并不能反映出 $\boldsymbol{x}_i$ 是否能被该超平面所正确分类。由于寻找最优分类超平面的准则是“最大化样本到超平面的最小距离”，我们希望“距离”的计算方式能够体现分类的正确性与否：当 $\boldsymbol{x}_i$ 被正确分类时，相应的 $\boldsymbol{x}_i$ 到超平面的“距离”要为非负数；当 $\boldsymbol{x}_i$ 被错误分类时，相应的 $\boldsymbol{x}_i$ 到超平面的距离要小于 0；这样，寻找最优分隔超平面的准则便会优先选择能对训练集进行完全正确分类的超平面。通过观察不难发现，只需要对式(14-8)稍加修改，便可得到满足期望的计算样本$(\boldsymbol{x}_i,y_i)$到超平面 $\boldsymbol{w}^{\mathrm{T}}\boldsymbol{x}+b-0$“距离”的计算方式：

$$\gamma_i=\frac{y_i(\boldsymbol{w}^{\mathrm{T}}\boldsymbol{x}_i+b)}{\|\boldsymbol{w}\|} \tag{14-9}$$

当样本 $\boldsymbol{x}_i$ 被正确分类时，式(14-9)计算的就是样本点到超平面的欧氏距离；当 $\boldsymbol{x}_i$ 被错误分类时，式(14-9)计算的就是样本点到超平面欧氏距离的相反数，为负数。在文献中，按照式(14-9)的方式计算的样本$(\boldsymbol{x}_i,y_i)$到超平面 $\boldsymbol{w}^{\mathrm{T}}\boldsymbol{x}+b=0$ 的“距离”有个名称，称为样本$(\boldsymbol{x}_i,y_i)$(在超平面 $\boldsymbol{w}^{\mathrm{T}}\boldsymbol{x}+b=0$ 下)的几何间隔(geometric margin)。基于样本点的几何间隔定义，可以进一步给出超平面的几何间隔的定义。

定义 14.3　超平面的几何间隔。给定训练集$\mathcal{D}=\{(\boldsymbol{x}_i,y_i):|\boldsymbol{x}_i\in\mathbb{R}^d,y_i\in\{+1,-1\}\}_{i=1}^n$，超平面 $\boldsymbol{w}^{\mathrm{T}}\boldsymbol{x}+b=0$ 的几何间隔 γ 为$\mathcal{D}$中所有样本在该超平面下几何间隔的最小值，即

$$\gamma=\min_{i=1,2,\cdots,n}\gamma_i=\min_{i=1,2,\cdots,n}\frac{y_i(\boldsymbol{w}^{\mathrm{T}}\boldsymbol{x}_i+b)}{\|\boldsymbol{w}\|}=\frac{1}{\|\boldsymbol{w}\|}\min_{i=1,2,\cdots,n}y_i(\boldsymbol{w}^{\mathrm{T}}\boldsymbol{x}_i+b) \tag{14-10}$$

对于线性可分训练集$\mathcal{D}$，它的最优分隔超平面便是在$\mathcal{D}$上具有最大几何间隔的那个超平面。该问题可被建模为如下优化问题：

$$\boldsymbol{w}^*,b^*=\underset{\boldsymbol{w},b}{\operatorname{argmax}}\gamma=\underset{\boldsymbol{w},b}{\operatorname{argmax}}\left(\frac{1}{\|\boldsymbol{w}\|}\min_{i=1,2,\cdots,n}y_i(\boldsymbol{w}^{\mathrm{T}}\boldsymbol{x}_i+b)\right)=\underset{\boldsymbol{w},b}{\operatorname{argmax}}\frac{1}{\|\boldsymbol{w}\|}$$
$$\text{subject to }\min_{i=1,2,\cdots,n}y_i(\boldsymbol{w}^{\mathrm{T}}\boldsymbol{x}_i+b)=1 \tag{14-11}$$

其中的约束条件表示该超平面首先一定是数据集$\mathcal{D}$的一个分隔超平面。问题式(14-11)可继续变形为如下同解问题：

$$\boldsymbol{w}^*,b^*=\underset{\boldsymbol{w},b}{\operatorname{argmin}}\frac{1}{2}\boldsymbol{w}^{\mathrm{T}}\boldsymbol{w}$$
$$\text{subject to}-y_i(\boldsymbol{w}^{\mathrm{T}}\boldsymbol{x}_i+b)+1\leqslant 0,\quad i=1,2,\cdots,n \tag{14-12}$$

式(14-12)就是最终得到的线性可分 SVM 的数学模型。对该问题进行求解，得到的参数($\boldsymbol{w}^*$，b^*)便定义了能将线性可分训练集$\mathcal{D}$完全正确分类且具有最大几何间隔的最优分隔超平面。当有了最优分隔超平面($\boldsymbol{w}^*,b^*$)之后，若样本$(\boldsymbol{x}_k,y_k)\in\mathcal{D}$满足$y_k(\boldsymbol{w}^{\mathrm{T}}\boldsymbol{x}_k+b)=1$，则称该样本为分隔超平面($\boldsymbol{w}^*,b^*$)的**支持向量**(support vector)，这也是为什么这类寻找最优分隔超平面的方法称为 SVM。

若记$\boldsymbol{u}=\begin{pmatrix}b\\ \boldsymbol{w}\end{pmatrix}$，则有$\boldsymbol{w}^{\mathrm{T}}\boldsymbol{w}=\boldsymbol{u}^{\mathrm{T}}\begin{bmatrix}0 & \boldsymbol{0}_{1\times d}\\ \boldsymbol{0}_{d\times 1} & \boldsymbol{I}_{d\times d}\end{bmatrix}\boldsymbol{u}$，$-y_i(\boldsymbol{w}^{\mathrm{T}}\boldsymbol{x}_i+b)+1=(-y_i\ -y_i\boldsymbol{x}_i^{\mathrm{T}})\boldsymbol{u}+1$。相应地，式(14-12)可变为如下同解问题：

$$\boldsymbol{u}^*=\underset{\boldsymbol{u}}{\operatorname{argmin}}\frac{1}{2}\boldsymbol{u}^{\mathrm{T}}\begin{bmatrix}0 & \boldsymbol{0}_{1\times d}\\ \boldsymbol{0}_{d\times 1} & \boldsymbol{I}_{d\times d}\end{bmatrix}\boldsymbol{u}$$
$$\text{subject to}(-y_i\ -y_i\boldsymbol{x}_i^{\mathrm{T}})\boldsymbol{u}+1\leqslant 0,\quad i=1,2,\cdots,n \tag{14-13}$$

可验证其中的矩阵$\begin{bmatrix}0 & \boldsymbol{0}_{1\times d}\\ \boldsymbol{0}_{d\times 1} & \boldsymbol{I}_{d\times d}\end{bmatrix}$为半正定矩阵。对照式(13-10)凸二次规划问题的定义，容易验证，上述问题便是标准的凸二次规划问题。原则上来说，可以用通用的求解标准凸二次规划问题的方法来求解 SVM 问题。但通用算法并没有考虑 SVM 问题的特点，不能很好地处理在大规模数据集(d 很大，n 很大)上的 SVM 训练问题。因此，在机器学习领域，学者们提出了专门针对 SVM 学习问题的求解算法，这将在下一节中进行介绍。

14.3.2 线性可分 SVM 问题的求解

14.3.1 节对线性可分 SVM 学习问题进行了数学建模，得到了由式(14-12)所表达的一个优化问题。这一节将详细讲述如何对该问题进行求解。

要求解的优化问题为

$$\begin{aligned}&\boldsymbol{w}^*,b^*=\underset{\boldsymbol{w},b}{\operatorname{argmin}}\frac{1}{2}\boldsymbol{w}^{\mathrm{T}}\boldsymbol{w}\\&\text{subject to}-y_i(\boldsymbol{w}^{\mathrm{T}}\boldsymbol{x}_i+b)+1\leqslant 0,\quad i=1,2,\cdots,n\end{aligned} \tag{14-14}$$

其拉格朗日函数(见定义 13.12)为

$$\begin{aligned}l(\boldsymbol{w},b,\boldsymbol{\alpha})&=\frac{1}{2}\boldsymbol{w}^{\mathrm{T}}\boldsymbol{w}+\sum_{i=1}^{n}\alpha_i(-y_i(\boldsymbol{w}^{\mathrm{T}}\boldsymbol{x}_i+b)+1)\\&=\frac{1}{2}\boldsymbol{w}^{\mathrm{T}}\boldsymbol{w}-\sum_{i=1}^{n}\alpha_iy_i(\boldsymbol{w}^{\mathrm{T}}\boldsymbol{x}_i+b)+\sum_{i=1}^{n}\alpha_i\end{aligned} \tag{14-15}$$

其中，$\boldsymbol{\alpha}=(\alpha_1,\alpha_2,\cdots,\alpha_n)^{\mathrm{T}}$。如果把式(14-14)所描述的优化问题看作是原问题，其对偶问题(见定义 13.14)为

$$\begin{gathered}\boldsymbol{\alpha}^*=\arg\max_{\boldsymbol{\alpha}}\{\min_{\boldsymbol{w},b}l(\boldsymbol{w},b,\boldsymbol{\alpha})\}\\ \text{subject to }\boldsymbol{\alpha}\geqslant\mathbf{0}\end{gathered}\tag{14-16}$$

在 14.3.1 节中已经提到，问题式(14-14)为一个凸二次规划问题，又由于已经假定训练集$\mathcal{D}$是线性可分的，因此该问题必然存在可行点，根据命题 13.15 可知，该问题满足斯莱特条件，即具有强对偶性。另外，该问题的目标函数和所有约束函数都可微。根据定理 13.6 可知，只要能找到一对原问题的可行点和对偶问题的可行点，即$(\boldsymbol{w}^*,b^*)$和$\boldsymbol{\alpha}^*$，使得它们满足 KKT 条件，那么$(\boldsymbol{w}^*,b^*)$和$\boldsymbol{\alpha}^*$必然分别是原问题式(14-14)和其对偶问题式(14-16)的最优解。因此，求解问题(14-14)的思路就是，先找到其对偶问题式(14-16)的最优解$\boldsymbol{\alpha}^*$的表达式，再根据 KKT 条件所形成的等式约束关系找到$(\boldsymbol{w}^*,b^*)$，这样最终得到的$(\boldsymbol{w}^*,b^*)$和$\boldsymbol{\alpha}^*$就会满足 KKT 条件，则$(\boldsymbol{w}^*,b^*)$就是要找的原问题的最优解。

先来求解对偶问题式(14-16)。这个问题包含两部分，里层是关于原问题优化变量$(\boldsymbol{w},b)$的最小化问题，外层是关于对偶变量$\boldsymbol{\alpha}$的最大化问题，需要“从里到外”顺次解决。

1. 求解 $\min_{\boldsymbol{w},b}l(\boldsymbol{w},b,\boldsymbol{\alpha})$

这个最小化问题的目标函数为 $l_1(\boldsymbol{w},b)=\frac{1}{2}\boldsymbol{w}^{\mathrm{T}}\boldsymbol{w}-\sum_{i=1}^{n}\alpha_i y_i(\boldsymbol{w}^{\mathrm{T}}\boldsymbol{x}_i+b)+\sum_{i=1}^{n}\alpha_i$，$l_1$ 关于 $\boldsymbol{u}=\begin{pmatrix}b\\ \boldsymbol{w}\end{pmatrix}$为一个凸函数$\frac{1}{2}\boldsymbol{u}^{\mathrm{T}}\begin{bmatrix}0 & \mathbf{0}_{1\times d}\\ \mathbf{0}_{d\times 1} & \boldsymbol{I}_{d\times d}\end{bmatrix}\boldsymbol{u}$与一组仿射函数$\{-\alpha_i y_i(1\quad \boldsymbol{x}_i^{\mathrm{T}})\boldsymbol{u}\}_{i=1}^{n}$的求和，容易验证它为可微凸函数。根据命题 13.6，该函数的驻点便是它的全局最小值点。因此，只需要找到 l_1 关于$(\boldsymbol{w},b)$的驻点，便可得出它的最小值。找 l_1 的驻点便是求解以下方程组：

$$\begin{cases}\dfrac{\partial l_1}{\partial \boldsymbol{w}}=\mathbf{0}\\ \dfrac{\partial l_1}{\partial b}=0\end{cases}\Rightarrow\begin{cases}\boldsymbol{w}-\sum\limits_{i=1}^{n}\alpha_i y_i\boldsymbol{x}_i=\mathbf{0}\\ -\sum\limits_{i=1}^{n}\alpha_i y_i=0\end{cases}\Rightarrow\begin{cases}\boldsymbol{w}=\sum\limits_{i=1}^{n}\alpha_i y_i\boldsymbol{x}_i\\ \sum\limits_{i=1}^{n}\alpha_i y_i=0\end{cases}$$

因此有

$$\boldsymbol{w}=\sum_{i=1}^{n}\alpha_i y_i\boldsymbol{x}_i\tag{14-17}$$

$$\sum_{i=1}^{n}\alpha_i y_i=0\tag{14-18}$$

因此，l_1 的最小值，即$\min_{\boldsymbol{w},b}l(\boldsymbol{w},b,\boldsymbol{\alpha})$，为

$$\begin{aligned}&\frac{1}{2}\Big(\sum_{i=1}^{n}\alpha_i y_i\boldsymbol{x}_i\Big)\cdot\Big(\sum_{j=1}^{n}\alpha_j y_j\boldsymbol{x}_j\Big)-\sum_{i=1}^{n}\alpha_i y_i\Big(\Big(\sum_{j=1}^{n}\alpha_j y_j\boldsymbol{x}_j\Big)\cdot\boldsymbol{x}_i+b\Big)+\sum_{i=1}^{n}\alpha_i\\ &=\frac{1}{2}\Big(\sum_{i=1}^{n}\alpha_i y_i\boldsymbol{x}_i\Big)\cdot\Big(\sum_{j=1}^{n}\alpha_j y_j\boldsymbol{x}_j\Big)-\sum_{i=1}^{n}\alpha_i y_i\boldsymbol{x}_i\cdot\Big(\sum_{j=1}^{n}\alpha_j y_j\boldsymbol{x}_j\Big)-b\sum_{i=1}^{n}\alpha_i y_i+\sum_{i=1}^{n}\alpha_i\\ &=-\frac{1}{2}\sum_{i=1}^{n}\sum_{j=1}^{n}\alpha_i\alpha_j y_i y_j\boldsymbol{x}_i\cdot\boldsymbol{x}_j+\sum_{i=1}^{n}\alpha_i\end{aligned}$$

即

$$\min_{\boldsymbol{w},b}l(\boldsymbol{w},b,\boldsymbol{\alpha})=-\frac{1}{2}\sum_{i=1}^{n}\sum_{j=1}^{n}\alpha_i\alpha_j y_i y_j\boldsymbol{x}_i\cdot\boldsymbol{x}_j+\sum_{i=1}^{n}\alpha_i$$

2. 求解

$$\boldsymbol{\alpha}^* = \underset{\boldsymbol{\alpha}}{\operatorname{argmax}}\left\{-\frac{1}{2}\sum_{i=1}^{n}\sum_{j=1}^{n}\alpha_i\alpha_j y_i y_j \boldsymbol{x}_i \cdot \boldsymbol{x}_j + \sum_{i=1}^{n}\alpha_i\right\}$$

$$\text{subject to } \boldsymbol{\alpha} \geqslant \mathbf{0}$$

$$\sum_{i=1}^{n}\alpha_i y_i = 0$$

首先把该问题转换成如下标准优化问题的形式：

$$\begin{aligned}&\boldsymbol{\alpha}^* = \underset{\boldsymbol{\alpha}}{\operatorname{argmin}}\left\{\frac{1}{2}\sum_{i=1}^{n}\sum_{j=1}^{n}\alpha_i\alpha_j y_i y_j \boldsymbol{x}_i \cdot \boldsymbol{x}_j - \sum_{i=1}^{n}\alpha_i\right\}\\&\text{subject to } -\boldsymbol{\alpha} \leqslant \mathbf{0}\\&\sum_{i=1}^{n}\alpha_i y_i = 0\end{aligned} \tag{14-19}$$

该问题可进一步转换成如下形式：

$$\begin{aligned}&\boldsymbol{\alpha}^* = \underset{\boldsymbol{\alpha}}{\operatorname{argmin}}\left\{\frac{1}{2}\boldsymbol{\alpha}^{\mathrm{T}}\boldsymbol{Q}\boldsymbol{\alpha} - \mathbf{1}_{n\times 1}^{\mathrm{T}}\boldsymbol{\alpha}\right\}\\&\text{subject to }\begin{bmatrix}\boldsymbol{y}^{\mathrm{T}}\\-\boldsymbol{y}^{\mathrm{T}}\\-\boldsymbol{I}_{n\times n}\end{bmatrix}\boldsymbol{\alpha} \leqslant \mathbf{0}_{(n+2)\times 1}\end{aligned} \tag{14-20}$$

其中，若令 $\boldsymbol{X} = \begin{bmatrix}y_1\boldsymbol{x}_1^{\mathrm{T}}\\y_2\boldsymbol{x}_2^{\mathrm{T}}\\\vdots\\y_n\boldsymbol{x}_n^{\mathrm{T}}\end{bmatrix}$，则 $\boldsymbol{Q} = \boldsymbol{X}\boldsymbol{X}^{\mathrm{T}} = \begin{bmatrix}y_1y_1\boldsymbol{x}_1^{\mathrm{T}}\boldsymbol{x}_1 & y_1y_2\boldsymbol{x}_1^{\mathrm{T}}\boldsymbol{x}_2 & \cdots & y_1y_n\boldsymbol{x}_1^{\mathrm{T}}\boldsymbol{x}_n\\y_2y_1\boldsymbol{x}_2^{\mathrm{T}}\boldsymbol{x}_1 & y_2y_2\boldsymbol{x}_2^{\mathrm{T}}\boldsymbol{x}_2 & \cdots & y_2y_n\boldsymbol{x}_2^{\mathrm{T}}\boldsymbol{x}_n\\\vdots & \vdots & & \vdots\\y_ny_1\boldsymbol{x}_n^{\mathrm{T}}\boldsymbol{x}_1 & y_ny_2\boldsymbol{x}_n^{\mathrm{T}}\boldsymbol{x}_2 & \cdots & y_ny_n\boldsymbol{x}_n^{\mathrm{T}}\boldsymbol{x}_n\end{bmatrix}$，根据附录命题 H.4 可知，$\boldsymbol{Q}$ 为半正定矩阵。对照凸二次规划问题的定义（定义 13.11）可知，问题式(14-20)是一个标准的凸二次规划问题。读者会发现，本来要解决的线性 SVM 学习问题式(14-14)是一个凸二次规划问题（具体形式为式(14-13)），经过一番推导之后，把该问题转换成了式(14-20)，但问题式(14-20)依旧是一个凸二次规划问题，那岂不是陷入了一个死循环？直接用通用的求解凸二次规划问题的算法包求解问题式(14-14)不行吗？实际上，式(14-20)比式(14-13)容易求解，因为它的优化变量里只有拉格朗日乘子$\boldsymbol{\alpha}$且约束形式更为简单。基于这个特点，研究人员已经设计出针对式(14-20)这个特殊凸二次规划问题的快速高效求解算法，比如序列最小最优化算法（sequential minimal optimization，SMO）[7]及其变种。SMO 算法的本质思想是把一个大规模的复杂优化问题转换成能有解析解的小规模简单的优化问题。SMO 算法具有较多琐碎的实现细节且与本书的主线内容关联度较弱，因此就不再具体介绍该算法。感兴趣的读者可以参见参考文献[5]。当然，如果问题的规模不是很大，确实可以直接用解凸二次规划问题的标准程序①来解问题式(14-20)。

有了对偶问题式(14-16)的最优解$\boldsymbol{\alpha}^*$之后，如前所述，便可以根据 KKT 条件中的等式约束关系找到$(\boldsymbol{w}^*, b^*)$，使得$(\boldsymbol{w}^*, b^*)$与$\boldsymbol{\alpha}^*$满足 KKT 条件，这样$(\boldsymbol{w}^*, b^*)$便是最终要找的原问题的最优解。这个过程可以表达成如下命题的形式。

命题 14.1　设$\boldsymbol{\alpha}^* = (\alpha_1^*, \alpha_2^*, \cdots, \alpha_n^*)^{\mathrm{T}}$是对偶问题式(14-16)的最优解，则存在下标 j，使

① 比如，Matlab 中提供的库函数 quadprog。

得 $\alpha_j^* > 0$，并可按照如下方式求得原问题式(14-14)的最优解$(\boldsymbol{w}^*, b^*)$：

$$\boldsymbol{w}^* = \sum_{i=1}^{n} \alpha_i^* y_i \boldsymbol{x}_i \tag{14-21}$$

$$b^* = y_j - \sum_{i=1}^{n} \alpha_i^* y_i (\boldsymbol{x}_i \cdot \boldsymbol{x}_j) \tag{14-22}$$

证明：

根据定理13.6可知，在已知对偶问题的最优解为$\boldsymbol{\alpha}^*$的情况下，如果能找到原问题的可行点$(\boldsymbol{w}^*, b^*)$，使得$(\boldsymbol{w}^*, b^*)$和$\boldsymbol{\alpha}^*$满足KKT条件，那么$(\boldsymbol{w}^*, b^*)$必为原问题的最优解。根据KKT条件，列出方程组：

$$\nabla_{w=w^*} l(\boldsymbol{w}, b, \boldsymbol{\alpha}^*) = \boldsymbol{0} \tag{14-23}$$

$$\nabla_{b=b^*} l(\boldsymbol{w}, b, \boldsymbol{\alpha}^*) = 0$$

$$\alpha_i^* (-y_i(\boldsymbol{w}^* \cdot \boldsymbol{x}_i + b^*) + 1) = 0, \quad i = 1, 2, \cdots, n \tag{14-24}$$

$$-y_i(\boldsymbol{w}^* \cdot \boldsymbol{x}_i + b^*) + 1 \leqslant 0, \quad i = 1, 2, \cdots, n$$

$$\alpha_i^* \geqslant 0, \quad i = 1, 2, \cdots, n$$

由式(14-23)可知，$\boldsymbol{w}^* = \sum_{i=1}^{n} \alpha_i^* y_i \boldsymbol{x}_i$。

至少存在一个下标 j，$\alpha_j^* > 0$。可以用反证法：如果不存在这样的下标 j，则$\boldsymbol{\alpha}^* = \boldsymbol{0}$，则有 $\boldsymbol{w}^* = \sum_{i=1}^{n} \alpha_i^* y_i \boldsymbol{x}_i = \boldsymbol{0}$。但 $\boldsymbol{w}^* = \boldsymbol{0}$ 显然不是原问题式(14-14)的最优解，因此产生矛盾，所以必有某个下标 j，使得 $\alpha_j^* > 0$。对于这样的下标 j，由式(14-24)可知

$$-y_j(\boldsymbol{w}^* \cdot \boldsymbol{x}_j + b^*) + 1 = 0$$

将 $\boldsymbol{w}^* = \sum_{i=1}^{n} \alpha_i^* y_i \boldsymbol{x}_i$ 代入并注意 $y_j^2 = 1$，便有 $b^* = y_j - \sum_{i=1}^{n} \alpha_i^* y_i (\boldsymbol{x}_i \cdot \boldsymbol{x}_j)$。

有了$(\boldsymbol{w}^*, b^*)$之后，便得到了线性可分数据集$\mathcal{D}$的最优分隔超平面；相应地，也可得到最终的基于该超平面的分类决策函数：

$$h_{\boldsymbol{w}^*, b^*}(\boldsymbol{x}) = \mathrm{sign}\left(\sum_{i=1}^{n} \alpha_i^* y_i (\boldsymbol{x} \cdot \boldsymbol{x}_i) + b^*\right)$$

再提醒一点，如式(14-21)和式(14-22)在计算 $\boldsymbol{w}^*$ 和 b^* 时，其中的求和是对所有样本进行求和。但实际上，$\boldsymbol{\alpha}^*$ 中的大部分分量都为零，显然$\boldsymbol{\alpha}^*$ 中只有不为零的那些元素才会在计算 $\boldsymbol{w}^*$ 和 b^* 时真正发挥作用。更进一步，若 $\alpha_i^* \neq 0$，则根据KKT条件式(14-24)，必有 $y_i(\boldsymbol{w}^* \cdot \boldsymbol{x}_i + b^*) = 1$，即样本特征向量 $\boldsymbol{x}_i$ 是最优分类超平面的支持向量，显而易见，$\boldsymbol{w}^*$ 和 b^* 的计算值实际上只与支持向量集合有关。

最后，以一个可视化的例子来结束本节。如图14-6所示，有一组线性可分的二维数据，用本节介绍的线性可分SVM模型从该数据集中学习出了最优分隔超平面(图中的实线)。图中圈出的样本点即为最优分隔超平面的支持向量，它们满足条件 $y_i(\boldsymbol{w}^* \cdot \boldsymbol{x}_i + b^*) = 1$。对于正样本支持向量$(y_i = 1)$来说，它所在的超平面为 h_1：$\boldsymbol{w}^* \cdot \boldsymbol{x} + b^* = 1$；对于负样本支持向量$(y_i = -1)$来说，它所在的超平面为 h_2：$\boldsymbol{w}^* \cdot \boldsymbol{x} + b^* = -1$。显然，$h_1$ 与 h_2 平行，并且没有样本点在 h_1 与 h_2 之间。h_1 和 h_2 界定出了一条带状区域，最优分隔超平面位于它们中央。对于某个支持向量$(\boldsymbol{x}_i, y_i)$，根据式(14-8)，它到最优分隔超平面 $\boldsymbol{w}^* \cdot \boldsymbol{x} + b^* = 0$ 的欧氏距离为

$\frac{|\boldsymbol{w}^* \cdot \boldsymbol{x}_i + b^*|}{\|\boldsymbol{w}^*\|} = \frac{1}{\|\boldsymbol{w}^*\|}$，因此可知超平面 h_1 与超平面 h_2 之间的距离为 $\frac{2}{\|\boldsymbol{w}^*\|}$。实际上，最优分隔超平面仅由支持向量集合确定；对于非支持向量来说，它们可任意移动，只要不进入由 h_1 与 h_2 所界定的"带状区域"，就不会引起最优分隔超平面的改变。

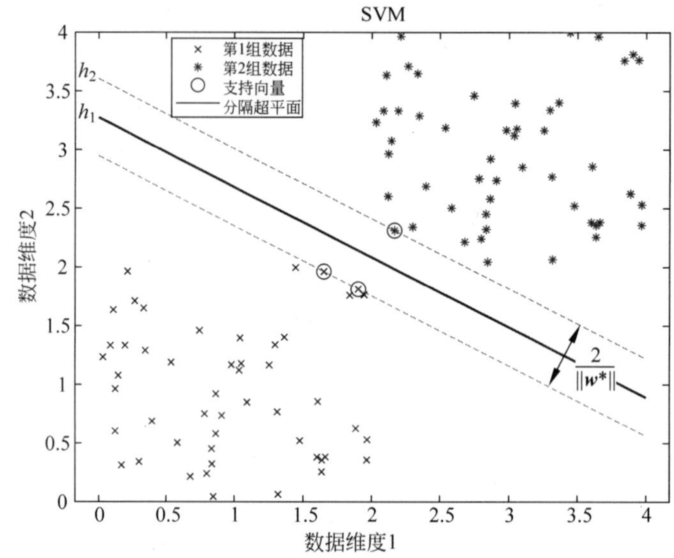

图 14-6　从线性可分数据中学习出最优分隔超平面，实线代表最优分隔超平面，圈出来的样本点为最优分隔超平面的支持向量

14.4　软间隔与线性 SVM

14.4.1　问题建模

如果数据集是线性可分的，那么用 14.3 节中讲述的线性可分 SVM 就可将此类分类问题完美解决。但遗憾的是，现实世界中的(原始采集的)数据集很少是线性可分的。当数据集不是线性可分的时候，便不能用线性可分 SVM 来解决这类数据的分类问题。这是因为此时式(14-12)中的不等式约束不会全都满足，即问题式(14-12)的可行集为空(问题无解)。那要对线性可分 SVM 进行怎样的扩展才能使它可以解决线性不可分的问题呢？本节将介绍解决这个问题的一种思路，即软间隔 SVM。

软间隔 SVM 解决从数据集中学习出最优分隔超平面的问题：训练集 $\mathcal{T}=\{(\boldsymbol{x}_i, y_i):|\boldsymbol{x}_i \in \mathbb{R}^d, y_i \in \{+1,-1\}\}_{i=1}^n$ 中存在一些外点(outlier)，这导致 $\mathcal{T}$ 不是线性可分的；但**若将这些外点剔除之后，剩下的大部分样本点所组成的集合是线性可分的**。

数据集 $\mathcal{T}$ 线性不可分，意味着 $\mathcal{T}$ 中的某些样本点 $(\boldsymbol{x}_i, y_i)$ 不能严格满足 $y_i(\boldsymbol{w}^{\mathrm{T}}\boldsymbol{x}_i+b)\geqslant 1$ 的约束条件。可对这个约束条件放松一下，引入松弛变量 $\xi_i \geqslant 0$，将约束条件修改为 $y_i(\boldsymbol{w}^{\mathrm{T}}\boldsymbol{x}_i+b)\geqslant 1-\xi_i$。不难发现，对一给定超平面 $(\boldsymbol{w}, b)$，对于任意 $(\boldsymbol{x}_i, y_i)\in\mathcal{T}$，一定存在某个 $\xi_i \geqslant 0$，使得条件 $y_i(\boldsymbol{w}^{\mathrm{T}}\boldsymbol{x}_i+b)\geqslant 1-\xi_i$ 满足。我们当然希望 ξ_i 不能太大，这就需要在目标函数中对大的 ξ_i 进行"惩罚"，因此可将问题式(14-12)中的目标函数修改为 $\frac{1}{2}\boldsymbol{w}^{\mathrm{T}}\boldsymbol{w}+C\sum_{i=1}^{n}\xi_i$，其中 $C>0$ 称为惩罚参数，一般需要根据问题性质由用户设定。这样，针对线性不可分数据集的线性

SVM 学习问题可被建模为如下形式：

$$\begin{aligned}&\boldsymbol{w}^*,b^*=\underset{\boldsymbol{w},b,\boldsymbol{\xi}}{\operatorname{argmin}}\ \frac{1}{2}\boldsymbol{w}^{\mathrm{T}}\boldsymbol{w}+C\sum_{i=1}^{n}\xi_i\\&\text{subject to } y_i(\boldsymbol{w}^{\mathrm{T}}\boldsymbol{x}_i+b)\geqslant 1-\xi_i,\quad i=1,2,\cdots,n\\&\xi_i\geqslant 0,\quad i=1,2,\cdots,n\end{aligned}\tag{14-25}$$

在 14.3 节中提到，能够解决线性可分数据集分类问题的线性 SVM 称为硬间隔 SVM(hard-margin SVM)，相应地，本节介绍的能够处理线性不可分数据集分类问题的线性 SVM 称为**软间隔 SVM**(soft-margin SVM)。同硬间隔 SVM 相比，软间隔 SVM 在寻找最优分隔超平面时并不是试图找一个“不会分错”的超平面，而是在找一个“犯错最少”的超平面。不难看出，软间隔线性 SVM 包含硬间隔线性 SVM，它既可以处理线性不可分的情况，也能处理线性可分的情况。后面把**软间隔线性 SVM 简称为线性 SVM**。

14.4.2 问题求解

接下来是如何求解问题式(14-25)。实际上，经过变形之后，该问题也是一个凸二次规划问题。记 $\boldsymbol{u}=\begin{pmatrix}b\\\boldsymbol{w}\\\boldsymbol{\xi}\end{pmatrix}$，其中 $\boldsymbol{\xi}\triangleq(\xi_1,\xi_2,\cdots,\xi_n)^{\mathrm{T}}$，记

$$\boldsymbol{P}=\begin{bmatrix}0&\boldsymbol{0}_{1\times d}&\boldsymbol{0}_{1\times n}\\\boldsymbol{0}_{d\times 1}&\boldsymbol{I}_{d\times d}&\boldsymbol{0}_{d\times n}\\\boldsymbol{0}_{n\times 1}&\boldsymbol{0}_{n\times d}&\begin{bmatrix}\frac{2C}{\xi_1}&&\\&\ddots&\\&&\frac{2C}{\xi_n}\end{bmatrix}_{n\times n}\end{bmatrix}_{(1+d+n)\times(1+d+n)}$$

注意矩阵 $\boldsymbol{P}$ 右下角的 $n\times n$ 的对角子矩阵，只有当 $\xi_i>0$ 时，对应位置处的元素才是 $\frac{2C}{\xi_i}$，如果 $\xi_i=0$，直接把对应位置置为 0 即可。容易知道，矩阵 $\boldsymbol{P}$ 为半正定矩阵。同时有

$$\begin{aligned}\boldsymbol{u}^{\mathrm{T}}\boldsymbol{P}\boldsymbol{u}&=(b\ \boldsymbol{w}^{\mathrm{T}}\boldsymbol{\xi}^{\mathrm{T}})\begin{bmatrix}0&\boldsymbol{0}_{1\times d}&\boldsymbol{0}_{1\times n}\\\boldsymbol{0}_{d\times 1}&\boldsymbol{I}_{d\times d}&\boldsymbol{0}_{d\times n}\\\boldsymbol{0}_{n\times 1}&\boldsymbol{0}_{n\times d}&\begin{bmatrix}\frac{2C}{\xi_1}&&\\&\ddots&\\&&\frac{2C}{\xi_n}\end{bmatrix}_{n\times n}\end{bmatrix}_{(1+d+n)\times(1+d+n)}\begin{pmatrix}b\\\boldsymbol{w}\\\boldsymbol{\xi}\end{pmatrix}\\&=\boldsymbol{w}^{\mathrm{T}}\boldsymbol{w}+2C\sum_{i=1}^{n}\xi_i\end{aligned}\tag{14-26}$$

问题式(14-25)中的不等式约束 $y_i(\boldsymbol{w}^{\mathrm{T}}\boldsymbol{x}_i+b)\geqslant 1-\xi_i$ 可变形为

$$(-y_i\ \ -y_i\boldsymbol{x}_i^{\mathrm{T}}\ \ (0,0,\cdots,-1_{(i)},0,\cdots,0)_{1\times n})\begin{pmatrix}b\\\boldsymbol{w}\\\boldsymbol{\xi}\end{pmatrix}+1\leqslant 0\tag{14-27}$$

其中，$(0,0,\cdots,-1_{(i)},0,\cdots,0)_{1\times n}$ 表示这是一个 $1\times n$ 的行向量，-1 出现在位置 i 处。问题式(14-25)中的不等式约束 $\xi_i\geqslant 0$ 可变形为

$$(0\ \mathbf{0}_{1\times d}\ (0,0,\cdots,-1_{(i)},0,\cdots,0)_{1\times n})\begin{pmatrix}b\\ \boldsymbol{w}\\ \boldsymbol{\xi}\end{pmatrix}\leqslant 0 \tag{14-28}$$

结合式(14-26)、式(14-27)和式(14-28)，问题式(14-25)可变形为如下问题：

$$\begin{aligned}&\boldsymbol{u}^*=\underset{\boldsymbol{u}}{\operatorname{argmin}}\frac{1}{2}\boldsymbol{u}^{\mathrm{T}}\boldsymbol{P}\boldsymbol{u}\\&\text{subject to }(-y_i\ -y_i\boldsymbol{x}_i^{\mathrm{T}}\ (0,0,\cdots,-1_{(i)},0,\cdots,0)_{1\times n})\boldsymbol{u}+1\leqslant 0,\quad i=1,2,\cdots,n\\&(0\ \mathbf{0}_{1\times d}\ (0,0,\cdots,-1_{(i)},0,\cdots,0)_{1\times n})\boldsymbol{u}\leqslant 0,\quad i=1,2,\cdots,n\end{aligned} \tag{14-29}$$

对照凸二次规划问题的定义(定义 13.11)可知，式(14-29)所描述的问题正是一个凸二次规划问题，即问题式(14-25)是一个凸二次规划问题。与 14.3.2 节中线性可分 SVM 问题求解的分析过程类似，问题式(14-25)也具有强对偶性。因此，也用同样的求解思路：找出对偶问题的最优解，然后根据 KKT 条件的等式约束，找出原问题的最优解。

与优化问题式(14-25)所对应的拉格朗日函数为

$$l((\boldsymbol{w},b,\boldsymbol{\xi}),\boldsymbol{\alpha},\boldsymbol{\mu})=\frac{1}{2}\boldsymbol{w}^{\mathrm{T}}\boldsymbol{w}+C\sum_{i=1}^{n}\xi_i+\sum_{i=1}^{n}\alpha_i(-y_i(\boldsymbol{w}^{\mathrm{T}}\boldsymbol{x}_i+b)-\xi_i+1)+\sum_{i=1}^{n}\mu_i(-\xi_i) \tag{14-30}$$

其中，$\boldsymbol{\alpha}=(\alpha_1,\alpha_2,\cdots,\alpha_n)^{\mathrm{T}},\alpha_i\geqslant 0,\boldsymbol{\mu}=(\mu_1,\mu_2,\cdots,\mu_n)^{\mathrm{T}},\mu_i\geqslant 0$。如果把问题式(14-25)看作原问题，其对偶问题为

$$\begin{aligned}&\boldsymbol{\alpha}^*,\boldsymbol{\mu}^*=\underset{\boldsymbol{\alpha},\boldsymbol{\mu}}{\operatorname{argmax}}\{\min_{(\boldsymbol{w},b,\boldsymbol{\xi})}l((\boldsymbol{w},b,\boldsymbol{\xi}),\boldsymbol{\alpha},\boldsymbol{\mu})\}\\&\text{subject to }\boldsymbol{\alpha}\geqslant\mathbf{0}\\&\qquad\qquad\boldsymbol{\mu}\geqslant\mathbf{0}\end{aligned} \tag{14-31}$$

对偶问题式(14-31)的求解包含两个部分，里层是关于原问题优化变量$(\boldsymbol{w},b,\boldsymbol{\xi})$的最小化问题，外层是关于对偶变量$(\boldsymbol{\alpha},\boldsymbol{\mu})$的最大化问题，需要“从里到外”顺次解决。

1. 求解 $\min\limits_{(\boldsymbol{w},b,\boldsymbol{\xi})}l((\boldsymbol{w},b,\boldsymbol{\xi}),\boldsymbol{\alpha},\boldsymbol{\mu})$

这个最小化问题的目标函数为

$$l_1(\boldsymbol{w},b,\boldsymbol{\xi})=\frac{1}{2}\boldsymbol{w}^{\mathrm{T}}\boldsymbol{w}+C\sum_{i=1}^{n}\xi_i+\sum_{i=1}^{n}\alpha_i(-y_i(\boldsymbol{w}^{\mathrm{T}}\boldsymbol{x}_i+b)-\xi_i+1)+\sum_{i=1}^{n}\mu_i(-\xi_i)$$

l_1 关于 $\boldsymbol{u}=\begin{pmatrix}b\\ \boldsymbol{w}\\ \boldsymbol{\xi}\end{pmatrix}$ 为一个凸函数与一组仿射函数的求和，容易验证它为可微凸函数。根据命题 13.6，该函数的驻点便是它的全局最小值点。因此，只需要找到 l_1 关于$(\boldsymbol{w},b,\boldsymbol{\xi})$的驻点，便可得出 l_1 的最小值。找 l_1 的驻点便是求解如下方程组：

$$\begin{cases}\dfrac{\partial l_1}{\partial\boldsymbol{w}}=\mathbf{0}\\ \dfrac{\partial l_1}{\partial b}=0\\ \dfrac{\partial l_1}{\partial\xi_i}=0\end{cases}\Rightarrow\begin{cases}\boldsymbol{w}-\sum\limits_{i=1}^{n}\alpha_iy_i\boldsymbol{x}_i=\mathbf{0}\\ -\sum\limits_{i=1}^{n}\alpha_iy_i=0\\ C-\alpha_i-\mu_i=0\end{cases}\Rightarrow\begin{cases}\boldsymbol{w}=\sum\limits_{i=1}^{n}\alpha_iy_i\boldsymbol{x}_i & (14\text{-}32)\\ \sum\limits_{i=1}^{n}\alpha_iy_i=0 & (14\text{-}33)\\ C-\alpha_i-\mu_i=0 & (14\text{-}34)\end{cases}$$

因此，l_1 的最小值，即 $\min\limits_{(\boldsymbol{w},b,\boldsymbol{\xi})} l((\boldsymbol{w},b,\boldsymbol{\xi}),\boldsymbol{\alpha},\boldsymbol{\mu})$，为

$$\frac{1}{2}\left(\sum_{i=1}^{n}\alpha_i y_i \boldsymbol{x}_i\right)\cdot\left(\sum_{j=1}^{n}\alpha_j y_j \boldsymbol{x}_j\right)+C\sum_{i=1}^{n}\xi_i-\left(\sum_{i=1}^{n}\alpha_i y_i \boldsymbol{x}_i\right)\cdot\left(\sum_{j=1}^{n}\alpha_j y_j \boldsymbol{x}_j\right)-b\sum_{j=1}^{n}\alpha_j y_j -$$
$$\sum_{i=1}^{n}\alpha_i\xi_i+\sum_{i=1}^{n}\alpha_i-\sum_{i=1}^{n}\mu_i\xi_i$$
$$=-\frac{1}{2}\left(\sum_{i=1}^{n}\alpha_i y_i \boldsymbol{x}_i\right)\cdot\left(\sum_{j=1}^{n}\alpha_j y_j \boldsymbol{x}_j\right)+\sum_{i=1}^{n}\alpha_i+\sum_{i=1}^{n}(C-\alpha_i-\mu_i)\xi_i$$
$$=-\frac{1}{2}\sum_{i=1}^{n}\sum_{j=1}^{n}\alpha_i\alpha_j y_i y_j \boldsymbol{x}_i\cdot\boldsymbol{x}_j+\sum_{i=1}^{n}\alpha_i$$

即

$$\min_{(\boldsymbol{w},b,\boldsymbol{\xi})} l((\boldsymbol{w},b,\boldsymbol{\xi}),\boldsymbol{\alpha},\boldsymbol{\mu})=-\frac{1}{2}\sum_{i=1}^{n}\sum_{j=1}^{n}\alpha_i\alpha_j y_i y_j \boldsymbol{x}_i\cdot\boldsymbol{x}_j+\sum_{i=1}^{n}\alpha_i$$

2. 求解

$$\boldsymbol{\alpha}^*,\boldsymbol{\mu}^*=\underset{\boldsymbol{\alpha},\boldsymbol{\mu}}{\operatorname{argmax}}\left\{-\frac{1}{2}\sum_{i=1}^{n}\sum_{j=1}^{n}\alpha_i\alpha_j y_i y_j \boldsymbol{x}_i\cdot\boldsymbol{x}_j+\sum_{i=1}^{n}\alpha_i\right\}$$
$$\text{subject to } \alpha_i\geqslant 0,\quad i=1,2,\cdots,n$$
$$\mu_i\geqslant 0, i=1,2,\cdots,n$$
$$\sum_{i=1}^{n}\alpha_i y_i=0$$
$$C-\alpha_i-\mu_i=0,\quad i=1,2,\cdots,n$$

根据 $C-\alpha_i-\mu_i=0$ 这个等式约束，该问题可进一步精简为：

$$\boldsymbol{\alpha}^*=\underset{\boldsymbol{\alpha}}{\operatorname{argmin}}\left\{\frac{1}{2}\sum_{i=1}^{n}\sum_{j=1}^{n}\alpha_i\alpha_j y_i y_j \boldsymbol{x}_i\cdot\boldsymbol{x}_j-\sum_{i=1}^{n}\alpha_i\right\}$$
$$\text{subject to } C\geqslant\alpha_i\geqslant 0,\quad i=1,2,\cdots,n \tag{14-35}$$
$$\sum_{i=1}^{n}\alpha_i y_i=0$$

上述问题与问题式(14-19)几乎是一模一样的，唯一的区别就是对 $\boldsymbol{\alpha}$ 的约束从象限约束变成了"盒子"约束。同样地，该问题可以用 SMO 算法求解；当问题规模不大时，该问题也可以直接用解决凸二次规划问题的通用算法求解。

有了对偶问题式(14-31)的最优解 $(\boldsymbol{\alpha}^*,\boldsymbol{\mu}^*)$ 之后，如前所述，便可以根据 KKT 条件中的等式约束关系找到 $(\boldsymbol{w}^*,b^*,\boldsymbol{\xi}^*)$，使得 $(\boldsymbol{w}^*,b^*,\boldsymbol{\xi}^*)$ 与 $(\boldsymbol{\alpha}^*,\boldsymbol{\mu}^*)$ 满足 KKT 条件，这样 $(\boldsymbol{w}^*,b^*)$ 便是最终要找的最优分类超平面。这个过程可以表达成如下形式的命题。

命题 14.2 设 $\boldsymbol{\alpha}^*=(\alpha_1^*,\alpha_2^*,\cdots,\alpha_n^*)^{\mathrm{T}}$ 是对偶问题式(14-31)的最优解，若存在下标 j，使得 $0<\alpha_j^*<C$，则可按照如下方式求得原问题式(14-25)的最优解 $(\boldsymbol{w}^*,b^*)$：

$$\boldsymbol{w}^*=\sum_{i=1}^{n}\alpha_i^* y_i \boldsymbol{x}_i \tag{14-36}$$

$$b^*=y_j-\sum_{i=1}^{n}\alpha_i^* y_i(\boldsymbol{x}_i\cdot\boldsymbol{x}_j) \tag{14-37}$$

证明：

根据定理 13.6 可知，在已知对偶问题的最优解为 $(\boldsymbol{\alpha}^*,\boldsymbol{\mu}^*)$ 的情况下，如果能找到原问题的可行点 $(\boldsymbol{w}^*,b^*,\boldsymbol{\xi}^*)$，使得 $(\boldsymbol{w}^*,b^*,\boldsymbol{\xi}^*)$ 和 $(\boldsymbol{\alpha}^*,\boldsymbol{\mu}^*)$ 满足 KKT 条件，那么 $(\boldsymbol{w}^*,b^*,\boldsymbol{\xi}^*)$ 必为原

问题的最优解。根据 KKT 条件，列出方程组：

$$\nabla_{w=w^*} l((\boldsymbol{w},b,\boldsymbol{\xi}),\boldsymbol{\alpha}^*,\boldsymbol{\mu}^*)=\boldsymbol{w}^*-\sum_{i=1}^{n}\alpha_i^* y_i\boldsymbol{x}_i=\mathbf{0} \tag{14-38}$$

$$\nabla_{b=b^*} l((\boldsymbol{w},b,\boldsymbol{\xi}),\boldsymbol{\alpha}^*,\boldsymbol{\mu}^*)=-\sum_{i=1}^{n}\alpha_i^* y_i=0$$

$$\nabla_{\xi_i=\xi_i^*} l((\boldsymbol{w},b,\boldsymbol{\xi}),\boldsymbol{\alpha}^*,\boldsymbol{\mu}^*)=C-\alpha_i^*-\mu_i^*=0 \tag{14-39}$$

$$\alpha_i^*(-y_i(\boldsymbol{w}^*\cdot\boldsymbol{x}_i+b^*)+1-\xi_i^*)=0,\quad i=1,2,\cdots,n \tag{14-40}$$

$$\mu_i^*\xi_i^*=0,\quad i=1,2,\cdots,n \tag{14-41}$$

$$-y_i(\boldsymbol{w}^*\cdot\boldsymbol{x}_i+b^*)+1-\xi_i\leqslant 0,\quad i=1,2,\cdots,n$$

$$-\xi_i^*\leqslant 0,\quad i=1,2,\cdots,n$$

$$\alpha_i^*\geqslant 0,\quad i=1,2,\cdots,n$$

$$\mu_i^*\geqslant 0,\quad i=1,2,\cdots,n$$

由式(14-38)可知，$\boldsymbol{w}^*=\sum_{i=1}^{n}\alpha_i^* y_i\boldsymbol{x}_i$。若存在下标 j，使得 $0<\alpha_j^*<C$，由式(14-39)可知 $\mu_j^*>0$，又由式(14-41)可知 $\xi_j^*=0$；此时由式(14-40)可知，$-y_j(\boldsymbol{w}^*\cdot\boldsymbol{x}_j+b^*)+1-\xi_j^*=0$，则有

$$b^*=y_j-\sum_{i=1}^{n}\alpha_i^* y_i(\boldsymbol{x}_i\cdot\boldsymbol{x}_j)$$

最终，最优分类超平面 $\boldsymbol{w}^*\cdot\boldsymbol{x}+b^*=0$ 表示为

$$\sum_{i=1}^{n}\alpha_i^* y_i(\boldsymbol{x}\cdot\boldsymbol{x}_i)+b^*=0$$

相应地，基于该超平面的分类决策函数为

$$h_{\boldsymbol{w}^*,b^*}(\boldsymbol{x})=\mathrm{sign}\left(\sum_{i=1}^{n}\alpha_i^* y_i(\boldsymbol{x}\cdot\boldsymbol{x}_i)+b^*\right)$$

下面给出线性 SVM 学习算法伪码。

算法 14-2：线性 SVM 学习算法

输入：

训练集 $T=\{(\boldsymbol{x}_i,y_i):|\boldsymbol{x}_i\in\mathbb{R}^d,y_i\in\{+1,-1\}\}_{i=1}^{n}$

输出：

分类决策函数

(1) 选取惩罚参数 $C>0$，构造并求解凸二次规划问题：

$$\boldsymbol{\alpha}^*=\underset{\boldsymbol{\alpha}}{\operatorname{argmin}}\left\{\frac{1}{2}\sum_{i=1}^{n}\sum_{j=1}^{n}\alpha_i\alpha_j y_i y_j(\boldsymbol{x}_i\cdot\boldsymbol{x}_j)-\sum_{i=1}^{n}\alpha_i\right\}$$

$$\text{subject to } C\geqslant\alpha_i\geqslant 0,\quad i=1,2,\cdots,n$$

$$\sum_{i=1}^{n}\alpha_i y_i=0$$

求得的最优解为 $\boldsymbol{\alpha}^*=(\alpha_1^*,\alpha_2^*,\cdots,\alpha_n^*)^{\mathrm{T}}$。

(2) 计算 $\boldsymbol{w}^*=\sum_{i=1}^{n}\alpha_i^* y_i\boldsymbol{x}_i$。

(3) 从 $\boldsymbol{\alpha}^*$ 中选择一个分量 α_j^* 符合条件 $0<\alpha_j^*<C$，计算

$$b^*=y_j-\sum_{i=1}^{n}\alpha_i^* y_i(\boldsymbol{x}_i\cdot\boldsymbol{x}_j)。$$

(4) 构造决策函数：$h(\boldsymbol{x})=\mathrm{sign}\left(\sum_{i=1}^{n}\alpha_i^* y_i(\boldsymbol{x}\cdot\boldsymbol{x}_i)+b^*\right)$。

以一个可视化的例子来结束本节。如图 14-7 所示，有一组线性不可分的二维数据，如果把少量样本剔除后，剩下的大部分数据点实际上是线性可分的，这种情况就比较适合用软间隔线性 SVM 来处理。用本节介绍的(软间隔)线性 SVM 模型从该数据集中学习出的最优分隔超平面如图 14-7 中的实线所示。图中圈出的样本点即为最优分隔超平面的支持向量，它们满足条件 $y_i(\boldsymbol{w}^* \cdot \boldsymbol{x}_i + b^*) = 1 - \xi_i$。

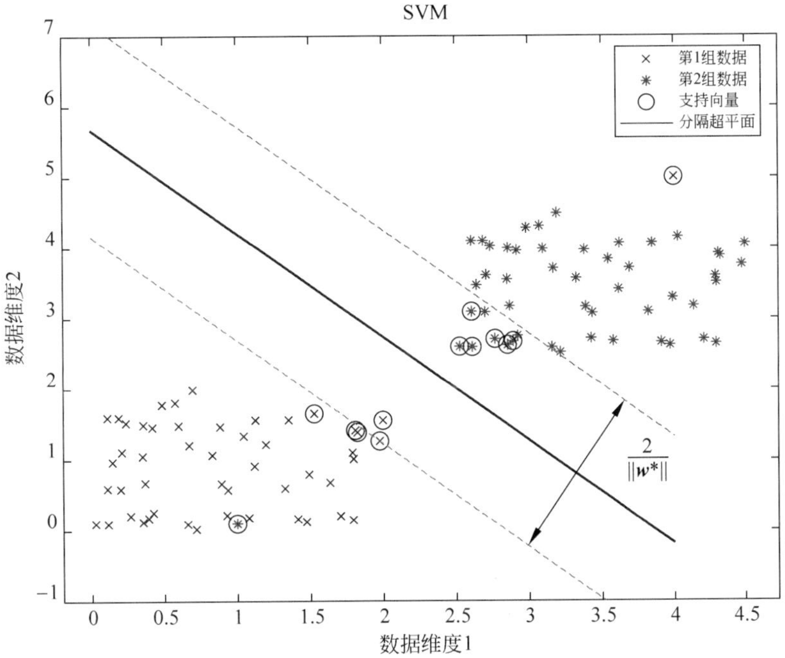

图 14-7 从线性不可分数据中利用软间隔线性 SVM 算法学习出最优分隔超平面，实线代表最优分隔超平面，圈出来的样本点为最优分隔超平面的支持向量

14.5 非线性 SVM 与核函数

对于解线性分类问题，线性分类 SVM 是一种非常有效的方法。但是，当分类问题是非线性的时候，可以使用非线性 SVM。本节讲述非线性 SVM，其主要特点是利用核技巧(kernel trick)，因此先介绍核技巧。

14.5.1 核函数与核技巧

举一个具体的例子。假设有一组如图 14-8(a)所示的二维数据。如果用之前介绍过的线性 SVM 来对它们进行分类，不难想象，不会得到很好的结果，因为找不到一条直线可以合理地将这两类数据分开。但需要强调的是，在二维空间中不能将这些数据分开，并不意味着在更高维的空间中不能将它们分开。可以尝试如下方案。对原始二维数据进行一个变换，把它们映射到三维空间，比如用如下的多项式映射，$\phi:\mathbb{R}^2 \to \mathbb{R}^3$，则

$$\phi(x_1, x_2) = (x_1^2, \sqrt{2}x_1x_2, x_2^2)$$

利用该映射，图 14-8(a)中的数据会被映射至如图 14-8(b)所示的三维空间中。你会惊喜地发现，在三维空间中，这些数据点是线性可分的。

通过这个例子，可以得出利用 SVM 来解决非线性分类问题的一个大致思路：

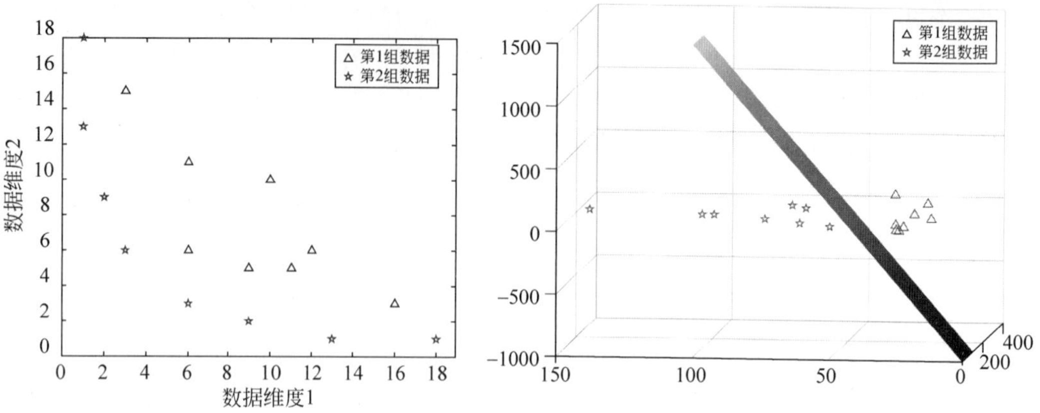

(a) 一组二维数据点，在二维空间中它们不是线性可分的

(b) 将(a)中的二维数据点，经过多项式映射变换至三维空间，在三维空间中这些数据点是线性可分的

图 14-8　数据的高维映射会改变数据的线性可分性

(1) 首先，把原始训练数据通过某种映射函数 ϕ，从低维特征空间映射至高维特征空间$\mathcal{H}$；

(2) 在$\mathcal{H}$中用映射后的训练数据训练出线性 SVM；

(3) 在测试阶段，对于一个待分类样本 $\boldsymbol{t}$(在低维空间中表达)，先用映射函数 ϕ 把它映射至$\mathcal{H}$为 $\phi(\boldsymbol{t})$，之后再用在(2)中训练好的线性 SVM 对 $\phi(\boldsymbol{t})$进行分类。

在上述方案中有一个关键问题：对于某个给定的数据集，如何选择合适的映射函数来完成从低维特征空间到高维特征空间的变换？不幸的是，这个问题没有固定的正确答案。对于某个给定的具体问题，使用者往往需要根据经验进行一定的“试错”，才能确定出合适的映射函数。

在线性 SVM 模型的求解过程中，最终的核心问题会归结为要解一个对偶问题式(14-35)。为了方便阅读，把该问题写在下方：

$$\boldsymbol{\alpha}^* = \underset{\boldsymbol{\alpha}}{\operatorname{argmin}}\left\{\frac{1}{2}\sum_{i=1}^{n}\sum_{j=1}^{n}\alpha_i\alpha_j y_i y_j \boldsymbol{x}_i \cdot \boldsymbol{x}_j - \sum_{i=1}^{n}\alpha_i\right\}$$
$$\text{subject to } C \geqslant \alpha_i \geqslant 0,\quad i=1,2,\cdots,n$$
$$\sum_{i=1}^{n}\alpha_i y_i = 0$$

在这个优化问题中，与输入数据特征向量有关的项只有 $\boldsymbol{x}_i \cdot \boldsymbol{x}_j$。如果将训练数据从原始输入特征空间经过映射 ϕ 映射到高维特征空间$\mathcal{H}$中之后，数据特征就会相应地变换为 $\phi(\boldsymbol{x}_i)$ ($\phi(\boldsymbol{x}_j)$)。因此，在映射后的高维特征空间$\mathcal{H}$中进行线性 SVM 的学习的核心问题就会相应地变为

$$\boldsymbol{\alpha}^* = \underset{\boldsymbol{\alpha}}{\operatorname{argmin}}\left\{\frac{1}{2}\sum_{i=1}^{n}\sum_{j=1}^{n}\alpha_i\alpha_j y_i y_j \phi(\boldsymbol{x}_i) \cdot \phi(\boldsymbol{x}_j) - \sum_{i=1}^{n}\alpha_i\right\}$$
$$\text{subject to } C \geqslant \alpha_i \geqslant 0,\quad i=1,2,\cdots,n \tag{14-42}$$
$$\sum_{i=1}^{n}\alpha_i y_i = 0$$

相应的分类决策函数会变为

$$h_{\boldsymbol{w}^*,b^*}(\boldsymbol{x}) = \operatorname{sign}\left(\sum_{i=1}^{n}\alpha_i^* y_i \phi(\boldsymbol{x}) \cdot \phi(\boldsymbol{x}_i) + b^*\right) \tag{14-43}$$

上述“将线性不可分数据经过一个映射变换至高维特征空间，再在高维特征空间中训练线性 SVM”的思路清晰直观，易于理解。然而在处理实际问题时，这种方式存在效率不高的缺点，这主要是因为需要把每一个训练数据都映射至高维空间。观察式(14-42)和式(14-43)发现，无论是在 SVM 的训练阶段还是在样本分类预测阶段，计算的不是映射之后的特征向量，而是**映射之后的特征向量之间的内积**。那么是否存在一种函数 $K(\cdot):\mathbb{R}^d\times\mathbb{R}^d\to\mathbb{R}$，当它以 $\boldsymbol{x}_i$ 和 $\boldsymbol{x}_j$ 为输入时，其输出值 $K(\boldsymbol{x}_i,\boldsymbol{x}_j)$ 恰好是 $\boldsymbol{x}_i$ 和 $\boldsymbol{x}_j$ 映射至高维空间中之后的表示 $\phi(\boldsymbol{x}_i)$ 和 $\phi(\boldsymbol{x}_j)$ 的内积，即 $K(\boldsymbol{x}_i,\boldsymbol{x}_j)=\phi(\boldsymbol{x}_i)\cdot\phi(\boldsymbol{x}_j)$？如果这样的函数 K 存在，就可以通过计算 $K(\boldsymbol{x}_i,\boldsymbol{x}_j)$ 来代替 $\phi(\boldsymbol{x}_i)\cdot\phi(\boldsymbol{x}_j)$，从而省去计算特征 $\boldsymbol{x}_i(\boldsymbol{x}_j)$ 高维映射的操作。满足上述要求的函数 K 被称为核函数。

定义 14.4　核函数。设 $\mathcal{X}$ 是原始输入特征空间，$\mathcal{H}$ 为高维特征空间，如果存在一个从 $\mathcal{X}$ 到 $\mathcal{H}$ 的映射，$\phi(\boldsymbol{x}):\mathcal{X}\to\mathcal{H}$，使得对所有 $\boldsymbol{x},\boldsymbol{z}\in\mathcal{X}$，函数 $K(\boldsymbol{x},\boldsymbol{z})$ 满足 $K(\boldsymbol{x},\boldsymbol{z})=\phi(\boldsymbol{x})\cdot\phi(\boldsymbol{z})$，则称 $K(\boldsymbol{x},\boldsymbol{z})$ 为核函数，$\phi(\boldsymbol{x})$ 为映射函数，其中 $\phi(\boldsymbol{x})\cdot\phi(\boldsymbol{z})$ 表示向量 $\phi(\boldsymbol{x})$ 和 $\phi(\boldsymbol{z})$ 的内积。

核技巧的想法就是，在学习和预测中只定义核函数 K，而不需要显式地定义映射函数 ϕ。需要注意的是，对于给定的核函数 K，特征空间 $\mathcal{H}$ 和映射函数 ϕ 的取法并不唯一。下面通过一个例子来说明核函数和映射函数之间的关系。

例 14.1　假设原始输入特征空间为 $\mathbb{R}^2$，核函数是 $K(\boldsymbol{x},\boldsymbol{z})=(\boldsymbol{x}\cdot\boldsymbol{z})^2$，请找出相关的高维特征空间 $\mathcal{H}$ 和映射函数 $\phi(\boldsymbol{x}):\mathbb{R}^2\to\mathcal{H}$。

解：

取高维特征空间 $\mathcal{H}=\mathbb{R}^3$，由于 $(\boldsymbol{x}\cdot\boldsymbol{z})^2=x_1^2z_1^2+2x_1x_2z_1z_2+x_2^2z_2^2$，可取映射函数为

$$\phi(\boldsymbol{x})=(x_1^2,\sqrt{2}x_1x_2,x_2^2)^{\mathrm{T}}$$

容易验证此时有 $K(\boldsymbol{x},\boldsymbol{z})=(\boldsymbol{x}\cdot\boldsymbol{z})^2=\phi(\boldsymbol{x})\cdot\phi(\boldsymbol{z})$。

仍取高维特征空间 $\mathcal{H}=\mathbb{R}^3$。也可取映射函数为，$\phi(\boldsymbol{x})=\dfrac{1}{\sqrt{2}}(x_1^2-x_2^2,2x_1x_2,x_1^2+x_2^2)$。此时同样会有 $K(\boldsymbol{x},\boldsymbol{z})=(\boldsymbol{x}\cdot\boldsymbol{z})^2=\phi(\boldsymbol{x})\cdot\phi(\boldsymbol{z})$。

还可取高维特征空间 $\mathcal{H}=\mathbb{R}^4$，以及映射函数 $\phi(\boldsymbol{x})=(x_1^2,x_1x_2,x_1x_2,x_2^2)$。

下面介绍几个常用的核函数。

1. 多项式核函数

$$K(\boldsymbol{x},\boldsymbol{z})=(\boldsymbol{x}\cdot\boldsymbol{z}+1)^p$$

多项式核函数(polynomial kernel function)相应的分类决策函数的形式为

$$h_{\boldsymbol{w}^*,b^*}(\boldsymbol{x})=\mathrm{sign}\left(\sum_{i=1}^{n}\alpha_i^* y_i(\boldsymbol{x}_i\cdot\boldsymbol{x}+1)^p+b^*\right)$$

2. 高斯核函数

$$K(\boldsymbol{x},\boldsymbol{z})=\exp\left(-\frac{\|\boldsymbol{x}-\boldsymbol{z}\|_2^2}{2\sigma^2}\right)$$

高斯核函数(Gaussian kernel function)也称径向基函数(radial basis function，RBF)。相应地，分类决策函数的形式为

$$h_{\boldsymbol{w}^*,b^*}(\boldsymbol{x})=\mathrm{sign}\left(\sum_{i=1}^{n}\alpha_i^* y_i\exp\left(-\frac{\|\boldsymbol{x}-\boldsymbol{x}_i\|_2^2}{2\sigma^2}\right)+b^*\right)$$

借助核函数，在高维特征空间 $\mathcal{H}$ 中进行线性 SVM 学习的核心问题式(14-42)就会相应地变成

$$\boldsymbol{\alpha}^* = \underset{\boldsymbol{\alpha}}{\operatorname{argmin}}\left\{\frac{1}{2}\sum_{i=1}^{n}\sum_{j=1}^{n}\alpha_i\alpha_j y_i y_j K(\boldsymbol{x}_i,\boldsymbol{x}_j) - \sum_{i=1}^{n}\alpha_i\right\}$$

$$\text{subject to } C \geqslant \alpha_i \geqslant 0,\quad i=1,2,\cdots,n \tag{14-44}$$

$$\sum_{i=1}^{n}\alpha_i y_i = 0$$

相应地，决策分类函数就会变成

$$h_{\boldsymbol{w}^*,b^*}(\boldsymbol{x}) = \operatorname{sign}\left(\sum_{i=1}^{n}\alpha_i^* y_i K(\boldsymbol{x},\boldsymbol{x}_i) + b^*\right) \tag{14-45}$$

问题式(14-44)与问题式(14-42)本质上是等价的，也是一个凸二次规划问题。如前所述，可以用解标准二次规划问题的程序包或者 SMO 算法来对其进行求解。

14.5.2 非线性 SVM

式(14-44)给出了在映射后的高维特征空间$\mathcal{H}$中的线性 SVM 的学习模型。当映射函数是非线性函数时，学习到的含有核函数的 SVM 是非线性模型，称为非线性 SVM。非线性 SVM 的学习是隐式地在特征空间中进行的，不需要显式地定义特征空间和映射函数。这样的技巧称为核技巧，它是巧妙地利用线性分类学习方法与核函数来解决非线性分类问题的技术。在实际应用中，往往需要依赖领域知识来选择核函数，核函数选择的有效性需要通过实验来验证。

下面给出非线性 SVM 学习算法伪码。

算法 14-3：非线性 SVM 学习算法

输入：

训练集$\mathcal{T}=\{(\boldsymbol{x}_i,y_i):|\boldsymbol{x}_i\in\mathbb{R}^d, y_i\in\{+1,-1\}\}_{i=1}^n$

输出：

分类决策函数

(1) 选取合适的核函数 K 和适当的参数 C，构造并求解优化问题：

$$\boldsymbol{\alpha}^* = \underset{\boldsymbol{\alpha}}{\operatorname{argmin}}\left\{\frac{1}{2}\sum_{i=1}^{n}\sum_{j=1}^{n}\alpha_i\alpha_j y_i y_j K(\boldsymbol{x}_i,\boldsymbol{x}_j) - \sum_{i=1}^{n}\alpha_i\right\}$$

$$\text{subject to } C\geqslant\alpha_i\geqslant 0, i=1,2,\cdots,n$$

$$\sum_{i=1}^{n}\alpha_i y_i = 0$$

求得的最优解为$\boldsymbol{\alpha}^*=(\alpha_1^*,\alpha_2^*,\cdots,\alpha_n^*)^{\mathrm{T}}$。

(2) 从$\boldsymbol{\alpha}^*$中选择一个分量 $0<\alpha_j^*<C$，计算

$$b^* = y_j - \sum_{i=1}^{n}\alpha_i^* y_i K(\boldsymbol{x}_i,\boldsymbol{x}_j)。$$

(3) 构造决策函数：$h(\boldsymbol{x}) = \operatorname{sign}\left(\sum_{i=1}^{n}\alpha_i^* y_i K(\boldsymbol{x},\boldsymbol{x}_i) + b^*\right)$。

最后，通过一个具体的例子来感受一下非线性 SVM 在解决非线性分类问题上的能力。如图 14-9(a)所示，有一个由二维数据点组成的包含了两个类别的数据集。现在要找一个分类面将此两类数据点完全分开，这显然是一个非线性分类问题。线性 SVM 不能解决该问题，即不可能找到一个超平面(在该具体问题中为一条直线)可将图 14-9(a)中的两类数据点完全分开。可用本节介绍的非线性 SVM 来解决该问题。具体来说，采用高斯核函数，基于给定数据

集训练出非线性 SVM 模型。若用该模型对二维平面上的数据点进行分类测试，则会得到如图 14-9(b)所示的实线所代表的分类决策面(若点 $\boldsymbol{x}$ 在这条实线上，则它满足 $\sum_{i=1}^{n}\alpha_i^* y_i K(\boldsymbol{x},\boldsymbol{x}_i)+b^*=0$)：其内侧数据点为负类，其外侧数据点为正类。因此，在二维空间中，该非线性分类决策面可将给定数据完全正确分类。

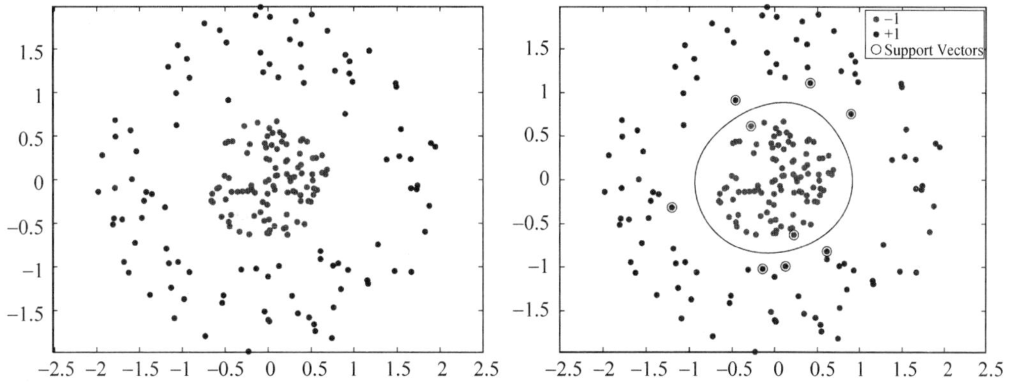

(a) 由二维数据点组成的包含了两个类别的数据集

(b) 实线代表了基于(a)中数据训练出的非线性SVM分类决策面，圈出的样本点为该分类面的支持向量

图 14-9　非线性 SVM 对非线性可分数据的分类

14.6　针对多类分类问题的 SVM

本章前面介绍的 SVM 分类模型解决的问题都是二类分类问题。而在实际应用中，遇到的问题绝大多数都属于多类分类问题。如何利用二类分类模型来完成多类分类任务呢？幸运的是，针对二类分类问题的 SVM 经简单扩展便可用于解决多类分类问题。下面介绍两种最常用的扩展方式："一对多(one-against-all)"的方式和"一对一(one-against-one)"的方式。

1. "一对多"的方式

假设要解决的问题是一个 K 类分类问题。在"一对多"的方式下，需要训练 K 个二类分类器。在训练第 k 个二类分类器 h_k(参数为 $\boldsymbol{w}_k$ 和 b_k)的时候，将属于第 k 个类的样本看作正样本，将其余所有类的样本看作负样本。如图 14-10(a)所示，要解决的是一个四分类问题，四个类别的数据分别用黑色方块、蓝色五星、红色三角和绿色圆点来代表。为了要解决该四分类问题，需要为每一个类别训练一个二类分类器。比如，在训练针对"黑色方块"二类分类器的时候，"黑色方块"会作为正样本，其他所有数据均作为负样本。

在测试阶段，来了一个待分类的测试样本 $\boldsymbol{t}$，需要计算 $\boldsymbol{t}$ 在每一个二类分类器下的响应值(在 SVM 中，如果分类器的响应值为正，则测试样本为正样本，分类器的响应值为负，则测试样本为负样本)。如果 $\boldsymbol{t}$ 在分类器 h_c 下的响应值 $\boldsymbol{w}_c^{\mathrm{T}}\boldsymbol{t}+b_c$ 最大，即 $\boldsymbol{w}_c^{\mathrm{T}}\boldsymbol{t}+b_c=\max\limits_{j=1,2,\cdots,K}\{\boldsymbol{w}_j^{\mathrm{T}}\boldsymbol{t}+b_j\}$，则 $\boldsymbol{t}$ 的类别就被判定为 c。在这种多类分类策略下，图 14-10(a)中所示的四分类问题的分类面如图 14-10(b)所示。

尽管"一对多"的扩展方式有其明显的不足之处，比如，各个分类器的分类响应值可能不具有相同的尺度、在训练每个二类分类器的时候训练样本是不均衡的等，但由于该方式容易理解、易于实现且在实际任务中性能表现良好，作为一种将二类分类模型扩展到多类分类模型的策略，该方式在实际应用中被广泛使用[8]。

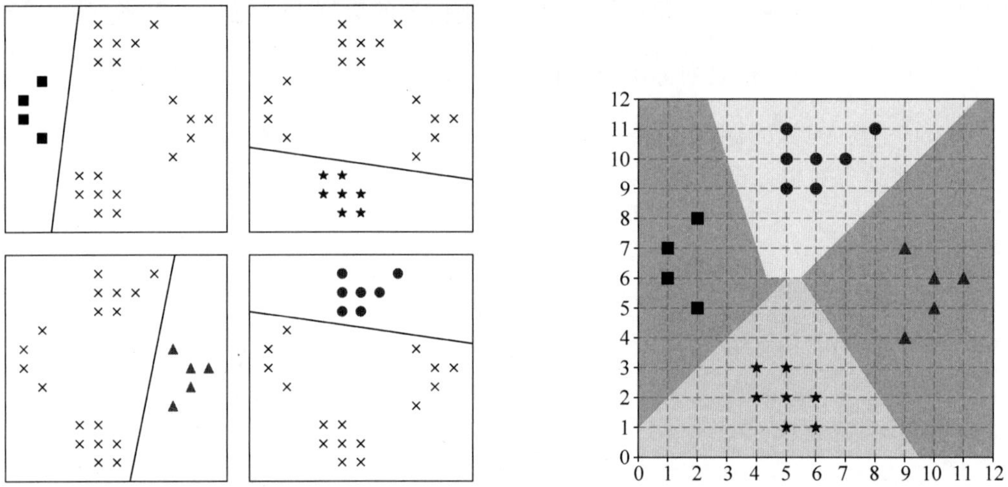

(a) “一对多” 的多类分类方式会为每一个类别训练一个二类分类器

(b) 按照一对多的方式来解决该四分类问题时所形成的分类面

图 14-10　一个四分类问题

2. “一对多”的方式

“一对多”的分类方式是区分一个类和其他所有的类，而“一对一”的分类方式是区分一个类和另一个类。因此，对一个 K 类分类问题来说，在“一对一”的多类分类方式下，需要事先训练好$\frac{K(K-1)}{2}$个二类分类器，即对于每两个类来说，都要训练一个二类分类器，如图 14-11 所示。

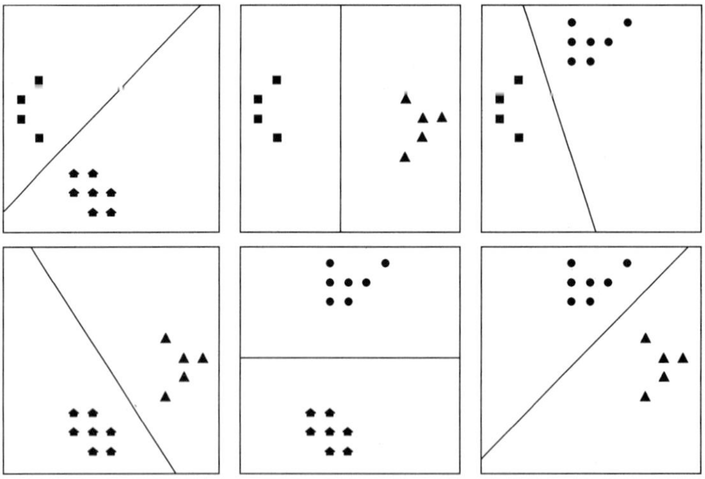

图 14-11　一个四分类问题。若用“一对一”的多类分类方式，则需要为每两个类别训练一个二类分类器；在这个问题中，共有 4 个类别，因此需要训练 6 个二类分类器

在测试阶段，对一个待分类的测试样本 t，用之前训练好的$\frac{K(K-1)}{2}$个二类分类器逐个对 t 进行分类预测，就会得到$\frac{K(K-1)}{2}$个分类预测结果，然后使用“投票”的方法得到 t 的最终分类预测结果，即得票最多的类别就是 t 的最终类别。

14.7　SVM 在目标检测问题上的应用

本节将讲述 SVM 在目标检测领域中的应用。假设检测任务是从给定图像中检测出猫、狗、自行车这三类目标。基于 SVM 框架来解决该问题，可分为训练和测试使用两个阶段。

在训练阶段：

(1) 收集猫、狗、自行车三类目标图像样本(要求在每张样本图像中，只包含一个完整的兴趣目标，且兴趣目标要基本充满整幅图像)，以及不包含这三类目标的负样本图像集；将所有样本图像的大小归一化为 $w \times h$；

(2) 对每张样本图像进行特征提取操作，如提取出 SIFT 特征向量或 HOG 特征向量，该特征向量就作为该样本的表达向量；

(3) 以步骤(2)中得到的全体图像样本的表达向量为训练样本集，训练出 4 类别(猫、狗、自行车、非兴趣目标)SVM 分类器$\mathcal{M}$。

在测试使用阶段，对给定的一张图像 $\boldsymbol{I}$，需要在其上框出三类兴趣目标。具体来说，需要在 $\boldsymbol{I}$ 上进行滑动窗口目标分类：对于当前的 $w \times h$ 窗口，按照与训练阶段相同的方式，提取出该窗口所覆盖的 $\boldsymbol{I}$ 中区域的特征向量 $\boldsymbol{t}$，并用$\mathcal{M}$来判断它的类别。另外，为了要覆盖不同尺度的目标，还需要建立 $\boldsymbol{I}$ 的图像金字塔，在各金字塔层上执行滑动窗口目标分类流程，并最终对所有金字塔层上的检测结果进行合并。接下来将对上述步骤进行具体阐述。

14.7.1　方向梯度直方图

在历史上，在与 SVM 分类框架配合使用的图像特征中，HOG 是被最广泛使用的，也是最成功的。HOG 特征是由法国学者纳夫尼特・达拉尔(Navneet Dalal)和比尔・特里格斯(Bill Triggs)于 2005 年提出的[9]。HOG 描述符背后的基本思想是图像中局部对象的外观和形状可以通过强度梯度或边缘方向的分布来描述。目前，HOG 特征已被广泛应用于目标检测、识别和跟踪等任务。

对于给定的图像 $\boldsymbol{W}$(在目标检测问题中，图像 $\boldsymbol{W}$ 往往指的是当前矩形滑动窗口所覆盖的图像区域)，可通过如下步骤来计算其 HOG 特征向量。

1. 将 $\boldsymbol{W}$ 划分为细胞单元

每个细胞单元的大小相同，如都是 8×8 的像素块。

2. 计算每个细胞的加权梯度方向直方图

对每个细胞，在其上每个像素点处计算梯度，进而计算出该细胞的以梯度幅值加权的梯度方向直方图。在一般实现中，将梯度方向范围 0～180°平均划分为 9 个小仓(bin)。这样，如果细胞中某一像素的梯度方向在 20°～40°，直方图第二个小仓中的数值就要加上这个像素点处的梯度幅值。在具体实现时，往往还采用了线性插值策略：比如，第 1 个小仓中心代表的角度为 10°，第 2 个小仓中心代表的角度为 30°，那么如果一个像素的梯度方向为 25°，这个像素的梯度幅值 m 会以该梯度方向到第 1 个小仓中心和第 2 个小仓中心的距离为权重线性分配到第 1 个小仓和第 2 个小仓中，即第 1 个小仓的值增加$\frac{30-25}{30-10} \times m$，第 2 个小仓的值增加$\frac{25-10}{30-10} \times m$。最终，从每个细胞中可得到一个 9 维的直方图向量。

3. 计算块(block)内归一化梯度方向直方图

块是由相邻的一组细胞组成的，比如一个块可以包含 2×2 个细胞。这 4 个细胞的加权梯

度方向直方图串接在一起便形成了该块的特征向量$\boldsymbol{v}$，显然$\boldsymbol{v}$的维度是36。为了降低光照变化所带来的影响，还需要对$\boldsymbol{v}$进行归一化，$\boldsymbol{v} \leftarrow \frac{\boldsymbol{v}}{\sqrt{\|\boldsymbol{v}\|_2^2+\varepsilon^2}}$，其中$\varepsilon$是一个很小的数，是为了防止分母为零。

4．得到图像$\boldsymbol{W}$的特征向量

用块对图像$\boldsymbol{W}$进行扫描，扫描步长为一个细胞的大小，最后将所有块的归一化直方图特征向量拼接成一个长向量，即可得到图像$\boldsymbol{W}$的HOG特征向量。图14-12示意了在HOG特征向量的计算过程中，像素、细胞、块这几个概念之间的关系。

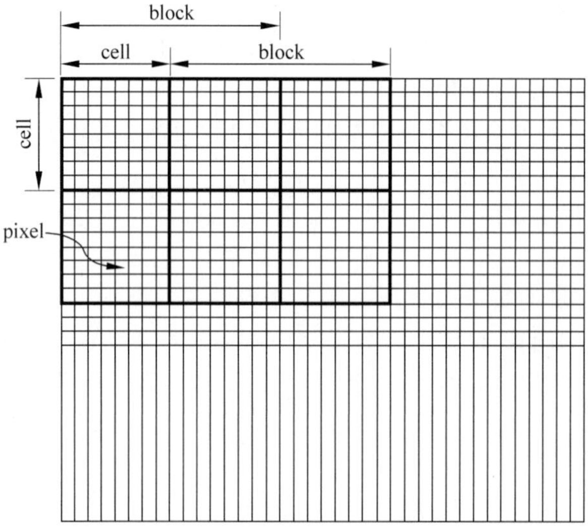

图14-12　在HOG特征向量的计算过程中，像素、细胞、块这几个概念之间的关系

举个具体的例子，来帮助理解最终得到的HOG特征向量的维度。对于128×64的输入图片，假设每个块由2×2个细胞组成，每个细胞由8×8个像素点组成，每个细胞提取9维梯度方向直方图，以1个细胞大小为块扫描步长，那么水平方向有7个扫描块位置，垂直方向有15个扫描块位置，因此最终得到的该图像的HOG特征向量的维度为15×7×2×2×9=3780。

14.7.2　基于HOG+SVM的目标检测

在训练阶段，首先要收集猫、狗、自行车三类目标图像样本，以及不包含这三类目标的负样本图像集；将所有样本图像的大小统一归一化为$w \times h$，这个尺寸就是将来在测试阶段执行滑动窗口检测时滑动窗口的大小。从每张样本图像中提取出代表该样本的HOG特征向量。以全体图像样本的HOG特征向量集合为训练样本集，训练出4类别（猫、狗、自行车、非兴趣目标）SVM分类器$\mathcal{M}$。在测试阶段，将使用$\mathcal{M}$来对滑动窗口内的图像内容进行分类。

在测试阶段，给定待执行目标检测的输入图像$\boldsymbol{I}$。由于不可能事前知道$\boldsymbol{I}$中目标的尺度大小，为了能检测到不同尺度的目标，需要构建$\boldsymbol{I}$的图像金字塔$\mathcal{P}$。图像金字塔的构建方式请参见“4.3.3节ORB中的多尺度处理”。设scale_factor为金字塔的尺度因子（比如1.2），则金字塔中第l层的尺度参数为$s_l=\text{scale_factor}^{l-1}(l=1,2,\cdots,L)$，其中$L$为金字塔总的层数，该层图像的分辨率为$\boldsymbol{I}$的分辨率的$1/s_l$。在第$l$层上，取大小为$w \times h$的滑动窗口；在当前滑动窗口位置，提取该窗口所覆盖图像的HOG特征向量，并将其送入$\mathcal{M}$进行分类；如果当前窗

口的分类结果属于某一兴趣目标(猫、狗、自行车之一),需要记录下其位置、类别以及分类置信度。当在所有金字塔层上都完成了上述检测任务之后,需要把检测结果(位置和大小)都换算到 $\boldsymbol{I}$ 的原始分辨率之下。比如,假设在 $l=3$ 层上位置(x_0, y_0)处检测到一个目标,该目标在原始分辨率之下的大小应该是$[w\times \text{scale_factor}^2, h\times \text{scale_factor}^2]$,位置为$(x_0\times \text{scale_factor}^2, y_0\times \text{scale_factor}^2)$。最后,为了去除掉重叠的检测框,需要使用非极大值抑制策略,在局部范围内只保留分类置信度最高的检测结果。

通过以上步骤,便实现了基于 HOG 特征和 SVM 分类器的视觉目标检测。

14.8 习题

(1) 运行并理解 Matlab 示例程序"\chapter-14-SVM\hard-margin SVM"。基于仿真数据,该程序示范了如何从线性可分的数据集中,利用硬间隔 SVM 模型学习出最优分类超平面。该程序可生成类似于图 14-6 的可视化结果。

(2) 运行并理解 Matlab 示例程序"\chapter-14-SVM\soft-margin SVM"。基于仿真数据,该程序示范了软间隔 SVM 的工作方式。该程序可生成类似于图 14-7 的可视化结果。该程序代码列在了附录 P.6 中。

(3) 运行并理解 Matlab 示例程序"\chapter-14-SVM\rbf-kernel SVM"。基于仿真数据,该程序示范了基于核技巧的非线性 SVM 的工作方式。该程序可生成类似于图 14-9 的可视化结果。该程序代码列在了附录 P.6 中。

(4) 针对行人检测这个常见的目标检测问题,OpenCV 已经训练好了一个基于 HOG 特征与 SVM 分类框架的检测模型。请编写 C++ 程序,调用 OpenCV 中的有关库函数,完成给定图像上的行人检测任务。程序运行后,应该会输出类似于图 14-13 的行人检测结果。

图 14-13 行人检测结果

参考文献

[1] BOYD S, VANDENBERGHE L. Convex optimization[M]. Cambridge: Cambridge University Press, 2004.

[2] ROSENBLATT F. The perceptron: A probabilistic model for information storage and organization in the brain[J]. Psychological Review, 1958, 65(6): 386-408.

[3] TAPPERT C C. Who is the father of deep learning? [C]. Proc. of IEEE Int'l. Conf. Computational

Science and Computational Intelligence,2019：343-348.

[4] NOVIKOFF A. On convergence proofs on perceptrons[C]. Proc. of Symposium on the Mathematical Theory of Automata,Polytechnic Institute of Brooklyn,1962：615-622.

[5] 李航. 统计学习方法[M]. 2 版. 北京：清华大学出版社,2019.

[6] VAPNIK V N,CHERVONENKIS A Y. Theory of pattern recognition：Statistical problems of learning [M]. Mosco：Nauka,1974.

[7] PLATT J. Sequential minimal optimization：A fast algorithm for training support vector machines[R]. Microsoft Res. Tech. Rep,1998.

[8] BISHOP C M. Pattern recognition and machine learning[M]. New York：Springer,2006.

[9] DALAL N, TRIGGS B. Histograms of oriented gradients for human detection[C]. Proc. of IEEE Computer Society Conference on Computer Vision and Pattern Recognition,2005.

第15章 YOLO：基于深度卷积神经网络的目标检测模型

自从2012年Krizhevsky等[1]赢得了那一年的ImageNet图像分类大赛以来，在人工智能领域掀起了一股研究和使用(深度)CNN的热潮。如今，CNN的应用范围已经渗透到了几乎所有的CV细分领域并都取得了巨大的成功，其中也包括目标检测。到目前为止，已经有至少几十种流行的基于CNN的目标检测算法。由于对目标检测算法的选择和评估往往会包含多个维度，比如总体检测精度、对小目标的检测能力、推理运行效率、代码可移植性等，因此很难说哪一个算法是绝对最优秀的。本章将从众多的基于CNN的目标检测算法中挑选一个代表出来进行详细介绍，这个代表便是YOLO。

本章需要读者具备神经网络、卷积神经网络和深度学习方面的基本知识。关于这些基础知识的详细论述，目前已经有了不少优秀的教材，如复旦大学邱锡鹏教授所著的《神经网络与深度学习》一书[2]。

15.1 YOLO系列算法简介

在各种目标检测算法中，YOLO框架以其在速度和准确性两方面的显著优势而脱颖而出，它能够快速可靠地检测出图像中的兴趣目标。YOLO的全称是"you only look once"，顾名思义就是"只看一次"便可完成目标检测任务。YOLO将目标检测问题统一建模为回归问题来求解，这不同于它出现之前的传统处理方式：YOLO之前的目标检测框架都是将目标检测问题拆分为两个子问题来分别处理，即目标区域回归以及目标类别分类。YOLO采用单个神经网络直接回归出目标检测信息，包括目标边界框、预测置信度、目标所属类别概率向量等，实现了端到端的目标检测。

YOLO目标检测框架于2016年由Joseph Redmon等提出[3]。该框架在被提出之后，经历了多次迭代发展，且每次迭代都建立在以前的版本之上。由此产生了一系列不同版本的YOLO目标检测算法，构成了YOLO算法家族。每个具体版本的YOLO算法被表示为YOLOvx，其中x为版本号。2016年提出的最初版本的YOLO现在被称为YOLOv1。YOLO家族中的算法版本众多，为了便于读者抓住深度学习框架下的目标检测算法的核心设计思想，本书不会对所有版本的YOLO算法都做详细介绍，而是只介绍其中最具代表性的YOLOv1、YOLOv3和YOLOv8。读者在理解了这三个典型版本的YOLO算法之后，若想再要学习其他版本的YOLO算法(甚至是YOLO系列之外的目标检测算法)也不会有任何困难。若读者有需求需要学习其他版本的YOLO算法，一方面可以阅读相关的原始论文，另一方面也可以参见 Terven 等[4]撰写的针对 YOLO 系列算法的综述论文。

15.2 YOLOv1

本节将从网络结构及运行时推理、损失函数设计以及参数设置与缺陷分析三方面来介绍 YOLOv1[3]。

15.2.1 网络结构及其运行时推理

先来了解一下 YOLOv1 的网络结构以及在运行时如何从该网络输出中解析出目标检测结果（目标边界框、目标类别以及边界框置信度）。至于如何训练该目标检测网络，将在 15.2.2 节中介绍。

YOLOv1 的网络结构如图 15-1 所示。该网络以分辨率为 448×448 像素的 RGB 图像作为输入，经过 24 个卷积层之后，经由一个全连接层输出 4096 个节点，再经由一个全连接层得到最终的网络输出，即一个 7×7×30 的矩阵。下面着重对 YOLOv1 网络的输入与输出进行分析。

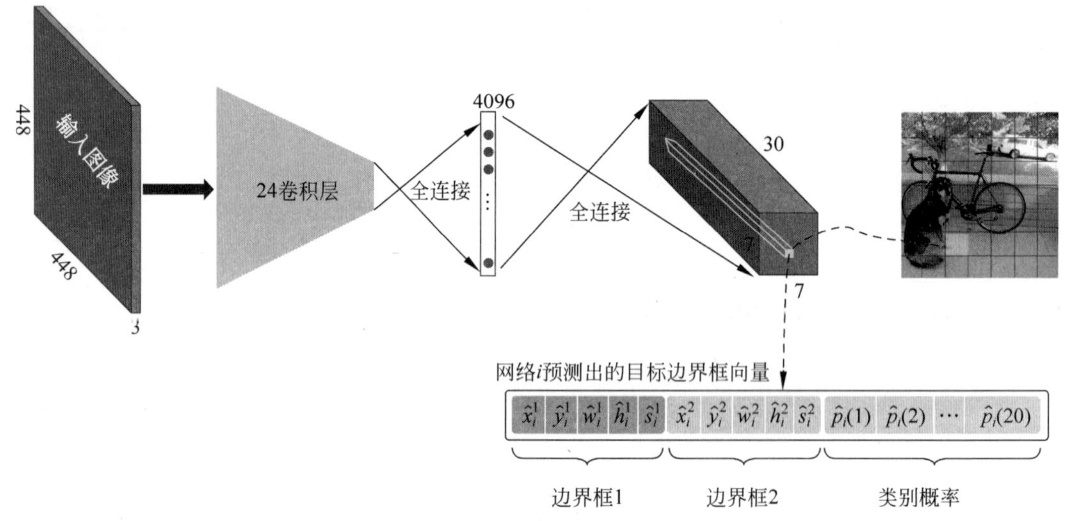

图 15-1　YOLOv1 的网络结构

YOLOv1 模型只能处理分辨率为 448×448 像素的输入图像。如果待处理图像的分辨率不是 448×448 像素，使用者需要将图像缩放至 448×448 像素，再将其输入 YOLOv1 模型进行目标检测处理。最后，还需要将 YOLOv1 输出的目标边界框信息（目标的位置与大小）换算到原始图像分辨率之下。

如何从 7×7×30 的输出矩阵中解析出目标检测结果呢？“7×7”指的是从概念上来说，YOLOv1 将输入图像 $\boldsymbol{I}$ 在空间上均匀划分为 7×7=49 个网格（grid cell）（图 15-1 右侧图像）。每个网格都会产生一个目标检测结果，将 49 个网格的目标检测结果综合在一起便可得到图像 $\boldsymbol{I}$ 的目标检测结果。对于网格 i 来说，它产生的目标检测结果被编码在输出矩阵相应位置处的一个 30 维的向量之中（这就是为什么 YOLOv1 的输出是一个 7×7×30 的矩阵），该向量包括两个目标边界框信息（$\hat{x}_i^1,\hat{y}_i^1,\hat{w}_i^1,\hat{h}_i^1,\hat{s}_i^1$）、（$\hat{x}_i^2,\hat{y}_i^2,\hat{w}_i^2,\hat{h}_i^2,\hat{s}_i^2$）和与 20 个类别对应的目标分类概率向量$\{\hat{p}_i(c):|c\in\{20\text{ classes}\}\}$。当然，$\{\hat{p}_i(c):|c\in\{20\text{ classes}\}\}$ 中的最大值所对应

的类别便是网格 i 回归出的两个目标边界框的目标类别。$(\hat{x}_i^1,\hat{y}_i^1)$表示第 1 个目标边界框的中心相对于网格 i 左上角的偏移量，且(x_i^1,y_i^1)的取值被规范化到了 0～1，也就是说，该目标边界框中心在网格 i 中的空间位置为$(\hat{x}_i^1,\hat{y}_i^1)\otimes(w_g,h_g)$，其中$(w_g,h_g)$表示在 $\boldsymbol{I}$ 所在的图像分辨率之下每个网格的宽和高，$\otimes$表示按向量元素相乘；$(\hat{w}_i^1,\hat{h}_i^1)$表示第 1 个目标边界框相对于 $\boldsymbol{I}$ 来说的宽和高，(w_i^1,h_i^1)的取值也是在 0～1，即该目标边界框的空间大小为$(\hat{w}_i^1,\hat{h}_i^1)\otimes(w,h)$，其中$(w,h)$为 $\boldsymbol{I}$ 的空间分辨率（宽和高）；$\hat{s}_i^1$ 表示对第 1 个目标边界框的置信度，该值反映了模型对“该目标边界框中确实包含有目标且边界框是正确的”的信心。$(\hat{x}_i^2,\hat{y}_i^2,\hat{w}_i^2,\hat{h}_i^2,\hat{s}_i^2)$是网格 i 产生的第 2 个目标边界框信息，其各参数具体含义与第 1 个目标边界框相同。

(a) 未对YOLOv1模型初始检测得到的目标边界框集合进行非极大值抑制操作　　(b) 对(a)中所示的初始目标边界框集合进行非极大值抑制操作之后得到的最终结果

图 15-2　YOLOv1 目标检测结果的非极大值抑制

一般情况下，初始得到的 98 个候选目标边界框不可能都被保留下来，需要从中把“可靠程度高”的边界框挑选出来，并且要删减重合度高的边界框。那如何来做呢？为了这个目的，需要定义目标边界框的**分类检测置信度**。目标边界框的分类检测置信度被定义为其置信度与其属于的类别对应的分类概率的乘积。比如，对于网格 i 的第 1 个目标边界框来说，其分类检测置信度为

$$\hat{s}_i^1 \cdot \hat{p}_i(\text{cls}) \tag{15-1}$$

其中，cls 为该目标的预测类别，即 $\text{cls}=\underset{c}{\text{argmax}}\{\hat{p}_i(c):|c\in\{20\ \text{classes}\}\}$。之后，需要对初始得到的目标检测框集合依据其分类检测置信度集合进行阈值化筛选以及逐类别的非极大值抑制处理，便可得到 $\boldsymbol{I}$ 最终的目标检测结果，如图 15 2 所示。对于某个类别，假设属于这个类的初始目标边界框集合为$\mathcal{B}$，与之对应的分类检测置信度集合为$\mathcal{S}$。算法 15-1 给出了根据集合$\mathcal{S}$对集合$\mathcal{B}$中的初始目标边界框进行非极大值抑制（以及阈值化筛选）的处理流程。

算法 15-1：目标边界框初始集合$\mathcal{B}$的非极大值抑制

输入：目标边界框初始集合$\mathcal{B}$，分类检测置信度集合$\mathcal{S}$，IoU 阈值 τ，分类检测置信度阈值 T
输出：经过 NMS 操作之后的目标边界框集合$\mathcal{F}$

1）$\mathcal{F}\leftarrow\phi$
2）对目标边界框集合进行过滤：$\mathcal{B}\leftarrow\{b\in\mathcal{B}|\ \mathcal{S}(b)\geqslant T\}$
3）对$\mathcal{B}$中的目标边界框根据它们对应的分类检测置信度进行降序排序
4）while $\mathcal{B}\neq\phi$ do

```
从𝓑中选出具有最高分类检测置信度的目标边界框 b
 将 b 添加到𝓕中：𝓕←𝓕∪{b}
 从𝓑中将 b 剔除：𝓑←𝓑−{b}
 for 每一个留在𝓑中的目标边界框 r do
   计算 b 与 r 之间的 IoU：iou←IoU(b,r)
     if iou≥τ
       从 B 中将 r 剔除：𝓑←𝓑−{r}
     end if
 end for
end while
```

在算法 15-1 中，遇到一个新的概念——交并比(intersection over union，IoU)。IoU 这个概念在目标检测领域经常会被遇到。IoU 是定义在两个边界框上的。假设 A 与 B 为两个边界框，它们的交并比 IoU(A,B)被定义为 A 与 B 的重合区域的面积除以 A 与 B 所占的总面积(重合部分的面积只计算一次)，即

$$\mathrm{IoU}(A,B)=\frac{A\text{与}B\text{交集区域的面积}}{A\text{与}B\text{并集区域的面积}}= \tag{15-2}$$

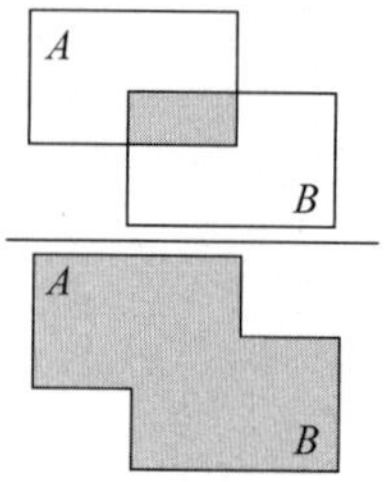

在 YOLOv1 被提出时，相较于当时流行的基于 CNN 的其他目标检测模型来说，YOLOv1 最大的优势就是它运行时有非常惊人的推理速度，在 TitanX GPU 上其推理速度可以达到 45f/s。

15.2.2 损失函数

假设要进行一个 20 个类别的目标检测任务，且已经准备好了带标注的训练样本集，即对于训练集中的每张图像，都记录下了其中包含的兴趣目标的边界框和类别。训练阶段的关键任务便在于确定出损失函数的计算方式。对于训练样本 $\boldsymbol{I}$，以如下方式计算其引起的损失：

$$\begin{aligned}
&\lambda_{\text{coord}}\sum_{i=1}^{49}\sum_{j=1}^{2}\mathbf{1}_{ij}^{\text{obj}}\left[(x_i-\hat{x}_i)^2+(y_i-\hat{y}_i)^2+(\sqrt{w_i}-\sqrt{\hat{w}_i})^2+(\sqrt{h_i}-\sqrt{\hat{h}_i})\right]+\\
&\sum_{i=1}^{49}\sum_{j=1}^{2}\mathbf{1}_{ij}^{\text{obj}}(s_i-\hat{s}_i)^2+\\
&\lambda_{\text{noobj}}\sum_{i=1}^{49}\sum_{j=1}^{2}\mathbf{1}_{ij}^{\text{noobj}}(0-\hat{s}_i^j)^2+\\
&\sum_{i=1}^{49}\left(\mathbf{1}_i^{\text{obj}}\sum_{c\in\text{classes}}(p_i(c)-\hat{p}_i(c))^2\right)
\end{aligned} \tag{15-3}$$

YOLOv1 模型将图像 $\boldsymbol{I}$ 分成 $7\times7=49$ 个网格。在计算损失时，需要逐网格计算累积损失。式(15-3)中的损失函数共包含了 4 项，下面分项阐述它们所表达的含义。

第 1 项

$$\lambda_{\text{coord}}\sum_{i=1}^{49}\sum_{j=1}^{2}\mathbf{1}_{ij}^{\text{obj}}\left[(x_i-\hat{x}_i)^2+(y_i-\hat{y}_i)^2+(\sqrt{w_i}-\sqrt{\hat{w}_i})^2+(\sqrt{h_i}-\sqrt{\hat{h}_i})\right]$$

该损失项计算的是在网格中有目标的前提下，与预测目标边界框位置与大小相关的损失。λ_{coord} 是超参数，用于控制该损失项的权重，它的值被设置为 $\lambda_{\text{coord}}=5$。对于网格 i 来说，如果 $\boldsymbol{I}$ 中的某个真值目标边界框的中心落入其中，就说"网格 i 中有真值目标"并让网格 i 来负责与该真值目标相关的损失计算（且 YOLOv1 只能处理一个网格中只有一个真值目标落入的情况；若有两个真值目标的边界框中心落入了同一个网格中，则只能保留其中一个）。此时，该真值目标的边界框位置和大小真值信息可被转换为 (x_i,y_i,w_i,h_i)，其中 (x_i,y_i) 的取值根据网格的宽高被规范化到了 0～1，代表了该边界框中心相对于网格 i 左上角的位置；(w_i,h_i) 的取值也被规范化到了 0～1，代表了该边界框相对于 $\boldsymbol{I}$ 来说的宽和高。由 15.2.1 节中的介绍可知，在一次前向传播结束时，网格 i 会回归预测出两个目标边界框，即 $(\hat{x}_i^1,\hat{y}_i^1,\hat{w}_i^1,\hat{h}_i^1,\hat{s}_i^1)$ 和 $(\hat{x}_i^2,\hat{y}_i^2,\hat{w}_i^2,\hat{h}_i^2,\hat{s}_i^2)$。而在计算本损失项时，只挑选与真值目标边界框 (x_i,y_i,w_i,h_i) 具有较大 IoU 的那一个，并把该预测边界框记为 $(\hat{x}_i,\hat{y}_i,\hat{w}_i,\hat{h}_i,\hat{s}_i)$，让它来"负责"与真值边界框 (x_i,y_i,w_i,h_i) 位置和大小有关的损失计算。$\mathbf{1}_{ij}^{\text{obj}}$ 表示网格 i 中有目标且挑选了预测边界框 j 来计算本损失项。

显然，如果网格 i 中没有目标，则该网格根本不会参与此项损失的计算；若网格 i 中有目标，参加此项损失计算的预测边界框实际上也只有一个。

第 2 项

$$\sum_{i=1}^{49}\sum_{j=1}^{2}\mathbf{1}_{ij}^{\text{obj}}(s_i-\hat{s}_i)^2$$

这里出现的符号 $\mathbf{1}_{ij}^{\text{obj}}$、$\hat{s}_i$ 所表达的含义均与第①项相同。不难理解，该损失项计算的是在网格中有目标的前提下，与预测边界框置信度相关的损失。当 $\mathbf{1}_{ij}^{obj}$ 为真时，预测边界框 $(\hat{x}_i,\hat{y}_i,\hat{w}_i,\hat{h}_i)$ 的置信度相应的真值 s_i 为该预测框与真值框 (x_i,y_i,w_i,h_i) 之间的 IoU。

第 3 项

$$\lambda_{\text{noobj}}\sum_{i=1}^{49}\sum_{j=1}^{2}\mathbf{1}_{ij}^{\text{noobj}}(0-\hat{s}_i^j)^2$$

此损失项计算的是当网格 i 预测的边界框 j"不负责"预测任何真值目标边界框时，与预测边界框置信度有关的损失。λ_{noobj} 是超参数，用于控制该损失项的权重，它的值被设置为 $\lambda_{\text{noobj}}=0.5$。$\mathbf{1}_{ij}^{\text{noobj}}$ 表示网格 i 预测的边界框 j"不负责"预测任何真值目标边界框。$\hat{s}_i^j$ 为网格 i 预测出的第 j 个目标边界框的置信度；显然，当 $\mathbf{1}_{ij}^{\text{noobj}}$ 为真时，$\hat{s}_i^j$ 对应的置信度为 0。

第 4 项

$$\sum_{i=1}^{49}\left(\mathbf{1}_i^{\text{obj}}\sum_{c\in\text{classes}}(p_i(c)-\hat{p}_i(c))^2\right)$$

此损失项计算的是在网格中存在真值目标边界框的情况下，与预测目标分类有关的损失。$\mathbf{1}_i^{\text{obj}}$ 表示网格 i 中有真值目标，classes 是目标类别集合，$p_i(c)$ 是网格 i 的目标属于类 c 的概率真值（YOLOv1 模型不支持多标签标注，即它只能处理一个目标只属于一个类别的情况，因此，$\{p_i(c):|c\in\{20\ \text{classes}\}\}$ 中只有一个值为 1，其余均为 0），$\hat{p}_i(c)$ 是预测出的网格 i 的目标属于类 c 的概率。

15.2.3 参数设置解读与缺陷分析

最后，再来看一下 YOLOv1 模型中的一些设置。首先，为什么每个网格回归出 2 个目标边界框而不是 1 个？因为在这种多边界框回归目标设置下，更容易找到更加准确的边界框。另外，每个网格输出的目标分类概率向量为什么是 20 维？具体的 YOLOv1 模型是在 VOC 2007[5] 目标检测数据集上训练得到的，VOC 2007 目标检测任务的类别数为 20 类①，因此默认 YOLOv1 模型只能检测这 20 类目标。当用 YOLOv1 模型解决目标检测问题时，需要收集标注的数据集、更改 YOLOv1 模型的网络输出层并重新进行模型训练。比如，如果要检测猫、狗、自行车三类目标，那么每个网格预测的目标类别数就是 3，相应的 YOLOv1 模型的输出矩阵是 7×7×13。在本章后续的实践环节 15.5 节和 15.6 节中将详细描述如何调整并重新训练 YOLO 模型来完成目标检测任务。

由 YOLOv1 模型的设计准则不难理解，它有以下不足之处：

(1) 在默认网格划分方式下，图像被划分为 7×7=49 个网格，而每个网格最多可预测出 2 个目标边界框，因此从理论上来说，对于给定的一张图像，YOLOv1 最多只能从中检测到 98 个目标。

(2) 若两个不同类别的目标离得很近，则它们需要被同一个网格来预测(即这两个目标的边界框中心落在同一个网格内)。在这种情况下，YOLOv1 不可能把这两个目标都正确检测到，因为 YOLOv1 在一个网格内只能预测一个目标类别。

(3) 在准备训练数据的过程中，若两个真值目标的边界框中心落在同一网格内，则只能保留一个。

15.3 YOLOv3

为了进一步提升 YOLOv1 模型在召回率、边界框精确度、对小目标的检测能力等各方面的性能，Redman 等在 2017 年和 2018 年对它进行了两次改进更新，所得到的检测模型分别被称为 YOLOv2[6] 和 YOLOv3[7]。YOLOv3 延续使用了 YOLOv2 中的大部分技巧，且引入了多尺度检测思想，使它成为 YOLO 算法家族发展过程中的一个里程碑。下面将从网络结构、运行时预测输出解析以及损失函数三个层面来介绍 YOLOv3 模型。

15.3.1 网络结构

YOLOv3 模型的总体网络结构如图 15-3 所示，其输入为 416×416 像素的 RGB 图像。在图 15-3 中，对于 YOLOv3 的每一个网络模块，都显式地给出了其输出的特征维度。为了便于不是很熟悉卷积神经网络结构的读者理解该结构图，下面将详细阐释 YOLOv3 网络结构中使用到的几个重要组件。

1. CBL

CBL 是 YOLOv3 中大量使用的卷积组件，它由一个卷积操作、一个批归一化操作(batch normalization，BN)[8] 和一个带泄漏的 ReLU(Leaky rectified linear unit)激活函数按顺序构成。这里稍加详细地介绍一下批归一化操作以及 Leaky ReLU 函数。

---

① 这 20 个类分别是 aeroplane(飞机)、bicycle(自行车)、bird(鸟)、boat(船只)、bottle(瓶子)、bus(公共汽车)、car(小汽车)、cat(猫)、chair(椅子)、cos(牛)、diningtable(餐桌)、dog(狗)、horse(马)、motorbike(摩托车)、person(人)、pottedplant(盆栽)、sheep(羊)、sofa(沙发)、train(火车)和 tvmonitor(显示器)。

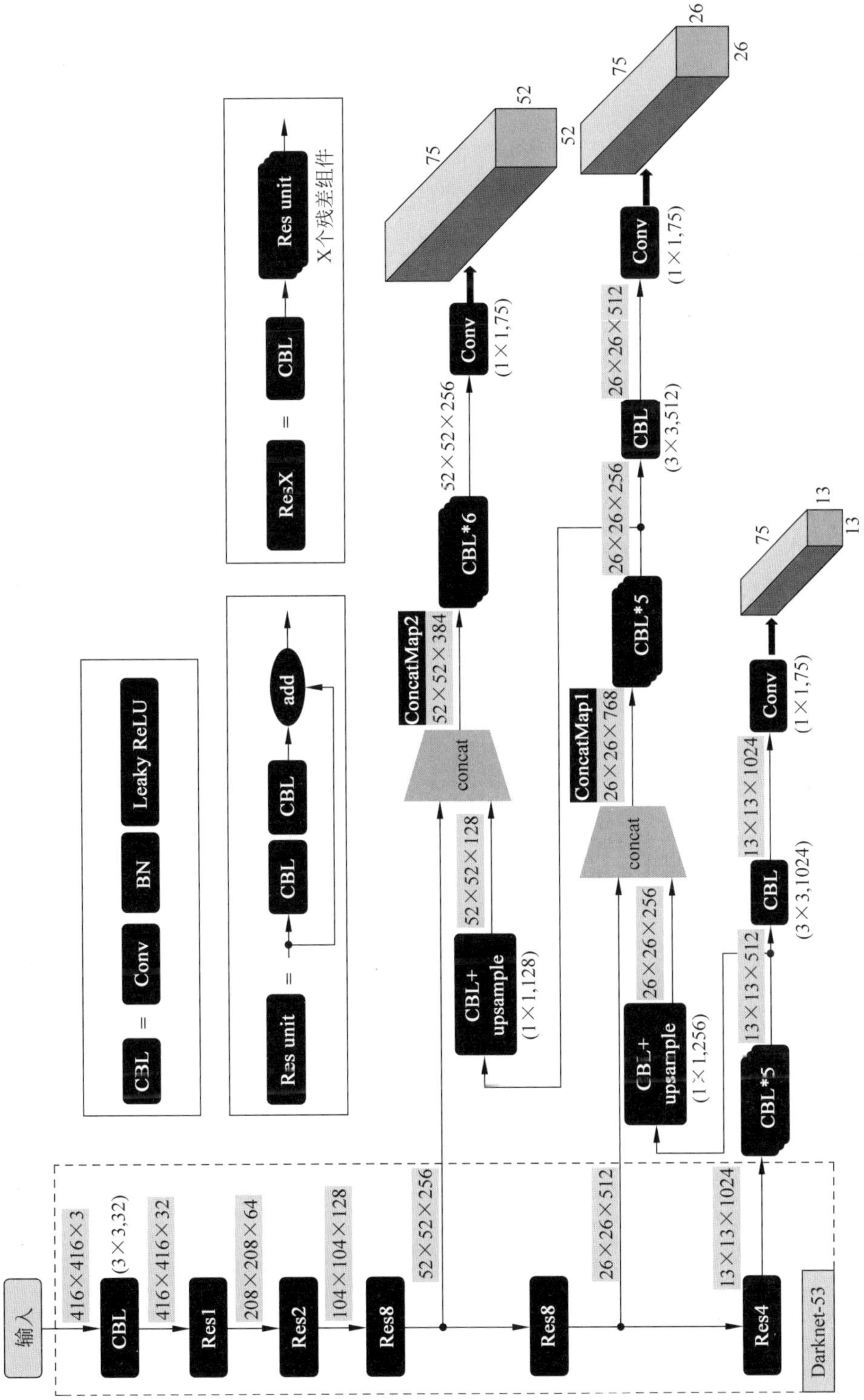

图 15-3 YOLOv3 的网络结构

深度神经网络涉及很多层的叠加。在训练过程中，当每一层的参数更新后，其输出数据的分布也会发生变化；经层层叠加后，后层输入的分布会变化得非常剧烈，这就使得后层需要不断去重新适应前层的参数更新。BN 操作的目的就是在深度神经网络训练过程中，让每一神经元在处理一小批数据(minibatch)之后得到的输出数据保持相同分布。"批归一化"这个操作中的"批"指的是一小批数据，即在随机梯度下降法的优化策略下一次训练迭代所使用的训练数据；"归一化"指的是对某个神经元在这一小批数据下的响应值进行标准化。BN 操作一般是施加在神经元的输出上，而又在该神经元的激活函数之前。比如，在 CBL 组件中，BN 便是在卷积输出之后，但在激活函数 Leaky ReLU 之前。BN 可把某层神经网络中任意一个神经元在一小批数据上的响应输出的分布强行拉回到均值为零方差为 1 的标准正态分布，使得对于激活函数来说，其输入值落在非线性激活函数对输入较为敏感的区域，这有助于在优化阶段计算梯度时得到相对较大的梯度值，从而有效避免梯度消失问题，也能显著提升训练的收敛速度。为了更加灵活地控制标准化带来的影响，BN 提出者还引入了两个参数(算法 15-2 中的 γ 和 β)来对标准化之后的数据进行缩放和平移，这可以赋予神经网络一定的自适应能力：在标准化效果好时，尽量不抵消标准化的作用，而在标准化效果不好时，尽量去抵消一部分标准化的效果，这相当于让神经网络学会要不要标准化以及如何进行折中选择。

对神经网络中某层的某个神经元 x 输出数据进行的 BN 处理可分解为 4 个操作：求数据均值、求数据方差、对数据进行标准化以及对数据进行平移和缩放。

在神经网络训练阶段，对某层的某个神经元 x 输出数据进行 BN 处理的过程见算法 15-2。该算法给出了在一次迭代优化过程(处理一个 minibatch 的数据)中如何对神经元 x 的输出进行 BN 的过程。为了在运行推理阶段对神经元 x 的响应输出也能进行 BN 处理，还需要在训练阶段的每次迭代过程中计算并记录与神经元 x 对应的 μ_B 和 σ_B^2 的移动平均值，${}_m\mu_B$ 和 ${}_m\sigma_B^2$ 为对全体样本在 x 处相应值的平均值和方差的有效估计。在迭代过程中，${}_m\mu_B$ 和 ${}_m\sigma_B^2$ 的计算方式如下：

$$
\begin{aligned}
{}_m\mu_B &:= \text{momentum} \times {}_m\mu_B + (1-\text{momentum}) \times \mu_B \\
{}_m\sigma_B^2 &:= \text{momentum} \times {}_m\sigma_B^2 + (1-\text{momentum}) \times \sigma_B^2
\end{aligned}
\tag{15-4}
$$

其中，μ_B 和 σ_B^2 分别为当前迭代下神经元 x 处响应值的均值和方差，momentum 为一预先指定的超参数。

在神经网络运行推理阶段，设置了 BN 操作的神经元 x 也要进行与运行阶段相似的 BN 操作。此时，与 x 有关的 BN 参数 γ 和 β 已经通过训练过程确定。假设在当前测试样本下，网络前向传播至神经元 x 处之后的输出为 x_t，则经 BN 之后，该值被调整为 $\gamma \dfrac{x_t - {}_m\mu_B}{\sqrt{{}_m\sigma_B^2 + \varepsilon}} + \beta$，其中，${}_m\mu_B$ 和 ${}_m\sigma_B^2$ 分别为神经元 x 在训练阶段响应值的均值和方差的移动平均值。

算法 15-2：神经网络训练阶段的批归一化

输入：

(1) 对样本数为 m 的当前小批量数据(minibatch)神经元 x 的初始响应值集合 $\mathcal{B}=\{x_1, x_2, \cdots, x_m\}$；

(2) 需要迭代学习的与神经元 x 有关的参数 γ, β；

(3) 上一次训练迭代结束后，x 的响应值的均值和方差的移动平均值分别为 ${}_m\mu_B$ 和 ${}_m\sigma_B^2$；

(4) 计算移动平均值时使用的超参数 momentum。

输出：

(1) 经 BN 之后的神经元 x 处的响应值集合 $\{y_i = BN_{\gamma,\beta}(x_i)\}_{i=1}^m$；

(2) 处理完本小批数据后，x 响应值的均值和方差的移动平均值分别为 ${}_m\mu_B$ 和 ${}_m\sigma_B^2$。

begin

计算小批量数据响应均值：$\mu_B \leftarrow \frac{1}{m}\sum_{i=1}^{m} x_i$；

计算小批量数据响应方差：$\sigma_B^2 \leftarrow \frac{1}{m}\sum_{i=1}^{m}(x_i - \mu_B)^2$；

对 x 处的响应值进行归一化：$\hat{x}_i \leftarrow \frac{x_i - \mu_B}{\sqrt{\sigma_B^2 + \varepsilon}}$，其中 ε 为一很小的数；

对响应值进行缩放与平移：$y_i \leftarrow \gamma \hat{x}_i + \beta \equiv BN_{\gamma,\beta}(x_i)$；

更新 ${}_m\mu_B$：${}_m\mu_B$:= momentum × ${}_m\mu_B$ + (1 − momentum) × μ_B；

更新 ${}_m\sigma_B^2$：${}_m\sigma_B^2$:= momentum × ${}_m\sigma_B^2$ + (1 − momentum) × σ_B^2。

end

在卷积神经网络中，BN 操作一般作用在卷积层的输出之上，下面详细说一下在训练阶段如何对卷积层的输出进行 BN 操作。考虑某卷积层，其卷积核个数为 C 个。如图 15-4 所示，假设用于当前训练迭代的小批数据的样本数为 N，则经过该卷积层后，该小批数据所产生的特征图可被表示为一个维度为 $H \times W \times C \times N$ 的四维矩阵 $\{\boldsymbol{F}(h,w,c,n):|h=1,2,\cdots,H; w=1,2,\cdots,W; c=1,2,\cdots,C; n=1,2,\cdots,N\}$，其中，$H$、$W$ 为特征图的二维空间分辨率。注意到该卷积层有 C 个卷积核，则该层权重不同的输出神经元就有 C 个。相应地，对于每个输出神经元也都有两个可学习的 BN 参数 γ 和 β。与输出神经元 c 对应的输出值（即卷积核 c 的输出值）便是 $\boldsymbol{F}$ 中第 c 个通道上的所有数值。对卷积核 c 产生的数据进行 BN 就是要基于 $\boldsymbol{F}$ 中 c 通道上的所有数值。这些数值对应的均值与方差可被计算为：

$$\mu_B(c) = \frac{1}{HWN}\sum_{n=1}^{N}\sum_{w=1}^{W}\sum_{h=1}^{H}\boldsymbol{F}(h,w,c,n)$$
$$\sigma_B^2(c) = \frac{1}{HWN}\sum_{n=1}^{N}\sum_{w=1}^{W}\sum_{h=1}^{H}(\boldsymbol{F}(h,w,c,n) - \mu_B(c))^2 \tag{15-5}$$

有了 $\mu_B(c)$ 和 $\sigma_B^2(c)$ 之后，便可根据算法 15-2 对通道 c 上的数据完成 BN 处理。当按照相同的方式对所有通道上的数据完成 BN 处理之后，便完成了对该卷积层输出数据的 BN 处理。

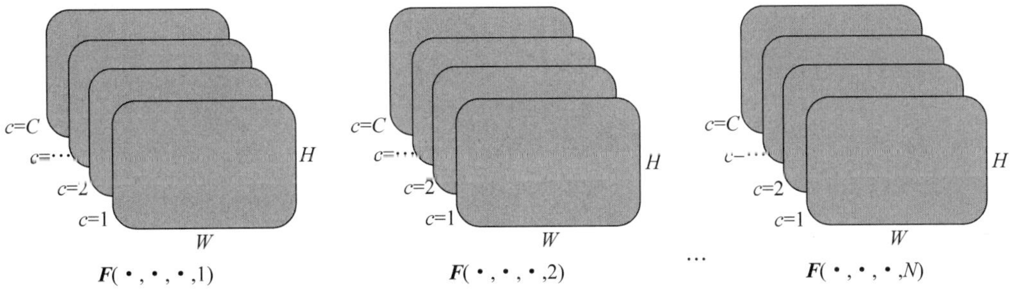

图 15-4 一个有 C 个卷积核的卷积层在处理一个包含 N 个样本的小批数据后产生的特征图的维度示意图

接下来再介绍一下非线性激活函数 Leaky ReLU。该函数是一种在深度神经网络中广泛采用的激活函数，被定义为：

$$\text{LeakyReLU}(x) = \begin{cases} x, & x \geqslant 0 \\ \alpha \cdot x, & \text{其他} \end{cases} \tag{15-6}$$

其中，α 为一个小的正数，一般默认值设为 0.01。Leaky ReLU 函数可看作是另一个常用非线性激活函数 ReLU(rectified linear unit)函数的变体，该函数的定义为：

$$\mathrm{ReLU}(x)=\max(0,x) \tag{15-7}$$

图 15-5 对比展示了在神经网络中经常使用的两种非线性激活函数 ReLU(x)和 LeakyReLU(x)的图像。

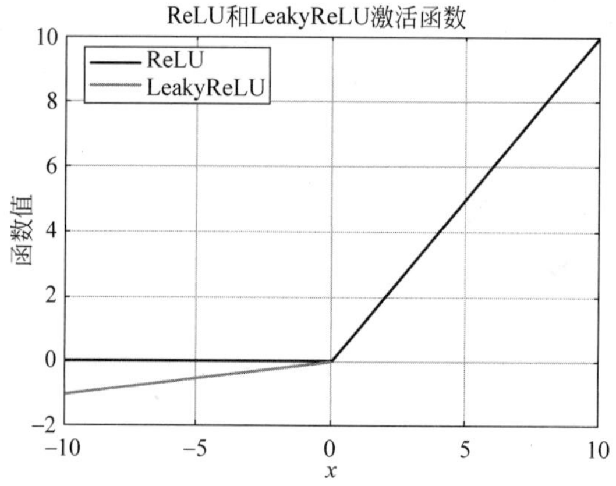

图 15-5　ReLU(x)和 LeakyReLU(x)函数图像

2. Res unit

残差单元，这是借鉴了残差网络 ResNet[9] 中的组件结构，它可以让网络构建得更深。一个残差单元由两个 CBL 模块和一个跳跃连接(shortcut)组成。

3. ResX

由一个 CBL 和 X 个残差单元组成。容易知道，一个 ResX 组件会包含 $1+2X$ 个卷积操作。每个 ResX 组件最前面的 CBL 模块都起到了下采样一半的作用，因此经过 5 个 ResX 模块以后，特征图维度可从 416×416 下降至 13×13(416×416→208×208→104×104→52×52→26×26→13×13)。

4. Concat

通道聚合操作。该操作会将两个特征图按通道维度拼接在一起。例如，维度为 26×26×256 和 26×26×512 的两个特征图，经过 concat 操作之后，会变成 26×26×768 的特征图。

从概念上理解，YOLOv3 网络可以划分为两部分：左侧虚线框内的特征提取网络和右侧的多尺度检测网络。对于特征提取，开发者使用了"Darknet-53"网络。为什么叫这个名字呢？"Darknet"是 YOLO 开发者 Joseph Redmon 用 C 语言编写的深度学习平台，"53"是指特征提取部分的网络如果作为分类网络，会包含 53 个卷积层。读者可以验证一下图 15-3 中虚线框内的网络部分所包含的卷积的个数，该数目为 $1+(1+2\times1)+(1+2\times2)+(1+2\times8)+(1+2\times8)+(1+2\times4)=52$。如果再算上分类网络所用的全连接层，则总层数即为 53 层。但在 YOLOv3 中，该部分网络只作为特征提取之用，而不再需要使用最后的全连接层，因此实际卷积层数为 52 层。但为了方便称呼，该特征提取网络部分还是被称为"Darknet-53"结构。与 YOLOv1 和 YOLOv2 所使用的网络结构相比，Darknet-53 的网络层数更多，同时还引进了 ResX 参差模块。

与 YOLOv1 和 YOLOv2 相比，YOLOv3 的最大不同之处在于它会输出三个矩阵，其维度分别为 13×13×75、26×26×75 和 52×52×75。为什么会如此设计呢？该设计主要是为了提升模型检测不同大小目标的能力。在一幅图像中可能存在多个目标，而目标又有大有小，所以目标检测模型必须有检测不同大小目标的能力。而在 CNN 各层输出的特征图中，较浅卷积层输出的特征图经过的卷积操作少，可保留较多的小尺寸细节信息，例如，颜色、位置、边缘等；较深卷积层输出的特征图经过了更多卷积操作，其所提取的信息来源于更广的视野范围，会变得更加抽象。基于这个事实，YOLOv3 使用不同分辨率的输出特征图来进行目标检测。与使用单一分辨率特征图来进行目标检测的方式相比，该方式可显著提升检测模型检测不同大小目标的能力。

具体来说，从图 15-3 中可以看到，虚线框内的 Darknet-53 网络对右侧负责目标检测任务的网络部分有三个输出。最底下的输出是 13×13×1024 的特征图，这个特征图是所有 Darknet-53 网络的特征图中经过卷积次数最多的，包含更高级、更抽象、视野范围更大的图像特征。这个特征图进入右侧网络部分后，经过 5 个 CBL 操作之后向两个方向传递。一个方向是经过 3×3 和 1×1 的卷积后，输出 13×13×75 的特征图，用于大尺度目标检测。另一个方向是经 CBL 操作并被采样改变特征图大小后，与 Darknet-53 网络的第二个输出特征图进行堆叠，组成新的特征图 ConcatMap1。ConcatMap1 再经 5 个 CBL 操作后，也同样向两个方向传递，一个方向是经 3×3 和 1×1 卷积后最终输出 26×26×75 的特征图，用于中等大小目标的检测。另一方向是经上采样后与 Darknet-53 网络的第一个输出特征图进行堆叠，形成新的特征图 ConcatMap2，并最终输出 52×52×75 的特征图，该特征图由于包含浅层网络所提取的特征，因此较适合小尺寸目标的检测。

15.3.2 运行时预测输出解析

目标检测任务极具挑战性的一个很大原因是待检测图像中所包含的目标的大小不确定。为了解决这一难题，YOLOv3 将输入图像在不同粒度下进行网格划分，默认会划分成 13×13、26×26 和 52×52 三种网格。13×13 的大网格用于检测尺寸较大的目标，26×26 的网格用于检测中等尺寸的目标，而 52×52 的小网格则用于检测尺寸较小的目标。这三种网格划分模式分别对应于 YOLOv3 网络的三个输出分支。在输出结果中，对于每一个网格来说，都会有一个与之对应的目标检测结果向量(包含了目标边界框相对坐标、目标程度、所属类别置信度向量)。基于所有网格的目标检测结果向量，再结合相应网格本身所处位置先验，便可解析出最终的目标检测结果。接下来以 13×13 的网格划分方式为例，来说明如何从网格输出的目标检测结果向量中解析出目标检测结果。

如图 15-6 所示，将输入图像在空间上划分为 13×13 个网格。对于网格 i 来说，它所负责的目标检测结果被编码在输出矩阵相应位置处的一个 75 维的向量之中(这就是为什么与 13×13 网格所对应的输出矩阵的维度为 13×13×75)。该 75 维向量由三个结构相同的子向量$\{\mathbf{box}_j \in \mathbb{R}^{25} : j=1,2,3\}$组成。每个子向量 $\mathbf{box}_j$ 对应一个相对于某个预锚框(anchor box)的检测结果。那什么是预锚框呢？

如图 15-7 所示，预锚框是一组预先设定的目标形状(由长和宽所确定)，是目标检测网络在回归目标大小时的一个有效先验，以加快训练的收敛并提升模型的稳定性。每个网格都会关联到 3 个预锚框，并认为预锚框的中心与该网格中心重叠；当网格在预测目标边界框的大小时，预测值实际上并不是大小的绝对数值，而是相对于某个预锚框的相对量。YOLOv3 中所用的预锚框是用 k-means 算法对 COCO 数据集[10]中的目标边界框形状进行聚类而得到的。在输入图像的空间分辨率为 416×416 像素时，与 52×52 网格划分方式所对应的三个预锚框分别为(10,13)、(16,30)和(33,23)；与 26×26 网格划分方式所对应的三个预锚框分别为(30,61)、(62,45)和(59,119)；与 13×13 网格划分方式所对应的三个预锚框分别为(116,90)、(156,198)和(373,326)。

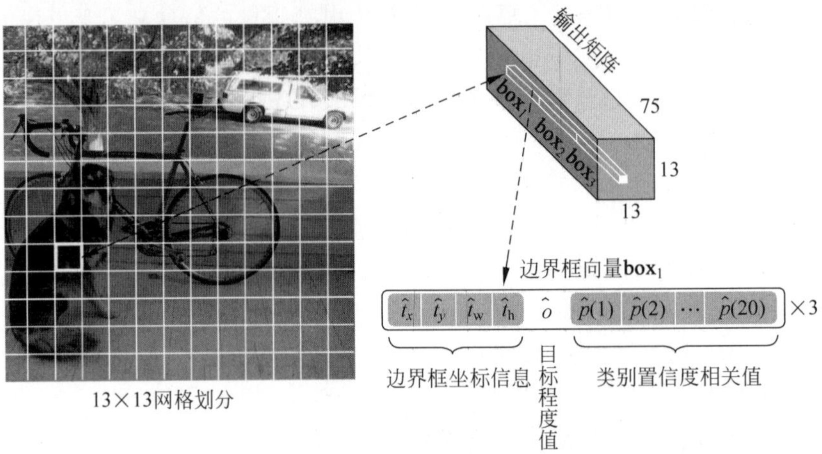

图 15-6 YOLOv3 网络输出解析

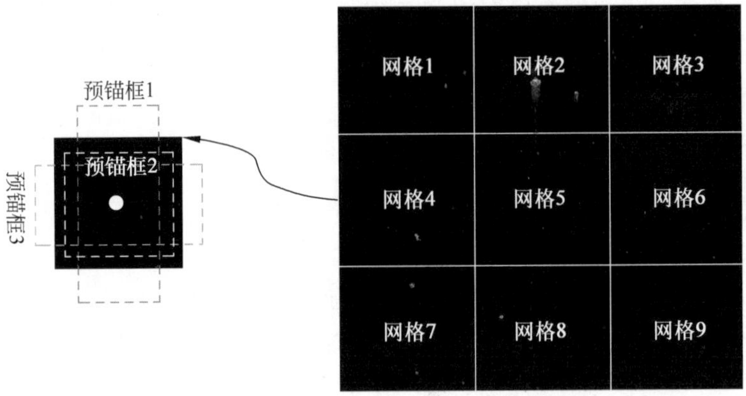

图 15-7 网格划分与预锚框先验示意图

在 YOLOv3 中，每个网格都会关联到 3 个预锚框；当网格在预测目标边界框的大小时，预测的实际上并不是大小的绝对数值，而是相对于某个预锚框的相对量

在图 15-6 中，网格 i 的预测输出由 3 个 25 维的向量 $\mathbf{box}_1$、$\mathbf{box}_2$ 和 $\mathbf{box}_3$ 组成，它们对应的预锚框分别为(116,90)、(156,198)和(373,326)。以 $\mathbf{box}_1$ 为例来说明一下每个 25 维的预测边界框向量所包含的内容。$\mathbf{box}_1$ 向量中包含了目标边界框信息$\{\hat{t}_x,\hat{t}_y,\hat{t}_w,\hat{t}_h\}$、目标程度相关值 $\hat{o}$ 以及与 20 个类别对应的目标分类置信度相关值向量$\{\hat{p}(c), c\in\{20\ \text{classes}\}\}$[①]。基于$\{\hat{t}_x,\hat{t}_y,\hat{t}_w,\hat{t}_h\}$，可以换算出该目标边界框的位置和大小：

$$
\begin{aligned}
b_x &= \sigma(\hat{t}_x)+c_x \\
b_y &= \sigma(\hat{t}_y)+c_y \\
b_w &= p_w e^{\hat{t}_w} \\
b_h &= p_h e^{\hat{t}_h}
\end{aligned}
\tag{15-8}
$$

其中，$\sigma(\cdot)$代表 sigmoid 函数 $\sigma(x)=\dfrac{1}{1+e^{-x}}$；$(c_x, c_y)$代表网格 i 所在的坐标(注意：c_x 和 c_y

① 这里介绍的 YOLOv3 模型也是在 VOC 2007 数据集上训练的，因此目标类别数也是 20。

的单位为网格，也就是说对于 13×13 的网格划分方式来说，它们的取值范围为 0～12)；$p_{\mathrm{w}}(p_{\mathrm{h}})$为所对应的预锚框的宽(高)，对于 $\mathbf{box}_1$ 来说，$p_{\mathrm{w}}=116$，$p_{\mathrm{h}}=90$；(b_x, b_y)为预测目标边界框中心的位置(以网格为单位)；$(b_{\mathrm{w}}, b_{\mathrm{h}})$ 为预测目标边界框的大小(相对于 416×416 像素的输入图像分辨率)。$\mathbf{box}_1$ 所确定的边界框的目标程度(objectness)置信度为 $\sigma(\hat{o})$，它反映了 $\mathbf{box}_1$ 这个边界框所标识的区域确实包含兴趣目标的概率。

YOLOv3 在目标分类问题上采用了多标签分类的策略，即一个目标可以同时属于多个类别。为此，YOLOv3 为每一个兴趣类别训练了单独的 logistic 二类分类器。在推理阶段，$\mathbf{box}_1$ 目标属于类别 j 的概率可计算为$\sigma(\hat{p}(j))$，相应地，$\mathbf{box}_1$ 对应于类别 j 的分类检测置信度则为 $\sigma(\hat{o})\cdot\sigma(\hat{p}(j))$。

读者们可能已经注意到，在每个网格预测出的目标数量与类别方面，YOLOv3 相较 YOLOv1 来说，有了很大的改善。在 YOLOv1 中，每个网格可预测出 2 个同类别的目标实例，而在 YOLOv3 中，每个网格可预测出 3 个不同目标实例，且它们的类别是相互独立的。

当从所有的网格中按照上述方式解析出预测目标边界框候选集合后，还需要利用“算法 15-1：目标边界框初始集合$\mathcal{B}$的非极大值抑制”，对预测目标边界框候选集合，依据其相应的分类检测置信度集合，进行阈值化筛选以及**逐目标类别**非极大值抑制，之后便可得到最终的目标检测结果。

15.3.3 损失函数

预锚框机制以及多尺度检测机制使得 YOLOv3 可以为每个真值目标 $\boldsymbol{g}$ 找到一个尺度以及形状都较为合适的预锚框。对于某真值目标 $\boldsymbol{g}$，设其边界框真值为 $\boldsymbol{b}$，可以计算出 $\boldsymbol{b}$ 与所有预锚框的交并比$\{\mathrm{IoU}_i : | i=1,2,\cdots,N_{\mathrm{a}}\}$，其中 N_{a} 为预锚框总数。在默认参数设置下，N_{a} 的值为(13×13+26×26+52×52)×3=10 647。然后，可以从预锚框集合中挑选出与 $\boldsymbol{g}$ 具有最大 IoU 值的一个，此预锚框便被认为“关联到真值目标 $\boldsymbol{g}$”①。基于此，每个预锚框一定会属于下述三种情况之一：

(1) 该预锚框“关联到某真值目标”；

(2) 该预锚框未能关联到任何真值目标，但它与某真值目标边界框的 IoU 超过了 0.5，则该预锚框将被“**忽略**”，即与它对应的预测目标边界框不参与任何损失项的计算；之所以要把这类预锚框忽略掉，直观理解是因为它所提供的信息有些“模棱两可”，不利于网络的训练；

(3) 若该预锚框不属于上述两种情况，则被认为“**不关联到任何真值目标**”。

需要强调的是，预锚框与真值目标间的关联关系的建立是在训练准备阶段完成的。也就是说，这个过程只需要进行一次，且建立好的关联关系不会在训练迭代过程中发生改变。

与 YOLOv1 模型的损失函数结构类似，YOLOv3 的损失函数也由定位损失、目标程度置信度损失和分类损失三部分构成。对于某个被预测出的目标来说，它是否要参与损失计算、参与哪一损失项计算都取决于它所对应的预锚框。预锚框的情况不同，与之关联的预测目标所引起的训练损失的计算方式也不同。

(1) 如果预锚框 $\boldsymbol{a}$“关联到某真值目标”，则与之相应的预测目标$(\hat{t}_x, \hat{t}_y, \hat{t}_{\mathrm{w}}, \hat{t}_{\mathrm{h}}, \hat{o}, \{\hat{p}(c), c\in\{20\ \text{classes}\}\})$参与定位损失、目标程度置信度损失和分类损失的计算。

① 在某些极端情况下，一个预锚框有可能被关联到 2 个真值目标。这种情况需要特殊处理，比如可以舍弃掉一个真值目标的标注信息，总之要保证一个预锚框只关联到一个真值目标。

定位损失的计算与($\hat{t}_x, \hat{t}_y, \hat{t}_w, \hat{t}_h$)有关。由输入图像分辨率、预锚框 $\boldsymbol{a}$ 所在的尺度以及网格位置、预锚框 $\boldsymbol{a}$ 的大小，可根据式(15-8)推断出关联到预锚框 $\boldsymbol{a}$ 的真值目标 $\boldsymbol{g}$ 对应于($\hat{t}_x$, $\hat{t}_y, \hat{t}_w, \hat{t}_h$)的参数真值($t_x, t_y, t_w, t_h$)。由该预测目标边界框所形成的定位损失项被表达为

$$(\hat{t}_x - t_x)^2 + (\hat{t}_y - t_y)^2 + (\hat{t}_w - t_w)^2 + (\hat{t}_h - t_h)^2 \tag{15-9}$$

为了能支持多标签标注(即在某些应用情况中，一个目标框的类别可能同时有多个，比如，一个男人的目标实例标注为“person”或者“man”都应该是正确的)，YOLOv3 在预测目标边界框的类别时，为每一个类别建立了一个独立的逻辑斯蒂二值分类器(logistic classifiers)，并用两类交叉熵(binary cross-entropy，BCE)来计算分类损失，则由该预测目标所形成的分类损失便为

$$-\sum_{c=1}^{20}[p(c)\log(\sigma(\hat{p}(c))) + (1-p(c))\log(1-\sigma(\hat{p}(c)))] \tag{15-10}$$

其中，$p(c)$为真值目标 $\boldsymbol{g}$ 的类别 c 的概率真值，如果 $\boldsymbol{g}$ 的类别为 c，则 $p(c)=1$，否则 $p(c)=0$。

目标程度置信度损失的计算与 $\hat{o}$ 有关。YOLOv3 认为，既然预锚框 $\boldsymbol{a}$ 已经“关联到某真值目标”，那与它相关的预测目标的目标程度置信度的真值应该为 1。用两类交叉熵方式来计算由该预测目标所形成的目标程度置信度损失则为$-\log(\sigma(\hat{o}))$。

(2) 如果预锚框 $\boldsymbol{a}$ 是被“忽略的”，则与之相应的预测目标边界框不参与任何损失项的计算。

(3) 如果预锚框 $\boldsymbol{a}$“不关联到任何真值目标”，则与之相应的预测目标边界框($\hat{t}_x, \hat{t}_y, \hat{t}_w$, $\hat{t}_h, \hat{o}, \{\hat{p}(c), c \in \{20 \text{ classes}\}\}$)只参与目标程度置信度损失项的计算。显然，此时 $\sigma(\hat{o})$的真值应该为 0，则该预测目标边界框所形成的目标程度置信度损失为$-\log(1-\sigma(\hat{o}))$。

最终，所有的定位损失项、目标程度置信度损失项以及分类损失项分别求和，然后再进行加权求和，便得到了本次迭代最终总的训练损失。

在介绍 YOLOv1 时曾提到，在训练阶段，YOLOv1 中的一个网格只能负责一个真值目标的预测任务。与 YOLOv1 不同，借助预锚框机制，YOLOv3 中的每一个网格最多可处理 3 个真值目标的预测任务，即在这种情况下，该网格的 3 个预锚框分别与 3 个不同目标具有(相较于其他预锚框来说的)最大 IoU 值。图 15-8 用一个简单的例子示意了预锚框与真值目标之间的关联机制。在图 15-8 中，为简单起见，假设网格的划分方式为将图像划分为 3×3 共 9 个网格。图中有两个兴趣目标：人与车。中心网格有三个预锚框：预锚框 1、预锚框 2 和预锚框 3。其中，预锚框 1 与人这个目标具有最大的 IoU 值，则认为预锚框 1 关联到人这个真值目标；预

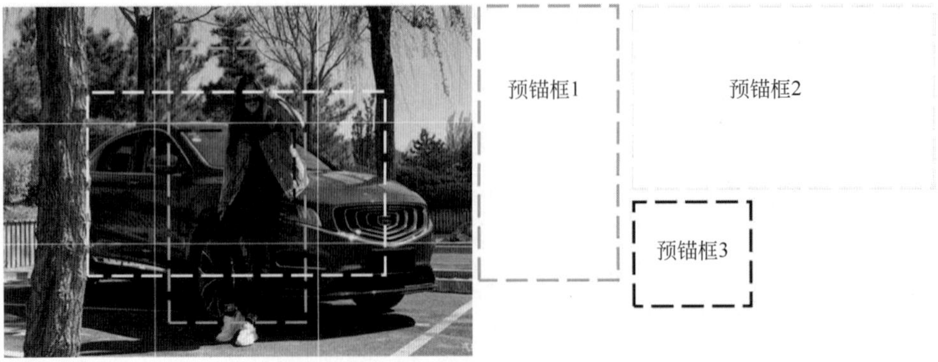

图 15-8 预锚框与真值目标之间的关联机制

在这个示例中，预锚框 1 被关联到人这个真值目标，预锚框 2 被关联到车这个真值目标，而预锚框 3 不被关联到任何真值目标

锚框 2 被关联到车这个真值目标；而预锚框 3 与任何一个真值目标的 IoU 都不是最大的，且它与任何一个真值目标的 IoU 都没有超过 0.5，则认为它不关联到任何真值目标。

最后再强调一下，多尺度预锚框机制可为大多数待检测目标提供合适的大小与形状先验，这使得与 YOLOv1 相比，YOLOv3 具有更强的能力来完成尺度变化范围和形状（长宽比）变化范围都很大的目标检测任务。

15.4 YOLOv8

2016 年，YOLO 算法的创始人 Joseph Redman 发布了 YOLO 算法的第一个版本。之后，他（与其合作者）又分别于 2017 年和 2018 年对原始算法进行了大幅改进，形成了 YOLOv2 和 YOLOv3 模型。2020 年 2 月 21 日，Joseph Redman 突然在其个人推特账号中发文称："我已停止进行计算机视觉相关研究，因为我看到了我的工作所产生的影响。我喜欢这项工作，但军事应用和隐私问题最终变得无法忽视。"① 自 YOLOv3 之后，Redmon 停止了对 YOLO 算法的更新。但戏剧性的是，很多其他学者扛起了 Redman 的大旗，继续沿着"单阶段检测"这个思想不断更新 YOLO 算法。实际上，从 YOLOv4 开始，所有后续版本的 YOLO 算法的开发者中均不包含 Joseph Redmon。2020 年 4 月，俄罗斯学者 Alexey Bochkovskiy 等发布了 YOLOv4 模型[11]，YOLOv4 的训练和推理依然是基于 DarkNet 框架。短短 2 个月之后，Ultralytics 公司的创始人 Glenn R. Jocher 发布了 YOLOv5 模型[12]。YOLOv5 模型与之前的 YOLO 家族算法最大的区别是其实现不再是基于 DarkNet 的了，而是基于一个使用范围更加广泛的深度学习平台——PyTorch。自 YOLOv5 之后，后续版本的 YOLO 算法在发布时也都是基于 PyTorch 实现的。2022 年，美团公司的视觉智能部发布了 YOLOv6 模型[13]。之后不久，同样是在 2022 年，YOLOv4 的原班人马又推出了 YOLOv7 模型[14]。2023 年 1 月，Ultralytics 公司发布了 YOLOv8 模型[15]。该模型保持了 YOLO 系列算法"一阶段"完成检测的特点，并融合借鉴了目标检测领域网络结构设计的多种有效策略。本节接下来将从网络结构、运行时预测输出解析以及损失函数三个层面来介绍 YOLOv8 模型。

15.4.1 网络结构

YOLOv8 目标检测模型的神经网络架构如图 15-9 所示。该图的上部"Backbone"和"Head"两部分给出了 YOLOv8 高度抽象但完整的结构，从中可以看出 YOLOv8 也是一个多尺度检测模型。该模型以初始得到的特征金字塔为起点，经过一系列特征之间的融合操作，进一步形成多尺度特征输出——右侧 P3 特征图、P4 特征图和 P5 特征图；最后，再从这三个不同尺度的特征图中利用"Detect"模块回归出目标检测信息（目标的边界框以及目标所属类别）。该图的左侧（Backbone）及下半部分（Head）详细展示了多尺度特征图生成策略的细节以及特征图之间融合的具体策略。该图的中部部分"Details"则进一步详细展示了 YOLOv8 网络结构使用到的一些核心复合组件的具体结构，包括 C2f、Bottleneck、SPPF（spaltial pyramid pooling-fast）、Conv 和 Detect。

为了满足不同使用场景的需求（主要是在计算资源与检测效果之间取得平衡），YOLOv8

---

① Joseph Redman 的推特原文为"I stopped doing CV research because I saw the impact my work was having. I loved the work but the military applications and privacy concerns eventually became impossible to ignore."

的创建者还提供了在统一模型框架之下的不同规模的检测模型。按照模型规模由小到大的排列顺序，YOLOv8 的具体模型版本包括：YOLOv8-nano（记为 YOLOv8n）、YOLOv8-small（记为 YOLOv8s）、YOLOv8-medium（记为 YOLOv8m）、YOLOv8-large（记为 YOLOv8l）以及 YOLOv8-extra-large（记为 YOLOv8x）。表 15-1 给出了在处理相同分辨率的图像时，不同规模 YOLOv8 模型的推理速度与检测精度对比，其中，有关检测精度（以 mAP@.5:.95 为度量指标）的数据统计是在 COCO val2017 数据集上取得的。一般来说，模型越小，模型的参数也就越少，其推理速度也越快，但检测性能相对来说也越弱。YOLOv8 不同规模模型之间具体的区别在于某些卷积层的深度和输出特征图的层数上，具体可由参数 d、w 和 r 来控制。图 15-9 中“Details”部分中的表格给出了 YOLOv8 不同规模的 5 个模型所对应的参数 d、w 和 r 的具体取值。当把这三个参数的具体取值代入 YOLOv8 模型结构中之后，便可得到具有具体模型规模的 YOLOv8 检测模型。比如，对于 YOLOv8-large 来说，$d=1$、$w=1$ 且 $r=1$，则在该模型中，最终用于“Detect”的三层特征图的维度分别为 P5：20×20×512、P4：40×40×512 和 P3：80×80×256。

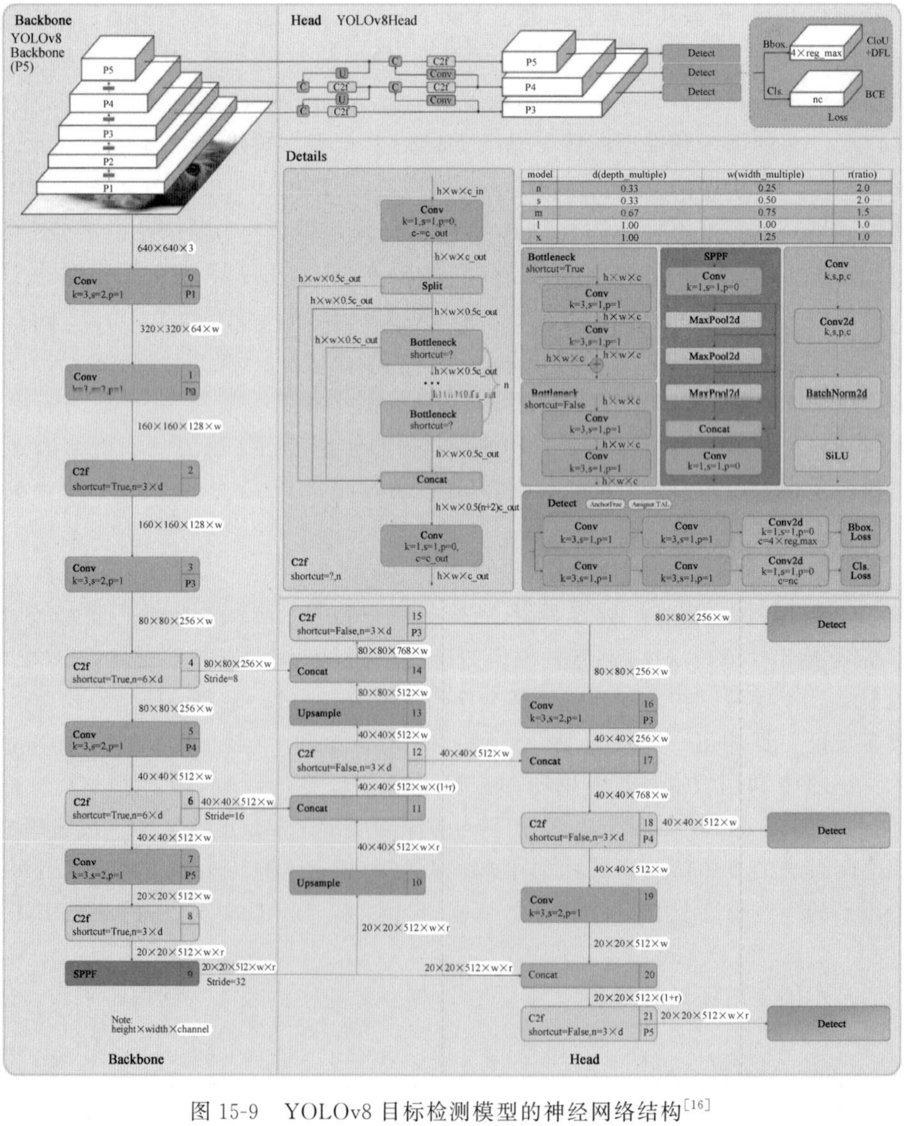

图 15-9 YOLOv8 目标检测模型的神经网络结构[16]

表 15-1 YOLOv8 不同规模模型的推理速度与检测精度对比

模 型	分 辨 率	mAP@.5:.95	GPU 推理速度/(A100,ms)	模型参数数量/M
YOLOv8n	640×640	37.3	0.99	3.2
YOLOv8s	640×640	44.9	1.20	11.2
YOLOv8m	640×640	50.2	1.83	25.9
YOLOv8l	640×640	52.9	2.39	43.7
YOLOv8x	640×640	53.9	3.53	68.2

上面提到，在 COCO 数据集上度量目标检测算法的准确性时，学者们使用了“mAP@.5:.95”这个指标。那这个指标是什么意思呢？又是如何计算出来的？mAP 是 mean average precision 的缩写，意为“平均精确度均值”；“.5:.95”意思是 IoU 阈值从 0.5 开始变化一直变到 0.95，变化步长为 0.05。IoU 阈值会影响对“预测目标边界框正确与否”以及“真值目标边界框是否被成功检测到”的判定，换言之，就是会影响到精确度与召回率的数值。若说预测目标边界框 $\boldsymbol{p}$ 成功匹配到真值目标边界框 $\boldsymbol{g}$，则 $\boldsymbol{p}$ 与 $\boldsymbol{g}$ 的目标类别相同，在这个大前提之下，$\boldsymbol{p}$ 与 $\boldsymbol{g}$ 还需要满足：

(1) IoU($\boldsymbol{p}$,$\boldsymbol{g}$)大于预先设定的 IoU 阈值；

(2) $\boldsymbol{p}$ 是所有同类别预测边界框中与 $\boldsymbol{g}$ 的 IoU 最大的；

(3) $\boldsymbol{g}$ 也是所有同类别真值边界框中与 $\boldsymbol{p}$ 的 IoU 最大的。

mAP@.5:.95 可按如下步骤计算：

(1) 对于数据集中的每个兴趣目标类别，通过变化分类检测置信度阈值，计算出模型检测结果的精确度-召回率曲线；

(2) 对于每个类别，计算 101 个召回率采样点上对应的精确度的平均值 AP；这 101 个采样点是从召回率为 0 的点开始，以 0.01 为步长，逐步采样至召回率为 1.0 的点；

(3) 从 0.5 到 0.95，按步长 0.05 变化 IoU 阈值，并对于每个类别，计算不同 IoU 阈值下的 AP；

(4) 对于每个 IoU 阈值，取所有类别 AP 的平均值作为该 IoU 阈值的 AP 值；

(5) 最后，对在每个 IoU 阈值处计算的 AP 值求取平均值，即为最终 mAP@.5:.95 指标结果。

下面，对 YOLOv8 模型中用到的组件进行进一步介绍。

1. Conv

Conv 组件由标准卷积 Conv2d、批归一化 BatchNorm2d 和非线性激活操作 SiLU(sigmoid linear unit)按顺序组成。操作过程中会涉及 4 个主要参数，k、s、p 和 c，它们分别代表卷积核的大小、卷积操作时的跨步步长(stride)、卷积操作前对特征图的填充量(padding)以及卷积输出的特征图的通道数(即特征图的层数)。SiLU 函数的定义如下：

$$\mathrm{SiLU}(x)=x\cdot\sigma(x)=x\cdot\frac{1}{1+\mathrm{e}^{-x}} \tag{15-11}$$

其中，$\sigma(x)=\frac{1}{1+\mathrm{e}^{-x}}$为 sigmoid 函数。图 15-10 展示了 SiLU 函数的图像；同时，为了方便对比，图中也给出了函数 $\mathrm{ReLU}(x)=\max(0,x)$的图像。

2. SPPF

空间金字塔池化(spatial pyramid pooling，SPP)操作最早由 He 等[17]于 2014 年提出，它可以融合特征图在不同大小感受野下所提取的信息。在 SPP 的基础上，YOLOv5 的开发者

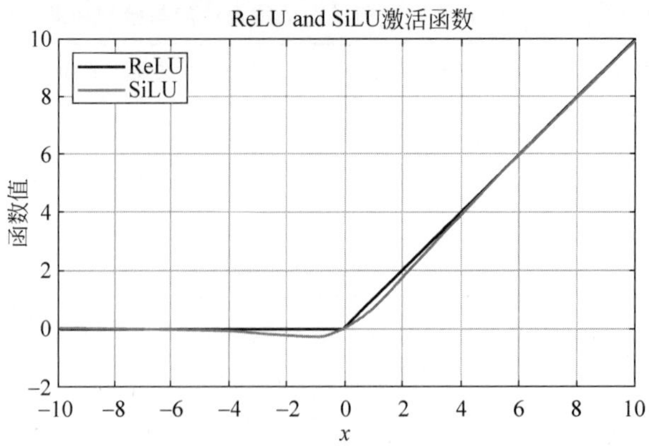

图 15-10　SiLU(x)和 ReLU(x)的函数图像

Glenn R. Jocher 提出了 SPPF 操作。在 SPPF 操作下，特征图先经过一个 Conv 层，然后再顺次经过 3 个具有不同大小池化核的普通极大池化层，再把 4 个输出聚合(concat)在一起，最后再经历一次 Conv。在大部分网络设计中，SPPF 操作会保持特征图的空间分辨率。为了使 3 个池化层输出的特征图保持相同的空间分辨率，在池化开始前需要对特征图进行相应的边界填充(padding)。

3. Bottleneck

根据是否启用跳跃连接(shortcut)，YOLOv8 中所使用的 bottleneck 组件共有两种类型。当不使用跳跃连接时，bottleneck 组件等同于两次连续的 Conv；当使用跳跃连接时，bottleneck 组件可以看作是在介绍 YOLOv3 结构时曾讲述过的残差单元(Res unit)。图 15-9 中 bottleneck 组件图中出现的参数"$h\times w\times c$"指的是相应特征图的维度，其中 h、w 为其二维空间分辨率，c 为其通道数(即特征图的层数)。

4. C2f 组件

C2f 组件是 YOLOv8 模型中一个较大的组件。在这个组件中，进来的维度为 $h\times w\times c$_in 的特征图先经过一个 1×1 Conv 操作生成通道数为 c_out 的特征图，再经由分裂(split)操作形成两路通道数均为 0.5×c_out 的特征图。其中一路会再经过 n 个 Bottleneck 组件顺序处理，每个 Bottleneck 组件产生的特征图的通道数均为 0.5×c_out。之后，n 个 Bottleneck 所产生的特征图以及之前分列操作所产生的两路特征图会被聚合在一起，形成通道数为(n+2)×0.5×c_out 的特征图；最后，该特征图会被送至最后一个 1×1 Conv 操作，生成维度为 $h\times w\times c$_out 的结果特征图，作为该 C2f 组件的最终输出。

5. Detect 组件

YOLOv8 检测模型使用多尺度策略来检测图像中可能出现的不同尺寸大小的目标。以 YOLOv8l 这个具体模型为例，其输出的用于检测目的的三个特征图 P3、P4 和 P5 的空间分辨率分别为 80×80、40×40 和 20×20。如同 YOLOv3 一样，从概念上来说，这相当于将原始的输入图像分别划分为了 80×80、40×40 和 20×20 的网格，每个网格负责预测出一个目标检测输出。不过，YOLOv8 不使用"网格"这个概念，而是使用了"锚点"(Anchor point)这个概念。每个锚点都对应到一个网格，锚点可以理解为是相应网格的中心[①]。

每个特征图(P3、P4 或 P5)后面都接一个 Detect 组件。以 YOLOv8l 当中的 P3 特征图为

① 在后面讲述中读者将会看到，YOLOv8 用某个锚点到目标边界框 4 个边界的偏移量来表示该目标边界框。

例，来详细阐述一下接在其后的 Detect 组件。在 P3 特征图进入 Detect 组件后，后续的处理流程会分为负责"预测目标边界框位置"任务和负责"预测目标类别"任务的两路。

(1) 负责预测目标边界框坐标任务的一路经过两次不改变空间分辨率的 3×3 卷积后，再经一次 1×1 的 Conv2D 卷积，输出 80×80×(4×reg_max)的矩阵，该矩阵即为与目标边界框定位有关的预测值。每个锚点预测一个目标边界框，其坐标被编码在相应位置处的一个 4×reg_max 向量中。reg_max 为锚点到边界框边界偏移量(离散整数数值)的采样点的个数；对于预测目标边界框的每一条边界都有一个对应的 reg_max 维向量，因此每个锚点的预测输出为一个 4×reg_max 的向量。需要格外注意的是，这里所说的锚点到目标边界的偏移量是相对于当前所在特征图的尺度来说的，换言之，若想根据该锚点到 4 条边界的偏移量数值得到在原始输入图像上的边界框定位，还需要根据当前特征图分辨率与输入图像分辨率之间的缩放关系进行换算。

(2) 负责预测目标类别任务的一路经过两次不改变空间分辨率的 3×3 卷积后，再经一次 1×1 的 Conv2D 卷积，输出 $80 \times 80 \times n_c$ 的矩阵，该矩阵即为与目标类别有关的预测值。每个锚点所预测的目标的类别信息被编码在了相应位置处一个 n_c 维向量中，n_c 是要检测的兴趣目标的总类别数。

15.4.2 运行时预测输出解析

在 YOLOv8 中，从网络输出解析出最终的目标检测结果的总体流程基本上与 YOLOv3 相似，也是要先从三个尺度的输出中分别解析出目标检测结果(包括目标边界框坐标以及类别分类置信度)，继而再进行阈值化筛选以及逐类别非极大值抑制处理，便可得到最终的目标检测结果。

上一节提到，在某个尺度下，某锚点 $\boldsymbol{a}$ 所预测出的目标边界框坐标信息以及其分类置信度信息被分别编码在两个输出矩阵相应位置处的一个 4×reg_max 维的向量 $\boldsymbol{b}$ 中和一个 n_c 维的向量$\{\hat{p}(c), c=1,2,\cdots,n_c\}$中。接下来便来看看如何从 $\boldsymbol{b}$ 和$\{\hat{p}(c)\}$中得到锚点 $\boldsymbol{a}$ 所预测出的目标的边界框位置以及它的类别。

如图 15-11 所示，$\boldsymbol{b}$ 中的数值可分为 4 组，每组 reg_max 个值，每组信息能转换为锚点 $\boldsymbol{a}$ 到预测目标边界框相应边界(1 个目标边界框有 4 个边界)的在当前尺度下的偏移量。比如，$b_1 \sim b_{\text{reg\_max}}$ 便负责换算出锚点到左边界的偏移量。在 YOLOv8 的默认参数设置下，reg_max=16，这意味着锚点到各个边界偏移量的范围在 0～15 之内。以一个具体的例子来说明如何从 $b_1 \sim b_{16}$ 中换算出锚点 $\boldsymbol{a}$ 到预测目标左边界的偏移量。$\boldsymbol{y} \triangleq \text{softmax}(b_1 : b_{16}) \in \mathbb{R}^{1\times 16}$ 给出了锚点 $\boldsymbol{a}$ 到左边界的距离为 0、1、2、…、15 的概率。函数$\hat{\boldsymbol{x}} \equiv \text{softmax}(\boldsymbol{x}) \in \mathbb{R}^n$，$\boldsymbol{x} \in \mathbb{R}^n$ 的定义为

$$\hat{x}_j = \frac{\exp(x_j)}{\sum_{i=1}^{n} \exp(x_i)} \tag{15-12}$$

其中，x_j 为向量 $\boldsymbol{x}$ 的第 j 个元素，$\hat{x}_j$ 为向量 $\hat{\boldsymbol{x}}$ 的第 j 个元素。基于 $\boldsymbol{y}$，锚点 $\boldsymbol{a}$ 到预测目标左边界的偏移量可被计算为

$$\sum_{i=1}^{16} y_i (i-1) \tag{15-13}$$

按上述方式可确定出在当前尺度下该锚点到预测目标 4 个边界的偏移量。然后，根据锚点在原始图像分辨率下的位置以及当前所在特征尺度分辨率与原始图像分辨率之间的大小比例关

系，便可换算出 $\boldsymbol{b}$ 所代表的目标边界框在原始输入图像上的位置。

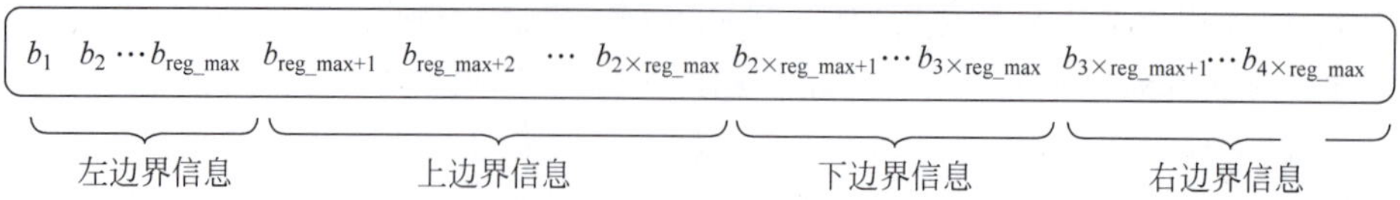

图 15-11　YOLOv8 模型为每个锚点预测出 4×reg_max 维的与边界框定位有关的向量，用来编码锚点到边界框 4 条边界的偏移量信息

与 YOLOv3 相同，YOLOv8 在目标分类问题上也采用了多标签分类的策略，即一个目标可以同时属于多个类别。YOLOv8 为每一个兴趣类别训练了单独的 logistic 二类分类器。在推理阶段，锚点 $\boldsymbol{a}$ 预测出的目标其类别为 j 的概率可计算为 $\sigma(\hat{p}(j))$。至此，便解析出了锚点 $\boldsymbol{a}$ 所预测出的目标的完整信息，包括其边界框位置及其类别。

当从所有三个不同尺度检测分支中按上述方式解析出预测目标信息后，接下来就是要对所得到的初始目标检测结果进行阈值化筛选以及逐类别非极大值抑制处理。细心的读者可能已经注意到，与 YOLOv3 不同，YOLOv8 的预测结果中不再包含反应检测置信度的值（YOLOv3 中输出的目标程度相关值）。那么，在后续的阈值化筛选以及非极大值抑制处理中，要根据哪个度量值来进行呢？答案是直接根据每个预测目标的分类置信度即可。这是由于 YOLOv8 在损失函数设计上采用了任务对齐策略，使得分类置信度可以很好地反映出检测质量，即可以认为分类置信度高的目标边界框比分类置信度低的目标边界框更可靠。

15.4.3　损失函数

本节将介绍 YOLOv8 模型在训练阶段是如何计算训练损失的。在训练损失计算方面，YOLOv8 与 YOLOv3 有很大不同。在每次训练迭代中，YOLOv8 会逐个计算每个真值目标所贡献的训练损失，然后再对所有真值目标的损失贡献进行求和，得到最终的训练损失。下面就来看一看，对于一给定的真值目标 $\boldsymbol{g}$，YOLOv8l 是如何计算由其所引起的训练损失的。在本节后续行文中，统一用 $\boldsymbol{b}$ 来表示 $\boldsymbol{g}$ 的真值边界框；用 $\{p(c):|c=1,2,\cdots,n_c\}$ 表示 $\boldsymbol{g}$ 的真值类别置信度向量，若 $\boldsymbol{g}$ 的真值类别为 j，则 $p(j)=1$①，否则 $p(j)=0$。

对于 YOLOv8l 来说，其三个检测尺度所划分的网格分别为 80×80、40×40 和 20×20，因此，它一共有 8400(80×80+40×40+20×20)个锚点。为计算由 $\boldsymbol{g}$ 贡献的损失，首先要确定出哪些锚点要参与与 $\boldsymbol{g}$ 相关的损失计算。

在 YOLOv3 中，对于一指定的真值目标，由哪一个网格的哪一个预锚框来负责对它预测是由预锚框与真值目标之间的 IoU 来确定的，这就使得预锚框与真值目标之间的关联关系是在训练过程开始之初便确定好的，并在迭代过程中保持不变。因此，可以认为 YOLOv3 所使用的预锚框与真值目标之间的关联策略是一种静态分配策略。YOLOv8 会遇到一个类似的问题：对于给定的真值目标 $\boldsymbol{g}$，应该由哪一个（些）锚点来负责对它进行预测呢？为了更加有效地解决这个问题，YOLOv8 采用了一种动态锚点分配策略——任务对齐分配策略（task aligned assigner，TAA）[18]。它可以在训练过程中根据当前学习到的网络参数情况动态调整与真值目标关联的锚点集合。那么，对于真值目标 $\boldsymbol{g}$，TAA 是如何在某次迭代中为其分配关联锚点的呢？

---

① 注意：由于 YOLOv8 支持多标签标注，因此真值目标的所属类别可能不止一个。

假设 $\boldsymbol{g}$ 的类别为 j。在当前迭代下，对于锚点 $\boldsymbol{a}_i$，假设其回归出的属于类别 j 的置信度相关数值为 $\hat{p}_i(j)$，其预测出的边界框与 $\boldsymbol{b}$ 的 IoU 为 u。可计算出锚点 $\boldsymbol{a}_i$ 与真值目标 $\boldsymbol{g}$ 之间的对齐度量：

$$t_i=(\sigma(\hat{p}_i(j)))^{\alpha}\cdot u^{\beta} \tag{15-14}$$

其中，α、β 为两个超参数，在 YOLOv8 中，它们的默认值分别被设置为 0.5 和 6.0。显然，t_i 的值越大，越有理由相信 $\boldsymbol{g}$ 应该由锚点 $\boldsymbol{a}_i$ 来负责预测。计算出真值目标 $\boldsymbol{g}$ 与所有锚点的对齐度量 $\{t_i:|i=1,2,\cdots,8400\}$。然后，挑选出与 $\boldsymbol{g}$ 有最大的前 k 个对齐度量值的关联锚点集合 $\{\boldsymbol{a}_i:|i=1,2,\cdots,k\}$（$k$ 为预先设定参数，在 YOLOv8 中其默认值为 10），让它们来负责 $\boldsymbol{g}$ 的预测任务；换言之，集合 $\{\boldsymbol{a}_i:|i=1,2,\cdots,k\}$ 中的锚点所预测出的目标信息要参与与真值目标 $\boldsymbol{g}$ 有关的训练损失的计算。需要注意的是，每个锚点最多只能参与一个真值目标损失的计算。若锚点 $\boldsymbol{a}$（其所预测出的边界框为 $\boldsymbol{b}_a$）同时出现在了两个真值目标 $\boldsymbol{g}_1$（其真值边界框为 $\boldsymbol{b}_1$）和 $\boldsymbol{g}_2$（其真值边界框为 $\boldsymbol{b}_2$）的关联锚点集合中，如果 $\mathrm{IoU}(\boldsymbol{b}_a,\boldsymbol{b}_1)>\mathrm{IoU}(\boldsymbol{b}_a,\boldsymbol{b}_2)$，则需要从 $\boldsymbol{g}_2$ 的关联锚点集合中将锚点 $\boldsymbol{a}$ 删除，否则就需要从 $\boldsymbol{g}_1$ 的关联锚点集合中将锚点 $\boldsymbol{a}$ 删除。

假设已经得到了真值目标 $\boldsymbol{g}$ 的关联锚点集合 $\{\boldsymbol{a}_i:|i=1,2,\cdots,m\}$。需要计算 $\boldsymbol{g}$ 与每一个关联锚点所预测出来的目标之间的分类损失和定位损失，然后再对它们进行加权求和得到 $\boldsymbol{g}$ 所贡献的总的训练损失。下面将依次介绍分类损失、定位损失以及总体损失的计算细节。

1. 分类损失计算

对于目标分类，YOLOv8 支持多标签标注，因此采用了与 YOLOv3 相同的策略：在预测目标边界框类别时，为每一个类别建立一个 logistic 二值分类器，并用两类交叉熵来计算分类损失。假设关联锚点 $\boldsymbol{a}_i$ 所预测出来的目标类别置信度相关向量为 $\{\hat{p}_i(c):|c=1,2,\cdots,n_c\}$，则 $\boldsymbol{g}$ 所贡献的目标分类损失项为，

$$l_{\mathrm{cls}}=-\sum_{i=1}^{m}\sum_{c=1}^{n_c}[p(c)\log(\sigma(\hat{p}_i(c)))+(1-p(c))\log(1-\sigma(\hat{p}_i(c)))] \tag{15-15}$$

2. 定位损失计算

与目标边界框定位有关的损失包括两部分，分布焦点损失（distribution focal loss，DFL）[19]和完整交并比（complete IoU，CIoU）损失[20]。

锚点 $\boldsymbol{a}_i$ 预测出的与边界框定位有关的信息可以被理解为 4 个维度为 reg_max 的向量，$\hat{\boldsymbol{o}}_{il}$、$\hat{\boldsymbol{o}}_{it}$、$\hat{\boldsymbol{o}}_{ir}$ 和 $\hat{\boldsymbol{o}}_{ib}$。锚点到其所回归的边界框边界的偏移量的取值范围为 0 到 reg_max−1（在锚点所在的尺度之下）。首先要对该 4 个向量进行 softmax 操作：$\hat{\boldsymbol{o}}_{il}\leftarrow\mathrm{softmax}(\hat{\boldsymbol{o}}_{il})$，$\hat{\boldsymbol{o}}_{it}\leftarrow\mathrm{softmax}(\hat{\boldsymbol{o}}_{it})$，$\hat{\boldsymbol{o}}_{ir}\leftarrow\mathrm{softmax}(\hat{\boldsymbol{o}}_{ir})$，$\hat{\boldsymbol{o}}_{ib}\leftarrow\mathrm{softmax}(\hat{\boldsymbol{o}}_{ib})$。此时，$\hat{\boldsymbol{o}}_{il}$ 中的数值代表了锚点 $\boldsymbol{a}_i$ 到预测出的目标左边界的偏移量的概率分布；类似地，$\hat{\boldsymbol{o}}_{it}$、$\hat{\boldsymbol{o}}_{ir}$ 和 $\hat{\boldsymbol{o}}_{ib}$ 依次代表了锚点到预测出的目标的上边界、右边界和下边界偏移量的概率分布。假设锚点 $\boldsymbol{a}_i$ 到真值目标框 $\boldsymbol{b}$ 的左边界的偏移量真值为 y（在 $\boldsymbol{a}_i$ 所在的特征尺度之下），则由 $\boldsymbol{a}_i$ 到 $\boldsymbol{b}$ 的左边界偏移量引起的 DFL 损失项为

$$l_{\mathrm{DFL}(i)}^{\mathrm{l}}=-[(\lfloor y\rfloor+1-y)\log(\hat{\boldsymbol{o}}_{il}(\lfloor y\rfloor))+(y-\lfloor y\rfloor)\log(\hat{\boldsymbol{o}}_{il}(\lfloor y\rfloor+1))] \tag{15-16}$$

其中，$\lfloor y\rfloor$表示对 y 向下取整。该损失项的直观含义就是要增大在偏移量真值 y 附近的两个位置$\lfloor y\rfloor$和$\lfloor y\rfloor+1$ 处的概率值 $\hat{\boldsymbol{o}}_{il}(\lfloor y\rfloor)$ 和 $\hat{\boldsymbol{o}}_{il}(\lfloor y\rfloor+1)$。基于同样的方式，还需要计算出由 $\boldsymbol{a}_i$ 到 $\boldsymbol{b}$ 的上边界、右边界和下边界偏移量所引起的 DFL 损失项 $l_{\mathrm{DFL}(i)}^{\mathrm{t}}$、$l_{\mathrm{DFL}(i)}^{\mathrm{r}}$ 和 $l_{\mathrm{DFL}(i)}^{\mathrm{b}}$。这样，便可以计算出由锚点 $\boldsymbol{a}_i$ 与真值框 $\boldsymbol{b}$ 所贡献的 DFL 损失 $l_{\mathrm{DFL}(i)}=l_{\mathrm{DFL}(i)}^{\mathrm{l}}+l_{\mathrm{DFL}(i)}^{\mathrm{t}}+l_{\mathrm{DFL}(i)}^{\mathrm{r}}+l_{\mathrm{DFL}(i)}^{\mathrm{b}}$。

最终，真值目标 $\boldsymbol{g}$ 所贡献的 DFL 损失为：

$$l_{\mathrm{DFL}}=\sum_{i=1}^{m} l_{\mathrm{DFL}\{i\}} \tag{15-17}$$

除了分布焦点损失之外，与边界框定位有关的损失还包括预测目标边界框与真值边界框之间的 CIoU 损失。对于与 $\boldsymbol{g}$ 关联的锚点 $\boldsymbol{a}_i$，由在当前迭代下 $\boldsymbol{a}_i$ 到其预测出的目标的 4 个边界框偏移量的概率分布 $\hat{\boldsymbol{o}}_{il}$、$\hat{\boldsymbol{o}}_{it}$、$\hat{\boldsymbol{o}}_{ir}$ 和 $\hat{\boldsymbol{o}}_{ib}$，依据式(15-13)便可解析出 $\boldsymbol{a}_i$ 预测出的目标边界框 $\boldsymbol{b}_i$。之后，便可以计算出 $\boldsymbol{b}_i$ 与 $\boldsymbol{b}$ 之间的 CIoU 损失为

$$L_{\mathrm{CIoU}}^{i}=1-\mathrm{IoU}(\boldsymbol{b}_i,\boldsymbol{b})+\frac{\mathrm{dist\_2}^2}{\mathrm{dist\_}c^2}+\frac{v^2}{1-\mathrm{IoU}(\boldsymbol{b}_i,\boldsymbol{b})+v} \tag{15-18}$$

其中，dist_2 表示 $\boldsymbol{b}_i$ 与 $\boldsymbol{b}$ 中心点间的欧氏距离，dist_c 表示能够同时包含 $\boldsymbol{b}_i$ 与 $\boldsymbol{b}$ 的最小闭包区域的对角线距离，$v=\frac{4}{\pi^2}\left(\arctan\frac{w^{\mathrm{b}}}{h^{\mathrm{b}}}-\arctan\frac{w^{\boldsymbol{b}_i}}{h^{\boldsymbol{b}_i}}\right)^2$，$(w^{\mathrm{b}},h^{\mathrm{b}})$ 为 $\boldsymbol{b}$ 的宽和高，$(w^{\boldsymbol{b}_i},h^{\boldsymbol{b}_i})$ 为 $\boldsymbol{b}_i$ 的宽和高。最终，真值目标 $\boldsymbol{g}$ 所贡献的 CIoU 损失为

$$l_{\mathrm{CIoU}}=\sum_{i=1}^{m} l_{\mathrm{CIoU}}^{i} \tag{15-19}$$

3. 总体损失计算

以上已经得到了真值目标 $\boldsymbol{g}$ 贡献的三类损失 l_{cls}、l_{DFL} 和 l_{CIoU}。由于与 $\boldsymbol{g}$ 关联的锚点集合是在训练过程中动态确定的，在不同迭代轮次中，该集合中的锚点数量可能会发生变化。不难想象，一般来说，与 $\boldsymbol{g}$ 关联的锚点越多，$\boldsymbol{g}$ 所产生的训练损失也就越大。因此，需要对 $\boldsymbol{g}$ 所贡献的损失进行某种归一化，以尽量消除掉由于关联锚点数的变化而引起的损失变化。为此目的(同时也是为了更好地训练网络)，Feng 等[18]给出了如下简单有效的工程化方法。

设真值目标 $\boldsymbol{g}$ 与其所有关联锚点的对齐度量为集合$\{t_i\}_{i=1}^{m}$，t_i 为按式(15-13)的方式计算出的 $\boldsymbol{g}$ 与关联锚点 $\boldsymbol{a}_i$ 之间的对齐度量；与其所有关联锚点的交并比为集合$\{u_i\}_{i=1}^{m}$，u_i 为 $\boldsymbol{g}$ 的真值边界框 $\boldsymbol{b}$ 与关联锚点 $\boldsymbol{a}_i$ 预测出的边界框之间的 IoU。之后，按如下方式计算 t_i 的归一化对齐度量 $\hat{t}_i$，

$$\hat{t}_i=\frac{t_i\cdot u^*}{t^*} \tag{15-20}$$

其中，$t^*=\max\limits_{i}\{t_i,i=1,2,\cdots,m\}$，$u^*=\max\limits_{i}\{u_i,i=1,2,\cdots,m\}$。

最终，真值目标 $\boldsymbol{g}$ 所贡献的总体训练损失被定义为

$$l=\frac{a\cdot l_{\mathrm{cls}}+b\cdot l_{\mathrm{DFL}}+c\cdot l_{\mathrm{CIoU}}}{\sum_{i=1}^{m}\hat{t}_i} \tag{15-21}$$

其中，a、b 和 c 为加权系数，在 YOLOv8 中它们的默认值分别被设置为 0.5、1.5 和 7.5。

15.5 实践 1：YOLOv4

在本实践环节中，将带领读者学习 YOLOv4 目标检测开源项目[21]的使用。本实践环节中的所有内容均在 Windows 11 操作系统上完成。

15.5.1 硬件与软件环境准备

硬件要求：安装有 GPU 的工作站一台，且 GPU 要支持 10.2 版本以上的 CUDA(compute

unified device architecture)。

软件要求：本书使用的软件环境为 Windows 11＋Visual Studio 2017＋CUDA 11.3＋cuDNN＋CMake3.26.0＋OpenCV4.5.5①。在开始后续操作之前，要确保这些软件已经成功安装在本机上。

为确保基础软硬件环境运行正常，可做一些辅助检查。

1. 检查显卡

打开系统设备管理器，在“显示适配器”下能看到系统上所安装的 GPU 显卡。如图 15-12 所示，系统上安装了两块 Nvidia GeForce RTX 3080Ti GPU 显卡。

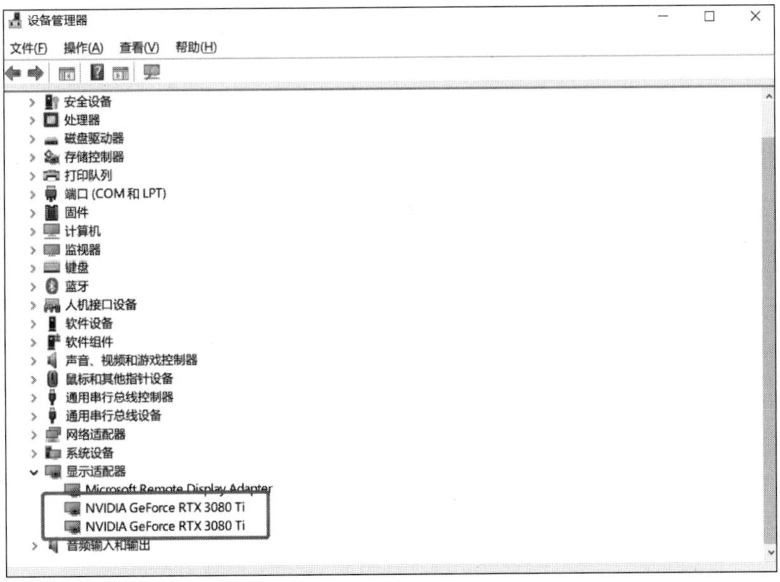

图 15-12 设备管理器中的两块 Nvidia GeForce RTX3080Ti GPU 显卡

2. 确认 CUDA 安装正确

安装完 CUDA 之后，可以安装随之附带的 CUDA Samples，编译 CUDA Samples。之后运行编译出的 deviceQuery.exe。利用该程序，用户可以查看本机 GPU 的基本信息。在本书的环境下，编译出的 deviceQuery.exe 文件位于 C:\ProgramData\NVIDIA Corporation\CUDA Samples\v11.3\bin\win64\Debug 目录之下。在 cmd 窗口中运行 deviceQuery.exe，输出结果如图 15-13 所示。

如果想知道当前系统安装的 CUDA 版本是什么，可在 cmd 窗口中运行命令：

```
nvcc --version
```

其输出如图 15-14 所示。

15.5.2 编译 darknet

YOLOv1 到 YOLOv4 目标检测模型在被提出的时候，本书使用的 CNN 推理和训练框架是 DarkNet，而不是使用更加广泛的 TensorFlow、PyTorch、CAFFE 等其他神经网络框架。darknet 是用 C 语言和 CUDA 编写的，支持 GPU 加速，比较适合被移植到嵌入式或移动端设

① 一般来说，软件系统具有一定的版本向下兼容性。因此，如果读者所用软件版本高于本机，则完成本书的实践环节不会有问题。

```
命令提示符

C:\ProgramData\NVIDIA Corporation\CUDA Samples\v11.3\bin\win64\Debug>deviceQuery
deviceQuery Starting...

 CUDA Device Query (Runtime API) version (CUDART static linking)

Detected 2 CUDA Capable device(s)

Device 0: "NVIDIA GeForce RTX 3080 Ti"
  CUDA Driver Version / Runtime Version          11.8 / 11.3
  CUDA Capability Major/Minor version number:    8.6
  Total amount of global memory:                 12288 MBytes (12884377600 bytes)
  (080) Multiprocessors, (128) CUDA Cores/MP:    10240 CUDA Cores
  GPU Max Clock rate:                            1665 MHz (1.66 GHz)
  Memory Clock rate:                             9501 Mhz
  Memory Bus Width:                              384-bit
  L2 Cache Size:                                 6291456 bytes
  Maximum Texture Dimension Size (x,y,z)         1D=(131072), 2D=(131072, 65536), 3D=(16384, 16384, 16384)
  Maximum Layered 1D Texture Size, (num) layers  1D=(32768), 2048 layers
  Maximum Layered 2D Texture Size, (num) layers  2D=(32768, 32768), 2048 layers
  Total amount of constant memory:               65536 bytes
  Total amount of shared memory per block:       49152 bytes
  Total shared memory per multiprocessor:        102400 bytes
  Total number of registers available per block: 65536
  Warp size:                                     32
  Maximum number of threads per multiprocessor:  1536
  Maximum number of threads per block:           1024
  Max dimension size of a thread block (x,y,z): (1024, 1024, 64)
  Max dimension size of a grid size    (x,y,z): (2147483647, 65535, 65535)
  Maximum memory pitch:                          2147483647 bytes
  Texture alignment:                             512 bytes
  Concurrent copy and kernel execution:          Yes with 5 copy engine(s)
  Run time limit on kernels:                     Yes
  Integrated GPU sharing Host Memory:            No
  Support host page-locked memory mapping:       Yes
  Alignment requirement for Surfaces:            Yes
  Device has ECC support:                        Disabled
  CUDA Device Driver Mode (TCC or WDDM):         WDDM (Windows Display Driver Model)
  Device supports Unified Addressing (UVA):      Yes
  Device supports Managed Memory:                Yes
  Device supports Compute Preemption:            Yes
```

图 15-13　deviceQuery 程序的输出结果

```
命令提示符

D:\>nvcc --version
nvcc: NVIDIA (R) Cuda compiler driver
Copyright (c) 2005-2021 NVIDIA Corporation
Built on Sun_Mar_21_19:24:09_Pacific_Daylight_Time_2021
Cuda compilation tools, release 11.3, V11.3.58
Build cuda_11.3.r11.3/compiler.29745058_0

D:\>_
```

图 15-14　命令 nvcc --version 会返回系统安装的 CUDA 的版本信息

备。为了使用 YOLOv4 目标检测模型，需要先在本地编译并成功运行 darknet 神经网络平台。

1. 下载 darknet 代码

在 YOLOv4 GitHub 代码仓库中下载 darknet-master 代码，解压缩至本地。解压后的 darknet 代码根目录为如下。

```
(path to) \darknet - master
```

2. 生成 darknet 的 Visual Studio 工程并编译出 darknet

运行 CMake，并在源代码路径处填入 darknet 代码根目录路径。然后设置编译输出路径如下。

```
(path to) \darknet - master\selfbuild
```

单击 Configure 按钮，并根据本机情况选择 VS 编译器版本。CMake 的相关设置如图 15-15 所示。

之后，CMake 会尝试生成 darknet 项目的 VS 工程文件。在这个过程中，CMake 很可能会报出一些错误提示，主要是需要用户提供所需的依赖软件库的安装路径。可根据 CMake 给出

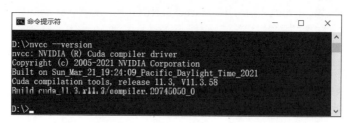

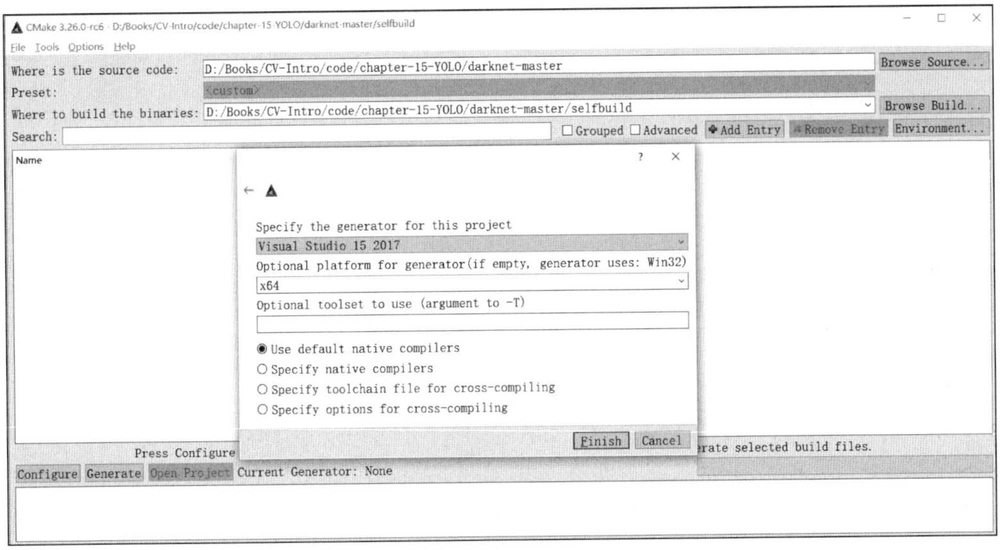

图 15-15　编译 darknet 时 CMake 的基本设置

的提示填入所需配置。比如，CMake 提示无法找到 OpenCV，可设置 OPENCV_DIR 的值为 OpenCV 的安装路径如下。

(path to) \opencv - 4.5.5\build

当 CMake 配置程序不再有错误提示之后，单击 Generate 按钮完成 VS 工程文件的生成。此步骤完成后，会在路径(path to)\darknet-master\selfbuild 下出现 darknent 的 VS 工程文件，如图 15-16 所示。

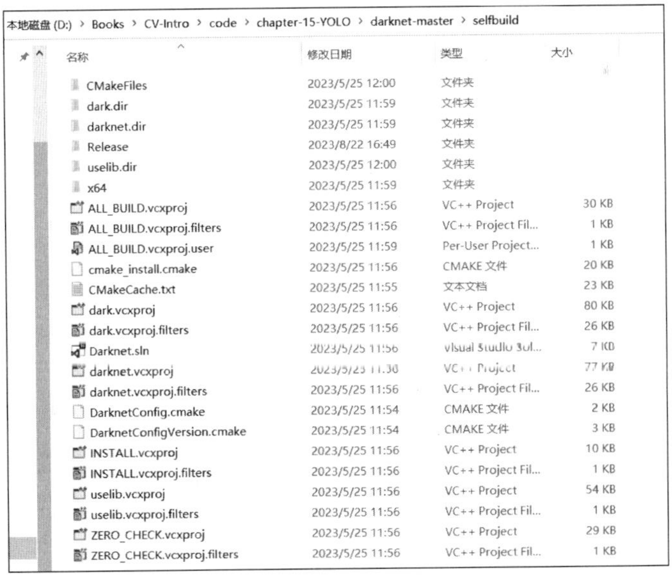

图 15-16　CMake 产生出的 darknet 的 VS 工程文件

当在 Visual Studio 中成功编译 darknet. sln 之后，会在该目录下的 Release 目录下生成 darknet. exe 可执行程序

在 Visual Studio 2017 中打开 Darknet. sln 文件，并配置为 Release x64，之后完成整个解决方案的编译。如一切正确，会在(path to)\darknet-master\selfbuild\Release 目录下出现可执行文件 darknet. exe。之后，还需要把 OpenCV 的动态链接库文件复制到 darknet. exe 所在

目录之下。本实践环节后续要进行的 YOLOv4 模型的训练与推理任务都要基于 darknet.exe 来完成。

15.5.3 测试开发者提供的已训练好的模型

为了验证前面所做的配置工作和编译工作的正确性，可执行 YOLOv4 开发者已经提供好的几个模型测试例程，并借此熟悉 darknet 所提供的接口功能。

1. 模型网络结构可视化

若想清晰直观地理解 YOLO 模型的网络结构，可以借助网络模型在线查看工具 Netron，它的 Web 应用网址为 https://netron.app/。

YOLOv4 模型的结构配置文件的格式为 CFG，是 darknet 程序所能支持的结构配置文件模式。Netron 工具支持该文件类型。在 Netron 中打开 YOLOv4 网格结构文件：(path to)\darknet-master\cfg\yolov4.cfg，会可视化该网络结构，如图 15-17 所示。

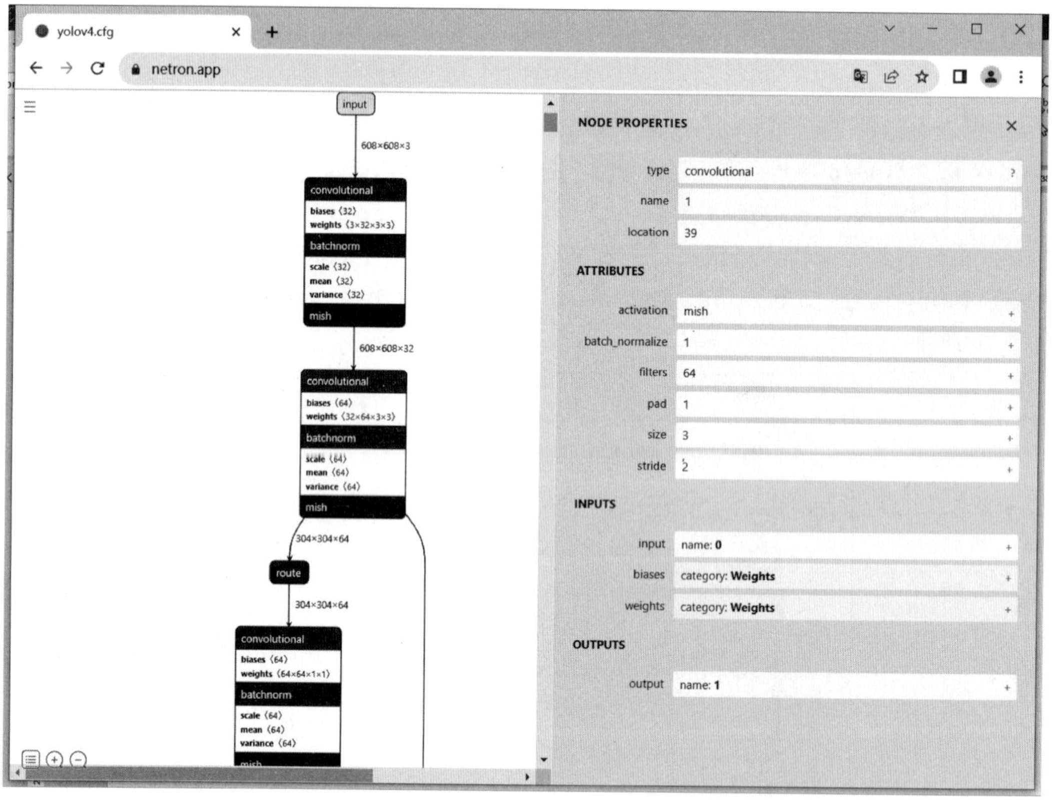

图 15-17 网络结构在线可视化工具 Netron

2. 单张图像目标检测测试

将\darknet-master 目录下的 CFG 和 DATA 文件夹复制到/darknet-master/selfbuild/Release 目录之下。同时，根据 YOLOv4 GitHub 代码仓库上的信息，下载已经训练好的 YOLOv4 模型（权重）文件“yolov4.weights”①，并也将其放在\darknet-master\selfbuild\Release 目录之下。在 cmd 命令行中，执行如下命令：

① 该权重文件的下载地址为 https://github.com/AlexeyAB/darknet/releases/download/darknet_yolo_v3_optimal/yolov4.weights。

```
cd (path to)\darknet - master\selfbuild\Release
darknet detector test cfg\coco.data cfg\yolov4.cfg yolov4.weights data\dog.jpg -thresh 0.25
```

之后，会可视化显示出在测试图像上的目标检测结果，如图 15-18 所示。

图 15-18 在单张图片上的测试结果

对上述命令行中的参数进行一下解读。“detector”，表明当前的工作模式为目标检测模式；“test”，表明是处于测试应用（而不是训练）阶段；“cfg\coco.data”，该文件是解读目标分类结果时需要用到的，由于 yolov4.weights 这个模型是在 MS COCO 数据集上训练的，因此要解读该模型的目标分类结果需要用到 COCO 数据集的“类别 ID 与类名称”映射信息，该信息可以通过 cfg\coco.data 文件得到；“cfg\yolov4.cfg”，给出了 yolov4.weights 模型的网络结构；“data\dog.jpg”，是待进行目标检测操作的示例图片；“-thresh”，可设置在阈值化筛选阶段所用的分类检测置信度阈值。

3. 本地视频文件目标检测测试

准备一个 MP4 格式的视频文件，如 test.mp4，并将该文件放到路径\darknet-master\selfbuild\Release\data\之下，执行如下命令[①]：

```
cd (path to)\darknet - master\selfbuild\Release
darknet detector demo cfg\coco.data cfg\yolov4.cfg yolov4.weights - ext_output data\test.mp4
```

便可看到以视频格式显示的目标检测结果。

如果想要把带有可视化检测结果的视频文件保存到本地，可以执行以下命令：

```
darknet detector demo cfg\coco.data cfg\yolov4.cfg yolov4.weights - ext_output data\test.mp4
 - out_filename result.mp4
```

该命令会在对视频文件 test.mp4 执行目标检测操作的同时，将可视化检测结果保存到本地文件（与 darknet.exe 在同一目录下）result.mp4 中。

4. 安卓手机摄像头视频流目标检测测试

当手机上安装并开启了 IP 摄像头服务以后，可以把手机当作一个移动网络摄像头，通过 Wi-Fi 将手机拍摄到的实时画面传输至运行 YOLO 目标检测算法的工作站，并进行实时目标检测。

① 如果提示解析视频文件有问题，需要把 OpenCV 的库文件 opencv_videoio_ffmpeg455_64.dll 也复制到 darknet.exe 所在的目录之下。

首先，需要下载并安装网络摄像头 App①。

安装之后，在手机上启动 IP 摄像头 App 并开启 IP 摄像头服务，此时手机界面如图 15-19 所示。记录下此时手机 IP 摄像头 App 界面上所显示的局域网地址

```
http://100.74.90.160:8081
```

在 cmd 命令行窗口中执行：

```
darknet detector demo cfg\coco.data cfg\yolov4.cfg yolov4.weights http://admin:admin@100.74.90.160:8081
```

之后，便可在工作站端看到手机摄像头传回来的实时画面以及 YOLOv4 目标检测结果，如图 15-20 所示。

图 15-19　在手机上安装并运行 IP 摄像头 App

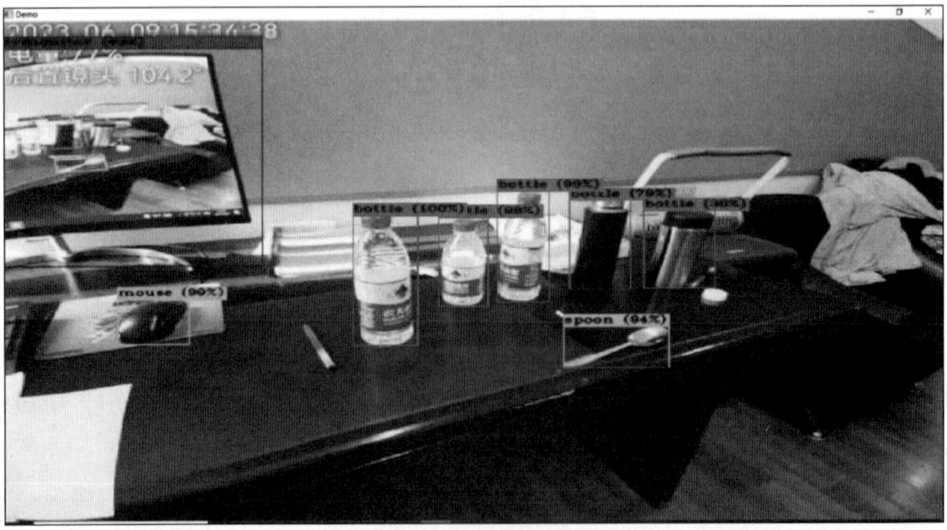

图 15-20　实时画面

在手机上安装并运行 IP 摄像头 App，实时画面可通过 Wi-Fi 传回至运行 YOLO 检测程序的工作站并进行实时目标检测；此时，手机可以看作是一个移动的网络摄像头

① 为方便读者，将一适用于安卓系统的免费 IP 摄像头 App(ipshexiangtou28.2.5_2265.com.apk)放在本书 GitHub 代码仓库中，读者可在\chapter-15-YOLO 目录下找到它。

15.5.4　训练自己的模型

在15.5.3中，测试了YOLOv4开发者已经训练好的目标检测模型。然而在实际项目中，往往需要解决特有的目标检测任务。本节将带领读者完成针对特有任务的YOLOv4目标检测模型的训练。

1．图像数据采集与标注

首先，要收集包含所要检测目标对象的图像样本集合。本节假设目标检测任务是从图像中检测出行人和减速带这两类目标。因此，首先需要收集大量的带有行人与减速带的图像。然后对收集到的图像进行标注。关于如何生成满足YOLO模型训练要求的标注信息的内容，请参见附录K。

如果已经按照附录K的步骤完成了数据标注任务①。在\darknet-master\selfbuild\Release\目录下新建“mydata”目录。然后，将在完成附录K所述的数据标注过程中产生的“img”文件夹（该文件夹下存储了图像文件以及对应的标注文本文件）和“obj. names”文件复制至\darknet-master\selfbuild\Release\mydata目录之下。

2．训练数据文件名列表和验证数据文件名列表的生成

为了能从一定程度上缓解训练模型的过拟合问题，标注好的数据不应全部用来作为模型训练使用，而是要分出来一部分作为验证集。在这一步骤，需要生成train. txt和val. txt两个文本文件，它们分别存储用于训练的和用于验证的图像文件相对于darknet. exe所在位置的路径。train. txt和val. txt文件的内容如图15-21所示②。在本例中，用80%的数据作为训练集，20%的数据作为验证集，即训练集中的样本数为9380，验证集中的样本数为2344。将train. txt和val. txt这两个文件放在目录\darknet-master\selfbuild\Release\mydata之下。

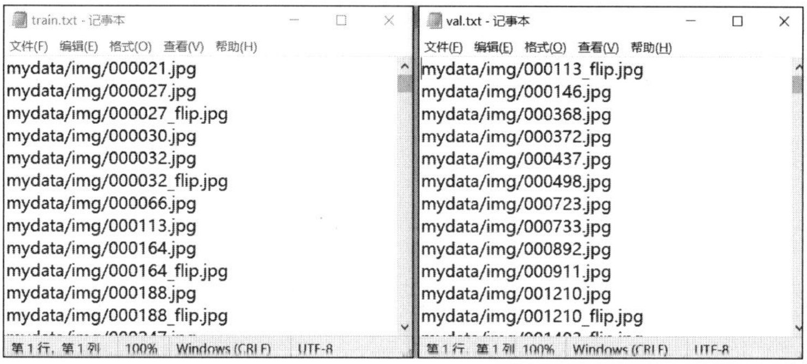

图15-21　train. txt和val. txt文件中的内容

3．生成训练所需的基本配置文件

包含训练（验证）图像（及其标注）路径的文件在哪里、训练之后的模型放在哪里、类别编号与类别名称的对应文件在哪里以及要检测的目标类别数是多少，这些训练YOLO模型所需要的基本信息需要集中放在一个配置文件里面。在目录\darknet-master\selfbuild\Release\mydata之下建立文本文件speedbump-person. data，并按照图15-22所示修改其内容。该配

---

①　为方便读者，已经将附录K所标注完成的行人与减速带图像数据集发布，读者可以在本书GitHub代码仓库\chapter-15-YOLO\For-yolov4目录下找到该数据集的下载信息。随同该标注图像数据集，下文所说的train. txt、val. txt以及obj. names三个文件也都在该数据集中。

②　用于生成train. txt和val. txt的Matlab程序文件可在本书GitHub代码仓库中找到，即文件\chapter-15-YOLO\For-yolov4\genTrainValImgFilenameList. m。

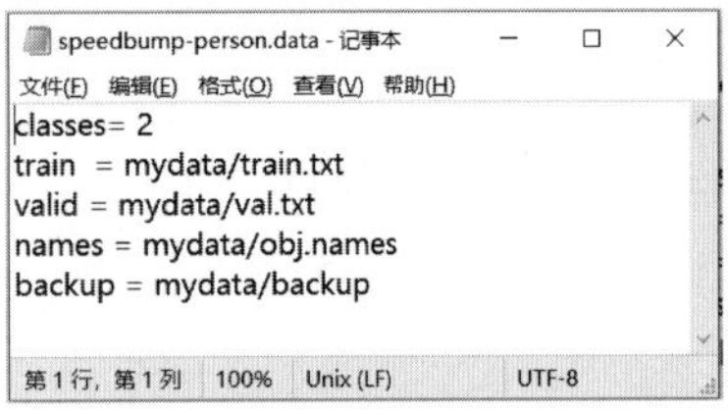

```
speedbump-person.data - 记事本
文件(F) 编辑(E) 格式(O) 查看(V) 帮助(H)
classes= 2
train  = mydata/train.txt
valid = mydata/val.txt
names = mydata/obj.names
backup = mydata/backup
第1行，第1列  100%  Unix (LF)  UTF-8
```

图 15-22　训练配置文件

置文件一共有 5 行内容：“classes”字段表示要检测的目标类别数；“train”字段给出了包含训练图像路径的文件的地址；“valid”字段给出了包含验证图像路径的文件的地址；“names”字段给出了包含类别编号与类别名称对应关系的文件的地址；“backup”给出了训练模型的存储目录。之后，需要在\darknet-master\selfbuild\Release\mydata 之下新建目录“backup”。

4. 修改 YOLO 网络结构配置文件

在任务中，所要检测的目标类别数与默认 YOLO 模型所能检测的目标类别数不同，因此需要对 YOLOv4 的网络结构文件进行修改，来使得它适合特定的任务。可以对文件

```
\darknet - master\selfbuild\Release\cfg\yolov4 - custom.cfg
```

进行修改，得到符合要求的 YOLOv4 网络结构。具体来说，要在 yolov4-custom.cfg 文件中搜索“yolo”，然后修改它附近的“classes”和“filters”两个字段的设置，如图 15-23 所示。“classes”要设置成要检测的目标类别数，图中该值显然为 2。“filters”表示的是最后一层输出特征图的通道数。YOLOv4 的输出特征图的维度与 YOLOv3 相同。“filters”的数值应该设置为 (classes＋5)×3，图中该值为 21。注意，上述修改操作要在 yolov4-custom.cfg 文件中“yolo”出现的三个位置上(对应于三个检测尺度)都要进行。

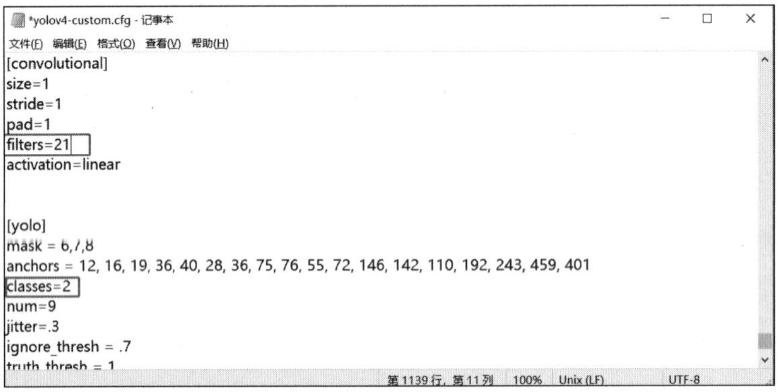

```
*yolov4-custom.cfg - 记事本
文件(F) 编辑(E) 格式(O) 查看(V) 帮助(H)
[convolutional]
size=1
stride=1
pad=1
filters=21
activation=linear


[yolo]
mask = 6,7,8
anchors = 12, 16, 19, 36, 40, 28, 36, 75, 76, 55, 72, 146, 142, 110, 192, 243, 459, 401
classes=2
num=9
jitter=.3
ignore_thresh = .7
truth_thresh = 1
第1139行，第11列  100%  Unix (LF)  UTF-8
```

图 15-23　修改 yolov4-custom.cfg 网络配置文件

除了上面提到的“classes”和“filters”两个字段之外，还有“max_batches”“steps”和“subdivisions”三个字段需要根据实际情况酌情修改。

训练迭代的次数由参数“max_batches”来控制。YOLOv4 的开发者建议将此值设置为 classes×2000，但不能小于 6000，也不能小于训练样本的个数。在本例中，训练样本数目为 9380，因此可设置 max_batches＝10 000。

“steps”字段与“scales”字段配合使用，如果 steps 设置了 2 个值，则 scales 也会有两个值。这两个字段配合在一起，用于控制学习率的改变，即迭代次数到了 steps 次数之后，学习率就要在当前学习率的基础上乘上 scales 对应的值。举例来说，在默认参数下“steps＝400 000，450 000”“scales＝.1，.1”，这意味着当迭代次数达到 400 000 次以后，学习率为 learning_rate×0.1；当迭代次数达到 450 000 次以后，学习率为 learning_rate×0.1×0.1。YOLOv4 的开发者建议将 steps 的两个值分别设置为 max_batches 的 80％和 90％。因此，本例按如下设置 steps 的值，“steps＝8000，9000”。

有时，还需要根据本机 GPU 的具体情况修改“subdivisions”字段的设置。“subdivisions”

的意思是把每个批量(batch)数据再划分成几个小份。比如，默认情况下“batch＝64”，也就是说一次迭代(iteration)会用到 64 个图像样本，但 GPU 的显存可能不能一下子把 64 幅图像全都读入，如果“subdivisions＝8”，则会把 64 个图像样本分为 8 份，每次读入 8 幅。因此，如果 GPU 显存大的话，“subdivisions”可以设置小一些，最小值为 1，也就是一次性读入 batch 个图像样本；如果 GPU 显存比较小的话，可以增大 subdivisions 值的设置，最大可设置为 batch 的值，即每次只读入一幅图像。在本例中，设置 subdivisions＝64。

5. 下载预训练模型

在解决实际机器学习问题时，一般不会从头开始重新训练一个模型，而是会采用微调(finetuning)策略，以一个已经在大规模数据集上进行了充分训练的初始模型为基础，在自己的数据集上进行微调训练。这种训练技巧可有效防止模型在小数据集上出现过拟合。因此，需要先下载 YOLOv4 已经训练好的初始模型权重文件 yolov4.conv.137[①]，并将其放在 \darknet-master\selfbuild\Release\mydata 目录之下。此时该目录中的内容如图 15-24 所示。

图 15-24 在 YOLOv4 模型训练准备工作结束之后，“mydata”目录下的文件内容

6. 开始模型训练过程

当上述准备工作就绪之后，便可以开始训练检测模型。在 cmd 命令行窗口中执行如下命令：

```
cd (path to)\darknet-master\selfbuild\Release
darknet.exe detector train mydata\speedbump-person.data cfg\yolov4-custom.cfg mydata\yolov4.
conv.137 -map
```

便可开始特定任务的 YOLOv4 检测模型的训练。在上述指令中，“-map”表示在训练过程中，每训练 4 轮(epoch)就会在验证集上计算一下当前所得模型的 mAP，便于使用者监测训练进程。

如果工作站上安装有多个 GPU，也可以进行多 GPU 并行训练以提升训练速度。比如，工作站上安装有两个 GPU，可通过执行以下指令在两个 GPU 上完成并行训练：

```
darknet.exe detector train mydata\speedbump-person.data cfg\yolov4-custom.cfg mydata\yolov4.
conv.137 -map -gpus 0,1
```

模型的训练时间与 GPU 型号、数据量大小、迭代次数设置等有关。如完全按照本节上述设置，在装有两块 Nvidia GeForce RTX 3080Ti GPU 的工作站上，训练过程需要 6h 左右。

在训练过程中，可以通过 darknet 提供的可视化窗口来实时观察训练损失的变化情况以及当前所得模型在验证集上的检测精度情况。训练结束后，会得到如图 15-25 所示的可视化训练结果。

---

① 在 YOLOv4 的 GitHub 代码仓库中可找到该权重文件的下载地址：https://github.com/AlexeyAB/darknet/releases/download/darknet_yolo_v3_optimal/yolov4.conv.137。

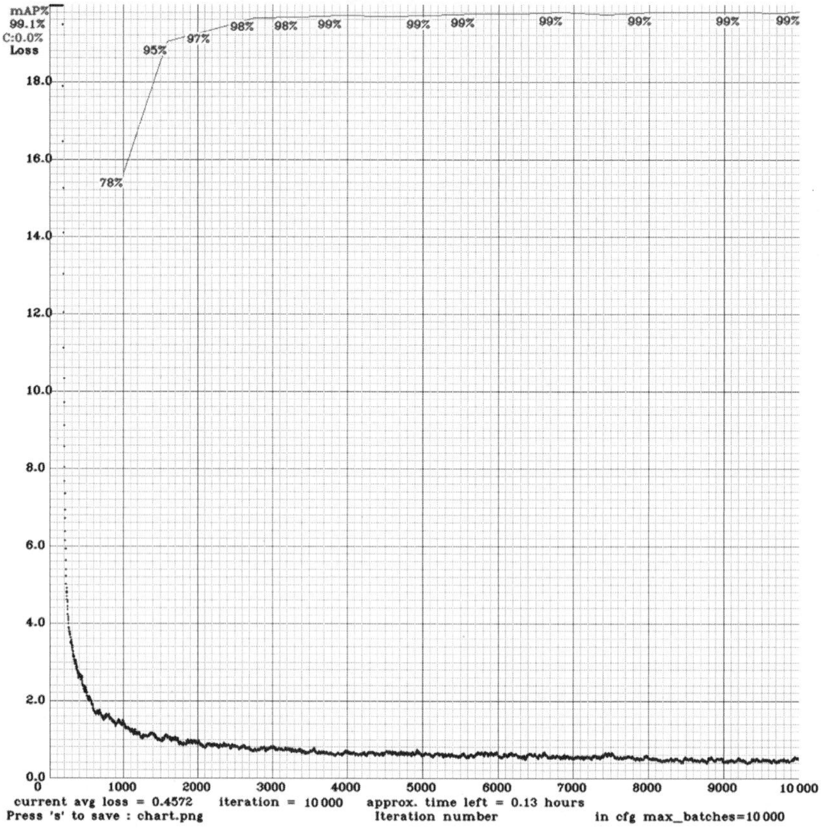

图 15-25 在 darknet 平台上训练 YOLOv4 模型所得到的可视化训练结果

整体上呈下降趋势的曲线为训练损失的变化曲线，整体上呈上升趋势的曲线为所得训练模型在验证集上的 mAP 变化曲线

7. 模型选择以及测试

训练结束后，所得模型权重文件会存储在\mydata\backup 目录下。其中，"yolov4-custom_best. weights"文件便是在验证集上表现最好的模型文件。可以把它作为最终的结果模型。在 cmd 窗口中执行以下命令，在一张测试图片上测试一下该模型的检测性能：

```
cd (path to)\darknet-master\selfbuild\Release
darknet detector test mydata\speedbump-person.data cfg\yolov4-custom.cfg mydata\backup\
yolov4-custom_best.weights -ext_output sp-test.jpg
```

图 15-26 展示了测试结果。

图 15-26 用本节训练的 YOLOv4 目标检测模型在测试图像（该图像不在训练集和验证集中）上进行行人与减速带目标的检测

15.6 实践 2：YOLOv8

在本实践环节中，将学习 YOLOv8 目标检测开源项目[15]的使用。本实践环节中的所有内容均在 Windows 11 操作系统上完成。

15.6.1 运行环境配置

从 YOLOv8 GitHub 代码仓库中下载源代码，解压缩至(path to)\ultralytics-main 目录下。

安装 Anaconda，并在 Anaconda Prompt 中执行以下命令在 Anaconda 中创建用于运行 YOLOv8 的虚拟环境并激活(有关 Anaconda 的安装与使用的内容，请见附录 L)：

```
conda create -n yolov8 python=3.8
conda activate yolov8
```

然后，在 Anaconda Prompt 中跳转到目录\ultralytics-main 之下，执行以下命令：

```
pip3 install torch torchvision torchaudio --index-url https://download.pytorch.org/whl/cu118①
pip install -r requirements.txt
pip install -e.
```

15.6.2 测试已训练好的模型

可通过运行几个 YOLOv8 开发者已经提供好的测试例程，来验证前面所做配置工作的正确性。在执行以下测试时，命令行是在 Anaconda Prompt 环境中执行的，被激活的虚拟环境为"yolov8"，工作目录为\ultralytics-main。

1. 单张图像目标检测测试

准备一张测试图像 test.jpg，将其放置在(新建)目录\ultralytics-main\test-data 之下。执行以下指令：

```
yolo task=detect mode=predict model=yolov8n.pt source=test-data\test.jpg device=0
```

将对 test-data\test.jpg 文件进行目标检测，推理任务将在序号为 0 的 GPU 上进行，所用检测模型(以及权重)为 yolov8n。目标检测结果将以标记图片的形式(图 15-27)存放在\ultralytics-main\runs\detect 目录之下。

在首次使用 yolov8n.pt 这个预训练好的权重文件时，由于本地并没有该文件，程序会自动连接代码仓库下载该文件，并将之存放在本地\ultralytics-main 目录之下。

2. 本地视频文件目标检测测试

准备一个 MP4 格式的视频文件，比如 test.mp4，并将该文件放到路径\ultralytics-main\test-data\之下。执行如下命令：

```
yolo task=detect mode=predict model=yolov8n.pt source=test-data\test.mp4
```

便可对 test-data\test.mp4 视频文件进行逐帧目标检测，检测结果以逐帧标记的方式存储在\ultralytics-main\runs\detect 目录之下。

---

① 该命令是在当前虚拟环境中安装 PyTorch，可根据工作站的情况选择合适的 PyTorch 版本进行安装。PyTorch 的官方网站 https://pytorch.org/get-started/locally/上提供了各种不同版本 PyTorch 的安装指令。

图 15-27　用预训练的 YOLOv8n 模型执行目标检测的结果示例

3. 安卓手机摄像头视频流目标检测测试

借助 OpenCV 流媒体读取接口，当手机上安装并开启了 IP 摄像头服务以后，可以把手机当作一个移动网络摄像头，通过 Wi-Fi 将手机拍摄到的实时画面传输至运行 YOLO 目标检测算法的工作站，并进行实时目标检测。关于手机 IP 摄像头 App 的安装与使用，请参见 15.5.3 节。

在\ultralytics-main 目录下，创建 Python 程序文件 detectwithvisualization. py，并按附录 P. 7 编辑其内容（该 Python 程序文件也可在\chapter-15-YOLO\For-yolov8\目录下找到）。之后，在 Anaconda Prompt 中执行 python detectwithvisualization. py，便可在工作站端看到手机摄像头传回来的实时画面以及检测结果，如图 15-28 所示。

图 15-28　detectwithvisualization. py 程序

可将手机作为移动网络摄像头，利用 YOLOv8 模型进行实时视频目标检测

15.6.3　训练自己的模型

本节将完成针对特定任务的 YOLOv8 目标检测模型的训练。本节命令行是在 Anaconda Prompt 环境中执行的，被激活的虚拟环境为“yolov8”，工作目录为\ultralytics-main。

1. 图像数据采集与标注

假设还是要解决行人与减速带两类目标的检测任务，则所用标注数据与 15.5 节训练

YOLOv4 模型时所用的数据相同。但为了配合 ultralytics 程序工作逻辑的需要，要对数据的目录结构重新组织一下①。在\ultralytics-main 目录下新建目录"mydata"，用于存放本节的训练数据。在\ultralytics-main\mydata\目录下创建"images"和"labels"两个文件夹，分别存放图像文件和标注文件；也就是说，对于\mydata\images\文件夹下的任意一图像文件，在\mydata\labels\目录下都有一个与之同名的标注文件（文本）。

接下来，需要在\ultralytics-main\mydata\目录下生成 train. txt 和 val. txt 两个文件，分别存储用于训练的和用于验证的图像文件的路径②。train. txt 和 val. txt 文件的内容如图 15-29 所示。

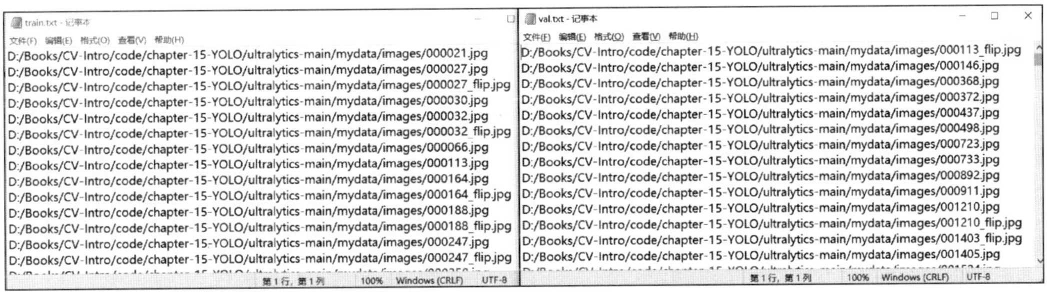

图 15-29　train. txt 和 val. txt 文件中的内容

分别存储用于训练的和用于验证的图像文件所在位置的路径

2. 编辑配置文件

在\ultralytics-main\mydata\目录下创建"speedbump-person. yaml"文件，用于配置基本训练信息。可按图 15-30 编辑该文件内容。其中，"path"代表存储标注数据的根目录；"train"要设置为包含训练图像路径的文本文件的地址；"val"要设置为包含验证图像路径的文本文件的地址；"names"给出了类别编号与类别名称的对应关系。

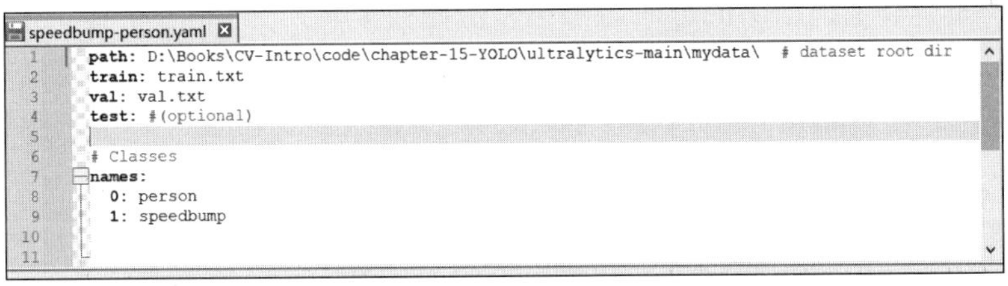

图 15-30　"speedbump-person. yaml"文件内容

此时，\ultralytics-main\mydata\目录下的文件结构应如图 15 31 所示。

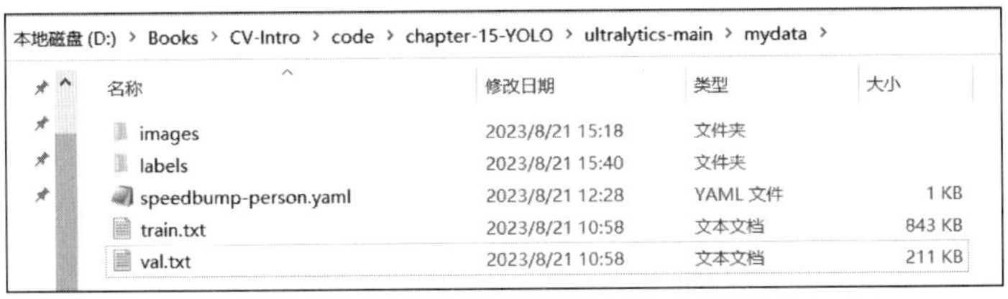

图 15-31　在 YOLOv8 模型训练准备工作结束之后，\ultralytics-main\mydata\目录下的文件内容

① 该数据集以及下文所说的 train. txt、val. txt 和 speedbump-person. yaml 文件可以在本书 GitHub 代码仓库中找到下载信息，在\chapter-15-yolo\For-yolov8 目录之下。

② 在完成本实践环节时，用的是图像文件的绝对路径。

3. 完成训练

当上述准备工作就绪之后，便可以开始训练模型。执行以下命令开始训练：

```
yolo task = detect mode = train data = mydata\speedbump - person. yaml model = yolov8l. pt epochs =
100 imgsz = 640 device = 0
```

需要稍加解释的是，上述命令表明，要训练的模型是以 yolov8l 这个模型(以及相应的预训练权重)为基础。程序会自动根据 speedbump-person. yaml 中的设置，更改 yolov8l 模型的检测目标类别数，从而得到适合该任务的两类目标检测模型。

训练得到的结果模型会存放在\ultralytics-main\runs\detect\train\weights 目录下，其中的"best. pt"便是在验证机上表现最好的模型。执行下述命令，可以测试一下该模型的效果：

```
yolo task = detect mode = predict model = runs\detect\train\weights\best. pt source = test - data\
test. jpg device = 0 conf = 0.2
```

15.6.4 跨环境模型交换

通过上面的学习，已经了解到 YOLOv8 训练产生的模型文件为. pt 文件。这样格式的模型文件只能在 Python+PyTorch 的推理框架下使用。而很多时候正在进行的工程项目不是用 Python 语言开发的，且运行时推理平台也不是 PyTorch。在这种情况下，该如何使用训练好的. pt 格式的模型文件呢？解决这个问题的就是 ONNX(open neural network exchange)[22]。

ONNX 是一种针对机器学习所设计的开放式的文件格式，用于存储训练好的模型。它使得不同的深度学习框架(如 Pytorch、MXNet)可以采用相同格式存储模型数据并交互。ONNX 的规范及代码主要由微软、亚马逊、Facebook 和 IBM 等公司共同开发。目前官方支持加载 ONNX 模型并进行推理的深度学习框架有 Caffe2、PyTorch、MXNet、ML. NET、TensorRT 和 OpenCV 等。

先把在 15.6.3 节中训练出的行人与减速带检测模型转换为 onnx 格式，然后在基于 C++、OpenCV、CUDA 和 ONNX 开发的运行时程序中使用转换后的模型文件完成运行时推理。本节实践要在\ultralytics-main\examples\YOLOv8-ONNXRuntime-CPP 范例程序的基础上来完成。

1. 导出模型

假定在 15.6.3 节中训练出的模型文件的存储位置为：

```
\ultralytics - main\runs\detect\train\weights\best. pt
```

在 Anaconda Prompt 中执行以下指令：

```
yolo export model =  runs\detect\train\weights\best. pt opset = 12 simplify = True dynamic = False
format = onnx imgsz = 640,640
```

可将"best. pt"模型文件转换成位于同一文件夹之下的"best. onnx"。可以用网络模型在线查看工具 Netron 来可视化 best. onnx 模型结构(Netron 不支持. pt 格式文件)。

2. 文件配置

将转换之后所得的模型文件 best. onnx 复制到\ultralytics-main\examples\YOLOv8-ONNXRuntime-CPP 文件夹之下并重命名为 speedbump-person. onnx。

将\ultralytics-main\mydata\speedbump-person. yaml 文件复制到\ultralytics-main\examples\YOLOv8-ONNXRuntime-CPP 文件夹之下。

修改\ultralytics-main\examples\YOLOv8-ONNXRuntime-CPP\CMakeLists. txt 文件。

将该文件中出现的“yolov8n. onnx”替换为“speedbump-person. onnx”，将“coco. yaml”替换为“speedbump-person. yaml”，即更改为自己的模型文件以及配置文件。

3. 完成解决方案生成

运行 CMake，将源代码路径设置为/ultralytics-main/examples/YOLOv8-ONNXRuntime-CPP，将生成路径设置为/ultralytics-main/examples/YOLOv8-ONNXRuntime-CPP/selfbuild。然后单击 Configure 按钮，设置合适的编译器，生成平台推荐选择 x64。图 15-32 给出了这个步骤的相关设置。

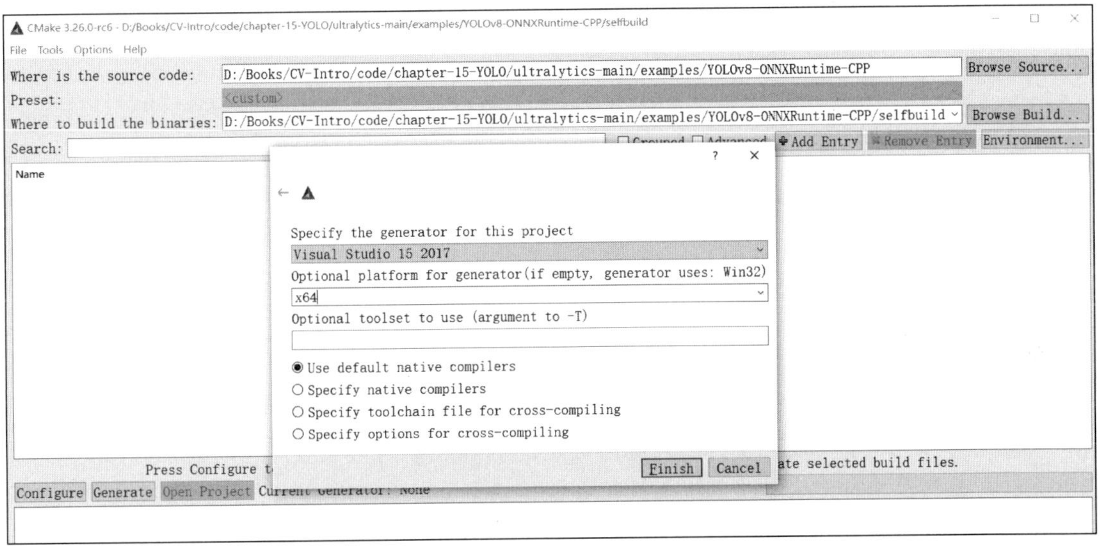

图 15-32　CMake 生成 YOLOv8-ONNXRuntime-CPP 解决方案时的配置

如果提示找不到 OpenCV，需要交互式设置 OPENCV_DIR 的值为 OpenCV 的安装路径即可。当提示设置都成功之后，单击 Generate 按钮，会在\ultralytics-main\examples\YOLOv8-ONNXRuntime-CPP\selfbuild 路径之下生成 VS 解决方案：Yolov8OnnxRuntimeCPPInference. sln。

4. 编译解决方案并测试

Yolov8OnnxRuntimeCPPInference 程序运行时需要 ONNX 库的支持，因此需要下载 ONNX 运行时支持文件[22]。本书所用的版本为“onnxruntime-win-x64-gpu-1. 15. 1. zip”。下载该文件后，将其解压缩至某目录下。该 ONNX 运行时库以头文件-库文件-动态链接库文件的形式来组织。

在 VS2017 中打开 Yolov8OnnxRuntimeCPPInference. sln 并尝试进行编译。编译过程中会提示找不到与 ONNX 有关的头文件、库文件，以及与 OpenCV 有关的库文件，只要根据提示在 VS 环境中设置好相应的头文件、库文件包含目录即可。编译完成后，还需要把 ONNX 以及 OpenCV 相关的动态链接库文件复制到 Yolov8OnnxRuntimeCPPInference. exe 所在目录之下。

成功运行后，Yolov8OnnxRuntimeCPPInference. exe 可对某个文件夹下的图像文件逐一进行目标检测。对该程序稍加修改，可以实现对视频文件或摄像头实时视频流进行连续动态检测。图 15-33 为该程序在相机实时视频流中检测行人与减速带两类目标的工作画面截图。为方便读者，配置好的 Yolov8OnnxRuntimeCPPInference 项目也放在了本书的 GitHub 代码仓库中，可以在\chapter-15-yolo\For-yolov8 找到该项目的下载信息。

图 15-33 实时视频目标检测画面

将 YOLOv8 模型的原生.pt 格式文件转换为 ONNX 文件，然后在基于 C++、OpenCV、CUDA 和 ONNX 运行时支持库的应用环境下，实现对相机实时视频流的运行时推理

15.7 习题

（1）完成 15.5 节"实践 1：YOLOv4"中的全部环节。

（2）完成 15.6 节"实践 2：YOLOv8"中的全部环节。

（3）在本书第二篇中，学习了单目目标测距的内容。当时假设在一个机器人上安装了一个相机，且该相机相对于水平路面平面的位姿保持不变；如果能够检测到行人或减速带，便可估计出该检出目标到机器人本体的水平距离。通过对本章内容的学习，读者应该已经掌握了从图像中检测特定类型目标的技术。请结合第二篇以及本章的内容，开发一个完整的基于单目相机的行人与减速带检测与测距系统。在开发此系统时，相机要固定在移动机器人平台上，且相机相对于水平路面平面的位姿要保持不变，要求在实时视频流中检测出行人与减速带两类目标，并显示出目标到机器人本体的水平距离。参考可视化界面如图 15-34 所示。

图 15-34 可视化界面

参考文献

[1] KRIZHEVSKY A, SUTSKEVER I, HINTON G E. ImageNet classification with deep convolutional neural networks[C]. Proc. Adv. Neural Inf. Process. Syst., 2012: 1097-1105.

[2] 邱锡鹏. 神经网络与深度学习[M]. 北京：机械工业出版社，2020.

[3] REDMON J, DIVVALA S, GIRSHICK R, et al. You only look once: Unified, real-time object detection[C]. Proc. IEEE Computer Society Conference on Computer Vision and Pattern Recognition, 2016: 779-788.

[4] TERVEN J R, CORDOVA-ESPARAZA D M. A comprehensive review of YOLO: From YOLOv1 to YOLOv8 and beyond[EB/OL]. [2024-05-13]. arXiv: 2304. 0050.

[5] The PASCAL Visual Object Classes Challenge 2007[EB/OL]. [2024-05-13]. http://host. robots. ox. ac. uk/pascal/VOC/voc2007/.

[6] REDMON J, FARHADI A. YOLO9000: Better, faster, stronger[C]. Proc. IEEE Computer Society Conference on Computer Vision and Pattern Recognition, 2017: 6517-6525.

[7] REDMON J, FARHADI A. YOLOv3: An incremental improvement[EB/OL]. [2024-05-13]. arXiv: 1804. 02767.

[8] IOFFE S, SZEGEDY C. Batch normalization: Accelerating deep network training by reducing internal covariate shift[C]. Proc. Int'l. Conf. Machine Learning, 2015: 448-456.

[9] HE K, ZHANG X, REN S, et al. Deep residual learning for image recognition[C]. Proc. IEEE Computer Society Conference on Computer Vision and Pattern Recognition, 2016: 770-778.

[10] LIN T, MAIRE M, BELONGIE S, et al. Microsoft COCO: Common objects in context[C]. Proc. European Conference on Computer Vision, 2014: 740-755.

[11] BOCHKOVSKIY A, WANG C, LIAO H. YOLOv4: Optimal speed and accuracy of object detection [EB/OL]. [2024-05-13]. arXiv: 2004. 10934.

[12] JOCHER G R. YOLOv5 by Ultralytics[EB/OL]. [2024-05-13]. https://github. com/ultralytics/yolov5.

[13] LI C, LI L, JIANG H, et al. YOLOv6: A single-stage object detection framework for industrial applications[EB/OL]. [2024-05-13]. arXiv: 2209. 02976.

[14] WANG C, BOCHKOVSKIY A, LIAO H. YOLOv7: Trainable bag-of-freebies sets new state-of-the-art for real-time object detectors[EB/OL]. [2024-05-13]. arXiv: 2207. 02696.

[15] Ultralytics YOLOv8: The State-of-the-Art YOLO Model[EB/OL]. [2024-05-13]. https://ultralytics. com/yolov8.

[16] Brief summary of YOLOv8 model structure[EB/OL]. [2024-05-13]. https://github. com/ultralytics/ultralytics/issues/189.

[17] HE K, ZHANG X, REN S, et al. Spatial pyramid pooling in deep convolutional networks for visual recognition[C]. Proc. European Conf. Computer Vision, 2014: 346-361.

[18] FENG C, ZHONG Y, GAO Y, et al. TOOD: Task-aligned one-stage object detection[C]. Proc. Int'l. Conf. Computer Vision, 2021: 3490-3499.

[19] LI X, LV C, WANG W, et al. Generalized focal loss: Towards efficient representation learning for dense object detection[J]. IEEE Trans. Pattern Analysis and Machine Intelligence, 2023, 45(3): 3139-3153.

[20] ZHENG Z, WANG P, LIU W, et al. Distance-IoU loss: Faster and better learning for bounding box regression[C]. Proc. AAAI Conf. Artificial Intelligence, 2020: 12993-13000.

[21] YOLOv4 for Windows and Linux[EB/OL]. [2024-05-13]. https://github. com/AlexeyAB/darknet.

[22] ONNX Runtime[EB/OL]. [2024-05-13]. https://github. com/microsoft/onnxruntime/releases/.

第四篇

三维立体视觉

第16章 三维立体视觉概述

三维立体视觉是计算机视觉领域的重要技术分支。该技术是一种通过分析图像或视频序列来实现对三维世界感知和理解的技术，涉及三维重建、深度估计、运动估计等多方面，主要依赖摄像头等传感器来获取输入数据，并输出描述场景三维结构和运动的相关信息。它的发展源于对真实世界中物体的三维结构及其运动感知的需求，具有广泛的应用领域，包括机器人视觉、医学影像分析、增强现实、虚拟现实等。

16.1 三维立体视觉技术的内涵

从要解决的问题、输入输出以及涉及的传感器三方面来了解一下三维立体视觉技术的内涵。

1. 要解决的问题

根据具体应用目的的不同，三维立体视觉技术具体要解决的问题一般包括如下三类。

(1) 三维重建：从二维图像或视频中恢复出物体的三维结构信息，包括物体的形状、大小和位置等。

(2) 深度估计：推断出图像中每个像素点到相机的距离，即深度信息，以实现对场景的立体感知。

(3) 运动估计：分析图像序列中物体的运动信息，包括物体的速度、方向和加速度等。

2. 输入与输出

对于一个三维立体视觉系统来说，其典型输入与输出数据类型描述如下。

(1) 输入：通常是一组二维图像或视频序列，也可能包括相机的内参和外参等信息。

(2) 输出：包括三维点云、三维模型、深度图、运动轨迹等信息，用于描述场景的三维结构和运动。

3. 传感器类型

在构建三维立体视觉系统时，常用的传感器类型如下。

(1) 摄像头：用于捕获二维图像或视频序列，是三维立体视觉技术的主要输入源。

(2) 深度传感器：如结构光传感器、飞行时间传感器等，用于获取场景中每个点到传感器的距离信息，从而实现深度估计。

(3) IMU：用于测量物体的加速度和角速度等运动信息，辅助实现对物体运动的估计。

(4) 激光雷达：通过发射激光束并测量其返回时间来获取场景中物体的三维位置信息，常用于室外环境的三维重建。

(5) 相机阵列：由多个相机组成的阵列，用于获取多视角的图像信息，以实现更精确的三维重建和立体匹配。

16.2 三维立体视觉技术的应用领域

如今,三维立体视觉技术在许多领域都有广泛应用,主要包括以下几方面。

(1) 工业制造:在工业制造领域,该技术被用于产品设计、质量控制和自动化生产线等方面。通过三维重建和检测技术,可以实现对产品的三维形状和表面缺陷的检测,提高产品质量和生产效率。

(2) 医学影像:在医学影像领域,该技术被用于医学图像的重建、分析和诊断。例如,通过对医学影像数据进行三维重建,可以更清晰地显示患者的内部结构,帮助医生进行准确的诊断和手术规划。

(3) 虚拟现实:在虚拟现实领域,该技术被用于创建虚拟环境和虚拟物体,提供沉浸式的视觉体验。通过对用户的视角和动作进行跟踪和重建,可以实现用户在虚拟环境中的自由移动和互动。

(4) 增强现实:在增强现实领域,该技术被用于将虚拟对象与真实世界进行融合,实现增强现实的效果。例如,在手机或平板电脑上使用增强现实应用程序,可以通过摄像头捕获实时图像,将虚拟对象叠加在现实世界中显示出来。

(5) 无人驾驶:在无人驾驶领域,该技术被用于车辆感知和环境理解。通过对车辆周围环境的三维重建和识别,可以实现车辆的自主导航和避障。

(6) 机器人视觉:在机器人视觉领域,该技术被用于机器人的环境感知、导航和操作。通过对环境的三维重建和目标识别,可以帮助机器人更好地理解和应对复杂的环境。

16.3 本篇内容安排

在众多的三维立体视觉技术管线中,双目立体视觉是其中最基本的,也是最重要的一项技术。双目立体视觉技术是一种利用两个摄像头模拟人类双眼视觉来实现对场景的三维感知和重建的技术。它通过比较两个摄像头拍摄的图像之间的差异,推断出物体的深度信息,从而实现对物体的三维重建和理解。在第 17 章中将详细介绍双目视觉系统的构建。

基于神经辐射场的三维重建技术是一种利用神经网络模拟辐射场的方法来实现对三维场景的重建和理解的技术。它主要包括两个关键步骤:辐射场的建模和场景的渲染。在这种方法中,神经网络被用来学习辐射场和场景之间的映射关系,从而实现对场景的三维重建。近年来,基于神经辐射场的三维视觉技术发展迅速,催生了许多成功的、有趣的应用。在第 18 章中将介绍基于神经辐射场的场景渲染技术。

图 16-1 按照“数学→算法→技术→应用”层次支撑体系总结了在本篇中将要学习的主要内容。

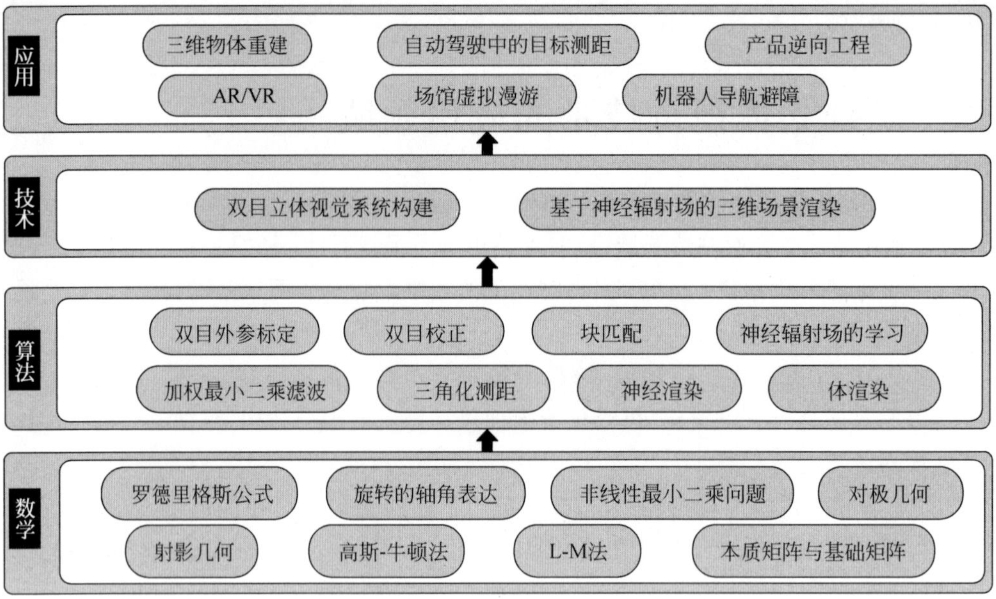

图 16-1 本篇内容的知识层次体系

第 17 章　双目立体视觉

人类的视觉系统具有对场景距离的感知能力，即能大致估计出目标物体到人自身的距离。如果想构建一个计算视觉系统，希望它能够测量出视场范围内场景的深度信息，应该如何做呢？为实现此目标，本章将完成双目立体视觉系统的构建。顾名思义，双目立体视觉系统是由两个相机组成的视觉测量系统。双目系统能够对场景深度进行测量，主要是基于这样一个基本事实：在对双目系统进行了离线标定以后，对于左目相机图像中的某个像素点 $\boldsymbol{u}_l$ 来说，若能在右目相机所成图像上找到与其对应的像素点 $\boldsymbol{u}_r$，便可计算出与像素点 $\boldsymbol{u}_l$ 相对应的空间场景中三维点 $\boldsymbol{p}_w$ 在左目相机坐标系下的三维坐标。

在实践中，双目立体视觉系统的构建大致包括五个步骤[1]。

(1) **标定双目系统参数**。对于一个双目系统来说，其参数包括左右目两个相机的内参以及它们之间的外参。双目系统参数标定是把所有内外参都要标定出来。在第 10 章中已经详细介绍了相机的内参及其标定方法。假设构成双目系统的左目相机为 Cam_l，其相机坐标系为 C_l，右目相机为 Cam_r，其相机坐标系为 C_r。C_l 与 C_r 之间的坐标变换关系显然可以通过一个旋转矩阵 $\boldsymbol{R}\in\mathbb{R}^{3\times3}$ 和一个平移向量 $\boldsymbol{t}\in\mathbb{R}^{3\times1}$ 来刻画。即对于某一空间点，假设其在 C_l 下的坐标为 $\boldsymbol{p}_l$，其在 C_r 下的坐标为 $\boldsymbol{p}_r$，则 $\boldsymbol{p}_r$ 和 $\boldsymbol{p}_l$ 会满足如下关系：$\boldsymbol{p}_r=\boldsymbol{R}\boldsymbol{p}_l+\boldsymbol{t}$。$\boldsymbol{R}$ 和 $\boldsymbol{t}$ 便称为双目系统的外参。当一个双目系统中的两个相机位置固定之后，相应的外参 $\boldsymbol{R}$ 和 $\boldsymbol{t}$ 便不再改变，它们可以通过双目系统外参标定流程来获得。

(2) **建立校正化双目系统**。在双目系统内外参数已知的条件下，可以建立校正化双目系统。校正化双目系统由两个"虚拟"的校正化相机构成，分别为 $\mathrm{Cam}_{\text{rect-l}}$ 和 $\mathrm{Cam}_{\text{rect-r}}$，它们的相机坐标系分别被记为 $C_{\text{rect-l}}$ 和 $C_{\text{rect-r}}$。$C_{\text{rect-l}}$ 是由 C_l 经旋转得到，$C_{\text{rect-r}}$ 是由 C_r 经旋转得到，这便意味着 $C_{\text{rect-l}}$ 和 C_l 具有相同的坐标原点、$C_{\text{rect-r}}$ 和 C_r 具有相同的坐标原点，也意味着 $\mathrm{Cam}_{\text{rect-l}}$ 和 Cam_l 有相同的光心、$\mathrm{Cam}_{\text{rect-r}}$ 和 Cam_r 有相同的光心。$C_{\text{rect-l}}$ 和 $C_{\text{rect-r}}$ 的坐标轴朝向完全相同，且它们有相同的 x 轴，即 $C_{\text{rect-l}}$ 和 $C_{\text{rect-r}}$ 两个坐标系只相差了沿 x 轴方向的平移。校正化相机 $\mathrm{Cam}_{\text{rect-l}}$ 和 $\mathrm{Cam}_{\text{rect-r}}$ 的成像平面共面，且它们所成的图像是逐行对齐的。图像 $\boldsymbol{I}_1$ 与图像 $\boldsymbol{I}_2$ 是逐行对齐的，意思是说，对于 $\boldsymbol{I}_1$ 上第 l 行上的一点 $\boldsymbol{u}_l$，若要在 $\boldsymbol{I}_2$ 上找出与 $\boldsymbol{u}_l$ 对应的点（即该点与 $\boldsymbol{u}_l$ 是同一个空间可见点的像），只需要在 $\boldsymbol{I}_2$ 的第 l 行上遍历搜索即可，反之亦然。

(3) **计算校正化双目图像**。将左目相机 Cam_l 所采集的真实图像记为 $\boldsymbol{I}_l$，右目相机 Cam_r 所采集的真实图像记为 $\boldsymbol{I}_r$。在这一步骤中，需要将 $\boldsymbol{I}_l$ 投影到校正化相机 $\mathrm{Cam}_{\text{rect-l}}$ 的成像平面上，得到校正化左目图像 $\boldsymbol{I}_{\text{rect-l}}$，并将 $\boldsymbol{I}_r$ 投影到校正化相机 $\mathrm{Cam}_{\text{rect-r}}$ 的成像平面上，得到校正化右目图像 $\boldsymbol{I}_{\text{rect-r}}$。由校正化双目系统性质可知，$\boldsymbol{I}_{\text{rect-l}}$ 和 $\boldsymbol{I}_{\text{rect-r}}$ 是逐行对齐的，这极大地方便了接下来要进行的双目像素点匹配操作。

(4) **建立校正化双目图像上像素点匹配关系并计算视差图**(disparity map)。首先，要建立起校正化双目图像 $\boldsymbol{I}_{\text{rect-l}}$ 和 $\boldsymbol{I}_{\text{rect-r}}$ 的像素点匹配关系。由于 $\boldsymbol{I}_{\text{rect-l}}$ 和 $\boldsymbol{I}_{\text{rect-r}}$ 是逐行对齐的，因此该像素点匹配过程可简化为沿着行进行的线扫描匹配过程。进而计算对应于 $\boldsymbol{I}_{\text{rect-l}}$ 的视差图。对于 $\boldsymbol{I}_{\text{rect-l}}$ 上的某像素位置 $\boldsymbol{x}_{\text{l}}=(x_{\text{l}},y)$，若其在 $\boldsymbol{I}_{\text{rect-r}}$ 上的对应点的像素位置为 $\boldsymbol{x}_{\text{r}}=(x_{\text{r}},y)$，则 $\boldsymbol{x}_{\text{l}}$ 点处所对应的视差便为 $x_{\text{l}}-x_{\text{r}}$。

(5) **计算深度图**。对于校正化左目图像 $\boldsymbol{I}_{\text{rect-l}}$ 上的一点 $\boldsymbol{u}_{\text{l}}$，若其视差已知，便可计算出与 $\boldsymbol{u}_{\text{l}}$ 所对应的空间三维点 $\boldsymbol{p}$ 在左目校正化相机坐标系 $C_{\text{rect-l}}$ 下的深度值，即 $\boldsymbol{p}$ 在坐标系 $C_{\text{rect-l}}$ 下的 z 值。这个过程称为三角化。有了 $\boldsymbol{p}$ 的深度值以后，可进一步计算出 $\boldsymbol{p}$ 在 $C_{\text{rect-l}}$ 下的三维坐标。最终，可得到与 $\boldsymbol{I}_{\text{rect-l}}$ 相对应的深度图和三维点云。

17.1 校正化双目系统及该系统下的深度计算

由构建双目系统的五个步骤可知，双目图像像素点匹配关系的建立、视差计算以及深度计算，都是在校正化双目系统中进行的。校正化双目系统并不是物理上真实存在的相机系统，而是一个标准化的、虚拟的双目系统模型。在这个标准化模型之下，像素点匹配关系的确立以及视差和深度的计算，都将变得较为容易。一个物理真实的双目系统，无论安装得如何精巧，它都不会是一个校正化双目系统。只有经过双目校正流程(纯数学算法处理流程，没有物理改变)，一个物理双目系统才能转换为与之对应的校正化双目系统。本章的内容讲解将采用倒叙手法：先介绍校正化双目系统，让读者认识到这个理论模型的简洁与方便之处，再介绍如何将一个物理双目系统经双目校正数学处理流程转换为与之对应的校正化双目系统，最后介绍双目图像的像素点匹配技术。

17.1.1 校正化双目系统

校正化双目系统的几何关系和坐标关系可由图 17-1 所示的**校正化立体坐标系**(rectified stereo coordinate system)来描述。该坐标系的几何关系是基于左目校正化相机 $\text{Cam}_{\text{rect-l}}$ 的坐标系 $\boldsymbol{O}_{\text{l}}$-$xyz$(即 $C_{\text{rect-l}}$)来描述的[①]。在该坐标系统中，$\boldsymbol{O}_{\text{l}}$ 和 $\boldsymbol{O}_{\text{r}}$ 分别为 $\text{Cam}_{\text{rect-l}}$ 和 $\text{Cam}_{\text{rect-r}}$ 的光心，它们之间的距离为 b(单位为测量单位，比如毫米，接下来都以毫米为测量单位)。两个相机的坐标系都为右手系，且右目校正化相机坐标系完全可由左目校正化相机坐标系沿 x 轴平移 b 得到。两个校正化相机的光轴平行、物理焦距相同，因此它们的成像平面共面。

对于左目校正化相机 $\text{Cam}_{\text{rect-l}}$ 来说，其成像器件上每个像素的物理宽度和高度相同，将之记为 δ_l(毫米/像素)，这样便可知 $\text{Cam}_{\text{rect-l}}$ 内参数中的两个方向的焦距相同，记为 $f_{\text{rect-l}}$(单位为像素)；对于右目校正化相机 $\text{Cam}_{\text{rect-r}}$ 来说，其成像器件上每个像素的物理宽度和高度相同，将之记为 δ_r(毫米/像素)，也可知 $\text{Cam}_{\text{rect-r}}$ 内参数中的两个方向的焦距相同，记为 $f_{\text{rect-r}}$(单位为 px)；要求 δ_l 与 δ_r 相等，记 $\delta_l=\delta_r\equiv\delta$(毫米/像素)。又由于 $\text{Cam}_{\text{rect-l}}$ 与 $\text{Cam}_{\text{rect-r}}$ 的物理焦距相同，因此必有 $f_{\text{rect-l}}$ 与 $f_{\text{rect-r}}$ 相同，记 $f_{\text{rect-l}}=f_{\text{rect-r}}\equiv f_{\text{rect}}$。这样可知，如果以毫米为单位，$\boldsymbol{O}_{\text{l}}$(以及 $\boldsymbol{O}_{\text{r}}$)到成像平面的距离(即 $\text{Cam}_{\text{rect-l}}$ 与 $\text{Cam}_{\text{rect-r}}$ 的物理焦距)就是 $f_{\text{rect}}\delta$ 毫米。$\boldsymbol{O}_{\text{l}}$ 在校正化左目图像中的投影像素位置与 $\boldsymbol{O}_{\text{r}}$ 在校正化右目图像中的投影像素位置均为($c_{\text{rect-}x}$，

① 在双目视觉系统中，"基于左目相机坐标系来描述几何关系"这只是一般惯例；如果一定要基于右目相机坐标系来描述几何关系，当然也是可以的。

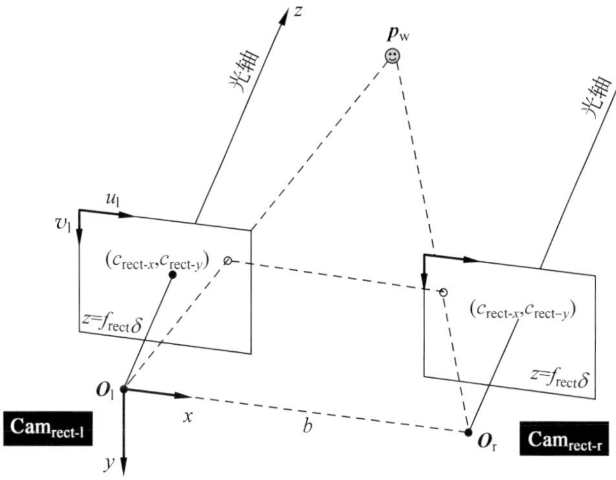

图 17-1 校正化立体坐标系

$c_{rect\text{-}y}$)，即左右目校正化相机具有相同的主点坐标。

由上述这些信息不难知道，校正化双目系统中的左右目校正相机必具有相同的内参矩阵，记为 $\boldsymbol{K}_{rect}$，

$$\boldsymbol{K}_{rect}=\begin{bmatrix} f_{rect} & 0 & c_{rect\text{-}x} \\ 0 & f_{rect} & c_{rect\text{-}y} \\ 0 & 0 & 1 \end{bmatrix} \tag{17-1}$$

另外，由于校正化双目系统是一个理想化的“虚拟”相机系统，因此并不需要在这个模型中额外考虑成像畸变，即对于该系统中的左右目校正化相机来说，它们的畸变系数都为零。

基于上述这些条件可推出校正化双目系统的一个重要性质：其校正化左右目图像 $\boldsymbol{I}_{rect\text{-}l}$ 和 $\boldsymbol{I}_{rect\text{-}r}$ 是逐行对齐的，即若 $\boldsymbol{u}_l=(u_l,v_l)$ 与 $\boldsymbol{u}_r=(u_r,v_r)$ 是同一个空间三维点分别在 $\boldsymbol{I}_{rect\text{-}l}$ 和 $\boldsymbol{I}_{rect\text{-}r}$ 上的投影点的像素坐标，那必然会有 $v_l=v_r$。证明留作练习，请自行完成验证。

17.1.2 校正化双目系统下的深度计算

在图 17-1 描述的校正化立体坐标系中，考虑一空间三维点 $\boldsymbol{p}_w$，若它可以被两个相机同时观测到，则可容易计算出 $\boldsymbol{p}_w$ 的深度信息，即 $\boldsymbol{p}_w$ 在左目校正化相机 $\text{Cam}_{rect\text{-}l}$ 坐标系 $\boldsymbol{O}_l\text{-}xyz$ 下的 z 值。

设 $\boldsymbol{p}_w$ 在左目校正化相机成像平面上的投影像素坐标为(x_l,y)，在右目校正化相机成像平面上的投影像素位置为(x_r,y)。为了推导 $\boldsymbol{p}_w$ 的 z 值，可以将相应的几何关系沿着 y 轴方向投影到$\boldsymbol{O}_l\text{-}xz$ 平面上，如图 17-2 所示。在 $\boldsymbol{O}_l\text{-}xz$ 平面上，$\boldsymbol{p}_w$ 的投影点为 $\boldsymbol{p}'_w$，显然 $\boldsymbol{p}'_w$在 $\boldsymbol{O}_l\text{-}xz$ 坐标系下的 z 值便是 $\boldsymbol{p}_w$ 在 $\boldsymbol{O}_l\text{-}xyz$ 下的 z 值。

基于图 17-2 所示的坐标关系容易看出，两个投影点(x_l,y)和(x_r,y)之间的物理距离为 $b-[(x_l-c_{rect\text{-}x})+(c_{rect\text{-}x}-x_r)]\delta=b-(x_l-x_r)\delta$。由相似三角形原理可以得到，

$$\frac{z-f_{rect}\delta}{b-(x_l-x_r)\delta}=\frac{z}{b} \tag{17-2}$$

从式(17-2)中可以解出 $\boldsymbol{p}'_w$的深度值 z，

$$z=\frac{f_{rect}b}{x_l-x_r} \tag{17-3}$$

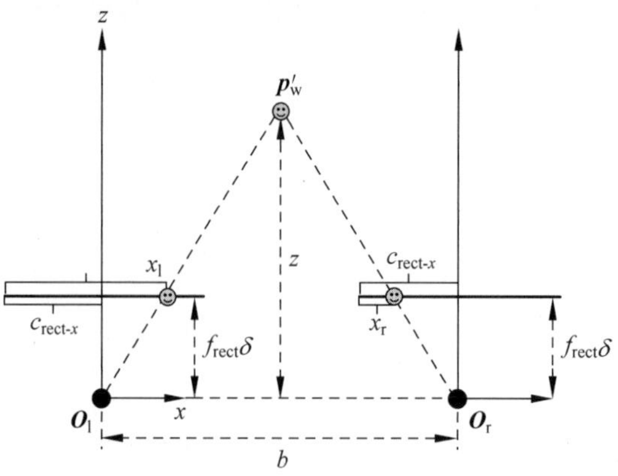

图 17-2　在校正化立体坐标系中，空间一点 $\boldsymbol{p}_w$ 的成像关系在 $\boldsymbol{O}_l$-xz 平面上的投影
$\boldsymbol{p}_w$ 的投影点为 $\boldsymbol{p}'_w$，$\boldsymbol{p}'_w$与 $\boldsymbol{p}_w$ 具有相同的深度值(即 $\boldsymbol{p}_w$ 在 $\boldsymbol{O}_l$-xyz 坐标系之下的 z 值)。因此，如果要计算 $\boldsymbol{p}_w$ 的 z 值，只需要按本图所示的投影方式计算出 $\boldsymbol{p}'_w$的 z 值即可

该深度值也即三维点 $\boldsymbol{p}_w$ 在 $\boldsymbol{O}_l$-xyz 下的 z 值。在校正化双目系统中，f_{rect} 和 b 是已知量。因此，由式(17-3)可知，要想计算空间三维点 $\boldsymbol{p}_w$ 在左目校正化相机坐标系之下的深度值，只需要计算出 $\boldsymbol{p}_w$ 在左右目校正化相机成像平面上像点沿水平方向的像素坐标的差值 x_l-x_r 即可，该差值被称为点 $\boldsymbol{p}_w$ 在左右目校正化相机成像平面上的视差。因此，如果想要得到校正化左目图像 $\boldsymbol{I}_{rect\text{-}l}$ 所对应的场景深度图，关键就是要计算出 $\boldsymbol{I}_{rect\text{-}l}$ 所对应的视差图。在 17.5 节中将介绍视差图的计算。

17.2 双目系统参数标定

通过对 17.1 节的学习可知，双目图像匹配、视差与深度的计算都是在校正化双目系统中完成的。给定一物理双目系统，为了得到其相应的校正化双目系统，必须知道物理双目系统的内参数和外参数。内参数指的是左右两个相机的内参数，外参数指的是左右目两相机坐标系之间的旋转和平移关系。本节将介绍双目系统参数标定技术，重点是介绍外参数标定技术，因为面向单个相机的内参数标定技术已经在第 10 章中详细讲解过了。

记物理双目系统的左目相机为 Cam_l，其相机坐标系为 C_l，右目相机为 Cam_r，其相机坐标系为 C_r。假设 C_l 和 C_r 之间的外参为旋转矩阵 $\boldsymbol{R}\in\mathbb{R}^{3\times3}$ 和平移向量 $\boldsymbol{t}\in\mathbb{R}^{3\times1}$，这便意味着若某一空间三维点在 C_l 下的坐标为 $\boldsymbol{p}_l$，在 C_r 下的坐标为 $\boldsymbol{p}_r$，则有

$$\boldsymbol{p}_r=\boldsymbol{R}\boldsymbol{p}_l+\boldsymbol{t} \tag{17-4}$$

双目视觉系统的外参标定操作需要借助第 10 章中所介绍的平面棋盘格标定板。在第 10 章中已经提到过，棋盘格标定板自身建立了一个三维世界坐标系。在该三维世界坐标系之下，棋盘格上每个交叉点的三维坐标都是已知的。假设所使用的棋盘格标定板上共有 n 个交叉点，它们在三维世界坐标系中的三维坐标为已知量，记为$\{\boldsymbol{p}_j\}_{j=1}^n$，$\boldsymbol{p}_j\in\mathbb{R}^{4\times1}$。注意，$\boldsymbol{p}_j\in\mathbb{R}^{4\times1}$ 是三维点的齐次坐标表示。

为了标定双目系统的参数，需要用双目系统拍摄 m 组标定板双目图像，记为$\{\boldsymbol{I}_{li},\boldsymbol{I}_{ri}\}_{i=1}^m$，其中 $\boldsymbol{I}_{li}$ 为第 i 组双目图像中的左目图像，$\boldsymbol{I}_{ri}$ 为第 i 组双目图像中的右目图像。图 17-3 展示了一组标定板双目图像示例。基于$\{\boldsymbol{I}_{li}\}_{i=1}^m$，利用第 10 章中介绍的单目相机参数标定技术，可得到左目相机 Cam_l 的内参矩阵 $\boldsymbol{K}_l$ 及其畸变系数向量，同时也可得到拍摄第 i 组标定板图像

时左目相机在三维世界坐标系下的外参$(\mathcal{R}(\boldsymbol{d}_{\mathrm{l}i}),\boldsymbol{t}_{\mathrm{l}i})$，$\boldsymbol{d}_{\mathrm{l}i}$ 为该外参中旋转部分的轴角表示，操作符$\mathcal{R}(\cdot)$表示通过罗德里格斯公式将轴角向量转换为旋转矩阵；同理，基于$\{\boldsymbol{I}_{\mathrm{r}i}\}_{i=1}^{m}$，用单目标定流程可得到右目相机 $\mathrm{Cam}_{\mathrm{r}}$ 的内参矩阵 $\boldsymbol{K}_{\mathrm{r}}$ 及其畸变系数向量，同时也可得到拍摄第 i 组标定板图像时右目相机在世界坐标系下的外参$(\mathcal{R}(\boldsymbol{d}_{\mathrm{r}i}),\boldsymbol{t}_{\mathrm{r}i})$。

(a) 左目图像　　(b) 右目图像

图 17-3　双目相机系统拍摄的一组标定板双目图像

根据以上得到的任意一组左右目相机在世界坐标系下的外参，即$(\boldsymbol{R}_{\mathrm{l}i}\triangleq\mathcal{R}(\boldsymbol{d}_{\mathrm{l}i}),\boldsymbol{t}_{\mathrm{l}i})$和$(\boldsymbol{R}_{\mathrm{r}i}\triangleq\mathcal{R}(\boldsymbol{d}_{\mathrm{r}i}),\boldsymbol{t}_{\mathrm{r}i})$，可计算出双目系统的外参$(\boldsymbol{R},\boldsymbol{t})$。如何能做到这一点呢？设 $\boldsymbol{p}$（非齐次坐标）为棋盘格标定板上的一点，其三维世界坐标已知。在拍摄第 i 组标定板双目图像时，$\boldsymbol{p}$ 在左目相机坐标系下的坐标 $\boldsymbol{p}_{\mathrm{l}}$ 可被表达为

$$\boldsymbol{p}_{\mathrm{l}}=\boldsymbol{R}_{\mathrm{l}i}\boldsymbol{p}+\boldsymbol{t}_{\mathrm{l}i} \tag{17-5}$$

$\boldsymbol{p}$ 在右目相机坐标系下的坐标 $\boldsymbol{p}_{\mathrm{r}}$ 可被表达为

$$\boldsymbol{p}_{\mathrm{r}}=\boldsymbol{R}_{\mathrm{r}i}\boldsymbol{p}+\boldsymbol{t}_{\mathrm{r}i} \tag{17-6}$$

由式(17-5)可知，$\boldsymbol{p}=\boldsymbol{R}_{\mathrm{l}i}^{-1}(\boldsymbol{p}_{\mathrm{l}}-\boldsymbol{t}_{\mathrm{l}i})$，将其代入式(17-6)可得

$$\boldsymbol{p}_{\mathrm{r}}=\boldsymbol{R}_{\mathrm{r}i}(\boldsymbol{R}_{\mathrm{l}i}^{-1}(\boldsymbol{p}_{\mathrm{l}}-\boldsymbol{t}_{\mathrm{l}i}))+\boldsymbol{t}_{\mathrm{r}i}=\boldsymbol{R}_{\mathrm{r}i}\boldsymbol{R}_{\mathrm{l}i}^{-1}\boldsymbol{p}_{\mathrm{l}}+(\boldsymbol{t}_{\mathrm{r}i}-\boldsymbol{R}_{\mathrm{r}i}\boldsymbol{R}_{\mathrm{l}i}^{-1}\boldsymbol{t}_{\mathrm{l}i}) \tag{17-7}$$

对照一下式(17-4)和式(17-7)便可知道

$$\boldsymbol{R}=\boldsymbol{R}_{\mathrm{r}i}\boldsymbol{R}_{\mathrm{l}i}^{-1},\quad \boldsymbol{t}=\boldsymbol{t}_{\mathrm{r}i}-\boldsymbol{R}_{\mathrm{r}i}\boldsymbol{R}_{\mathrm{l}i}^{-1}\boldsymbol{t}_{\mathrm{l}i} \tag{17-8}$$

由式(17-8)可知，基于一组左右目相机在三维世界坐标系下的外参便可以计算出该双目系统的外参$(\boldsymbol{R},\boldsymbol{t})$。但由于观测误差的存在，从一组左右目相机在三维世界坐标系下的外参中计算 $\boldsymbol{R}$ 和 $\boldsymbol{t}$ 的方式，其精度往往难以保证。因此，要用双目系统所拍摄的 m 组标定板双目图像来估计 $\boldsymbol{R}$ 和 $\boldsymbol{t}$。

双目系统外参标定的关键是建立合理的优化目标函数。类似于第 10 章中进行相机内参标定时那样，可以用标定板上交叉点在左右目成像平面上投影位置的重投影误差来作为损失函数。通过最小化这个损失函数，来得到最优的优化变量值。该优化问题可被定义为如下形式[2]：

$$\begin{aligned}\boldsymbol{\theta}^{*}=\underset{\boldsymbol{\theta}}{\arg\min}\frac{1}{2}\sum_{i=1}^{m}\sum_{j=1}^{n}\Bigg\{&\left\|\boldsymbol{K}_{\mathrm{l}}\,\mathcal{D}_{\mathrm{l}}\left\{\frac{1}{z_{\mathrm{cl}ij}}\left[\mathcal{R}(\boldsymbol{d}_{\mathrm{l}i})\ \ \boldsymbol{t}_{\mathrm{l}i}\right]_{3\times4}\boldsymbol{p}_{j}\right\}-\boldsymbol{u}_{\mathrm{l}ij}\right\|_{2}^{2}+\\&\left\|\boldsymbol{K}_{\mathrm{r}}\,\mathcal{D}_{\mathrm{r}}\left\{\frac{1}{z_{\mathrm{cr}ij}}\left[\mathcal{R}(\boldsymbol{d})\,\mathcal{R}(\boldsymbol{d}_{\mathrm{l}i})\ \ \mathcal{R}(\boldsymbol{d})\boldsymbol{t}_{\mathrm{l}i}+\boldsymbol{t}\right]_{3\times4}\boldsymbol{p}_{j}\right\}-\boldsymbol{u}_{\mathrm{r}ij}\right\|_{2}^{2}\Bigg\}\end{aligned} \tag{17-9}$$

其中，$\boldsymbol{\theta}=(\boldsymbol{d},\boldsymbol{t},\{\boldsymbol{d}_{\mathrm{l}i}\}_{i=1}^{m},\{\boldsymbol{t}_{\mathrm{l}i}\}_{i=1}^{m})$为待优化变量集合①；$\boldsymbol{u}_{\mathrm{l}ij}$ 为 $\boldsymbol{p}_{j}$ 在第 i 组双目图像中左图像

---

① 在有些文献中，也把左右目相机的内参作为目标函数式(17-9)的优化变量来一起进行优化，但优化变量过多会使得优化过程较难于收敛到一个可用的解。因此，在实践中标定双目系统的外参时，左右目相机的内参一般并不参与迭代优化，而是作为已知量保持不变。

上的投影像素坐标，$\boldsymbol{u}_{rij}$ 为 $\boldsymbol{p}_j$ 在第 i 组双目图像中右图像上的投影像素坐标；$(\mathcal{R}(\boldsymbol{d}_{li}),\boldsymbol{t}_{li})$ 为拍摄第 i 组双目图像时，左目相机相对于世界坐标系的外参；$(\mathcal{R}(\boldsymbol{d}),\boldsymbol{t})$ 为双目相机间的外参；根据式(17-8)可知，$(\mathcal{R}(\boldsymbol{d})\mathcal{R}(\boldsymbol{d}_{li}),\mathcal{R}(\boldsymbol{d})\boldsymbol{t}_{li}+\boldsymbol{t})$ 为在拍摄第 i 组双目图像时，右目相机相对于三维世界坐标系的外参；z_{clij} 为 $\boldsymbol{p}_j$（在拍摄第 i 组双目图像时）在左目相机坐标系下的深度值，z_{crij} 为 $\boldsymbol{p}_j$（在拍摄第 i 组双目图像时）在右目相机坐标系下的深度值；$\mathcal{D}_l\{\cdot\}$ 表示对左目相机归一化成像平面上的点进行畸变操作，$\mathcal{D}_r\{\cdot\}$ 表示对右目相机归一化成像平面上的点进行畸变操作；$\boldsymbol{K}_l$ 为左目相机的内参矩阵，$\boldsymbol{K}_r$ 为右目相机的内参矩阵。$\boldsymbol{K}_l\ \mathcal{D}_l\left\{\frac{1}{z_{clij}}[\mathcal{R}(\boldsymbol{d}_{li})\ \boldsymbol{t}_{li}]_{3\times 4}\boldsymbol{p}_j\right\}-\boldsymbol{u}_{lij}$ 为在拍摄第 i 组双目图像时，$\boldsymbol{p}_j$ 点在左目图像上所引起的重投影误差项，$\boldsymbol{u}_{lij}$ 为 $\boldsymbol{p}_j$ 在左目图像上投影像素位置的观测值，$\boldsymbol{K}_l\ \mathcal{D}_l\left\{\frac{1}{z_{clij}}[\mathcal{R}(\boldsymbol{d}_{li})\ \boldsymbol{t}_{li}]_{3\times 4}\boldsymbol{p}_j\right\}$ 为在当前参数下，根据成像模型计算出的 $\boldsymbol{p}_j$ 在左目图像上投影像素位置；类似地，$\boldsymbol{K}_r\ \mathcal{D}_r\left\{\frac{1}{z_{crij}}[\mathcal{R}(\boldsymbol{d})\mathcal{R}(\boldsymbol{d}_{li})\ \mathcal{R}(\boldsymbol{d})\boldsymbol{t}_{li}+\boldsymbol{t}]_{3\times 4}\boldsymbol{p}_j\right\}-\boldsymbol{u}_{rij}$ 为在拍摄第 i 组双目图像时，$\boldsymbol{p}_j$ 点在右目图像上所引起的重投影误差项。

需要注意的是，求解式(17-9)的最终目的是得到最优的 $\boldsymbol{d}$ 和 $\boldsymbol{t}$，并不需要得到最优的 $\{\boldsymbol{d}_{li}\}_{i=1}^m$ 和 $\{\boldsymbol{t}_{li}\}_{i=1}^m$；之所以要将 $\{\boldsymbol{d}_{li}\}_{i=1}^m$ 和 $\{\boldsymbol{t}_{li}\}_{i=1}^m$ 也作为优化变量，是因为更为合理的 $(\{\boldsymbol{d}_{li}\}_{i=1}^m,\{\boldsymbol{t}_{li}\}_{i=1}^m)$ 值会引导优化过程收敛到更好的 $\boldsymbol{d}$ 和 $\boldsymbol{t}$。

令

$$\boldsymbol{f}_{ij}(\boldsymbol{\theta})=\begin{pmatrix}\boldsymbol{K}_l\ \mathcal{D}_l\left\{\dfrac{1}{z_{clij}}[\mathcal{R}(\boldsymbol{d}_{li})\ \boldsymbol{t}_{li}]_{3\times 4}\boldsymbol{p}_j\right\}-\boldsymbol{u}_{lij}\\ \boldsymbol{K}_r\ \mathcal{D}_r\left\{\dfrac{1}{z_{crij}}[\mathcal{R}(\boldsymbol{d})\ \mathcal{R}(\boldsymbol{d}_{li})\ \mathcal{R}(\boldsymbol{d})\ \boldsymbol{t}_{li}+\boldsymbol{t}]_{3\times 4}\boldsymbol{p}_j\right\}-\boldsymbol{u}_{rij}\end{pmatrix}_{4\times 1} \tag{17-10}$$

$$\boldsymbol{f}(\boldsymbol{\theta})=[(\boldsymbol{f}_{11}^{\mathrm{T}}(\boldsymbol{\theta})\ \boldsymbol{f}_{12}^{\mathrm{T}}(\boldsymbol{\theta})\cdots\boldsymbol{f}_{mn}^{\mathrm{T}}(\boldsymbol{\theta}))^{\mathrm{T}}]_{4mn\times 1} \tag{17-11}$$

则式(17-9)所定义的优化问题可被表达为

$$\boldsymbol{\theta}^{*}=\underset{\boldsymbol{\theta}}{\arg\min}\left(\frac{1}{2}\boldsymbol{f}^{\mathrm{T}}(\boldsymbol{\theta})\boldsymbol{f}(\boldsymbol{\theta})\right) \tag{17-12}$$

式(17-12)便是标准化形式的非线性最小二乘问题，可以用第 9 章中介绍的高斯-牛顿法或列文伯格-马夸特法来求解。在求解过程中，关键是要得到 $\boldsymbol{f}(\boldsymbol{\theta})$ 的雅可比矩阵 $\boldsymbol{J}(\boldsymbol{\theta})$，即要得到误差函数项关于 $\boldsymbol{\theta}$ 的导数关系，可以参照 10.3.4 节中的内容来得到这些导数关系。

最后一个问题就是如何设置问题式(17-9)中优化变量 $\boldsymbol{d}_{li}$、$\boldsymbol{t}_{li}$、$\boldsymbol{d}$ 和 $\boldsymbol{t}$ 的初值。$\boldsymbol{d}_{li}$ 和 $\boldsymbol{t}_{li}$ 的初值可通过单目相机标定过程来获得。由于已拍摄了 m 组标定板双目图像，按照式(17-8)从第 k 组双目图像中可以得到一个对 $(\boldsymbol{R},\boldsymbol{t})$ 的合理估计 $(\boldsymbol{R}_k,\boldsymbol{t}_k)$，这样便有对 $\boldsymbol{R}$ 和 $\boldsymbol{t}$ 的 m 个初始估计，$\{\boldsymbol{R}_k\}_{k=1}^m$ 和 $\{\boldsymbol{t}_k\}_{k=1}^m$。可取 $\{\boldsymbol{d}_k\}_{k=1}^m$ 的中值作为 $\boldsymbol{d}$ 的初值（其中，$\boldsymbol{d}_k\in\mathbb{R}^{3\times 1}$ 为 $\boldsymbol{R}_k$ 的轴角表达），取 $\{\boldsymbol{t}_k\}_{k=1}^m$ 的中值作为 $\boldsymbol{t}$ 的初值。

得到 $\boldsymbol{t}$ 以后，便知道了双目系统左右目相机光心间的距离 $b=\|\boldsymbol{t}\|_2$，即 C_l 和 C_r 坐标系原点之间的距离，这也同样是图 17-2 中 $\boldsymbol{O}_l$ 和 $\boldsymbol{O}_r$ 之间的距离。在学习完 17.3 节之后便可知道，b 有一个听上去更“酷”的名字为双目系统的基线长度。

本书准备了一个 Matlab 版本的双目标定程序“\chapter-17-stereo\matlab-calibration-theory”，其实现方式与本节所讲内容完全一一对应，它的核心代码片段被列在附录 P.8 中。该程序正确运行后，会完成双目相机系统的标定，并可视化出相机之间以及相机与标定板之间的位姿关系，如图 17-4 所示。

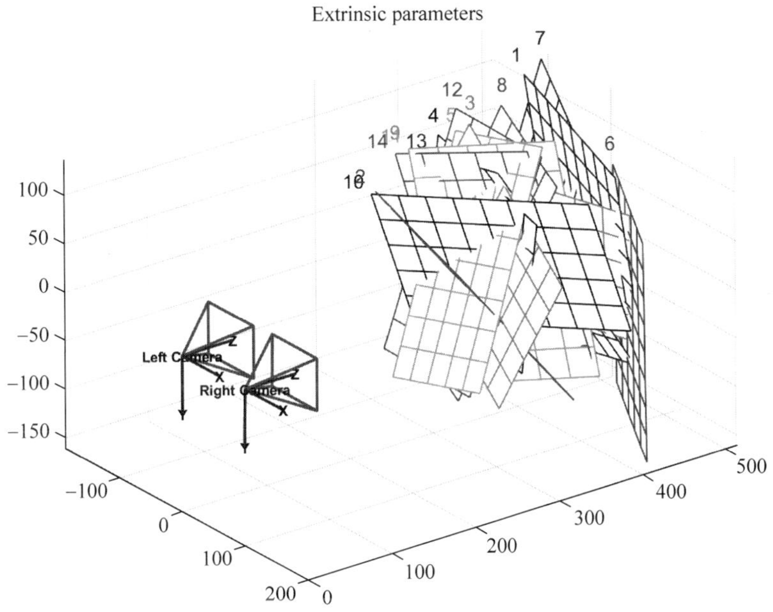

图 17-4 "\chapter-17-stereo\matlab-calibration-theory"程序完成双目外参标定后，进行外参可视化所得到的结果

17.3 对极几何及其表达

在 17.2 节中，学习了双目相机系统参数标定方法。至此，已经可以获知左右目两个相机的内参以及两个相机之间的外参。有了这些信息以后，便可以进行双目校正流程来形成校正化双目系统。在这之前，可以从对极几何(epipolar geometry)的角度来审视一下校正化双目系统的特性。如果读者想尽快进入 17.4 节去学习如何从物理双目系统中构建出校正化双目系统，可以直接跳过本节内容，这并不会给后续学习带来困难。实际上，对极几何以及本质矩阵(essential matrix)(与基础矩阵(fundamental matrix))一般被用于在相机内参已知但外参未知的情况下，从两张图像观测中恢复出拍摄这两张图像时的相机之间的(尺度不定)位姿[3]。本书后续章节不会用到本质矩阵与基础矩阵，在这里讲述相关内容只是为了本书内容上的完整性，方便读者需要时查阅。

17.3.1 对极几何

双目立体视觉系统中最基本的几何关系可以被一种称为**对极几何**[4]的几何关系来刻画，如图 17-5(a)所示。从本质上来说，对极几何关系描述了两个针孔相机模型和**极点**(epipoles)之间的约束关系。对于左目成像平面上的一点 $\boldsymbol{p}_l$，在右目成像平面中寻找与其对应的点 $\boldsymbol{p}_r$ 时(即 $\boldsymbol{p}_l$ 与 $\boldsymbol{p}_r$ 是三维空间中某个点分别在左右目相机成像平面上所成的像)，对极几何约束可以极大地降低 $\boldsymbol{p}_r$ 的搜索范围。这使得双目视觉系统对场景的实时深度感知成为可能。

图 17-5(a)所示为双目视觉系统中的对极几何关系。$\boldsymbol{O}_l$ 和 $\boldsymbol{O}_r$ 分别为左右目相机的光心。线段 $\boldsymbol{O}_l\boldsymbol{O}_r$ 称为双目视觉系统的**基线**(baseline)。右目相机光心 $\boldsymbol{O}_r$ 在左目成像平面上的像为 $\boldsymbol{e}_l$，左目相机光心 $\boldsymbol{O}_l$ 在右目成像平面上的像为 $\boldsymbol{e}_r$，$\boldsymbol{e}_l$ 和 $\boldsymbol{e}_r$ 均称为极点。三维世界中的一点 $\boldsymbol{p}_w$，在左右目相机成像平面上的投影点分别为 $\boldsymbol{p}_l$ 和 $\boldsymbol{p}_r$。$\boldsymbol{p}_w$、$\boldsymbol{O}_l$ 和 $\boldsymbol{O}_r$ 所形成的平面称为**极平**

面(epipolar plane)。由投影点与所在成像平面上的极点(即 $\boldsymbol{p}_l$ 和 $\boldsymbol{e}_l$，或 $\boldsymbol{p}_r$ 和 $\boldsymbol{e}_r$)所形成的直线称为**极线**(epipolar line)。左(右)成像平面上的所有极线都经过极点 $\boldsymbol{e}_l(\boldsymbol{e}_r)$。由同一极平面与左右两个成像平面相交所形成的两条极线称为**共轭极线**。

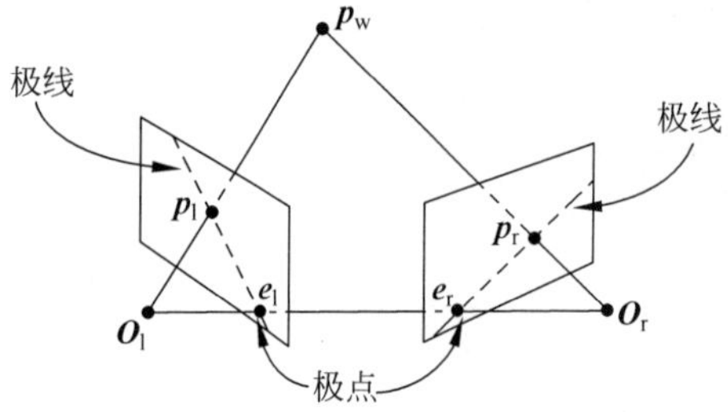

(a) 双目视觉中的对极几何关系，三维空间点 $\boldsymbol{p}_w$与两个相机光心$\boldsymbol{O}_l$和$\boldsymbol{O}_r$构成极平面，$\boldsymbol{O}_l$和$\boldsymbol{O}_r$连线与左右成像平面的交点$\boldsymbol{e}_l$与$\boldsymbol{e}_r$称为极点，极平面与左右两个成像平面相交所成的两条交线称为共轭极线

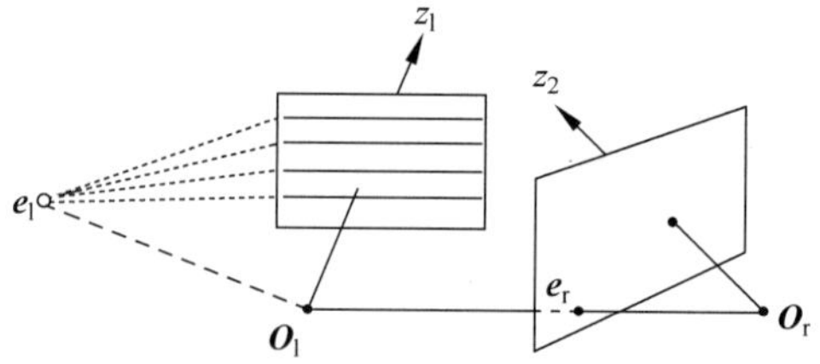

(b) 基线$\boldsymbol{O}_l\boldsymbol{O}_r$与左目成像平面平行，则左目成像平面上的极点$\boldsymbol{e}_l$为一个无穷远点，同时，左目成像平面上的所有极线都平行于基线$\boldsymbol{O}_l\boldsymbol{O}_r$

图 17-5　对极几何

基于图 17-5(a)所示的对极几何关系，可以观察到这样一个事实。三维空间点 $\boldsymbol{p}_w$ 在左目成像平面上的投影点 $\boldsymbol{p}_l$ 点时，实际上 $\boldsymbol{p}_w$ 可以是射线 $\boldsymbol{O}_l\boldsymbol{p}_l$ 上的任意一点，因为在只有一个相机的条件下，是无法知道 $\boldsymbol{p}_l$ 所对应的空间点到 $\boldsymbol{O}_l$ 的距离的。但 $\boldsymbol{p}_w$ 一定在射线 $\boldsymbol{O}_l\boldsymbol{p}_l$ 之上，射线 $\boldsymbol{O}_l\boldsymbol{p}_l$ 一定包含点 $\boldsymbol{p}_w$，当然它同时也包含了无数其他的空间点。那么射线 $\boldsymbol{O}_l\boldsymbol{p}_l$ 在右目成像平面上的像是什么样子的呢？显然，射线 $\boldsymbol{O}_l\boldsymbol{p}_l$ 在右目成像平面上的像是由 $\boldsymbol{p}_r$ 和 $\boldsymbol{e}_r$ 所确定的极线。

现在总结一下双目视觉系统中的对极几何关系所带来的一些事实。

(1) 一个成像平面上仅有一个极点，该平面上的所有极线都经过该极点；在成像平面上，除极点之外，对于其上任何一点来说，只有一条极线会经过它。

(2) 给定某成像平面上的一点 $\boldsymbol{p}$，该点在另外一个成像平面上的对应点一定在对应的极线 $\boldsymbol{l}$ 之上，即 $\boldsymbol{p}$ 与 $\boldsymbol{l}$ 位于同一个极平面之上，也即 $\boldsymbol{p}$ 所在极线与 $\boldsymbol{l}$ 构成共轭极线。两个成像平面上对应点间的这种几何约束关系被称为**对极约束**(epipolar constraint)。由对极约束可知，如果已经知道双目视觉系统中的对极几何关系，那么为一个成像平面上的某个点在另一个成像平面上寻找对应点的二维搜索问题就会变成只需沿着对应极线进行搜索的一维搜索问题。这不仅有效地降低了计算代价，也滤除了潜在的大量误匹配关系。

(3) 由图 17-5(b)可知，如果基线与其中一个成像平面平行，则该成像平面上的极点为一个无穷远点，同时，该成像平面上的所有极线都平行于基线。这些结论也可由第 8 章“射影几何初步”中的内容得到。

17.3.2　本质矩阵与基础矩阵

双目视觉系统中的对极约束可以用本质矩阵或基础矩阵的形式来表达。在本节将学习这两个特殊的矩阵。

在图 17-5(a)中，假设两个相机 $\boldsymbol{O}_l$ 和 $\boldsymbol{O}_r$ 的内参矩阵分别为 $\boldsymbol{K}_l$ 和 $\boldsymbol{K}_r$。在左目相机坐标系下有一空间点 $\boldsymbol{p}_w$。$\boldsymbol{p}_w$ 在左目相机成像平面上投影点的像素坐标 $\boldsymbol{u}_l$ 为

$$\boldsymbol{u}_l = \boldsymbol{K}_l \cdot \frac{1}{s_l}\boldsymbol{p}_w \tag{17-13}$$

其中，s_{l} 为 $\boldsymbol{p}_{\mathrm{w}}$ 点在左目相机坐标系下的深度值。若右目相机坐标系下的点与左目相机坐标系下的点的坐标关系可以用旋转矩阵 $\boldsymbol{R}\in\mathbb{R}^{3\times3}$ 和平移量 $\boldsymbol{t}\in\mathbb{R}^{3\times1}$ 来刻画的话，则 $\boldsymbol{p}_{\mathrm{w}}$ 点在右目相机成像平面上投影点的像素坐标 $\boldsymbol{u}_{\mathrm{r}}$ 为

$$\boldsymbol{u}_{\mathrm{r}}=\boldsymbol{K}_{\mathrm{r}}\cdot\frac{1}{s_{\mathrm{r}}}(\boldsymbol{R}\boldsymbol{p}_{\mathrm{w}}+\boldsymbol{t}) \tag{17-14}$$

其中，s_{r} 为 $\boldsymbol{R}\boldsymbol{p}_{\mathrm{w}}+\boldsymbol{t}$（在右目相机坐标系下）的深度值。

由式(17-13)可得

$$\boldsymbol{K}_{\mathrm{l}}^{-1}\boldsymbol{u}_{\mathrm{l}}=\frac{1}{s_{\mathrm{l}}}\boldsymbol{p}_{\mathrm{w}}\triangleq\boldsymbol{p}_{n\mathrm{l}} \tag{17-15}$$

由式(17-14)可得

$$\boldsymbol{K}_{\mathrm{r}}^{-1}\boldsymbol{u}_{\mathrm{r}}=\frac{1}{s_{\mathrm{r}}}(\boldsymbol{R}\boldsymbol{p}_{\mathrm{w}}+\boldsymbol{t})\triangleq\boldsymbol{p}_{n\mathrm{r}} \tag{17-16}$$

显然，$\boldsymbol{p}_{n\mathrm{l}}$ 和 $\boldsymbol{p}_{n\mathrm{r}}$ 分别为 $\boldsymbol{u}_{\mathrm{l}}$ 和 $\boldsymbol{u}_{\mathrm{r}}$ 所对应的归一化成像平面坐标。联合式(17-16)和式(17-15)，有

$$\boldsymbol{p}_{n\mathrm{r}}=\frac{1}{s_{\mathrm{r}}}(\boldsymbol{R}\boldsymbol{p}_{\mathrm{w}}+\boldsymbol{t})=\frac{1}{s_{\mathrm{r}}}(\boldsymbol{R}(s_{\mathrm{l}}\boldsymbol{p}_{n\mathrm{l}})+\boldsymbol{t})-\frac{s_1}{s_{\mathrm{r}}}\boldsymbol{R}\boldsymbol{p}_{n\mathrm{l}}+\frac{1}{s_{\mathrm{r}}}\boldsymbol{t}$$

两边同时左乘矩阵 $\boldsymbol{t}^{\wedge}$ 得到

$$\boldsymbol{t}^{\wedge}\boldsymbol{p}_{n\mathrm{r}}=\boldsymbol{t}^{\wedge}\left(\frac{s_1}{s_{\mathrm{r}}}\boldsymbol{R}\boldsymbol{p}_{n\mathrm{l}}+\frac{1}{s_{\mathrm{r}}}\boldsymbol{t}\right)=\frac{s_1}{s_{\mathrm{r}}}\boldsymbol{t}^{\wedge}\boldsymbol{R}\boldsymbol{p}_{n\mathrm{l}}+\frac{1}{s_r}\boldsymbol{t}^{\wedge}\boldsymbol{t}=\frac{s_1}{s_2}\boldsymbol{t}^{\wedge}\boldsymbol{R}\boldsymbol{p}_{n\mathrm{l}}$$

最后一步推导用到了 $\boldsymbol{t}^{\wedge}\boldsymbol{t}=\boldsymbol{0}$ 这个结果。两边同时左乘 $\boldsymbol{p}_{n\mathrm{r}}^{\mathrm{T}}$，得到

$$\boldsymbol{p}_{n\mathrm{r}}^{\mathrm{T}}\boldsymbol{t}^{\wedge}\boldsymbol{p}_{n\mathrm{r}}=\frac{s_1}{s_2}\boldsymbol{p}_{n\mathrm{r}}^{\mathrm{T}}\boldsymbol{t}^{\wedge}\boldsymbol{R}\boldsymbol{p}_{n\mathrm{l}} \tag{17-17}$$

注意，$\boldsymbol{t}^{\wedge}\boldsymbol{p}_{n\mathrm{r}}$ 实际上是向量 $\boldsymbol{t}$ 和向量 $\boldsymbol{p}_{n\mathrm{r}}$ 叉乘的结果向量，因此 $\boldsymbol{t}^{\wedge}\boldsymbol{p}_{n\mathrm{r}}$ 必与 $\boldsymbol{p}_{n\mathrm{r}}$ 垂直，则必有 $\boldsymbol{p}_{n\mathrm{r}}^{\mathrm{T}}\boldsymbol{t}^{\wedge}\boldsymbol{p}_{n\mathrm{r}}=0$。又由于 $\frac{s_1}{s_2}\neq0$，则由式(17-17)可知，

$$\boldsymbol{p}_{n\mathrm{r}}^{\mathrm{T}}\boldsymbol{t}^{\wedge}\boldsymbol{R}\boldsymbol{p}_{n\mathrm{l}}=0 \tag{17-18}$$

若记 $\boldsymbol{E}\triangleq\boldsymbol{t}^{\wedge}\boldsymbol{R}\in\mathbb{R}^{3\times3}$，则式(17-18)可简化表示为

$$\boldsymbol{p}_{n\mathrm{r}}^{\mathrm{T}}\boldsymbol{E}\boldsymbol{p}_{n\mathrm{l}}=0 \tag{17-19}$$

式(17-19)便是双目视觉系统对极约束的数学表示，其中的矩阵 $\boldsymbol{E}=\boldsymbol{t}^{\wedge}\boldsymbol{R}$ 称为本质矩阵。这是因为该矩阵完全是由双目系统中两个相机之间的外参数所决定的，与两个相机的内参数以及投影点的选取都没有关系。左右目相机归一化成像平面上的一对对应点 $\boldsymbol{p}_{n\mathrm{l}}$ 和 $\boldsymbol{p}_{n\mathrm{r}}$，它们一定会满足式(17-19)所表达的对极约束。式(17-19)可以变形为 $(\boldsymbol{E}^{\mathrm{T}}\boldsymbol{p}_{n\mathrm{r}})\cdot\boldsymbol{p}_{n\mathrm{l}}=0$，由此可知，在给定 $\boldsymbol{p}_{n\mathrm{r}}$ 的情况下，与其对应的可能的 $\boldsymbol{p}_{n\mathrm{l}}$ 会在左目相机归一化成像平面上形成一条直线（即 $\boldsymbol{p}_{n\mathrm{r}}$ 点所对应的极线），该直线的齐次线坐标便是 $\boldsymbol{E}^{\mathrm{T}}\boldsymbol{p}_{n\mathrm{r}}$；类似地，式(17-19)也可以变形为 $\boldsymbol{p}_{n\mathrm{r}}\cdot(\boldsymbol{E}\boldsymbol{p}_{n\mathrm{l}})=0$，由此可知，在给定 $\boldsymbol{p}_{n\mathrm{l}}$ 的情况下，与其对应的可能的 $\boldsymbol{p}_{n\mathrm{r}}$ 会在右目相机归一化成像平面上形成一条直线（即 $\boldsymbol{p}_{n\mathrm{l}}$ 点所对应的极线），该直线的齐次线坐标便是 $\boldsymbol{E}\boldsymbol{p}_{n\mathrm{l}}$。

下面深入分析本质矩阵 $\boldsymbol{E}$ 的性质。

性质 17.1 本质矩阵 $\boldsymbol{E}$ 的自由度为 5。

这个性质较容易理解，就不再进行严格的证明。$\boldsymbol{E}$ 是由平移向量 $\boldsymbol{t}$ 所形成的反对称矩阵与旋转矩阵 $\boldsymbol{R}$ 相乘得到的，而 $\boldsymbol{t}$ 和 $\boldsymbol{R}$ 的自由度都为 3，因此 $\boldsymbol{E}$（看上去）应该有 6 个自由度。但要注意，若 $\boldsymbol{p}_{n\mathrm{r}}^{\mathrm{T}}\boldsymbol{E}\boldsymbol{p}_{n\mathrm{l}}=0$ 成立，则 $\forall k\neq0$，$\boldsymbol{p}_{n\mathrm{r}}^{\mathrm{T}}(k\boldsymbol{E})\boldsymbol{p}_{n\mathrm{l}}=0$ 也一定成立，因此，$\boldsymbol{E}$ 与 $k\boldsymbol{E}(k\neq0)$ 表达

的是相同的对极约束，因此，$\boldsymbol{E}$ 的整体尺度的这个自由度是不需要考虑的。因此，$\boldsymbol{E}$ 的自由度的个数为 5。

性质 17.2 一般情况下，本质矩阵 $\boldsymbol{E}$ 的秩为 2。

"一般情况"指的是 $\boldsymbol{t}\neq 0$。容易证明，只要 $\boldsymbol{t}\neq 0$，则由 $\boldsymbol{t}$ 生成的反对称矩阵 $\boldsymbol{t}^\wedge$ 的秩必为 2。而由于正交矩阵 $\boldsymbol{R}$ 为可逆矩阵，因此 $\mathrm{rank}(\boldsymbol{t}^\wedge\boldsymbol{R})=\mathrm{rank}(\boldsymbol{t}^\wedge)=2$。

性质 17.3 本质矩阵 $\boldsymbol{E}$ 的两个奇异值相同。

根据性质 17.2 可知，$\mathrm{rank}(\boldsymbol{E})=2$，根据附录定理 H.1 可知，$E$ 必有两个奇异值 $\sigma_1>0$，$\sigma_2>0$。而且可以进一步证明，$\sigma_1=\sigma_2$。具体证明见附录命题 H.10。

如前所述，本质矩阵 $\boldsymbol{E}$ 刻画了两个相机之间的几何关系，但它并不包含任何与相机自身有关的信息。同时，利用本质矩阵建立起来的对极约束的表达(式(17-19))是针对归一化成像平面上的坐标的。在实际应用中，有些时候对极约束能直接用像素坐标来表达。可通过在式(17-19)中引入相机内参矩阵来实现此目的。将式(17-15)和式(17-16)带入式(17-19)中得到

$$(\boldsymbol{K}_{\mathrm{r}}^{-1}\boldsymbol{u}_{\mathrm{r}})^{\mathrm{T}}\boldsymbol{E}(\boldsymbol{K}_{\mathrm{l}}^{-1}\boldsymbol{u}_{\mathrm{l}})=0$$

即

$$\boldsymbol{u}_{\mathrm{r}}^{\mathrm{T}}(\boldsymbol{K}_{\mathrm{r}}^{-\mathrm{T}}\boldsymbol{E}\boldsymbol{K}_{\mathrm{l}}^{-1})\boldsymbol{u}_{\mathrm{l}}=0 \tag{17-20}$$

记 $\boldsymbol{F}\triangleq\boldsymbol{K}_{\mathrm{r}}^{-\mathrm{T}}\boldsymbol{E}\boldsymbol{K}_{\mathrm{l}}^{-1}$，则式(17-20)可简化表示为

$$\boldsymbol{u}_{\mathrm{r}}^{\mathrm{T}}\boldsymbol{F}\boldsymbol{u}_{\mathrm{l}}=0 \tag{17-21}$$

与式(17-19)类似，式(17-21)也可以刻画两个平面之间的对极约束。但与式(17-19)不同的是，式(17-21)中点的坐标是左右目相机成像平面上的像素坐标。$\boldsymbol{F}$ 被称为基础矩阵。容易知道，$\mathrm{rank}(\boldsymbol{F})=2$，且 $\boldsymbol{F}$ 的自由度个数为 7，其证明给读者留作练习。

17.3.3 本质矩阵的计算

接下来讨论一下如何计算两个相机之间的本质矩阵 $\boldsymbol{E}$ 或基础矩阵 $\boldsymbol{F}$。从 $\boldsymbol{F}$ 与 $\boldsymbol{E}$ 的表达中可以看出，它们只相差了相机的内参矩阵。在左右目相机内参矩阵已知的条件下，计算 $\boldsymbol{E}$ 和 $\boldsymbol{F}$，从实质上来说是相同的，所以，在此只讨论 $\boldsymbol{E}$ 的计算。

假设左右目相机归一化成像平面上有一对对应点，$\boldsymbol{p}_{\mathrm{l}}=\begin{pmatrix}u_1\\v_1\\1\end{pmatrix}$ 和 $\boldsymbol{p}_{\mathrm{r}}=\begin{pmatrix}u_2\\v_2\\1\end{pmatrix}$，待计算的本质矩阵 $\boldsymbol{E}$ 可表示为 $\boldsymbol{E}=\begin{pmatrix}e_1 & e_2 & e_3\\e_4 & e_5 & e_6\\e_7 & e_8 & e_9\end{pmatrix}$。由式(17-19)可知 $(u_2\ \ v_2\ \ 1)\begin{pmatrix}e_1 & e_2 & e_3\\e_4 & e_5 & e_6\\e_7 & e_8 & e_9\end{pmatrix}\begin{pmatrix}u_1\\v_1\\1\end{pmatrix}=0$。将该式展开整理可得

$$(u_2u_1\ \ u_2v_1\ \ u_2\ \ v_2u_1\ \ v_2v_1\ \ v_2\ \ u_1\ \ v_1\ \ 1)\begin{pmatrix}e_1\\e_2\\\vdots\\e_9\end{pmatrix}=0 \tag{17-22}$$

从上述推导过程可知，基于一对左右目相机归一化成像平面上的对应点，可以得到一个关于 $\boldsymbol{e}=(e_1,e_2,\cdots,e_9)^{\mathrm{T}}$ 的齐次线性方程。如果有 8 对这样的对应点，便可以得到 8 个关于 $\boldsymbol{e}$ 的齐次线性方程，它们可以组成如下形式的方程组

$$A_{8\times 9}e_{9\times 1}=\mathbf{0} \tag{17-23}$$

在一般情况下，rank($\boldsymbol{A}$)=8，因此如式(17-23)所描述的关于 $\boldsymbol{e}$ 的齐次线性方程组的解空间中会有一个线性无关的解向量。这种由左右目相机归一化成像平面上的8个对应点对来求解本质矩阵的方法被称为“八点法”。如果所用对应点的对数多于8对，这便构成了一个关于 $\boldsymbol{e}$ 的齐次方程线性最小二乘问题，该问题可以用5.1.2节中所描述的方法来求解。如果所用点对中可能存在外点(误匹配点)，便需要在RANSAC框架(见6.1节)之下对 $\boldsymbol{e}$ 进行求解。至于具体采用哪种算法流程来求解本质矩阵 $\boldsymbol{E}$，需要根据具体的情况来选择：如果是基于拍摄标定板图像来求解 $\boldsymbol{E}$，一般可以用8点法或多于8个点对的最小二乘法，因为此时所得的点对关系都是正确的，没有错误匹配的外点，最终的解向量是矩阵 $\boldsymbol{A}^{\mathrm{T}}\boldsymbol{A}$ 的最小特征值所对应的特征向量；如果拍摄的是自然场景，对应点对关系是通过特征点匹配过程建立起来的，则需要在RANSAC框架之下来求解 $\boldsymbol{E}$，因为此时的点对关系往往会存在误匹配的外点。

17.3.4　校正化双目系统的对极几何属性

在17.1节中完整描述了校正化双目系统各方面的特性。在学习了本节对极几何的知识以后，读者不难验证，从对极几何的角度来看，校正化双目系统具有下述性质：

(1) 左右两个极点都是成像平面上的无穷远点；

(2) 任何一对共轭极线都是共线的且平行于(左右两个)校正化相机坐标系的 x 轴。

17.4　双目校正

本节将从两方面来介绍双目校正相关技术。首先介绍对于一给定的物理双目视觉系统，如何通过数学处理流程来得到与之对应的“虚拟的”校正化双目系统，然后再介绍如何根据物理双目系统所拍摄的双目图像来“填充”生成校正化双目系统中的校正化双目图像。

17.4.1　校正化双目系统的构建

对于一物理双目系统，假设通过前期的标定操作，已经得到了该系统全部的内外参数。接下来，便可以利用这些参数信息，经由双目校正流程，得到与该物理双目系统对应的、符合图17-1所描述的“虚拟的”校正化双目系统。

记物理双目系统的左目相机为 $\mathrm{Cam}_{\mathrm{l}}$，光心为 $\boldsymbol{O}_{\mathrm{l}}$，其相机坐标系为 C_{l}，其焦距为($f_{x\text{-l}}$，$f_{y\text{-l}}$)，其主点坐标为($c_{x\text{-l}}$，$c_{y\text{-l}}$)，其所拍摄的图像为 $\boldsymbol{I}_{\mathrm{l}}$；右目相机为 $\mathrm{Cam}_{\mathrm{r}}$，光心为 $\boldsymbol{O}_{\mathrm{r}}$，其相机坐标系为 C_{r}，其焦距为($f_{x\text{-r}}$，$f_{y\text{-r}}$)，其主点坐标为($c_{x\text{-r}}$，$c_{y\text{-r}}$)，其所拍摄的图像为 $\boldsymbol{I}_{\mathrm{r}}$；该系统的双目外参为($\boldsymbol{R}$，$\boldsymbol{t}$)。校正化双目系统的左右目相机被分别记为 $\mathrm{Cam}_{\text{rect-l}}$ 和 $\mathrm{Cam}_{\text{rect-r}}$，它们的相机坐标系分别被记为 $C_{\text{rect-l}}$ 和 $C_{\text{rect-r}}$，它们所成的校正化图像被分别记为 $\boldsymbol{I}_{\text{rect-l}}$ 和 $\boldsymbol{I}_{\text{rect-r}}$。

为了构建校正化双目系统，需要进行下述操作。

1. 构建轴向对齐左右目相机坐标系 $C_{\text{align-l}}$ 和 $C_{\text{align-r}}$

在这个操作步骤中，通过“虚拟地”旋转(坐标原点保持不动)C_{l} 和 C_{r} 来分别得到 $C_{\text{align-l}}$ 和 $C_{\text{align-r}}$，并要求 $C_{\text{align-l}}$ 和 $C_{\text{align-r}}$ 的三个坐标轴都彼此同向，即这两个坐标系之间只相差一个欧氏平移。

设 $\boldsymbol{p}\in\mathbb{R}^{3\times 1}$ 为空间中一三维点，其在 C_{l} 坐标系下的坐标为 $\boldsymbol{p}_{\mathrm{l}}$，在 C_{r} 坐标系下的坐标为

$\boldsymbol{p}_r$，则有

$$\boldsymbol{p}_r=\boldsymbol{R}\boldsymbol{p}_l+\boldsymbol{t} \tag{17-24}$$

由式(17-24)可知，若以对 C_l 施加"由 $\boldsymbol{R}$ 表达的旋转"所得到的坐标系作为 $C_{\text{align-l}}$，以 C_r 作为 $C_{\text{align-r}}$，所得到的 $C_{\text{align-l}}$ 和 $C_{\text{align-r}}$ 便是满足要求的，即这样的 $C_{\text{align-l}}$ 和 $C_{\text{align-r}}$ 必然是各轴同向的。但在实现中，为了尽可能平均地保留重投影后左右图像的内容，可以通过对 C_l 施加由"$\boldsymbol{R}/2$ 所表达的旋转"来得到 $C_{\text{align-l}}$，通过对 C_r 施加由"$-\boldsymbol{R}/2$ 所表达的旋转"来得到 $C_{\text{align-r}}$；如图 17-6 所示，如此所得的 $C_{\text{align-l}}$ 和 $C_{\text{align-r}}$ 也是各轴同向的。为了便于可视化，图 17-6 借助二维坐标系进行了展示。需要注意的是，$C_{\text{align-l}}$ 是通过对 C_l 施加由"$\boldsymbol{R}/2$ 所表达的旋转"得来的，因此 $C_{\text{align-l}}$ 与 C_l 这两个坐标系共享相同的坐标原点，但为了清楚示意，在图 17-6 中，该两个坐标系被分开显示；对于 $C_{\text{align-r}}$ 与 C_r，也是类似的情况。

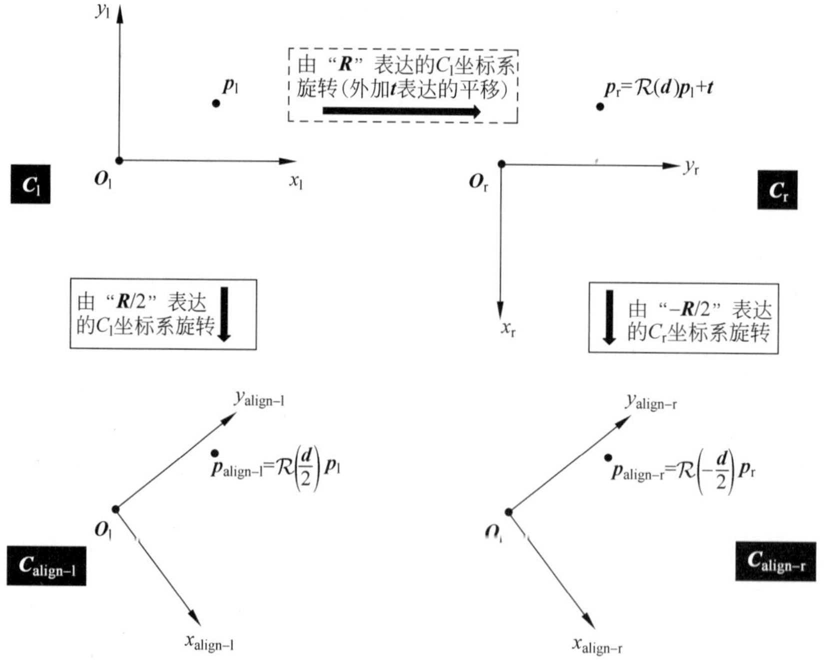

图 17-6　$C_{\text{align-l}}$ 和 $C_{\text{align-r}}$ 坐标系的构建以及空间点 $\boldsymbol{p}$ 在 C_l、C_r、$C_{\text{align-l}}$ 和 $C_{\text{align-r}}$ 坐标系之下的坐标之间的关系

接下来，需要确定出空间点 $\boldsymbol{p}$ 在 C_l、C_r、$C_{\text{align-l}}$ 和 $C_{\text{align-r}}$ 之下的坐标之间的关系。

设 $\boldsymbol{R}$ 对应的轴角为 $\boldsymbol{d}\in\mathbb{R}^{3\times 1}$。则 $\boldsymbol{p}$ 点在 $C_{\text{align-l}}$ 坐标系下的坐标为 $\boldsymbol{p}_{\text{align-l}}=\mathcal{R}\left(\frac{\boldsymbol{d}}{2}\right)\boldsymbol{p}_l$，$\boldsymbol{p}$ 点在 $C_{\text{align-r}}$ 坐标系下的坐标为 $\boldsymbol{p}_{\text{align-r}}=\mathcal{R}\left(-\frac{\boldsymbol{d}}{2}\right)\boldsymbol{p}_r$。由于坐标系 $C_{\text{align-l}}$ 与 $C_{\text{align-r}}$ 同向，则 $\boldsymbol{p}_{\text{align-l}}$ 与 $\boldsymbol{p}_{\text{align-r}}$ 之间必然只相差一个平移向量，那这个平移向量是多少呢？对式(17-24)等式两边同时左乘 $\mathcal{R}\left(-\frac{\boldsymbol{d}}{2}\right)$，得到

$$\begin{aligned}\mathcal{R}\left(-\frac{\boldsymbol{d}}{2}\right)\boldsymbol{p}_r&=\mathcal{R}\left(-\frac{\boldsymbol{d}}{2}\right)\mathcal{R}(\boldsymbol{d})\boldsymbol{p}_l+\mathcal{R}\left(-\frac{\boldsymbol{d}}{2}\right)\boldsymbol{t}\\&=\mathcal{R}\left(\frac{\boldsymbol{d}}{2}\right)\boldsymbol{p}_l+\mathcal{R}\left(-\frac{\boldsymbol{d}}{2}\right)\boldsymbol{t}\end{aligned} \tag{17-25}$$

即 $\boldsymbol{p}_{\text{align-r}}=\boldsymbol{p}_{\text{align-l}}+\mathcal{R}\left(-\frac{\boldsymbol{d}}{2}\right)\boldsymbol{t}$。则 $\boldsymbol{p}$ 点在坐标系 $C_{\text{align-l}}$ 与 $C_{\text{align-r}}$ 之下的坐标相差一个平移向量 $\mathcal{R}\left(-\frac{\boldsymbol{d}}{2}\right)\boldsymbol{t}$。$\mathcal{R}\left(-\frac{\boldsymbol{d}}{2}\right)\boldsymbol{t}$ 实际上是向量 $\boldsymbol{O}_{\text{r}}\boldsymbol{O}_{\text{l}}$ 在坐标系 $C_{\text{align-l}}$ 下的坐标。则向量 $\boldsymbol{O}_{\text{l}}\boldsymbol{O}_{\text{r}}$（基线向量）在坐标系 $C_{\text{align-l}}$ 下的坐标为 $\boldsymbol{t}'=-\mathcal{R}\left(-\frac{\boldsymbol{d}}{2}\right)\boldsymbol{t}$。

2. 建立左右目校正化相机坐标系 $C_{\text{rect-l}}$ 与 $C_{\text{rect-r}}$

在这一步中，通过旋转 $C_{\text{align-l}}$ 和 $C_{\text{align-r}}$ 分别得到校正化双目系统中的左校正化相机坐标系 $C_{\text{rect-l}}$ 和右校正化相机坐标系 $C_{\text{rect-r}}$。在 17.1 节中，在校正化双目系统中，左右校正化相机的成像平面都要平行于基线，而且基线向量与两个校正化相机坐标系的 x 轴都要重合。那对 $C_{\text{align-l}}$ 和 $C_{\text{align-r}}$ 进行怎样的旋转，才能得到满足要求的 $C_{\text{rect-l}}$ 和 $C_{\text{rect-r}}$ 呢？

根据目标，只需要将坐标系 $C_{\text{align-l}}$ 和 $C_{\text{align-r}}$ 各自进行(相同的)旋转，使得它们的 x 轴都重合于基线向量 $\boldsymbol{O}_{\text{l}}\boldsymbol{O}_{\text{r}}$，所得到的结果坐标系即为满足要求的 $C_{\text{rect-l}}$ 和 $C_{\text{rect-r}}$。下面给出具体处理办法，其几何关系如图 17-7 所示。

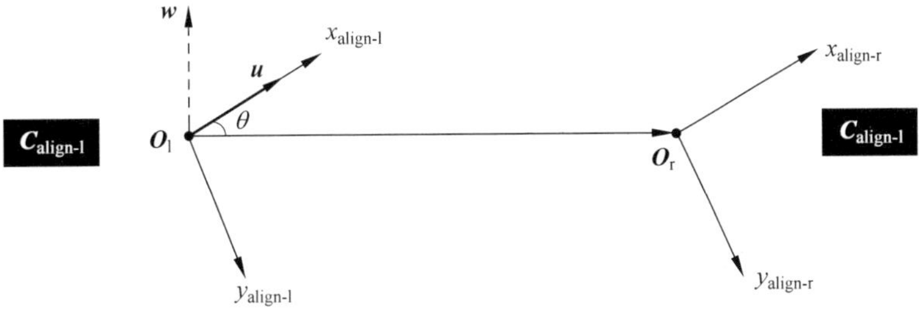

图 17-7 通过旋转 $C_{\text{align-l}}$ 和 $C_{\text{align-r}}$ 分别得到校正化相机坐标系 $C_{\text{rect-l}}$ 和 $C_{\text{rect-r}}$ 旋转的规则是使得结果坐标系的 x 轴与基线向量 $\boldsymbol{O}_{\text{l}}\boldsymbol{O}_{\text{r}}$ 重合

在 $C_{\text{align-l}}$ 坐标系之下，$C_{\text{align-l}}$ 的 x 轴的单位化向量记为 $\boldsymbol{u}=(1,0,0)^{\text{T}}$，基线向量为 $\boldsymbol{O}_{\text{l}}\boldsymbol{O}_{\text{r}}=\boldsymbol{t}'$①。令

$$\boldsymbol{w}=\frac{\boldsymbol{t}'\times\boldsymbol{u}}{\|\boldsymbol{t}'\times\boldsymbol{u}\|_2},\quad \theta=\arccos\left(\frac{\boldsymbol{t}'\cdot\boldsymbol{u}}{\|\boldsymbol{t}'\|_2\|\boldsymbol{u}\|_2}\right)\tag{17-26}$$

则将 $C_{\text{align-l}}$ 坐标系绕 $\boldsymbol{w}$ 轴旋转 $-\theta$（按照右手法则，逆时针方向为旋转正向）便可得到所需的 $C_{\text{rect-l}}$。由于坐标系 $C_{\text{align-r}}$ 与坐标系 $C_{\text{align-l}}$ 对应的坐标轴均同向，因此只需要对 $C_{\text{align-r}}$ 也施加同样的旋转便可使得所得坐标系也满足其 x 轴与基线向量 $\boldsymbol{O}_{\text{l}}\boldsymbol{O}_{\text{l}}$ 重合的要求，即如此所得的坐标系即为右校正相机坐标系 $C_{\text{rect-r}}$。

如何确定空间中的 $\boldsymbol{p}$ 点在坐标系 C_{l}、C_{r}、$C_{\text{align-l}}$、$C_{\text{align-r}}$、$C_{\text{rect-l}}$ 和 $C_{\text{rect-r}}$ 坐标系之下的坐标之间的关系？假设 $\boldsymbol{p}$ 在 $C_{\text{align-l}}$ 坐标系下的坐标为 $\boldsymbol{p}_{\text{align-l}}$，则它在 $C_{\text{rect-l}}$ 下的坐标为 $\mathcal{R}(\boldsymbol{w}\theta)\boldsymbol{p}_{\text{align-l}}$。这样，空间点 $\boldsymbol{p}$ 在左目校正化相机坐标系 $C_{\text{rect-l}}$ 下的坐标 $\boldsymbol{p}_{\text{rect-l}}$ 可表达为

$$\begin{aligned}\boldsymbol{p}_{\text{rect-l}}&=\mathcal{R}(\boldsymbol{w}\theta)\boldsymbol{p}_{\text{align-l}}\\&=\mathcal{R}(\boldsymbol{w}\theta)\,\mathcal{R}\left(\frac{\boldsymbol{d}}{2}\right)\boldsymbol{p}_{\text{l}}\end{aligned}\tag{17-27}$$

类似地，若 $\boldsymbol{p}$ 在 $C_{\text{align-r}}$ 坐标系下的坐标为 $\boldsymbol{p}_{\text{align-r}}$，则该点在 $C_{\text{rect-r}}$ 坐标系下的坐标为 $\mathcal{R}(\boldsymbol{w}\theta)$

---

① 在实践中构建双目系统时，尽量会使得左右目相机的坐标系同向，这样会保证 $\boldsymbol{t}'$ 与 $\boldsymbol{u}$ 之间的角度会很小，即可保证 $\boldsymbol{t}'\cdot\boldsymbol{u}>0$。

$\boldsymbol{p}_{\text{align-r}}$。如此，若空间点 $\boldsymbol{p}$ 在右目物理相机坐标系 C_{r} 下的坐标为 $\boldsymbol{p}_{\text{r}}$，则它在右目校正化相机坐标系 $C_{\text{rect-r}}$ 下的坐标 $\boldsymbol{p}_{\text{rect-r}}$ 可表达为

$$\begin{aligned}\boldsymbol{p}_{\text{rect-r}} &= \mathcal{R}(\boldsymbol{w}\theta)\boldsymbol{p}_{\text{align-r}} \\ &= \mathcal{R}(\boldsymbol{w}\theta)\,\mathcal{R}\left(-\frac{\boldsymbol{d}}{2}\right)\boldsymbol{p}_{\text{r}}\end{aligned} \tag{17-28}$$

记 $\boldsymbol{R}_{\text{rect-l}} \triangleq \mathcal{R}(\boldsymbol{w}\theta)\,\mathcal{R}\left(\frac{\boldsymbol{d}}{2}\right)$，$\boldsymbol{R}_{\text{rect-r}} \triangleq \mathcal{R}(\boldsymbol{w}\theta)\,\mathcal{R}\left(-\frac{\boldsymbol{d}}{2}\right)$，它们被称作**校正旋转矩阵**。根据式(17-27)和式(17-28)可知，$\boldsymbol{R}_{\text{rect-l}}$ 可将左目物理相机坐标系 C_{l} 下一点的坐标转换到左目校正化相机坐标系 $C_{\text{rect-l}}$ 之下，$\boldsymbol{R}_{\text{rect-r}}$ 可将右目物理相机坐标系 C_{r} 下一点的坐标转换到右目校正化相机坐标系 $C_{\text{rect-r}}$ 之下。

最后再来看一下校正化双目系统的外参。由于校正化相机坐标系 $C_{\text{rect-l}}$ 和 $C_{\text{rect-r}}$ 只相差了 x 轴方向的平移，因此该系统的外参中的旋转矩阵必为单位矩阵，即 $\boldsymbol{R}_{\text{rect}} = \boldsymbol{I} \in \mathbb{R}^{3\times 3}$。为了得到其外参中有关平移向量的部分，可在式(17-25)两端同时左乘矩阵 $\mathcal{R}(\boldsymbol{w}\theta)$，得到

$$\mathcal{R}(\boldsymbol{w}\theta)\,\mathcal{R}\left(-\frac{\boldsymbol{d}}{2}\right)\boldsymbol{p}_{\text{r}} = \mathcal{R}(\boldsymbol{w}\theta)\,\mathcal{R}\left(\frac{\boldsymbol{d}}{2}\right)\boldsymbol{p}_{\text{l}} + \mathcal{R}(\boldsymbol{w}\theta)\,\mathcal{R}\left(-\frac{\boldsymbol{d}}{2}\right)\boldsymbol{t} \tag{17-29}$$

式(17-29)即为

$$\boldsymbol{p}_{\text{rect-r}} = \boldsymbol{p}_{\text{rect-l}} + \boldsymbol{R}_{\text{rect-r}}\boldsymbol{t} \tag{17-30}$$

由式(17-30)可知，校正化双目系统外参中的平移向量为 $\boldsymbol{t}_{\text{rect}} = \boldsymbol{R}_{\text{rect-r}}\boldsymbol{t}$。敏锐的读者可能会注意到，由于校正化相机坐标系 $C_{\text{rect-l}}$ 和 $C_{\text{rect-r}}$ 只相差了 x 轴方向的平移，因此从理论上来说，$\boldsymbol{t}_{\text{rect}}$ 必为 $(\cdot,0,0)^{\text{T}}$ 的形式，即 $\boldsymbol{t}_{\text{rect}}$ 中只有第一个元素非零。

3. 确定校正化双目相机的内参

得到校正化双目系统中的两个相机坐标系 $C_{\text{rect-l}}$ 和 $C_{\text{rect-r}}$ 之后，为了能进行“成像”，还需要确定好两个相机 $\text{Cam}_{\text{rect-l}}$ 和 $\text{Cam}_{\text{rect-r}}$ 的内参数。按照 17.1.1 节中所介绍的，校正化双目系统要求 $\text{Cam}_{\text{rect-l}}$ 和 $\text{Cam}_{\text{rect-r}}$ 的内参相同，且它们的畸变系数都为零。这样，只需要确定出式(17-1)所列的内参矩阵 $\boldsymbol{K}_{\text{rect}}$ 中的三个参数 f_{rect}、$c_{\text{rect-}x}$、$c_{\text{rect-}y}$ 的取值即可。

为方便实现，f_{rect} 的值可取为 $f_{\text{rect}} \triangleq \min(f_{x\text{-l}}, f_{y\text{-l}}, f_{x\text{-r}}, f_{y\text{-r}})$，$c_{\text{rect-}x}$ 的值可取为 $c_{\text{rect-}x} \triangleq (c_{x\text{-l}} + c_{x\text{-r}})/2$，$c_{\text{rect-}y}$ 的值可取为 $c_{\text{rect-}y} \triangleq (c_{y\text{-l}} + c_{y\text{-r}})/2$。当然，$f_{\text{rect}}$、$c_{\text{rect-}x}$、$c_{\text{rect-}y}$ 取值的设置方式并不是唯一的，但一般来说都是启发式的、根据经验设置的。

17.4.2 校正化双目图像的获取

在得到“虚拟的”校正化双目系统之后，如何才能得到该系统所成的校正化左右目图像 $\boldsymbol{I}_{\text{rect-l}}$ 和 $\boldsymbol{I}_{\text{rect-r}}$ 呢？不难理解，$\boldsymbol{I}_{\text{rect-l}}$ 和 $\boldsymbol{I}_{\text{rect-r}}$ 应该从物理双目系统所拍摄的原始左右目图像 $\boldsymbol{I}_{\text{l}}$ 和 $\boldsymbol{I}_{\text{r}}$ 中获得。由于从 $\boldsymbol{I}_{\text{l}}$ 中计算出 $\boldsymbol{I}_{\text{rect-l}}$ 的过程与从 $\boldsymbol{I}_{\text{r}}$ 中计算出 $\boldsymbol{I}_{\text{rect-r}}$ 的过程类似，在这里只讲述从 $\boldsymbol{I}_{\text{l}}$ 中计算出 $\boldsymbol{I}_{\text{rect-l}}$ 的过程。

从原理上不难猜到，$\boldsymbol{I}_{\text{rect-l}}$ 需要借助 C_{l} 和 $C_{\text{rect-l}}$ 两个坐标系之间的坐标变换关系从 $\boldsymbol{I}_{\text{l}}$ 中投影得来。从代码实现角度来说，该过程是一个“逆向”过程。其本质问题是，给定 $\boldsymbol{I}_{\text{rect-l}}$ 上的一像素位置 $\boldsymbol{u}$(规范化齐次坐标表示的二维像素位置)，需要找到 $\boldsymbol{I}_{\text{l}}$ 上与其对应的像素位置 $\boldsymbol{u}'$。

给定 $\boldsymbol{I}_{\text{rect-l}}$ 上像素位置 $\boldsymbol{u}$，$\boldsymbol{K}_{\text{rect}}^{-1}\boldsymbol{u}$ 给出了与 $\boldsymbol{u}$ 对应的 $\text{Cam}_{\text{rect-l}}$ 归一化成像平面上的点，该点在 $C_{\text{rect-l}}$ 坐标系下的三维坐标为 $\boldsymbol{K}_{\text{rect}}^{-1}\boldsymbol{u}$。借助校正旋转矩阵 $\boldsymbol{R}_{\text{rect-l}}$，可知该三维点在 Cam_{l} 相机坐标系 C_{l} 下的三维坐标为 $\boldsymbol{R}_{\text{rect-l}}^{-1}\boldsymbol{K}_{\text{rect}}^{-1}\boldsymbol{u}$。进一步，该点在 Cam_{l} 归一化成像平面上的投影点的

规范化齐次坐标为$\frac{\boldsymbol{R}_{\text{rect-l}}^{-1}\boldsymbol{K}_{\text{rect}}^{-1}\boldsymbol{u}}{z_{\text{cam}_1}}$(其中,$z_{\text{cam}_1}$为$\boldsymbol{R}_{\text{rect-l}}^{-1}\boldsymbol{K}_{\text{rect}}^{-1}\boldsymbol{u}$的$z$值),其经过畸变处理之后的归一化平面齐次坐标为$\mathcal{D}_1\left\{\frac{\boldsymbol{R}_{\text{rect-l}}^{-1}\boldsymbol{K}_{\text{rect}}^{-1}\boldsymbol{u}}{z_{\text{cam}_1}}\right\}$,其中$\mathcal{D}_1\{\cdot\}$为相机$\text{Cam}_1$的镜头畸变操作算子。最终,该点在$\boldsymbol{I}_1$上的像素位置的规范化齐次坐标为$\boldsymbol{K}_1\cdot\mathcal{D}_1\left\{\frac{\boldsymbol{R}_{\text{rect-l}}^{-1}\boldsymbol{K}_{\text{rect}}^{-1}\boldsymbol{u}}{z_{\text{cam}_1}}\right\}$,其中$\boldsymbol{K}_1$为$\text{Cam}_1$的内参矩阵,即有

$$\boldsymbol{u}'=\boldsymbol{K}_1\cdot\mathcal{D}_1\left\{\frac{\boldsymbol{R}_{\text{rect-l}}^{-1}\boldsymbol{K}_{\text{rect}}^{-1}\boldsymbol{u}}{z_{\text{cam}_1}}\right\} \tag{17-31}$$

最终,从概念上来说,将$\boldsymbol{I}_1(\boldsymbol{u}')$赋值给$\boldsymbol{I}_{\text{rect-l}}(\boldsymbol{u})$即可;当然,不出意外的话,$\boldsymbol{u}'$并不是整数,因此还需要用双线性插值技术来计算$\boldsymbol{I}_1(\boldsymbol{u}')$,具体可参见6.2节的内容。

在提供的程序"\chapter-17-stereo\matlab-calibration-theory"中,脚本rectify_stereo_pair.m可以根据物理双目系统的内外参来构建与之对应的校正化双目系统,并将由物理双目系统所拍摄的双目图像映射到校正化双目相机的成像平面上,得到逐行对齐的校正化双目图像。相关核心代码片段见附录P.9。

17.5 立体匹配与视差图计算

在校正化双目系统中,校正化左右图像的内容满足行对齐的要求,这会极大地方便接下来要进行的视差图计算。为了计算视差图,必须知道左右图像中像素点的匹配关系。给定校正化左目图像$\boldsymbol{I}_{\text{rect-l}}$上一点$\boldsymbol{u}_1(x_1,y_0)$,在校正化右目图像$\boldsymbol{I}_{\text{rect-r}}$上与它匹配的像素位置$\boldsymbol{u}_{\text{r}}$在哪里呢?由于$\boldsymbol{I}_{\text{rect-l}}$与$\boldsymbol{I}_{\text{rect-r}}$是行对齐的,所以只需要在$\boldsymbol{I}_{\text{rect-r}}$第$y_0$行上来寻找$\boldsymbol{u}_{\text{r}}$的可能位置即可。该问题被称为**立体匹配**(stereo matching)问题。

下面介绍一种较为常用的立体匹配算法——块匹配算法(block matching)[5]。首先,需要对两个校正化图像进行预处理,用于降低由于两个图像整体亮度上的不同对结果所带来的不利影响,同时也为了在一定程度上增强图像纹理。比如,一种常用的预处理方法是计算两个图像沿x方向的索贝尔(Sobel)偏导数,后续处理都在"偏导数图像"上进行。x方向的索贝尔梯度算子为

$$\begin{bmatrix}-1 & 0 & 1\\-2 & 0 & 2\\-1 & 0 & 1\end{bmatrix} \tag{17-32}$$

将$\boldsymbol{I}_{\text{rect-l}}$的$x$方向的偏导数图记为$\boldsymbol{I}'_{\text{rect-l}}$,将$\boldsymbol{I}_{\text{rect-r}}$的$x$方向的偏导数图记为$\boldsymbol{I}'_{\text{rect-r}}$。在$\boldsymbol{I}'_{\text{rect-l}}$上以$\boldsymbol{u}_1$为中心取一小块图像$\boldsymbol{A}\in\mathbb{R}^{w\times w}$。遍历$\boldsymbol{I}'_{\text{rect-r}}$中第$y_0$行上的每一个像素位置。对于$\boldsymbol{I}'_{\text{rect-r}}$上的位置$(x_i,y_0)$来说,以$(x_i,y_0)$为中心,在$\boldsymbol{I}'_{\text{rect-r}}$上取一小块图像$\boldsymbol{B}_i\in\mathbb{R}^{w\times w}$,计算$\boldsymbol{B}_i$与$\boldsymbol{A}$的距离$d(\boldsymbol{A},\boldsymbol{B}_i)$。可以得到

$$i^*=\underset{i=1,2,\cdots,n}{\operatorname{argmin}}\, d(\boldsymbol{A},\boldsymbol{B}_i) \tag{17-33}$$

其中,n为$\boldsymbol{I}_{\text{rect-r}}$中每行像素数。则$(x_{i^*},y_0)$便是$\boldsymbol{I}_{\text{rect-r}}$中与$\boldsymbol{I}_{\text{rect-l}}$中像素$\boldsymbol{u}_1$匹配的像素位置,即$\boldsymbol{u}_{\text{r}}=(x_{i^*},y_0)$。那么,$\boldsymbol{I}_{\text{rect-l}}$上点$\boldsymbol{u}_1$处的视差便为$x_1-x_{i^*}$。在计算$\boldsymbol{A}$和$\boldsymbol{B}_i$的距离$d(\boldsymbol{A},\boldsymbol{B}_i)$时,一般是先把$\boldsymbol{A}$和$\boldsymbol{B}_i$拉伸成列向量,再计算两个列向量之间的距离。关于常见的列向量间的距离计算方式,可参见4.1.3节。

块匹配算法简单易行，且具有非常高的计算效率。但该算法只利用了图像的局部信息，计算出的视差图容易产生错误且往往不具有很好的连续性。一些更高级的立体匹配算法会把图像的全局性（或半全局性）考虑进去，例如参考文献[6]，从而可有效降低匹配错误并提升视差图整体的光滑性。

初始得到的视差图通常会在均匀的无纹理区域、半遮挡和接近深度不连续的区域产生错误。一种有效处理立体匹配错误的策略是使用某种“后处理”策略，比如加权最小二乘滤波[7]，将视差图中的边缘与校正化左图像中的边缘对齐，并将视差值从高置信度区域传播到低置信度区域。感兴趣的读者可以阅读参考文献[7]以及 OpenCV 文档中有关视差图后处理的内容[8]，本书不再详述。

17.6 基于视差图的三维重建

在校正化双目系统中，对于校正化左目图像 $\boldsymbol{I}_{\text{rect-l}}$ 上的一点 $\boldsymbol{u}=(x,y)$，若该点的视差为已知量 d，便可根据式(17-3)计算出与 $\boldsymbol{u}$ 所对应的三维空间点 $\boldsymbol{p}$ 在左目校正化相机($\text{Cam}_{\text{rect-l}}$)的相机坐标系 $C_{\text{rect-l}}$ 下的深度值，进而可计算出该空间点在 $C_{\text{rect-l}}$ 坐标系下的空间三维坐标。这样，最终便可得到对应于图像 $\boldsymbol{I}_{\text{rect-l}}$ 的三维点云。下面详述该过程。

设与 $\boldsymbol{u}$ 所对应的 $\text{Cam}_{\text{rect-l}}$ 归一化成像平面上的点为 $\boldsymbol{x}_n=(x_n,y_n,1)^{\mathrm{T}}$，则有

$$\begin{bmatrix} f_{\text{rect}} & 0 & c_{\text{rect-}x} \\ 0 & f_{\text{rect}} & c_{\text{rect-}y} \\ 0 & 0 & 1 \end{bmatrix} \begin{pmatrix} x_n \\ y_n \\ 1 \end{pmatrix} = \begin{pmatrix} x \\ y \\ 1 \end{pmatrix} \tag{17-34}$$

由式(17-34)可得到

$$\begin{pmatrix} x_n \\ y_n \\ 1 \end{pmatrix} = \begin{pmatrix} \dfrac{x-c_{\text{rect-}x}}{f_{\text{rect}}} \\ \dfrac{y-c_{\text{rect-}y}}{f_{\text{rect}}} \\ 1 \end{pmatrix} \tag{17-35}$$

由深度计算公式(17-3)可知，与 $\boldsymbol{u}$ 所对应的空间点 $\boldsymbol{p}$ 在 $C_{\text{rect-l}}$ 下深度值 $z=\dfrac{f_{\text{rect}}}{d}b$。因此，$\boldsymbol{p}$ 在 $C_{\text{rect-l}}$ 下的（非齐次）三维坐标为

$$z\boldsymbol{x}_n = \frac{f_{\text{rect}}b}{d} \cdot \begin{pmatrix} \dfrac{x-c_{\text{rect-}x}}{f_{\text{rect}}} \\ \dfrac{y-c_{\text{rect-}y}}{f_{\text{rect}}} \\ 1 \end{pmatrix} = \begin{pmatrix} (x-c_{\text{rect-}x})\dfrac{b}{d} \\ (y-c_{\text{rect-}y})\dfrac{b}{d} \\ f_{\text{rect}}\dfrac{b}{d} \end{pmatrix} \tag{17-36}$$

显然，$\boldsymbol{p}$ 在 $C_{\text{rect-l}}$ 下的齐次坐标为 $\left((x-c_{\text{rect-}x})\dfrac{b}{d},(y-c_{\text{rect-}y})\dfrac{b}{d},f_{\text{rect}}\dfrac{b}{d},1\right)^{\mathrm{T}}$。由于齐次坐标的不唯一性，则 $\left((x-c_{\text{rect-}x})\dfrac{b}{d},(y-c_{\text{rect-}y})\dfrac{b}{d},f_{\text{rect}}\dfrac{b}{d},1\right)^{\mathrm{T}} \cdot \dfrac{d}{b} = \left((x-c_{\text{rect-}x}),(y-c_{\text{rect-}y}),f_{\text{rect}},\dfrac{d}{b}\right)^{\mathrm{T}}$ 也是 $\boldsymbol{p}$ 在 $C_{\text{rect-l}}$ 下的齐次坐标。而

$$\begin{bmatrix} x-c_{\text{rect-}x} \\ y-c_{\text{rect-}y} \\ f_{\text{rect}} \\ \dfrac{d}{b} \end{bmatrix} = \begin{bmatrix} 1 & 0 & 0 & -c_{\text{rect-}x} \\ 0 & 1 & 0 & -c_{\text{rect-}y} \\ 0 & 0 & 0 & f_{\text{rect}} \\ 0 & 0 & \dfrac{1}{b} & 0 \end{bmatrix} \begin{bmatrix} x \\ y \\ d \\ 1 \end{bmatrix} \tag{17-37}$$

记

$$\boldsymbol{Q} = \begin{bmatrix} 1 & 0 & 0 & -c_{\text{rect-}x} \\ 0 & 1 & 0 & -c_{\text{rect-}y} \\ 0 & 0 & 0 & f_{\text{rect}} \\ 0 & 0 & \dfrac{1}{b} & 0 \end{bmatrix} \tag{17-38}$$

显然，当一个物理双目系统经过标定以及双目校正流程之后，$\boldsymbol{Q}$ 为已知，则 $\boldsymbol{Q}\begin{bmatrix} x \\ y \\ d \\ 1 \end{bmatrix} \triangleq \begin{bmatrix} x_h \\ y_h \\ z_h \\ w_h \end{bmatrix}$，得到的便是与校正化左目图像 $\boldsymbol{I}_{\text{rect-l}}$ 上的点 $\boldsymbol{u}$ 相对应的空间三维点在左目校正化相机坐标系 $C_{\text{rect-l}}$ 下的齐次坐标，其对应的普通三维坐标为 $(x_h/w_h, y_h/w_h, z_h/w_h)^{\mathrm{T}}$。

按照上述流程处理完 $\boldsymbol{I}_{\text{rect-l}}$ 上所有的具有有效视差的点之后，便可得到 $\boldsymbol{I}_{\text{rect-l}}$ 所对应的三维点云。

最后，以一个具体的实例来结束本章理论部分的介绍。在图 17-8(a)和图 17-8(b)为物理双目视觉系统所采集的左右目图像；经对物理双目视觉系统进行标定和双目校正处理后，得到校正化双目相机系统，该系统中的校正化左右目图像如图 17-8(c)所示，可以观察到它们满足逐行对齐的条件；图 17-8(d)是从图 17-8(c)中计算出的校正化左目图像所对应的原始视差图，可以看到它明显有些不连续、不光滑的区域；对图 17-8(d)中的视差图进行了加权最小二乘滤波[7,8]处理之后，便可得到如图 17-8(e)所示的结果，可以看到处理之后的视差图具有更好

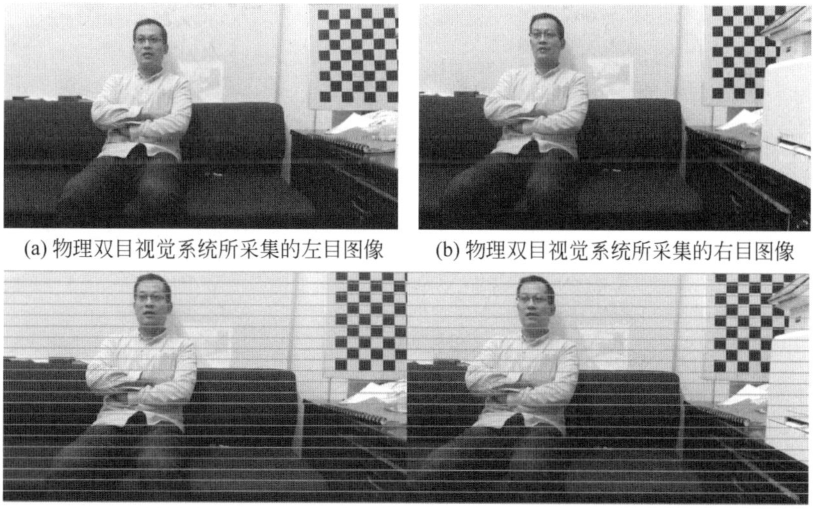

(a) 物理双目视觉系统所采集的左目图像　　(b) 物理双目视觉系统所采集的右目图像

(c) 经对物理双目视觉系统进行标定和双目校正处理后，所得到的校正化双目相机系统中的校正化左右目图像

图 17-8　双目视觉系统各主要处理阶段的输出

(d) 没有经过后处理操作的左校正化图像所对应的视差图

(e) 对(d)中视差图经加权最小二乘滤波处理之后的结果

(f) 根据左校正图像的视差图所计算得到的与之对应的三维点云

图 17-8 （续）

的全局光滑性；(f)中展示了根据校正化左目图像视差图计算得到的与之对应的三维彩色点云。这个示例所用的程序代码可以在后续的实践环节中看到。

17.7 实践

17.7.1 基于 Matlab 的双目立体视觉

Matlab 提供了一个用于双目立体相机标定任务的 App，称为 Stereo Camera Calibrator。本实践环节将学习该 App 的使用，并利用标定得到的相机外参计算一对双目图像的视差图以及相应的点云图。完成本节练习所需要的程序代码可在本书 GitHub 代码仓库“chapter-17-stereo\matlab-stereo\”目录下找到。

1. 准备双目相机

购置两个 USB 接口的相机，将它们固定在刚体支架上，如图 17-9 所示。在固定过程中，两个相机除了水平位移之外，无明显姿态差异。两相机之间的水平距离一般在 10～20cm。

图 17-9 准备的双目相机

2. 拍摄标定板双目图像

为进行双目相机标定，需要用待标定的双目相机对标定板拍摄一组成对的双目图像。该过程需要 10～20 对双目图像。对于标定板图像的采集，需要用与相机配套的采集程序或 OpenCV 事先采集好。在该实例中，已经预先采集好 20 对标定板双目图像①，采集自左目相机的图像存储在本地目录 D:\Books\CV-Intro\code\

① 双目图像采集程序可在本书 GitHub 代码仓库“chapter-17-stereo/matlab-stereo/imgsCollect/”目录下获得，该程序为 C++程序，基于 Windows 11＋Visual Studio 2017＋OpenCV 4.8.1 编写。

chapter-17-stereo\matlab-stereo\stereo-imgs\left 之下；采集自右目相机的图像存储在本地目录 D:\Books\CV-Intro\code\chapter-17-stereo\matlab-stereo\stereo-imgs\right 之下。对应的左右目图像具有相同的文件名。

3. 启动 Stereo Camera Calibrator 并读入标定板图像

如图 17-10 所示，在 Matlab 的 App 标签页中找到 Stereo Camera Calibrator 应用，并打开。然后单击 Add Images 按钮。如图 17-11 所示，在弹出的 Load Stereo Images 对话框中，分别设置好左目标定板图像存放路径和右目标定板图像存放路径，并设置好标定板棋盘格大小(对于本书来说，该值为 50mm)。单击“确定”按钮后，程序会执行标定板交叉点检测并报告检测结果，之后便可以查看每张图像的交叉点检测情况，如图 17-11(b)所示。

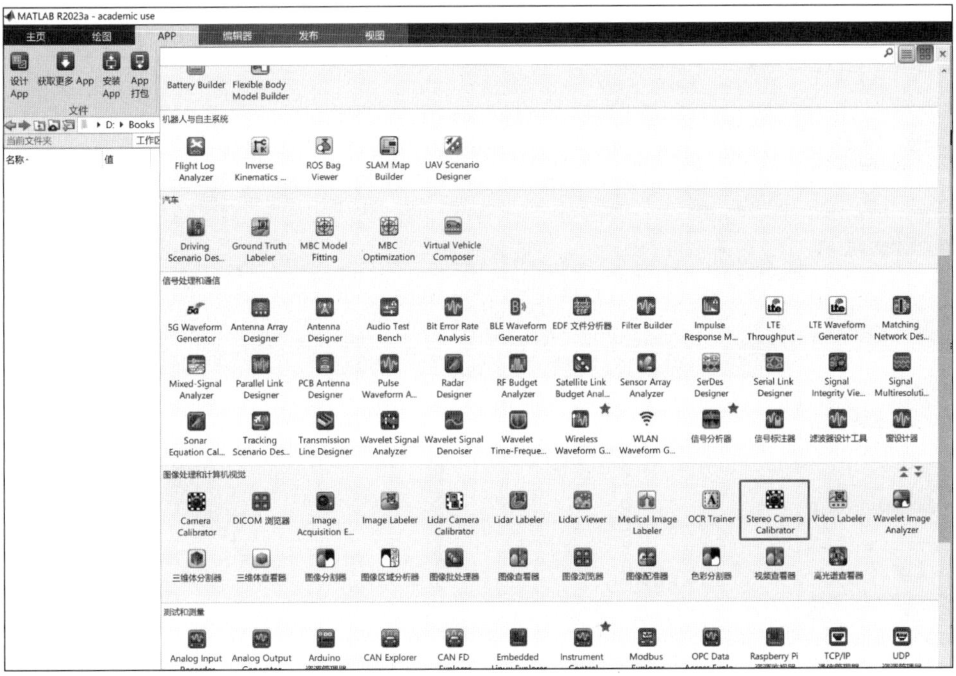

图 17-10　Matlab 中的 Stereo Camera Calibrator 应用

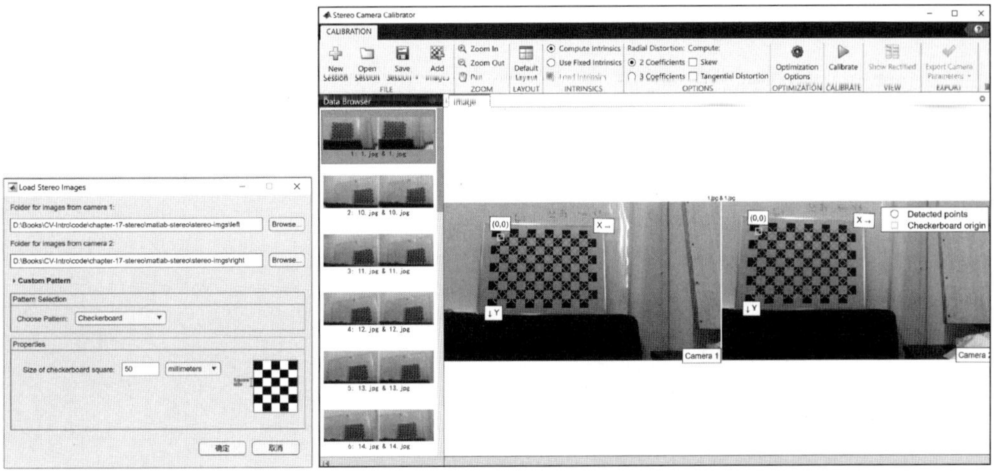

(a) 设置标定板双目图像导入路径以及标定板模式参数

(b) 可以查看每对双目图像上的交叉点检测结果

图 17-11　导入标定板双目图像

4. 相机模型参数设置

用户可以根据需要决定使用哪种相机径向畸变模型，以及是否要计算扭曲系数和切向畸变。

5. 完成标定并观察结果

完成设置后，单击 Calibrate 按钮执行双目标定。在标定过程执行完毕之后，App 会出现几个辅助窗口来观察标定结果（图 17-12）：（1）Reprojection Errors 窗口统计了在当前参数下每个图像上的交叉点的平均重投影误差；（2）Pattern-centric 窗口假设标定板不动，用来观察相机的相对位姿；（3）Camera-centric 是假设相机不动，观察标定板的相对位姿。

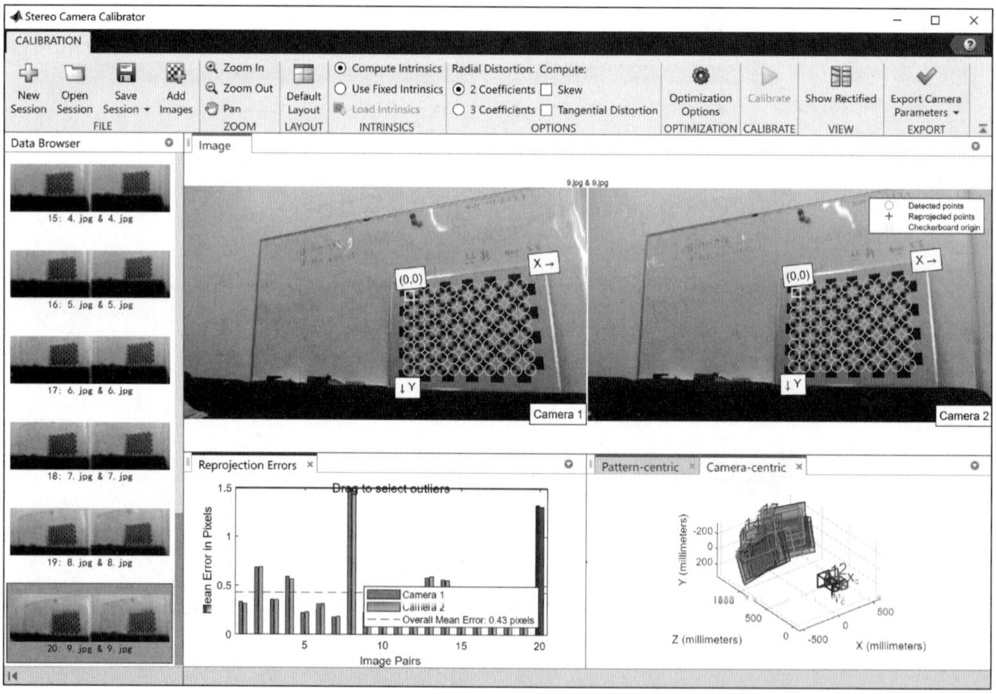

图 17-12　执行完双目相机系统参数标定操作后，可对标定结果进行可视化观察

6. 导出标定参数与生成标定程序代码

如图 17-13 所示，标定完成后，选择 Export Camera Parameters 下拉列表框下的 Export

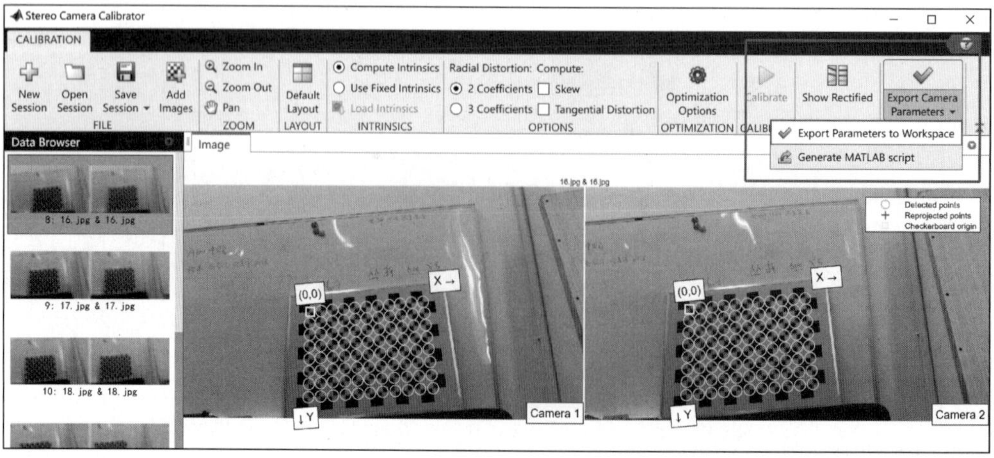

图 17-13　Stereo Camera Calibrator 应用中的标定结果导出功能

Parameters to Workspace 选项将得到的相机参数导出至当前 Matlab 的工作区环境，之后便可以利用得到相机的内参数来继续完成其他任务，当然，也可以把参数结果保存至本地磁盘。可以选择 Export Camera Parameters 下拉列表框下的 Generate Matlab Script 功能生成本次标定任务的 Matlab 程序脚本，以方便学习或进行进一步开发。

7. 利用参数已知的双目系统计算视差图以及点云图

将获得的双目系统参数文件通过 Matlab 环境存储为本地磁盘文件“stereoParams. mat”之后，可以导入该参数文件，对同一双目系统拍摄的双目图像计算视差图并进一步计算出点云，具体见脚本文件\chapter-17-stereo\matlabstereo\main. m(该文件中的代码见附录 P. 10)。运行结果如图 17-14 所示。

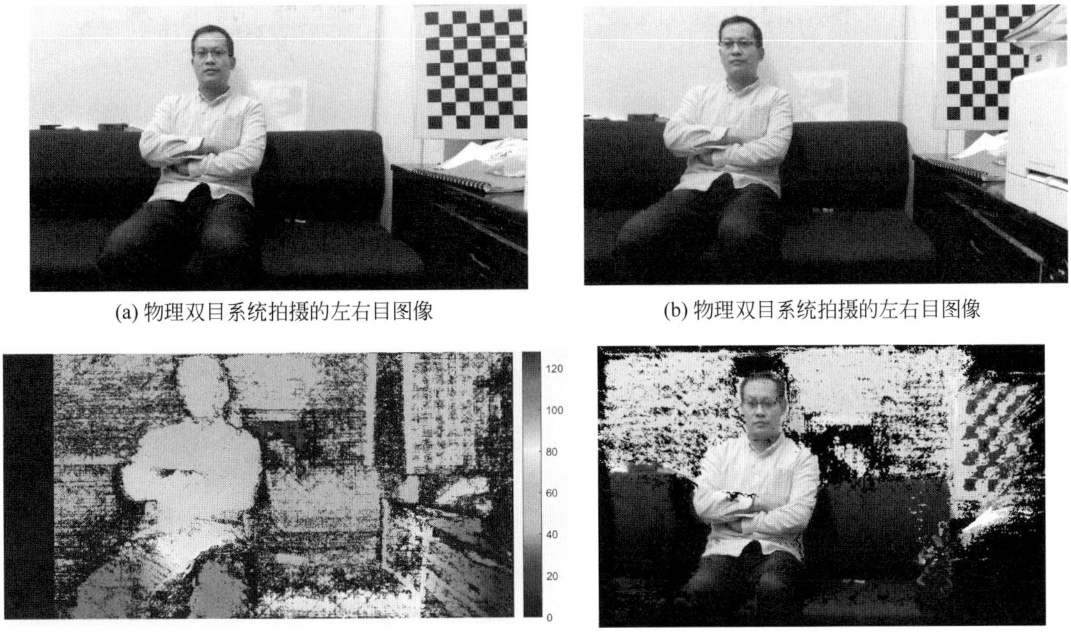

(a) 物理双目系统拍摄的左右目图像　(b) 物理双目系统拍摄的左右目图像

(c) 校正化左目图像所对应的视差图　(d) 根据视差图所计算出的3D点云

图 17-14　基于双目的三维重建

17.7.2　基于 OpenCV 和 C++的双目立体视觉

本书提供了一套完整的完全基于开源库的示例程序“stereoCPP”，涵盖了双目视觉系统构建的全部流程，包括双目图像(视频)采集、双目系统内外参数标定、双目校正、立体匹配、视差图生成及其后处理、基于三角化原理的深度图生成、三维点云生成及其可视化等。该程序的开发环境为 Windows 11＋Visual Studio 2017＋CMake 3. 26. 0。带有详细注释的全部源程序可在本书 GitHub 代码仓库中\chapter-17-stereo\stereoCPP\目录下找到。下面将介绍该程序的编译和使用方式。

1. 准备双目相机以及平面棋盘格标定板

为完成本实践，首先要准备好棋盘格平面标定板，具体要求可参见 10. 3 节。另外，要准备好物理双目相机系统，要求见 17. 7. 1 节。

2. 安装支持库

该程序用到了如下第三方开源库，要先将它们安装并配置好。

1）OpenCV 和 OpenCV_contrib

双目视觉系统构建需要用到的大部分功能都由 OpenCV 库提供，另外视差图后处理所要用到的加权最小二乘滤波功能是在 OpenCV_contrib 库中提供的，而 OpenCV_contrib 中的内容并不被 OpenCV 库所包含。因此，读者需要自己在本地编译带有 OpenCV_contrib 支持的 OpenCV 库，而不能直接使用 OpenCV 社区提供的已经编译好的库文件。本书所用的相关程序版本为 opencv-4.8.1 和 opencv_contrib-4.8.1。至于如何编译带有 OpenCV_contrib 库内容支持的 OpenCV 库，请参考附录 M。

2）Eigen

Eigen3 是一个完全是以头文件的形式组织的常用的数学运算包，在本程序中主要提供向量化表示支持。本书所用的 Eigen 的版本为 eigen-3.4.0。关于 Eigen 库的安装，请参见附录 N。

3）Pangolin

Pangolin 是在 C++环境下常用的一个由 OpenGL 支持的三维可视化库，在本程序中要对最终的三维点云渲染功能提供支持。本书所用的 Pangolin 的版本为 Pangolin-0.6。关于 Pangolin 库的安装，请参见附录 O。

3. 下载本程序源代码并完成配置

下载本程序源代码，根据自己的本机情况，在 VS2017 中修改相应设置，包括头文件路径、静态库路径等。

4. 采集双目图像以及视频

由于双目视觉系统的构建包含了几个独立的步骤，因此 stereoCPP 项目提供了三个独立的"入口主文件"来完成不同的功能：imageCollect.cpp 负责双目图像以及视频采集，stereoCalib.cpp 负责双目系统的参数标定，stereo3D.cpp 负责完成双目校正以及实时视差图和深度图的计算。这三个 cpp 文件中都含有 main 函数，因此每次只能将其中一个放入项目文件列表中。

在这个步骤中，要将 imageCollect.cpp 放入 stereoCPP 项目文件列表。该文件可完成三类数据采集：(1)标定板双目图像，在采集过程中要进行交叉点检测，只有当交叉点检测成功时，才会保存所采集的图像并将图像文件路径写入\chapter-17-stereo\stereoCPP\data\imgpaths.txt 文本文件中；(2)普通双目图像采集；(3)双目视频采集。完成采集后，\chapter-17-stereo\stereoCPP\data\目录下的文件结构如图 17-15 所示，其中 left 和 right 文件夹分别存放对应的标定板左目和右目图像；test-left 和 test-right 文件夹分别存放对应的普通双目数据中的左目和右目图像(或视频)；imgpaths.txt 文本文件存储了标定板双目图像的存储路径，该文件将会被后续的双目标定流程使用。

需要注意，OpenCV 中的库文件 opencv_videoio_ffmpeg481_64.dll 提供对视频输入输出的支持，要将它与编译出的可执行文件 stereoCPP.exe 放在同一个目录之下。

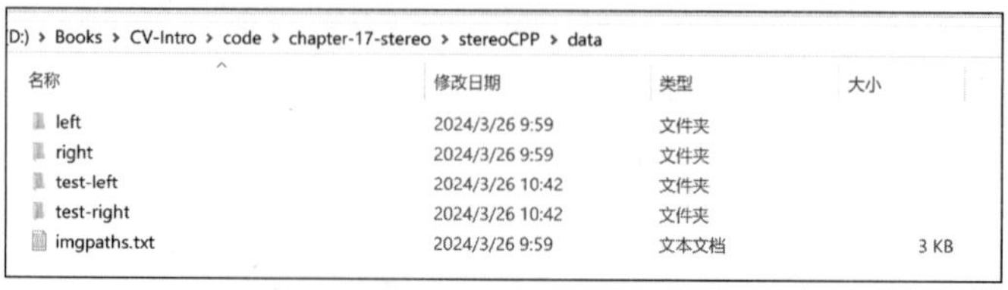

图 17-15　在 stereoCPP 项目中，执行完数据采集之后的 data 文件夹下的目录结构

5. 执行双目系统标定

在这个步骤中，要将 stereoCalib. cpp 放入 stereoCPP 项目文件列表。编译执行后，该程序会使用在上一步骤中采集的标定板双目图像完成双目相机系统的内外参标定。内参数会被保存在文件\chapter-17-stereo\stereoCPP\data\intrinsics. yml 中，外参数会被保存在文件\chapter-17-stereo\stereoCPP\data\extrinsics. yml 中。另外，该程序也示范了如何使用标定得到的双目系统参数来生成校正化左右目逐行对齐的图像。正确执行后，结果如图 17-16 所示，使用者可定性观察标定的精度情况。文件 stereoCalib. cpp 中的代码见附录 P. 11。

图 17-16　stereoCPP 项目中，双目相机系统参数标定完成后会生成双目校正结果，使用者可以定性观察系统的标定精度

6. 生成运行时视差图以及深度图

有了双目视觉系统的内外参数之后，便可以根据实时的双目输入来计算视差图以及深度图了。另外，对于一对给定的静态双目图像，还可以得到左目校正化图像所对应的三维点云。

此阶段用到的文件有 stereo. h、stereo. cpp 和 stereo3D. cpp。main( ) 函数在文件 stereo3D. cpp 中，提供了三种工作模式，分别会处理一对双目图像、一组预录制好的双目视频和一组来自双目摄像头的实时视频流。对于后两种情况，程序会计算并可视化出校正化双目图像以及场景深度图。对于第一种情况，除了校正化双目图像以及场景深度图之外，还会可视化出重建好的(与校正化左目图像相对应的)场景三维点云，如图 17-17 所示。由场景三维位置图和与之对应的校正化左目图像生成彩色点云图的代码见附录 P. 12。

图 17-17　利用本书提供的 stereoCPP 项目所重建出来的两个场景的三维点云

17.8　习题

(1) 请证明校正化双目系统中左右目图像是逐行对齐的，即若 $\boldsymbol{u}_l=(u_l, v_l)$ 与 $\boldsymbol{u}_r=(u_r, v_r)$ 是同一个空间三维点分别在校正化双目系统左右目图像上的像点，则必然有 $v_l=v_r$。

（2）假设矩阵 $\boldsymbol{F}$ 为式(17-21)中出现的基础矩阵，请证明 $\mathrm{rank}(\boldsymbol{F})=2$，且 $\boldsymbol{F}$ 的自由度个数为 7。

（3）请完成实践练习部分“17.7.1 基于 Matlab 的双目立体视觉”。完成该实践部分所需要的代码在本书 GitHub 代码仓库“chapter-17-stereo/matlab-stereo”目录下可以找到。

（4）OpenCV 程序库中所实现的双目系统标定算法来源于 Jean-Yves Bouguet 所实现的 Matlab 双目标定程序包[2]。请下载该程序包并认真理解该源代码，这可帮助读者更好地理解本章关于双目系统标定部分的内容。

（5）请完成实践练习部分“17.7.2 基于 OpenCV 和 C++的双目立体视觉”。完成该实践部分所需要的代码在本书 GitHub 代码仓库“chapter-17-stereo/stereoCPP”目录下可以找到。

参考文献

[1] KAEHLER A，BRADSKI G. Learning OpenCV 3：Computer vision in C++ with the OpenCV library[M]. Sebastopol：O'Reilly Media Inc.，2016.

[2] BOUGUET J. Camera calibration toolbox for Matlab[EB/OL]. [2024-05-13]. http://robots. stanford. edu/cs223b04/JeanYvesCalib/.

[3] 高翔，张涛. 视觉 SLAM 十四讲：从理论到实践[M]. 2 版. 北京：电子工业出版社，2019.

[4] TRUCCO E，VERRI A. Introductory techniques for 3-D computer vision[M]. Hoboken：Prentice Hall，1998.

[5] KONOLOGIE K. Small vision system：Hardware and implementation[C]. Proc. International Symposium on Robotics Research，1997：111-116.

[6] HIRSCHMULLER H. Stereo processing by semiglobal matching and mutual information[J]. IEEE Trans. Pattern Analysis and Machine Intelligence，2008，30(2)：328-341.

[7] MIN D，CHOI S，LU J，et al. Fast global image smoothing based on weighted least squares[J]. IEEE Trans. Image Processing，2014，23(12)：5638-5653.

[8] OpenCV Document. Disparity map post-filtering[EB/OL]. [2024-05-13]. https://docs. opencv. org/3. 4/d3/d14/tutorial_ximgproc_disparity_filtering. html.

第 18 章 神经辐射场

2020 年，美国加州大学伯克利分校的学者 Mildenhall 等[1]提出了神经辐射场的概念。该工作的核心思想是用神经网络来对三维视觉场景进行隐式表达。最早提出的时候，该方法是用来解决场景的新视角合成(novel view synthesis)问题的。很快，它被推广到更多的应用领域，如三维重建以及实时建图与定位等。

本章将首先介绍什么是场景的辐射场表达以及如何基于场景的辐射场来生成场景的渲染图片，之后介绍基于神经网络的场景辐射场的隐式表达及其训练方法，接下来会简要介绍基于 NeRF 的场景三维重建方法。最后会基于开源实现，完成场景的 NeRF 学习及其三维重建完整流程。

18.1 基于辐射场的体渲染

18.1.1 连续型形式

体渲染(volume rendering)属于计算机图形学研究范畴。这种渲染方式将景物所在的物理空间考虑成辐射场(radiance fields)：空间中的每一点都具有不透明度(opacity)和与观察方向有关的颜色(view-dependent color)两个属性。渲染操作的目的是生成场景在某一虚拟相机视角下的照片，如图 18-1 所示。虚拟相机的视角由它在世界坐标系下的位姿来表达。渲染操作的本质便是确定出虚拟相机成像平面上每一点的颜色。

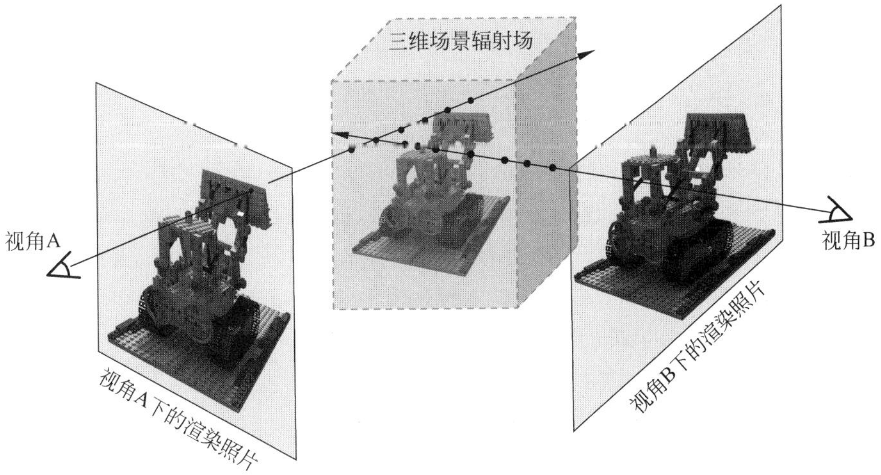

图 18-1 基于场景辐射场的体渲染

在给定场景的辐射场之后，可以利用体渲染的方式合成出给定虚拟相机视角下的照片如图 18-2 所示，对于虚拟相机成像平面上像素点 $\boldsymbol{p}$，如何确定 $\boldsymbol{p}$ 的颜色值。连接相机光心 $\boldsymbol{o}$ 和 $\boldsymbol{p}$ 便得到一条从相机光心 $\boldsymbol{o}$ 出发经过 $\boldsymbol{p}$ 的光线。像素点 $\boldsymbol{p}$ 的颜色完全取决于光线 $\boldsymbol{op}$ 在传播过程中所遇到的景物。设 $\boldsymbol{op}$ 的方向为单位向量 $\boldsymbol{d}$，则光线 $\boldsymbol{op}$ 可表达为 $\boldsymbol{r}(t)=\boldsymbol{o}+t\boldsymbol{d}$，$t\in[t_{\mathrm{n}},t_{\mathrm{f}}]$，其中 t_{n}、t_{f} 分别限定了光线的近端和远端，即在渲染计算过程中，只考虑有限长度的光线。依据体渲染原理，像素点 $\boldsymbol{p}$ 处的颜色被计算为

$$\hat{\boldsymbol{u}}(\boldsymbol{p})=\int_{t_{\mathrm{n}}}^{t_{\mathrm{f}}} T(t)\sigma(\boldsymbol{r}(t))\boldsymbol{c}(\boldsymbol{r}(t),\boldsymbol{d})\mathrm{d}t \tag{18-1}$$

其中，$\sigma(\boldsymbol{x})$表示空间位置 $\boldsymbol{x}\in\mathbb{P}^3$ 处的不透明度，$\boldsymbol{c}(\boldsymbol{x},\boldsymbol{d})$表示空间位置 $\boldsymbol{x}$ 处在观察方向为 $\boldsymbol{d}$ 时所观察到的颜色，$T(t)=\exp\left(-\int_{t_{\mathrm{n}}}^{t}\sigma(\boldsymbol{r}(s))\mathrm{d}s\right)$ 表示沿着光线 $\boldsymbol{op}$ 从 $\boldsymbol{r}(t_{\mathrm{n}})$ 到 $\boldsymbol{r}(t)$ 的累积透明度。渲染公式(18-1)说明相机成像平面上 $\boldsymbol{p}$ 点的颜色是通过累积光线 $\boldsymbol{op}$ 一路行来遇到的所有的点的贡献得来的。具体来说，场景中点 $\boldsymbol{r}(t)$处的贡献为 $T(t)\sigma(\boldsymbol{r}(t))\boldsymbol{c}(\boldsymbol{r}(t),\boldsymbol{d})$，即该点的贡献取决于该点自身的与观察方向有关的颜色 $\boldsymbol{c}(\boldsymbol{r}(t),\boldsymbol{d})$、该点的不透明度 $\sigma(\boldsymbol{r}(t))$（越透明，该点的贡献越少）以及该点处的累积透明度 $T(t)$（累积透明度越高，该点贡献度越大）。因此，式(18-1)所表达的体渲染流程符合人的直观认知。

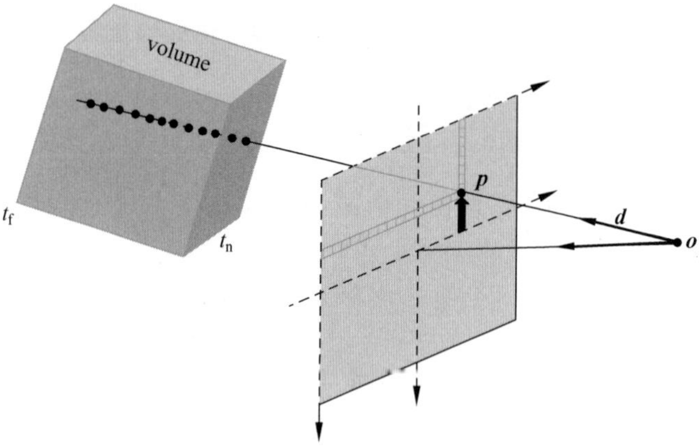

图 18-2　体渲染原理

为确定相机成像平面上一点 $\boldsymbol{p}$ 的颜色值，首先需要确定出光线 $\boldsymbol{op}$，之后根据该光线在渲染体内遇到的“景物”信息，按照渲染公式(18-1)计算出 $\boldsymbol{p}$ 点的颜色值

18.1.2　离散型形式

如果用式(18-1)来计算 $\boldsymbol{p}$ 点的颜色值，则需要在光线 $\boldsymbol{op}$ 传播的连续路径上进行积分。这种计算方式难以转换为计算机程序。为了方便计算机编程，则需要给出式(18-1)的离散表达形式。将式(18-1)的连续积分形式转换为离散求和形式的基本思路就是将积分区间$[t_{\mathrm{n}},t_{\mathrm{f}}]$划分为有限个小区间，然后在每个小区间内采样一个代表点，并近似认为该区间内其他点的属性都与该代表点相同，最后将式(18-1)的积分近似为有限区间上的求和。图 18-3 示意了式(18-1)离散化的主要过程。

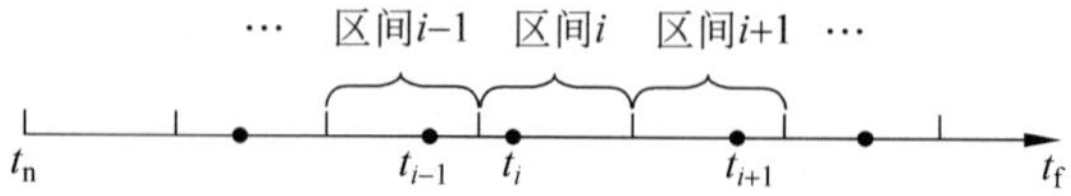

图 18-3　离散化体渲染计算原理

将积分区间$[t_n,t_f]$划分为 N 个小区间，那么第 i 个小区间便是$\left[t_n+\frac{i-1}{N}(t_f-t_n),t_n+\frac{i}{N}(t_f-t_n)\right]$，$i=1,2,\cdots,N$。然后，在每个小区间内按照均匀分布随机采样出一个计算点。在区间 i 内的采样点记为 t_i，其值服从如下均匀分布：

$$t_i\sim U\left[t_n+\frac{i-1}{N}(t_f-t_n),t_n+\frac{i}{N}(t_f-t_n)\right]$$

这样，式(18-1)的离散化形式近似为

$$\hat{\boldsymbol{u}}(\boldsymbol{p})\approx\sum_{i=1}^{N-1}\hat{\boldsymbol{u}}_i(\boldsymbol{p})=\sum_{i=1}^{N-1}\int_{t_i}^{t_{i+1}}T(t)\sigma(\boldsymbol{r}(t))\boldsymbol{c}(\boldsymbol{r}(t),\boldsymbol{d})\mathrm{d}t \tag{18-2}$$

式(18-2)求和中的每一项 $\hat{\boldsymbol{u}}_i(\boldsymbol{p})$表达的是光线在 $\boldsymbol{r}(t_i)$到 $\boldsymbol{r}(t_{i+1})$之间所遇到的“景物”对最终 $\boldsymbol{p}$ 点颜色的贡献，

$$\hat{\boldsymbol{u}}_i(\boldsymbol{p})=\int_{t_i}^{t_{i+1}}T(t)\sigma(\boldsymbol{r}(t))\boldsymbol{c}(\boldsymbol{r}(t),\boldsymbol{d})\mathrm{d}t\approx\int_{t_i}^{t_{i+1}}\exp\left(-\int_{t_n}^{t}\sigma(s)\mathrm{d}s\right)\sigma_i\boldsymbol{c}_i\mathrm{d}t \tag{18-3}$$

在上式中，将区间$[t_i,t_{i+1}]$内所有对应的点的不透明度都近似为常数 $\sigma_i=\sigma(\boldsymbol{r}(t_i))$、颜色都近似为常数 $\boldsymbol{c}_i=\boldsymbol{c}(\boldsymbol{r}(t_i),\boldsymbol{d})$，但 $T(t)$的值在小区间$[t_i,t_{i+1}]$内随 t 的变化而变化，不能视为常数。式(18-3)可进一步化为

$$\begin{aligned}\hat{\boldsymbol{u}}_i(\boldsymbol{p})&\approx\sigma_i\boldsymbol{c}_i\int_{t_i}^{t_{i+1}}\exp\left(-\int_{t_n}^{t}\sigma(s)\mathrm{d}s\right)\mathrm{d}t\\&=\sigma_i\boldsymbol{c}_i\int_{t_i}^{t_{i+1}}\exp\left(-\int_{t_n}^{t_i}\sigma(s)\mathrm{d}s\right)\exp\left(-\int_{t_i}^{t}\sigma(s)\mathrm{d}s\right)\mathrm{d}t\\&=\sigma_i\boldsymbol{c}_iT_i\int_{t_i}^{t_{i+1}}\exp\left(-\int_{t_i}^{t}\sigma(s)\mathrm{d}s\right)\mathrm{d}t\end{aligned} \tag{18-4}$$

在式(18-4)推导的最后一步中，把点 $\boldsymbol{r}(t_i)$处的累积透明度记为了 T_i，即 $T_i=\exp\left(-\int_{t_n}^{t_i}\sigma(s)\mathrm{d}s\right)$，$T_i$ 与积分变量 t 无关，因此可以拿到积分$\int_{t_i}^{t_{i+1}}$之外。式(18-4)中，最后一步中的积分部分为

$$\begin{aligned}\int_{t_i}^{t_{i+1}}\exp\left(-\int_{t_i}^{t}\sigma(s)\mathrm{d}s\right)\mathrm{d}t&\approx\int_{t_i}^{t_{i+1}}\exp(-\sigma_i(t-t_i))\mathrm{d}t\\&=\left.\frac{\exp(-\sigma_i(t-t_i))}{-\sigma_i}\right|_{t_i}^{t_{i+1}}=\frac{1}{\sigma_i}[1-\exp(-\sigma_i(t_{i+1}-t_i))]\end{aligned}$$

因此，

$$\begin{aligned}\hat{\boldsymbol{u}}_i(\boldsymbol{p})&\approx\sigma_i\boldsymbol{c}_iT_i\int_{t_i}^{t_{i+1}}\exp\left(-\int_{t_i}^{t}\sigma(s)\mathrm{d}s\right)\mathrm{d}t\approx\sigma_i\boldsymbol{c}_iT_i\frac{1}{\sigma_i}[1-\exp(-\sigma_i(t_{i+1}-t_i))]\\&=\boldsymbol{c}_iT_i[1-\exp(-\sigma_i(t_{i+1}-t_i))]\end{aligned}$$

记采样点间隔为 $\delta_i\triangleq(t_{i+1}-t_i)$，则有

$$\hat{\boldsymbol{u}}(\boldsymbol{p})\approx\sum_{i=1}^{N-1}\hat{\boldsymbol{u}}_i(\boldsymbol{p})=\sum_{i=1}^{N-1}\boldsymbol{c}_iT_i[1-\exp(-\sigma_i\delta_i)] \tag{18-5}$$

最后，还需要对 T_i 的计算进行一下离散化

$$\begin{aligned}T_i&=\exp\left(-\int_{t_n}^{t_i}\sigma(s)\mathrm{d}s\right)\\&\approx\exp(-[\sigma_1(t_2-t_1)+\sigma_2(t_3-t_2)+\cdots+\sigma_{i-1}(t_i-t_{i-1})])\end{aligned}$$

$$= \exp\left(-\sum_{j=1}^{i-1}\sigma_j(t_{j+1}-t_j)\right) \tag{18-6}$$
$$= \exp\left(-\sum_{j=1}^{i-1}\sigma_j\delta_j\right)$$

式(18-5)和式(18-6)一起构成了连续型体渲染模型式(18-1)的离散化表达。

18.2 辐射场的隐式表达及其学习

18.2.1 辐射场的隐式表达

在 18.1 节中提到，给定场景的辐射场以后，便可以使用体渲染技术渲染出任意虚拟相机视角下的场景照片。那么场景的辐射场是如何表示的呢？从 18.1 节中的内容可知，对于给定的辐射场来说，在确定一个空间位置 $\boldsymbol{x}$ 以及观察方向 $\boldsymbol{d}$ 之后，还需要知道的信息是辐射场中 $\boldsymbol{x}$ 处的不透明度 σ 以及该点处与观察方向 $\boldsymbol{d}$ 有关的颜色值 $\boldsymbol{c}$。因此，场景的辐射场可以被表达为一个映射

$$F_\Theta(\boldsymbol{x},\boldsymbol{d}) \to (\boldsymbol{c},\sigma) \tag{18-7}$$

其中，F_Θ 为映射模型，Θ 为该模型的参数集合；$\boldsymbol{x}$ 表示辐射场中的某个三维空间位置，$\boldsymbol{d}$ 为表示观察方向的三维单位向量，σ 为辐射场中点 $\boldsymbol{x}$ 处的不透明度，$\boldsymbol{c}=(r,g,b)$ 为 $\boldsymbol{x}$ 处与观察方向 $\boldsymbol{d}$ 有关的颜色向量。对于某个给定场景来说，当其映射模型 F_Θ 被确定之后，这个场景相应的辐射场的表达也就确定了。

一个很自然的想法便是用神经网络来隐式地表达映射模型 F_Θ，从 5 维的输入向量 $(\boldsymbol{x},\boldsymbol{d})$ 直接回归出 4 维输出向量 $(\boldsymbol{c},\sigma)$。然而，Mildenhall 等[1]在实验中发现，上述的简单处理方式并不能很好地刻画场景的高频细节。为了解决该问题，他们提出了位置数据与方向数据升维编码的概念，用升维编码后的位置与方向数据（再加上原始的位置与方向数据）作为神经网络 F_Θ 的输入，目的是让神经网络更好地表达场景中的高频信息。具体来说，升维编码过程可表达为函数 $\gamma(p):\mathbb{R}\to\mathbb{R}^{2L}$，

$$\gamma(p)=(\sin(2^0\pi p),\cos(2^0\pi p),\cdots,\sin(2^{L-1}\pi p),\cos(2^{L-1}\pi p)) \tag{18-8}$$

举个具体例子来说，对于位置数据部分，取 $L=10$，则升维编码后的位置数据的维数为 60($2\times10\times3$)，再加上原始位置数据自身，则与位置有关的输入数据的维度就是 63 维；对于方向数据①部分，取 $L=4$，则升维编码后的方向数据的维数为 24($2\times4\times3$)，再加上原始方向数据自身，则与观察方向有关的输入数据的维度就是 27 维。

确定好了输入与输出以后，神经网络 F_Θ 应该怎样设计呢？由于辐射场中某点处的不透明度只与其位置有关，因此希望在回归不透明度时只引入与位置有关的输入；另外，辐射场中某点处的颜色值既与该点的空间位置有关，又与相机的观察方向有关，因此在回归某点处的颜色信息时，需要同时使用位置数据和观察方向数据。基于这些考虑，Mildenhall 等[1]设计了具有如下结构的神经网络 F_Θ 来隐式表达场景的辐射场：从整体上来说，F_Θ 是一个多层全连接网络，它先用 8 个具有 256 个输出节点的全连接层来处理升维编码后的位置数据（63 维），然后再回归出不透明度值和一个 256 维的特征向量 $\boldsymbol{f}$，其中还使用了一次跳跃连接，把输入向量

① 三维空间中表示方向的单位向量实际上只有 2 个自由度，但为了方便起见，Mildenhall 等[1]把它表示为一个三维向量。

直接级联到第 5 个全连接层的输出向量；然后把 $\boldsymbol{f}$ 和升维编码后的观察方向数据(27 维)级联在一起，形成既与位置信息有关又与观察方向信息有关的向量 $\boldsymbol{f}'$，之后再用一个具有 128 个输出节点的全连接层来处理 $\boldsymbol{f}'$，并最终回归出代表颜色信息的三维向量。图 18-4 给出了完整的 F_Θ 网络结构图。

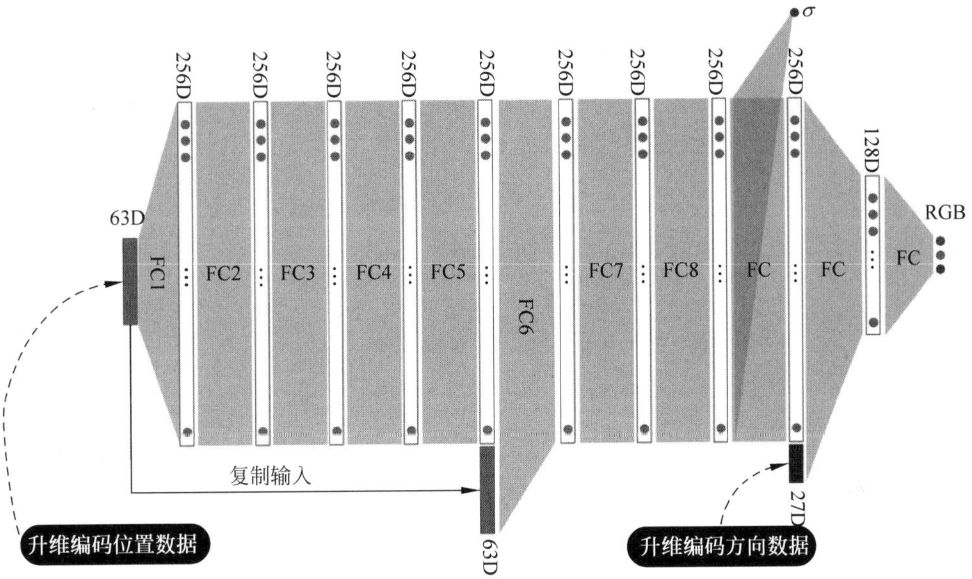

图 18-4 Mildenhall 等[1]提出的用于隐式表达辐射场的神经网络结构

18.2.2 神经辐射场的学习

在 18.2.1 节中讲到，场景的辐射场可被隐式地表达为一个神经网络 F_Θ。当 F_Θ 给定以后，便可以从给定的位置与观察方向向量$(\boldsymbol{x},\boldsymbol{d})$"查找出"相应位置处的辐射场信息(不透明度以及与观察方向有关的颜色)。然而，对于给定的场景，其辐射场表达网络 F_Θ 是如何得到的呢？

对于某一场景，为了训练出表达该场景辐射场的神经网络 F_Θ，首先要有一组拍摄自该场景的、**相机内外参数已知**的照片$\mathcal{P}$。基于照片集合$\mathcal{P}$，便可以学习出 F_Θ，具体思路如下。假设 $\boldsymbol{I}$ 是$\mathcal{P}$中的一张照片(图 18-5)，$\boldsymbol{p}$ 为 $\boldsymbol{I}$ 上一像素位置，其颜色值为 $\boldsymbol{u}(\boldsymbol{p})$。另外，也可以根据场景的辐射场 F_Θ，按照式(18-5)和式(18-6)所述的体渲染方式计算出 $\boldsymbol{p}$ 点的颜色值 $\hat{\boldsymbol{u}}(\boldsymbol{p})$。显然，场景的辐射场 F_Θ 越准确，渲染模型计算出来的像素值 $\hat{\boldsymbol{u}}(\boldsymbol{p})$就越接近于该点的颜色值 $\boldsymbol{u}(\boldsymbol{p})$。因此，可以用 $\hat{\boldsymbol{u}}(\boldsymbol{p})$与 $\boldsymbol{u}(\boldsymbol{p})$之间的差异来构造训练 F_Θ 的损失函数

$$l(\Theta)=\sum_{\boldsymbol{p}\in\Omega}\left\|\hat{\boldsymbol{u}}(\boldsymbol{p})-\boldsymbol{u}(\boldsymbol{p})\right\|_2^2 \tag{18-9}$$

其中，Ω 为来自图像集合$\mathcal{P}$的所有像素所构成的集合。

还有一处细节需要详述一下：对于给定的像素位置 $\boldsymbol{p}$(齐次坐标表示)，要想使用体渲染技术计算出该点的颜色值，则需要确定出与 $\boldsymbol{p}$ 对应的辐射场中的光线方程。假设相机的内参矩阵为 $\boldsymbol{K}$，拍摄像素 $\boldsymbol{p}$ 所属的图像时的相机位姿矩阵为 $\boldsymbol{T}_{\mathrm{WC}}\in\mathbb{R}^{3\times4}$(即相机坐标系下的一点左乘 $\boldsymbol{T}_{\mathrm{WC}}$ 之后，就得到了该点在世界坐标系下的坐标)，则相机光心在世界坐标系下的坐标为 $\boldsymbol{o}_{\mathrm{W}}=\boldsymbol{T}_{\mathrm{WC}}(0\ 0\ 0\ 1)^{\mathrm{T}}$。与 $\boldsymbol{p}$ 对应的归一化成像平面上的点的齐次坐标为 $\boldsymbol{K}^{-1}\boldsymbol{p}$，即该点在相机

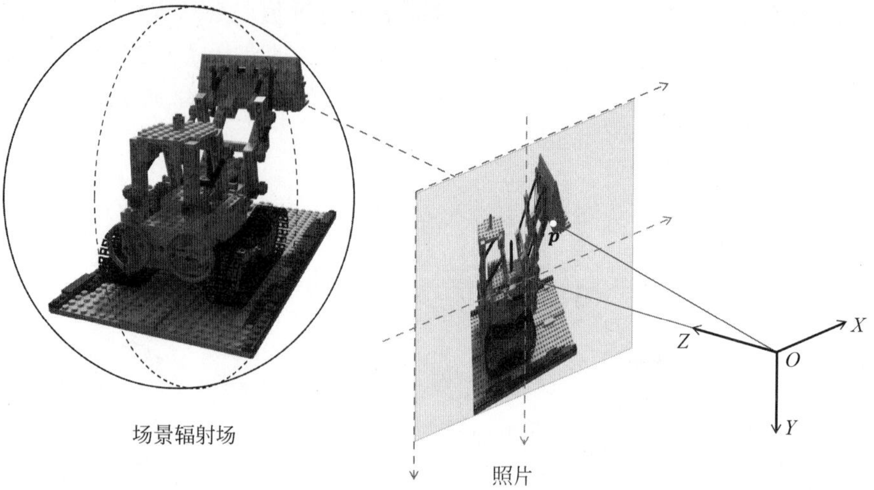

图 18-5　神经辐射场训练时的损失项计算示意图
对于某张训练图片 $\boldsymbol{I}$ 上某个像素点 $\boldsymbol{p}$ 来说，其颜色真值为 $\boldsymbol{I}$ 上 $\boldsymbol{p}$ 处的颜色值 $\boldsymbol{u}(\boldsymbol{p})$；另外，也可以根据体渲染流程，以神经网络 F_Θ 为隐式辐射场，渲染出 $\boldsymbol{p}$ 点的颜色值 $\hat{\boldsymbol{u}}(\boldsymbol{p})$，继而可以自然地把误差项设计为 $\|\hat{\boldsymbol{u}}(\boldsymbol{p})-\boldsymbol{u}(\boldsymbol{p})\|_2^2$

坐标系下的(三维非齐次)坐标 $\boldsymbol{K}^{-1}\boldsymbol{p}$。进而其在世界坐标系下的坐标为 $\boldsymbol{p}_{\mathrm{w}}=\boldsymbol{T}_{\mathrm{WC}}\begin{pmatrix}\boldsymbol{K}^{-1}\boldsymbol{p}\\1\end{pmatrix}$。这样，便得到与 $\boldsymbol{p}$ 对应的辐射场中的光线 $\boldsymbol{o}_{\mathrm{w}}\boldsymbol{p}_{\mathrm{w}}$。有了光线 $\boldsymbol{o}_{\mathrm{w}}\boldsymbol{p}_{\mathrm{w}}$ 之后，便可以按照式(18-5)和式(18-6)所述的体渲染方式计算出 $\boldsymbol{p}$ 点的颜色值 $\hat{\boldsymbol{u}}(\boldsymbol{p})$。

基于上面的策略，便可以从场景的照片中学习出场景辐射场的神经网络表示。在具体实现上，还有一个细节需要考虑。在按照由式(18-5)和式(18-6)所表达的体渲染方式进行渲染的过程中，需要沿着光线进行离散点采样，而光线上大部分区域实际上都是空洞区域或者被遮挡区域，即它们对最终的光线渲染结果没有贡献。为了提升采样效率，Mildenhall 等[1]提出了一种分层采样的思想。在该思想指导下，要同时训练两个表达辐射场的神经网络(它们的网络结构可以完全相同)：粗网络(coarse network)F_{c} 和精细网络(fine network)F_{f}。在进行体渲染时，对于每条光线，先用 18.1.2 节中所述的策略采样 N_{c} 个采样点，并利用粗网络 F_{c} 计算出每个采样点的权重 $\omega_i=T_i[1-\exp(-\sigma_i\delta_i)]$，$\omega_i:=\omega_i/\sum_{i=1}^{N_{\mathrm{c}}}\omega_i$，$i=1,2,\cdots,N_{\mathrm{c}}$。$\{\omega_i\}_{i=1}^{N_{\mathrm{c}}}$ 可以看作是沿着光线分布的分段线性概率分布函数，概率越高则光线上该位置越重要，即该位置的信息对于最终渲染结果有较高的影响。以该概率分布函数为指导，采用逆变换采样的方式(概率越高的地方，采样点会越密集)，沿着此光线再采样 N_{f} 个采样点，之后用这 $N_{\mathrm{c}}+N_{\mathrm{f}}$ 个采样点，基于精细网络 F_{f} 计算出该条光线的渲染颜色值。在训练时，F_{c} 和 F_{f} 可以同时优化，优化的损失函数为

$$l=\sum_{p\in\Omega}\|\hat{\boldsymbol{u}}_{\mathrm{c}}(\boldsymbol{p})-\boldsymbol{u}(\boldsymbol{p})\|_2^2+\|\hat{\boldsymbol{u}}_{\mathrm{f}}(\boldsymbol{p})-\boldsymbol{u}(\boldsymbol{p})\|_2^2 \tag{18-10}$$

其中，$\hat{\boldsymbol{u}}_{\mathrm{c}}(\boldsymbol{p})$表示在由粗网络 F_{c} 表示的辐射场中以 N_{c} 个采样点信息所渲染出来的 $\boldsymbol{p}$ 点颜色值，而 $\hat{\boldsymbol{u}}_{\mathrm{f}}(\boldsymbol{p})$表示在由精细网络 F_{f} 表示的辐射场中以 $N_{\mathrm{c}}+N_{\mathrm{f}}$ 个采样点信息所渲染出来的 $\boldsymbol{p}$ 点颜色值。

18.3 基于神经辐射场的三维重建

有了场景的神经辐射场以后，便可以开发出各类不同的上层应用。其中，最直观的应用便是新视角图像合成，即渲染出指定虚拟视角下的照片，其具体实现技术已经在18.1节中介绍过了。

下面再介绍神经辐射场的另一个直观应用——三维场景重建，其基本过程如下。首先，将场景所在的三维空间划分为体素网格。然后，借助已有的神经辐射场查询出每个网格点处的不透明度。若某个网格点处的不透明度值高于预先设定的阈值，则认为该体素被物体占据。有了场景的体素表达以后，接下来便可以用移动立方体(marching cubes)算法[2]得到该场景的面片表示以及顶点(vertex)集合，即完成了场景的几何重建。

有了场景的几何重建结果以后，借助所拍摄的场景图像集合$\mathcal{P}$以及神经辐射场，还可以大致还原出几何模型的材质。对于几何模型中的某个顶点$\boldsymbol{P}$，可以使用如下“反投影”方式大致得到该点的材质信息。对于$\mathcal{P}$中的图像$\boldsymbol{I}_i$，由于拍摄该图像时的相机内外参数是已知的，可以计算出$\boldsymbol{P}$点在$\boldsymbol{I}_i$上的投影像素位置$\boldsymbol{p}_i$。若$\boldsymbol{P}$与$\boldsymbol{o}_i$(拍摄$\boldsymbol{I}_i$时的相机光心)之间不存在遮挡，则$\boldsymbol{p}_i$点的像素颜色$\boldsymbol{I}_i(\boldsymbol{p}_i)$便可大致认为是$\boldsymbol{P}$点的材质。当然，为了更加鲁棒地估计$\boldsymbol{P}$点材质，可以取$\boldsymbol{P}$点在多张图像上(在未遮挡的前提下)投影像素处颜色的平均值作为$\boldsymbol{P}$点材质。那么，如何判定$\boldsymbol{o}_i$与$\boldsymbol{P}$之间是否存在遮挡呢？为了解决这个问题，需要进一步利用神经辐射场。若$\boldsymbol{o}_i$与$\boldsymbol{P}$之间存在由其他景物所引起的遮挡，则光线$\boldsymbol{o}_i\boldsymbol{P}$上一定存在某些不透明度值较大的点。因此，通过判断$\boldsymbol{o}_i$与$\boldsymbol{P}$之间不透明度的累积值是否大于某阈值，便可判定出$\boldsymbol{P}$点是否被$\boldsymbol{o}_i$可见。如图18-6所示，$\boldsymbol{P}$点为场景几何模型的一个顶点，现在需要通过反投影的方式来确定它的材质。假设拍摄的场景照片一共有3张，即$\boldsymbol{I}_1$、$\boldsymbol{I}_2$和$\boldsymbol{I}_3$，相应的相机光心位置分别为$\boldsymbol{o}_1$、$\boldsymbol{o}_2$和$\boldsymbol{o}_3$。$\boldsymbol{P}$在$\boldsymbol{I}_1$、$\boldsymbol{I}_2$、$\boldsymbol{I}_3$上的投影像素位置分别为$\boldsymbol{p}_1$、$\boldsymbol{p}_2$和$\boldsymbol{p}_3$。$\boldsymbol{o}_1$和$\boldsymbol{P}$以及$\boldsymbol{o}_2$和$\boldsymbol{P}$之间均无其他景物遮挡，但$\boldsymbol{o}_3$和$\boldsymbol{P}$之间存在景物遮挡，即$\boldsymbol{P}$对于$\boldsymbol{o}_3$来说不可见。在这些前提下，可把顶点$\boldsymbol{P}$的材质近似计算为$(\boldsymbol{I}_1(\boldsymbol{p}_1)+\boldsymbol{I}_2(\boldsymbol{p}_2))/2$。

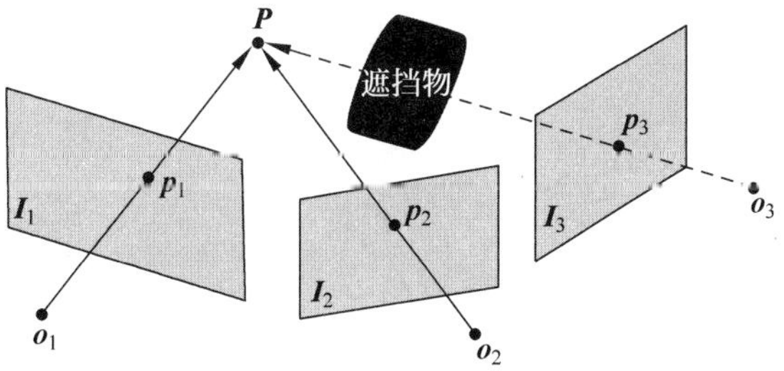

图18-6 以反投影方式近似计算场景几何模型中顶点处的材质

图18-7给出了基于NeRF的场景三维重建结果示例。图18-7(a)是围绕目标物体环绕拍摄的一组照片，此处只放了5张，实际上要拍摄50～100张才能取得比较好的重建效果。图18-7(b)是基于从图18-7(a)中图像集合中学习出的场景神经辐射场，采用marching cubes算法得到的场景几何面片模型。图18-7(c)是根据几何模型以及照片集合，利用反投影策略得到的场景彩色三维重建模型。

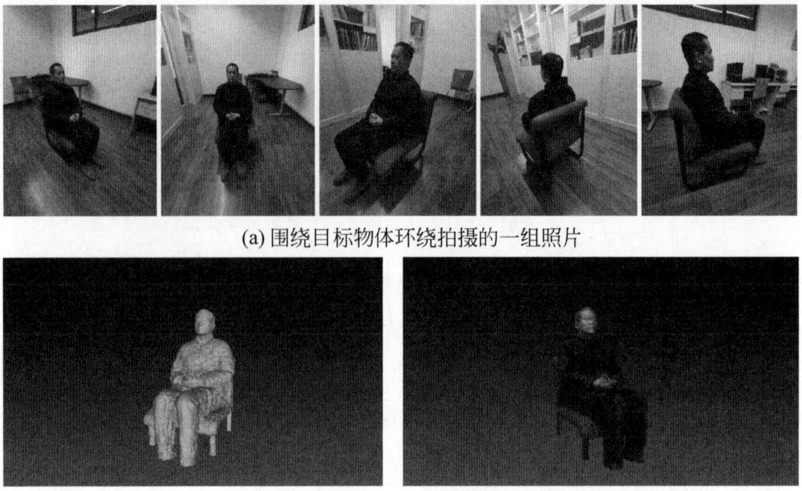

(a) 围绕目标物体环绕拍摄的一组照片

(b) 从(a)在图像集合中学习出场景的神经辐射场，再采用移动立方体算法得到场景的几何重建结果

(c) 根据几何模型以及照片集合，利用反投影策略可以得到每个顶点的材质，继而可以生成场景的彩色三维模型

图 18-7　基于神经辐射场的三维重建结果示例

18.4　实践

如要了解神经辐射场的具体实现，推荐读者学习其基于 PyTorch 的开源实现代码[3]。该代码完整实现了 NeRF 的功能，并且代码结构清晰，具有很强的可读性。除了基于 PyTorch 的实现以外，开源社区中还有一个基于 PyTorch-Lightning 的 NeRF 实现[4]——nerf_pl。nerf_pl 不仅实现了 NeRF 的完整功能(即从场景的多幅照片中学习出该场景的神经辐射场以及在有了神经辐射场的条件下进行新视角图像的合成)，还提供了基于神经辐射场的场景三维重建功能的参考实现。

接下来，基于 nerf_pl，本节将完成**环拍场景**的神经辐射场学习及其三维重建的全部流程。

1. 下载 nerf_pl 源代码并配置其运行环境

下载 nerf_pl 源代码，并解压缩至本地目录① D:\NERF\nerf_pl-kwea 之后，对 nerf_pl 的 Python 运行环境进行配置。建议安装 Anaconda[5]，并为 nerf_pl 这个工程创建一个新的虚拟运行环境。可用如下命令在 Anaconda Prompt 中创建并激活一个面向该工程的虚拟环境：

```
conda create -n nerf_kwea_pl python=3.7
conda activate nerf_kwea_pl
```

“nerf_kwea_pl”便是创建的面向 nerf_pl 工程的 Python 虚拟环境。接下来需要安装该工程所依赖的 Python 软件包：

```
cd D:\NERF\nerf_pl-kwea
pip install -r requirements.txt
```

nerf_pl 工程提供了几个数据示例，既包括仿真数据(在 D:\NERF\nerf_pl-kwea\datasets\nerf_synthetic 目录下)，也包括真实场景数据(在 D:\NERF\nerf_pl-kwea\datasets\nerf_llff_data 目录下)。请根据 nerf_pl 提供的相关说明调通示例数据，以确保程序及其运行环境配置

① 为了叙述清晰，本节所涉及的文件(文件夹)路径均为本书工作站上的文件路径。读者在实践时，需要根据自己工作站的实际情况，对路径进行相应修改。

正确。

2. 准备场景的 LLFF 格式数据

要训练自己场景的神经辐射场，需要按照目前主流开源实现的要求准备符合特定格式的场景数据。目前，主流 Nerf 实现在处理用户真实场景时都采用了 LLFF（local light field fusion）[6]数据格式。接下来将详述如何采集场景的数据并把它们处理成 LLFF 格式。

(1) 围绕目标景物进行环拍，拍摄时要尽可能覆盖较多的拍摄角度，拍摄的图像数量在50～100张，整个拍摄过程中相机焦距要保持不变。完成图像拍摄之后，创建数据工作目录 D:\NERF\mymodel-myself。在此文件夹下建立文件夹 images，并把拍摄图像存储在该文件夹之下。

(2) 求解相机的内参以及拍摄每张图像时的相机外参。

这需要借助开源软件 COLMAP[7]，该软件可以计算出相机内外参数。下载 COLMAP 后，双击 colmap. bat，打开 COLMAP 软件，如图 18-8 所示。

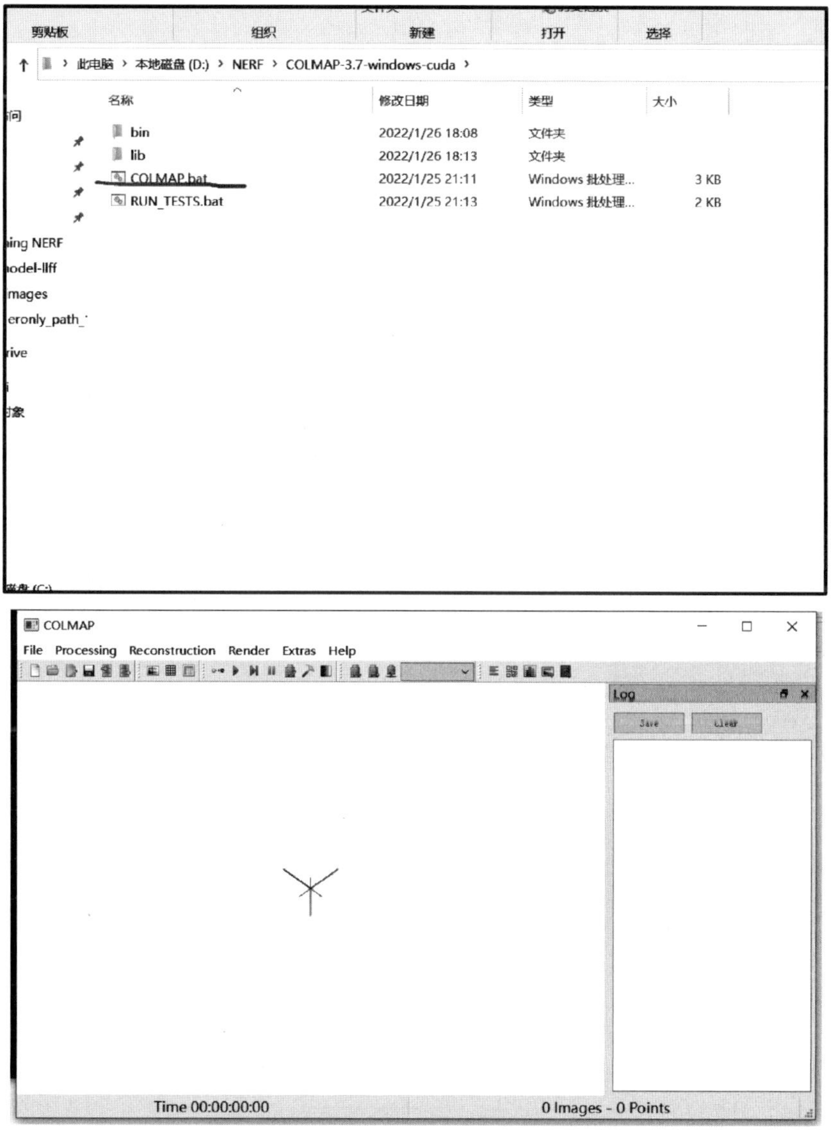

图 18-8 下载 COLMAP 软件并启动运行

在 COLMAP 软件中，单击 File→new project 按钮。配置 database：在 Project 对话框中，选择 new；在打开的路径选择对话框 Select database file 中定位到数据工作目录 D:\NERF\mymodel-myself，然后手动输入数据库文件名 database. db，如图 18-9 所示。然后设置 Project 对话框中的 Images 路径为保存拍摄图像的目录 D:/NERF/mymodel-myself/images，单击“保存”按钮。

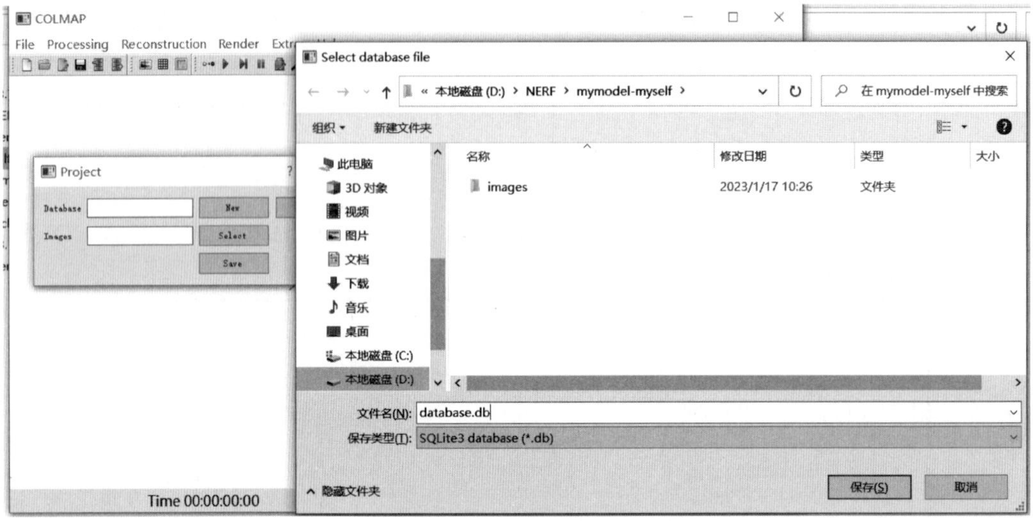

图 18-9　配置数据存储文件

选择 Processing→Feature extraction 命令，如图 18-10 所示。在弹出的 Feature extraction 对话框中，要把 max_image_size 设置为所拍摄图像的长或宽分辨率的较大值。比如，拍摄的图像像素分辨率为 2448×3264 像素，便可将 max_image_size 设置为 3264。设置好之后，单击 extract 按钮。

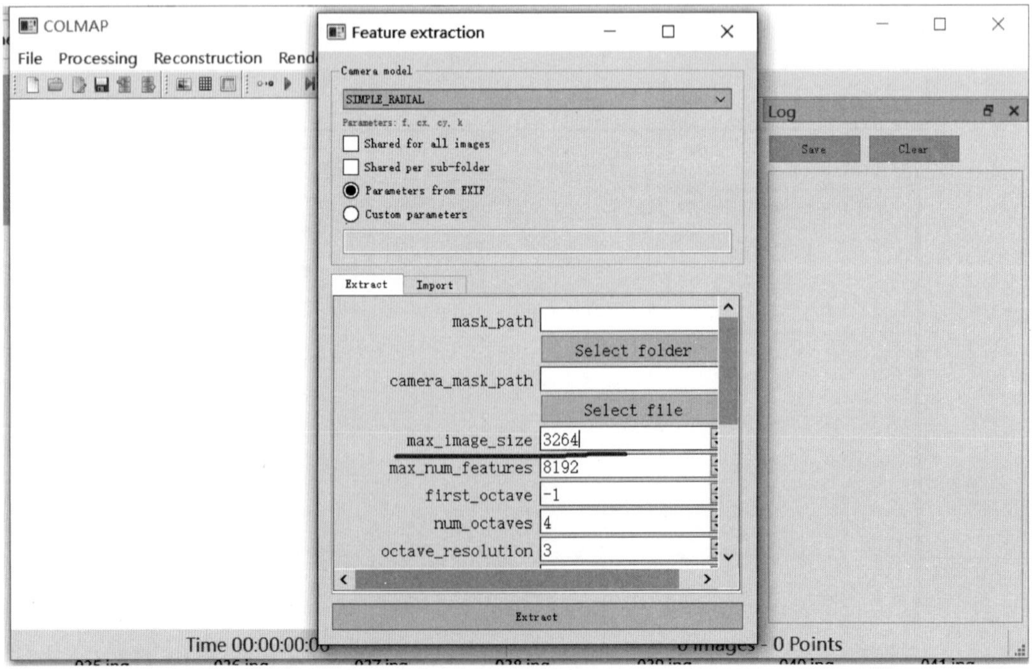

图 18-10　进行 Feature extraction

之后，执行 Processing→feature matching，按照默认参数设置运行即可。然后，运行 Reconstruction→start reconstruction。完成重建之后，看一下右下角信息栏中的图像个数（图 18-11）。这个数字是能被 COLMAP 成功处理的图片的个数。在某些情况下，可能会存在一些不能被成功处理的图片，此时右下角信息栏显示的图像数量会小于所拍摄的图像数量，则需要在后续过程中找出并删除掉这些不能被成功处理的图片。

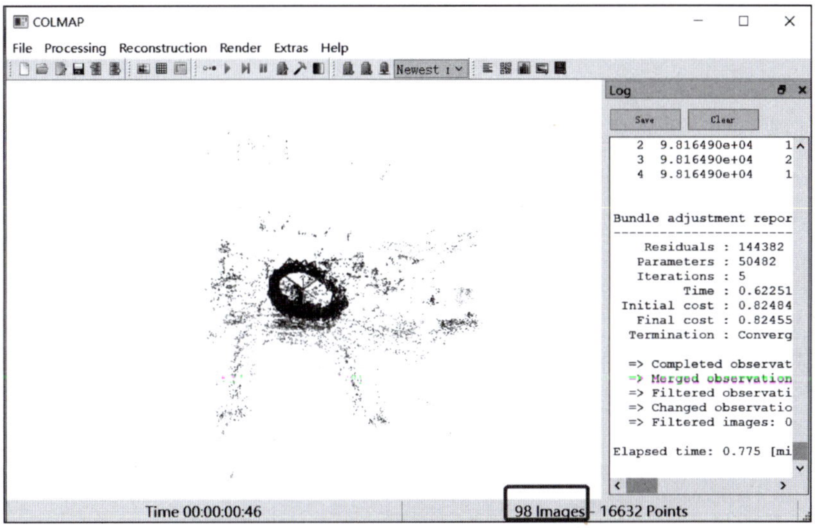

图 18-11 执行 start reconstruction

导出结果：在工作目录 D:\NERF\mymodel-myself 之下新建\sparse\0\这个目录；然后，选择 File→Export model 选项，把 COLMAP 导出结果放在 D:\NERF\mymodel-myself\sparse\0\文件夹下，如图 18-12 所示。执行完毕后，退出 COLMAP。至此，已经通过 COLMAP 得到了所拍摄的每一张图片的位姿。

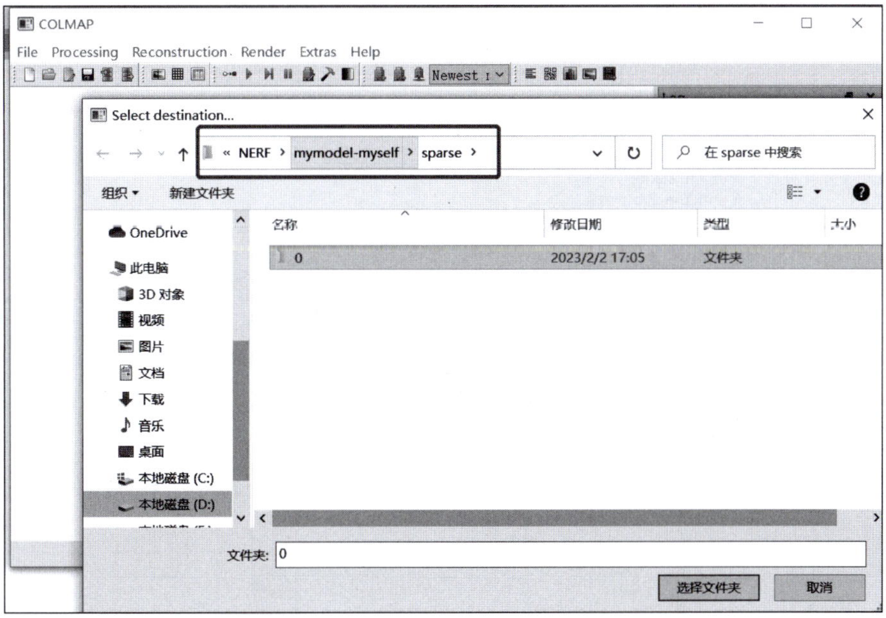

图 18-12 导出 COLMAP 计算结果到 D:\NERF\mymodel-myself\sparse\0 文件夹

(3) 将 COLMAP 导出的数据转换成 LLFF 格式。

首先，要下载 LLFF 相关处理代码[8]到本地。为了运行该代码，建议创建 Anaconda 虚拟环境，并安装该项目的 requirements. txt 中所列的 Python 依赖包。在 Anaconda Prompt 中执行如下命令：

```
cd D:\NERF\LLFF - master
python imgs2poses. py d:/nerf/mymodel - myself
```

如果上述程序能够正确运行，则完成了 LLFF 格式数据的生成，此时会在 D:\NERF\mymodel-myself 目录下生成一个名为 poses_bounds. npy 的文件。反之，如果拍摄的图像中存在一些不能被 COLMAP 成功处理的图像，上述程序便会报错，提示图像数量与位姿数量不匹配。这时，需要把不能被成功处理的图片挑出并删除，然后重新执行步骤(2)。为了找到不能被 COLMAP 成功处理的图片，需要按照图 18-13 的方式修改 D:\NERF\LLFF-master\llff\poses\pose_utils. py 源代码，添加如下一行：

```
for i in np. argsort(names): print(names[ i], end = ' ')
```

以使该程序可在终端打印出能够被成功处理的图像文件名。基于此处理技巧，定位出不能被成功处理的图像文件，进而把它们从 D:/NERF/mymodel-myself/images 文件夹下删除，然后重新执行步骤(2)。

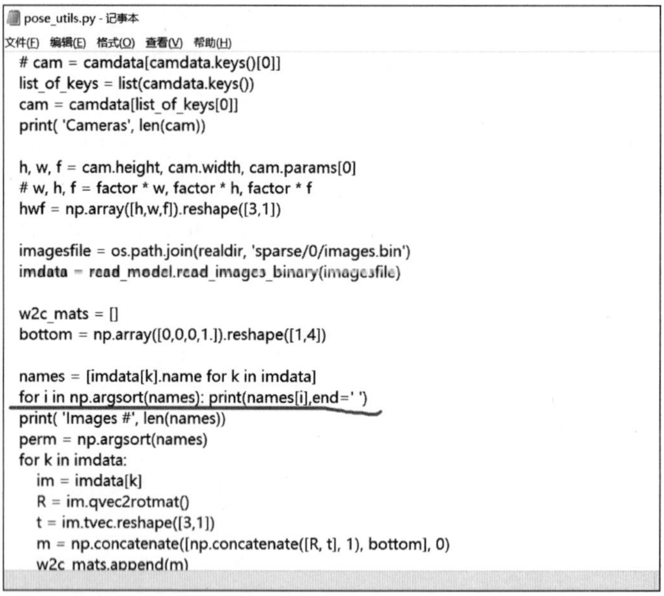


```
# cam = camdata[camdata.keys()[0]]
list_of_keys = list(camdata.keys())
cam = camdata[list_of_keys[0]]
print( 'Cameras', len(cam))

h, w, f = cam.height, cam.width, cam.params[0]
# w, h, f = factor * w, factor * h, factor * f
hwf = np.array([h,w,f]).reshape([3,1])

imagesfile = os.path.join(realdir, 'sparse/0/images.bin')
imdata = read_model.read_images_binary(imagesfile)

w2c_mats = []
bottom = np.array([0,0,0,1.]).reshape([1,4])

names = [imdata[k].name for k in imdata]
for i in np.argsort(names): print(names[i],end=' ')
print( 'Images #', len(names))
perm = np.argsort(names)
for k in imdata:
    im = imdata[k]
    R = im.qvec2rotmat()
    t = im.tvec.reshape([3,1])
    m = np.concatenate([np.concatenate([R, t], 1), bottom], 0)
    w2c_mats.append(m)
```

图 18-13　对 D:\NERF\LLFF-master\llff\poses\pose_utils. py 文件进行修改使得该程序在运行时能在终端打印出可被 COLMAP 成功处理的图像文件名称

此时，已经准备好了 LLFF 格式的场景数据，数据工作目录下的文件结构如图 18-14 所示。

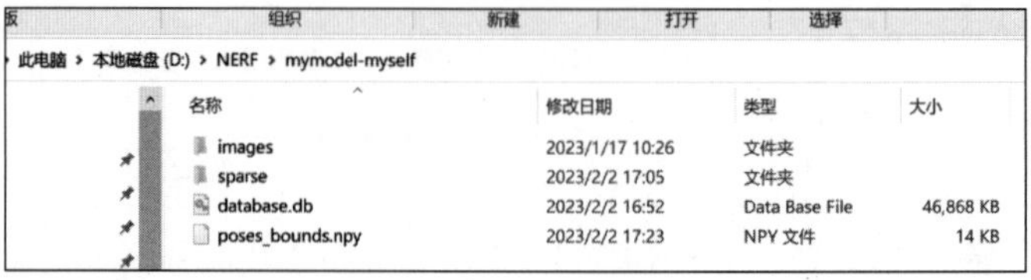

图 18-14　满足 NeRF 训练要求的 LLFF 格式场景数据文件夹目录结构

3. 将场景数据复制到 nerf_pl 数据文件夹

将 D:\NERF\mymodel-myself 整个文件夹复制到 D:\NERF\nerf_pl-kwea\datasets\nerf_llff_data 目录之下。

4. 完成场景神经辐射场的学习

在 Anaconda Prompt 中，激活 nerf_kwea_pl 虚拟环境，并执行下述命令完成神经辐射场的训练：

```
cd D:\NERF\nerf_pl - kwea
python train.py -- dataset_name llff -- root_dir D:\NERF\nerf_pl - kwea\datasets\nerf_llff_data
\mymodel - myself -- spheric -- N_importance 64 -- img_wh 306 408 -- num_epochs 20 -- batch_
size 1024 -- optimizer adam -- lr 5e - 4 -- lr_scheduler steplr -- decay_step 10 20 -- decay_
gamma 0.5 -- exp_name mymodel - myself
```

train.py 程序中各个超参数的具体含义都较容易理解，可参见程序提供的说明以及注释。在此处只强调两个参数。如果图像是以 360°环绕拍摄的方式采集自某一"中心"目标景物的，需要给定--spheric 这个参数。--img_wh 这个参数指定了训练时所用的图像分辨率。如果原始采集的图像分辨率比较高，一般可用其分辨率的 1/4 或 1/8 来作为训练时的图像分辨率。在这个例子中，所拍摄的图像的分辨率为 2448×3264 像素。在训练时，把分辨率设置为采集分辨率的 1/8，即 306×408 像素。

训练完成后，表达神经辐射场的网络参数以.ckpt 文件的形式存放在目录 D:\NERF\nerf_pl-kwea\ckpts\mymodel-myself 之下。

5. 完成场景神经辐射场的验证

在完成场景的神经辐射场训练以后，可以对该辐射场的效果进行可视化验证，即渲染出指定视角下的图像，并把这些图像合成为一个.gif 文件。

在 Anaconda Prompt 中，激活 nerf_kwea_pl 虚拟环境，并执行下述命令来验证所得到的神经辐射场：

```
cd D:\NERF\nerf_pl - kwea
python eval.py -- root_dir ./datasets/nerf_llff_data/mymodel - myself -- dataset_name llff --
scene_name mymodel - myself -- spheric_poses -- img_wh 306 408 -- N_importance 64 -- ckpt_path
./ckpts/mymodel - myself/epoch = 15.ckpt
```

上述命令执行完毕后，会在 D:\NERF\nerf_pl-kwea\results\llff\mymodel-myself 目录下生成新视角图像合成结果，并会将这些图像合成为一个.gif 文件，即 D:\NERF\nerf_pl-kwea\results\llff\mymodel-myself\mymodel-myself.gif。

6. 场景三维几何模型重建

nerf_pl 工程提供了从场景的神经辐射场重建出其三维几何面片模型的功能，该功能由程序 extract_mesh.ipynb 实现。为执行此程序，需要预先在与工程 nerf_pl 对应的 Anaconda 虚拟环境 nerf_kwea_pl 中安装 Jupyter Notebook。可通过在 Anaconda Prompt 中执行以下命令来完成：

```
conda activate nerf_kwea_pl
pip install jupyter notebook
```

之后，要在 Jupyter notebook 中运行脚本文件 extract_mesh.ipynb。在运行该脚本之前，需要根据自己的本地环境修改如下变量的设置：

```
img_wh = (2448, 3264)              # 所采集图像的原始分辨率
dataset_name = 'llff' # blender or llff (是自己采集的真实数据时，要设为 llff)
scene_name = 'mymodel - myself'    # 场景名称
```

```
root_dir = 'D:/NERF/nerf_pl - kwea/datasets/nerf_llff_data/mymodel - myself/' #场景数据根目录
ckpt_path = 'D:/NERF/nerf_pl - kwea/ckpts/mymodel - myself/epoch = 15.ckpt' #表达神经辐射场的神经网络的权重文件
```

当 extract_mesh.ipynb 能够成功运行之后，需要根据所产生的几何模型的可视化结果，不断调节修改如下参数设置(marching cubes 算法的参数)，直到得到满意的三维模型为止：

```
N = 256                              #三维网格划分的分辨率，网格数为 N×N×N
xmin, xmax =  - 1.6, 1.6             #渲染范围的 X 方向边界
ymin, ymax =  - 1.6, 1.6             #渲染范围的 Y 方向边界
zmin, zmax =  - 2.8, 0.4             #渲染范围的 Z 方向边界
sigma_threshold = 4.                 #判断某体素是否被占据的阈值
```

在一切顺利的前提下，该脚本最终可生成出一个较为理想的几何面片模型。图 18-15 给出了本书所得到的几何模型示例(在 Jupyter Notebook 环境下显示)。

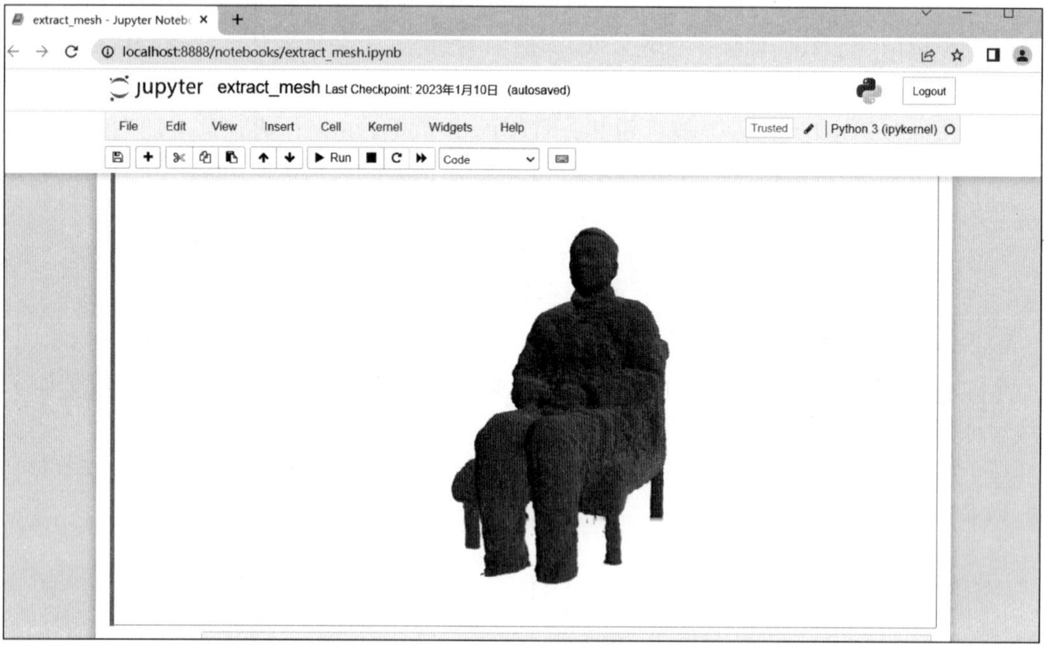

图 18-15　基于场景神经辐射场得到的场景几何面片模型

7. 带材质的场景三维几何模型重建

有了几何面片模型之后，借助原始拍摄的图像信息，可以进一步(近似)得到场景的带材质的几何模型。nerf_pl 工程的 extract_color_mesh.py 程序实现了该功能。extract_color_mesh.py 程序中相关参数的设置需要与 extract_mesh.ipynb 保持一致，其命令行调用格式可参考如下形式(在 Anaconda 中的 nerf_kwea_pl 虚拟环境下运行)：

```
cd D:\NERF\nerf_pl - kwea
python extract_color_mesh.py -- root_dir ./datasets/nerf_llff_data/mymodel - myself -- scene_name mymodel - myself -- img_wh 2448 3264 -- dataset_name llff -- ckpt_path ./ckpts/mymodel - myself/epoch = 15.ckpt -- occ_threshold = 0.000001 -- N_grid = 512 -- x_range - 1.6 1.6 -- y_range - 1.6 1.6 -- z_range - 2.8 0.4 -- sigma_threshold 4
```

在成功运行之后，该程序会导出 D:\NERF\nerf_pl-kwea\mymodel-myself.ply 模型文件。可以利用三维模型查看软件，比如 MeshLab[9]，查看 PLY 格式的文件。在图 18-16 中，在 MeshLab 软件中查看本例利用神经辐射场技术所最终重建出来的带材质三维几何模型。

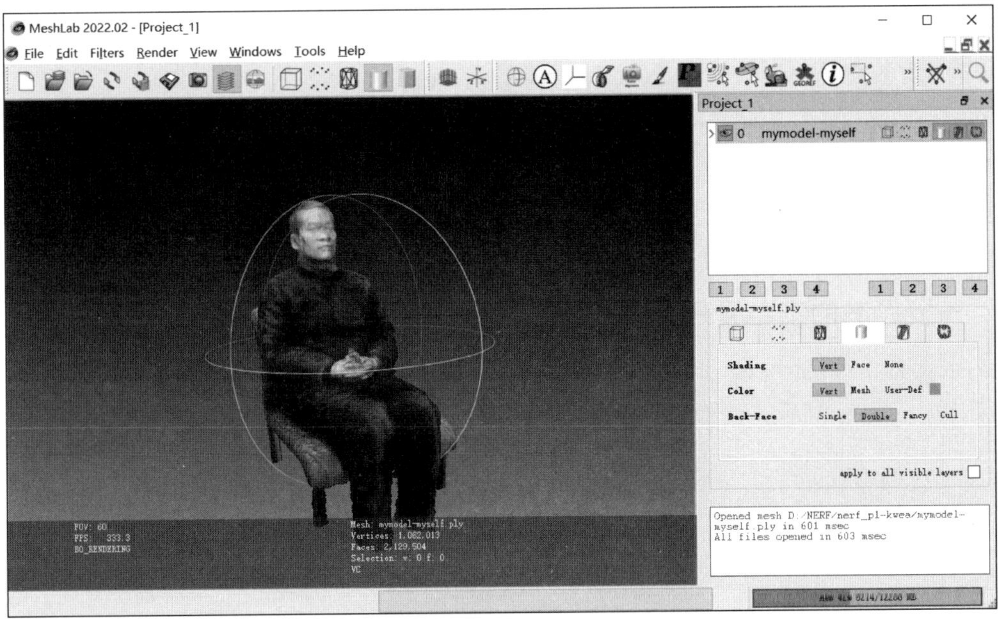

图 18-16 在 MeshLab 软件中查看重建的带材质的三维场景模型

18.5 习题

(1) 请读者学习基于 PyTorch 的 NeRF 开源实现代码[3]，并完成该代码配套提供的示例场景的神经辐射场训练和新视角图像合成任务。

(2) 请读者基于 nerf-pl[4]，完成自己场景的神经辐射场学习及其三维重建的全部流程。

参考文献

[1] MILDENHALL B, SRINIVASAN P P, TANCIK M, et al. NeRF: Representing scenes as neural radiance fields for view synthesis[C]. Proc. European Conf. Computer Vision, 2020: 405-421.

[2] LORENSEN W E, CLINE H E. Marching cubes: A high resolution 3D surface construction algorithm [J]. ACM SIGGRAPH Computer Graphics, 1987, 21(4): 163-169.

[3] 基于 PyTorch 的 NeRF 开源实现[EB/OL]. [2024-05-13]. https://github.com/yenchenlin/nerf-pytorch.

[4] 基于 PyTorch-Lightning 的 NeRF 开源实现[EB/OL]. [2024-05-13]. https://github.com/kwea123/nerf_pl/tree/dev.

[5] Anaconda[EB/OL]. [2024-05-13]. https://www.anaconda.com/.

[6] MILDENHALL B, SRINIVASAN P P, ORTIZ-CAYON R, et al. Local light field fusion: Practical view synthesis with prescriptive sampling guidelines[J]. ACM Transactions on Graphics, 2019, 38(29): 1-14.

[7] COLMAP-SfM and MVS[EB/OL]. [2024-05-13]. https://demuc.de/colmap/.

[8] Local light field fusion[EB/OL]. [2024-05-13]. https://github.com/Fyusion/LLFF.

[9] MeshLab[EB/OL]. [2024-05-13]. https://www.meshlab.net/.

附　　录

A　泰勒展开

A.1　一元函数的泰勒展开

如果函数 $f(x)$ 在含有 x_0 的某个开区间 (a,b) 内有直到 $n+1$ 阶的导数，则对于任一 $x_0+x\in(a,b)$，有

$$f(x_0+x)=f(x_0)+f'(x_0)x+\frac{1}{2!}f''(x_0)x^2+\cdots+\frac{1}{n!}f^{(n)}(x_0)x^n+\frac{1}{(n+1)!}f^{(n+1)}(x_0+\theta x)x^{n+1} \tag{A-1}$$

其中，θ 是位于 $(0,1)$ 上的一个值。$\frac{1}{(n+1)!}f^{(n+1)}(x_0+\theta x)x^{n+1}$ 称为拉格朗日型余项，式(A-1)也称拉格朗日型泰勒展开。

按照拉格朗日型泰勒展开，一阶泰勒展开形式为

$$f(x_0+x)=f(x_0)+f'(x_0+\theta x)x \tag{A-2}$$

二阶泰勒展开形式为

$$f(x_0+x)=f(x_0)+f'(x_0)x+\frac{1}{2!}f''(x_0+\theta x)x^2 \tag{A-3}$$

泰勒展开也可以写成如下形式：

$$f(x_0+x)=f(x_0)+f'(x_0)x+\frac{1}{2!}f''(x_0)x^2+\cdots+\frac{1}{n!}f^{(n)}(x_0)x^n+O(x^n) \tag{A-4}$$

其中，$O(x^n)$ 称为皮亚诺型余项，表示余项部分为 x^n 的高阶无穷小，相应地，式(A-4)也称皮亚诺型泰勒展开。

A.2　多元函数的泰勒展开

设 $f(\boldsymbol{x}):\mathbb{R}^n\to\mathbb{R}$，$\boldsymbol{x}=(x_1,x_2,\cdots,x_n)^{\mathrm{T}}$ 为一多元函数。若 $f(\boldsymbol{x})$ 在含有 $\boldsymbol{x}_0$ 的某个开球 B 上有直到二阶的连续偏导数，则对于任一 $\boldsymbol{x}_0+\boldsymbol{x}\in B$，有

$$f(\boldsymbol{x}_0+\boldsymbol{x})=f(\boldsymbol{x}_0)+(\nabla f(\boldsymbol{x}_0))^{\mathrm{T}}\boldsymbol{x}+\frac{1}{2!}\boldsymbol{x}^{\mathrm{T}}\nabla^2 f(\boldsymbol{x}_0)\boldsymbol{x}+O(\|\boldsymbol{x}\|^2) \tag{A-5}$$

其中，$\nabla f(\boldsymbol{x}_0)$ 为 $f(\boldsymbol{x})$ 在 $\boldsymbol{x}=\boldsymbol{x}_0$ 处的梯度；$\nabla^2 f(\boldsymbol{x}_0)$ 为 $f(\boldsymbol{x})$ 在 $\boldsymbol{x}=\boldsymbol{x}_0$ 处的海森(Hessian)矩阵，

$$\nabla^2 f(\boldsymbol{x}_0)=\begin{bmatrix}\frac{\partial^2 f(\boldsymbol{x})}{\partial x_1\partial x_1} & \frac{\partial^2 f(\boldsymbol{x})}{\partial x_1\partial x_2}\cdots & \frac{\partial^2 f(\boldsymbol{x})}{\partial x_1\partial x_n}\\ \frac{\partial^2 f(\boldsymbol{x})}{\partial x_2\partial x_1} & \frac{\partial^2 f(\boldsymbol{x})}{\partial x_2\partial x_2}\cdots & \frac{\partial^2 f(\boldsymbol{x})}{\partial x_2\partial x_n}\\ \vdots & & \\ \frac{\partial^2 f(\boldsymbol{x})}{\partial x_n\partial x_1} & \frac{\partial^2 f(\boldsymbol{x})}{\partial x_n\partial x_2}\cdots & \frac{\partial^2 f(\boldsymbol{x})}{\partial x_n\partial x_n}\end{bmatrix}_{\boldsymbol{x}=\boldsymbol{x}_0} \tag{A-6}$$

式(A-6)称为多元函数的皮亚诺型泰勒展开。

与一元函数的情况类似,多元函数的一阶拉格朗日型泰勒展开为

$$f(\boldsymbol{x}_0+\boldsymbol{x})=f(\boldsymbol{x}_0)+(\nabla f(\boldsymbol{x}_0+\theta\boldsymbol{x}))^{\mathrm{T}}\boldsymbol{x} \tag{A-7}$$

多元函数的二阶拉格朗日型泰勒展开为

$$f(\boldsymbol{x}_0+\boldsymbol{x})=f(\boldsymbol{x}_0)+(\nabla f(\boldsymbol{x}_0))^{\mathrm{T}}\boldsymbol{x}+\frac{1}{2!}\boldsymbol{x}^{\mathrm{T}}\nabla^2 f(\boldsymbol{x}_0+\theta\boldsymbol{x})\boldsymbol{x} \tag{A-8}$$

其中,θ 是位于(0,1)上的一个值。

B 圆锥曲线

在笛卡儿平面坐标系下,圆锥曲线[1]的一般方程表示为

$$Ax^2+Bxy+Cy^2+Dx+Ey+F=0 \tag{B-1}$$

其中,所有系数都是实数且 A、B 和 C 不能同时为零。同时,也很容易得出如下圆锥曲线的等价矩阵表达形式:

$$(x\ y)\begin{bmatrix} A & \frac{B}{2} \\ \frac{B}{2} & C \end{bmatrix}\begin{pmatrix} x \\ y \end{pmatrix}+(D\ E)\begin{pmatrix} x \\ y \end{pmatrix}+F=0 \tag{B-2}$$

或者是

$$(x\ y\ 1)\begin{bmatrix} A & \frac{B}{2} & \frac{D}{2} \\ \frac{B}{2} & C & \frac{E}{2} \\ \frac{D}{2} & \frac{E}{2} & F \end{bmatrix}\begin{pmatrix} x \\ y \\ 1 \end{pmatrix}=0 \tag{B-3}$$

圆锥曲线的具体类型可以根据判别式 B^2-4AC 来决定。

(1) 如果 $B^2-4AC<0$,该圆锥曲线为椭圆;在此条件下,如果更进一步有 $A=C$ 并且 $B=0$,则圆锥曲线表示圆。

(2) 如果 $B^2-4AC=0$,该圆锥曲线为抛物线。

(3) 如果 $B^2-4AC>0$,该圆锥曲线为双曲线。

C 数字图像导数的近似计算

在进行理论分析时,经常会把图像 $f(x,y):\mathbb{R}^2\to\mathbb{R}$ 考虑为连续函数,且有很多情况需要计算 f 的各阶偏导数。但在编程实现时,实际的图像为离散数字图像,因此需要一套计算数字图像近似导数的机制。假设(x,y)为图像 f 上的整数位置点,则要近似计算 f 在点(x,y)处的一阶与二阶偏导数$\frac{\partial f}{\partial x}$、$\frac{\partial f}{\partial y}$、$\frac{\partial^2 f}{\partial x^2}$、$\frac{\partial^2 f}{\partial y^2}$和$\frac{\partial^2 f}{\partial x\partial y}$。

在推导图像导数近似计算表达式的过程中,暂时假设图像函数 $f(x,y)$为连续函数且具有二阶偏导数。函数 $f(x,y)$在点(x,y)近旁的二阶泰勒展开为

$$f(x+h,y+k)\simeq f(x,y)+h\frac{\partial f}{\partial x}+k\frac{\partial f}{\partial y}+\frac{1}{2}h^2\frac{\partial^2 f}{\partial x^2}+hk\frac{\partial^2 f}{\partial x\partial y}+\frac{1}{2}k^2\frac{\partial^2 f}{\partial y^2} \tag{C-1}$$

其中，h 和 k 为小量。对于数字图像来说，h 和 k 为整数。取 $h=1$、$k=0$，则有

$$f(x+1,y) \simeq f(x,y) + \frac{\partial f}{\partial x} + \frac{1}{2}\frac{\partial^2 f}{\partial x^2} \tag{C-2}$$

取 $h=-1$、$k=0$，则有

$$f(x-1,y) \simeq f(x,y) - \frac{\partial f}{\partial x} + \frac{1}{2}\frac{\partial^2 f}{\partial x^2} \tag{C-3}$$

式(C-2)与式(C-3)两端相减并适当变形得到

$$\frac{\partial f}{\partial x} \simeq \frac{f(x+1,y) - f(x-1,y)}{2} \tag{C-4}$$

采用类似的方式可以得到

$$\frac{\partial f}{\partial y} \simeq \frac{f(x,y+1) - f(x,y-1)}{2} \tag{C-5}$$

式(C-2)与式(C-3)两端相加并稍加变形得到

$$\frac{\partial^2 f}{\partial x^2} = f(x+1,y) + f(x-1,y) - 2f(x,y) \tag{C-6}$$

取 $h=0$、$k=1$，则有

$$f(x,y+1) \simeq f(x,y) + \frac{\partial f}{\partial y} + \frac{1}{2}\frac{\partial^2 f}{\partial y^2} \tag{C-7}$$

取 $h=0$、$k=-1$，则有

$$f(x,y-1) \simeq f(x,y) - \frac{\partial f}{\partial y} + \frac{1}{2}\frac{\partial^2 f}{\partial y^2} \tag{C-8}$$

式(C-7)与式(C-8)两端相加并稍加变形得到

$$\frac{\partial^2 f}{\partial y^2} = f(x,y+1) + f(x,y-1) - 2f(x,y) \tag{C-9}$$

取 $h=1$、$k=1$，则有

$$f(x+1,y+1) \simeq f(x,y) + \frac{\partial f}{\partial x} + \frac{\partial f}{\partial y} + \frac{1}{2}\frac{\partial^2 f}{\partial x^2} + \frac{\partial^2 f}{\partial x \partial y} + \frac{1}{2}\frac{\partial^2 f}{\partial y^2} \tag{C-10}$$

取 $h=-1$、$k=-1$，则有

$$f(x-1,y-1) \simeq f(x,y) - \frac{\partial f}{\partial x} - \frac{\partial f}{\partial y} + \frac{1}{2}\frac{\partial^2 f}{\partial x^2} + \frac{\partial^2 f}{\partial x \partial y} + \frac{1}{2}\frac{\partial^2 f}{\partial y^2} \tag{C-11}$$

取 $h=1$、$k=-1$，则有

$$f(x+1,y-1) \simeq f(x,y) + \frac{\partial f}{\partial x} - \frac{\partial f}{\partial y} + \frac{1}{2}\frac{\partial^2 f}{\partial x^2} - \frac{\partial^2 f}{\partial x \partial y} + \frac{1}{2}\frac{\partial^2 f}{\partial y^2} \tag{C-12}$$

取 $h=-1$、$k=1$，则有

$$f(x-1,y+1) \simeq f(x,y) - \frac{\partial f}{\partial x} + \frac{\partial f}{\partial y} + \frac{1}{2}\frac{\partial^2 f}{\partial x^2} - \frac{\partial^2 f}{\partial x \partial y} + \frac{1}{2}\frac{\partial^2 f}{\partial y^2} \tag{C-13}$$

式(C-10)和式(C-12)两端相减得到

$$f(x+1,y+1) - f(x+1,y-1) \simeq 2\frac{\partial f}{\partial y} + 2\frac{\partial^2 f}{\partial x \partial y} \tag{C-14}$$

式(C-11)和式(C-13)两端相减得到

$$f(x-1,y-1) - f(x-1,y+1) \simeq -2\frac{\partial f}{\partial y} + 2\frac{\partial^2 f}{\partial x \partial y} \tag{C-15}$$

式(C-14)和式(C-15)两端相加得到

$$\frac{\partial^2 f}{\partial x\partial y}=\frac{f(x+1,y+1)+f(x-1,y-1)-f(x+1,y-1)-f(x-1,y+1)}{4} \tag{C-16}$$

上面推导了二元离散函数的一阶与二阶偏导数的近似计算方式,实际上这些结果可以直接推广到三元离散函数的情况。比如,在4.2.2节中,把DoG尺度空间看作三元函数 $f(x,y,l)$,其中 x、y 为空间位置、l 为尺度层的序号,因此 x、y 和 l 都为整数。可以用与本节完全类似的方式近似计算函数 $f(x,y,l)$ 在 (x,y,l) 处的梯度向量和海森矩阵。

D 高斯函数的卷积及其傅里叶变换

设 $g(x,y):\mathbb{R}^2\to\mathbb{R}$ 为二维高斯形状的函数,则其傅里叶变换 $\mathcal{G}(u,v)$(u、v 为傅里叶频率域中的角频率坐标)也为高斯形状函数。具体来说,若

$$g(x,y)=\mathrm{e}^{-\pi(a^2x^2+b^2y^2)} \tag{D-1}$$

其中,a、b 为非零常数,则 $g(x,y)$ 的傅里叶变换 $\mathcal{G}(u,v)$ 为[2]

$$\mathcal{G}(u,v)=\frac{1}{|ab|}\mathrm{e}^{-\frac{1}{4\pi}\left(\frac{u^2}{a^2}+\frac{v^2}{b^2}\right)} \tag{D-2}$$

根据式(D-2)可以证明:若 $g_1(x,y;\sigma_1)=\frac{1}{2\pi\sigma_1^2}\mathrm{e}^{\frac{-(x^2+y^2)}{2\sigma_1^2}}$,$g_2(x,y;\sigma_2)=\frac{1}{2\pi\sigma_2^2}\mathrm{e}^{\frac{-(x^2+y^2)}{2\sigma_2^2}}$,则 g_1 与 g_2 的卷积 g_3 为

$$g_3(x,y;\sqrt{\sigma_1^2+\sigma_2^2})=\frac{1}{2\pi(\sigma_1^2+\sigma_2^2)}\mathrm{e}^{-\frac{x^2+y^2}{2(\sigma_1^2+\sigma_2^2)}} \tag{D-3}$$

即 g_3 也为高斯函数,其标准差为 $\sqrt{\sigma_1^2+\sigma_2^2}$。式(D-3)的简要证明如下。

令式(D-1)与式(D-2)中的 $a=\frac{1}{\sqrt{2\pi}\sigma}$,$b=\frac{1}{\sqrt{2\pi}\sigma}$,则有傅里叶变换对为

$$\mathrm{e}^{-\frac{x^2+y^2}{2\sigma^2}}\leftrightarrow 2\pi\sigma^2\mathrm{e}^{-\frac{(u^2+v^2)\sigma^2}{2}} \tag{D-4}$$

由式(D-4)可知,$g_1(x,y;\sigma_1)$ 与 $g_2(x,y;\sigma_2)$ 的傅里叶变换分别为 $\mathcal{G}_1(u,v)=\mathrm{e}^{-\frac{(u^2+v^2)\sigma_1^2}{2}}$ 和 $\mathcal{G}_2(u,v)=\mathrm{e}^{-\frac{(u^2+v^2)\sigma_2^2}{2}}$。则 g_1 与 g_2 的卷积为

$$\begin{aligned} g_1 * g_2 &= \mathcal{F}^{-1}(\mathcal{G}_1(u,v)\cdot\mathcal{G}_2(u,v)) \\ &= \mathcal{F}^{-1}\left(\mathrm{e}^{-\frac{(u^2+v^2)\sigma_1^2}{2}}\mathrm{e}^{-\frac{(u^2+v^2)\sigma_2^2}{2}}\right) \\ &= \mathcal{F}^{-1}\left(\mathrm{e}^{-\frac{(u^2+v^2)(\sigma_1^2+\sigma_2^2)}{2}}\right) \\ &= \frac{1}{2\pi(\sigma_1^2+\sigma_2^2)}\mathrm{e}^{-\frac{x^2+y^2}{2(\sigma_1^2+\sigma_2^2)}} \end{aligned} \tag{D-5}$$

其中,$\mathcal{F}^{-1}(\cdot)$ 表示傅里叶反变换,$\mathcal{G}_1(u,v)\cdot\mathcal{G}_2(u,v)$ 表示 $\mathcal{G}_1(u,v)$ 与 $\mathcal{G}_2(u,v)$ 在傅里叶频率域中频率坐标 (u,v) 处的普通复数乘法。

E 主曲率与海森矩阵

曲率是度量曲线局部弯曲程度的几何量。对于曲面来说，也可以定义曲面上某一点 s 的曲率。设曲面在 s 点的法线为 z 轴，过 z 轴可以有无限多个剖切平面，每个剖切平面与曲面相交，其交线为一条平面曲线，每条平面曲线在 s 点都有一个曲率。设这些曲率中的最大值为 $\kappa_{\max}$、最小值为 $\kappa_{\min}$，这两个曲率称为曲面在 s 点的主曲率(principal curvatures)(图 E-1)。基于两个主曲率 $\kappa_{\max}$ 和 $\kappa_{\min}$，可以定义平均曲率 $\kappa_a=(\kappa_{\max}+\kappa_{\min})/2$ 和高斯曲率 $\kappa_G=\kappa_{\max}\kappa_{\min}$。

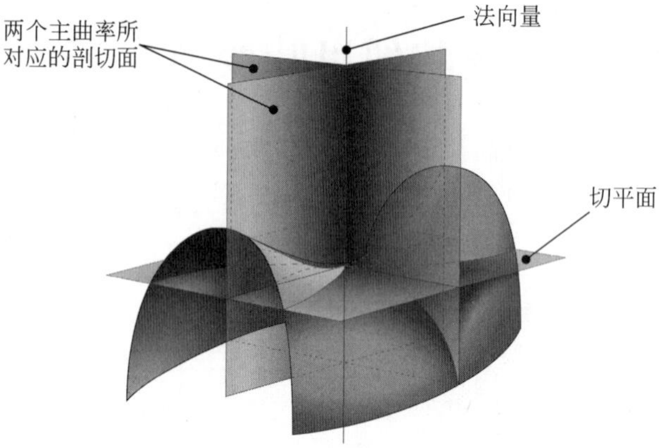

图 E-1　曲面上一点的两个主曲率

对于一种由二元函数所确定的特殊的三维曲面，设 $f(\boldsymbol{x}):\mathbb{R}^2\to\mathbb{R}$，$\boldsymbol{x}\in\mathbb{R}^2$ 为二元连续函数且具有二阶偏导数，则由该函数可确定出一个三维欧氏空间中的曲面 $(\boldsymbol{x},f(\boldsymbol{x}))$。根据微分几何的知识[3]，该曲面上一点 $(\boldsymbol{x},f(\boldsymbol{x}))$ 处的平均曲率为

$$\kappa_a(\boldsymbol{x},f(\boldsymbol{x}))=\frac{\kappa_{\max}(\boldsymbol{x},f(\boldsymbol{x}))+\kappa_{\min}(\boldsymbol{x},f(\boldsymbol{x}))}{2}=\frac{(1+f_x^2)f_{yy}+(1+f_y^2)f_{xx}-2f_xf_yf_{xy}}{2(1+f_x^2+f_y^2)^{3/2}} \tag{E-1}$$

高斯曲率为

$$\kappa_G(\boldsymbol{x},f(\boldsymbol{x}))=\kappa_{\max}(\boldsymbol{x},f(\boldsymbol{x}))\cdot\kappa_{\min}(\boldsymbol{x},f(\boldsymbol{x}))=\frac{f_{xx}f_{yy}-f_{xy}^2}{(1+f_x^2+f_y^2)^2} \tag{E-2}$$

若 $\boldsymbol{x}_0$ 为 f 的驻点，则 $f_x|_{\boldsymbol{x}=\boldsymbol{x}_0}=0$，$f_y|_{\boldsymbol{x}=\boldsymbol{x}_0}=0$。根据式(E-1)和式(E-2)，此时曲面上点 $(\boldsymbol{x}_0,f(\boldsymbol{x}_0))$ 处的主曲率 $\kappa_{\max}(\boldsymbol{x}_0,f(\boldsymbol{x}_0))$ 和 $\kappa_{\min}(\boldsymbol{x}_0,f(\boldsymbol{x}_0))$ 满足：

$$\begin{aligned}&\kappa_{\max}(\boldsymbol{x}_0,f(\boldsymbol{x}_0))+\kappa_{\min}(\boldsymbol{x}_0,f(\boldsymbol{x}_0))=(f_{xx}+f_{yy})|_{\boldsymbol{x}=\boldsymbol{x}_0}\\&\kappa_{\max}(\boldsymbol{x}_0,f(\boldsymbol{x}_0))\cdot\kappa_{\min}(\boldsymbol{x}_0,f(\boldsymbol{x}_0))=(f_{xx}f_{yy}-f_{xy}^2)|_{\boldsymbol{x}=\boldsymbol{x}_0}\end{aligned} \tag{E-3}$$

而函数 $f(\boldsymbol{x})$ 在点 $\boldsymbol{x}_0$ 处的海森矩阵为

$$\boldsymbol{H}_0=\begin{bmatrix}f_{xx} & f_{xy}\\ f_{xy} & f_{yy}\end{bmatrix}_{\boldsymbol{x}=\boldsymbol{x}_0} \tag{E-4}$$

则点 $(\boldsymbol{x}_0,f(\boldsymbol{x}_0))$ 处的两个主曲率之和便是 $\boldsymbol{H}_0$ 的迹，之积便是 $\boldsymbol{H}_0$ 的行列式，也就是说此时的两个主曲率实际上就是矩阵 $\boldsymbol{H}_0$ 的两个特征值。

F 拉格朗日乘子法

拉格朗日乘子法[4]解决的问题是找到在等式约束下函数**所有可能的极值点**。若要找到函数 $f(\boldsymbol{x}):\boldsymbol{R}^n \rightarrow \boldsymbol{R}$ 在 K 个等式约束 $\{g_k(\boldsymbol{x})=0\}_{k=1}^K$ 之下的极值点，其中 $f(\boldsymbol{x})$ 和 $\{g_k(\boldsymbol{x})\}_{k=1}^K$ 都存在连续的一阶偏导数。构造拉格朗日函数为

$$L(\boldsymbol{x},\lambda_1,\lambda_2,\cdots,\lambda_K)=f(\boldsymbol{x})+\sum_{k=1}^{K}\lambda_k g_k(\boldsymbol{x}) \tag{F-1}$$

如果 $\boldsymbol{x}^*$ 是原问题的一个极值点，则必存在 $\lambda_1^*,\lambda_2^*,\cdots,\lambda_K^*$ 使得 $(\boldsymbol{x}^*,\lambda_1^*,\lambda_2^*,\cdots,\lambda_K^*)$ 为函数 $L(\boldsymbol{x},\lambda_1,\lambda_2,\cdots,\lambda_K)$ 的驻点，即 $\boldsymbol{x}^*$ 是原问题的一个极值点的必要条件是：存在 $\lambda_1^*,\lambda_2^*,\cdots,\lambda_K^*$，使得 $(\boldsymbol{x}^*,\lambda_1^*,\lambda_2^*,\cdots,\lambda_K^*)$ 为函数 $L(\boldsymbol{x},\lambda_1,\lambda_2,\cdots,\lambda_K)$ 的驻点。但这个条件不是充分条件，也就是说，即使 $(\boldsymbol{x}^*,\lambda_1^*,\lambda_2^*,\cdots,\lambda_K^*)$ 为函数 $L(\boldsymbol{x},\lambda_1,\lambda_2,\cdots,\lambda_K)$ 的驻点，但 $\boldsymbol{x}^*$ 不一定是原问题的极值点，$\boldsymbol{x}^*$ 到底是不是原问题的极值点还要根据原问题的具体特点进行分析。

只要找到了拉格朗日函数的所有驻点，便可以找出原问题**所有可能的极值点**。具体来说，可以计算出 $L(\boldsymbol{x},\lambda_1,\lambda_2,\cdots,\lambda_K)$ 的驻点，即解如下方程组：

$$\begin{cases}\dfrac{\partial L}{\partial \boldsymbol{x}}=\boldsymbol{0}\\[2mm]\dfrac{\partial L}{\partial \lambda_1}=0\\ \vdots\\ \dfrac{\partial L}{\partial \lambda_K}=0\end{cases} \tag{F-2}$$

假设 $(\boldsymbol{x}^*,\lambda_1^*,\lambda_2^*,\cdots,\lambda_K^*)$ 满足式(F-2)，即 $(\boldsymbol{x}^*,\lambda_1^*,\lambda_2^*,\cdots,\lambda_K^*)$ 是 $L(\boldsymbol{x},\lambda_1,\lambda_2,\cdots,\lambda_K)$ 的驻点，则 $\boldsymbol{x}^*$ 便是原问题一个**可能的极值点**。

G 函数或自变量形式为矩阵或向量时的求导运算

G.1 向量和矩阵函数对标量变量求导

定义 G.1 向量函数对标量自变量的导数。

设有 n 维向量函数 $\boldsymbol{f}(t)=(f_1(t),f_2(t),\cdots,f_n(t))^{\mathrm{T}}$，其中 $f_i(t)(i=1,2,\cdots,n)$ 为关于 t 的可微函数，则 $\boldsymbol{f}(t)$ 对 t 的导数定义为：$\dfrac{\mathrm{d}\boldsymbol{f}(t)}{\mathrm{d}t}=\left[\dfrac{\mathrm{d}f_1(t)}{\mathrm{d}t},\dfrac{\mathrm{d}f_2(t)}{\mathrm{d}t},\cdots,\dfrac{\mathrm{d}f_n(t)}{\mathrm{d}t}\right]^{\mathrm{T}}$

定义 G.2 矩阵函数对标量自变量的导数。

设有 $m\times n$ 维矩阵函数 $\boldsymbol{F}(t)=\begin{bmatrix}f_{11}(t) & f_{12}(t)\cdots f_{1n}(t)\\ f_{12}(t) & f_{22}(t)\cdots f_{2n}(t)\\ & \vdots \\ f_{m1}(t) & f_{m2}(t)\cdots f_{mn}(t)\end{bmatrix}_{m\times n}$，其中 $f_{ij}(t)(i=1,2,\cdots,m,j=1,2,\cdots,n)$ 为关于 t 的可微函数，则 $\boldsymbol{F}(t)$ 关于自变量 t 的导数定义为

$$\frac{\mathrm{d}\boldsymbol{F}(t)}{\mathrm{d}t}=\begin{bmatrix}\frac{\mathrm{d}f_{11}(t)}{\mathrm{d}t} & \frac{\mathrm{d}f_{12}(t)}{\mathrm{d}t},\cdots, & \frac{\mathrm{d}f_{1n}(t)}{\mathrm{d}t}\\ \frac{\mathrm{d}f_{21}(t)}{\mathrm{d}t} & \frac{\mathrm{d}f_{22}(t)}{\mathrm{d}t},\cdots, & \frac{\mathrm{d}f_{2n}(t)}{\mathrm{d}t}\\ & \vdots & \\ \frac{\mathrm{d}f_{m1}(t)}{\mathrm{d}t} & \frac{\mathrm{d}f_{m2}(t)}{\mathrm{d}t},\cdots, & \frac{\mathrm{d}f_{mn}(t)}{\mathrm{d}t}\end{bmatrix}_{m\times n}$$

G.2 标量函数对矩阵变量求导

定义 G.3 函数对矩阵自变量的导数。

设函数 $f(\boldsymbol{X}):\mathbb{R}^{m\times n}\to\mathbb{R}$ 把一个 $m\times n$ 的矩阵 $\boldsymbol{X}$ 映射成一个实数。定义函数 $f(\boldsymbol{X})$对矩阵型自变量 $\boldsymbol{X}=\begin{bmatrix}x_{11} & x_{12}\cdots x_{1n}\\ x_{21} & x_{22}\cdots x_{2n}\\ & \vdots \\ x_{m1} & x_{m2}\cdots x_{mn}\end{bmatrix}$ 的导数为

$$\frac{\mathrm{d}f(\boldsymbol{X})}{\mathrm{d}\boldsymbol{X}}=\begin{bmatrix}\frac{\partial f}{\partial x_{11}} & \frac{\partial f}{\partial x_{12}}\cdots & \frac{\partial f}{\partial x_{1n}}\\ & \vdots & \\ \frac{\partial f}{\partial x_{m1}} & \frac{\partial f}{\partial x_{m2}}\cdots & \frac{\partial f}{\partial x_{mn}}\end{bmatrix}$$

例 G.1 假设 $\boldsymbol{A}=\begin{bmatrix}A_{11}A_{12}\\ A_{21}A_{22}\end{bmatrix}$，函数 $f(\boldsymbol{A})=\frac{3}{2}A_{11}+5A_{12}^2+A_{21}A_{22}$，则

$$\frac{\mathrm{d}f(\boldsymbol{A})}{\mathrm{d}\boldsymbol{A}}=\begin{bmatrix}\frac{3}{2} & 10A_{12}\\ A_{22} & A_{21}\end{bmatrix}$$

G.3 标量函数对向量变量求导

定义 G.4 函数对向量自变量的导数。

设有函数 $f(\boldsymbol{x}):\mathbb{R}^n\to\mathbb{R}$，它是以列向量 $\boldsymbol{x}=(x_1,x_2,\cdots,x_n)^{\mathrm{T}}$ 为自变量的标量函数，则函数 $f(\boldsymbol{x})$对列向量型自变量 $\boldsymbol{x}$ 的导数为

$$\frac{\mathrm{d}f(\boldsymbol{x})}{\mathrm{d}\boldsymbol{x}}=\left[\frac{\partial f}{\partial x_1},\frac{\partial f}{\partial x_2},\cdots,\frac{\partial f}{\partial x_n}\right]^{\mathrm{T}}$$

上述定义形式就是多元函数 $f(\boldsymbol{x})$的梯度。可见，标量函数关于列向量型自变量的导数是一个列向量。类似地，也可以定义标量函数对行向量型自变量的导数为

$$\frac{\mathrm{d}f(\boldsymbol{x})}{\mathrm{d}\boldsymbol{x}^{\mathrm{T}}}=\left[\frac{\partial f}{\partial x_1},\frac{\partial f}{\partial x_2},\cdots,\frac{\partial f}{\partial x_n}\right]$$

G.4 向量函数对向量变量求导

定义 G.5 向量函数对向量自变量的导数。

设 $\boldsymbol{x}\in\mathbb{R}^n$，$\boldsymbol{y}(\boldsymbol{x})=[y_1(\boldsymbol{x})\ y_2(\boldsymbol{x})\cdots y_m(\boldsymbol{x})]^{\mathrm{T}}\in\mathbb{R}^m$，其中 $y_i(\boldsymbol{x}):\mathbb{R}^n\to\mathbb{R}\ (i=1,2,\cdots,m)$是以 $\boldsymbol{x}$ 为变量的 n 元可微函数。由于 $\boldsymbol{y}(\boldsymbol{x})$是列向量，可以定义 $\boldsymbol{y}(\boldsymbol{x})$对于行向量 $\boldsymbol{x}^{\mathrm{T}}$ 的导数为

$$\frac{\mathrm{d}\boldsymbol{y}(\boldsymbol{x})}{\mathrm{d}\boldsymbol{x}^{\mathrm{T}}}=\begin{bmatrix}\frac{\partial y_1(\boldsymbol{x})}{\partial x_1},\frac{\partial y_1(\boldsymbol{x})}{\partial x_2},\cdots,\frac{\partial y_1(\boldsymbol{x})}{\partial x_n}\\ \frac{\partial y_2(\boldsymbol{x})}{\partial x_1},\frac{\partial y_2(\boldsymbol{x})}{\partial x_2},\cdots,\frac{\partial y_2(\boldsymbol{x})}{\partial x_n}\\ \vdots\\ \frac{\partial y_m(\boldsymbol{x})}{\partial x_1},\frac{\partial y_m(\boldsymbol{x})}{\partial x_2},\cdots,\frac{\partial y_m(\boldsymbol{x})}{\partial x_n}\end{bmatrix}_{m\times n}$$

也可以定义 $\boldsymbol{y}^{\mathrm{T}}(\boldsymbol{x})$对于列向量型自变量 $\boldsymbol{x}$ 的导数为

$$\frac{\mathrm{d}\boldsymbol{y}^{\mathrm{T}}(\boldsymbol{x})}{\mathrm{d}\boldsymbol{x}}=\begin{bmatrix}\frac{\partial y_1(\boldsymbol{x})}{\partial x_1},\frac{\partial y_2(\boldsymbol{x})}{\partial x_1},\cdots,\frac{\partial y_m(\boldsymbol{x})}{\partial x_1}\\ \frac{\partial y_1(\boldsymbol{x})}{\partial x_2},\frac{\partial y_2(\boldsymbol{x})}{\partial x_2},\cdots,\frac{\partial y_m(\boldsymbol{x})}{\partial x_2}\\ \vdots\\ \frac{\partial y_1(\boldsymbol{x})}{\partial x_n},\frac{\partial y_2(\boldsymbol{x})}{\partial x_n},\cdots,\frac{\partial y_m(\boldsymbol{x})}{\partial x_n}\end{bmatrix}_{n\times m}$$

例 G.2 设有列向量函数 $\boldsymbol{y}(\boldsymbol{x})=\begin{bmatrix}y_1(\boldsymbol{x})\\ y_2(\boldsymbol{x})\end{bmatrix}$，其中 $\boldsymbol{x}=\begin{bmatrix}x_1\\ x_2\\ x_3\end{bmatrix}$，$y_1(\boldsymbol{x})=x_1^2-x_2$，$y_2(\boldsymbol{x})=x_3^2+3x_2$，则行向量函数 $\boldsymbol{y}^{\mathrm{T}}(\boldsymbol{x})$对列向量 $\boldsymbol{x}$ 的导数为

$$\frac{\mathrm{d}\boldsymbol{y}^{\mathrm{T}}(\boldsymbol{x})}{\mathrm{d}\boldsymbol{x}}=\begin{bmatrix}\frac{\partial y_1(\boldsymbol{x})}{\partial x_1} & \frac{\partial y_2(\boldsymbol{x})}{\partial x_1}\\ \frac{\partial y_1(\boldsymbol{x})}{\partial x_2} & \frac{\partial y_2(\boldsymbol{x})}{\partial x_2}\\ \frac{\partial y_1(\boldsymbol{x})}{\partial x_3} & \frac{\partial y_2(\boldsymbol{x})}{\partial x_3}\end{bmatrix}=\begin{bmatrix}2x_1 & 0\\ -1 & 3\\ 0 & 2x_3\end{bmatrix}$$

G.5 常用结论

(1) 如果 $\boldsymbol{x}\in\mathbb{R}^n$，$\boldsymbol{y}(\boldsymbol{x})=[y_1(\boldsymbol{x})\ y_2(\boldsymbol{x})\cdots y_m(\boldsymbol{x})]^{\mathrm{T}}\in\mathbb{R}^m$，其中 $y_i(\boldsymbol{x})$：$\mathbb{R}^n\to\mathbb{R}$ $(i=1,2,\cdots,m)$是以 $\boldsymbol{x}$ 为变量的 n 元可微函数，则有

$$\frac{\mathrm{d}\boldsymbol{y}^{\mathrm{T}}(\boldsymbol{x})}{\mathrm{d}\boldsymbol{x}}=\left(\frac{\mathrm{d}\boldsymbol{y}(\boldsymbol{x})}{\mathrm{d}\boldsymbol{x}^{\mathrm{T}}}\right)^{\mathrm{T}}$$

证明：

可以直接由向量函数对向量型自变量的导数的定义得到。

(2) $\boldsymbol{x},\boldsymbol{a}\in\mathbb{R}^n$，$\boldsymbol{x}$ 为自变量，$\boldsymbol{a}$ 为常量，则$\frac{\mathrm{d}(\boldsymbol{a}^{\mathrm{T}}\boldsymbol{x})}{\mathrm{d}\boldsymbol{x}}=\frac{\mathrm{d}(\boldsymbol{x}^{\mathrm{T}}\boldsymbol{a})}{\mathrm{d}\boldsymbol{x}}=\boldsymbol{a}$。

证明：

$f(\boldsymbol{x})=\boldsymbol{a}^{\mathrm{T}}\boldsymbol{x}$ 为一个标量函数。设 $\boldsymbol{a}=(a_1,a_2,\cdots,a_n)^{\mathrm{T}}$，$\boldsymbol{x}=(x_1,x_2,\cdots,x_n)^{\mathrm{T}}$，则 $f(\boldsymbol{x})=a_1x_1+a_2x_2+\cdots+a_nx_n$，则有

$$\frac{\mathrm{d}(\boldsymbol{a}^{\mathrm{T}}\boldsymbol{x})}{\mathrm{d}\boldsymbol{x}}=\left(\frac{\partial(\boldsymbol{a}^{\mathrm{T}}\boldsymbol{x})}{\partial x_1},\frac{\partial(\boldsymbol{a}^{\mathrm{T}}\boldsymbol{x})}{\partial x_2},\cdots,\frac{\partial(\boldsymbol{a}^{\mathrm{T}}\boldsymbol{x})}{\partial x_n}\right)^{\mathrm{T}}=(a_1,a_2,\cdots,a_n)^{\mathrm{T}}=\boldsymbol{a}$$

又由于 $\boldsymbol{a}^{\mathrm{T}}\boldsymbol{x}=\boldsymbol{x}^{\mathrm{T}}\boldsymbol{a}$，因此 $\frac{\mathrm{d}(\boldsymbol{x}^{\mathrm{T}}\boldsymbol{a})}{\mathrm{d}\boldsymbol{x}}=\frac{\mathrm{d}(\boldsymbol{a}^{\mathrm{T}}\boldsymbol{x})}{\mathrm{d}\boldsymbol{x}}=\boldsymbol{a}$

(3) $\boldsymbol{A}\in\mathbb{R}^{m\times n}$ 为常数矩阵，$\boldsymbol{x}\in\mathbb{R}^{n}$ 为自变量，则 $\frac{\mathrm{d}(\boldsymbol{A}\boldsymbol{x})}{\mathrm{d}\boldsymbol{x}^{\mathrm{T}}}=\boldsymbol{A}$。

证明：

设 $\boldsymbol{A}=\begin{bmatrix} a_{11} & a_{12}\cdots a_{1n} \\ a_{21} & a_{22}\cdots a_{2n} \\ & \vdots \\ a_{m1} & a_{m2}\cdots a_{mn}\end{bmatrix}$，$\boldsymbol{x}=\begin{bmatrix} x_1 \\ x_2 \\ \vdots \\ x_n\end{bmatrix}$，令 $\boldsymbol{y}(\boldsymbol{x})=\boldsymbol{A}\boldsymbol{x}$，则

$$\boldsymbol{y}(\boldsymbol{x})=\boldsymbol{A}\boldsymbol{x}=\begin{bmatrix} a_{11} & a_{12}\cdots a_{1n} \\ a_{21} & a_{22}\cdots a_{2n} \\ & \vdots \\ a_{m1} & a_{m2}\cdots a_{mn}\end{bmatrix}\begin{bmatrix} x_1 \\ x_2 \\ \vdots \\ x_n\end{bmatrix}=\begin{bmatrix} a_{11}x_1+a_{12}x_2+\cdots+a_{1n}x_n \\ a_{21}x_1+a_{22}x_2+\cdots+a_{2n}x_n \\ \vdots \\ a_{m1}x_1+a_{m2}x_2+\cdots+a_{mn}x_n\end{bmatrix}\triangleq\begin{bmatrix} y_1(\boldsymbol{x}) \\ y_2(\boldsymbol{x}) \\ \vdots \\ y_m(\boldsymbol{x})\end{bmatrix}$$

$\boldsymbol{y}(\boldsymbol{x})$ 是 m 维列向量，现在求它对 n 维行向量 $\boldsymbol{x}^{\mathrm{T}}$ 的导数，即

$$\frac{\mathrm{d}\boldsymbol{y}(\boldsymbol{x})}{\mathrm{d}\boldsymbol{x}^{\mathrm{T}}}=\begin{bmatrix} \frac{\partial y_1(\boldsymbol{x})}{\partial x_1} & \frac{\partial y_1(\boldsymbol{x})}{\partial x_2}\cdots & \frac{\partial y_1(\boldsymbol{x})}{\partial x_n} \\ \frac{\partial y_2(\boldsymbol{x})}{\partial x_1} & \frac{\partial y_2(\boldsymbol{x})}{\partial x_2}\cdots & \frac{\partial y_2(\boldsymbol{x})}{\partial x_n} \\ & \vdots & \\ \frac{\partial y_m(\boldsymbol{x})}{\partial x_1} & \frac{\partial y_m(\boldsymbol{x})}{\partial x_2}\cdots & \frac{\partial y_m(\boldsymbol{x})}{\partial x_n}\end{bmatrix}=\begin{bmatrix} a_{11} & a_{12}\cdots a_{1n} \\ a_{21} & a_{22}\cdots a_{2n} \\ & \vdots \\ a_{m1} & a_{m2}\cdots a_{mn}\end{bmatrix}=\boldsymbol{A}$$

(4) $\boldsymbol{A}\in\mathbb{R}^{m\times n}$ 为常数矩阵，$\boldsymbol{x}\in\mathbb{R}^{n}$ 为自变量，则 $\frac{\mathrm{d}(\boldsymbol{x}^{\mathrm{T}}\boldsymbol{A}^{\mathrm{T}})}{\mathrm{d}\boldsymbol{x}}=\boldsymbol{A}^{\mathrm{T}}$。

证明：

$\frac{\mathrm{d}(\boldsymbol{x}^{\mathrm{T}}\boldsymbol{A}^{\mathrm{T}})}{\mathrm{d}\boldsymbol{x}}=\frac{\mathrm{d}(\boldsymbol{A}\boldsymbol{x})^{\mathrm{T}}}{\mathrm{d}\boldsymbol{x}}$，根据本节结论(1)和(3)，有

$$\frac{\mathrm{d}(\boldsymbol{A}\boldsymbol{x})^{\mathrm{T}}}{\mathrm{d}\boldsymbol{x}}=\left(\frac{\mathrm{d}(\boldsymbol{A}\boldsymbol{x})}{\mathrm{d}\boldsymbol{x}^{\mathrm{T}}}\right)^{\mathrm{T}}=\boldsymbol{A}^{\mathrm{T}}$$

(5) $\boldsymbol{A}\in\mathbb{R}^{n\times n}$ 为常数矩阵，$\boldsymbol{x}\in\mathbb{R}^{n}$ 为自变量，则 $\frac{\mathrm{d}(\boldsymbol{x}^{\mathrm{T}}\boldsymbol{A}\boldsymbol{x})}{\mathrm{d}\boldsymbol{x}}=(\boldsymbol{A}+\boldsymbol{A}^{\mathrm{T}})\boldsymbol{x}$。

证明：

$\boldsymbol{x}^{\mathrm{T}}\boldsymbol{A}\boldsymbol{x}$ 是关于列向量 $\boldsymbol{x}$ 的标量函数。不失一般性，假定 $\boldsymbol{A}$ 是 3 阶方阵 $\boldsymbol{A}=\begin{bmatrix} a_{11} a_{12} a_{13} \\ a_{21} a_{22} a_{23} \\ a_{31} a_{32} a_{33}\end{bmatrix}$，$\boldsymbol{x}$ 是 3 维列向量 $\boldsymbol{x}=\begin{pmatrix} x_1 \\ x_2 \\ x_3\end{pmatrix}$，则有

$$\begin{aligned}\boldsymbol{x}^{\mathrm{T}}\boldsymbol{A}\boldsymbol{x}&=(x_1,x_2,x_3)\begin{bmatrix} a_{11} a_{12} a_{13} \\ a_{21} a_{22} a_{23} \\ a_{31} a_{32} a_{33}\end{bmatrix}\begin{pmatrix} x_1 \\ x_2 \\ x_3\end{pmatrix} \\ &=x_1^2a_{11}+x_1x_2a_{21}+x_1x_3a_{31}+x_1x_2a_{12}+x_2^2a_{22}+x_2x_3a_{32}+x_1x_3a_{13}+x_2x_3a_{23}+x_3^2a_{33}\end{aligned}$$

则

$$\frac{\mathrm{d}(\boldsymbol{x}^\mathrm{T}\boldsymbol{A}\boldsymbol{x})}{\mathrm{d}\boldsymbol{x}} = \begin{bmatrix} \dfrac{\partial(\boldsymbol{x}^\mathrm{T}\boldsymbol{A}\boldsymbol{x})}{\partial x_1} \\ \dfrac{\partial(\boldsymbol{x}^\mathrm{T}\boldsymbol{A}\boldsymbol{x})}{\partial x_2} \\ \dfrac{\partial(\boldsymbol{x}^\mathrm{T}\boldsymbol{A}\boldsymbol{x})}{\partial x_3} \end{bmatrix}$$

$$= \begin{bmatrix} 2a_{11}x_1 + (a_{12}+a_{21})x_2 + (a_{13}+a_{31})x_3 \\ (a_{21}+a_{12})x_1 + 2a_{22}x_2 + (a_{23}+a_{32})x_3 \\ (a_{31}+a_{13})x_1 + (a_{32}+a_{23})x_2 + 2a_{33}x_3 \end{bmatrix}$$

$$= \begin{bmatrix} 2a_{11} & (a_{12}+a_{21}) & (a_{13}+a_{31}) \\ (a_{21}+a_{12}) & 2a_{22} & (a_{23}+a_{32}) \\ (a_{31}+a_{13}) & (a_{32}+a_{23}) & 2a_{33} \end{bmatrix} \begin{pmatrix} x_1 \\ x_2 \\ x_3 \end{pmatrix}$$

$$= \left(\begin{bmatrix} a_{11} & a_{12} & a_{13} \\ a_{21} & a_{22} & a_{23} \\ a_{31} & a_{32} & a_{33} \end{bmatrix} + \begin{bmatrix} a_{11} & a_{21} & a_{31} \\ a_{12} & a_{22} & a_{32} \\ a_{13} & a_{23} & a_{33} \end{bmatrix} \right) \begin{pmatrix} x_1 \\ x_2 \\ x_3 \end{pmatrix}$$

$$= (\boldsymbol{A} + \boldsymbol{A}^\mathrm{T})\boldsymbol{x}$$

(6) $\boldsymbol{X} \in \mathbb{R}^{m \times n}$ 为自变量矩阵,$\boldsymbol{a} \in \mathbb{R}^{m \times 1}$、$\boldsymbol{b} \in \mathbb{R}^{n \times 1}$ 为常数列向量,则 $\dfrac{\mathrm{d}(\boldsymbol{a}^\mathrm{T}\boldsymbol{X}\boldsymbol{b})}{\mathrm{d}\boldsymbol{X}} = \boldsymbol{a}\boldsymbol{b}^\mathrm{T}$。

证明:

设 $\boldsymbol{a} = (a_1, a_2, \cdots, a_m)^\mathrm{T}, \boldsymbol{b} = (b_1, b_2, \cdots, b_n)^\mathrm{T}, \boldsymbol{X} = \begin{bmatrix} x_{11} & x_{12} & \cdots & x_{1n} \\ x_{21} & x_{22} & \cdots & x_{2n} \\ & & \vdots & \\ x_{m1} & x_{m2} & \cdots & x_{mn} \end{bmatrix}$

则

$$\boldsymbol{a}^\mathrm{T}\boldsymbol{X}\boldsymbol{b} = (a_1, a_2, \cdots, a_m) \begin{bmatrix} x_{11} & x_{12} & \cdots & x_{1n} \\ x_{21} & x_{22} & \cdots & x_{2n} \\ & & \vdots & \\ x_{m1} & x_{m2} & \cdots & x_{mn} \end{bmatrix} \begin{pmatrix} b_1 \\ b_2 \\ \vdots \\ b_n \end{pmatrix}$$

$$= \left(\sum_{i=1}^{m} a_i x_{i1}, \sum_{i=1}^{m} a_i x_{i2}, \cdots, \sum_{i=1}^{m} a_i x_{in} \right) \begin{pmatrix} b_1 \\ b_2 \\ \vdots \\ b_n \end{pmatrix}$$

$$= b_1 \sum_{i=1}^{m} a_i x_{i1} + b_2 \sum_{i=1}^{m} a_i x_{i2} + \cdots + b_n \sum_{i=1}^{m} a_i x_{in}$$

则

$$\frac{\mathrm{d}(\boldsymbol{a}^\mathrm{T}\boldsymbol{X}\boldsymbol{b})}{\mathrm{d}\boldsymbol{X}} = \begin{bmatrix} \dfrac{\partial(\boldsymbol{a}^\mathrm{T}\boldsymbol{X}\boldsymbol{b})}{\partial x_{11}} & \dfrac{\partial(\boldsymbol{a}^\mathrm{T}\boldsymbol{X}\boldsymbol{b})}{\partial x_{12}} & \cdots & \dfrac{\partial(\boldsymbol{a}^\mathrm{T}\boldsymbol{X}\boldsymbol{b})}{\partial x_{1n}} \\ \dfrac{\partial(\boldsymbol{a}^\mathrm{T}\boldsymbol{X}\boldsymbol{b})}{\partial x_{21}} & \dfrac{\partial(\boldsymbol{a}^\mathrm{T}\boldsymbol{X}\boldsymbol{b})}{\partial x_{22}} & \cdots & \dfrac{\partial(\boldsymbol{a}^\mathrm{T}\boldsymbol{X}\boldsymbol{b})}{\partial x_{2n}} \\ & & \vdots & \\ \dfrac{\partial(\boldsymbol{a}^\mathrm{T}\boldsymbol{X}\boldsymbol{b})}{\partial x_{m1}} & \dfrac{\partial(\boldsymbol{a}^\mathrm{T}\boldsymbol{X}\boldsymbol{b})}{\partial x_{m2}} & \cdots & \dfrac{\partial(\boldsymbol{a}^\mathrm{T}\boldsymbol{X}\boldsymbol{b})}{\partial x_{mn}} \end{bmatrix}$$

$$=\begin{bmatrix} b_1a_1 b_2a_1 \cdots b_na_1 \\ b_1a_2 b_2a_2 \cdots b_na_2 \\ \vdots \\ b_1a_m b_2a_m \cdots b_na_m \end{bmatrix}$$

$$=\begin{pmatrix} a_1 \\ a_2 \\ \vdots \\ a_m \end{pmatrix}(b_1 b_2 \cdots b_n)$$

$$=\boldsymbol{a}\boldsymbol{b}^{\mathrm{T}}$$

(7) $\boldsymbol{X}\in\mathbb{R}^{n\times m}$ 为自变量矩阵，$\boldsymbol{a}\in\mathbb{R}^{m\times 1}$、$\boldsymbol{b}\in\mathbb{R}^{n\times 1}$ 为常数列向量，则$\frac{\mathrm{d}\boldsymbol{a}^{\mathrm{T}}\boldsymbol{X}^{\mathrm{T}}\boldsymbol{b}}{\mathrm{d}\boldsymbol{X}}=\boldsymbol{b}\boldsymbol{a}^{\mathrm{T}}$。

证明：

$$\frac{\mathrm{d}\boldsymbol{a}^{\mathrm{T}}\boldsymbol{X}^{\mathrm{T}}\boldsymbol{b}}{\mathrm{d}\boldsymbol{X}}=\frac{\mathrm{d}(\boldsymbol{b}^{\mathrm{T}}\boldsymbol{X}\boldsymbol{a})^{\mathrm{T}}}{\mathrm{d}\boldsymbol{X}}=\frac{\mathrm{d}(\boldsymbol{b}^{\mathrm{T}}\boldsymbol{X}\boldsymbol{a})}{\mathrm{d}\boldsymbol{X}}=\boldsymbol{b}\boldsymbol{a}^{\mathrm{T}}$$

(8) $\boldsymbol{x}\in\mathbb{R}^{n}$ 为自变量，则$\frac{\mathrm{d}\boldsymbol{x}^{\mathrm{T}}\boldsymbol{x}}{\mathrm{d}\boldsymbol{x}}=2\boldsymbol{x}$。

证明：

设 $\boldsymbol{x}=(x_1,x_2,\cdots,x_n)^{\mathrm{T}}$，则 $\boldsymbol{x}^{\mathrm{T}}\boldsymbol{x}=x_1^2+x_2^2+\cdots+x_n^2$，则

$$\frac{\mathrm{d}(\boldsymbol{x}^{\mathrm{T}}\boldsymbol{x})}{\mathrm{d}\boldsymbol{x}}=\begin{bmatrix} \frac{\partial(\boldsymbol{x}^{\mathrm{T}}\boldsymbol{x})}{\partial x_1} \\ \frac{\partial(\boldsymbol{x}^{\mathrm{T}}\boldsymbol{x})}{\partial x_2} \\ \vdots \\ \frac{\partial(\boldsymbol{x}^{\mathrm{T}}\boldsymbol{x})}{\partial x_n} \end{bmatrix}=\begin{bmatrix} 2x_1 \\ 2x_2 \\ \vdots \\ 2x_n \end{bmatrix}=2\boldsymbol{x}$$

(9) $\boldsymbol{X}\in\mathbb{R}^{m\times n}$ 为自变量矩阵，$\boldsymbol{B}\in\mathbb{R}^{n\times m}$ 为常数矩阵，则$\frac{\mathrm{d}(\mathrm{tr}(\boldsymbol{X}\boldsymbol{B}))}{\mathrm{d}\boldsymbol{X}}=\boldsymbol{B}^{\mathrm{T}}$，其中 tr(・)表示计算矩阵的迹。

证明：

设
$$\boldsymbol{X}=\begin{bmatrix} x_{11} x_{12} \cdots x_{1n} \\ x_{21} x_{22} \cdots x_{2n} \\ \vdots \\ x_{m1} x_{m2} \cdots x_{mn} \end{bmatrix},\quad \boldsymbol{B}=\begin{bmatrix} b_{11} b_{12} \cdots b_{1m} \\ b_{21} b_{22} \cdots b_{2m} \\ \vdots \\ b_{n1} b_{n2} \cdots b_{nm} \end{bmatrix}$$

则有

$$\boldsymbol{X}\boldsymbol{B}=\begin{bmatrix} x_{11} x_{12} \cdots x_{1n} \\ x_{21} x_{22} \cdots x_{2n} \\ \vdots \\ x_{m1} x_{m2} \cdots x_{mn} \end{bmatrix}\begin{bmatrix} b_{11} b_{12} \cdots b_{1m} \\ b_{21} b_{22} \cdots b_{2m} \\ \vdots \\ b_{n1} b_{n2} \cdots b_{nm} \end{bmatrix}$$

则

$$\mathrm{tr}(\boldsymbol{X}\boldsymbol{B})=\sum_{j=1}^{n}x_{1j}b_{j1}+\sum_{j=1}^{n}x_{2j}b_{j2}+\cdots+\sum_{j=1}^{n}x_{mj}b_{jm}$$

则

$$\frac{\mathrm{d}(\mathrm{tr}(\boldsymbol{XB}))}{\mathrm{d}\boldsymbol{X}}=\begin{bmatrix}\frac{\partial(\mathrm{tr}(\boldsymbol{XB}))}{\partial x_{11}} \frac{\partial(\mathrm{tr}(\boldsymbol{XB}))}{\partial x_{12}},\cdots,\frac{\partial(\mathrm{tr}(\boldsymbol{XB}))}{\partial x_{1n}}\\ \frac{\partial(\mathrm{tr}(\boldsymbol{XB}))}{\partial x_{21}} \frac{\partial(\mathrm{tr}(\boldsymbol{XB}))}{\partial x_{22}},\cdots,\frac{\partial(\mathrm{tr}(\boldsymbol{XB}))}{\partial x_{2n}}\\ \vdots \\ \frac{\partial(\mathrm{tr}(\boldsymbol{XB}))}{\partial x_{m1}} \frac{\partial(\mathrm{tr}(\boldsymbol{XB}))}{\partial x_{m2}},\cdots,\frac{\partial(\mathrm{tr}(\boldsymbol{XB}))}{\partial x_{mn}}\end{bmatrix}=\begin{bmatrix}b_{11}b_{21},\cdots,b_{n1}\\ b_{12}b_{22},\cdots,b_{n2}\\ \vdots \\ b_{1m}b_{2m},\cdots,b_{nm}\end{bmatrix}=\boldsymbol{B}^{\mathrm{T}}$$

(10) $\boldsymbol{X}\in\mathbb{R}^{m\times n}$ 为自变量矩阵，$f(\boldsymbol{X}):\mathbb{R}^{m\times n}\to\mathbb{R}$ 为关于 $\boldsymbol{X}$ 中元素可微的函数，则

$$\frac{\mathrm{d}f(\boldsymbol{X})}{\mathrm{d}\boldsymbol{X}^{\mathrm{T}}}=\left(\frac{\mathrm{d}f(\boldsymbol{X})}{\mathrm{d}\boldsymbol{X}}\right)^{\mathrm{T}}$$

证明：

根据标量函数对矩阵型自变量导数的定义容易验证。

(11) $\boldsymbol{X}\in\mathbb{R}^{n\times n}$ 为非奇异 n 阶方阵，$|\boldsymbol{X}|$表示 $\boldsymbol{X}$ 的行列式，则$\frac{\mathrm{d}|\boldsymbol{X}|}{\mathrm{d}\boldsymbol{X}}=|\boldsymbol{X}|(\boldsymbol{X}^{-1})^{\mathrm{T}}$。

证明：

设 $\boldsymbol{X}=\begin{bmatrix}x_{11}\ x_{12}\cdots x_{1n}\\ x_{21}\ x_{22}\cdots x_{2n}\\ \vdots \\ x_{n1}\ x_{n2}\cdots x_{nn}\end{bmatrix}$，它的伴随矩阵为 $\boldsymbol{X}^{*}=\begin{bmatrix}x_{11}^{*}\ x_{12}^{*}\cdots x_{1n}^{*}\\ x_{21}^{*}\ x_{22}^{*}\cdots x_{2n}^{*}\\ \vdots \\ x_{n1}^{*}\ x_{n2}^{*}\cdots x_{nn}^{*}\end{bmatrix}$。由伴随矩阵的性质[5]可知 $\boldsymbol{X}^{*}=|\boldsymbol{X}|\boldsymbol{X}^{-1}$。另外，$|\boldsymbol{X}|=\sum_{j=1}^{n}x_{ij}x_{ji}^{*}$，而且 $\boldsymbol{X}$ 中第 i 行的任何元素与 $\boldsymbol{X}^{*}$ 中第 i 列的任何元素都没有关系，则

$$\frac{\mathrm{d}|\boldsymbol{X}|}{\mathrm{d}\boldsymbol{X}}=\begin{bmatrix}\frac{\partial|\boldsymbol{X}|}{\partial x_{11}} \frac{\partial|\boldsymbol{X}|}{\partial x_{12}}\cdots\frac{\partial|\boldsymbol{X}|}{\partial x_{1n}}\\ \frac{\partial|\boldsymbol{X}|}{\partial x_{21}} \frac{\partial|\boldsymbol{X}|}{\partial x_{22}}\cdots\frac{\partial|\boldsymbol{X}|}{\partial x_{2n}}\\ \vdots \\ \frac{\partial|\boldsymbol{X}|}{\partial x_{n1}} \frac{\partial|\boldsymbol{X}|}{\partial x_{n2}}\cdots\frac{\partial|\boldsymbol{X}|}{\partial x_{nn}}\end{bmatrix}=\begin{bmatrix}x_{11}^{*}\ x_{21}^{*}\cdots x_{n1}^{*}\\ x_{12}^{*}\ x_{22}^{*}\cdots x_{n2}^{*}\\ \vdots \\ x_{1n}^{*}\ x_{2n}^{*}\cdots x_{nn}^{*}\end{bmatrix}=(\boldsymbol{X}^{*})^{\mathrm{T}}=(|\boldsymbol{X}|\boldsymbol{X}^{-1})^{\mathrm{T}}=|\boldsymbol{X}|\boldsymbol{X}^{-\mathrm{T}}$$

H 奇异值分解

H.1 奇异值分解定理

定理 H.1 奇异值分解定理

设有矩阵 $\boldsymbol{A}_{m\times n}$，其秩为 $\mathrm{rank}(\boldsymbol{A})=r$，则其可以分解为如下形式：

$$\boldsymbol{A}_{m\times n}=\boldsymbol{U}_{m\times m}\boldsymbol{\Sigma}_{m\times n}\boldsymbol{V}_{n\times n}^{\mathrm{T}} \tag{H-1}$$

式(H-1)称为矩阵 $\boldsymbol{A}$ 的奇异值分解。其中，$\boldsymbol{U}=[\boldsymbol{u}_1,\boldsymbol{u}_2,\cdots,\boldsymbol{u}_m]$，$\boldsymbol{V}=[\boldsymbol{v}_1,\boldsymbol{v}_2,\cdots,\boldsymbol{v}_n]$为正交矩阵，分别称为 $\boldsymbol{A}$ 的左奇异矩阵和右奇异矩阵；$\boldsymbol{\Sigma}_{m\times n}=\begin{bmatrix}\boldsymbol{\Sigma}_r & \boldsymbol{O}_{r\times(n-r)}\\ \boldsymbol{O}_{(m-r)\times r} & \boldsymbol{O}_{(m-r)\times(n-r)}\end{bmatrix}_{m\times n}$，$\boldsymbol{\Sigma}_r=$

$\mathrm{diag}(\sigma_1,\sigma_2,\cdots,\sigma_r)$ 为对角矩阵，$\sigma_1,\sigma_2,\cdots,\sigma_r>0$ 称为矩阵 $\boldsymbol{A}$ 的奇异值。

需要注意的是，矩阵 $\boldsymbol{A}$ 的奇异值必为正数，而且奇异值集合是唯一的，但 $\boldsymbol{U}$ 和 $\boldsymbol{V}$ 并不唯一。如果将 $\sigma_1,\sigma_2,\cdots,\sigma_r$ 按照从大小顺序排列，则 $\boldsymbol{\Sigma}_{m\times n}$ 便是被 $\boldsymbol{A}$ 唯一确定的。

H.2 奇异值分解的经济型(economy-sized)表达形式

设有矩阵 $\boldsymbol{A}_{m\times n}$，其奇异值分解形式如式(H-1)所示，则

$$\boldsymbol{A}_{m\times n}=\boldsymbol{U}_{m\times m}\boldsymbol{\Sigma}_{m\times n}\boldsymbol{V}_{n\times n}^{\mathrm{T}}$$

$$=[\boldsymbol{u}_1,\boldsymbol{u}_2,\cdots,\boldsymbol{u}_r \mid \boldsymbol{u}_{r+1},\cdots,\boldsymbol{u}_m]\begin{bmatrix}\begin{bmatrix}\sigma_1 & & & \\ & \sigma_2 & & \\ & & \ddots & \\ & & & \sigma_r\end{bmatrix} & \boldsymbol{O}_{r\times(n-r)} \\ \boldsymbol{O}_{(m-r)\times r} & \boldsymbol{O}_{(m-r)\times(n-r)}\end{bmatrix}\begin{bmatrix}\boldsymbol{v}_1^{\mathrm{T}} \\ \boldsymbol{v}_2^{\mathrm{T}} \\ \vdots \\ \boldsymbol{v}_r^{\mathrm{T}} \\ \hline \boldsymbol{v}_{r+1}^{\mathrm{T}} \\ \vdots \\ \boldsymbol{v}_n^{\mathrm{T}}\end{bmatrix} \tag{H-2}$$

$$=[\boldsymbol{u}_1,\boldsymbol{u}_2,\cdots,\boldsymbol{u}_r]\begin{bmatrix}\sigma_1 & & & \\ & \sigma_2 & & \\ & & \ddots & \\ & & & \sigma_r\end{bmatrix}\begin{bmatrix}\boldsymbol{v}_1^{\mathrm{T}} \\ \boldsymbol{v}_2^{\mathrm{T}} \\ \vdots \\ \boldsymbol{v}_r^{\mathrm{T}}\end{bmatrix}$$

式(H-2)这种 SVD 表达形式称为 SVD 的经济型表达形式。

H.3 奇异值分解的矩阵和表达形式

矩阵乘法的外积(outer product)表达。如果 $\boldsymbol{X}$ 是 $m\times k$ 矩阵，$\boldsymbol{x}_i$ 是它的列；$\boldsymbol{Y}$ 是 $k\times n$ 矩阵，它的行为 $\boldsymbol{y}_i^{\mathrm{T}}$，则

$$\boldsymbol{XY}=\sum_{i=1}^{k}\boldsymbol{x}_i\boldsymbol{y}_i^{\mathrm{T}} \tag{H-3}$$

并且容易证明，每一个子矩阵 $\boldsymbol{x}_i\boldsymbol{y}_i^{\mathrm{T}}$ 的秩都为 1。

假设有矩阵 $\boldsymbol{A}_{m\times n}$，其经济型奇异值分解形式如式(H-2)所示，则通过矩阵的外积分解，可以得到 $\boldsymbol{A}_{m\times n}$ 的奇异值分解的矩阵和形式。

令 $\boldsymbol{X}=[\boldsymbol{u}_1,\boldsymbol{u}_2,\cdots,\boldsymbol{u}_r]\begin{bmatrix}\sigma_1 & & & \\ & \sigma_2 & & \\ & & \ddots & \\ & & & \sigma_r\end{bmatrix}=[\sigma_1\boldsymbol{u}_1,\sigma_2\boldsymbol{u}_2,\cdots,\sigma_r\boldsymbol{u}_r]$，令 $\boldsymbol{Y}=\begin{bmatrix}\boldsymbol{v}_1^{\mathrm{T}} \\ \boldsymbol{v}_2^{\mathrm{T}} \\ \vdots \\ \boldsymbol{v}_r^{\mathrm{T}}\end{bmatrix}$。由式(H-3)可知，

$$\boldsymbol{A}=\boldsymbol{XY}=[\sigma_1\boldsymbol{u}_1,\sigma_2\boldsymbol{u}_2,\cdots,\sigma_r\boldsymbol{u}_r]\begin{bmatrix}\boldsymbol{v}_1^{\mathrm{T}} \\ \boldsymbol{v}_2^{\mathrm{T}} \\ \vdots \\ \boldsymbol{v}_r^{\mathrm{T}}\end{bmatrix}=\sum_{i=1}^{r}\sigma_i\boldsymbol{u}_i\boldsymbol{v}_i^{\mathrm{T}} \tag{H-4}$$

式(H-4)称为矩阵 $\boldsymbol{A}$ 的奇异值分解的矩阵和的形式。

H.4　奇异值分解与特征值分解之间的联系

奇异值分解与特征值分解之间有着密切的联系，具体内容总结为命题 H.6～H.8。为了得到这 3 个命题，首先需要铺垫一些预备命题 H.1～H.5。

命题 H.1　如果 $\text{rank}(\boldsymbol{A}_{m\times n})=r$，则 $\text{rank}(\boldsymbol{A}^{\text{T}}\boldsymbol{A})=\text{rank}(\boldsymbol{A}\boldsymbol{A}^{\text{T}})=r$。

证明：只需要证明 $\boldsymbol{A}^{\text{T}}\boldsymbol{A}\boldsymbol{x}=\boldsymbol{0}$ 与 $\boldsymbol{A}\boldsymbol{x}=\boldsymbol{0}$ 同解即可。

如果 $\boldsymbol{x}$ 为 $\boldsymbol{A}\boldsymbol{x}=\boldsymbol{0}$ 的解，即 $\boldsymbol{A}\boldsymbol{x}=\boldsymbol{0}$，显然必有 $\boldsymbol{A}^{\text{T}}\boldsymbol{A}\boldsymbol{x}=\boldsymbol{0}$，也即 $\boldsymbol{x}$ 为 $\boldsymbol{A}^{\text{T}}\boldsymbol{A}\boldsymbol{x}=\boldsymbol{0}$ 的解。如果 $\boldsymbol{x}$ 为 $\boldsymbol{A}^{\text{T}}\boldsymbol{A}\boldsymbol{x}=\boldsymbol{0}$ 的解，则有 $\boldsymbol{x}^{\text{T}}\boldsymbol{A}^{\text{T}}\boldsymbol{A}\boldsymbol{x}=0$，也即 $(\boldsymbol{A}\boldsymbol{x})^{\text{T}}\boldsymbol{A}\boldsymbol{x}=0$，则向量 $\boldsymbol{A}\boldsymbol{x}$ 的长度为 0；而向量 $\boldsymbol{A}\boldsymbol{x}$ 的长度为零的充要条件是 $\boldsymbol{A}\boldsymbol{x}=\boldsymbol{0}$，即 $\boldsymbol{x}$ 为 $\boldsymbol{A}\boldsymbol{x}=\boldsymbol{0}$ 的解。这样就证明了 $\boldsymbol{A}^{\text{T}}\boldsymbol{A}\boldsymbol{x}=\boldsymbol{0}$ 与 $\boldsymbol{A}\boldsymbol{x}=\boldsymbol{0}$ 同解，因此，$\text{rank}(\boldsymbol{A}^{\text{T}}\boldsymbol{A})=\text{rank}(\boldsymbol{A})=r$。同理可以证明 $\text{rank}(\boldsymbol{A}\boldsymbol{A}^{\text{T}})=\text{rank}(\boldsymbol{A})=r$。

命题 H.2　设 $\boldsymbol{A}$ 为 $m\times n$ 矩阵，则 $\boldsymbol{A}^{\text{T}}\boldsymbol{A}$ 与 $\boldsymbol{A}\boldsymbol{A}^{\text{T}}$ 有相同的非零特征值。

证明：设 λ 为 $\boldsymbol{A}^{\text{T}}\boldsymbol{A}$ 的特征值，则有

$$\boldsymbol{A}^{\text{T}}\boldsymbol{A}\boldsymbol{\alpha}=\lambda\boldsymbol{\alpha} \tag{H-5}$$

其中，$\boldsymbol{\alpha}$ 为矩阵 $\boldsymbol{A}^{\text{T}}\boldsymbol{A}$ 对应于特征值 λ 的特征向量。将式(H-5)左右同时乘以 $\boldsymbol{A}$，得到

$$\boldsymbol{A}\boldsymbol{A}^{\text{T}}(\boldsymbol{A}\boldsymbol{\alpha})=\lambda(\boldsymbol{A}\boldsymbol{\alpha}) \tag{H-6}$$

则可知 λ 也为矩阵 $\boldsymbol{A}\boldsymbol{A}^{\text{T}}$ 的特征值，对应的特征向量为 $\boldsymbol{A}\boldsymbol{\alpha}$。

命题 H.3　如果 $\boldsymbol{A}$ 为 n 阶实对称矩阵且 $\text{rank}(\boldsymbol{A})=r$，则 $\boldsymbol{A}$ 必有且仅有 r 个不为零的特征值。

证明：由于 $\boldsymbol{A}$ 为实对称矩阵，则它必可以(正交)相似于对角矩阵[5]

$$\boldsymbol{A}=\boldsymbol{P}\boldsymbol{\Sigma}\boldsymbol{P}^{-1} \tag{H-7}$$

其中，$\boldsymbol{\Sigma}=\begin{bmatrix}\lambda_1 & & & \\ & \lambda_2 & & \\ & & \ddots & \\ & & & \lambda_n\end{bmatrix}$，$\lambda_i(i=1,2,\cdots,n)$ 为矩阵 $\boldsymbol{A}$ 的特征值，$\boldsymbol{P}$，$\boldsymbol{P}^{-1}$ 均为正交矩阵。由于 $\boldsymbol{P}$，$\boldsymbol{P}^{-1}$ 均为可逆矩阵，因此它们不会改变矩阵 $\boldsymbol{\Sigma}$ 的秩，即 $\text{rank}(\boldsymbol{P}\boldsymbol{\Sigma}\boldsymbol{P}^{-1})=\text{rank}(\boldsymbol{\Sigma})$。因此，$\text{rank}(\boldsymbol{\Sigma})=\text{rank}(\boldsymbol{P}\boldsymbol{\Sigma}\boldsymbol{P}^{-1})=\text{rank}(\boldsymbol{A})=r$。显然，由于 $\boldsymbol{\Sigma}$ 为对角矩阵，若 $\text{rank}(\boldsymbol{\Sigma})=r$，则 $\boldsymbol{\Sigma}$ 必有且仅有 r 个不为零的对角元，即 $\boldsymbol{A}$ 有且仅有 r 个不为零的特征值。

命题 H.4　$\boldsymbol{A}$ 为 $m\times n$ 实矩阵，则 $\boldsymbol{A}^{\text{T}}\boldsymbol{A}$ 与 $\boldsymbol{A}\boldsymbol{A}^{\text{T}}$ 均为半正定矩阵。

证明：$\forall\,\boldsymbol{x}\in\mathbb{R}^{n\times 1}\neq\boldsymbol{0}$，$0\leqslant(\boldsymbol{A}\boldsymbol{x})^{\text{T}}(\boldsymbol{A}\boldsymbol{x})=\boldsymbol{x}^{\text{T}}\boldsymbol{A}^{\text{T}}\boldsymbol{A}\boldsymbol{x}$，则 $\boldsymbol{A}^{\text{T}}\boldsymbol{A}$ 为半正定矩阵。$\forall\,\boldsymbol{x}\in\mathbb{R}^{m\times 1}\neq\boldsymbol{0}$，$0\leqslant(\boldsymbol{A}^{\text{T}}\boldsymbol{x})^{\text{T}}(\boldsymbol{A}^{\text{T}}\boldsymbol{x})=\boldsymbol{x}^{\text{T}}\boldsymbol{A}\boldsymbol{A}^{\text{T}}\boldsymbol{x}$，则 $\boldsymbol{A}\boldsymbol{A}^{\text{T}}$ 为半正定矩阵。

命题 H.5　$\boldsymbol{A}$ 为 $m\times n$ 实矩阵，且 $\text{rank}(\boldsymbol{A})=r$，则 $(\boldsymbol{A}^{\text{T}}\boldsymbol{A})_{n\times n}$ 和 $(\boldsymbol{A}\boldsymbol{A}^{\text{T}})_{m\times m}$ 有且仅有 r 个大于零的特征值，且其他特征值均为零。

证明：由于 $\text{rank}(\boldsymbol{A})=r$，则根据命题 H.1 可知，$\text{rank}(\boldsymbol{A}^{\text{T}}\boldsymbol{A})=r$。容易知道，$\boldsymbol{A}^{\text{T}}\boldsymbol{A}$ 为实对称矩阵，则 $\boldsymbol{A}^{\text{T}}\boldsymbol{A}$ 为秩为 r 的实对称矩阵。由命题 H.3 可知，$\boldsymbol{A}^{\text{T}}\boldsymbol{A}$ 必有且仅有 r 个不为零的特征值(其余特征值均为零)。由命题 H.4 可知，$\boldsymbol{A}^{\text{T}}\boldsymbol{A}$ 是个半正定矩阵，因此它的特征值全部为非负数。这样，由于已经知道了 $\boldsymbol{A}^{\text{T}}\boldsymbol{A}$ 有且仅有 r 个不为零的特征值，则这 r 个不为零的特征值必然都大于零。又由命题 H.2 可知，$\boldsymbol{A}\boldsymbol{A}^{\text{T}}$ 与 $\boldsymbol{A}^{\text{T}}\boldsymbol{A}$ 有相同的非零特征值，因此，$\boldsymbol{A}\boldsymbol{A}^{\text{T}}$ 也是有且仅有 r 个大于零的特征值，且其他特征值均为零。

证毕。

命题 H.6 有实矩阵 $\boldsymbol{A}_{m\times n}$，$\mathrm{rank}(\boldsymbol{A}_{m\times n})=r$，则它的 r 个奇异值 $\{\sigma_i\}_{i=1}^r$ 是 $(\boldsymbol{A}^{\mathrm{T}}\boldsymbol{A})_{n\times n}$ 的对应的特征值 $\{\lambda_i\}_{i=1}^r$ 的平方根，即 $\sigma_i=\sqrt{\lambda_i}\ (i=1,2,\cdots,r)$；$\boldsymbol{A}$ 的奇异值分解的右奇异矩阵 $\boldsymbol{V}$ 就是 $(\boldsymbol{A}^{\mathrm{T}}\boldsymbol{A})_{n\times n}$ 进行正交特征值分解时产生的正交矩阵。

证明：

由命题 H.5 可知，$(\boldsymbol{A}^{\mathrm{T}}\boldsymbol{A})_{n\times n}$ 有且仅有 r 个正的特征值，且其他特征值均为零。由于 $(\boldsymbol{A}^{\mathrm{T}}\boldsymbol{A})_{n\times n}$ 是实对称矩阵，它必然可以进行正交特征值分解，

$$\boldsymbol{A}^{\mathrm{T}}\boldsymbol{A}=\boldsymbol{V}'\begin{bmatrix}\begin{bmatrix}\lambda_1 & & & \\ & \lambda_2 & & \\ & & \ddots & \\ & & & \lambda_r\end{bmatrix} & \boldsymbol{O}_{r\times(n-r)} \\ \boldsymbol{O}_{(n-r)\times r} & \boldsymbol{O}_{(n-r)\times(n-r)}\end{bmatrix}\boldsymbol{V}'^{\mathrm{T}} \tag{H-8}$$

其中，$\boldsymbol{V}'$ 为正交矩阵，$\lambda_1,\lambda_2,\cdots,\lambda_r$ 为 $\boldsymbol{A}^{\mathrm{T}}\boldsymbol{A}$ 的 r 个正特征值，且要求 $\lambda_1\geqslant\lambda_2\geqslant\cdots\geqslant\lambda_r>0$。需要注意的是，满足条件的正交矩阵 $\boldsymbol{V}'$ 并不是唯一的。

再从奇异值分解的结果看看 $\boldsymbol{A}^{\mathrm{T}}\boldsymbol{A}$ 是什么样子的。如果 $\boldsymbol{A}$ 的奇异值分解形式为式(H-1)，且要求对角矩阵中的奇异值按照由大到小的顺序排列，即 $\sigma_1\geqslant\sigma_2\geqslant\cdots\geqslant\sigma_r>0$，则

$$\begin{aligned}\boldsymbol{A}^{\mathrm{T}}\boldsymbol{A}&=\left(\boldsymbol{U\Sigma V}^{\mathrm{T}}\right)^{\mathrm{T}}\boldsymbol{U\Sigma V}^{\mathrm{T}}\\&=\boldsymbol{V\Sigma}^{\mathrm{T}}\boldsymbol{U}^{\mathrm{T}}\boldsymbol{U\Sigma V}^{\mathrm{T}}\\&=\boldsymbol{V}\left(\boldsymbol{\Sigma}^{\mathrm{T}}\boldsymbol{\Sigma}\right)_{n\times n}\boldsymbol{V}^{\mathrm{T}}\\&=\boldsymbol{V}\begin{bmatrix}\begin{bmatrix}\sigma_1^2 & & & \\ & \sigma_2^2 & & \\ & & \ddots & \\ & & & \sigma_r^2\end{bmatrix} & \boldsymbol{O}_{r\times(n-r)} \\ \boldsymbol{O}_{(n-r)\times r} & \boldsymbol{O}_{(n-r)\times(n-r)}\end{bmatrix}\boldsymbol{V}^{\mathrm{T}}\end{aligned} \tag{H-9}$$

显然，式(H-9)也是矩阵 $(\boldsymbol{A}^{\mathrm{T}}\boldsymbol{A})_{n\times n}$ 的某个具体正交特征值分解形式。由于当对角元按序排列时，矩阵相似对角化之后的对角矩阵具有唯一性，因此必有

$$\begin{bmatrix}\begin{bmatrix}\lambda_1 & & & \\ & \lambda_2 & & \\ & & \ddots & \\ & & & \lambda_r\end{bmatrix} & \boldsymbol{O}_{r\times(n-r)} \\ \boldsymbol{O}_{(n-r)\times r} & \boldsymbol{O}_{(n-r)\times(n-r)}\end{bmatrix}=\begin{bmatrix}\begin{bmatrix}\sigma_1^2 & & & \\ & \sigma_2^2 & & \\ & & \ddots & \\ & & & \sigma_r^2\end{bmatrix} & \boldsymbol{O}_{r\times(n-r)} \\ \boldsymbol{O}_{(n-r)\times r} & \boldsymbol{O}_{(n-r)\times(n-r)}\end{bmatrix} \tag{H-10}$$

即 $\sigma_i=\sqrt{\lambda_i}$，$1\leqslant i\leqslant r$。同时也可以知道，$\boldsymbol{V}$ 和 $\boldsymbol{V}'$ 可以互换，因此，$\boldsymbol{V}$ 也是 $\boldsymbol{A}^{\mathrm{T}}\boldsymbol{A}$ 正交特征值分解所产生的正交矩阵。

证毕。

基于与上面完全类似的推导过程，也可以得出矩阵 $\boldsymbol{A}_{m\times n}$ 的奇异值分解与 $(\boldsymbol{A}\boldsymbol{A}^{\mathrm{T}})_{m\times m}$ 的特征值分解的关系。

命题 H.7 $(\boldsymbol{A}\boldsymbol{A}^{\mathrm{T}})_{m\times m}$ 实际上与 $(\boldsymbol{A}^{\mathrm{T}}\boldsymbol{A})_{n\times n}$ 具有相同的非零特征值(由命题 H.2 得到)，$\lambda_1\geqslant\lambda_2\geqslant\cdots\geqslant\lambda_r>0$，则 A 的 r 个奇异值 $\{\sigma_i\}_{i=1}^r$ 也是 $(\boldsymbol{A}\boldsymbol{A}^{\mathrm{T}})_{m\times m}$ 的对应的特征值 $\{\lambda_i\}_{i=1}^r$ 的平

方根，即$\sigma_i=\sqrt{\lambda_i}$。另外，$(\boldsymbol{A}\boldsymbol{A}^{\mathrm{T}})_{m\times m}=(\boldsymbol{U\Sigma V})(\boldsymbol{U\Sigma V})^{\mathrm{T}}=\boldsymbol{U\Sigma V}\boldsymbol{V}^{\mathrm{T}}\boldsymbol{\Sigma}^{\mathrm{T}}\boldsymbol{U}^{\mathrm{T}}=\boldsymbol{U\Sigma\Sigma}^{\mathrm{T}}\boldsymbol{U}^{\mathrm{T}}$。因此，$\boldsymbol{A}$ 的左奇异矩阵 $\boldsymbol{U}$ 也就是$(\boldsymbol{A}\boldsymbol{A}^{\mathrm{T}})_{m\times m}$ 进行正交特征值分解产生的正交矩阵(虽然不具有唯一性)。

命题 H.8 如果矩阵 $\boldsymbol{A}_{n\times n}$ 是半正定矩阵，则它的正交特征值分解与它的奇异值分解是相同的。也就是说，如果某种分解形式是 $\boldsymbol{A}$ 的一个正交特征值分解，则它也是 $\boldsymbol{A}$ 的一个奇异值分解。

证明：

先证明半正定矩阵 $\boldsymbol{A}$ 的奇异值就是 $\boldsymbol{A}$ 的特征值。假设 $\mathrm{rank}(\boldsymbol{A})=r$，由于 $\boldsymbol{A}$ 是半正定矩阵(当然也是实对称矩阵)，结合命题 H.3 和命题 H.5 可知，$\boldsymbol{A}$ 有且仅有 r 个正特征值 $\lambda_1\geqslant\lambda_2\geqslant\cdots\geqslant\lambda_r>0$，其他特征值均为零。因此，$A$ 可正交相似对角分解为 $\boldsymbol{A}=\boldsymbol{U}\begin{bmatrix}\begin{bmatrix}\lambda_1 & & & \\ & \lambda_2 & & \\ & & \ddots & \\ & & & \lambda_r\end{bmatrix} & \boldsymbol{O} \\ \boldsymbol{O} & \boldsymbol{O}\end{bmatrix}\boldsymbol{U}^{\mathrm{T}}$，其中 $\boldsymbol{U}$ 为正交矩阵，则

$$\boldsymbol{A}\boldsymbol{A}^{\mathrm{T}}=\boldsymbol{U}\begin{bmatrix}\begin{bmatrix}\lambda_1^2 & & & \\ & \lambda_2^2 & & \\ & & \ddots & \\ & & & \lambda_r^2\end{bmatrix} & \boldsymbol{O} \\ \boldsymbol{O} & \boldsymbol{O}\end{bmatrix}\boldsymbol{U}^{\mathrm{T}} \tag{H-11}$$

根据式(H-11)，由命题 H.6 可知，$\boldsymbol{A}$ 的奇异值就是$\sqrt{\lambda_1^2},\sqrt{\lambda_2^2},\cdots,\sqrt{\lambda_r^2}$，即为 $\lambda_1,\lambda_2,\cdots,\lambda_r$。

再来证明 $\boldsymbol{A}$ 的左奇异矩阵就是 $\boldsymbol{U}$。这可以由命题 H.7 直接得到。

最后证明 $\boldsymbol{A}$ 的右奇异矩阵也是 $\boldsymbol{U}$。由于 $\boldsymbol{A}$ 是实对称矩阵，因此，

$$\boldsymbol{A}^{\mathrm{T}}\boldsymbol{A}=\boldsymbol{A}\boldsymbol{A}^{\mathrm{T}}=\boldsymbol{U}\begin{bmatrix}\begin{bmatrix}\lambda_1^2 & & & \\ & \lambda_2^2 & & \\ & & \ddots & \\ & & & \lambda_r^2\end{bmatrix} & \boldsymbol{O} \\ \boldsymbol{O} & \boldsymbol{O}\end{bmatrix}\boldsymbol{U}^{\mathrm{T}} \tag{H-12}$$

由式(H-12)，再根据命题 H.6 可知，$\boldsymbol{A}$ 的右奇异矩阵就是 $\boldsymbol{A}^{\mathrm{T}}\boldsymbol{A}$ 进行正交特征值分解所产生的正交矩阵，即为 $\boldsymbol{U}$。

证毕。

H.5 本质矩阵的奇异值

本质矩阵 $\boldsymbol{E}$ 可以表达为$\boldsymbol{E}=\boldsymbol{t}^{\wedge}R$，其中 $\boldsymbol{t}\in\mathbb{R}^{3\times1}$，$\boldsymbol{R}\in\mathbb{R}^{3\times3}$ 为正交矩阵。在分析本质矩阵 $\boldsymbol{E}$ 的奇异值的性质之前，需要预先证明一个命题：

命题 H.9 若 λ_i 为 n 阶矩阵 $\boldsymbol{A}$ 的第 i 个特征值($i\in\{1,2,\cdots,n\}$)，则 λ_i+k 必为矩阵 $\boldsymbol{A}+k\boldsymbol{I}$ 的第 i 个特征值，其中 k 为任意复数，$\boldsymbol{I}$ 为 n 阶单位矩阵。

证明：

由于 λ_i 为矩阵 $\boldsymbol{A}$ 的特征值，则必 $\exists\boldsymbol{\alpha}_i\neq\boldsymbol{0}$，使得

$$\boldsymbol{A}\boldsymbol{\alpha}_i=\lambda_i\boldsymbol{\alpha}_i$$

两边同时加上 $k\boldsymbol{\alpha}_i$，则有 $A\boldsymbol{\alpha}_i+k\boldsymbol{\alpha}_i=\lambda_i\boldsymbol{\alpha}_i+k\boldsymbol{\alpha}_i$，即

$$(\boldsymbol{A}+k\boldsymbol{I})\boldsymbol{\alpha}_i=(\lambda_i+k)\boldsymbol{\alpha}_i$$

则 λ_i+k 为矩阵 $\boldsymbol{A}+k\boldsymbol{I}$ 特征值。

关于本质矩阵 $\boldsymbol{E}$ 的奇异值，有如下命题：

命题 H.10 一般情况下，本质矩阵 $\boldsymbol{E}$ 有两个奇异值，且这两个奇异值相同。

证明：

根据第 17 章中性质 17.2 可知，在一般情况下（即 $\boldsymbol{t}\neq\boldsymbol{0}$），$\mathrm{rank}(\boldsymbol{E})=2$，因此它有 2 个奇异值。设 $\boldsymbol{t}=(t_1,t_2,t_3)^{\mathrm{T}}$，可得

$$\boldsymbol{E}\boldsymbol{E}^{\mathrm{T}}=\boldsymbol{t}^{\wedge}\boldsymbol{R}\boldsymbol{R}^{\mathrm{T}}\boldsymbol{t}^{\wedge\mathrm{T}}=\boldsymbol{t}^{\wedge}\boldsymbol{t}^{\wedge\mathrm{T}}=\begin{bmatrix}0 & -t_3 & t_2\\ t_3 & 0 & -t_1\\ -t_2 & t_1 & 0\end{bmatrix}\begin{bmatrix}0 & t_3 & -t_2\\ -t_3 & 0 & t_1\\ t_2 & -t_1 & 0\end{bmatrix}=\begin{bmatrix}t_2^2+t_3^2 & -t_1t_2 & -t_1t_3\\ -t_1t_2 & t_1^2+t_3^2 & -t_2t_3\\ -t_1t_3 & -t_2t_3 & t_1^2+t_2^2\end{bmatrix}\tag{H-13}$$

另外，有

$$\begin{aligned}&(t_1^2+t_2^2+t_3^2)\boldsymbol{I}-\boldsymbol{t}\boldsymbol{t}^{\mathrm{T}}\\ =&\begin{bmatrix}t_1^2+t_2^2+t_3^2 & 0 & 0\\ 0 & t_1^2+t_2^2+t_3^2 & 0\\ 0 & 0 & t_1^2+t_2^2+t_3^2\end{bmatrix}-\begin{bmatrix}t_1^2 & t_1t_2 & t_1t_3\\ t_1t_2 & t_2^2 & t_2t_3\\ t_1t_3 & t_2t_3 & t_3^2\end{bmatrix}\\ =&\begin{bmatrix}t_2^2+t_3^2 & -t_1t_2 & -t_1t_3\\ -t_1t_2 & t_1^2+t_3^2 & -t_2t_3\\ -t_1t_3 & -t_2t_3 & t_1^2+t_2^2\end{bmatrix}\end{aligned}\tag{H-14}$$

因此有

$$\boldsymbol{E}\boldsymbol{E}^{\mathrm{T}}=-\boldsymbol{t}\boldsymbol{t}^{\mathrm{T}}+(t_1^2+t_2^2+t_3^2)\boldsymbol{I}\tag{H-15}$$

下面计算矩阵 $\boldsymbol{t}\boldsymbol{t}^{\mathrm{T}}$ 的特征值，即要解如下特征多项式：

$$\begin{aligned}&|-\boldsymbol{t}\boldsymbol{t}^{\mathrm{T}}-\lambda\boldsymbol{I}|=0\\ \Leftrightarrow&\begin{vmatrix}-t_1^2-\lambda & -t_1t_2 & -t_1t_3\\ -t_1t_2 & -t_2^2-\lambda & -t_2t_3\\ -t_1t_3 & -t_2t_3 & -t_3^2-\lambda\end{vmatrix}=0\\ \Leftrightarrow&\lambda^2(t_1^2+t_2^2+t_3^2+\lambda)=0\end{aligned}\tag{H-16}$$

因此，矩阵 $-\boldsymbol{t}\boldsymbol{t}^{\mathrm{T}}$ 的 3 个特征值分别为 $\lambda_1=0$、$\lambda_2=0$ 和 $\lambda_3=-(t_1^2+t_2^2+t_3^2)$。由式（H-15）以及命题 H.9 可知，$\boldsymbol{E}\boldsymbol{E}^{\mathrm{T}}$ 的三个特征值分别为 $\lambda_1=t_1^2+t_2^2+t_3^2$、$\lambda_2=t_1^2+t_2^2+t_3^2$ 和 $\lambda_3=0$。由命题 H.7 可知，矩阵 $\boldsymbol{E}$ 的两个奇异值为 $\sigma_1=\sqrt{\lambda_1}=\sqrt{t_1^2+t_2^2+t_3^2}$，$\sigma_2=\sqrt{\lambda_2}=\sqrt{t_1^2+t_2^2+t_3^2}$，则 $\sigma_1=\sigma_2$。

I 函数的极值点、驻点和鞍点

函数的极值点、驻点和鞍点在函数的定义域空间具有特殊意义，在分析函数性质的时候会用到。

定义 I.1 局部极小值点（local minimizer）。函数 $f(\boldsymbol{x}):\mathbb{R}^n\to\mathbb{R}$ 为连续函数，如果存在 $\delta>0$，使得 $\forall\boldsymbol{x}$，$\|\boldsymbol{x}-\boldsymbol{x}^*\|<\delta$ 有 $f(\boldsymbol{x})\geqslant f(\boldsymbol{x}^*)$ 成立，则 $\boldsymbol{x}^*$ 称为 $f(\boldsymbol{x})$ 的一个局部极小值点[4]。

与定义 I.1 类似，也可以定义局部极大值点。

定义 I.2 驻点(stationary point)。函数 $f(\boldsymbol{x}):\mathbb{R}^n\to\mathbb{R}$ 连续可微，若在点 $\boldsymbol{x}_s$ 处有 $\nabla f(\boldsymbol{x})|_{x=x_s}=\mathbf{0}$，则称 $\boldsymbol{x}_s$ 为 $f(\boldsymbol{x})$ 的一个驻点。

下面给出一个点为函数极小值点的必要条件。

定理 I.1 函数 $f(\boldsymbol{x}):\mathbb{R}^n\to\mathbb{R}$ 连续且有二阶偏导数，如果点 $\boldsymbol{x}^*$ 为函数 $f(\boldsymbol{x})$ 的极小值点，则必然有 $\nabla f(\boldsymbol{x}^*)=\mathbf{0}$ 且 $\nabla^2 f(\boldsymbol{x}^*)$ 为半正定矩阵，即 $\boldsymbol{x}^*$ 为函数 $f(\boldsymbol{x})$ 的驻点且 $f(\boldsymbol{x})$ 在该点处的海森矩阵为半正定矩阵。

证明：

对于可微函数，它的极值点必然也是驻点，这个结论在大多数高等数学教材中都有，这里就不再给出证明了。只证明后半部分，即极小值点处的海森矩阵为半正定矩阵。$f(\boldsymbol{x})$ 在 $\boldsymbol{x}^*$ 近旁进行泰勒展开得到

$$f(\boldsymbol{x}^*+\boldsymbol{h})=f(\boldsymbol{x}^*)+\boldsymbol{h}^{\mathrm{T}}\nabla f(\boldsymbol{x}^*)+\frac{1}{2}\boldsymbol{h}^{\mathrm{T}}\nabla^2 f(\boldsymbol{x}^*)\boldsymbol{h}+O(\|\boldsymbol{h}\|^2) \tag{I-1}$$

其中，$\nabla f(\boldsymbol{x}^*)$ 表示 $f(\boldsymbol{x})$ 在点 $\boldsymbol{x}^*$ 处的梯度、$\nabla^2 f(\boldsymbol{x}^*)$ 表示 $f(\boldsymbol{x})$ 在点 $\boldsymbol{x}^*$ 处的海森矩阵。由于 $\boldsymbol{x}^*$ 为函数 $f(\boldsymbol{x})$ 的驻点，因此 $\boldsymbol{h}^{\mathrm{T}}\nabla f(\boldsymbol{x}^*)=0$。又因为 $\boldsymbol{x}^*$ 为函数 $f(\boldsymbol{x})$ 的极小值点，因此当 $\|\boldsymbol{h}\|$ 足够小时，必有 $f(\boldsymbol{x}^*+\boldsymbol{h})-f(\boldsymbol{x}^*)\geqslant 0$。这样便有，$\frac{1}{2}\boldsymbol{h}^{\mathrm{T}}\nabla^2 f(\boldsymbol{x}^*)\boldsymbol{h}+O(\|\boldsymbol{h}\|^2)\geqslant 0$。由于 $O(\|\boldsymbol{h}\|^2)$ 是 $\|\boldsymbol{h}\|^2$ 的高阶无穷小，若 $\frac{1}{2}\boldsymbol{h}^{\mathrm{T}}\nabla^2 f(\boldsymbol{x}^*)\boldsymbol{h}<0$，则必有 $\frac{1}{2}\boldsymbol{h}^{\mathrm{T}}\nabla^2 f(\boldsymbol{x}^*)\boldsymbol{h}+O(\|\boldsymbol{h}\|^2)<0$，与 $\frac{1}{2}\boldsymbol{h}^{\mathrm{T}}\nabla^2 f(\boldsymbol{x}^*)\boldsymbol{h}+O(\|\boldsymbol{h}\|^2)\geqslant 0$ 矛盾。因此必有 $\frac{1}{2}\boldsymbol{h}^{\mathrm{T}}\nabla^2 f(\boldsymbol{x}^*)\boldsymbol{h}\geqslant 0$，即 $\nabla^2 f(\boldsymbol{x}^*)$ 为半正定矩阵。

类似地，也可以得到一个点为函数极大值点的必要条件。

定理 I.2 函数 $f(\boldsymbol{x}):\mathbb{R}^n\to\mathbb{R}$ 连续且有二阶偏导数，如果点 $\boldsymbol{x}^*$ 为函数 $f(\boldsymbol{x})$ 的极大值点，则必然有 $\nabla f(\boldsymbol{x}^*)=\mathbf{0}$ 且 $\nabla^2 f(\boldsymbol{x}^*)$ 为半负定矩阵，即 $\boldsymbol{x}^*$ 为函数 $f(\boldsymbol{x})$ 的驻点且 $f(\boldsymbol{x})$ 在该点处的海森矩阵为半负定矩阵。

接下来，给出一个点为函数极小值点的一个充分条件。

定理 I.3 函数 $f(\boldsymbol{x}):\mathbb{R}^n\to\mathbb{R}$ 连续且有二阶偏导数，若点 $\boldsymbol{x}^*$ 为 $f(\boldsymbol{x})$ 的驻点且 $f(\boldsymbol{x})$ 在 $\boldsymbol{x}^*$ 处的海森矩阵为正定矩阵，则 $\boldsymbol{x}^*$ 为 $f(\boldsymbol{x})$ 的一个局部极小值点。

证明：

$f(\boldsymbol{x})$ 的泰勒展开形式为

$$f(\boldsymbol{x}^*+\boldsymbol{h})=f(\boldsymbol{x}^*)+\boldsymbol{h}^{\mathrm{T}}\nabla f(\boldsymbol{x}^*)+\frac{1}{2}\boldsymbol{h}^{\mathrm{T}}\nabla^2 f(\boldsymbol{x}^*)\boldsymbol{h}+O(\|\boldsymbol{h}\|^2) \tag{I-2}$$

若 $\boldsymbol{x}^*$ 为驻点，则 $\boldsymbol{h}^{\mathrm{T}}\nabla f(\boldsymbol{x}^*)=0$，因此有

$$f(\boldsymbol{x}^*+\boldsymbol{h})=f(\boldsymbol{x}^*)+\frac{1}{2}\boldsymbol{h}^{\mathrm{T}}\nabla^2 f(\boldsymbol{x}^*)\boldsymbol{h}+O(\|\boldsymbol{h}\|^2) \tag{I-3}$$

由于 $\nabla^2 f(\boldsymbol{x}^*)$ 为正定矩阵，则它的特征值一定全部大于某个数 δ 且 $\delta>0$。因此有 $\frac{1}{2}\boldsymbol{h}^{\mathrm{T}}\nabla^2 f(\boldsymbol{x}^*)\boldsymbol{h}>\delta\|\boldsymbol{h}\|^2$。这样，当 $\|\boldsymbol{h}\|$ 足够小的时候，$\frac{1}{2}\boldsymbol{h}^{\mathrm{T}}\nabla^2 f(\boldsymbol{x}^*)\boldsymbol{h}+O(\|\boldsymbol{h}\|^2)$ 的符号完全由 $\frac{1}{2}\boldsymbol{h}^{\mathrm{T}}\nabla^2 f(\boldsymbol{x}^*)\boldsymbol{h}$ 决定，则 $\frac{1}{2}\boldsymbol{h}^{\mathrm{T}}\nabla^2 f(\boldsymbol{x}^*)\boldsymbol{h}+O(\|\boldsymbol{h}\|^2)>0$。因此 $f(\boldsymbol{x}^*+\boldsymbol{h})>f(\boldsymbol{x}^*)$，即 $\boldsymbol{x}^*$ 为 $f(\boldsymbol{x})$ 的一个局部极小值点。

类似地，也可以给出一个点为函数极大值点的一个充分条件。

定理 I.4 函数 $f(\boldsymbol{x}):\mathbb{R}^n\to\mathbb{R}$ 连续且有二阶偏导数，若点 $\boldsymbol{x}^*$ 为 $f(\boldsymbol{x})$的驻点且 $f(\boldsymbol{x})$在 $\boldsymbol{x}^*$ 处的海森矩阵为负定矩阵，则 $\boldsymbol{x}^*$ 为 $f(\boldsymbol{x})$的一个局部极大值点。

结合定理 I.1～I.4 可以知道，点 $\boldsymbol{x}^*$ 为 $f(\boldsymbol{x})$的驻点只是该点为 $f(\boldsymbol{x})$局部极值点的必要条件，也就是说，若点 $\boldsymbol{x}^*$ 为 $f(\boldsymbol{x})$的驻点，则该点可能是 $f(\boldsymbol{x})$的极大值点，也可能是 $f(\boldsymbol{x})$的极小值点，也可能它根本就不是一个极值点。不是极值点的驻点有一个独特的名字，称为**鞍点**(saddle point)。下面给出鞍点的定义。

定义 I.3 鞍点(saddle point)。函数 $f(\boldsymbol{x}):\mathbb{R}^n\to\mathbb{R}$ 连续可微，若 $\boldsymbol{x}_s$ 为 $f(\boldsymbol{x})$的驻点且该点并不是函数的局部极值点，则 $\boldsymbol{x}_s$ 称为 $f(\boldsymbol{x})$的鞍点。

如果 $f(\boldsymbol{x})$是二元函数，$f(\boldsymbol{x})$的一个典型鞍点附近的函数曲面在外形上具有这样一个特点：函数曲面在一个方向上是向上弯曲的，而在另一个方向上是向下弯曲的，看上去像一个马鞍，如图 I-1 所示，这便是鞍点这个名字的由来。但要注意，并不是所有鞍点附近的函数曲面都长得像马鞍一样。比如，函数 $f(x,y)=x^2+y^3$，点(0,0)为该函数的鞍点，但函数 $f(x,y)$的曲面在这个点附近的形状并不是马鞍形状。判定鞍点的一个充分条件如下：

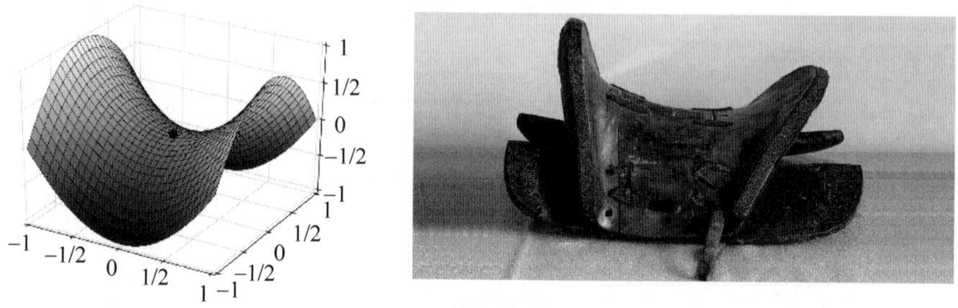

(a) 图中圆点为鞍点所对应的函数曲面上的位置　　(b) 典型的马鞍

图 I-1　鞍点

定理 I.5 鞍点判定的一个充分条件。函数 $f(\boldsymbol{x}):\mathbb{R}^n\to\mathbb{R}$ 连续且有二阶偏导数，若 $\boldsymbol{x}_s$ 为 $f(\boldsymbol{x})$的驻点且 $f(\boldsymbol{x})$在 $\boldsymbol{x}_s$ 处的海森矩阵 $\nabla^2 f(\boldsymbol{x}_s)$为不定矩阵(indefinite matrix)(即 $\nabla^2 f(\boldsymbol{x}_s)$同时具有正负特征值)，则 $\boldsymbol{x}_s$ 为 $f(\boldsymbol{x})$的鞍点。

证明：

用反证法。假设 $\boldsymbol{x}_s$ 为 $f(\boldsymbol{x})$的驻点且 $f(\boldsymbol{x})$在 $\boldsymbol{x}_s$ 处的海森矩阵为不定矩阵，但 $\boldsymbol{x}_s$ 不是 $f(\boldsymbol{x})$的鞍点。如果能证明该假设不成立，则点 $\boldsymbol{x}_s$ 必为 $f(\boldsymbol{x})$的鞍点。

在 $\boldsymbol{x}_s$ 为 $f(\boldsymbol{x})$驻点的前提下，由于假设 $\boldsymbol{x}_s$ 不是 $f(\boldsymbol{x})$的鞍点，那么它要么是 $f(\boldsymbol{x})$的局部极小值点，要么是 $f(\boldsymbol{x})$的局部极大值点。若 $\boldsymbol{x}_s$ 是 $f(\boldsymbol{x})$的局部极小值点，根据定理 I.1，$\nabla^2 f(\boldsymbol{x}_s)$必为半正定矩阵，这与$\nabla^2 f(\boldsymbol{x}_s)$为不定矩阵矛盾，因此 $\boldsymbol{x}_s$ 不是 $f(\boldsymbol{x})$的局部极小值点。若 $\boldsymbol{x}_s$ 是 $f(\boldsymbol{x})$的局部极大值点，根据定理 I.2，$\nabla^2 f(\boldsymbol{x}_s)$必为半负定矩阵，这与$\nabla^2 f(\boldsymbol{x}_s)$为不定矩阵矛盾，因此 $\boldsymbol{x}_s$ 也不是 $f(\boldsymbol{x})$的局部极大值点。所以，假设不成立，即满足条件的点 $\boldsymbol{x}_s$ 必为 $f(\boldsymbol{x})$的鞍点。

需要强调的是，定理 I.5 是鞍点判定的一个充分条件，但不是必要条件。比如，函数 $f(x)=\begin{cases}\frac{1}{2}x^2, x\geqslant 0\\ -\frac{1}{2}x^2, x<0\end{cases}$，$x=0$ 是 $f(x)$的一个驻点也是鞍点，但该函数在 $x=0$ 处不存在二阶导数，也

就不能定义它在 $x=0$ 处的海森矩阵。再如二元函数 $f(x,y)=x^4-y^4$，$(0,0)$是该函数的驻点也是鞍点，但函数在$(0,0)$处的海森矩阵为 $\begin{bmatrix}0 & 0\\0 & 0\end{bmatrix}$，这不是一个不定矩阵，可以被看作是一个半正定矩阵，也可以被看作是一个半负定矩阵。

结合定理 I.3、I.4 和 I.5，可以总结出在函数驻点处，函数性质与海森矩阵的关系如下。

命题 I.1 函数 $f(\boldsymbol{x}):\mathbb{R}^n\to\mathbb{R}$ 连续且有二阶偏导数，$\boldsymbol{x}^*$ 为 $f(\boldsymbol{x})$的驻点：

(1) 若$\nabla^2 f(\boldsymbol{x}^*)$为正定矩阵，则 $\boldsymbol{x}^*$ 为 $f(\boldsymbol{x})$的极小值点；

(2) 若$\nabla^2 f(\boldsymbol{x}^*)$为负定矩阵，则 $\boldsymbol{x}^*$ 为 $f(\boldsymbol{x})$的极大值点；

(3) 若$\nabla^2 f(\boldsymbol{x}^*)$为不定矩阵(同时具有正负特征值)，则 $\boldsymbol{x}^*$ 为 $f(\boldsymbol{x})$的鞍点；

(4) 若仅能确定$\nabla^2 f(\boldsymbol{x}_s)$为半正(负)定矩阵，则关于 $\boldsymbol{x}_s$ 点没有进一步结论。

J 罗德里格斯公式

一个在三维欧氏空间中的旋转，其旋转轴为 $\boldsymbol{n}$，绕 $\boldsymbol{n}$ 逆时针旋转的角度为$\theta(\theta>0)$，则该旋转的轴角表达为 $\boldsymbol{d}=\theta\boldsymbol{n}$，其中 $\theta=\|\boldsymbol{d}\|_2$，$\boldsymbol{n}=\dfrac{\boldsymbol{d}}{\theta}$。若 $\boldsymbol{R}$ 为表达该旋转的旋转矩阵，则 $\boldsymbol{R}$ 为

$$\boldsymbol{R}=\cos\theta\cdot\boldsymbol{I}+(1-\cos\theta)\boldsymbol{n}\boldsymbol{n}^{\mathrm{T}}+\sin\theta\cdot\boldsymbol{n}^{\wedge} \tag{J-1}$$

其中，$\boldsymbol{I}\in\mathbb{R}^{3\times3}$ 为单位矩阵，$\boldsymbol{n}^{\wedge}=\begin{bmatrix}0 & -n_3 & n_2\\ n_3 & 0 & -n_1\\ -n_2 & n_1 & 0\end{bmatrix}$。

式(J-1)称为罗德里格斯公式，它给出了旋转的轴角表达到旋转矩阵表达的转换方法。下面证明一下这个公式。

如图 J-1(a)所示，在三维空间中，考虑有一个向量 $\boldsymbol{p}$，它绕着轴 $\boldsymbol{d}$ 逆时针旋转θ，旋转之后的向量 $\boldsymbol{p}_{\mathrm{rot}}$ 是什么样的呢？设 $\boldsymbol{d}$ 轴所对应的单位向量为 $\boldsymbol{n}$。可以把 $\boldsymbol{p}$ 分解为两部分，在 $\boldsymbol{n}$ 上的投影向量 $\boldsymbol{a}$ 和垂直于 $\boldsymbol{n}$ 的部分 $\boldsymbol{b}$，显然 $\boldsymbol{b}=\boldsymbol{p}-\boldsymbol{a}$，则有

$$\boldsymbol{a}=\boldsymbol{n}\boldsymbol{n}^{\mathrm{T}}\boldsymbol{p} \tag{J-2}$$

$$\boldsymbol{b}=\boldsymbol{p}-\boldsymbol{a}=\boldsymbol{p}-\boldsymbol{n}\boldsymbol{n}^{\mathrm{T}}\boldsymbol{p} \tag{J-3}$$

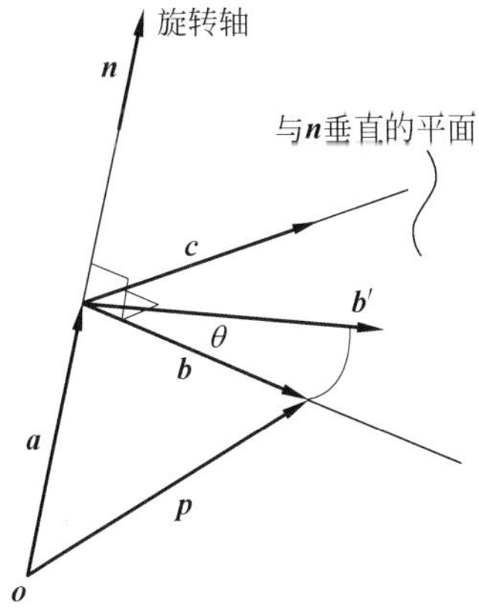

(a) 向量$\boldsymbol{p}$绕轴旋转示意图

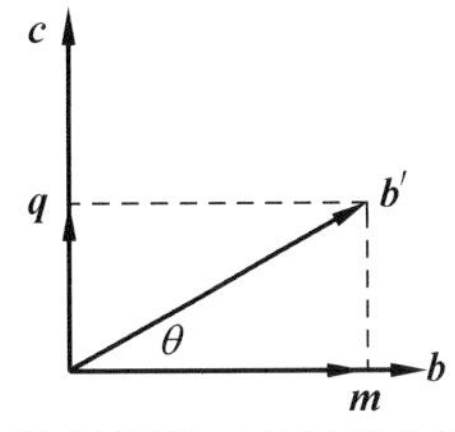

(b) $\boldsymbol{b}'$在$\boldsymbol{b}$和$\boldsymbol{c}$上的投影分解

图 J-1 旋转

将 $\boldsymbol{p}$ 绕轴 $\boldsymbol{n}$ 旋转时，$\boldsymbol{a}$ 这部分是不会动的，$\boldsymbol{b}$ 会被转到 $\boldsymbol{b}'$，最终的旋转之后的结果向量 $\boldsymbol{p}_{\text{rot}}$ 与 $\boldsymbol{a}$ 和 $\boldsymbol{b}'$ 的关系为

$$\boldsymbol{p}_{\text{rot}}=\boldsymbol{a}+\boldsymbol{b}' \tag{J-4}$$

向量 $\boldsymbol{c}=\boldsymbol{n}\times\boldsymbol{p}$，则 $\|\boldsymbol{c}\|=\|\boldsymbol{b}\|$，因此 $\|\boldsymbol{c}\|=\|\boldsymbol{b}\|=\|\boldsymbol{b}'\|$。如图 J-1(b)所示，$\boldsymbol{b}'$ 在 $\boldsymbol{b}$ 上的投影向量为 $\boldsymbol{m}=\frac{\boldsymbol{b}}{\|\boldsymbol{b}\|}\|\boldsymbol{b}'\|\cos\theta=\boldsymbol{b}\cos\theta$，$\boldsymbol{b}'$ 在 $\boldsymbol{c}$ 上的投影向量为 $\boldsymbol{q}=\frac{\boldsymbol{c}}{\|\boldsymbol{c}\|}\|\boldsymbol{b}'\|\sin\theta=\boldsymbol{c}\sin\theta$。显然 $\boldsymbol{m}+\boldsymbol{q}=\boldsymbol{b}'$，因此有，

$$\boldsymbol{b}'=\boldsymbol{b}\cos\theta+\boldsymbol{c}\sin\theta \tag{J-5}$$

结合式(J-2)、式(J-4)和式(J-5)可得

$$\begin{aligned}\boldsymbol{p}_{\text{rot}}&=\boldsymbol{a}+\boldsymbol{b}'\\&=\boldsymbol{n}\boldsymbol{n}^{\mathrm{T}}\boldsymbol{p}+\boldsymbol{b}\cos\theta+\boldsymbol{c}\sin\theta\\&=\boldsymbol{n}\boldsymbol{n}^{\mathrm{T}}\boldsymbol{p}+(\boldsymbol{p}-\boldsymbol{n}\boldsymbol{n}^{\mathrm{T}}\boldsymbol{p})\cos\theta+\boldsymbol{n}\times\boldsymbol{p}\sin\theta\\&=(\cos\theta\cdot\boldsymbol{I}+(1-\cos\theta)\boldsymbol{n}\boldsymbol{n}^{\mathrm{T}}+\sin\theta\boldsymbol{n}^{\wedge})\boldsymbol{p}\end{aligned} \tag{J-6}$$

由式(J-6)可以看出，若以旋转矩阵的形式来表达轴角 $\theta\boldsymbol{n}$ 所刻画的三维空间旋转时，该矩阵为

$$\boldsymbol{R}=\cos\theta\cdot\boldsymbol{I}+(1-\cos\theta)\boldsymbol{n}\boldsymbol{n}^{\mathrm{T}}+\sin\theta\boldsymbol{n}^{\wedge} \tag{J-7}$$

K Yolo_mark

Yolo_mark[6]是俄罗斯学者 Alexey Bochkovskiy 开发的开源工具，用于为 YOLO 系列检测模型提供标注数据。Yolo_mark 用 C++语言开发，为一跨平台工具，可以在 Windows 操作系统以及 Linux 系统上编译运行。本书只讲述该工具在 Windows 操作系统上的使用。

K.1 Yolo_mark 的编译

首先，要确保工作站上已经安装了所需的开发环境。本书所用的开发环境为 Windows 11＋Visual Studio 2017＋OpenCV 4.5.5。

从 GitHub 代码仓库中将 Yolo_mark 的源代码下载并解压缩到本地。用 VS2017 打开 yolo_mark.sln 文件。在打开过程中，VS 系统会提示要进行配置文件升级，这是因为该代码在开发时用的环境为 VS2015，现在用高版本的编译器打开时，编译器会进行相应升级，只要按默认设置进行即可。设置生成的程序为 Release X64 平台版本。

配置头文件包含路径和库文件包含路径(图 K-1)之后就可完成整个解决方案的编译。如果一切正常的话，会编译成功并在\x64\Release 目录下生成 yolo_mark.exe 可执行应用程序。

K.2 用 Yolo_mark 完成针对图像目标检测任务的标注

1. 图像准备

在 Yolo_mark 工程的\x64\Release\目录下有一个“data”目录，这是 Yolo_mark 存储标注数据的地方。首先，清空 data\img 目录下的所有文件。然后，将待标注图像文件放到 data\img 目录下。

2. 准备图像文件名列表

准备文本文件 imgpathlist.txt，其内容是 data\img 目录下图像文件的路径信息，每一行

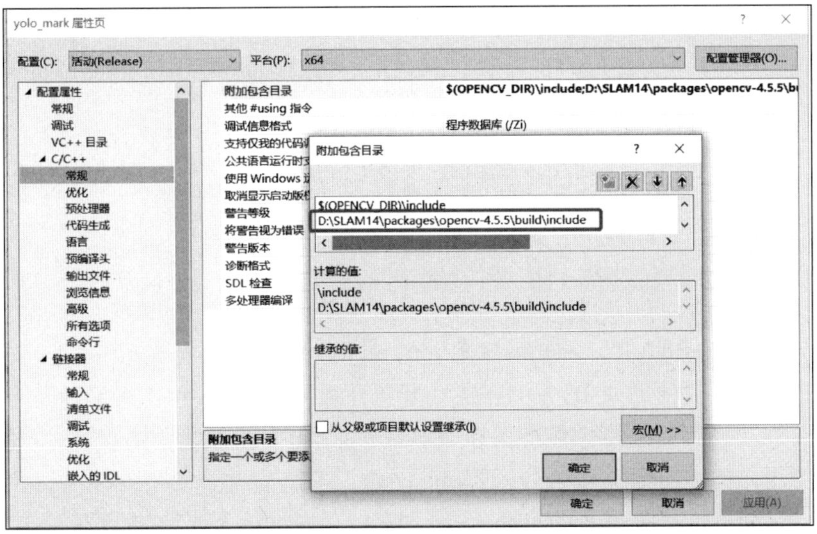

(a) 在C/C++→常规→附加包含目录中，添加OpenCV的头文件包含路径

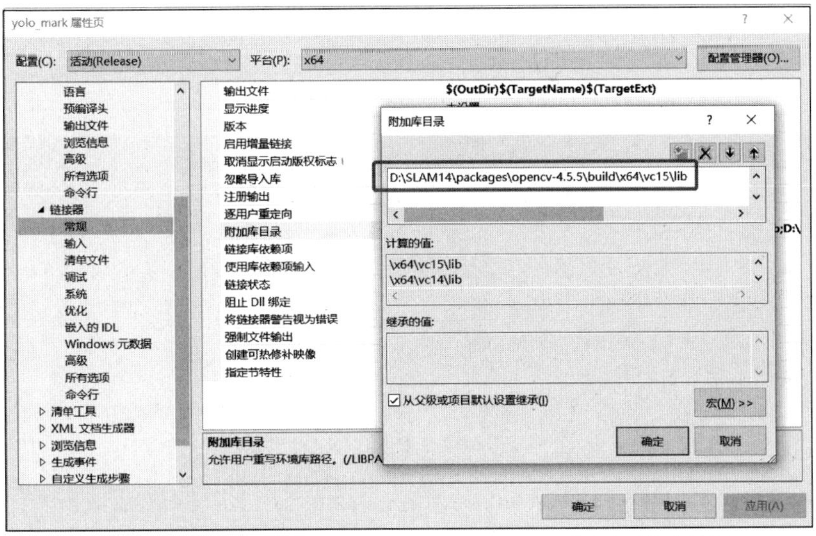

(b) 在链接器→常规→附加库目录中，添加OpenCV的库文件包含路径

图 K-1　添加 OpenCV 的头文件和库文件包含路径

对应一个图像文件路径。将 imgpathlist. txt 放在\x64\Release\data 目录下。本书工作站上的 data\img 目录下的图像文件列表如图 K-2(a)所示，相应地，data\imgpathlist. txt 文件中的内容如图 K-2(b)所示。

(a) 本书工作站上data\img目录下的图像文件列表

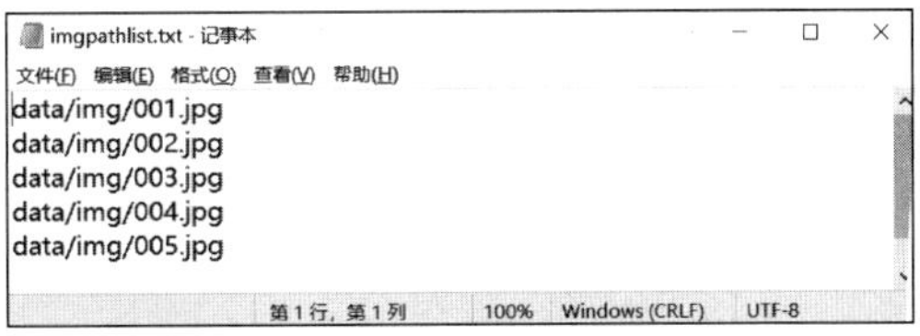

(b) data\imgpathlist.txt文本文件中的内容，每一行是一个待标注图像文件的存储路径

图 K-2　图像文件名列表

3. 编辑 obj. names 文件

每一个类别所对应的名称是在 data\obj. names 文件中指定的。编辑该文件内容，按照顺

序让它的第 n 行内容为第 n 个类别的名称。比如，标注行人(person)与减速带(speedbump)这两类目标，且认为第一类目标为行人、第二类目标为减速带，则 data\obj.names 文件内容应该为两行，分别为 person 和 speedbump。

4. 运行 yolo_mark，进行图像文件标注

在 cmd 命令行窗口中，执行以下命令，启动 yolo_mark 标注程序：

```
cd (path to) \Yolo_mark-master\x64\Release
yolo_mark data\img data\imgpathlist.txt data\obj.names
```

图 K-3(a)是正在执行标注任务的 Yolo_mark 应用程序的运行界面。Yolo_mark 标注工具的使用较为简单，稍加尝试之后便可熟悉它的操作逻辑。界面上部的"image num:"进度条标明了当前正在被标注的图像 ID(该 ID 从 0 开始计数)；"object id:"表示的是目前正在使用的标注对象类别，比如，如果要标注行人和减速带两个类别，按照之前的设定，"object id: 0"就表示该当前使用的标注对象类别为行人，"object id: 1"表示当前使用的标注对象类别为减速带。在图 K-3(a)中，程序界面显示的是"object id: 1"，表示接下来再进行标注操作的话，标注出来的对象的类别就是减速带。

(a) 用Yolo_mark工具进行行人和减速带两类视觉目标的标注

003.txt - 记事本
文件(F) 编辑(E) 格式(O) 查看(V) 帮助(H)
0 0.479688 0.456250 0.053125 0.268056
0 0.571094 0.444444 0.098438 0.263889
1 0.706641 0.638889 0.310156 0.058333
第 1 行，第 1 列 100% Windows (CRLF) UTF-8

(b) 与(a)图标注情况对应的标注结果

图 K-3 Yolo-mark 标注示例

标注时按下鼠标左键并拖拽便可画出标注框，松开左键，标注框便绘制完成。标注框绘制完成之后，其大小不能再改变。对于已绘制完成的标注框，鼠标滑过它时，它会被高亮显示，表示它是当前被选中的标注框,此时可按下鼠标右键对标注框进行拖拽将其移动至更准确的位置。如果对某标注框不满意,在其高亮被选中后,按 r 键可将其删除。

通过左(←)右(→)键可进行图像的切换;当切换至下一张图像时,当前图像的标注结果会被自动保存。对于某个图像文件来说,其标注结果被保存在 data\img 目录下的同名.txt 文件中。对于图 K-3(a)所示的图像标注情况,其图像标注结果被保存在文件 data\img\003.txt 中,该文件的内容如图 K-3(b)所示。在标注结果文本文件中,对于每一个标注对象都有一行记录,其数据格式为(object-id x y w h),object-id 代表该目标对象类别,(x,y)表示该目标中心坐标(取值是相对于图像宽高的比值),(w,h)表示该目标的宽高(取值是相对于图像宽高的比值)。

为了便于查阅,将 Yolo_mark 的操作快捷键总结在表 K-1 中。

表 K-1 Yolo_mark 操作快捷键

快捷键名称	功　能
→	下一张图像
←	上一张图像
r	删除选中的高亮标注框
c	清除当前图像上的所有标注框
p	把当前图像上的所有标注框复制到下一张图像
m	是否显示当前鼠标所指示位置的坐标
w	在三种不同预设标注框线宽之间切换
k	显示/隐藏对象类别名称
Esc	退出程序

L　Anaconda

Anaconda[7]是一个开源软件,用于数据科学、机器学习和科学计算的环境管理和发行平台。它提供了一个方便的方式来创建、管理和分发不同的环境,每个环境可以有自己独立的 Python 版本和软件包集合。以下是 Anaconda 一些关键的特点和功能。

环境管理:Anaconda 允许用户轻松创建和管理不同的虚拟环境。每个环境可以拥有不同版本的 Python 和安装的软件包,这对于处理不同项目的依赖关系非常有用。

包管理:Anaconda 包含了一个强大的包管理器,可以快速地安装、更新和删除各种数据科学和机器学习相关的软件包。它预先包含了许多常用的包,以及一个广泛的软件包仓库。

跨平台支持:Anaconda 可以在 Windows、macOS 和 Linux 等多个操作系统上运行,为用户提供了跨平台的灵活性。

数据科学工具:Anaconda 提供了各种数据科学工具,包括 NumPy、Pandas、Matplotlib、Scikit-Learn 等,使得数据处理、分析和建模变得更加便捷。

支持 GPU 加速:Anaconda 与 CUDA 和 cuDNN 等 GPU 加速技术集成,使得深度学习等计算密集型任务能够在支持 GPU 的系统上运行得更快。

利用 Anaconda Prompt 命令行环境,可以轻松维护 Python 虚拟环境。常用的环境管理命令如下。

1. conda env list

该命令可以列出目前 Anaconda 中所有虚拟环境的列表,并且在当前处于激活状态的环境名称前面会加上星号 * 。图 L-1 显示了在本书工作站上 Anaconda Prompt 环境下执行该命令的返回结果。

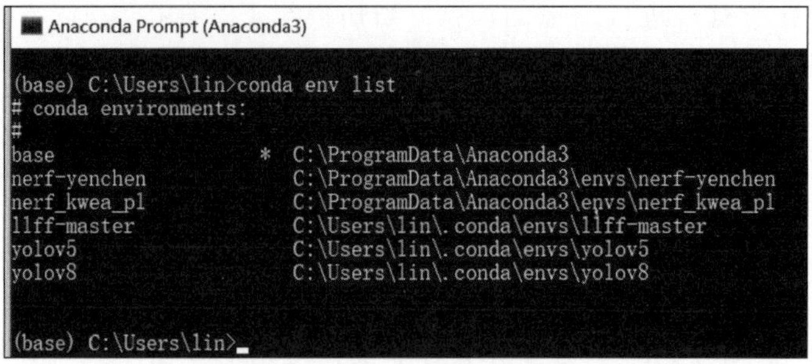

图 L-1　本书工作站上 Anaconda 所管理的虚拟环境列表

带星号的为当前处于激活状态的虚拟环境

2. conda activate env_name

该命令会将当前处于激活状态的虚拟环境切换为“env_name”所代表的虚拟环境。比如，在图 L-1 中可以看到，有一虚拟环境的名称为“yolov8”，为激活该虚拟环境，可执行如下命令：

```
conda activate yolov8
```

3. conda remove -n env_name --all

该命令会从 Anaconda 的虚拟环境中删除名为“env_name”的虚拟环境。

4. conda create -n env_name python=version_number

该命令会新创建一个名为“env_name”的虚拟环境，且为该虚拟环境安装了版本为“version_number”的 Python 语言包。比如，如下命令：

```
conda create -n testenv python=3.8
```

会创建一个名为 testenv 且 Python 语言版本为 3.8 的虚拟环境。

很多时候，在某一个虚拟环境内进行开发，也需要熟悉一些常见指令。

(1) 查看当前虚拟环境中安装了哪些开发包及其版本。

```
conda list
```

(2) 查看当前虚拟环境中的 Python 语言版本。

```
python -V
```

(3) 安装某个 Python 开发包。

```
pip install package_name
```

(4) 如何确认当前虚拟环境所安装的 PyTorch 是否支持 GPU 加速。

在虚拟环境中，进入 Python 环境，然后执行：

```
import torch
print(torch.cuda.is_available())
```

如果当前 PyTorch 的 CUDA 配置正确，控制台会输出 True，如图 L-2 所示。

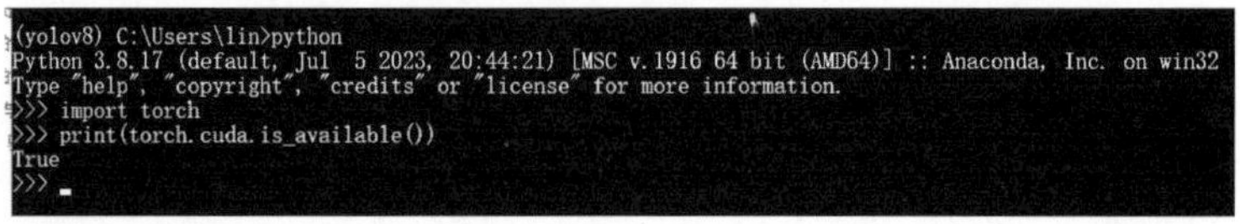

图 L-2　确认当前虚拟环境所安装的 PyTorch 是否支持 GPU 加速

M　在 Windows 系统下编译 OpenCV 和 OpenCV_Contrib

在大多数情况下，直接使用 OpenCV 开发团队直接编译好的二进制库文件便可满足开发和学习需求。但在某些情况下（比如，要学习 OpenCV 某个函数的源代码而需要进行断点调试时，或者 OpenCV 编译好的库文件与本地所使用的编译器版本不匹配时），需要在本地从 OpenCV 的源码开始编译库文件。另外，有时也会用到 OpenCV 扩展库（OpenCV_Contrib）里面的函数功能。OpenCV 还一直处于迭代开发过程中，因此对于具有专利的算法以及一些还没有稳定的算法，OpenCV 会将其置于扩展模块中，这些扩展模块包含在 OpenCV_Contrib 代码库中。对于稳定的算法，会被移到 OpenCV 主代码中。本节将从源代码开始编译带有 Opencv_Contrib 模块的 OpenCV 库。本节所使用的开发环境为 Windows11、Visual Studio 2017 和 CMake 3.23.2。

1. 下载 OpenCV 源代码和 OpenCV_Contrib 源代码

这里所使用的 OpenCV 源代码的版本为 4.8.1。请在 OpenCV 的代码仓库 https://github.com/opencv/opencv 下载发布版本中 opencv-4.8.1 源代码，并解压缩至本地磁盘。在本书工作站中，该源代码的本地路径为 C:\lin\CV-Intro\code\opencv-4.8.1-src。然后，在 https://github.com/opencv/opencv_contrib 上下载对应版本的 opencv_contrib 库源代码，并解压缩至本地磁盘。在本书工作站中，该源代码的本地路径为 C:\lin\CV-Intro\code\opencv_contrib-4.8.1-src。

2. CMake 配置 OpenCV 编译环境

在 C:\lin\CV-Intro\code\opencv-4.8.1-src 路径下建立文件夹"self-build"，用于存放 OpenCV 项目文件。

启动 CMake，按图 M-1 所示设置好源代码路径、CMake 编译输出路径以及编译器等。单击 Finish 按钮之后，等待 CMake 完成配置。

CMake 完成基本配置后，可通过交互的方式进行进一步的设置。

(1) 勾选 Build_opencv_world，它将使得最终编译生成的 OpenCV 函数都在一个库文件（opencv_world）中。

(2) 勾选 OPENCV_ENABLE_NONFREE。

(3) 将 OPENCV_EXTRA_MODULES_PATH 设置为 opencv_contrib 库中"modules"文件夹所在路径 C:\lin\CV-Intro\code\opencv_contrib-4.8.1-src\modules。

完成配置后，在 CMake 中单击"generate"，CMake 将在 C:\lin\CV-Intro\code\opencv-4.8.1-src\self-build 目录下，生成 OpenCV 库的 VS 工程文件。关闭 CMake。

3. 编译 OpenCV 并生成安装库文件

在 VS2017 中，打开 C:\lin\CV-Intro\code\opencv-4.8.1-src\self-build 目录下的 OpenCV.sln 文件，并完成整个解决方案的编译。

完成编译后，找到 CMakeTargets 中的 INSTALL（图 M-2）。右击 INSTALL 选项，选择"仅用于项目"，选择"仅生成 INSTALL"。完成后，会在\opencv-4.8.1-src\self-build\文件夹下创建出"install"文件夹。该文件夹包含了可满足发布要求的 OpenCV 库文件（头文件、静态库文件以及动态链接库文件）。

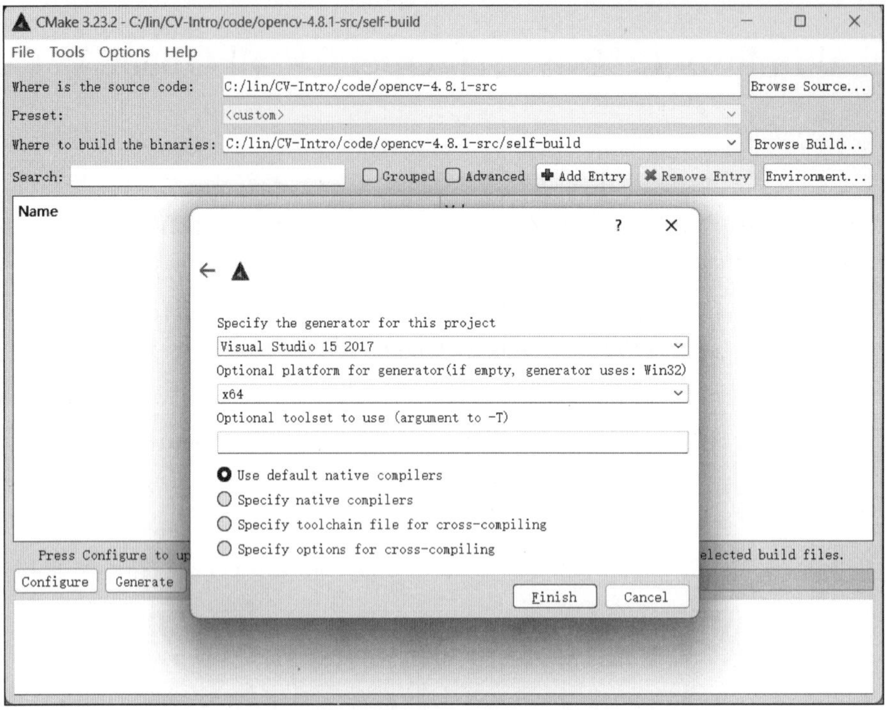

图 M-1 CMake 基本配置

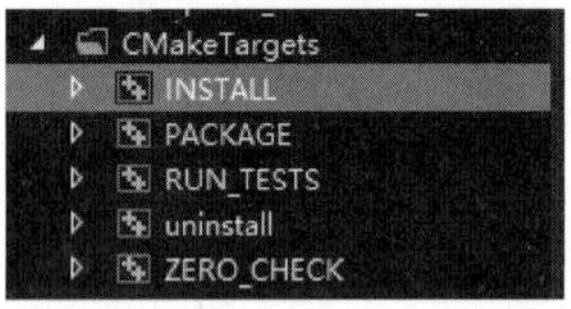

图 M-2 CMakeTargets 下的 INSTALL 项目，它用来打包生成 OpenCV 安装库

N 安装 Eigen3

Eigen3 是一个常用的数学运算包，它完全是以头文件的形式组织的。在使用 Eigen3 时，只需要把头文件包含到工程中即可，并不需要编译安装。

从 https://eigen.tuxfamily.org/index.php?title=Main_Page 上下载最新版本 Eigen 程序的压缩包文件（本书所用的版本为 Eigen3.4.0），然后解压缩至本地目录“D:\SLAM14\packages\eigen-3.4.0”即可。

O 在 Windows 系统下编译并安装 Pangolin

Pangolin 是在 C++环境下常用的一个三维可视化库。本节将完成这个库的编译安装。首先要确保系统上已经安装了 Git[①]，因为在如下的 Pangolin 编译过程中，编译程序会自动用 Git 程序下载所需要的依赖程序包。

① 可在 https://git-scm.com/downloads 上下载。

在 https://github.com/stevenlovegrove/Pangolin 上下载 Pangolin 源代码①,并解压缩到本地目录"D:\SLAM14\packages\Pangolin-0.6"。

以管理员身份启动 cmd 窗口,依次执行下述命令行:

```
cd D:\SLAM14\packages\Pangolin - 0.6
mkdir build
cd build
cmake .. - G "Visual Studio 15 2017 Win64"②
cmake -- build .
```

在默认配置下,编译成功完成之后,会在 C:\Program Files\Pangolin 目录下生成 Pangolin 的库文件。在上述默认配置下,生成的库文件为 Debug 模式,如想生成 Release 模式的库文件,可用 Visual Studio(在管理员模式下启动)打开"build\Pangolin.sln"并切换成"Release"模式重新进行编译即可。

如果想了解 Pangolin 程序库的使用,可以参考它随源程序一起提供的范例,比如,图 O-1 显示了 Pangolin 包附带的 SimplePlot 示例程序的运行结果。

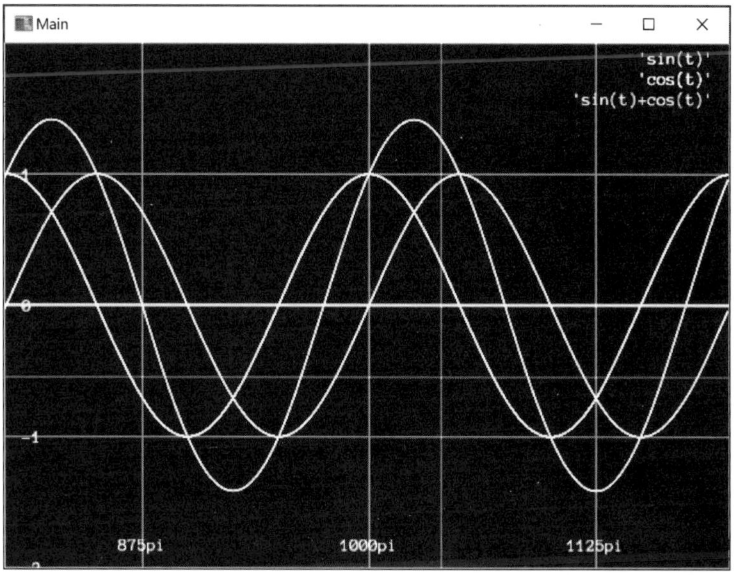

图 O-1 Pangolin 中 SimplePlot 示例程序的运行结果

P 部分核心代码摘录

P.1 哈里斯角点检测

"\chapter-04-feature detection and matching\01-harrisCornerDetector"程序示范了哈里斯角点检测算法的实现,其两个核心文件 harrisCornerDetector.m 和 nonmaxsuppts.m 的代码展示如下。

① 根据测试,在 Windows 操作系统上安装 pangolin 发布的版本 Pangolin 0.6 较为容易,之后新版本在 Windows 操作系统上的安装可能会较烦琐。

② 该行命令可生成 x64 格式的工程文件,如果需要 x86 格式的工程文件,可改成如下命令行:cmake..。

\chapter-04-feature detection and matching\01-harrisCornerDetector\harrisCornerDetector. m 中的代码：

```
% 此函数完成 Harris 角点检测任务
% rows 和 cols 存储了角点所在的行与列
function [rows, cols] = harrisCornerDetector(im, sigma, thresh, nonmaxrad)
% im: 要在其上检测角点的灰度图像
% sigma: harris 角点检测算法中需要用高斯窗口来计算矩阵 M,这个 sigma 用来确定高斯窗口的大小
% 6 * sigma
% thresh: 每个位置计算出角点程度值之后,大于 thresh 的点被放进角点候选集合
% nonmaxrad: 进行非局部极大值抑制操作时,局部窗口的半径
if ~isa(im,'single')
    im = single(im);
end
% 计算图像 I 的偏导数图像
sobelFilter = fspecial('sobel');
Iy = imfilter(im, sobelFilter);
Ix = imfilter(im, sobelFilter');

% 计算矩阵 M,注意对于每个位置,会有一个矩阵 M
gaussFilter = fspecial('gaussian', ceil(6 * sigma), sigma);
Ix2 = imfilter(Ix.^2, gaussFilter);
Iy2 = imfilter(Iy.^2, gaussFilter);
Ixy = imfilter(Ix. * Iy, gaussFilter);

% 计算 Harris 角点程度值 cornerness = det(M) - k * trace(M)^2
k = 0.04;
cornernessMap = (Ix2. * Iy2 - Ixy.^2) - k * (Ix2 + Iy2).^2;

% 在 cornernessMap 的基础之上,进行阈值化,并进行非极大值抑制操作,得到最终的角点集合
[rows, cols] = nonmaxsuppts(cornernessMap, nonmaxrad, thresh);
end
```

\chapter-04-feature detection and matching\01-harrisCornerDetector\nonmaxsuppts. m 中的代码：

```
% 此函数完成对 cornernessMap 的非极大值抑制操作,返回角点所在的行和列
function [rows,cols] = nonmaxsuppts(cornernessMap, radius, thresh)
% sze,要执行非局部极大值抑制的窗口边长
sze = 2 * radius + 1;
% 通过函数 ordfilt2,localMaxMap 中某个位置处的值为 cornernessMap 中
% 以该位置为中心、在边长为 sze 的正方邻域内的最大值
localMaxMap = ordfilt2(cornernessMap,sze^2,ones(sze));

% 做一个图像边界掩膜,去除掉边界位置处的角点
bordermask = zeros(size(cornernessMap));
bordermask(radius + 1:end - radius, radius + 1:end - radius) = 1;

% 得到最终的角点集合,角点得同时满足 3 个条件: 局部最大,大于阈值 thresh,不在图像边界上
cornersMap = (cornernessMap == localMaxMap) & (cornernessMap > thresh) & bordermask;
[rows, cols] = find(cornersMap); % 返回角点图中,角点标记所在的行与列

if isempty(rows)
   fprintf('No maxima above threshold found\n');
end
```

P.2 两张图像上的特征描述子集合匹配

"\chapter-04-feature detection and matching\02-harrisCornerDescriptorMatching"程序

示范了哈里斯角点检测、块描述子构造以及特征描述子匹配。其中,描述子间距离计算以及匹配关系的确立由文件 matchDescriptors. m 来完成,其代码如下。

\chapter-04-feature detection and matching\02-harrisCornerDescriptorMatching\matchDescriptors. m 中的代码:

```
% 执行描述子的匹配
% descriptors1In,descriptors2In,是描述子集合
% matchThreshold, 匹配距离阈值,如果两个描述子之间的距离大于这个阈值,则认为它们不匹配
% maxRatioThreshold,匹配无歧义确认阈值,若 d1 与 d2 最匹配的、d1 与 d3 是次匹配的,
% 只有当 dist(d1,d2)/dist(d1,d3)< maxRatioThreshold 时,才认为 d1 与 d2 匹配描述子对
function indexPairs = matchDescriptors(descriptors1In, descriptors2In, ...
                                        matchThreshold, maxRatioThreshold)

descriptorNums1 = size(descriptors1In,2);
descriptorNums2 = size(descriptors2In,2);

% 初始化好描述子集合比对距离矩阵
scores = zeros(descriptorNums1, descriptorNums2);
% 在这个循环中,每次从第一个描述子集合中取出一个描述子 currentDescriptor,
% 计算它与 descriptors2In 中每个描述子的 SSD 距离
for descriptorIndex = 1: descriptorNums1
    % 获取到 descriptors1In 中当前一个描述子 currentDescriptor
    currentDescriptor = descriptors1In(:, descriptorIndex);
    tmpDescriptorMat = repmat(currentDescriptor,[1,descriptorNums2]);
    distsCurrentDescriptor2features2 = sum((tmpDescriptorMat - descriptors2In).^2);
    scores(descriptorIndex,:) = distsCurrentDescriptor2features2;
end
% 对于每一个 descriptors1In 中的描述子,都在 descriptors2In 中找到两个与它最接近的,
% 目的是为了测试歧义性,只有当最匹配的距离与次匹配距离的比值很小时才认为最匹配的是正确的
% partialSort 函数返回 scores 矩阵中,每一行的最大两个值以及它们所在的位置,并且进行了转置
[matchMetric, topTwoIndices] = vision.internal.partialSort(scores, 2, 'ascend');

% indexPairs 是一个 2 * descriptorNums1 的矩阵
% 其第一行是 1~descriptorNums1 数字
% 其第二行是与第一行的描述子最匹配的 descriptors2In 描述子集合中的位置索引
indexPairs = vertcat(uint32(1:size(scores,1)), topTwoIndices(1,:));

% 如果描述子之间的距离大于 matchThreshold,则被认为是不匹配的
inds = matchMetric(1,:) <= matchThreshold;
indexPairs = indexPairs(:, inds);
matchMetric = matchMetric(:, inds);

%%%%%%%%%%%%%%%%%
% 对应匹配无歧义准则,也就是最匹配的距离与次匹配距离之比要小于某个阈值
topTwoScores = matchMetric;
zeroInds = topTwoScores(2, :) < cast(1e-6, 'like', topTwoScores);
topTwoScores(:, zeroInds) = 1;
ratios = topTwoScores(1, :) ./ topTwoScores(2, :);
unambiguousIndices = ratios <= maxRatioThreshold;
indexPairs = indexPairs(:, unambiguousIndices);
%%%%%%%%%%%%%%%%%%%%

% 下面这部分是双向确认原则,要检查一下对于 descriptors2In 中的某个描述子来说,
% 它"最喜欢"的 descriptors1In 的描述子是不是也是最喜欢它的
% 如果是,才能认为它们是一对匹配的描述子
[~, idx] = min(scores(:,indexPairs(2,:)));
uniqueIndices = idx == indexPairs(1,:);

indexPairs = indexPairs(:, uniqueIndices);
```

```
indexPairs = indexPairs';
```

P.3 基于 RANSAC 的平面间射影矩阵的估计

“\chapter-06-homography estimation\01-PanoramaStichingUsingSIFTRANSAC”程序示范了尺度不变特征点检测、SIFT 描述子构造、描述子匹配、基于 RANSAC 算法的射影矩阵估计。用 RANSAC 算法从点对集合中进行射影矩阵估计的主程序文件为 ransacfithomography. m，RANSAC 算法的具体实现在 ransac. m 文件中；从元素都为内点的点对关系集合中用最小二乘法拟合出射影矩阵的程序实现在文件 homography2d. m 中。这三个核心文件的代码如下。

\chapter-06-homography estimation\PanoramaStichingUsingSIFTRANSAC\ransacfithomography. m 中的代码：

```
% 该函数从输入点对关系 pp1Homo 和 pp2Homo 中估计出点集之间的射影变换
% pp1Homo 和 pp2Homo 都是 3xN 的数组,对应的一列是一对对应点的齐次坐标
% pp1Homo,pp2Homo 必须要有相同的列,即相同的点数,且列数要大于 4
% t,RANSAC 框架中用于内点判定的阈值,点带入模型之后,误差大于 t,则认为是外点
% H,从对应点对关系集合中估计出的射影矩阵,尽可能使得 cx2 = H * x1
% inliers,索引,指明 pp1Homo 和 pp2Homo 的哪些列是 H 的一致集
function [H, inliers] = ransacfithomography(pp1Homo, pp2Homo, t)
  %最少需要 4 个点对能唯一确定两个平面间的射影变换
  %与算法 6-1 中的 n 意义相同
  n = 4;
  %从点对关系数据进行射影变换估计的函数句柄
  fittingfn = @homography2d;
  %当有了当前拟合模型之后,如何计算某数据点误差的函数句柄
  %对于我们的问题来说,homogdist2d 计算在当前估计出的射影变换下,
  %对应点对的双向重投影误差
  distfn = @homogdist2d;
  %判断用于模型估计的点集是否是退化点集的函数句柄
  %如果给定的 4 个点中有三点共线,该点集便为退化点集
  degenfn = @isdegenerate;

  %传给 ransac 函数的数据是 6xN 的格式
  inliers = ransac([pp1Homo; pp2Homo], fittingfn, distfn, degenfn, n, t);

  %最后,从最大的一致集中再用最小二乘法拟合出 H
  H = homography2d([pp1Homo(:,inliers); pp2Homo(:,inliers)]);
end

% --------------------------------------------------------------------------
% x 是数据集合,每一列为一个点对,每列是 6 维向量,前 3 行为第一个点,后三行为第 2 个点
% 该函数计算对应点在当前射影矩阵 H 下的匹配误差,该误差为双向的
% 比如 x1 与 x1'为一对对应点对,那么需要计算||x1' - Hx1||^2 + ||x1 - H^(-1)x1'||^2,
% 注意:计算该位置误差时,点的坐标都要先转化成规范化齐次坐标
% 返回数据 x 中与当前射影矩阵 H 相一致(即距离要小于阈值 t)的内点索引
function inliers = homogdist2d(H, x, t)
  x1 = x(1:3,:); % Extract x1 and x2 from x
  x2 = x(4:6,:);
  %从两个方向计算经 H(或者 H^(-1))变换后的点坐标
  Hx1    = H * x1;
  invHx2 = H\x2;

  %计算距离之前转换成规范化齐次坐标
  x1     = hnormalise(x1);
  x2     = hnormalise(x2);
```

```
    Hx1     = hnormalise(Hx1);
    invHx2  = hnormalise(invHx2);

    % 计算在当前 H 下,对应点的双向重投影误差
    d2 = sum((x1 - invHx2).^2) + sum((x2 - Hx1).^2);
    % 误差值小于 t 的点对被认为是当前模型 H 的内点
    inliers = find(abs(d2) < t);
end

% ---------------------------------------------------------------------
% x 为 6 * 4 矩阵,前三行是图像 1 中四个特征点的齐次坐标 x11,x12,x13,x14
% 后三行为图像 2 中对应的四个特征点的齐次坐标 x21,x22,x23,x24
% 该函数判断 x11,x12,x13,x14 中或 x21,x22,x23,x24 中是否存在三点共线的情况
function r = isdegenerate(x)

    x1 = x(1:3,:);               % Extract x1 and x2 from x
    x2 = x(4:6,:);

    r = ...
    iscolinear(x1(:,1),x1(:,2),x1(:,3)) | ...
    iscolinear(x1(:,1),x1(:,2),x1(:,4)) | ...
    iscolinear(x1(:,1),x1(:,3),x1(:,4)) | ...
    iscolinear(x1(:,2),x1(:,3),x1(:,4)) | ...
    iscolinear(x2(:,1),x2(:,2),x2(:,3)) | ...
    iscolinear(x2(:,1),x2(:,2),x2(:,4)) | ...
    iscolinear(x2(:,1),x2(:,3),x2(:,4)) | ...
    iscolinear(x2(:,2),x2(:,3),x2(:,4));
end

% 判断平面内三点 p1、p2、p3 是否共线
function r = iscolinear(p1, p2, p3)
    % 若 p2 - p1 与 p3 - p1 的叉乘为零向量,则说明 3 点共线
    r = norm(cross(p2 - p1, p3 - p1)) < eps;
end
```

\chapter-06-homography estimation\PanoramaStichingUsingSIFTRANSAC\ransac.m 中的代码:

```
% RANSAC 算法框架
% x,数据集,对于我们的问题来说 x 为 6 * npts 的矩阵,每一列为两个对应点的坐标,npts 为点对个数
% fittingfn,模型拟合函数句柄
% distfn,计算数据点在当前拟合模型下"距离"的函数句柄
% n,模型拟合所需最小数据点个数
% t,内点判断阈值
% inliers,最大一致集中的内点索引,根据这个索引,在外层调用程序再最后做一次模型估计
function inliers = ransac(x, fittingfn, distfn, degenfn, n, t)
    % 最多尝试 maxTrials 次模型初始化,从中选出具有最大一致集的模型,并将它的一致集数据索引
% 返回
    maxTrials = 1000;
    % 从数据集中挑选 s 个数据点来初始化模型,但如果从挑选的 s 个数据点中无法初始化模型,
    % 就记录失败一次,最多允许失败 maxDataTrials 次
    maxDataTrials = 100;
    [~, npts] = size(x);
    % 迭代完成后,要求至少有一次所有选取的 4 个随机点均为内点的概率要保证不低于 p
    p = 0.99; % 书中式(6 - 1)中的 p

    bestM = NaN;    % 当前最好的初始化模型,在该实现中是当前具有最大一致集的模型
    trialcount = 0;% 记录一共已经迭代了多少次
    bestscore = 0; % 用于记录当前找到的最好的随机初始模型的一致集中元素的个数
```

```
N = 1; % 需要迭代的次数,这是从内点比例计算出来的,相当于书中式(6-2)中的k

while N > trialcount
  % 随机选取n个点来拟合模型,需要检查该随机数据集合是否为不能拟合出模型的退化集合
  degenerate = 1;
  count = 1;
  while degenerate
      % 从npts点中,随机选取n个,对于射影矩阵估计问题来说,n = 4
      ind = randsample(npts, n);
      % 判断ind所索引的这4个点是否是退化的,即是否存在三点共线的情况
      degenerate = feval(degenfn, x(:,ind));

      if ~degenerate % 当前的4个点是非退化的,即可以拟合出一个模型来
         % 从这4个随机选择的点拟合出模型M
         M = feval(fittingfn, x(:,ind));
         % 如果拟合模型失败,也将degenerate置为1
         if isempty(M)
            degenerate = 1;
         end
      end

      % 如果尝试了maxDataTrials次依然没有从数据集中选取出能拟合模型的4个点,失败
      count = count + 1;
      if count > maxDataTrials
         warning('Unable to select a nondegenerate data set');
         break
      end
   end

   % 计算出当前拟合模型M的一致集inliers,当然inliers只是一些索引,
   % 用于标记出数据集x中与当前模型M一致的内点的索引
   inliers = feval(distfn, M, x, t);
   ninliers = length(inliers); % 当前模型一致集中元素的个数

   % 当前一致集元素个数大于已知最好的一致集元素个数,
   % 则需要更新当前最优初始化模型、其一致集以及最大迭代次数
   if ninliers > bestscore
      bestscore = ninliers;    % 更新最好一致集元素个数
      bestinliers = inliers;   % 更新最好一致集元素索引
      bestM = M;               % 更新最优初始化模型


      % 根据当前最优初始化模型的一致集的元素个数,可以动态调整所需最大迭代次数
      % 需要注意到:当前一致集越大,实际上所需的外层while迭代会越少
      fracinliers = ninliers/npts;                % 内点比例,书中式(6-1)中的omega
      pNoOutliers = 1 - fracinliers^n;            % 式(6-1)中,1 - omega^n
      pNoOutliers = max(eps, pNoOutliers);        % Avoid division by - Inf
      pNoOutliers = min(1 - eps, pNoOutliers);    % Avoid division by 0.
      N = log(1 - p)/log(pNoOutliers);            % 书中式(6-2),N相当于书中的k
   end

   trialcount = trialcount + 1;

   % 迭代次数超够了最大限度,停止
   if trialcount > maxTrials
       break
   end
end
```

```
    if ~isnan(bestM)
        inliers = bestinliers;
    else
        inliers = [];
        error('ransac was unable to find a useful solution');
    end
end
```

\chapter-06-homography estimation\PanoramaStichingUsingSIFTRANSAC\homography2d. m 中的代码：

```
% 从点对集合 data 中按照最小二乘法估计射影矩阵,具体方法见 5.1 节。
% data 的维度为 6xN,每一列是一个点对,每个点的表示方式必须是规范化二维齐次坐标
% H,3x3 的射影矩阵,cx2 = H * x1

function H = homography2d(data)
    points1 = data(1:3,:);          % 得到点对关系中的第 1 组点
    points2 = data(4:6,:);          % 得到点对关系中的第 2 组点
    Npts = length(points1);
    A = zeros(2 * Npts,9);          % 初始化系数矩阵

    O = [0 0 0];
    % 此循环是构造系数矩阵 A(见式(5-7)中的矩阵 A)
    for i = 1:Npts
        point1i = points1(:,i)';

        xiprime = points2(1,i);
        yiprime = points2(2,i);

        A(2 * i-1,:) = [point1i    O     -point1i * xiprime];
        A(2 * i ,:) = [O     point1i   -point1i * yiprime];
    end

    % 计算与矩阵 A' * A 最小特征值所对对应的特征向量 smallestEigVector
    [smallestEigVector, ~] = eigs(A' * A, 1, 'smallestabs');
    H = reshape(smallestEigVector,3,3)';
end
```

P.4 在 Matlab 中基于相机内参去除图像中的镜头畸变

"\chapter-10-imaging model and intrinsics calibration\imageUndistortUsingIntrinsicsMatlab"程序示范了如何利用已经获得的相机内参数来实现图像的镜头畸变去除。核心文件 main. m 的代码如下。

\chapter-10-imaging model and intrinsics calibration\imageUndistortUsingIntrinsicsMatlab\main. m 中的代码：

```
% 该程序演示如何利用相机的内参数来进行图像的畸变去除
% 相机的内参数已经通过前期标定步骤获得,
% 并已存储在磁盘中为文件'cameraParams.mat'

% 导入相机参数数据
camParamsFile = load('cameraParams.mat');
camPrams = camParamsFile.cameraParams;
% 读入由同款相机拍摄的原始图像,该图像带有明显畸变
oriImg = imread('img.png');
% 对原始输入图像进行图像去畸变操作,这里需要利用已经获得的相机内参数
```

```
undistortedImage = undistortImage(oriImg, camPrams);

% 显示结果
figure;
imshowpair(oriImg, undistortedImage, 'montage');
title('Original Image (left) vs. Corrected Image (right)');
```

P.5 基于 OpenCV 和 C++的鱼眼相机内参标定

程序"\chapter-10-imaging model and intrinsics calibration\fisheyeCameraCalib"示范了如何实时采集标定板图像、如何调用 OpenCV 库函数来完成鱼眼相机的内参标定以及如何利用已经获得的鱼眼相机内参数来完成鱼眼视频的实时去畸变。其中，鱼眼相机内参标定部分的核心代码如下。

\chapter-10-imaging model and intrinsics calibration\fisheyeCameraCalib\cameracalib. cpp 中的部分核心代码：

```
//该 main 函数完成从一组标定板图像中对鱼眼相机内参进行标定的任务
//相机畸变模型采用鱼眼相机模型，适用于广角鱼眼相机去畸变任务
int main(int argc, char * argv[])
{
    cv::Size iPatternSize(9, 6); //标定板上的交叉点维度，10 * 7 格的标定板，其交叉点为 9 * 6
    string imgDir = dataDir + "\\imgs\\";
    //存储相机内参标定结果的文件
    FileStorage camParamsFile(dataDir + "\\camParams.xml", FileStorage::WRITE);

    //3 * 3 相机内参矩阵
    cv::Mat mIntrinsicMatrix;
    //畸变系数
    cv::Mat mDistortion;
    //标定板外参，每个外参由一个轴角向量与一个平移向量组成
    std::vector<cv::Vec3d> gRotationVectors;
    std::vector<cv::Vec3d> gTranslationVectors;
    vector<cv::String> gFileNames;              //存储所有标定板图像文件全名称
    cv::glob(imgDir, gFileNames);               //得到所有标定板图像文件路径
    cout << "Load images" << endl;
    int nImageCount = gFileNames.size();        //标定板图像的数目
    vector<Point2f> gCorners;                   //存储一张图像上交叉点坐标信息.
    //gAllCorners，存储所有标定板图像上的交叉点信息，这是个 vector 的 vector，
    //每个 vector 是一个 gCorners
    vector<vector<Point2f>> gAllCorners;
    //gImages，存储所有标定板图像，是个元素类型为 Mat 的向量，显然每个向量元素是个图像矩阵
    vector<Mat> gImages;
    //存储合法图像文件名称，合法图像指的是能被正确检测到交叉点的图像
    vector<string> strValidImgFileNames;
    //对于每一张采集到的标定板图像
    for (int i = 0; i < nImageCount; i++)
    {
        //读入该图像
        string aImageFileName = gFileNames[i];
        cv::Mat iImage = imread(aImageFileName);
        cout << "Filename " << aImageFileName << endl;
        //转换为灰度图像，因为亚像素级别的交叉点精准检测是在灰度图像上进行的
        Mat iImageGray;
        cvtColor(iImage, iImageGray, cv::COLOR_BGR2GRAY);
        bool bPatternFound = findChessboardCorners(iImage, iPatternSize, gCorners,
            CALIB_CB_ADAPTIVE_THRESH + CALIB_CB_NORMALIZE_IMAGE + CALIB_CB_FAST_CHECK);
```

```
        if (!bPatternFound)                         //这张图像的交叉点检测失败
        {
            cout << "Can not find chessboard corners in " << aImageFileName << "\n";
            continue;
        }
        else
        {
            //对初始检测的交叉点坐标进行进一步精化
            cornerSubPix(iImageGray, gCorners, Size(11, 11), Size(-1, -1),
                TermCriteria(cv::TermCriteria::EPS + cv::TermCriteria::MAX_ITER, 30, 0.1));

            //为了可视化,把当前图像的交叉点检测结果画在图像上,显示出来,停留 1000
            Mat iImageTemp = iImage.clone();
            for (int j = 0; j < gCorners.size(); j++)
            {
                //在图像上画出交叉点
                circle(iImageTemp, gCorners[j], 10, Scalar(0, 0, 255), 2, 8, 0);
            }
            cv::imshow("corners", iImageTemp);
            cv::waitKey(1000);

            //把从当前图像上检测到的交叉点放入 gAllCorners,相应的图像放入 gImages
            gAllCorners.push_back(gCorners);
            gImages.push_back(iImage);
            strValidImgFileNames.push_back(aImageFileName);
        }
    }

    //nImageCount,能正确进行交叉点检测的图像的个数
    nImageCount = gImages.size();
    cout << "能成功进行交叉点检测的图像的个数为" << nImageCount << endl;

    //生成标定板交叉点的三维坐标 gObjectPoints,
    //每张图像的交叉点 vector(54 个三维坐标向量)构成 gObjectPoints 的一个元素
    //iSquareSize,标定板每个 block 的尺寸
    Size iSquareSize = Size(50, 50); //每个标定板方块的物理尺寸,我们的情况为 50mm * 50mm
    vector<vector<Point3f>> gObjectPoints;
    gObjectPoints.clear();

    //gPointsCount 是个向量,其维度为 nImageCount,每个元素表示这张图像的交叉点的个数
    vector<int> gPointsCount;
    //Generate 3d points.
    for (int t = 0; t < nImageCount; t++)
    {
        //gTempPointSet 存储的是第 t 张标定板图像上所有交叉点的世界三维坐标
        vector<Point3f> gTempPointSet;
        for (int i = 0; i < iPatternSize.height; i++)
        {
            for (int j = 0; j < iPatternSize.width; j++)
            {
                Point3f iTempPoint;
                iTempPoint.x = i * iSquareSize.width;
                iTempPoint.y = j * iSquareSize.height;
                iTempPoint.z = 0;
                gTempPointSet.push_back(iTempPoint);
            }
        }
        gObjectPoints.push_back(gTempPointSet);
    }
```

```
    //记录每一张标定板图像上的交叉点个数,对本书的例子来说都是54
    for (int i = 0; i < nImageCount; i++)
    {
        gPointsCount.push_back(iPatternSize.width * iPatternSize.height);
    }

    Size iImageSize = gImages[0].size();               //图像分辨率
    int flags = 0;
    flags |= cv::fisheye::CALIB_RECOMPUTE_EXTRINSIC;
    flags |= cv::fisheye::CALIB_CHECK_COND;
    flags |= cv::fisheye::CALIB_FIX_SKEW;
    cout << "开始标定\n";
    fisheye::calibrate(gObjectPoints, gAllCorners, iImageSize, mIntrinsicMatrix, mDistortion,
        gRotationVectors, gTranslationVectors, flags,
        cv::TermCriteria(TermCriteria::COUNT + TermCriteria::EPS, 500, 1e-10));
    cout << "标定成功!\n";

    //根据相机参数,计算交叉点的重投影误差
    cout << "计算交叉点的重投影误差 - " << endl;
    double nTotalError = 0.0;
    vector<Point2f> gImagePoints;                       //存储标定板交叉点的投影像素坐标

    vector<double> gErrorVec; //其每个元素为每张标定板图像上所有交叉点重投影误差的平均值
    gErrorVec.reserve(nImageCount);
    for (int i = 0; i < nImageCount; i++)
    {
        //gTempPointSet,世界坐标系下当前标定板交叉点的三维坐标
        vector<Point3f> gTempPointSet = gObjectPoints[i];
        //根据相机内参数以及当前标定板外参数,计算该标定板上的交叉点在成像平面上的投影
//gImagePoints
        fisheye::projectPoints(gTempPointSet, gImagePoints,
            gRotationVectors[i], gTranslationVectors[i], mIntrinsicMatrix, mDistortion);

        vector<Point2f> gTempImagePoint = gAllCorners[i];
                                             //当前标定板图像中图像空间中交叉点坐标
        //计算观察到的图像空间中交叉点的像素坐标 gTempImagePoint 与
        //根据相机参数计算出来的交叉点重投影像素坐标 gImagePoints 之间的重投影误差
        Mat mTempImagePointMat = Mat(1, gTempImagePoint.size(), CV_32FC2);
        Mat mImagePoints2Mat = Mat(1, gImagePoints.size(), CV_32FC2);
        for (size_t i = 0; i != gTempImagePoint.size(); i++)
        {
          mImagePoints2Mat.at<Vec2f>(0, i) = Vec2f(gImagePoints[i].x, gImagePoints[i].y);
          mTempImagePointMat.at<Vec2f>(0, i) = Vec2f(gTempImagePoint[i].x, gTempImagePoint[i].y);
        }
        //计算两个向量之间误差的二范数
        double nError = norm(mImagePoints2Mat, mTempImagePointMat, NORM_L2);
        nTotalError += nError /= gPointsCount[i];
        gErrorVec.push_back(nError);
        cout << strValidImgFileNames[i] << "的重投影误差为" << nError << endl;
    }
    cout << "平均重投影误差为 " << nTotalError / nImageCount << endl;

    cout << "测试一个图像的去畸变效果..." << endl;
    Mat iTestImage = gImages[0];
    Mat undistortedTestImg = iTestImage.clone();
    cv::fisheye::undistortImage(iTestImage, undistortedTestImg, mIntrinsicMatrix, mDistortion,
mIntrinsicMatrix);
    cv::imshow("original", iTestImage);
```

```
    cv::waitKey(0);
    cv::imshow("undistortImage", undistortedTestImg);
    cv::waitKey(0);

    cout << "保存相机参数到本地文件 " << endl;
    camParamsFile << "intrinsic_matrix" << mIntrinsicMatrix;
    camParamsFile << "distortion_coefficients" << mDistortion;

    camParamsFile.release();
    cv::destroyAllWindows();
    return 0;
}
```

P.6 基于 Matlab 的线性 SVM 和非线性 SVM

程序"\chapter-14-SVM\soft-margin svm"基于仿真数据示范了线性 SVM 的工作方式，运行该程序后会生成类似于图 14-7 所示的结果。其脚本文件 mySVM. m 的内容如下。

\chapter-14-SVM\soft-margin svm\mySVM. m 中的代码：

```
% 软间隔 SVM,基于凸二次规划求解的实现
% 随机模拟一些点作为训练数据
random = unifrnd( - 1,1,50,2);
% 随机生成两组 2 维数据
group1 = ones(50,2) + random;
group1(50,:) = [4,5];
group2 = 3.5 * ones(50,2) + random;
group2(50,:) = [1,0.1];

C = 3; % 式 14 - 25 中的 C
% X 存储样本的特征,每行一个样本,前 50 个是 group1,后 50 个是 group2
X = [group1;group2];
% 形成带 label 的数据集
data = [group1, - 1 * ones(50,1);group2,1 * ones(50,1)];
y = data(:,end); % 训练数据的 label

% 用 quadprog 函数求解式(14 - 35),该目标函数的形式写成标准二次规划问题的形式就是
% 式(14 - 20)
% Matlab 中 quadprog 函数能求解的二次规划问题的形式如下(请对照式(14 - 20)和式(14 - 35))
% min 0.5 * x' * Q * x + q' * x, subject to: A * x <= b, Aeq * x = beq, lb <= x <= ub
% 需要根据我们的问题(式(14 - 35))构造 Q,q,A,b,Aeq,beq,lb 和 ub
Q = zeros(length(X),length(X)); % 构造 Q,见式(14 - 20)。
for i = 1:length(X)
    for j = 1:length(X)
        Q(i,j) = X(i,:) * (X(j,:))' * y(i) * y(j);
    end
end
q = - 1 * ones(length(X),1); % 二次函数中的 q
% 由于式(14 - 35)中没有形如 A * x <= b 的不等式约束,所以将 A 和 b 都置为空集
A = [];
b = [];
% 基于式(14 - 35)中的等式约束来构造 Aeq 和 beq
Aeq = y';
beq = zeros(1,1);
% 基于式(14 - 35)中的 box 约束来构造 lb 和 ub
lb = zeros(length(X),1);
ub = ones(length(X),1) * C;
% 求解二次规划问题,得到解 alpha
```

```
[alpha,fval] = quadprog(Q, q, A, b, Aeq,beq,lb,ub);

% 把太小的 alpha 分量直接置为 0
tooSmallIndex = alpha < 1e - 04;
alpha(tooSmallIndex) = 0;

% 下面计算最优分类超平面参数 w 和 b
w = 0;
sumPartInb = 0; % 式(14 - 37)中,计算 b 时,求和的部分
% 找到支持向量,alpha 为 0 的分量所对应的样本就是支持向量,
% 这是根据 KKT 条件得到的,见式(14 - 40)
svIndices = find(alpha~ = 0);
% 找到一个不为 0 的 alpha 分量的下标,见命题 14.2
j = svIndices(1);
% 根据式(14 - 36)和式(14 - 37)计算 w * 和 b *
for i = 1:length(svIndices)
    w = w + alpha(svIndices(i)) * y(svIndices(i)) * X(svIndices(i),:)';
    sumPartInb = sumPartInb + ...
        alpha(svIndices(i)) * y(svIndices(i)) * (X(svIndices(i),:) * X(j,:)');
end
b = y(j) - sumPartInb;

% 画出点以及对应的超平面
figure
gscatter(X(:,1),X(:,2),y);                                  % 绘制散点图
supportVecs = X(svIndices,:);
hold on
plot(supportVecs(:,1),supportVecs(:,2),'ko','MarkerSize',10) % 圈出支持向量

hold on
k = - w(1)./w(2);                                           % 将直线改写成斜截式便于作图
bb = - b./w(2);
xx = 0:4;
yy = k. * xx + bb;
plot(xx,yy,'-')
hold on
yy = k. * xx + bb + 1./w(2);
plot(xx,yy,'--')
hold on
yy = k. * xx + bb - 1./w(2);
plot(xx,yy,'--')
title('support vector machine')
xlabel('dimension1')
ylabel('dimension2')
legend('group1','group2','support vector','separating hyperplane')
```

程序"\chapter-14-SVM\RBF-kernel svm"基于仿真数据示范了基于核技巧的非线性SVM的工作方式，运行该程序后会生成类似于图14-9所示的结果。

\chapter-14-SVM\soft-margin svm\mySVM.m 中的代码：

```
% 对于非线性分类问题,可通过非线性 SVM 来进行分类
% 示范 RBF 核函数的使用
rng(1);                                   % For reproducibility
r = sqrt(0.5 * rand(100,1));              % Radius
t = 2 * pi * rand(100,1);                 % Angle
data1 = [r. * cos(t), r. * sin(t)];       % Points
r2 = sqrt(3 * rand(100,1) + 1);           % Radius
t2 = 2 * pi * rand(100,1);                % Angle
```

```
data2 = [r2. * cos(t2), r2. * sin(t2)];                          % points

figure;
plot(data1(:,1),data1(:,2),'r.','MarkerSize',15)
hold on
plot(data2(:,1),data2(:,2),'b.','MarkerSize',15)
axis equal
hold off
data3 = [data1;data2];                                           %形成样本集,一共 200 个样本
%theclass, 类标集合,一共 200 个类标
theclass = ones(200,1);
theclass(1:100) = -1;

%训练 SVM 分类器,用 RBF 核函数
cl = fitcsvm(data3,theclass,'KernelFunction','rbf', 'BoxConstraint',...
    Inf,'ClassNames',[-1,1]);
%以 0.02 为分辨率,用训练好的 SVM 分类模型 cl 对每个平面点进行分类预测
%要得到平面上每个预测点处的分类响应值 scores,主要目的是为了可视化出分隔曲线
d = 0.02;
[x1Grid,x2Grid] = meshgrid(min(data3(:,1)):d:max(data3(:,1)), ...
    min(data3(:,2)):d:max(data3(:,2)));
xGrid = [x1Grid(:),x2Grid(:)];
[~,scores] = predict(cl,xGrid);

%画出数据分布散点图,并画出决策分类面
figure;
h(1:2) = gscatter(data3(:,1),data3(:,2),theclass,'rb','.');
hold on
h(3) = plot(data3(cl.IsSupportVector,1),data3(cl.IsSupportVector,2),...
    'linestyle','none','markersize', 8, 'marker', 'o', 'MarkerEdgeColor','k');
%scores 的等高线绘制,参数[0 0]表示只绘制 scores 为 0 处的等高线
contour(x1Grid,x2Grid,reshape(scores(:,2),size(x1Grid)),[0 0],'k');
legend(h,{'-1','+1','Support Vectors'});
axis equal
hold off
```

P.7 从实时视频流输入中进行目标检测

在配置好 YOLOv8(根目录为\ultralytics-main)之后,可在\ultralytics-main 目录下创建 python 程序文件 detectwithvisualization. py 文件,对手机摄像头传回来的实时画面进行目标检测,并可视化检测结果。

\chapter-15-YOLO\For-yolov8\detectwithvisualization. py 中的代码:

```
import cv2
from ultralytics import YOLO

#读入 yolov8n 目标检测模型
model = YOLO('yolov8n.pt')

#打开流媒体文件,这里的 IP 地址需要修改为读者自己 IP 摄像头的网络地址
video_path = "http://admin:admin@100.74.51.129:8081"
cap = cv2.VideoCapture(video_path)

while cap.isOpened():
    # 读取当前视频帧
    success, frame = cap.read()
    if success:
```

```
        # 对当前帧进行目标检测
        results = model(frame)

        # 对检测结果进行可视化
        annotated_frame = results[0].plot()

        # 通过 OpenCV 可视化组件显示出来
        cv2.imshow("YOLOv8 Inference", annotated_frame)

        # 按 q 键退出程序
        if cv2.waitKey(1) & 0xFF == ord("q"):
            break
    else:
        break
cap.release()
cv2.destroyAllWindows()
```

P.8 双目相机系统外参标定

“\chapter-17-stereo\matlab-calibration-theory”程序示范了双目相机标定、校正化双目系统构建及校正化图像生成技术，其实现方式与本书理论内容完全一一对应。其中的双目相机标定部分主要涉及两个文件：go_calib_stereo. m 和 load_stereo_calib_files. m。go_calib_stereo. m 是完成双目标定任务的主文件；load_stereo_calib_files. m 除了完成调入两个相机内参的任务外，还完成了根据两个相机在三维世界坐标系下的外参估计双目外参以及初始化双目外参的任务。这两个文件的核心代码展示如下。

\chapter-17-stereo\matlab-calibration-theory\go_calib_stereo. m 代码片段：

```
%读入左右两个相机的内参数
%在左右目相机进行单目标定时,也保存了它们相对于世界坐标系的外参
%从一组左右目相机相对于世界坐标系的外参,可以估计出一个双目外参(轴角,平移向量)
%这样,一共会估计出 14(14 是本例双目图像组数)组双目外参,然后取它们的中值,
%作为双目外参优化过程中双目外参的初始值
%所用标定板上交叉点数为 54 个,共拍摄 14 组双目图像
load_stereo_calib_files;
fprintf(1,'Gradient descent iterations: ');

MaxIter = 100;          %优化时的最大迭代次数
change = 1;             %记录两次迭代外参向量差异的模,如果差异很小则迭代停止
iter = 1;               %记录已经经过的迭代次数

while (change > 1e-11)&&(iter <= MaxIter)
    fprintf(1,'%d...',iter);
    J = [];             %误差函数项所组成的向量函数的雅可比矩阵
    e = [];             %误差项

    %param, 优化变量
    %(om,T),双目系统外参,其初始值已经在 load_stereo_calib_files 步骤中初始化好
    param = [om;T];

    for kk = 1:n_ima    %n_ima 是双目图像对的个数,在本例中为 14
        %Xckk,标定板所确定的世界坐标系下,标定板交叉点的世界坐标,dim(Xckk) = 3*54
        %(omckk,Tckk),拍摄第 kk 组双目图像时,左目相机相对于世界坐标系的外参
        %xlkk,标定板三维交叉点所对应的左图像上的像素点坐标,dim(xlkk) = 2*54
        eval(['Xckk = X_left_' num2str(kk) ';']);
        eval(['omckk = omc_left_' num2str(kk) ';']);
```

```
eval(['Tckk = Tc_left_' num2str(kk) ';']);
eval(['xlkk = x_left_' num2str(kk) ';']);

% 对于右目相机来说,只需要交叉点的二维像素坐标
% xrkk,标定板交叉点所对应的右图像上的像素点坐标,dim(xrkk) = 2 * 54
eval(['xrkk = x_right_' num2str(kk) ';']);

% 左目相机相对于世界系的外参(omckk,Tckk),也作为待优化变量
param = [param;omckk;Tckk];

% Nckk, 标定板上交叉点的个数,54 个
Nckk = size(Xckk,2);

% Jkk 是与第 kk 个双目图像对关联的 Jocobian 矩阵块,ekk 是相应的误差
% 每个交叉点会产生 2 个误差项(左右双目),而每个误差项实际上包含了 2 行(像素是 2 维的),
% 因此,第 kk 组双目图像形成的 Jkk 矩阵的行数是 2 * 2 * Nckk = 4 * Nckk
% Jkk 的列数是待优化变量的维度,优化变量是双目外参(om,T),这是 6 个维度;
% 拍摄每一组双目图像时,左目相机在世界系下的外参(omckk,Tckk)也是 6 个维度,共 n_ima 组;
% 因此,优化变量维度总计是 6 + n_ima * 6 = (1 + n_ima) * 6
% ekk,是与 kk 组双目图像所关联的误差函数项所组成的向量函数的值
Jkk = sparse(4 * Nckk, (1 + n_ima) * 6);
ekk = zeros(4 * Nckk,1);

% 根据第 kk 个左目相机的内参和外参,把世界三维点 Xckk 投影到左目相机成像平面上(结果为 xl),
% 计算与左目相机观测像素点的坐标误差 ekk,并计算雅可比矩阵块 Jkk
% dim(xl) = 2 * 54, dim(dxldomckk) = 108 * 3, dim(dxldTckk) = 108 * 3
% 标定板交叉点数为 54,因此与左目图像关联的误差项有 108 个
% dxldomckk,误差项对第 kk 个相机在世界坐标系下的轴角的导数
% dxldTckk,误差项对第 kk 个相机在世界坐标系下的平移向量的导数
[xl,dxldomckk,dxldTckk,~,~,~,~] = ...
     project_points2(Xckk,omckk,Tckk,fc_left,cc_left,kc_left,alpha_c_left);

% 计算与左目关联的投影像素点位置与观测像素点位置的误差
% xlkk(:)与 xl(:)是 108 维向量
ekk(1:2 * Nckk) = xlkk(:) - xl(:);

% 填充 Jkk 中与左目相机有关的内容,即误差项对左目相机 kk 的外参导数
Jkk(1:2 * Nckk,6 * (kk - 1) + 7:6 * (kk - 1) + 7 + 2) = sparse(dxldomckk);
Jkk(1:2 * Nckk,6 * (kk - 1) + 7 + 3:6 * (kk - 1) + 7 + 5) = sparse(dxldTckk);

% 根据双目外参(om,T)和左目世界系外参(omckk,Tckk)写出右目世界系外参的表达(omr,Tr)
% 根据公式(17 - 8),Rr = RRl, tr = Rtl + t

[omr,Tr,domrdomckk,domrdTckk,domrdom,domrdT,dTrdomckk,dTrdTckk,dTrdom,dTrdT] = ...
     compose_motion(omckk,Tckk,om,T);

% 根据当前右目相机的内参和外参,把世界三维点投影到右目相机成像平面上(结果为 xr),
% 并计算 Jacobian
[xr,dxrdomr,dxrdTr,dxrdfr,dxrdcr,dxrdkr,dxrdalphar] = ...
    project_points2(Xckk,omr,Tr,fc_right,cc_right,kc_right,alpha_c_right);
ekk(2 * Nckk + 1:end) = xrkk(:) - xr(:); % 计算投影像素点位置与观测像素点位置的误差,
                                         % 并拉成一列(108 维)

% 误差项对双目外参(om,T)的导数
dxrdom = dxrdomr * domrdom + dxrdTr * dTrdom;
dxrdT = dxrdomr * domrdT + dxrdTr * dTrdT;
% 根据链式求导法则,计算误差项对左目相机世界系外参(omckk,Tckk)的导数
dxrdomckk = dxrdomr * domrdomckk + dxrdTr * dTrdomckk;
dxrdTckk = dxrdomr * domrdTckk + dxrdTr * dTrdTckk;
```

```
        % 填充 Jkk 中与双目外参有关的部分
        Jkk(2 * Nckk + 1:end,1:3) = sparse(dxrdom);
        Jkk(2 * Nckk + 1:end,4:6) = sparse(dxrdT);

        % 填充 Jkk 中与左目相机世界系外参有关的部分
        Jkk(2 * Nckk + 1:end,6 * (kk - 1) + 7:6 * (kk - 1) + 7 + 2) = sparse(dxrdomckk);
        Jkk(2 * Nckk + 1:end,6 * (kk - 1) + 7 + 3:6 * (kk - 1) + 7 + 5) = sparse(dxrdTckk);

        % 将当前第 kk 个双目图像对所形成的 Jacobian 项接到整体 J 后面
        % 将当前第 kk 个双目图像对所形成的误差项接到整体误差项 e 后面
        J = [J;Jkk];
        e = [e;ekk];
    end

    J2 = J' * J;
    J2_inv = inv(J2);

    % 牛顿法求解非线性最小二乘问题,公式(9 - 15)求得本轮优化变量更新量
    param_update = J2_inv * J' * e;
    % 完成本轮优化变量更新
    param = param + param_update;

    om_old = om;              % om_old, 当前双目之间的旋转(轴角)
    T_old = T;                % T_old, 当前双目之间的平移

    om = param(1:3);          % 完成更新之后的双目之间的旋转(轴角)
    T = param(4:6);           % 完成更新之后的双目之间的平移

    % 完成更新之后的左目相机在世界坐标系下的外参
    for kk = 1:n_ima
        omckk = param(6 * (kk - 1) + 7:6 * (kk - 1) + 7 + 2);
        Tckk = param(6 * (kk - 1) + 7 + 3:6 * (kk - 1) + 7 + 5);
        eval(['omc_left_' num2str(kk) ' = omckk;']);
        eval(['Tc_left_' num2str(kk) ' = Tckk;']);
    end

    % 计算与上一次的外参相比,变化量有多大
    change = norm([T;om] - [T_old;om_old])/norm([T;om]);
    iter = iter + 1;
end

R = rodrigues(om);
fprintf(1,'done\n');
```

\chapter-17-stereo\matlab-calibration-theory\load_stereo_calib_files.m 代码片段：

```
% 该函数读入左右目相机的内参数以及它们相对于世界坐标系的外参(拍摄每张图像时,相机有一个外参)
% 由每组左右目相机的世界系下的外参估计出双目外参,这样一共会有 m 组(双目图像对数)双目外参,
% 取它们的中值作为双目外参的初始值

% 存储左右目相机内参的本地文件
% 实际上读入的数据不单单只是相机内参,还有标定内参时的相关数据,包括标定板交叉点的世界坐
% 标,交叉点在图像上投影像素点坐标,相机
% 在拍摄每组图像时相对于世界坐标系的外参
dataDir = '.\stereo_example\';
calib_file_name_left = [dataDir 'Calib_Results_left.mat'];
calib_file_name_right = [dataDir 'Calib_Results_right.mat'];
```

```
% 读入左目相机参数
load(calib_file_name_left);

fc_left = fc;                    % 左目焦距,2 * 1 向量
cc_left = cc;                    % 左目主点,2 * 1 向量
kc_left = kc;                    % 左目镜头畸变系数,5 * 1 向量
alpha_c_left = alpha_c;          % 左目扭曲系数,scalar
KK_left = KK;                    % 左目内参矩阵,3 * 3

% 存储左目相机在拍摄每组双目图像时标定板交叉点在该左目相机坐标系下的坐标,以及
% 该相机在世界坐标系下的外参(旋转向量与平移向量)
X_left = [];
om_left_list = [];
T_left_list = [];

for kk = 1:n_ima                 % n_ima,双目图像对数,本例为 14
    eval(['Xkk = X_' num2str(kk) ';']);
    eval(['omckk = omc_' num2str(kk) ';']);
    eval(['Rckk = Rc_' num2str(kk) ';']);
    eval(['Tckk = Tc_' num2str(kk) ';']);

    N = size(Xkk,2);             % N,标定板上交叉点个数,本例为 54
    % Xkk, 3 * 54,每一列为一个交叉点世界坐标
    % (Rckk,Tckk),左目相机在拍摄第 kk 组照片时的世界外参,omckk 为 Rckk 对应的轴角
    % Xckk,3 * 54,标定板上交叉点在第 kk 次拍摄图像时在左目相机坐标系下的坐标
    Xckk = Rckk * Xkk + Tckk * ones(1,N);
    % 记录拍摄第 kk 组双目图像时,左目相机坐标系下交叉点的坐标和左目相机世界外参
    X_left = [X_left Xckk];
    om_left_list = [om_left_list omckk];
    T_left_list = [T_left_list Tckk];
end
% 运行到这里时,dim(X_left) = 3 * 756(54 * 14), dim(om_left_list) = 3 * 14, dim(T_left_list) = 3 * 14

% 调入右目相机参数
load(calib_file_name_right);
fc_right = fc;                   % 右目焦距,2 * 1 向量
cc_right = cc;                   % 右目主点,2 * 1 向量
kc_right = kc;                   % 右目畸变系数,5 * 1 向量
alpha_c_right = alpha_c;         % 右目扭曲系数,scalar
KK_right = KK;                   % 右目内参矩阵,3 * 3

% 存储右目相机在拍摄每组双目图像时标定板交叉点在该右目相机坐标系下的坐标,以及
% 该相机在世界坐标系下的外参(旋转向量与平移向量)
X_right = [];
om_right_list = [];
T_right_list = [];

for kk = 1:n_ima                 % n_ima,双目图像对数,本例为 14
    eval(['Xkk = X_' num2str(kk) ';']);
    eval(['omckk = omc_' num2str(kk) ';']);
    eval(['Rckk = Rc_' num2str(kk) ';']);
    eval(['Tckk = Tc_' num2str(kk) ';']);

    N = size(Xkk,2);             % N,标定板上交叉点个数,本例为 54

    % Xkk, 3 * 54,每一列为一个交叉点世界坐标
    % (Rckk,Tckk),右目相机在拍摄第 kk 组照片时的世界外参,omckk 为 Rckk 的轴角表示
    % Xckk,3 * 54,标定板上交叉点在第 k 次拍摄图像时在右目相机坐标系下的坐标
    Xckk = Rckk * Xkk + Tckk * ones(1,N);
```

```
    %记录拍摄第 kk 组双目图像时,右目相机坐标系下交叉点的坐标和右目相机世界外参
    X_right = [X_right Xckk];
    om_right_list = [om_right_list omckk];
    T_right_list = [T_right_list Tckk];
end
% 运行到这里时,dim(X_right) = 3 * 756(54 * 14), dim(om_right_list) = 3 * 14, dim(T_right_list) =
3 * 14

% 每次拍摄一组双目图像时,根据左右目相机在世界系下的外参都可以计算出一组双目外参
% 把这些双目外参存储为列表形式
om_ref_list = [];
T_ref_list = [];
for ii = 1:size(om_left_list,2) % size(om_left_list,2) = 14
    % (R_ref,T_ref),双目系统外参,计算方式对应于公式(17-8)
    R_ref = rodrigues(om_right_list(:,ii)) * rodrigues(om_left_list(:,ii))';
    T_ref = T_right_list(:,ii) - R_ref * T_left_list(:,ii);
    om_ref = rodrigues(R_ref);              %将旋转矩阵转换为轴角向量

    %将根据左右目相机在世界系下的外参估算出的双目外参存储为列表形式
    om_ref_list = [om_ref_list om_ref];
    T_ref_list = [T_ref_list T_ref];
end
% 运行到这里时,dim(om_ref_list) = 3 * 14, dim(T_ref_list) = 3 * 14

% 把双目外参最终的初始值估计为所有双目外参估计值的中值
om = median(om_ref_list,2);
T = median(T_ref_list,2);

R = rodrigues(om);                         %将轴角 om 转换为对应的旋转矩阵

% 重新读入左右目相机内参数,初始化几个参量值,为接下来的迭代优化做准备
% X_left_i,拍摄第 i 组双目图像时,标定板上交叉点的世界坐标
% x_left_i,拍摄第 i 组双目图像时,标定板上交叉点在左目图像上的像素投影
% X_right_i,拍摄第 i 组双目图像时,标定板上交叉点的世界坐标
% x_right_i,拍摄第 i 组双目图像时,标定板上交叉点在右目图像上的像素投影
% omc_left_i,拍摄第 i 组双目图像时,左目相机在世界系下的外参中的轴角
% Rc_left_i,拍摄第 i 组双目图像时,左目相机在世界系下的外参中的旋转矩阵
% Tc_left_i,拍摄第 i 组双目图像时,左目相机在世界系下的外参中的平移向量
% omc_left_i、Tc_left_i、om 和 T,接下来双目系统标定优化过程中的待优化变量
load(calib_file_name_left);
for kk = 1:n_ima
     eval(['X_left_' num2str(kk) ' = X_' num2str(kk) ';']);
     eval(['x_left_' num2str(kk) ' = x_' num2str(kk) ';']);
     eval(['omc_left_' num2str(kk) ' = omc_' num2str(kk) ';']);
     eval(['Rc_left_' num2str(kk) ' = Rc_' num2str(kk) ';']);
     eval(['Tc_left_' num2str(kk) ' = Tc_' num2str(kk) ';']);
end
load(calib_file_name_right);
for kk = 1:n_ima
     eval(['X_right_' num2str(kk) ' = X_' num2str(kk) ';']);
     eval(['x_right_' num2str(kk) ' = x_' num2str(kk) ';']);
end
```

P.9 校正化双目系统构建及校正化图像生成

“\chapter-17-stereo\matlab-calibration-theory”程序中的 rectify_stereo_pair. m 脚本可以根据物理双目系统的内外参来构建与之对应的校正化双目系统，并将由物理双目系统所拍摄

的双目图像映射到校正化双目相机的成像平面上，得到逐行对齐的校正化双目图像。rectify_stereo_pair.m 是主文件，它还调用了另一个核心文件（函数）rect_index.m，该文件用于计算从校正化图像平面到物理双目系统所拍摄的原始图像的坐标映射表。这两个文件的核心代码展示如下。

\chapter-17-stereo\matlab-calibration-theory\rectify_stereo_pair.m 代码片段：

```
%该代码可根据双目系统的内外参数来构建校正化双目系统,并将由物理双目系统所拍摄的
%双目图像映射到校正化双目相机的成像平面上,得到逐行对齐的校正化双目图像
%运行本代码之前,必须要成功运行 go_calib_stereo.m,来得到本代码所需要的 Matlab 工作区变量

%om 是双目系统外参中的旋转部分,以轴角表达,将其转换成旋转矩阵 R
R = rodrigues(om);

%对应于书中构建 Calign-l 和 Calign-r 坐标系的部分
r_r = rodrigues(-om/2);          %对应于书中 rodrigues(-d/2)
r_l = r_r';                      %对应于书中 rodrigues(d/2)
%t 为基线向量,对应于书中 t',T 是双目外参中的平移部分
t = -r_r * T;
% uu 对应于书中 u
uu = [1;0;0];
%ww,对应于书中 w
ww = cross(t,uu);
ww = ww/norm(ww);
%此时的 ww 对应于书中 w*theta
ww = acos(abs(dot(t,uu))/(norm(t) * norm(uu))) * ww;
R2 = rodrigues(ww);              %对应于书中 rodrigues(w*theta)

% R_R,对应于书中 Rrect-r
% R_L,对应于书中 Rrect-l
R_R = R2 * r_r;
R_L = R2 * r_l;

%校正化双目系统的外参,旋转矩阵 R_new 为单位矩阵,对应的轴角 om_new 为零向量
%T_new,校正化双目系统外参中的平移部分,对应于教材中 trect
R_new = eye(3);
om_new = zeros(3,1);
T_new = R_R*T;

%设置校正化双目相机的焦距以及主点坐标
fc_new = min(min(fc_left),min(fc_right));
fc_left_new = round([fc_new;fc_new]);
fc_right_new = round([fc_new;fc_new]);
cc_left_new = [(cc_left(1) + cc_right(1))/2; (cc_left(2) + cc_right(2))/2];
cc_right_new = cc_left_new;

% 左右校正相机的内参矩阵
KK_left_new = [fc_left_new(1) 0 cc_left_new(1);...
               0 fc_left_new(2) cc_left_new(2);...
               0 0 1];
KK_right_new = [fc_right_new(1) 0 cc_right_new(1);...
                0 fc_right_new(2) cc_right_new(2);...
                0 0 1];

%左右校正化相机畸变系数都为 0
kc_left_new = zeros(5,1);
kc_right_new = zeros(5,1);
```

```
% ind_new_left,Irect_l 中会在 Il 上有对应像素位置的合法像素位置索引
% ind_1_left,ind_2_left,ind_3_left,ind_4_left: 对于 Irect_l 每一个位置来说,
% 它在 Il 映射位置处的四个整数位置上的邻居的位置索引
% a1_left,a2_left,a3_left,a4_left: 4 个邻居的对应权重
[ind_new_left,ind_1_left,ind_2_left,ind_3_left,ind_4_left,a1_left,a2_left,a3_left,a4_left]
= ...
    rect_index(zeros(ny,nx),R_L,fc_left,cc_left,kc_left,KK_left_new);
[ind_new_right,ind_1_right,ind_2_right,ind_3_right,ind_4_right,a1_right,a2_right,a3_right,
a4_right] = ...
    rect_index(zeros(ny,nx),R_R,fc_right,cc_right,kc_right,KK_right_new);
```

\chapter-17-stereo\matlab-calibration-theory\rect_index.m 代码片段：

```
function [ind_new,ind_1,ind_2,ind_3,ind_4,a1,a2,a3,a4] = rect_index(I,R,f,c,k,KK_new)
% 为与书中内容对应,在以下注释中,相机都默认为是左目相机
% 对于右目相机来说,过程是完全相同的
% 输入:
% I,待填充的校正化左目图像,对应于书中 Irect_l
% R,左目校正旋转矩阵,对应于书中 Rrect - l
% f,c,k: 物理左目相机 Caml 的焦距、主点坐标以及畸变系数向量
% KK_new: 左目校正化相机内参矩阵,对应于书中 Krect
% 输出:
% ind_new: Irect_l 中会在 Il 上有对应像素位置的合法像素位置索引
% ind_1,ind_2,ind_3,ind_4: 对于 Irect_l 每一个位置来说,
% 它在 Il 映射位置处的四个整数位置上的邻居的位置索引
% a1,a2,a3,a4: 4 个邻居的对应权重

% nr,nc,校正化左目图像的行数和列数
[nr,nc] = size(I);
[mx,my] = meshgrid(1:nc, 1:nr);
% px, py 中存放的是校正化左目图像每个像素点的坐标
% nc * nr,像素点个数,本例中为 307200
px = reshape(mx',nc * nr,1);
py = reshape(my',nc * nr,1);
% [(px - 1)';(py - 1)';ones(1,length(px))],
% 是校正化左目图像上像素位置的规范化齐次坐标
% rays,每个像素点所对应的 Camrect - l 归一化成像平面上点的齐次坐标
% 也是这些点在 Crect - l 坐标系下的三维坐标
% dim(rays) = 3 * 307200
rays = inv(KK_new) * [(px - 1)';(py - 1)';ones(1,length(px))];

% R',就是 inv(Rrect - l)
% rays2,这是在 Cl 坐标系下的三维点
% dim(rays2) = 3 * 307200
rays2 = R' * rays;
% x,这是转换到了 Cl 下的归一化成像平面
% dim(x) = 2 * 307200
x = [rays2(1,:)./rays2(3,:);rays2(2,:)./rays2(3,:)];
% xd,对 x 施加物理左目相机 Caml 的畸变操作结果
% dim(xd) = 2 * 307200
xd = apply_distortion(x,k);

% 从归一化成像平面坐标转换成像素坐标
px2 = f(1) * xd(1,:) + c(1);
py2 = f(2) * xd(2,:) + c(2);

% 判断索引到 Il 的坐标是否超出了 Il 的边界,若超出边界,则原始 Irect_l 上对应
% 像素位置就不再填充了
px_0 = floor(px2);
```

```
py_0 = floor(py2);
good_points = find((px_0 >= 0) & (px_0 <= (nc - 2)) & (py_0 >= 0) & (py_0 <= (nr - 2)));

% 接下来为双线性插值准备,对于(px2,py2)定义的每个点,要确定
% 出它的 4 个邻居,并计算出 4 个邻居的相应权重
px2 = px2(good_points);
py2 = py2(good_points);
px_0 = px_0(good_points);
py_0 = py_0(good_points);

alpha_x = px2 - px_0;
alpha_y = py2 - py_0;

a1 = (1 - alpha_y). * (1 - alpha_x);
a2 = (1 - alpha_y). * alpha_x;
a3 = alpha_y . * (1 - alpha_x);
a4 = alpha_y . * alpha_x;

ind_1 = px_0 * nr + py_0 + 1;
ind_2 = (px_0 + 1) * nr + py_0 + 1;
ind_3 = px_0 * nr + (py_0 + 1) + 1;
ind_4 = (px_0 + 1) * nr + (py_0 + 1) + 1;

ind_new = (px(good_points) - 1) * nr + py(good_points);
return
```

P.10 读入双目外参计算视差图及点云

“\chapter-17-stereo\matlab-stereo\main. m”脚本可以导入双目外参数据，对同一双目系统拍摄的双目图像计算视差图并进一步计算出点云。

\chapter-17-stereo\matlab-stereo\main. m 代码片段：

```
% 读入双目系统参数
stereoParams = load('stereoParams.mat');
stereoParams = stereoParams.stereoParams;

% 可视化双目系统外参
showExtrinsics(stereoParams);

% 从双目图像对中选择一对,计算它的视差图以及点云
path = '.\stereo - imgs\';
leftImg = imread([path 'test - left\4.jpg']);
rightImg = imread([path 'test - right\4.jpg']);

% 基于双目系统参数,完成左右目图像的校正
% reprojectionMatrix,对应于式(17 - 28)中的矩阵 Q,用于为已知视差的像素点计算其三维空间坐标
[frameLeftRect, frameRightRect, reprojectionMatrix] = rectifyStereoImages(leftImg, rightImg,
stereoParams);

frameLeftGray = im2gray(frameLeftRect);
frameRightGray = im2gray(frameRightRect);

% 计算视差图
disparityMap = disparitySGM(frameLeftGray, frameRightGray);

figure;
imshow(disparityMap, [0, 128]);
```

```
title('Disparity Map');
colormap jet
colorbar

% 基于视差图和投影矩阵 reprojectionMatrix,计算出与左目校正化图像对应的 3D 点云
points3D = reconstructScene(disparityMap, reprojectionMatrix);

% 之前系统中的物理单位使用的都是毫米,现在转换成米
points3D = points3D ./ 1000;
ptCloud = pointCloud(points3D, 'Color', frameLeftRect);
% 将点云存储至本地磁盘
pcwrite(ptCloud,'result.ply','Encoding','ascii');

% 创建一个点云观察器
player3D = pcplayer([-3, 3], [-3, 3], [0, 3], 'VerticalAxis', 'y', ...
    'VerticalAxisDir', 'down');
% 查看所生成的 3D 点云
view(player3D, ptCloud);
```

P.11 基于 C++和 OpenCV 的双目相机系统参数标定

"\chapter-17-stereo\stereoCPP\ stereoCPP \stereoCalib. cpp"程序可完成双目相机系统的外参标定，该程序也示范了如何使用标定得到的双目系统参数来生成校正化左右目逐行对齐的图像。

\chapter-17-stereo\stereoCPP\ stereoCPP \stereoCalib. cpp 代码片段：

```
#include <iostream>
#include <opencv2/opencv.hpp>
#include <iostream>
#include <fstream>
#include <io.h>

using namespace cv;
using namespace std;

//数据存放目录
static string dataDirName = "D:\\Books\\CV-Intro\\code\\chapter-17-stereo\\stereoCPP\\
data\\";

//该函数完成双目系统的标定
static void
StereoCalib(const vector<string>& imagelist, Size boardSize, float squareSize, bool
displayCorners = false, bool useCalibrated = true, bool showRectified = true)
{
    if (imagelist.size() % 2 != 0) //imagelist 中存放的文件路径必须是左右成对的
    {
        cout << "Error: the image list contains odd (non-even) number of elements\n";
        return;
    }

    //存放从图像上检测的交叉点坐标,来自左目图像的交叉点坐标放在一个 vector 中,来自右目
    //图像的交叉点放在另一个 vector 中
    vector<vector<Point2f>> imagePoints[2];
    //标定板上交叉点的世界坐标,世界坐标系由标定板自身建立
    vector<vector<Point3f>> objectPoints;
    Size imageSize;
```

```
int i, j, k, nimages = (int)imagelist.size() / 2;     //标定板双目图像总计有多少对

imagePoints[0].resize(nimages);
imagePoints[1].resize(nimages);
vector<string> goodImageList;

for (i = j = 0; i < nimages; i++)                      //遍历双目图像对
{
    for (k = 0; k < 2; k++)                            //对于每一对双目图像,遍历左右目
    {
        const string& filename = imagelist[i * 2 + k];
        Mat img = imread(filename, 0);
        if (img.empty())
            break;
        if (imageSize == Size())
            imageSize = img.size();
        bool found = false;
        vector<Point2f>& corners = imagePoints[k][j];

        //在图像上进行交叉点检测,检测到的交叉点坐标存入 corners 中
        found = findChessboardCorners(img, boardSize, corners,CALIB_CB_ADAPTIVE_THRESH |
CALIB_CB_NORMALIZE_IMAGE);

        if (displayCorners)                            //是否需要显示交叉点检测结果
        {
            cout << filename << endl;
            Mat cimg, cimg1;
            cvtColor(img, cimg, COLOR_GRAY2BGR);
            drawChessboardCorners(cimg, boardSize, corners, found);

            string filenameforcornerdetectionimage = filename.substr(0, filename.length() -
4) + "_c.jpg";
            cout << "角点图像" << filenameforcornerdetectionimage << endl;
            imwrite(filenameforcornerdetectionimage, cimg);
            imshow(filenameforcornerdetectionimage, cimg);

            cv::waitKey();
            cv::destroyWindow(filenameforcornerdetectionimage);
        }

        //对检测到的角点位置进行进一步亚像素精化
            cornerSubPix(img, corners, Size(11, 11), Size(-1, -1), TermCriteria
(TermCriteria::COUNT + TermCriteria::EPS,30, 0.01));
    }
    if (k == 2) //k = 2 时说明对于当前双目对来说已经处理完了它的左右目,可以把它们的路
                //径存入可用双目对路径列表
    {
        goodImageList.push_back(imagelist[i * 2]);
        goodImageList.push_back(imagelist[i * 2 + 1]);
        j++;
    }
}
cout << j << " pairs have been successfully detected.\n";
nimages = j;            //此时的 nimages 指的是可用的双目图像对
imagePoints[0].resize(nimages);
imagePoints[1].resize(nimages);
objectPoints.resize(nimages);

for (i = 0; i < nimages; i++) //对于每一个双目图像对,构造它的标定板交叉点世界坐标
```

```
    {
        for (j = 0; j < boardSize.height; j++)
            for (k = 0; k < boardSize.width; k++)
                objectPoints[i].push_back(Point3f(k * squareSize, j * squareSize, 0));
    }

    cout << "Running stereo calibration ...\n";                //执行双目标定
    //对左右目相机进行单目内参标定,得到的内参值要作为双目标定过程中各自内参的初始化值;
    //R、T 在后面不会用到
    Mat cameraMatrix[2], distCoeffs[2],R,T;
    double reproj_error = cv::calibrateCamera(objectPoints, imagePoints[0], imageSize, 
cameraMatrix[0], distCoeffs[0], R, T);
    cout << "Calibration error of the left camera:" << reproj_error << endl;
    reproj_error = cv::calibrateCamera(objectPoints, imagePoints[1], imageSize, cameraMatrix
[1], distCoeffs[1], R, T);
    cout << "Calibration error of the right camera:" << reproj_error << endl;

    //保存相机内参,分别是左右目相机的内参矩阵和畸变系数向量
    FileStorage fs(dataDirName + "intrinsics.yml", FileStorage::WRITE);
    if (fs.isOpened())
    {
        fs << "M1" << cameraMatrix[0] << "D1" << distCoeffs[0] << "M2" << cameraMatrix[1] << "D2" 
<< distCoeffs[1];
        fs.release();
    }
    else
        cout << "Error: can not save the intrinsic parameters\n";


    //标定双目系统外参
    Mat E, F;
    double rms = stereoCalibrate(objectPoints, imagePoints[0], imagePoints[1], cameraMatrix[0], 
distCoeffs[0],
        cameraMatrix[1], distCoeffs[1],imageSize, R, T, E, F, CALIB_FIX_INTRINSIC);
    cout << "Calibration error of the stereo:" << rms << endl;

    Mat R1, R2, P1, P2, Q;
    Rect validRoi[2];

    //双目立体校正
    stereoRectify(cameraMatrix[0], distCoeffs[0],cameraMatrix[1], distCoeffs[1],imageSize,
        R, T, R1, R2, P1, P2, Q, CALIB_ZERO_DISPARITY, 1, imageSize, &validRoi[0], &validRoi[1]);
    //R 和 T,双目相机间的外参
    //R1、R2 为本书中所说的(左右)校正旋转矩阵
    //P1,将左校正相机坐标系下的一点投影到左校正化相机像素平面上(坐标为齐次坐标)
    //P2,将左校正相机坐标系下的一点投影到右校正化相机像素平面上(坐标为齐次坐标)
    //P1 和 P2 矩阵含有左右校正化相机的内参信息
    //Q 为从校正化左目图像上一点的信息(像素坐标及视差)计算其所对应的三维空间点坐标的投影
矩阵,对应式(17-38)
    fs.open(dataDirName + "extrinsics.yml", FileStorage::WRITE);
    if (fs.isOpened())
    {
        fs << "R" << R << "T" << T << "R1" << R1 << "R2" << R2 << "P1" << P1 << "P2" << P2 << "Q" << Q;
        fs.release();
    }
    else
        cout << "Error: can not save the extrinsic parameters\n";

    if (!showRectified)
```

```
        return;

    //以下代码是为了检验标定效果
    //用标定得到的参数计算校正化左右目图像,理想情况下得到的两幅结果图像是行对齐的
    //rmap[0][0]和 rmap[0][1],存储从校正化左目图像到原始左目图像的像素位置映射表
    //rmap[1][0]和 rmap[1][1],存储从校正化右目图像到原始右目图像的像素位置映射表
    Mat rmap[2][2];
    initUndistortRectifyMap(cameraMatrix[0], distCoeffs[0], R1, P1, imageSize, CV_16SC2, rmap
[0][0], rmap[0][1]);
    initUndistortRectifyMap(cameraMatrix[1], distCoeffs[1], R2, P2, imageSize, CV_16SC2, rmap
[1][0], rmap[1][1]);

    Mat canvas;
    double sf;
    int w, h;

    sf = 600. / MAX(imageSize.width, imageSize.height);
    w = cvRound(imageSize.width * sf);
    h = cvRound(imageSize.height * sf);
    canvas.create(h, w * 2, CV_8UC3);

    for (i = 0; i < nimages; i++)
    {
        for (k = 0; k < 2; k++)
        {
            Mat img = imread(goodImageList[i * 2 + k], 0), rimg, cimg;
            //根据映射表 rmap,从原始采集的图像 img 中采样出校正化图像 rimg
            remap(img, rimg, rmap[k][0], rmap[k][1], INTER_LINEAR);
            cvtColor(rimg, cimg, COLOR_GRAY2BGR);
            Mat canvasPart = canvas(Rect(w * k, 0, w, h));
            resize(cimg, canvasPart, canvasPart.size(), 0, 0, INTER_AREA);
            if (useCalibrated)
            {
                Rect vroi(cvRound(validRoi[k].x * sf), cvRound(validRoi[k].y * sf),
                    cvRound(validRoi[k].width * sf), cvRound(validRoi[k].height * sf));
                rectangle(canvasPart, vroi, Scalar(0, 0, 255), 3, 8);
            }
        }

        for (j = 0; j < canvas.rows; j += 16)
            line(canvas, Point(0, j), Point(canvas.cols, j), Scalar(0, 255, 0), 1, 8);

        imshow("rectified", canvas);
        char c = (char)waitKey();
        if (c == 27 || c == 'q' || c == 'Q')
            break;
    }
}

//filename 是文本文件路径,该文件中存放了左右目相机图像的存储地址
//该函数把这些地址读取出来,放入 l 之中
static bool readStringList(const string& filename, vector<string>& l)
{
    l.resize(0);
    ifstream storedtxtfile(filename, ios::in);
    string currentfilepath;
    while (getline(storedtxtfile, currentfilepath))
    {
        cout << currentfilepath << endl;
```

```
        l.push_back(currentfilepath);
    }
    storedtxtfile.close();
    return true;
}

//假设已经采集了成对的标定板双目图像,它们的存放路径已经写在了文本文件
//\chapter - 17 - stereo\stereoCPP\data\imgpaths.txt 中
//该 main 函数完成双目相机标定,内参文件和外参文件被分别输出在
//\chapter - 17 - stereo\stereoCPP\data\intrinsics.yml
//\chapter - 17 - stereo\stereoCPP\data\extrinsics.yml
int main(int argc, char * argv[])
{
    Size boardSize(11, 8);              //标定板上的交叉点维度
    //imagelistfn,存放标定板双目图像文件地址的文本文件
    string imagelistfn = dataDirName + "imgpaths.txt";

    bool showRectified = true;
    float squareSize = 50.0;            //标定板上每个方格的大小,单位为毫米
    //imagelist,标定板双目图像文件路径列表
    vector<string> imagelist;
    bool ok = readStringList(imagelistfn, imagelist);
    if (!ok || imagelist.empty())
    {
        cout << "can not open " << imagelistfn << " or the string list is empty" << endl;
    }
    //执行双目相机标定任务
    StereoCalib(imagelist, boardSize, squareSize, false, true, showRectified);
    return 0;
}
```

P.12 彩色点云生成

"\chapter-17-stereo\stereoCPP\ stereoCPP \stereo. cpp"中的 void Stereo::generatePointCloud()函数可以由场景三维位置图和与之对应的左目校正化图像来生成彩色点云图。

\chapter-17-stereo\stereoCPP\ stereoCPP \stereo. cpp 中的 void Stereo::generatePointCloud()函数代码：

```
//生成并显示 3D 点云
void Stereo::generatePointCloud()
{
    //系统的物理度量单位都是毫米,显示点云的时候单位是米,因此整体坐标要除以 1000
    double depthScale = 1000.0;
    vector<Vector6d, Eigen::aligned_allocator<Vector6d>> pointcloud;
    pointcloud.reserve(1000000);
    //彩色点云,左目校正化图像每个像素对应一个三维点,该三维点的颜色就是该像素颜色
    //这样每个点云点的数据就是个 6 维向量,(x,y,z,b,g,r)
    cv::Mat color = this->rectifiedL;
    for (int v = 0; v < color.rows; v++)
    {
        for (int u = 0; u < color.cols; u++)
        {
            unsigned int d = depth.ptr<unsigned short>(v)[u]; // 深度值
            if (d == 0) continue;                              // 为 0 表示没有测量到
            Eigen::Vector3d point;
            //填充三维坐标信息
```

```
            point[0] = this->points_3d.at<cv::Vec3f>(v, u)[0] / depthScale;
            point[1] = this->points_3d.at<cv::Vec3f>(v, u)[1] / depthScale;
            point[2] = this->points_3d.at<cv::Vec3f>(v, u)[2] / depthScale;

            Vector6d p;
            p.head<3>() = point;
            //填充彩色信息
            p[5] = color.data[v * color.step + u * color.channels()];        //blue
            p[4] = color.data[v * color.step + u * color.channels() + 1];    //green
            p[3] = color.data[v * color.step + u * color.channels() + 2];    //red
            pointcloud.push_back(p);
        }
    }
    cout << "The point cloud has " << pointcloud.size() << " points." << endl;
    //把点云可视化出来
    showPointCloud(pointcloud);
}
```

参考文献

[1] Conic section[EB/OL]. [2024-05-13]. https://en.wikipedia.org/wiki/Conic_section#CITEREFProtterMorrey1970.

[2] Fourier transform[EB/OL]. [2024-05-13]. https://en.wikipedia.org/wiki/Fourier_transform.

[3] GRAY A. Modern differential geometry of curves and surfaces with mathematica[M]. 2nd ed. Boca Raton,FL: CRC Press,1997.

[4] 同济大学数学系. 高等数学[M]. 6 版. 北京: 高等教育出版社,2007.

[5] 李世栋,乐经良,冯卫国,等. 线性代数[M]. 北京: 科学出版社,2000.

[6] BOCHKOVSKIY A. Yolo_mark[EB/OL]. [2024-05-13]. https://github.com/AlexeyAB/Yolo_mark.

[7] Anaconda[EB/OL]. [2024-05-13]. https://www.anaconda.com.

图书资源支持

感谢您一直以来对清华版图书的支持和爱护。为了配合本书的使用，本书提供配套的资源，有需求的读者请扫描下方的“书圈”微信公众号二维码，在图书专区下载，也可以拨打电话或发送电子邮件咨询。

如果您在使用本书的过程中遇到了什么问题，或者有相关图书出版计划，也请您发邮件告诉我们，以便我们更好地为您服务。

我们的联系方式：

清华大学出版社计算机与信息分社网站：https://www.shuimushuhui.com/

地　　址：北京市海淀区双清路学研大厦 A 座 714

邮　　编：100084

电　　话：010-83470236　010-83470237

客服邮箱：2301891038@qq.com

QQ：2301891038（请写明您的单位和姓名）

资源下载：关注公众号“书圈”下载配套资源。

资源下载、样书申请

书圈

图书案例

清华计算机学堂

观看课程直播